烟囱设计手册

中冶东方工程技术有限公司　主编

中国计划出版社

图书在版编目（CIP）数据

烟囱设计手册/中冶东方工程技术有限公司主编. —北京：
中国计划出版社，2014.5
ISBN 978-7-80242-960-4

Ⅰ.①烟…　Ⅱ.①中…　Ⅲ.①烟囱－建筑设计－手册
Ⅳ.①TU233－62

中国版本图书馆 CIP 数据核字（2014）第 034813 号

烟囱设计手册

中冶东方工程技术有限公司　主编

中国计划出版社出版
网址：www.jhpress.com
地址：北京市西城区木樨地北里甲 11 号国宏大厦 C 座 3 层
邮政编码：100038　电话：（010）63906433（发行部）
新华书店北京发行所发行
三河富华印刷包装有限公司印刷

787mm×1092mm　1/16　29.5 印张　733 千字
2014 年 5 月第 1 版　2014 年 5 月第 1 次印刷
印数 1—4000 册

ISBN 978-7-80242-960-4
定价：68.00 元

主审部门、主编单位、参编单位及编制人员名单

主审部门：中国冶金建设协会
主编单位：中冶东方工程技术有限公司
参编单位：大连理工大学
　　　　　华东电力设计院
　　　　　西北电力设计院
　　　　　上海富晨化工有限公司
　　　　　冀州市中意复合材料有限公司
　　　　　中冶长天国际工程有限责任公司
　　　　　河北省电力勘测设计研究院
　　　　　辽宁电力勘测设计院
　　　　　江苏省电力设计院
　　　　　中冶建筑研究总院有限公司
　　　　　苏州云白环境设备制造有限公司
　　　　　重庆大众防腐有限公司
　　　　　河北衡兴环保设备工程有限公司
　　　　　亚什兰（中国）投资有限公司
　　　　　上海德昊化工有限公司
　　　　　重庆国际复合材料有限公司
　　　　　宝鸡市钛程金属复合材料有限公司
　　　　　长春黄龙防腐材料有限公司

主　　编：牛春良

编写人员：宋玉普　王立成　车　轶　蔡洪良　解宝安　陆士平　李国树
　　　　　邢克勇　王永红　倪桂红　刘欣良　徐　昆　陈　飞　龚　佳
　　　　　李　宁　王永焕　李吉娃　徐卫阳　杨　薇　唐　健　赵春晓
　　　　　靳庆新　王　泳　姚应军　何宝明　郭全国　徐晓辉　李炜姝
　　　　　唐初平　刘桂荣　姜富林

序

新版国家标准《烟囱设计规范》GB 50051—2013（简称"新版规范"）已于2013年5月1日起正式实施。为了配合新版规范的实施，便于读者更好地理解和应用规范，规范的主编单位中冶东方工程技术有限公司会同参编单位在原《烟囱工程手册》的基础上编写完成了新版《烟囱设计手册》。

从编制原《烟囱设计规范》GBJ 51—83 至今，我公司会同大连理工大学、华东电力设计院、西北电力设计院、中冶长天国际工程有限责任公司等单位，精诚合作近四十年。新版规范修订时，又增加了多家参编单位，都是近年来在烟囱设计领域承担重要工作的单位，是本行业的引领者。新的参编单位加入，对规范水平的提高起到了重要作用。

参加规范编制工作的同志，始终锲而不舍地对烟囱设计进行理论研究、实际工程调查和科学试验，积累了丰富的知识，成了烟囱设计方面的专家。在2002版《烟囱设计规范》实施的十多年间，随着技术的进步和工艺的发展，出现了新的烟囱形式和新的应用技术等，新版规范在不断探索和经验总结，并进行了大量验证、试验，对重要的计算理论有所创新的基础上编制而成，这凝聚了大家的心血，是专家们辛勤劳动的结晶。

作为《烟囱设计规范》的主编单位，在近四十年的漫长岁月里，在参编单位的积极参与和支持配合下，我公司始终高度关注烟囱工程建设工艺和技术的发展进步，并在新版规范修编中努力做到有所发展、有所创新，主要体现以下几点：

1 在烟囱设计理论方面，有所创新。玻璃钢烟囱是一种新型烟囱，是以玻璃纤维及其制品为增强材料、以合成树脂为基体材料，用机械或手工缠绕成型工艺制造的一种烟囱（简称 GFRP），其成品的力学性能为各向异性，且变异性较大。在不同的受力状态（如持久设计状况和短暂设计状况）下，其承载能力均呈现较大程度的变化，如何将各种复杂的受力状态以规范形式表达出来，具有很大的挑战性。规范编制组在短短一年多的时间里，在借鉴国外发达国家技术经验的基础上，给出了一套适合中国国家标准体系的设计公式，填补了国内空白，为规范我国玻璃钢烟囱产业的发展奠定了基础。

自2002版《烟囱设计规范》首次包含"钢烟囱"以来，在十年的时间里，我国钢烟囱得到飞速发展。钢烟囱是一种薄壳结构，其局部稳定和横风向共振是其设计的主要控制因素，准确计算其临界稳定应力和判断其共振发生条件尤为至关重要。本次规范修订，在这两方面均有重大突破，新的计算理论能够更加科学、准确地解决上述问题。

钢筋混凝土烟囱是目前应用最多、建造最高的烟囱形式。限于公式量大，且复杂，前两版《烟囱设计规范》对烟道口仅限于沿180°角方向设置两孔，在建筑场地紧张的情况下，影响了工艺布置。新版规范对这一公式体系进行了较大修改，两孔可以为任意夹角。

抗震，是世界性课题，如何使理论分析结果更加符合震害规律，是广大抗震工作者一贯追求的目标。在2002版《烟囱设计规范》中，引入了主编单位所提出的新的竖向抗震理论，这一理论与现行国家标准《建筑抗震设计规范》GB 50011 是有原则区别的，经过十余年的地震震害的进一步检验，更加丰富了这一成果。本次规范修订，增加了砖套筒烟囱和悬挂式内筒烟囱的支承平台的竖向地震增大效应的计算方法。

温度计算，是烟囱设计的一个重要内容。前两版《烟囱设计规范》，仅给出了普通单筒烟囱温度分布的计算方法，对于套筒式和多管式烟囱，未给出如何考虑内外筒之间空气夹层的影响，设计人员仅能通过《烟囱工程手册》给出的简单假定方法来进行计算，误差很大，也不科学。本次规范修订，给出了理论计算公式。

2　重视调查研究和总结实际工程的经验。例如烟囱腐蚀严重影响烟囱安全和使用寿命，需要对烟囱腐蚀等级给出量化标准并按此标准采取相应防腐措施及相应烟囱形式，规范编制组对此做了大量有意义的工作，填补了这方面的空白。2002版规范，对烟气腐蚀等级仅根据燃煤含硫量加以判断，实际应用中有其局限性。通过大量的烟气腐蚀破坏调研中发现，当烟气实行脱硫后，仅按燃煤含硫量来判断烟气腐蚀等级是远远不够的，应该综合考虑烟气的温度、湿度和腐蚀介质含量来加以判断。本次规范修订，对烟气腐蚀等级的判断和烟囱形式的选取等方面的规定更加趋于合理。

3　重视科学试验工作。结构计算理论是基于试验的一门学科，在编写新版规范过程中，我公司作为主编单位，支持规范编制组并与兄弟单位合作，先后进行了玻璃钢烟囱在不同材料、不同温度等多种工况下的科学试验，给出了玻璃钢材料的基础设计数据，使规范编制工作有了可靠的理论基础。

4　总结国内外工程实践，完善规范内容。例如玻璃钢烟囱，在国外有大量应用，而我国建造数量极其有限，2002版《烟囱设计规范》没有这方面内容。我们在总结国外经验的基础上，创建了适合中国国家标准体系和材料水平的理论体系。为此，新版规范增加了玻璃钢烟囱，包括自立式、拉索式、塔架式玻璃钢烟囱和悬挂式玻璃钢烟囱，填补了这方面的空白。

综上所述，新版规范与旧版规范相比，有创新，有发展，有新内容。

本《烟囱设计手册》（简称"本手册"）正是在系统解释新版规范的基础上全面总结了烟囱工程发展的最新成果，其中一些设计理念和方法不但适用烟囱工程，对其他一些工程设计也有一定的参考借鉴作用。本手册既有理论方面的阐述、也有工程实践的调研、又有科学试验的成果，还有大量的例题、典型工程实例，可以为理解规范和指导烟囱的设计提供有益的帮助。

本手册编写人员来自冶金、电力、化工等行业的专家和高等院校的教授，他们将各行业的共性与特性进行了有机的结合，集理论与实用性于一体，本手册是一本具有较高学术价值的工具书，适用于工程设计、施工与监理，也可作为高等院校教学和研究的参考书籍。

在编写过程中，我们得到了中国冶金建设协会和中国计划出版社的关注和支持。在此，向所有关注和支持本手册出版的兄弟单位和业界同人表示谢意，并希望在今后工程实践中得到广大工程技术人员和专家的指正，以便进一步总结经验，不断取得进步。

中冶东方工程技术有限公司董事长　赵宗波

二〇一三年十月十日

前　言

本手册是根据 2012 年 4 月《烟囱设计规范》审查会的有关精神编写的，审查会确定了本手册主要编制单位和编制大纲。本手册是在原《烟囱工程手册》（以下简称原手册）基础上，并依据国家标准《烟囱设计规范》GB 50051—2013 编写完成的。

与原手册相比，本手册删除了原手册中有关施工内容、删除了原手册第 15 章"混凝土受热后力学性能概况及概率统计分析"、第 16 章"烟囱抗震"、第 17 章"烟囱的模型试验"、附录 A"烟囱施工图预算编制"和附录 C"国外设计标准简介"等内容，删除篇幅约为原手册的 1/3。同时新增了"烟囱设计概论"、"玻璃钢烟囱"、"悬挂式钢内筒烟囱"、"烟囱加固"、"露点温度"以及新材料性能介绍等内容。

本手册适用于砖烟囱、钢筋混凝土烟囱、钢烟囱、玻璃钢烟囱等单筒烟囱，以及由砖、钢、玻璃钢为内筒的套筒式烟囱和多管式烟囱设计，是《烟囱设计规范》GB 50051—2013 配套使用工具书，可作为工程设计单位、科研院校的设计、教学参考用书。

本手册于 2013 年 10 月完成审查稿，并于 2013 年 10 月 22 日在青岛完成由中国冶金建设协会组织的审查工作。审查会认为手册内容全面、实用，具有权威性，并给出评价意见如下：

1. 本手册是为配合《烟囱设计规范》GB 50051—2013 的宣贯而编写的，目的是帮助读者更好地理解和应用《烟囱设计规范》GB 50051—2013。本手册在遵循规范的基础上，在许多方面均有所提高和拓展。

2. 本手册内容全面、实用。包含了钢筋混凝土烟囱、钢烟囱、砖烟囱和玻璃钢烟囱等各种烟囱类型和形式，涵盖了天然地基、桩基础、壳体基础和烟道等内容。从烟囱形式的选择到烟囱设计的各个环节，本手册均进行了详细介绍，包括材料性能、风荷载、地震作用和温度作用的计算，烟囱防腐蚀以及设计构造和设计例题等各个方面。

3. 本手册内容先进，主要体现在以下几个方面：

（1）对不同时距、不同地貌和不同重现期的风荷载换算进行了介绍，满足国内外工程设计需要；

（2）首次详细给出了如何考虑风荷载和地震作用对内筒的水平和竖向振动效应的详细计算方法；

（3）科学地对烟气腐蚀等级进行了划分，规定了防腐蚀设计准则，明确了烟囱形式的选择需要考虑的主要因素；

（4）倡导先进理念，提倡"合理设计、正确施工、正常使用和维护"的工程建设理念，引导设计环节要考虑施工和维护的需要。

4. 本手册内容具有权威性，主要体现在以下方面：

（1）本手册内容完全遵循《烟囱设计规范》GB 50051—2013 及有关现行国家标准，保证了所引用的基本理论、基本数据和基本公式的正确性；

（2）本手册由规范编制人员编写，除了能够表达规范的正确含义外，还能够更加深入地解释规范内涵，并进一步拓展了规范内容；

（3）本手册的许多规定都是建立在大量调研和试验基础上的。其中烟囱防腐蚀部分是对现有烟囱腐蚀破坏的调研、分析、总结和提炼基础上给出的；烟囱竖向地震作用的计算是建立在理论研究、试验和实际震害基础上的，体现了规范编制组的智慧；玻璃钢烟囱是在学习国外先进经验的基础上，充分了解国内实际现状，建立了一套适合中国国家标准体系的设计理论；

（4）本手册中的烟囱计算例题，绝大部分来自实际工程，部分来自实际工程的提炼，得到了实践检验，计算过程详细，计算结果可靠。

本手册的主审部门为中国冶金建设协会，具体技术内容的解释工作由主编单位中冶东方工程技术有限公司负责。使用过程中如有意见和建议，请寄送中冶东方工程技术有限公司上海分公司（地址：上海市龙东大道 3000 号 5 号楼 301 室，邮政编码：201203，电子邮箱：ncl1863@126.com）。

目　　次

1 烟囱设计概论

1.1 烟囱的发展历史和趋势

烟囱是最古老、最重要的防污染设施之一，发明极早。当原始人发现火时，同时发现了这样一个道理：哪里有火，哪里必有烟。如果说能够钻木取火利用火来烤制猎物是人类文明的开始的话，那么能够疏导燃烧所产生的烟气，则是人类文明跨入了一个重要阶段。控制烟气流动路线的装置，当然就是烟囱系统，它由烟道和烟囱两个部分组成。当把火带进室内做饭和取暖时烟也随之而入。这就迫使人们不得不设法在屋顶和墙壁上开些通气孔，以此来驱除屋内的烟雾，疏导烟气的排放，这应该是最早的烟囱。

烟囱发展到今天，人类无时无刻地在改进和利用自己发明的烟囱系统。烟囱开始是以排放烟气为目的，后来除了排放外还要对烟气加以综合利用。如寒冷地区的火炕是利用烟气排放过程的余热和火炕的蓄热功能而达到取暖的目的，现代工业的余热锅炉也是将烟气排放过程的热量加以利用的节能措施。

烟囱的改进首先体现在高度上。火的形成需要两种基本成分：燃料和氧气。当人们增加燃料时，也需要足够的氧气来维持旺盛的燃烧过程。因此有了风匣这样的原始送风系统，其目的是增加氧气量。人们很快发现，增加烟囱高度可以有效地提高烟气的抽力，加大烟气的流动速度，增加了参与燃烧的空气的补充速度，从而增加了燃烧过程中氧气的供应量，因此，人们将烟囱尽量建的高一些。让烟囱高出自己的屋面，这样除了可以提高烟气抽力外，同时还可以保证屋面系统的安全性。

"烟囱越高，排烟能力越强"成了人们的共识。大气层内的空气如同其他物质一样都有自己的重力，越靠近地球表面其压力也就越大，当某一高度的单位体积空气的自身重力和所受到的浮力相等时，它就在竖向上保持自身平衡，空气将保持一种静止状态。大气各部位气压不等时，空气将由高气压的位置向相对较低的位置流动，像产生了风一样。烟囱里所排出的烟气，其温度要高于周围的空气，由于热胀冷缩，其体积膨胀、重力密度降低，烟气开始向上流动。越向上，大气气压越低，那么该部分烟气体积会进一步膨胀，由于烟囱的约束作用，烟气不能在水平方向扩散，只能继续向上流动，速度越来越快，抽力也就随着烟囱的高度增加而增加。这样，沿着烟囱高度方向，烟气对筒壁的压力也越来越大，腐蚀性介质对筒壁的渗透能力加大，导致烟囱上部腐蚀较下部严重。

当烟气离开烟囱顶部时，由于周围大气温度低于烟气温度，排除的烟气体积不会进一步膨胀，并且缺少了烟囱的水平约束会迅速向周围扩散，因而不再继续无限制地向上流动。

目前，中国最高的单筒式钢筋混凝土烟囱为270m。常用的套筒或多管式钢筋混凝土烟囱高度是240m。现在世界上已建成的高度超过300m的烟囱达数十座，例如苏联米切尔电站的单筒式钢筋混凝土烟囱高达368m。

现代工业烟囱越建越高，其主要目的并不是为了增加烟气抽力，更重要的是要完成烟囱的最原始功能：减少烟囱周围环境的污染。因为随着烟囱高度的增加，其排除的烟气的扩散范围也就越大，有害物的浓度也就越低，降低了当地的被污染程度。一般来讲，烟囱的最小高度应高出周围建筑物 3m 以上。应该注意的是，烟囱高度的增加虽然可以降低有害物质的浓度，但并未减少有害物质的排放总量。要真正减少全球污染，只能从控制排放总量上入手，如烟气除尘、脱硫等就是目前主要减排措施。

可以预见，未来的烟囱不会一味追求高度上的发展，而是功能上的拓展，这些功能主要体现在防腐蚀功能、艺术造型和"烟塔合一"功能。

烟囱的基本功能主要是排烟，但烟气具有高温、腐蚀等特点。初期的烟囱主要侧重于解决温度对烟囱的影响，随着耐高温材料的发展，这些问题目前已经被解决。特别是随着环保要求的进一步提高，腐蚀问题越来越突出，目前采用的湿法脱硫使得烟气腐蚀程度加剧，如何克服烟气腐蚀成了烟囱发展亟待解决的问题。

另外，人们对烟囱立面造型提出了更多的需求。以往烟囱的立面形式大多是截锥体，平截面为圆环形，这种形式多为单筒烟囱，它的受力性能较其他截面形式为最优。但随着多管和套筒烟囱的出现，使得设计者在截面形式上有了更多的选择余地，水平截面主要有：三角形、正方形、椭圆形和长圆形等，图 1-1 列举了几种烟囱形式。

（a）"凹"字形烟囱

（b）帆形烟囱

（c）四边形烟囱

图 1-1　烟囱形式

烟囱和水塔都是工厂所需要的构筑物，如果把二者结合到一起，便成为"烟塔合一"。"烟塔合一"有两种含义：一是将烟囱和水塔合二为一，另一种是将电厂烟囱和冷却塔合二为一。烟囱和水塔合二为一的工程实例很多，也就是把水箱外挂到烟囱的某一高度上，水箱有钢筋混凝土的，也有钢的，这样可以节约投资，减少用地面积。电厂的烟塔合一是将烟气经过除尘、脱硫后，把烟气直接通过冷却塔排放，取消了烟囱。

普通房屋的排烟是通过在墙壁上设置烟道，通过屋顶烟囱排放的。现代社会大型的高层建筑，特别是综合性高层建筑也需要烟囱。通常人们想到的是单独设置烟囱，但这样需要烟囱的高度是非常高的，至少要高出周围最高建筑物3m以上，同时还会占据很大的场地，这样做是非常不经济的。因此，高层建筑物外墙设置附壁烟囱或内置套筒烟囱是必然的解决途径。

1.2　烟囱的主要形式与选择

1.2.1　烟囱的主要形式

烟囱（chimney/stack）是一种用于把烟气排入高空的高耸构筑物。烟囱能改善燃烧条件，产生自然抽力并将烟气扩散到环保标准允许的程度。

按构成结构主体的材料划分，烟囱分为砖烟囱、钢筋混凝土烟囱、钢烟囱和玻璃钢烟囱。按烟气排放方式划分，烟囱分为普通单筒烟囱、套筒烟囱和多管烟囱。其中，单筒烟囱就是内衬分段支承在筒壁上的普通烟囱；套筒烟囱是承重外筒内单独设置一个排烟筒的烟囱，外筒和内筒功能明确，便于维护；多管烟囱则是两个或两个以上排烟筒共用一个外筒壁或塔架组成的烟囱，多管烟囱也可以不用外筒壁或塔架，靠多个排烟筒组成一个共同受力体系，这时需要解决好各排烟筒之间的温度变形问题。对于钢烟囱而言，按照受力特点可以划分为：自立式钢烟囱、拉索式钢烟囱和塔架式钢烟囱（图1-2）。

（a）双管烟囱　　　　　　　（b）三管烟囱　　　　　　　（c）塔架烟囱

图1-2　钢烟囱

砖烟囱由于其施工简单、造价低等特点，因此应用面非常大。根据砖砌体承载能力和耐高温能力，砖烟囱最大建设高度可以达到120m。但是高耸结构的受力特点决定了建造太高的砖烟囱是不经济的。高耸结构的主要荷载是风荷载和地震作用。在水平截面，高烟囱将不可避免地产生拉应力，砖砌体的抗拉强度是很低的，只有通过配置竖向钢筋才能够抵抗竖向拉应力。但砌体结构不可能配置过多的钢筋，这就决定了砖烟囱的建设高度不能太高。因此，《烟囱设计规范》GB 50051—2013规定砖烟囱的最大设计高度为60m。

钢筋混凝土烟囱可以充分发挥钢筋和混凝土两种材料的特点，可以达到很高的建造高度。国际上建造高度已接近 400m，国内也达到 270m。我国《烟囱设计规范》GB 50051—2013 规定钢筋混凝土烟囱的建造高度为 240m，当超过该高度时需要做一些专项研究。

就钢材的材料受力性能的优越性和施工的方便性来讲，钢烟囱应该有着更加广泛的应用领域，但事实上情况恰恰相反。制约钢烟囱发展的主要因素是其防腐蚀性能。钢材无论是用于相对湿度较大的地区，还是用于排放腐蚀性较强的烟气，它易被腐蚀的弱点都暴露无遗。烟囱是一种承受高温的、完全暴露在大气中的高耸构筑物，排放的是成分复杂的腐蚀性烟气，因此，烟囱的工作环境非常恶劣。虽然钢材有着许多优点，但烟囱的使用环境和维护成本限制了它的应用。所幸的是新的耐腐蚀钢材品种和防腐蚀内衬材料的不断涌现，为钢烟囱的应用提供了发展空间。

1.2.2 烟囱形式的选择

烟囱设计包括烟囱选型、结构计算、防腐蚀与构造四个主要设计部分。

在设计烟囱时，应根据烟囱的高度、抗震设防烈度、材料供应情况、烟气腐蚀等级和施工条件等因素综合考虑确定烟囱形式。其中起决定性因素的是烟囱高度和烟气腐蚀等级，而影响烟囱高度的主要因素为风荷载与地震作用。当烟囱高度大于 60m 或抗震设防烈度为 8 度且为Ⅲ、Ⅳ类场地时，以及地震设防烈度为 9 度的地区，不宜采用砖烟囱。烟囱的具体选用条件如下：

1 砖烟囱

（1）非地震区，烟囱筒壁可仅配置环向钢箍或钢筋；

（2）地震区，烟囱筒壁应同时配置环向钢筋和纵向钢筋；

（3）砖烟囱适宜排放烟气腐蚀等级不大于强腐蚀性的干烟气。

2 钢筋混凝土烟囱

（1）非抗震设防区和抗震设防烈度不大于 9 度地区的烟囱；

（2）特别重要的烟囱；

（3）因施工条件限制，在地震区采用配纵向钢筋砖筒壁有困难时，可采用钢筋混凝土烟囱；

（4）普通单筒钢筋混凝土烟囱不宜用于排放湿烟气。

3 钢烟囱

（1）高径比大于或等于 30 时，应采用拉索式钢烟囱；

（2）高径比小于 30 时，可采用自立式钢烟囱，且不宜超过 80m；

（3）高度超过 80m 时，宜采用塔架式钢烟囱；

（4）钢烟囱需要根据环境与烟气的腐蚀情况，采取不同等级的防腐蚀措施。

4 玻璃钢烟囱

（1）自立式玻璃钢烟囱的高度不宜超过 30m；

（2）拉索式玻璃钢烟囱的高度不宜超过 45m；

（3）塔架式、套筒式或多管式玻璃钢烟囱，当采用自立式分段支承时，其每段高度不宜超过 30m；

（4）玻璃钢烟囱适宜排放烟气温度不超过100℃的湿烟气或潮湿烟气。

5 套筒式与多管式烟囱

（1）用于烟气防腐蚀等级与烟囱安全维护等级要求较高的烟囱；

（2）锅炉台数较多及运行工况复杂时，采用多管式烟囱。

1.3 烟囱的主要组成部分

烟囱主要由以下几个部分组成：

（1）基础；

（2）筒身，包括：筒壁；内衬（或内筒）与隔热层（或保温层）；

（3）平台；

（4）避雷装置；

（5）航空障碍标志。

1.3.1 基础

基础承载着整个上部结构荷重，上部结构通过基础将荷载传递给地基。基础的大小要满足地基承载力的要求和变形要求，其埋深除与地质条件有关外，还要满足冻胀要求和稳定要求。通常情况下，基础埋深一般可取烟囱上部高度的 1/20～1/50，最终深度应以满足基础稳定和基础底部不出现拉应力为原则。

基础的形状以圆形和环形居多。圆形和环形（包括壳体基础）是最适合上部结构受力特点的，是最为经济的烟囱基础形式。当地下空间受周围建筑限制时，也可采用正多边基础。

基础的形式主要有毛石基础、素混凝土基础和钢筋混凝土基础。毛石基础和素混凝土基础为刚性基础，多为环形，主要用于砖烟囱（见图 1-3）。钢筋混凝土基础应用最为广泛，包括圆板基础、环板基础和壳体基础，其中壳体基础受力最为合理和经济（见图 1-4）。但由于壳体基础施工难度较大，施工质量不易保证，因此应用较少。在壳体基础中应用较多的是正倒锥组合壳。

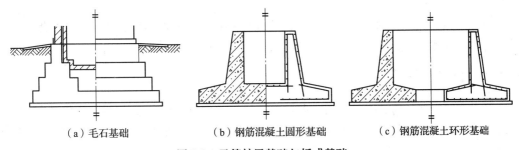

（a）毛石基础　　　　（b）钢筋混凝土圆形基础　　　　（c）钢筋混凝土环形基础

图 1-3 无筋扩展基础与板式基础

在设计时，钢筋混凝土圆板基础和环板基础（通常称板式基础）应该进行形状上的优化，否则会造成混凝土量的极大浪费。经验表明，当基础设计不当时，基础混凝土用量可能是上部结构混凝土用量的一倍以上。当由于地基条件限制，基础形状不能优化时，可以调整筒身坡度来达到综合优化指标。

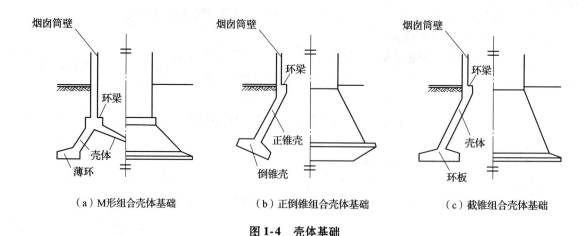

（a）M形组合壳体基础 （b）正倒锥组合壳体基础 （c）截锥组合壳体基础

图 1-4 壳体基础

板式基础由环壁和底板组成。环壁一般应做成内表面垂直、外表面倾斜的形式，上部厚度应比筒身整个厚度增加 50mm～100mm。

基础混凝土强度等级不宜低于 C25。当设计基础垫层时，钢筋保护层厚度为 40mm，当不设垫层时，钢筋保护层厚度为 70mm。当基础厚度大于 2m 时，宜在混凝土内设置温度钢筋，钢筋网不宜小于 Φ12@200。

大型烟囱基础的施工应采取降低混凝土水化热的措施，减少因温差过大而产生的基础裂缝。

当烟道为地面或地下烟道时，基础和烟道之间应设置沉降缝，沉降缝应设在基础边缘，缝宽一般为 30mm。

当烟道为地面或地下烟道时，隔烟墙应设在基础上，否则，设在积灰平台上。当同一个水平截面有两个烟道口时，为了降低烟气动力损失，在强制通风时，应沿与水平烟道轴线成 45°角的方向设置隔烟墙。隔烟墙高度为烟道高度的 0.5 倍～1.5 倍。当烟气为自然引风，且烟囱出口的烟气速度不大于 8m/s 时，可以不做隔烟墙。

烟囱周围的地面应设护坡，坡度不应小于 2%。护坡的最低处应高出周围地面 100mm。护坡的宽度不应小于 1.5m。护坡与基础边用沥青填缝，护坡应沿环向均匀设置伸缩缝。

当地基具有腐蚀性时，应对基础采取防腐蚀措施。当地下水位较浅，且为地下烟道时，应采取防水措施。

1.3.2 烟囱筒身

普通单筒烟囱的筒身主要包括：筒壁、隔热层和内衬三部分（图 1-5），隔热层和内衬分段支承在筒壁牛腿上；套筒式或多管式烟囱的筒身包括：外筒、支承平台和内筒三部分，内筒支承在基础上或分段支承在各层平台上，外筒为主要承重结构，内筒为排烟设备。

1 筒壁

烟囱筒壁是筒身最外层结构，是烟囱承重结构。按材质划分，筒壁类型主要包括：

（1）砖筒壁；

（2）钢筋混凝土筒壁；

（3）钢筒壁；

（4）玻璃钢筒壁。

2 内衬或内筒

内衬是分段支承在筒壁牛腿之上的自承重结构或依靠分布于筒壁上的锚筋直接附于筒壁上的浇筑体，其主要形式如图 1-6 和图 1-7 所示。内衬主要作用如下：

（1）减少筒壁的温度作用；

（2）确保隔热层的完整性；

（3）减少烟气对筒壁的侵蚀；

（4）减少烟气的热损失。

内衬每个区段高度一般不超过 15m，厚度为 120mm ~ 250mm，并支承在筒身环形牛腿上。内衬区段的连接，应使上部区段不妨碍下部区段的自由伸缩。由于烟囱底部烟道孔较大，内衬厚度往往采用一砖半厚。根据近年来烟囱检测结果，砌筑内衬为 120mm 时，烟气渗透现象较 240mm 内衬明显严重。当烟囱内表面可能结露时，内衬各段的连接处，应设置耐酸滴水板。

内筒与内衬的作用类似，仅仅是与外筒的距离和承重方式发生一些变化。内筒与外筒之间有足够的距离，形成了通风与通行通道。一方面可使得砌筑类内筒在强力通风下形成反压力，大于内部烟气压力，减少烟气渗透作用；同时也有利于内筒的检查与维护，方便内筒的更换与管理。

按材质划分，内筒主要包括钢内筒、砖内筒和玻璃钢内筒；按受力方式划分，主要包括自立式和悬挂式，并细分为整体自立式（或整体悬挂式）和分段支承式（或分段悬挂式）内筒。

砖内筒一般为分段支承，区段高度为 20m ~ 30m。

3 隔热层与保温层

隔热层是置于筒壁与内衬之间，使筒壁受热温度不超过规定的最高温度。隔热层包括空气隔热层和填料隔热层。填料隔热层有松散型和制品类板材两种，厚度一般采用 80mm ~ 200mm。松散型填料由于比制品类板材下沉更严重，造成下沉部分成了空气隔热层，影响了隔热效果。因此，一般宜采用制品类板材隔热层。为了降低隔热层的下沉影响，应在内衬上设置间距为 1.5m ~ 2.5m 整圈防沉带。

保温层与隔热层的作用类似，主要用于内筒外表面，其作用除了保证内外筒活动空间的温度不超过人们正常工作温度外，尚有保证烟气温度维持较高水平，避免或减少烟气结露的产生。

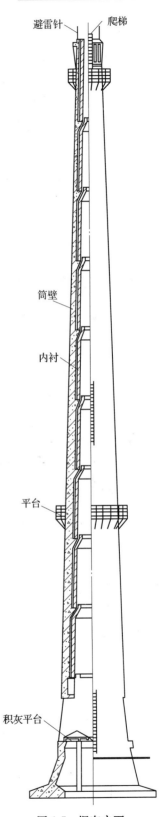

避雷针　爬梯

筒壁

内衬

平台

积灰平台

图 1-5　烟囱立面

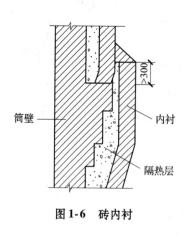

图 1-6 砖内衬

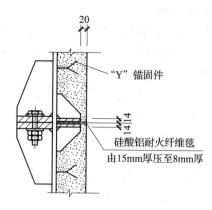

图 1-7 钢烟囱浇筑料内衬

1.3.3 烟囱平台

烟囱平台包括以下几类：

（1）维护检修平台；

（2）障碍灯平台；

（3）内筒承重平台；

（4）内筒水平止晃平台。

上述平台分工并不完全独立，根据具体工程需要，往往相互兼顾。其中内筒承重平台主要用于支承或悬挂内筒，其承受荷载较大，需要做成钢与钢筋混凝土组合平台或钢平台，而其他平台往往为钢格栅平台。

1.3.4 避雷装置

避雷装置包括避雷针、引雷环、导线和接地极组成。避雷装置的设置应符合《建筑物防雷设计规范》GB 50057—2010 的有关规定。

烟囱高度不超过 40m，且周长不超过 25m 时，可设 1 根引下线，否则引下线不应少于 2 根，且引下线间距不应大于 25m，其中一个引下线宜利用钢爬梯。烟囱顶部引雷环截面积不应小于 $100mm^2$，钢环应与引下线焊接。高度超过 45m 的烟囱，应采取防侧击和等电位保护措施。

沿烟囱高度应当设置引下线紧固装置，紧固环焊接在引下线上。也可利用障碍灯等钢平台作为紧固环。

钢烟囱不需要设置引雷环和引下线。

烟囱施工时，建议从 20m 高开始安装临时避雷装置，以防止人和烟囱遭受直击雷的袭击。

避雷装置具体设置要求见本手册 2.4.8 的有关规定。

1.3.5 航空障碍标志

对于空中航空飞行器来说，烟囱被视为障碍物，是影响飞行安全的隐患，因此烟囱应设置障碍标志。航空障碍标志由色彩标志和灯光标志组成。障碍灯的设置应符合本手册有关章节。

1.4 烟囱设计资料

1.4.1 自然条件

（1）工程地质和水文地质资料；

（2）抗震设防烈度；

（3）有关风、日照和温度等的气象资料。

1.4.2 设计条件

（1）烟囱的平面位置；

（2）烟囱高度；

（3）烟囱出口的内径；

（4）烟道平面布置；

（5）烟道剖面尺寸；

（6）烟道与烟囱的连接位置；

（7）烟囱上安装设备的有关资料；

（8）烟气的成分、浓度、湿度、最高温度和流速。

1.4.3 避雷与安全设施

（1）避雷设施资料；

（2）飞行安全标志的要求。

1.4.4 检修或安装设施

（1）检修或安装平台；

（2）爬梯；

（3）照明平台。

1.4.5 其他有关资料

（1）与烟囱相邻的建筑物和构筑物；

（2）与烟囱相邻的地下设施的布置情况；

（3）其他与烟囱设计有关的资料。

2 基本规定

2.1 烟囱安全等级的确定

烟囱设计时，应根据其破坏后可能产生的后果严重程度，采用不同的安全等级。主要根据烟囱破坏所危及人的生命、造成的经济损失、产生的社会和环境影响的严重程度加以确定。

烟囱是高耸构筑物，是工业生产和市政设施所必需的高温烟气排放装置，是能源生产系统的一个重要组成部分。他的破坏不仅影响本系统的生产，还对其他工业的正常生产和城乡人民的正常生活造成重要影响，其破坏后果严重，其安全等级均不低于二级。

烟囱的安全等级主要根据烟囱的高度来确定，对于电厂烟囱尚应考虑发电机组单机容量的大小，我国《烟囱设计规范》GB 50051—2013 规定如下：

（1）烟囱高度大于或等于 200m 时，烟囱的安全等级为一级，否则，为二级；

（2）对于高度小于 200m 的电厂烟囱，当单机容量不小于 300MW 时，其安全等级应按一级考虑。

烟囱结构重要性系数按表 2-1 选取。

表 2-1　烟囱结构重要性系数 γ_0

烟囱安全等级	烟囱结构重要性系数
一级	≥1.1
二级	1.0

2.2 烟囱承载能力极限状态设计

烟囱承载能力极限状态是指烟囱结构或附属构件达到最大承载力，如发生强度破坏、局部或整体失稳以及因过度变形而不适于继续承载等。

对于承载能力极限状态，应根据不同的设计状况分别进行基本组合和地震组合设计。烟囱设计状况主要包括持久设计状况、短暂设计状况和地震设计状况，特殊情况下包括偶然设计状况，如烟气爆炸等。

2.2.1 荷载效应的基本组合

烟囱承载能力极限状态设计的荷载效应基本组合，是指仅有永久作用和可变作用效应的组合状况，包括持久设计状况和短暂设计状况，并按下列组合中的最不利值确定：

$$\gamma_0 \left(\sum_{i=1}^{m} \gamma_{Gi} S_{Gik} + \gamma_{Q1} \gamma_{L1} S_{Q1k} + \sum_{j=2}^{n} \gamma_{Qj} \psi_{cj} \gamma_{Lj} S_{Qjk} \right) \leqslant R_d \qquad (2\text{-}1)$$

$$\gamma_o \left(\sum_{i=1}^{m} \gamma_{Gi} S_{Gik} + \sum_{j=1}^{n} \gamma_{Qj} \psi_{cj} \gamma_{Lj} S_{Qjk} \right) \leqslant R_d \tag{2-2}$$

式中：γ_o——烟囱重要性系数，按表 2-1 的规定采用；

γ_{Gi}——第 i 个永久作用分项系数，按表 2-2 的规定采用；

γ_{Q1}——第 1 个可变作用（主导可变作用）的分项系数，按表 2-2 的规定采用；

γ_{Qj}——第 j 个可变作用的分项系数，按表 2-2 的规定采用；

S_{Gik}——第 i 个永久作用标准值的效应；

S_{Q1k}——第 1 个可变作用（主导可变作用）标准值的效应；

S_{Qjk}——第 j 个可变作用标准值的效应；

ψ_{cj}——第 j 个可变作用的组合值系数，按表 2-3 规定采用；

γ_{L1}、γ_{Lj}——第 1 个和第 j 个考虑烟囱设计使用年限的可变作用调整系数，按现行国家标准《建筑结构荷载规范》GB 50009—2012 采用；

R_d——烟囱或烟囱构件的抗力设计值。

1 荷载效应的基本组合分项系数

承载能力极限状态计算时，作用效应基本组合的分项系数应按表 2-2 的规定采用。

表 2-2 荷载分项系数

作用名称	分项系数		备 注	
	符号	数值		
永久作用	γ_G	1.20	用于式（2-1）	其效应对承载能力不利时
		1.35	用于式（2-2）	
		1.00	一般构件	其效应对承载能力有利时
		0.90	抗倾覆和滑移验算	
风荷载	γ_w	1.40	—	
平台上活荷载	γ_L	1.40	当对结构承载力有利时取 0	
安装检修荷载	γ_A	1.30		
环向烟气负压	γ_{CP}	1.10	用于玻璃钢烟囱	
裹冰荷载	γ_I	1.40	—	
温度作用	γ_T	1.10	用于玻璃钢烟囱	
		1.00	其他类型烟囱	

注：用于套筒式或多管式烟囱支承平台水平构件承载力计算时，永久作用分项系数取 $\gamma_G = 1.35$。

2 荷载效应的基本组合的组合系数

承载能力极限状态计算时，应按表 2-3 的规定确定相应的组合值系数。

表 2-3 作用效应的组合情况及组合值系数

作用效应的组合情况		第一个可变作用	其他可变作用	组合值系数				
				ψ_{cW}	ψ_{cMa}	ψ_{cL}	ψ_{cT}	ψ_{cCP}
I	$G+W+L$	W	$Ma+L$	1.00	1.00	0.70	—	—
II	$G+A+W+L$	A	$W+Ma+L$	0.60	1.00	0.70	—	—

续表 2-3

作用效应的组合情况		第一个可变作用	其他可变作用	组合值系数				
				ψ_{cW}	ψ_{cMa}	ψ_{cL}	ψ_{cT}	ψ_{cCP}
III	$G+I+W+L$	I	$W+Ma+L$	0.60	1.00	0.70	—	—
IV	$G+T+W+CP$	T	$W+CP$	1.00	1.00	—	1.00	1.00
V	$G+T+CP$	T	CP	—	—	—	1.00	1.00
VI	$G+AT+CP$	AT	CP	0.20	1.00	—	1.00	1.00

注：1 G 表示烟囱或结构构件自重，W 为风荷载，M_a 为附加弯矩，A 为安装荷载（包括施工吊装设备重量，起吊重量和平台上的施工荷载），I 为裹冰荷载，L 为平台活荷载（包括检修维护和生产操作活荷载）；T 表示烟气温度作用；AT 表示非正常运行烟气温度作用；CP 表示环向烟气负压。组合IV、V、VI用于自立式或悬挂式排烟内筒计算。

　　　2 砖烟囱和塔架式钢烟囱可不考虑附加弯矩 M_a。

2.2.2　荷载效应的地震组合

　　抗震设防的烟囱除按本手册 2.2.1 进行极限承载能力计算外，尚应按下列地震组合进行截面抗震验算：

$$\gamma_{GE}S_{GE} + \gamma_{Eh}S_{Ehk} + \gamma_{Ev}S_{Evk} + \psi_{WE}\gamma_W S_{Wk} + \psi_{MaE}S_{MaE} \leqslant R_d/\gamma_{RE} \tag{2-3}$$

$$\gamma_{GE}S_{GE} + \gamma_{Eh}S_{Ehk} + \gamma_{Ev}S_{Evk} + \psi_{WE}\gamma_W S_{Wk} + \psi_{MaE}S_{MaE} + \psi_{cT}S_T \leqslant R_d/\gamma_{RE} \tag{2-4}$$

式中：γ_{RE}——承载力抗震调整系数，砖烟囱和玻璃钢烟囱取 1.0；钢筋混凝土烟囱取 0.9；钢烟囱取 0.8；钢塔架按表 2-4 的规定采用；当仅计算竖向地震作用时，各类烟囱和构件均应采用 1.0；

　　　γ_{Eh}——水平地震作用分项系数，按表 2-5 的规定采用；

　　　γ_{Ev}——竖向地震作用分项系数，按表 2-5 的规定采用；

　　　S_{Ehk}——水平地震作用标准值的效应；

　　　S_{Evk}——竖向地震作用标准值的效应；

　　　S_{Wk}——风荷载标准值作用效应；

　　　S_{MaE}——由地震作用、风荷载、日照和基础倾斜引起的附加弯矩效应；

　　　S_{GE}——重力荷载代表值的效应，重力荷载代表值取烟囱及其构配件自重标准值和各层平台活荷载组合值之和；活荷载的组合值系数，应按表 2-6 的规定采用；

　　　S_T——烟气温度作用效应；

　　　γ_W——风荷载分项系数，按表 2-2 的规定采用；

　　　ψ_{WE}——风荷载的组合值系数，取 0.20；

　　　ψ_{MaE}——由地震作用、风荷载、日照和基础倾斜引起的附加弯矩组合值系数，取 1.0；

　　　ψ_{cT}——温度作用组合系数，取 1.0；

　　　γ_{GE}——重力荷载分项系数，一般情况应取 1.2，当重力荷载对烟囱承载能力有利时，不应大于 1.0。

表 2-4　塔架构件及连接节点承载力抗震调整系数

调整系数＼塔架构件	塔柱	腹杆	支座斜杆	节点
γ_{RE}	0.85	0.8	0.9	1.0

表 2-5　地震作用分项系数

地震作用		γ_{Eh}	γ_{Ev}
仅计算水平地震作用		1.3	0
仅计算竖向地震作用		0	1.3
同时计算水平和竖向地震作用	水平地震作用为主时	1.3	0.5
	竖向地震作用为主时	0.5	1.3

表 2-6　计算重力荷载代表值时活荷载组合值系数

活荷载种类		组合值系数
积灰荷载		0.9
筒壁顶部平台活荷载		不计入
其余各层平台	按实际情况计算的平台活荷载	1.0
	按等效均布荷载计算的平台活荷载	0.2

2.3　烟囱正常使用极限状态设计

烟囱正常使用极限状态是指结构或附属构件达到正常使用规定的限值，如达到变形、裂缝和最高受热温度等规定限值。

对于正常使用极限状态，应分别按作用效应的标准组合、频遇组合和准永久组合进行设计。

2.3.1　荷载效应标准组合

标准组合应用于验算钢筋混凝土烟囱筒壁的混凝土压应力、钢筋拉应力、裂缝宽度，以及地基承载力或结构变形验算等，并按下式计算：

$$\sum_{i=1}^{m} S_{Gik} + S_{Q1k} + \sum_{j=2}^{n} \psi_{cj} S_{Qjk} \leqslant C \tag{2-5}$$

式中：C——烟囱或结构构件达到正常使用要求的规定限值，如允许应力、变形、裂缝等限值，或地基承载力特征值。

2.3.2　荷载效应准永久组合

准永久组合用于地基变形的计算，应按下式确定：

$$\sum_{i=1}^{m} S_{Gik} + \sum_{j=1}^{n} \psi_{qj} S_{Qjk} \leqslant C \tag{2-6}$$

式中：ψ_{qj}——第 j 个可变作用效应的准永久值系数，平台活荷载取 0.6；积灰荷载取 0.8；
一般情况下不考虑风荷载，但对于风玫瑰图呈严重偏心的地区，可采用风荷载频遇值系数 0.4 进行计算。

2.3.3　荷载效应标准组合值系数

荷载效应及温度作用效应的标准组合应考虑表 2-7 的两种情况，并采用相应的组合值系数。

表 2-7　荷载效应和温度作用效应的标准组合值系数

荷载和温度作用的效应组合				组合值系数		备　注
情况	永久荷载	第一个可变荷载	其他可变荷载	ψ_{cW}	ψ_{cMa}	
Ⅰ	G	T	$W + M_a$	1	1	用于计算水平截面
Ⅱ	—	T	—	—	—	用于计算垂直截面

2.3.4　烟囱正常使用规定限值

1　受热温度允许值

烟囱筒壁和基础的受热温度应符合下列规定：
（1）烧结普通黏土砖筒壁的最高受热温度不应超过 400℃；
（2）钢筋混凝土筒壁和基础以及素混凝土基础的最高受热温度不应超过 150℃；
（3）非耐热钢烟囱筒壁的最高受热温度应符合表 2-8 的规定；
（4）玻璃钢烟囱最高受热温度应低于热变形温度 20℃ 以下。

表 2-8　钢烟囱筒壁的最高受热温度

钢　材	最高受热温度（℃）	备　注
碳素结构钢	250	用于沸腾钢
	350	用于镇静钢
低合金结构钢和可焊接低合金耐候钢	400	—

2　钢筋混凝土烟囱筒壁裂缝宽度限值

对正常使用极限状态，按作用效应标准组合计算的最大水平裂缝宽度和最大垂直裂缝宽度不应大于表 2-9 规定限值。

表 2-9　最大裂缝宽度限值（mm）

部　位	最大裂缝宽度限值
筒壁顶部 20m 范围内	0.15
其余部位	0.20

3　烟囱水平位移限值

在荷载的标准组合效应作用下，钢筋混凝土烟囱、钢结构烟囱和玻璃钢烟囱任意高度的水平位移不应大于该点离地高度的 1/100，砖烟囱不应大于 1/300。

2.4　单筒烟囱设计一般规定

2.4.1　烟囱形式与计算截面的选取

烟囱形式的选取见本手册1.2.2有关规定，烟囱筒身计算截面位置的选取可按下列规定采用：

（1）水平截面应取筒壁各节的底截面。筒壁计算截面的选取，是以具有代表性、计算方便又偏于安全为原则确定的。烟囱的坡度、筒身各层厚度及截面配筋的变化都在分节处，同时筒身的自重、风荷载及温度也按分节进行计算。这样，在每节底部的水平截面总是该节的最不利截面。因而计算水平截面时，取筒壁各节的底截面。

（2）垂直截面可取各节底部单位高度的截面。垂直截面可以选择任意单位高度为计算截面。因为各节底部截面的一些数据获取较方便（如筒壁内外半径、内衬及隔热层厚度），所以计算垂直截面时，也规定取筒壁各节底部单位高度为计算截面。

2.4.2　钢筋混凝土烟囱

（1）安全等级为一级的单筒式钢筋混凝土烟囱以及套筒式或多管式钢筋混凝土烟囱的筒壁应采用双侧配筋。其他单筒式钢筋混凝土烟囱筒壁内侧的下列部位应配置钢筋：

1）筒壁厚度大于350mm时；

2）夏季筒壁外表面温度长时间大于内侧温度时。

（2）钢筋混凝土烟囱筒壁最小配筋率应符合表2-10的规定。

表2-10　筒壁最小配筋率（%）

配 筋 方 式		双侧配筋	单侧配筋
竖向钢筋	外侧	0.25	0.40
	内侧	0.20	—
环向钢筋	外侧	0.25（0.20）	0.25
	内侧	0.10（0.15）	—

注：括号内数字为套筒式或多管式钢筋混凝土烟囱最小配筋率。

（3）筒壁环向钢筋应配在竖向钢筋靠筒壁表面（双侧配筋时指内、外表面）一侧，环向钢筋的保护层厚度不应小于30mm。

（4）钢筋最小直径与最大间距应符合表2-11的规定。当为双侧配筋时，内外侧钢筋应用拉筋拉结，拉筋直径不应小于6mm，纵横间距宜为500mm。

表2-11　筒壁钢筋最小直径和最大间距（mm）

配筋种类	最小直径	最大间距
竖向钢筋	10	外侧250，内侧300
环向钢筋	8	200，且不大于壁厚

（5）竖向钢筋的分段长度，宜取移动模板的倍数，并加搭接长度。钢筋的搭接长度 L_d 按照现行国家标准《混凝土结构设计规范》GB 50010 的规定采用，接头位置应相互错开，并在任一搭接范围内，接头数不应超过截面内钢筋总面积的 1/4。当钢筋采用焊接接头时，其焊接类型及质量应符合国家有关标准的规定。

（6）筒壁构造应符合下列规定：

1）筒壁坡度宜采用 2%，对高烟囱也可采用几种不同的坡度（下部可大于 2%，最大坡度可达 10% 左右）；

2）筒壁分节高度，应为移动模板高度的倍数，且不宜超过 15m；

3）筒壁最小厚度应符合表 2-12 的有关规定；

4）筒壁厚度可随分节高度自下而上呈阶梯形减薄，但同一节厚度宜相同。

表 2-12　筒壁最小厚度

筒壁顶口内径 D（m）	最小厚度（mm）
$D \leqslant 4$	140
$4 < D \leqslant 6$	160
$6 < D \leqslant 8$	180
$D > 8$	$180 + (D-8) \times 10$

注：采用滑动模板施工时，最小厚度不宜小于 160mm。

（7）筒壁的环形悬臂和筒壁顶部加厚区段的构造，应符合下列规定：

1）环形悬臂可按构造配置钢筋，受力较大或挑出较长的悬臂应按计算配置钢筋；

2）在环形悬臂中，应沿悬臂全高设置垂直楔形缝，缝的宽度为 20mm～25mm，缝的间距宜为 1m 左右，见图 2-1；

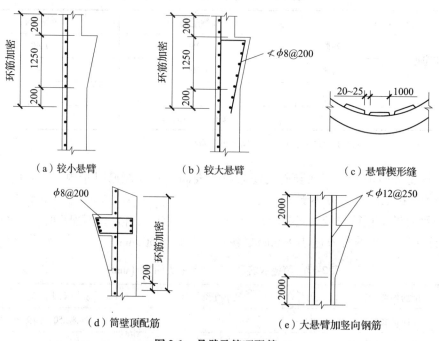

（a）较小悬臂　　　（b）较大悬臂　　　（c）悬臂楔形缝

（d）筒壁顶配筋　　　（e）大悬臂加竖向钢筋

图 2-1　悬臂及筒顶配筋

3）在环形悬臂处和筒壁顶部加厚区段内，筒壁外侧环向钢筋应适当加密，一般宜比非加厚区段增加一倍配筋；

4）当环形悬臂挑出较长或荷载较大时，宜在悬臂上下各2m范围内，对筒壁内外侧竖向钢筋及环向钢筋适当加密，一般宜比非加厚区段增加一倍配筋。

5）筒壁顶部花饰构造可参考图2-2。

当烟囱较高，上口径较大，烟气温度较高时，顶部花饰可按图2-2（a）；

当烟囱较高，上口径大，烟气温度较低时，顶部花饰可按图2-2（b）；

当烟囱较高，上口径小，烟气温度较高时，顶部花饰可按图2-2（c）；

设计者还可以根据实际情况需要，采用筒首形式四［见图2-2（d）］。

（8）筒壁上设有孔洞时，应符合下列规定：

1）在同一水平截面内有两个孔洞时，宜对称设置；

2）孔洞对应的圆心角不应超过70°，在同一水平截面内总的开孔圆心角不得超过140°；

3）孔洞宜设计成圆形，矩形孔洞的转角宜设计成弧形（图2-3）；

4）孔洞周围应配补强钢筋，并应布置在孔洞边缘3倍筒壁厚度范围内，其截面面积一般宜为同方向被切断钢筋截面面积的1.3倍。其中环向补强钢筋的一半应贯通整个环形截面。矩形孔洞转角处应配置与水平方向成45°角的斜向钢筋，每个转角处的钢筋，按筒壁厚度每100mm不应小于250mm^2，且不少于两根。

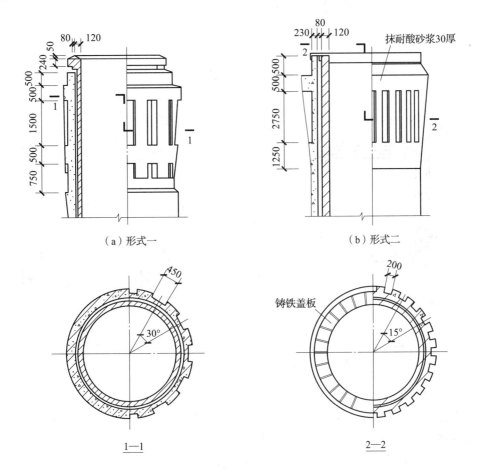

（a）形式一　　　　　　　　　　（b）形式二

1—1　　　　　　　　　　2—2

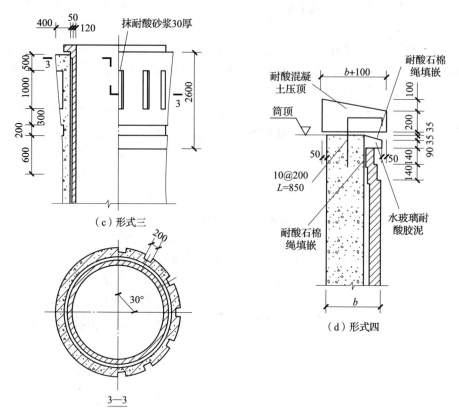

图 2-2　筒首形式

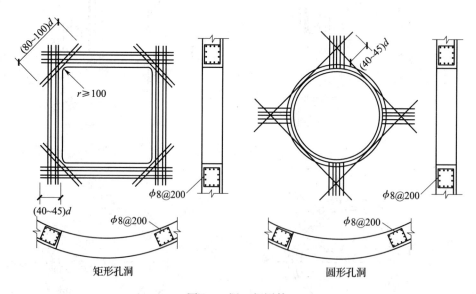

图 2-3　洞口加固筋

所有补强钢筋伸过洞口边缘的长度：抗震设防地区为 $45d$，非抗震设防地区为 $40d$（d 为钢筋直径）。

2.4.3　烟囱内衬设置规定

烟囱的设置应符合下列规定：

（1）砖烟囱内衬应符合：

1）当烟气温度大于400℃时，内衬应沿筒壁全高设置；

2）当烟气温度小于或等于400℃时，内衬可在筒壁下部局部设置，其最低设置高度应超过烟道孔顶，超过高度不宜小于1/2孔高。

（2）钢筋混凝土单筒烟囱的内衬宜沿筒壁全高设置。

（3）当筒壁温度符合表2-8的温度限值且满足防腐蚀要求时，钢烟囱可以不设置内衬。但当筒壁温度较高时，应采取防烫伤措施。

（4）当烟气腐蚀等级为弱腐蚀及以上时，烟囱内衬设置尚应符合本手册第5章的有关规定。

（5）内衬厚度应由温度计算确定，但烟道进口处一节（或地下烟道基础内部）的厚度不应小于200mm或一砖。其他各节不应小于100mm或半砖。内衬各节的搭接长度不应小于300mm或六皮砖（见图2-4）。

2.4.4　烟囱隔热层设置规定

隔热层的设置应符合下列规定：

（1）如采用砖砌内衬、空气隔热层时，厚度宜为50mm，同时在内衬靠筒壁一侧按竖向间距1m，环向间距为500mm，挑出顶砖，顶砖与筒壁间应留10mm缝隙。

（2）填料隔热层的厚度宜采用80mm～200mm，同时应在内衬上设置间距为1.5m～2.5m整圈防沉带，防沉带与筒壁之间留出10mm的温度缝（见图2-5）。

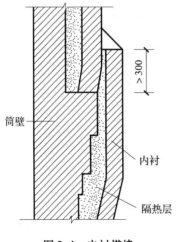

图2-4　内衬搭接

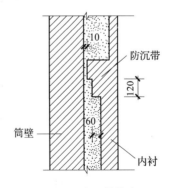

图2-5　防沉带构造

2.4.5　烟囱隔烟墙设置规定

同一平面内，有两个烟道口时，宜设置隔烟墙，其高度宜采用烟道孔高度的0.5倍～1.5倍。隔烟墙高度与烟气压力以及运行工况等条件有关，调研表明烟道底部1/3烟气容易灌入对面烟道,上部2/3烟气会直接被抽入烟囱。为此,规定隔烟墙高度宜采用烟道孔高度的0.5倍~1.5倍,烟囱高度较低和烟道孔较矮的烟囱宜取较大值,反之取较小值。

隔烟墙厚度应根据烟气压力(抗震设防地区应考虑地震作用)进行计算确定。

2.4.6 烟囱平台及护坡

烟囱平台根据其主要功能分为积灰平台、检修平台、承重平台、吊装平台以及采样平台和障碍灯平台,其具体设置要求详见本手册各章节。

(1)当烟囱设置架空烟道时,应在烟囱内部设置积灰平台(图2-6),当为地面或地下烟道时,应设置出灰孔。

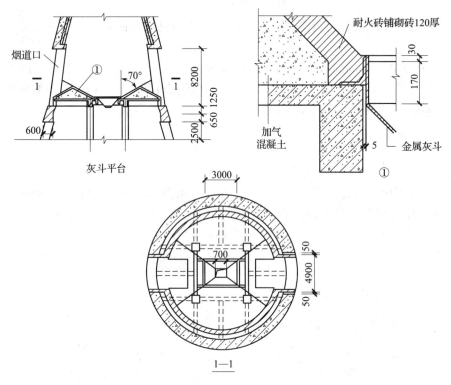

图2-6 积灰平台

(2)烟囱外部检修或安装信号灯用的平台,其构造参见图2-7,应按下列规定设置:

1)烟囱高度小于60m时,无特殊要求可不设置;

2)烟囱高度为60m~100m时,可仅在顶部设置;

3)烟囱高度大于100m时,尚应在中部适当增设平台;

4)当设置航空障碍灯时,检修平台可与障碍灯维护平台共用,而不再单独设置检修平台;

5)当设置烟气排放监测系统时,并设置了采样平台后,采样平台可与检修平台共用;

6)烟囱平台应设置高度不低于1.1m的安全护栏和不低于100mm的脚部挡板。

套筒烟囱与多管烟囱检修平台的设置可与排烟筒的承重平台或止晃平台统一考虑,而不另在烟囱外部单独设置。

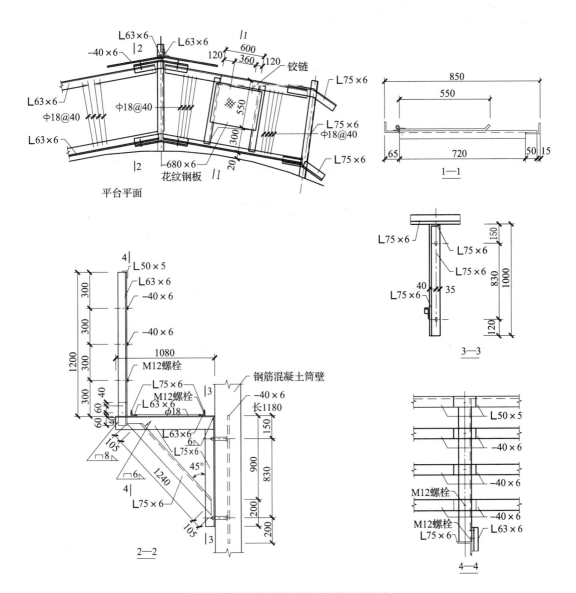

图 2-7　烟囱外部检修平台/信号灯平台

当无特殊要求时，砖烟囱一般可不设置检修平台和信号灯平台。

（3）采样平台。烟囱设计应根据环保或工艺专业的要求，设置烟气排放连续监测系统（Continuous Emissions Monitoring Systems，简称 CEMS），土建专业应预留位置并设置用于采样的平台。当连续监测烟气排放系统（CEMS）装置离地高度超过 2.5m 时，应在监测装置下部 1.2m ~ 1.3m 标高处设置采样平台。平台应设置爬梯或 Z 形楼梯。当监测装置离地高度超过 5m 时，平台应设置 Z 形楼梯、旋转楼梯或升降梯。

安装烟气 CEMS 的工作区域应提供永久性的电源，以保障烟气监测系统 CEMS 的正常运行。安装在高空位置的 CEMS 要采取措施防止发生雷击事故，做好接地，以保证人身安全和仪器的运行安全。

（4）烟囱外部平台的构造要求：

1）顶部的平台可设置在距烟囱顶部 7.5m 高度范围内；

2）平台宽度约为 800mm；

3）平台的铺板宜用圆钢筋组成或其他形式的格子板；

4）爬梯穿过平台处，平台上人孔的宽度不应小于 600mm，并在其上设置活动盖板；

5）爬梯和烟囱外部平台各杆件长度不宜超过 2.5m，杆件之间可以采用螺栓连接；

6）爬梯、平台与筒壁的连接应满足强度和耐久性要求。爬梯和平台等金属构件，宜采用热浸镀锌防腐，镀层厚度应满足表 2-13 最小值要求，并符合《金属覆盖层　钢铁制件热浸镀锌层　技术要求及试验方法》GB/T 13912 有关规定。

表 2-13　金属热浸镀锌最小厚度

镀层厚度（μm）	钢构件厚度 t（mm）			
	$t<1.6$	$1.6≤t≤3.0$	$3.0≤t≤6.0$	$t>6$
平均厚度	45	55	70	85
局部厚度	35	45	55	70

（5）烟囱周围的地面应设排水护坡（见图 2-8），护坡宽度不小于 1.5m，坡度不小于 2%。

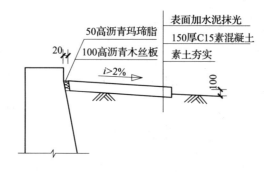

图 2-8　地面护坡

2.4.7　烟囱爬梯

为了便于烟囱的检查和维护，在单筒烟囱筒壁外表面需设置爬梯（图 2-9），爬梯应按下列规定设置：

（1）爬梯宜在离地面 2.5m 处开始设置，直至烟囱顶端；

（2）爬梯宜设在常年主导风向的上风向；

（3）烟囱爬梯应设置安全防护围栏，围栏直径宜为 700mm，围栏应按下列规定设置；

（4）烟囱高度大于 40m 时，应在爬梯上设置活动休息板，其间隔不应超过 30m，休息板可设在围栏的水平箍上，其宽度不小于 50mm。

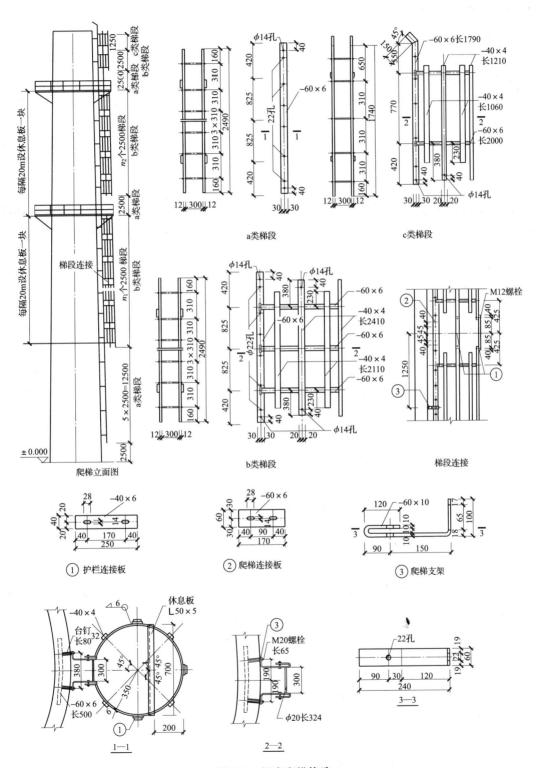

图 2-9 烟囱爬梯构造

2.4.8 避雷装置

烟囱属于独立的高耸构筑物，为避免遭受雷击，应设置良好的避雷装置。

避雷装置是由避雷针、引下线（导线）和接地装置组成。避雷针设计一般应有电气专业完成，土建专业设计时可参考以下规定进行设计：

避雷针采用 φ25 镀锌圆钢或 φ40 镀锌钢管制作，顶端制成圆锥形，一般应高出筒首 1.8m 以上，其数量根据烟囱高度及出口直径确定，具体可参考见表 2-14 确定。避雷装置的构造要求参见图 2-10。

表 2-14　烟囱避雷针数量

序号	烟囱尺寸		避雷针数量	序号	烟囱尺寸		避雷针数量
	内直径（m）	高度（m）			内直径（m）	高度（m）	
1	1.0	15～30	1	12	5.0	15～100	3
2	1.0	35～50	2	13	5.0	100～150	4
3	1.5	15～45	2	14	6.0	50～100	3
4	1.5	50～80	3	15	6.0	100～150	4
5	2.0	15～30	2	16	7.0	80～100	4
6	2.0	35～100	3	17	7.0	100～150	6
7	2.5	15～30	2	18	8.0	80～100	4
8	2.5	35～150	3	19	8.0	100～150	6
9	3.0	15～150	3	20	7.0	150～180	6
10	3.5	15～150	3	21	8.0	180～210	8
11	4.0	15～150	3				

钢筋混凝土烟囱的每个避雷针，上下用两个连接板固定在筒首部位的暗榫上。避雷针的下端通过连接板与预埋在烟囱筒壁中的环向导线筋连接。布置在烟囱不同高度处的各层环向导线筋通过预埋在混凝土筒壁内的竖向导线筋连接，烟囱底部的导线筋在地面下 0.5m 深度处与接地极的扁钢带连接在一起。

接地极是由镀锌扁钢与数根接地钢管焊接而成。接地钢管一般采用 φ50 长 2.5m 的镀锌钢管或 50×5 角钢制作，下端加工成尖形。接地极的顶端应低于地面以下 0.5m，每隔 5m～7m 埋置一根，并沿烟囱基础周围等距离布置成环形。

所有避雷装置的构件必须镀锌，且要保证接触及导电性能良好。接地装置安装完毕后，必须进行接地电阻实测，测值不得大于 10Ω。

接地极用管的数量根据不同地基土而定，可参考表 2-15。

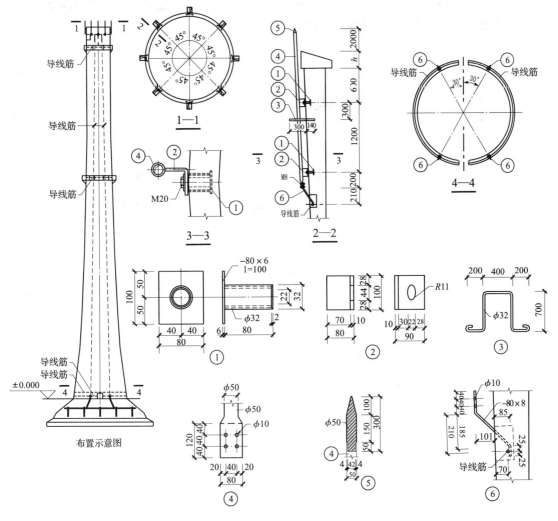

图 2-10 烟囱避雷装置构造

表 2-15 接地电极用管数量

序号	土的种类	土之比阻抗$\frac{\Omega \cdot CM}{10^4}$	接地电极用管数量	计算的接地阻抗（Ω）	接地电极用管之间距离（m）
1	砂	7	12	30	5
2	砂质黏土	3	6	22	5
3	黏土	0.4	1	20	—
4	黑土	2	3	16	7.5

2.4.9 倾斜和沉降观测标志

为了观测烟囱在使用过程中的倾斜和沉降情况，需在筒壁外侧设置倾斜和沉降观测标志，并沿圆周互成90°角的四个方向各设置一个。倾斜观测标一般设置在距烟囱顶部

4.5m 标高处，沉降观测标一般设置在烟囱底部 0.5m 标高处。观测标的构造见图 2-11，施工时需在筒壁预埋观测标志所需的暗榫。

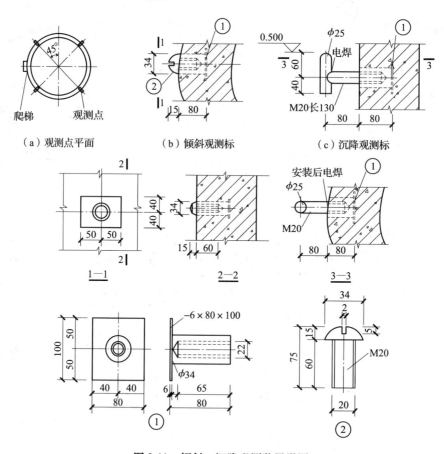

（a）观测点平面　　（b）倾斜观测标　　（c）沉降观测标

图 2-11　倾斜、沉降观测装置详图

2.4.10　测温孔

为测量烟囱在使用时的内部温度值，在烟囱筒身（包括内衬、隔热层及筒壁）需预留测温孔。测温孔宜设在距爬梯旁 500mm 处（当未单独设置测温孔平台时）。一般应在烟囱的顶部、中部及下部各设置一个，也可以根据观测需要在筒身隔热层或内衬材料变化处设置。测温孔的构造见图 2-12。

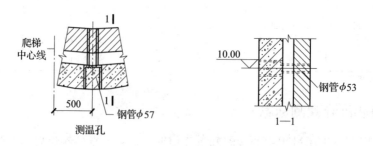

图 2-12　测温装置详图

2.5　套筒式与多管式烟囱构造

套筒式与多管式烟囱的钢筋混凝土外筒比普通烟囱的直径要大得多。故钢筋混凝土外筒上部一般宜做成等直径，既方便施工又可减少内部钢结构平台的跨度。外筒的下部可根据需要放坡。

由于钢筋混凝土外筒半径较大，且承受平台传来的荷载。所以，筒壁的最小厚度、牛腿附近配筋的加强等与单筒钢筋混凝土烟囱有所不同。外筒壁的最小厚度不宜小于250mm。筒壁应采用双侧配筋。其最小配筋率应满足表2-10中双侧配筋要求。

承重平台的大梁和吊装平台的大梁，应支承在筒壁内侧。筒壁预留孔洞的尺寸，应满足大梁安装就位要求，此处筒壁厚度应适当增大。大梁对筒壁产生的偏心距应尽量减小，大梁支承点处应有支承垫板并配置局部承压钢筋网片。施工完毕后，应将孔洞用混凝土封闭。

外筒底部应留设吊装钢内筒的安装孔，如选择在外筒外部焊接成筒的施工方案，安装孔宽度应大于钢内筒外径0.5m～1.0m，孔的高度根据施工方案确定。吊装完成后，应用砖砌体将吊装孔封闭，并在其中一个设置检修大门。

外筒应在下部第一层平台上部1.5m处，开设4个～8个进风口。进风口的总面积约为外筒包围的平均水平面积（扣除排烟筒包围的水平面积）的5%左右。在顶层平台下设4个～8个出风口，其面积略小于进风口面积。为防止雨水和小动物进入烟囱内，进风口、出风口均应设置百叶窗和钢丝网封闭。

外筒附件应镀锌防腐，并采用镀锌自锚螺栓固定。

套筒式与多管式烟囱其他构造规定见本手册有关章节。

3　材　料

3.1　砖　石

3.1.1　砖烟囱筒壁

为贯彻落实《关于加快墙体材料革新和推广节能建筑意见的通知》（国发［1992］66号）和《关于推进住宅产业现代化提高住宅质量的若干意见的通知》（国办发［1999］72号）精神，推广应用新型墙体材料，节约土地和能源资源，保护生态和环境，在国家禁止使用实心黏土砖的城市和地区应禁止选用黏土砖烟囱。

烧结普通砖是由黏土、页岩、煤矸石或粉煤灰为主要原料，经过焙烧而成的砖。分烧结黏土砖、烧结页岩砖、烧结煤矸石砖及烧结粉煤灰砖。烟囱筒壁宜选用烧结普通黏土砖。砖的抗风化性能、尺寸偏差、外观质量等应符合有关规定，产品等级为优等品。不宜采用烧结页岩砖、烧结煤矸石砖及烧结粉煤灰砖；更不宜采用硅酸盐类砖中的蒸压灰砂砖或蒸压粉煤灰砖。此类砖不得用于长期受热温度高于200℃，受急冷急热和有酸性介质侵蚀作用的部位，故不宜用于砖烟囱筒壁。

砖筒壁宜优先采用异型砖，也可用普通标准砖切削加工成楔形，楔形砖砌筑环形筒壁可避免打砖，且灰缝厚度均匀，保证砌筑质量。对砖要求应为外形尺寸一致、棱角整齐、火候充足，无裂缝和翘曲等疵病的优等砖。

（1）当选用砖烟囱时，砖烟囱筒壁宜采用标准型或异型黏土砖，强度等级不应低于MU10。

（2）砖烟囱筒壁应采用水泥石灰砂浆，强度等级不应低于M5。

砖及砂浆的强度等级决定砖烟囱砌体的强度。砖烟囱置于大气中，风吹雨淋及日晒容易风化腐蚀，同时烟气的腐蚀性介质作用或潮湿环境，均影响砌体的耐久性。砂浆受腐蚀更易丧失强度，严重时砂浆疏松剥落。故砖的强度等级不应低于MU10，砂浆的强度等级不应低于M5。

砖筒壁的砌筑宜采用合易性能好的水泥石灰混合砂浆，施工操作方便，铺砌均匀，灰缝饱满密实，砂浆与钢筋黏结好，可提高砌筑质量，则砌体的强度也易保证。

（3）砖砌体在温度作用下的抗压强度设计值和弹性模量，可不考虑温度的影响。

（4）烧结普通砖砌体的抗压强度设计值 f 按表3-1采用。

（5）当砂浆强度等级不小于M5时，烧结普通砖砌体的弹性模量 E 按 $1600f$ 采用，f 为砖砌体的抗压强度设计值。

（6）砖砌体在温度作用下的线膨胀系数 α_m，可按下列规定采用：

当砌体受热温度 T 为20℃ ~ 200℃时，α_m 可采用 $5 \times 10^{-6}/℃$；

当砌体受热温度 $T > 200℃$，但 $T \leqslant 400℃$ 时，α_m 可按下式确定：

$$\alpha_m = 5 \times 10^{-6} + \frac{T - 200}{200} \times 10^{-6}$$

$$(3-1)$$

表 3-1 抗压强度设计值 f（MPa）

砖强度等级	砂浆强度等级				
	M15	M10	M7.5	M5	M2.5
MU30	3.94	3.27	2.93	2.59	2.26
MU25	3.60	2.98	2.68	2.37	2.06
MU20	3.22	2.67	2.39	2.12	1.84
MU15	2.79	2.31	2.07	1.83	1.60
MU10	—	1.89	1.69	1.50	1.30

3.1.2 烟囱及烟道的内衬

对已投产使用的烟囱大量调研发现，烟囱的开裂和腐蚀是比较普遍存在的问题。有的烟囱内衬在温度长期作用下开裂严重，内衬的开裂导致筒壁受热温度升高，并产生裂缝。内衬已成为烟囱正常使用下的薄弱环节，裂缝严重直接影响烟囱的正常使用。因此，在内衬材料选择时应予以重视。

内衬直接受烟气温度及烟气中腐蚀性介质的作用，为此内衬材料应依据烟气温度、烟气湿度、烟气含硫量等分别选用耐高温、耐腐蚀、抗渗等性能良好的内衬材料。根据烟气温度及腐蚀程度，按下列规定选择内衬材料：

（1）当烟气温度低于400℃，且高于150℃时，可采用强度等级为MU10的烧结普通黏土砖和强度等级为M5的混合砂浆。

（2）当烟气温度为400℃~500℃时，可采用强度等级为MU10的烧结普通黏土砖和耐热砂浆。

（3）当烟气温度高于500℃时，可采用黏土质耐火砖和黏土质火泥泥浆，也可采用耐热混凝土或漂珠轻质耐火砖。

内衬选择烧结普通砖中的烧结黏土砖，不宜采用烧结页岩砖、烧结煤矸石砖及烧结粉煤灰砖，更不宜采用硅酸盐类非烧结砖。宜优先采用楔形砖，以方便环形内衬的砌筑，保证砌筑的质量。

黏土质耐火砖是由耐火黏土和熟料（燃烧和粉碎后的黏土）经成型、干燥、入窑煅烧而成。呈黄棕色，属于中性耐火材料。耐高温、抵抗温度急变性能好，对酸碱的作用稳定性能好，多用于烟气温度高或有弱腐蚀性影响的烟囱内衬。

（4）当烟囱排放的烟气温度低于150℃，烟气中二氧化硫含量较高时，除按烟囱防腐蚀有关规定进行设计外，烟囱内衬应采用耐腐蚀性能良好的内衬材料。

1）对于排放非脱硫处理的烟气、干法脱硫烟气、循环流化床锅炉产生的烟气以及符合本手册5.2.3所规定的干烟气的烟囱，其内衬可采用普通型耐酸浇胶结料与普通型耐酸砖砌筑内衬。

2）对于排放半干法脱硫烟气、经过气气交换器（GGH）的湿法脱硫烟气以及符合本手册5.2.3所规定的潮湿烟气的烟囱，其内衬可采用密实型耐酸浇胶结料与防水型耐酸砖砌筑内衬。

3）耐酸浇胶结料与耐酸砖材料性能应满足表3-2～表3-4要求。

表3-2　耐酸胶结料的技术要求

项　　目		单位	普通型耐酸胶结料	密实型耐酸胶结料
体积密度		kg/m³	≥1750	≥1900
凝结时间（20℃～25℃）	初凝时间	min	≥45	≥45
	终凝时间	h	≤12	≤15
常温及［（110℃±5℃）×24h］下抗压强度		MPa	≥15.0	≥20.0
耐酸性（常温浸40% H_2SO_4　30d 或80℃浸40% H_2SO_4　15d）	外观	—	不允许有腐蚀、裂纹、膨胀、剥落等异常现象	不允许有腐蚀、裂纹、膨胀、剥落等异常现象
	f_s/f_o	—	≥0.9	≥0.9
耐热性（250℃×4h）	外观	—	不允许有裂纹、剥落及大于2.5%的线变化率	不允许有裂纹、剥落及大于2.5%的线变化率
	f_r/f_o	—	≥0.9	≥0.9
耐水性（常温浸水30d 或浸90℃温水15d）	外观	—	—	不允许有溶蚀、裂纹
	f_{sh}/f_o	—	—	≥0.75
体积吸水率		%	—	≤5.0
抗渗性		MPa	—	≥0.6

注：1　密实型耐酸胶结料经浸酸或加热后吸水率应不大于8.0%，加热后耐酸性应不降低。
　　2　表中常温指15℃～30℃。
　　3　f_o 为试样经110℃烘干后的常温抗压强度。
　　4　f_s 为试样浸酸后的常温抗压强度。
　　5　f_r 为试样加热后的常温抗压强度。
　　6　f_{sh} 为试样浸水后的常温抗压强度。

表3-3　普通型耐酸砖的技术要求

项　　目		超轻质耐酸砖		轻质耐酸砖				重质耐酸砖	
		Ⅰ型	Ⅱ型	Ⅰ型	Ⅱ型	Ⅲ型	Ⅳ型	Ⅰ型	Ⅱ型
体积密度（kg/m³）		500～750	750～1000	1000～1200	1200～1400	1400～1650	1650～1900	1900～2150	2150～2400
常温导热系数［W/（m·k）］		≤0.25	≤0.35	≤0.45	≤0.55	≤0.70	≤0.90	≤1.10	≤1.30
常温及［（110℃±5℃）×24h］下抗压强度（MPa）		≥7.0	≥8.5	≥10.0	≥12.0	≥14.0	≥17.0	≥20.0	≥22.0
耐酸性（常温浸40% H_2SO_4 30d 或80℃浸40% H_2SO_4 15d）	外观	不允许有腐蚀、裂纹、膨胀、剥落等异常现象							
	f_s/f_o	≥0.9							
耐热性（250℃×4h）	外观	不允许有裂纹、膨胀、剥落等异常现象							
	f_r/f_o	≥0.9							

注：烧结耐酸砖可不测耐热性。

表 3-4 防水型耐酸砖的技术要求

项　　目		超轻质耐酸砖		轻质耐酸砖				重质耐酸砖	
		I 型	II 型	I 型	II 型	III 型	IV 型	I 型	II 型
体积密度（kg/m³）		500 ~ 750	750 ~ 1000	1000 ~ 1200	1200 ~ 1400	1400 ~ 1650	1650 ~ 1900	1900 ~ 2150	2150 ~ 2400
常温导热系数［W/（m·k）］		≤0.25	≤0.35	≤0.45	≤0.55	≤0.70	≤0.90	≤1.10	≤1.30
常温及［（110℃±5℃）］×24h] 抗压强度（MPa）		≥8.0	≥10.0	≥12.0	≥14.0	≥16.0	≥18.0	≥20.0	≥22.0
体积吸水率（%）		≤5.0							
耐酸性（常温浸 40% H_2SO_4 30d 或 80℃ 浸 40% H_2SO_4 15d）	外观	不允许有腐蚀裂纹、膨胀、剥落等异常现象							
	f_s/f_o	≥0.9							
耐热性（250℃×4h）	外观	不允许有裂纹、剥落及大于 2.0% 的线变化率							
	f_r/f_o	≥0.9							
耐水性（常温浸水 30d 或浸 90℃ 温水 15d）	外观	不允许有溶蚀、裂纹、膨胀等异常现象							
	f_{sh}/f_o	≥0.8							

注：防水型耐酸砖加热后体积吸水率应不大于 10.0%。

3.1.3 石砌基础

石材应选用无明显风化的天然石材（毛石或毛料石），并应根据地基土的潮湿程度按下列规定采用：

（1）当地基土稍潮湿时，应采用强度等级不低于 MU30 的石材和强度等级不低于 M5 的水泥砂浆砌筑；

（2）当地基土很潮湿时，应采用强度等级不低于 MU30 的石材和强度等级不低于 M7.5 的水泥砂浆砌筑；

（3）地基土含水饱和时，应采用强度等级不低于 MU40 的石材和强度等级不低于 M10 的水泥砂浆砌筑。

为保证烟囱基础的耐久性，根据地基土的潮湿强度，规定了石砌基础的石材和砂浆强度等级。同时要求使用水泥砂浆砌筑，水泥砂浆具有潮湿环境中硬化特性。此规定与现行国家标准《砌体结构设计规范》GB 50003 有关规定一致。

地基土潮湿程度的判定，可按表 3-5 简易方法进行判别。

表 3-5 土的潮湿程度鉴别

土的潮湿程度	鉴 别 方 法
稍湿的	经过扰动的土不易捏成团，易碎成粉末，放在手中不湿手，但感觉凉，而且觉得是湿土
很湿的	经过扰动的土能捏成各种形状，放在手中会湿手，在土面上滴水能慢慢渗入土中
饱和的	滴水不能渗入土中，可以看出孔隙中的水发亮

3.2 混 凝 土

3.2.1 钢筋混凝土筒壁

钢筋混凝土筒壁的混凝土宜按下列规定采用：

（1）混凝土宜采用普通硅酸盐水泥或矿渣硅酸盐水泥配制，强度等级不应低于 C25。

水泥品种的确定应依据水泥的特性及使用范围确定。《烟囱设计规范》GB 50051—2013 不再推荐使用硅酸盐水泥。由于硅酸盐水泥的特性是由石灰质岩石、黏土和其他辅料入窑煅烧成熟料后，再加入适量石膏，磨细而成的水硬性胶凝材料，广泛用于建筑工程。它的特点是强度等级高、快硬、早强、耐碱性好、水化热高。这种水泥含有较多的硅酸钙，水解时将产生大量的 $Ca(OH)_2$，因而水泥石中的碱度较高。硅酸盐水泥在液态介质中容易产生溶出型腐蚀和硫酸盐膨胀型腐蚀，耐酸腐蚀性差，所以在烟囱壁中不宜采用。

普通硅酸盐水泥简称普通水泥，是在硅酸盐水泥熟料中加入 6%～15% 掺和料及适量的石膏磨细而成的水硬性胶凝材料。其基本性能与硅酸盐水泥相同，但由于掺和料能结合一部分水解时产生的 $Ca(OH)_2$，因而抗软水和硫酸盐的腐蚀能力有所增强。

矿渣硅酸盐水泥简称矿渣水泥，是由硅酸盐水泥熟料、粒化高炉矿渣和适量石膏，磨细制成的水硬性胶凝材料。矿渣水泥水解所析出的 $Ca(OH)_2$ 较少，而且在与活性混合材料作用时又消耗掉大量的氢氧化钙，因此在水泥石中剩余的 $Ca(OH)_2$ 就更少了。矿渣水泥有较好的耐硫酸盐溶液和耐氯化铵溶液的性能，同时还具有一定的耐热性，但耐碱性较差、抗冻性差、抗渗性和抵抗干湿交替性能差。

普通硅酸盐水泥和矿渣硅酸盐水泥除具有一般水泥特性外尚有抗硫酸盐侵蚀性好的优点，适合用于烟囱筒壁。但矿渣硅酸盐水泥抗冻性差，平均气温在 10℃ 以下时不宜使用。

抗硫酸盐水泥并不适用于有酸腐蚀的烟囱工程。抗硫酸盐水泥适用于受纯硫酸盐腐蚀的地下工程，如海港、水利、隧涵及桥梁基础等工程。由于水泥石的碱度较低，对钢筋保护性能较差，所以抗硫酸盐水泥不宜用于上部结构，对结晶型膨胀腐蚀的耐蚀性不够好，且不宜用于干湿交替的环境中。

为此，钢筋混凝土筒壁的混凝土宜采用普通硅酸盐水泥或矿渣硅酸盐水泥配制。

（2）混凝土的水胶比不宜大于 0.45，每立方米混凝土水泥用量不应超过 450kg。

对混凝土水胶比和水泥用量的限制是为了减少混凝土中水泥石和粗骨料之间在较高温度作用时的变形差。水泥石在第一次受热时产生较大收缩。含水量愈大，收缩变形愈大。骨料受热后则膨胀。而水泥石与骨料间的变形差增大的结果导致混凝土产生更大内应力和更多内部微细裂缝，从而降低混凝土强度。限制水泥用量的目的也是为了不使水泥石过多，避免产生过大的收缩变形。

（3）混凝土的骨料应坚硬致密，粗骨料宜采用玄武岩、闪长岩、花岗岩等破碎的碎石或河卵石。细骨料宜采用天然砂，也可采用上述岩石经破碎筛分后的产品，但不得含有金属矿物、云母、硫酸化合物和硫化物。

（4）混凝土粗骨料粒径不应超过筒壁厚度的 1/5 和钢筋净距的 3/4，同时最大粒径不应超过 60mm。

粗骨料粒径的限制可减少它与水泥石之间的变形差。因为在温度作用下粗骨料受热体积膨胀，而水泥石在第一次受热后产生较大的收缩，两者产生相反的变形。粗骨料粒径越大，其变形对水泥石影响也越大。为减少混凝土中水泥石与粗骨料之间在高温作用时的变形差，适当限制混凝土粗骨料粒径还是必要的。

3.2.2 基础与烟道的混凝土强度等级

基础与烟道混凝土最低强度等级应满足现行国家标准《混凝土结构设计规范》GB 50010 耐久性的基本要求和《工业建筑防腐蚀设计规范》GB 50046 要求，壳体基础混凝土强度等级不应低于 C30，非壳体钢筋混凝土基础混凝土强度等级不应低于 C25。

（1）混凝土在温度作用下的强度标准值应按表 3-6 的规定采用。

表 3-6　混凝土在温度作用下的强度标准值（N/mm²）

受力状态	符号	温度（℃）	混凝土强度等级				
			C20	C25	C30	C35	C40
轴心抗压	f_{ctk}	20	13.40	16.70	20.10	23.40	26.80
		60	11.30	14.20	16.60	19.40	22.20
		100	10.70	13.40	15.60	18.30	20.90
		150	10.10	12.70	14.80	17.30	19.80
轴心抗拉	f_{ttk}	20	1.54	1.78	2.01	2.20	2.39
		60	1.24	1.41	1.57	1.74	1.86
		100	1.08	1.23	1.37	1.52	1.63
		150	0.93	1.06	1.18	1.31	1.40

注：温度为中间值时，可采用线性插入法计算。

（2）受热温度值应按以下规定采用：

1）轴心受压及轴心受拉时取计算截面的平均温度；

2）弯曲受压时取表面最高受热温度。

（3）混凝土在温度作用下的强度设计值应按下列公式计算：

$$f_{ct} = \frac{f_{ctk}}{\gamma_{ct}}$$ （3-2）

$$f_{tt} = \frac{f_{ttk}}{\gamma_{tt}}$$ （3-3）

式中：f_{ct}、f_{tt}——混凝土在温度作用下的轴心抗压、轴心抗拉强度设计值（N/mm²）；

f_{ctk}、f_{ttk}——混凝土在温度作用下的轴心抗压、轴心抗拉强度标准值，按本规范表 3-6 的规定采用（N/mm²）；

γ_{ct}、γ_{tt}——混凝土在温度作用下的轴心抗压强度、轴心抗拉强度分项系数，按表 3-7 的规定采用。

表3-7 混凝土在温度作用下的材料分项系数

序号	构件名称	γ_{ct}	γ_{tt}
1	筒壁	1.85	1.50
2	壳体基础	1.60	1.40
3	其他构件	1.40	1.40

（4）混凝土在温度作用下的弹性模量应考虑温度折减，按下式计算：

$$E_{ct} = \beta_c E_c \tag{3-4}$$

式中：E_{ct}——混凝土在温度作用下的弹性模量（N/mm²）；

β_c——混凝土在温度作用下的弹性模量折减系数，按表3-8的规定采用；

E_c——混凝土弹性模量（N/mm²），按表3-9的规定采用。

表3-8 混凝土弹性模量折减系数 β_c

系数	受热温度（℃）				受热温度的取值
	20	60	100	150	
β_c	1.00	0.85	0.75	0.65	承载能力极限状态计算时，取筒壁、壳体基础等的平均温度。正常使用极限状态计算时，取筒壁内表面温度

注：温度为中间值时，应采用线性插入法计算。

表3-9 混凝土弹性模量 （×10⁴N/mm²）

混凝土强度等级	C15	C20	C25	C30	C35	C40
弹性模量 E_c	2.20	2.55	2.80	3.00	3.15	3.25

（5）混凝土的线膨胀系数 α_c 可采用 1.0×10^{-5}/℃。

3.3 钢筋与钢材

3.3.1 钢筋

（1）钢筋混凝土筒壁的配筋宜采用HRB335级钢筋，也可采用HRB400级钢筋。抗震设防烈度8度以上地区（含8度地区），以及重点设防类（乙类）及以上类别的烟囱（具体类别划分见本书4.2.2）宜选用HRB335E、HRB400E级钢筋。砖筒壁的环向钢筋可采用HPB300级钢筋。钢筋性能应符合现行国家标准《钢筋混凝土用钢 第1部分：热轧光圆钢筋》GB 1499.1 和《钢筋混凝土用钢 第2部分：热轧带肋钢筋》GB 1499.2 的规定。

对钢筋混凝土筒壁，《烟囱设计规范》GB 50051未推荐采用光圆钢筋，原因是在温度作用下光圆钢筋与混凝土的黏结力显著下降。例如，温度为100℃时，黏结力约为常温下的3/4，200℃时约为1/2，当温度达到450℃时，黏结力将全部破坏。此外，国家标准《混凝土结构设计规范》GB 50010将高强度钢筋作为推广品种，因此，《烟囱设计规范》

GB 50051—2013 也增加了该类钢筋的使用，但未推荐更高等级的钢筋，因为当钢筋应力过高时，会引起裂缝宽度过大。为了减小裂缝宽度，采取了控制钢筋拉应力的措施。

（2）在温度作用下，钢筋的强度标准值应按下式计算：

$$f_{ytk} = \beta_{yt} f_{yk} \qquad (3-5)$$

式中：f_{ytk}——钢筋在温度作用下强度标准值（N/mm²）；

f_{yk}——钢筋在常温下强度标准值（N/mm²），按现行国家标准《混凝土结构设计规范》GB 50010 采用；

β_{yt}——钢筋在温度作用下强度折减系数，温度不大于100℃时取1.00，150℃时取0.90，中间值采用线性插入。

（3）钢筋的强度设计值应按下列公式计算：

$$f_{yt} = \frac{f_{ytk}}{\gamma_{yt}} \qquad (3-6)$$

式中：f_{yt}——钢筋在温度作用下的抗拉强度设计值（N/mm²）；

γ_{yt}——钢筋在温度作用下的抗拉强度分项系数，按表3-10的规定采用。

表3-10 钢筋在温度作用下的材料分项系数

序　号	构 件 名 称	γ_{yt}
1	钢筋混凝土筒壁	1.6
2	壳体基础	1.2
3	砖筒壁竖筋	1.9
4	砖筒壁环筋	1.6
5	其他构件	1.1

注：当钢筋在温度作用下的抗拉强度设计值的计算值大于现行国家标准《混凝土结构设计规范》GB 50010 规定的常温下相应数值时，应取常温下强度设计值。

（4）钢筋在温度作用下的弹性模量可不考虑温度折减，应按现行国家标准《混凝土结构设计规范》GB 50010 采用。即：HPB300 级钢筋 $E_s = 2.1 \times 10^5$（N/mm²）；HRB335、HRB400 级钢筋 $E_s = 2.0 \times 10^5$（N/mm²）。

（5）钢筋的线膨胀系数 $\alpha_s = 1.2 \times 10^{-5}$。

3.3.2 普通碳素结构钢

（1）钢烟囱的钢材、钢筋混凝土烟囱及砖烟囱附件的钢材除满足下列规定外，还应符合现行国家标准《钢结构设计规范》GB 50017 的规定。

（2）钢烟囱塔架和筒壁可采用 Q235、Q345、Q390、Q420 钢。其质量应分别符合现行国家标准《碳素结构钢》GB/T 700 和《低合金高强度结构钢》GB/T 1591 的规定。

（3）烟囱的平台、爬梯和砖烟囱的环向钢箍宜采用 Q235B 级钢材。

（4）承重结构采用的钢材应具有抗拉强度、伸长率、屈服强度和硫、磷含量的合格保证，对焊接结构尚应具有碳含量的合格保证。

焊接承重结构以及重要的非焊接承重结构采用的钢材还应具有冷弯试验的合格证。

（5）当作用温度不大于100℃时，碳素结构钢和低合金高强结构钢的强度设计值应符合国家标准《钢结构设计规范》GB 50017 的规定，按表 3-11 采用。

表 3-11　钢材的强度设计值（N/mm²）

钢材		抗拉、抗压和抗弯 f	抗剪 f_v	端面承压（刨平顶紧）f_{ce}
牌号	厚度（mm）			
Q235	≤16	215	125	325
	>16~40	205	120	
	>40~60	200	115	
	>60~100	190	110	
Q345	≤16	310	180	400
	>16~35	295	170	
	>35~50	265	155	
	>50~100	250	145	
Q390	≤16	350	205	415
	>16~35	335	190	
	>35~50	315	180	
	>50~100	295	170	
Q420	≤16	380	220	440
	>16~35	360	210	
	>35~50	340	195	
	>50~100	325	185	

注：表中厚度是指计算点的钢材厚度，对轴心受拉和轴心受压构件是指截面中较厚板件的厚度。

（6）处于环境温度低于 -20℃ 的钢烟囱塔架和筒壁以及环境温度低于 -30℃ 的所有钢结构不应采用 Q235 沸腾钢。

（7）焊接结构不应采用 Q235A 级钢。

（8）计算下列情况的结构构件或连接时，钢材的强度设计值应乘以表 3-12 相应的折减系数。

表 3-12　钢材强度设计值折减系数

构件或连接情况		折减系数
单面连接的单角钢	按轴心受力计算强度和连接	0.85
	按轴心受压计算稳定　等边角钢	$0.6 + 0.0015\lambda$，但不大于 1.0
	短边相连的不等边角钢	$0.5 + 0.0025\lambda$，但不大于 1.0
	长边相连的不等边角钢	0.70
无垫板的单面施焊对接焊缝		0.85
施工条件较差的高空安装焊缝		0.90

注：1　当几种情况同时存在时，其折减系数应连乘。

2　λ 为长细比，对中间无联系的单角钢压杆，应按最小回转半径计算，当 $\lambda < 20$ 时，取 $\lambda = 20$。

（9）当作用温度小于或等于 100℃ 时，焊缝的强度设计值应按表 3-13 的规定采用。

表 3-13 焊缝的强度设计值（N/mm²）

焊接方法和焊条型号	构件钢材		对接焊缝				角焊缝
	牌号	厚度或直径 t（mm）	抗压 f_c^w	焊缝质量为下列等级时，抗拉 f_t^w		抗剪 f_v^w	抗拉、抗压和抗剪 f_f^w
				一、二级	三级		
自动焊、半自动焊和 E43 型焊条的手工焊	Q235	$t \leq 16$	215	215	185	125	160
		$16 < t < 40$	205	205	175	120	
		$40 < t < 60$	200	200	170	115	
		$60 < t < 100$	190	190	160	110	
自动焊、半自动焊和 E50 型焊条的手工焊	Q345	$t \leq 16$	310	310	265	180	200
		$16 < t < 35$	295	295	250	170	
		$35 < t < 50$	265	265	225	155	
		$50 < t < 100$	250	250	210	145	
自动焊、半自动焊和 E55 型焊条的手工焊	Q390	$t \leq 16$	350	350	300	205	220
		$16 < t < 35$	335	335	285	190	
		$35 < t < 50$	315	315	270	180	
		$50 < t < 100$	295	295	250	170	
	Q420	$t \leq 16$	380	380	320	220	220
		$16 < t < 35$	360	360	305	210	
		$35 < t < 50$	340	340	290	195	
		$50 < t < 100$	325	325	275	185	

注：1 自动焊和半自动焊所采用的焊丝和焊剂，应保证其熔敷金属的力学性能不低于现行国家标准《埋弧焊用碳钢焊丝和焊剂》GB/T 5293 和《低合金钢埋弧焊用焊剂》GB/T 12470 中相关的规定。

2 焊缝质量等级应符合现行国家标准《钢结构工程施工质量验收规范》GB 50205 的规定。其中厚度小于 8mm 钢材的对接焊缝，不应采用超声波探伤确定焊缝质量等级。

3 对接焊缝在受压区的抗弯强度设计值取 f_c^w，在受拉区的抗弯强度设计值取 f_t^w。

4 厚度是指计算点的钢材厚度，对轴心受拉和轴心受压构件是指截面中较厚板件的厚度。

（10）Q235、Q345、Q390 和 Q420 钢材及其焊缝在温度作用下的强度设计值应按下列公式计算：

$$f_t = \gamma_s f \tag{3-7}$$

$$f_{vt} = \gamma_s f_v \tag{3-8}$$

$$f_{xt}^w = \gamma_s f_x^w \tag{3-9}$$

$$\gamma_s = 1.0 + \frac{T}{767 \times \ln \dfrac{T}{1750}} \tag{3-10}$$

式中：f_t——钢材在温度作用下的抗拉、抗压和抗弯强度设计值（N/mm²）；

f_{vt}——钢材在温度作用下的抗剪强度设计值（N/mm²）；

f_{xt}^w——焊缝在温度作用下各种受力状态的强度设计值（N/mm²），下标字母 x 为字母 c（抗压）、t（抗拉）、v（抗剪）和 f（角焊缝强度）的代表；

γ_s——钢材及焊缝在温度作用下强度设计值的折减系数，耐候钢在温度作用下钢材和焊缝的强度设计值的温度折减系数宜要求供货厂商提供或通过试验确定；

f、f_v、f_x^w——分别为钢材和焊缝在常温下的强度设计值（N/mm^2），按现行国家标准《钢结构设计规范》GB 50017 的规定采用；

T——钢材或焊缝计算处温度（℃）。

（11）钢结构的连接材料应符合下列要求：

1）手工焊采用的焊条，应符合现行国家标准《碳钢焊条》GB/T 5117 或《低合金钢焊条》GB/T 5118 的规定。选择的焊条型号应与主体金属力学性能相适用。

2）自动焊和半自动焊接采用的焊丝和相应的焊剂应与主体金属力学性能相适应，并应符合现行国家标准的规定。

3）普通螺栓应符合现行国家标准《六角头螺栓 C 级》GB/T 5780 和《六角头螺栓》GB/T 5782 的规定。

4）高强螺栓应符合现行国家标准《钢结构用高强度大六角头螺栓》GB/T 1288、《钢结构用高强度大六角螺母》GB/T 1229、《钢结构用高强度垫圈》GB/T 1230、《钢结构用高强度大六角头螺栓、大六角螺母、垫圈技术条件》GB/T 1231 或《钢结构用扭剪型高强度螺栓连接副》GB/T 3632、《钢结构用扭剪型高强度螺栓连接副技术条件》GB/T 3633 的规定。

5）锚栓可采用现行国家标准《碳素结构钢》GB/T 700 中规定的 Q235 钢或《低合金高强度结构钢》GB/T 1591 中规定的 Q345 钢制成。

（12）螺栓连接的强度设计值应按表 3-14 采用。

表 3-14　螺栓连接的强度设计值

螺栓的性能等级、锚栓和构件钢材的牌号		普通螺栓						锚栓	承压型连接高强度螺栓		
		C 级螺栓			A 级、B 级螺栓						
		抗拉 f_t^b	抗剪 f_v^b	承压 f_c^b	抗拉 f_t^b	抗剪 f_v^b	承压 f_c^b	抗拉 f_t^b	抗拉 f_t^b	抗剪 f_v^b	承压 f_c^b
普通螺栓	4.6 级、4.8 级	170	140	—	—	—	—	—	—	—	—
	5.6 级	—	—	—	210	190	—	—	—	—	—
	8.8 级	—	—	—	400	320	—	—	—	—	—
锚栓	Q235	—	—	—	—	—	—	140	—	—	—
	Q345	—	—	—	—	—	—	180	—	—	—
承压型连接高强度螺栓	8.8 级	—	—	—	—	—	—	—	400	250	—
	10.9 级	—	—	—	—	—	—	—	500	310	—
构件	Q235	—	—	305	—	—	405	—	—	—	470
	Q345	—	—	385	—	—	510	—	—	—	590
	Q390	—	—	400	—	—	530	—	—	—	615
	Q420	—	—	425	—	—	560	—	—	—	655

注：1　A 级螺栓由于 $d \leqslant 24$mm 和 $l \leqslant 10d$ 或 $l \leqslant 150$mm（按较小值）的螺栓；B 级螺栓由于 $d > 24$mm 和 $l > 10d$ 或 $l > 150$mm（按较小值）的螺栓。D 为公称直径，l 为螺杆公称长度。

2　A、B 级螺栓孔的精度和孔壁表面粗糙度，C 级螺栓孔的允许偏差和孔壁表面粗糙度均应符合现行国家标准《钢结构工程施工及验收规范》GB 50205 的要求。

（13）钢材的物理性能指标应按表 3-15 的规定采用。

表 3-15　钢材的物理性能指标

弹性模量（N/mm²）	剪变模量（N/mm²）	线膨胀系数以每℃计	重力密度（kN/m³）
206 ×10³	79 ×10³	12 ×10⁻⁶	78.50

（14）钢材在温度作用下的弹性模量应考虑折减，按下式计算：

$$E_t = \beta_d E \tag{3-11}$$

式中：E_t——钢材在温度作用下的弹性模量（N/mm²）；

　　　β_d——钢材在温度作用下弹性模量的折减系数，按表 3-16 的规定采用；

　　　E——钢材在作用温度小于或等于 100℃时的弹性模量（N/mm²），按现行国家标准《钢结构设计规范》GB 50017 的规定采用（参见表 3-15）。

表 3-16　钢材弹性模量的温度折减系数

系数	作用温度（℃）						
	≤100	150	200	250	300	350	400
β_d	1.00	0.98	0.96	0.94	0.92	0.88	0.83

表 3-16 中温度为中间值时，应采用线性插入法计算，β_d 也可按下式直接计算：

$$\beta_d = 1.0 + 15.9 \times 10^{-5} T - 34.5 \times 10^{-7} T^2 + 11.8 \times 10^{-9} T^3 - 17.2 \times 10^{-12} T^4 \tag{3-12}$$

（15）钢材的线膨胀系数 α_s 可采用 $1.2 \times 10^{-5}/℃$。

3.3.3　耐候钢

耐候钢即耐大气腐蚀钢，分为焊接结构用耐候钢和高耐候钢。

焊接结构用耐候钢是在钢中加入少量的合金元素，如 Cu、Cr 和 Ni、Mo、Nb、Ti、Zr、V 等，使其在金属基体表面上形成保护层，以提高钢材的耐候性能，同时保持钢材具有良好的焊接性能。

高耐候钢是在钢中加入少量合金元素，如 Cu、P、Cr 和 Ni、Mn、Nb、Ti、Zr、V 等，使其在金属基体表面上形成保护层，以提高钢材的耐候性能，这类钢的耐候性能比焊接结构用耐候钢好。

耐候钢的特点是在金属表面上有一自生的合金富集层（钝化膜），一方面减缓腐蚀反应过程，同时又增加了金属和油漆的黏合能力，提高了自身的保护性能。在大气环境下，耐候钢表面也需要采用涂料防腐。涂装后的耐候钢的抗大气腐蚀性能，比普通碳钢约提高 2.5 倍，适宜在室外环境使用。

处在大气潮湿地区的钢烟囱塔架和筒壁或排放烟气属于中等腐蚀性的筒壁宜采用 Q235NH、Q295NH 或 Q355NH 可焊接低合金耐候钢。其质量应符合现行国家标准《耐候结构钢》GB/T 4171。

耐候钢的强度设计值应符合国家有关标准的规定，对未作规定的耐候钢应按表 3-17 的规定采用。

耐候钢的焊接必须采用配套专用焊条，钢结构的连接件（如节点板）必须采用同一钢种制作，不能采用碳钢制作，否则将影响结构的整体耐蚀性。耐候钢的焊缝强度按表 3-18 采用。

表 3-17　耐候钢的强度设计值（N/mm²）

钢　材		抗拉、抗压和抗弯 f	抗剪 f_v	端面承压（刨平顶紧）f_{ce}
牌号	厚度 t（mm）			
Q235NH	$t \leqslant 16$	210	120	275
	$16 < t \leqslant 40$	200	115	275
	$40 < t \leqslant 60$	190	110	275
Q295NH	$t \leqslant 16$	265	150	320
	$16 < t \leqslant 40$	255	145	320
	$40 < t \leqslant 60$	245	140	320
Q355NH	$t \leqslant 16$	315	185	370
	$16 < t \leqslant 40$	310	180	370
	$40 < t \leqslant 60$	300	170	370

表 3-18　耐候钢的焊缝强度设计值（N/mm²）

焊接方法和焊条型号	构件钢材		对　接　焊　缝				角焊缝
	牌号	厚度 t（mm）	抗压 f_c^w	焊接质量为下列等级时，抗拉 f_t^w		抗剪 f_v^w	抗拉、抗压和抗剪 f_f^w
				一级、二级	三级		
自动焊、半自动焊和E43型焊条的手工焊	Q235NH	$t \leqslant 16$	210	210	175	120	140
		$16 < t \leqslant 40$	200	200	170	115	140
		$40 < t \leqslant 60$	190	190	160	110	140
	Q295NH	$t \leqslant 16$	265	265	225	150	140
		$16 < t \leqslant 40$	255	255	215	145	140
		$40 < t \leqslant 60$	245	245	210	140	140
自动焊、半自动焊和E50型焊条的手工焊	Q355NH	$t \leqslant 16$	315	315	270	185	165
		$16 < t \leqslant 40$	310	310	260	180	165
		$40 < t \leqslant 60$	300	300	255	170	165

注：1　自动焊和半自动焊所采用的焊丝和焊剂，应保证其熔敷金属抗拉强度不低于相应手工焊焊条的数值。

　　2　焊缝质量等级应符合现行国家标准《钢结构工程施工及验收规范》GB 50205 的规定。

　　3　对接焊缝抗弯受压区强度取 f_c^w，抗弯受拉区强度设计值取 f_t^w。

3.3.4　不锈钢

1　不锈钢分类

不锈钢就是不容易生锈的钢，实际上一部分不锈钢，既有不锈性，又有耐酸性（耐蚀性）。不锈钢的不锈性和耐蚀性是由于其表面上富铬氧化膜（钝化膜）的形成。这种不锈性和耐蚀性是相对的。试验表明，钢在大气、水等弱介质中和硝酸等氧化性介质中，其耐蚀性随钢中铬含量的增加而提高，当铬含量达到一定的百分比时，钢的耐蚀性发生突变，即从易生锈到不易生锈，从不耐蚀到耐腐蚀。

不锈钢的分类方法很多。按常温下的组织结构分类，有马氏体型、奥氏体型、铁素体和双相不锈钢；按主要化学成分分类，基本上可分为铬不锈钢和铬镍不锈钢两大系统；按用途分则有耐硝酸不锈钢、耐硫酸不锈钢、耐海水不锈钢等，按耐蚀类型分可分为耐点蚀不锈钢、耐应力腐蚀不锈钢、耐晶间腐蚀不锈钢等；按功能特点分类又可分为无磁不锈钢、易切削不锈钢、低温不锈钢、高强度不锈钢等。由于不锈钢材具有优异的耐蚀性、成型性、相容性以及在很宽温度范围内的强韧性等系列特点，所以在重工业、轻工业、生活用品行业以及建筑装饰等行业中获得广泛的应用。

2 不锈钢主要腐蚀类别

一种不锈钢可在许多介质中具有良好的耐蚀性，但在另外某种介质中，却可能因化学稳定性低而发生腐蚀。所以说，一种不锈钢不可能对所有介质都耐蚀。不锈钢的一种严重的腐蚀形式是局部腐蚀，即应力腐蚀开裂、点腐蚀、晶间腐蚀、腐蚀疲劳以及缝隙腐蚀。

应力腐蚀开裂是指承受应力的合金在腐蚀性环境中由于裂纹的扩展而互生失效的一种通用术语。

点腐蚀是指在金属材料表面大部分不腐蚀或腐蚀轻微而分散发生高度的局部腐蚀，常见蚀点的尺寸小于 1.00mm，深度往往大于表面孔径，轻者有较浅的蚀坑，严重的甚至形成穿孔。

晶间腐蚀是指仅发生在金属晶粒边界或它的附近区域的一种腐蚀现象。它起始于金属表面，沿着晶界腐蚀出一条窄缝，晶粒本身腐蚀很轻微，是一种常见的局部腐蚀。

缝隙腐蚀是指在金属构件缝隙处发生斑点状或溃疡形的宏观蚀坑，是局部腐蚀的一种形式，它可能发全于溶液停滞的缝隙之中或屏蔽的表面内。这样的缝隙可以在金属与金属或金属与非金属的接合处形成，例如，在与铆钉、螺栓、垫片、阀座、松动的表面沉积物以及海生物相接触之处形成。

全面腐蚀是用来描述在整个合金表面上以比较均匀的方式所发生的腐蚀现象的术语。当发生全面腐蚀时，材料由于腐蚀而逐渐变薄，甚至材料腐蚀失效。不锈钢在强酸和强碱中可能呈现全面腐蚀。

3 常用不锈钢的特性

不锈钢多用于钢烟囱顶部或双层钢烟囱内衬，烟囱常用不锈钢的特性见表3-19。

表3-19 常用不锈钢的特性

钢 号	特 性	主要用途
304/AISI SUS304/JIS 0Cr18Ni9/GB	作为一种用途广泛的钢，具有良好的耐蚀性、耐热性、低温强度和机械特性；冲压、弯曲等热加工性好，无热处理硬化现象（无磁性，使用温度 −196℃ ~ 800℃）	家庭用品，汽车配件，医疗器具，建材，化学，食品工业，农业，船舶部件
304L/AISI SUS304L/JIS 00Cr19Ni10/GB	作为低碳的304钢，在一般状态下，其耐蚀性与304钢相似，但在焊接后或者消除应力后，其抗晶间腐蚀能力优秀；在未进行热处理的情况下，亦能保持良好的耐蚀性，使用温度 −196℃ ~ 800℃	应用于抗晶间腐蚀性要求高的化学、煤炭、石油产业的野外露天机器，建材耐热零件及热处理有困难的零件

续表 3-19

钢 号	特 性	主要用途
316/AISI SUS316/JIS 0Cr17Ni12Mo2/GB	因添加 Mo，故其耐蚀性、耐大气腐蚀性和高温强度特别好，可在苛刻的条件下使用；加工硬化性优（无磁性）。 高温条件下，当硫酸的浓度低于 15% 和高于 85% 时，316 不锈钢具有广泛的用途。316 不锈钢还具有良好的耐氯化物侵蚀的性能，所以通常用于海洋环境。 在长期（800～1575）℃的温度作用范围内，最好不要使用 316 不锈钢，但在该温度范围以外连续使用 316 不锈钢时，该不锈钢具有良好的耐热性	海水里用设备，化学、染料、造纸、草酸、肥料等生产设备，沿海地区设施，绳索、螺栓、螺母
316L/AISI SUS316L/JIS 00Cr17Ni14Mo2/GB	作为 316 钢种的低碳系列，除与 316 钢有相同的特性外，其抗晶间腐蚀性优。316L 不锈钢的最大碳含量为 0.03，可用于焊接后不能进行退火和需要最大耐腐蚀性的用途中。316L 不锈钢的耐碳化物析出的性能比 316 不锈钢更好，可在 800℃～1575℃ 的温度范围连续使用	316 钢的用途中，对抗晶间腐蚀性有特别要求的产品
321/AISI SUS321L/JIS 0Cr18Ni11Ti/GB	在 304 钢中添加 Ti 元素来防止晶间腐蚀；适合于在 430℃～900℃ 温度下使用	航空器、排气管、锅炉汽包

注："304/AISI"斜杠上方 304 表示钢号，斜杠下方 AISI 表示美国钢铁协会规格；JIS 表示日本工业标准协会规格；GB 表示中华人民共和国国家标准。

3.3.5 钛复合钢板

钛/钢复合板的钛材具有这些特性：与不锈钢、铝、铜等材料相比，比重轻、强度高、焊接性能好等优点；钛的热力活性所形成稳定的膜会与氧化剂结合形成氧化膜。钛的氧化膜的稳定性远高于铝和不锈钢的氧化膜，钛的氧化膜在机械局部破坏时，能具有瞬间修补特性。

钛及钛合金的耐蚀性取决于是否保持钝化，在不钝化的条件下，化学活性很高，不仅不耐蚀，甚至发生强烈的化学反应。

1 钛材的耐腐蚀性能

钛是一种非常活泼的金属，其平衡电位很低，在介质中的热力学腐蚀倾向大。但实际上钛在许多介质中很稳定，如钛在氧化性、中性和弱还原性等介质中是耐腐蚀的。这是因为钛和氧有很大的亲和力，在空气中或含氧的介质中，钛表面生成一层致密的、附着力强、惰性大的氧化膜，保护了钛基体不被腐蚀。即使由于机械磨损也会很快自愈或重新再生，这表明钛是具有强烈钝化倾向的金属。介质温度在 315℃ 以下，钛的氧化膜始终保持钝化的特性，完全满足钛在恶劣环境中的耐腐蚀。

在通常情况下，钛对中性、氧化性、弱还原性的介质具有较好的耐腐蚀性，而对于强还原性和无水强氧化性的介质不耐腐蚀，这一点是由钛表面钝化膜的性质决定的，关于钛在具体介质中的耐腐蚀倾向见表3-20。

表3-20 钛材的耐腐蚀性能

介 质	腐蚀倾向
发烟硫酸、氢氟酸、草酸、质量分数大于3%的盐酸，质量分数大于4%的硫酸、质量分数大于10%的三氯化钼，35℃以上的磷酸，氟化物，溴等	有
淡水、海水、湿氯气、二氧化氯、磷酸、铬酸、醋酸、氯化铁、熔融硫、次氯酸盐、尿素，质量分数低于3%的盐酸；质量分数低于4%的硫酸、王水、乳酸等	无

由表3-20可知，质量分数低于3%的盐酸、质量分数低于4%的硫酸和湿氯气介质中钛不会被腐蚀，只有在氢氟酸环境下才会发生腐蚀，经过脱硫后的烟气酸性很小，含氟量很小，因此脱硫后的烟气对钛板腐蚀性很小。

2 复合钛板的制作工艺

现阶段钛复合材的制作工艺主要有三种：①爆炸复合法；②爆炸-轧制复合法；③直接压轧复合法。

其中方法第②种可作为方法第①种的延续，克服了直接爆炸法生产的产品单体面积小的缺点，适合于制作大面幅钛复合板。

爆炸复合法与直接压轧复合法生产的复合板有以下差异：

（1）复合材的厚度及最大宽度不同。

爆炸复合加工法可对钛材厚度为5mm以上，且宽度达4m的超宽幅厚板进行加工。

随着板材的厚度及宽度的加大，直接压轧复合加工法其层间接合性不易保证。

（2）接合特性不同。

剪切强度：爆炸复合板的剪切试验强度为300MPa以上，而且是从母材部位发生断裂的，而压轧复合板的剪切强度为200MPa，并于接合部位发生断裂。爆炸复合材的接合面强度大于压轧复合板。

断裂韧性：爆炸复合板的接合面的断裂韧性值K_c比压轧复合界面的要高出3倍多。

剥离强度：爆炸复合板的剥离强度大于40kgf/mm^2，而压轧复合板材仅为14kgf/mm^{2}左右。

（3）界面特性不同。

爆炸复合板的界面析出层（生成层）非常薄，而且仅存于波峰部位。而压轧复合板的析出层则是呈现于整个接合界面，比爆炸复合板的要大得多，约有1:0.4关系。

压轧加工法所产生的生成层厚度一般要达到5μm左右，其剪切强度大幅度降低。

爆炸复合板的界面析出层非常薄，而且析出层本身呈波浪状态，即为原子金属键和机械结合，压轧结合面为原子键结合，故远小于爆炸复合结合强度。

（4）加工特性不同。

爆炸复合材能经得住苛刻的成型加工，而压轧复合板在加工中容易发生剥离或在成型后的坡口加工时产生剥离的例子较多，且压轧所产生的复合板即使前期加工没有问题，在卷制及焊接时容易脱层。

而爆炸—轧制钛钢复合板结合了爆炸复合法与直接压轧复合法的优点，爆炸—轧制的钛钢复合板的主要生产工艺师使钛板（复板）和钢板（基板）两种难熔金属通过瞬间产生的高温、高压相互摩擦，熔合在一块，再经过加热单轧，充分保证钛材在空冷时晶粒细化，使组织性能得到保证，抗腐性能不降低。直接轧制钛钢复合板和爆炸—轧制钛钢复合板的工艺过程对比，直接轧制的钛钢复合板得不到空冷而钢板晶粒增大，降低了抗腐蚀性能。爆炸—轧制钛钢复合板的工艺是在空冷状态下进行轧制，抗腐蚀性能高出轧制钛钢复合板的 3 倍。

爆炸钛钢复合板在爆炸过程中会出现冲击波使钛板（复层）和钢板（基板）之间会出现爆炸焊接后的波纹，爆炸焊接后的波纹从波峰到波谷的高度为 0.5mm，经过压轧后，结合面会再次出现挤压，使波峰到波谷的高度降低到 0.05mm，避免了钛板（复层）和钢板（基板）过渡层波纹深度，有力地保证了复层厚度，有效地保证了使用寿命。

3 复合钛板的钛板厚度

烟囱用钛钢复合板复层钛板厚度为 1.2mm，经试验测算烟囱中的烟气及酸液对钛板的腐蚀率大概为 0.02mm/年，按照一般电厂使用寿命 30 年以上计算，复层钛板 1.2mm 厚度完全可以达到烟囱的使用标准。

4 复合板的焊接工艺

焊接材料选择的总原则为高牌号焊材可以替代低牌号焊材，最低标准为焊材可以等同于母材材质，但不得低于母材材质。

（1）复层钛板用焊丝应符合以下规定：

1）采用《钛制焊接容器》JB/T 4745 附录 D 中的相应焊丝时，选择次序为 TA1。

2）采用《钛及钛合金丝》GB/T 3623 中的相应焊丝时，选择次序为 TA1、TA1ELI、TA2、TA2ELI。

3）采用《钛及钛合金板材》GB/T 3621 中的相应焊丝时，选择次序为 TA0、TA1、TA2 板材。

（2）钛制贴条板应符合《钛及钛合金板材》GB/T 3621 的规定。

（3）钛/钢复合板应采用爆炸—轧制法进行生产。复合板的材质要求、化学成分、质量标准和检验规则等，严格按照《钛—钢复合板》GB 8547 二类（BR2）执行。

（4）复合板基材焊接用焊材，应符合《钛制焊接容器》JB/T 4745 及《钛及钛合金复合钢板焊接技术条件》GB/T 13149 的规定，并符合表 3-21。

表 3-21 基材 Q235B 钢材焊接材料

母　　材	手工电焊焊条	埋弧自动焊		气体保护焊	
		焊丝	焊剂	焊丝	保护气体
Q235B	E4316（J426）GB/T 5117	H08A H08E	HJ431	H08MnSi	CO_2、CO_2 + Ar

（5）钛复层的焊接，优先采用非熔化极（TIG）氩弧焊的方法，选用相应的手工氩弧焊接设备，为了使焊接能得以连续进行，应选用具备水冷却系统的氩弧焊设备。

（6）烟囱用钛（TA2）/钢（Q235B）复合板焊接工艺参数应由施工单位经焊接工艺

试验及焊接工艺评定时确定，其原则上应保证足够的熔透深度，但又不能熔到钢面，基层 Q235B 钢板的焊接过热，将会导致复层 TA2 钛板的氧化。宝鸡钛程金属复合材料有限公司经过长期的技术研究及经验积累，推荐焊接工艺参数见表 3-22。

表 3-22　手工钨级氩弧焊工艺参数

钛板厚（mm）	钨级直径（mm）	焊丝直径（mm）	焊接电流（A）	喷嘴直径（mm）	氩气流量（L/min）
1.2	2	2	70~80	16	10~14

（7）焊接时应对钛复层采取保护措施。

3.4　玻　璃　钢

3.4.1　玻璃钢的基体材料

1　玻璃钢基体材料的阻燃性

环氧乙烯基酯树脂是由环氧树脂与不饱和一元羧酸加成聚合反应，在分子主链的端部形成不饱和活性基团，可与苯乙烯等稀释和交联剂进行固化反应而生成的热固性树脂。

反应型阻燃环氧乙烯基酯树脂是在环氧乙烯基酯树脂的分子主链中含有氯、溴、磷等阻燃元素，在不添加或少量添加辅助阻燃材料（如三氧化二锑）后，可使固化后的玻璃钢材料具有点燃困难、离火自熄的性能。这类树脂在液态时不具有阻燃性。

环氧乙烯基酯树脂是目前国内外玻璃钢烟囱制造中的常用树脂，其固化后树脂及其玻璃钢制品在耐温、耐腐蚀、耐久性和物理力学等方面的综合性能优良。从国内调查反馈来看，采用环氧乙烯基酯树脂制造玻璃钢烟囱已过半，而在烟塔合一的工程应用中，已经全部采用环氧乙烯基酯树脂，但基本上以非阻燃型树脂为主。《烟囱设计规范》GB 50051—2003 中采用阻燃树脂的背景介绍如下：

（1）美国《燃煤电厂玻璃纤维增强塑料（FRP）烟囱内筒设计、制造和安装标准指南》ASTM 5364‑2008 中，对玻璃钢烟囱的树脂明确了应选用含卤素的化学阻燃树脂。从北美地区目前应用的玻璃钢烟囱情况来看，几乎都采用反应型阻燃环氧乙烯基酯树脂。

（2）国际工业烟囱协会（CICIND）《玻璃钢（GRP）内筒标准规范》对树脂的选用主要有三类：环氧乙烯基酯树脂、不饱和聚酯树脂（双酚 A 富马酸型和氯菌酸型）和酚醛树脂。对于阻燃性能，认为在需要时，在玻璃钢内衬的内、外表层采用反应型阻燃树脂，或者全部采用反应型阻燃树脂。同时强调应当遵守本地或国家的消防条例，并认为采用内外表面阻燃的结构是无法阻止大规模火焰引发的燃烧。

（3）我国《火力发电厂与变电站设计防火规范》GB 50229—2006 第 3.0.1 条将烟囱的火灾危险性归为"丁类"，耐火等级为 2 级，没有涉及玻璃钢烟囱及其材质的要求。但第 8.1.5 条对"室内采暖系统的管道管件及保温材料"提出了强制性条文"应采用不燃材料"；第 8.2.7 条规定了对"空气调节系统风道及其附件应采用不燃材料制作"；第 8.2.8 条规定"空气调节系统风道的保温材料，冷水管道的保温材料，消声材料及其黏结剂应采用不燃烧材料或者难燃烧材料"。

（4）《建筑设计防火规范》GB 50016—2006 第 10.3.15 条规定"通风、空气调节系统的风管应采用不燃材料"，但"接触腐蚀性介质的风管和柔性接头可以采用难燃材料"。

从国内已发生的玻璃钢烟囱火灾事故及由于脱硫塔火灾引起的钢排烟筒过火案例来看，同样也需要引起我们高度重视玻璃钢烟囱的阻燃性问题。因此从安全消防角度考虑，采用阻燃树脂是防止玻璃钢材质在存放、安装和运行过程中避免着火、火焰扩散和传播事故发生的措施之一。故《烟囱设计规范》GB 50051—2013 对树脂材料的阻燃性能要求如下：

反应型阻燃环氧乙烯基酯树脂浇铸体的极限氧指数（LOI）不应小于 23；

当反应型阻燃环氧乙烯基酯树脂含量为 35 ± 5%（重量比），添加 0 ~ 3% 阻燃协同剂（Sb_2O_3）时，玻璃钢极限氧指数（LOI）不应小于 32；

玻璃钢的火焰传播速率不应大于 45。

2 烟气最高设计使用温度

对玻璃钢来说，有三个重要的温度指标：树脂的热变形温度、玻璃钢的临界温度和树脂的玻璃化温度。

（1）树脂的热变形温度（HDT）。

当树脂浇铸体试件在规定的等速升温液体传热介质中，按简支梁模型，在规定的静荷载作用下，产生规定变形量时的温度。

（2）玻璃钢的临界温度。

高温下玻璃钢性能下降速度开始急剧增加时的温度，是判断玻璃钢结构层材料能否在长期高温下工作的重要依据。试验表明，同一种材料在不同受力状态（拉伸、压缩或弯曲）下的强度和弹性模量下降速度开始急剧增加时的温度区域基本上是相同的，但是与室温下的强度数值的比值是不同的。比如拉伸时强度值下降比率较小，是由于拉伸时纤维发挥了主要承力作用；而 45° 拉伸时，玻璃钢处于受平面剪切应力作用，则强度值下降幅度就比较大。临界温度的范围取决于玻璃钢的基体树脂和固化体系，而与增强纤维类型和玻璃钢所受应力状态的类型关系不大。一个结构物的受力状态往往是很复杂的，因此结构不能在超出其临界温度的环境下长期工作。

选择树脂时，应保证其热变形温度超过烟气设计温度 20℃ 以上，即烟气最高设计使用温度应不大于（$HDT - 20$）℃，这是国内外对在温度条件下使用玻璃钢材料的通常规则。主要是确保作为结构材料的玻璃钢不能在超出其临界温度的环境下长期运行。

（3）玻璃化温度（T_g）。

当树脂浇铸体试件在一定升温速率下达到一定温度值时，从一种硬的玻璃状脆性状态转变为柔性的弹性状态，物理参数出现不连续的变化，这个现象称为玻璃化转变，所对应的温度为玻璃化温度（T_g），它是确定树脂最高使用温度的依据，其数值通常高于热变形温度 15℃ ~ 25℃。烟气所允许的瞬间运行（事故）温度与树脂的这个温度是密切相关的。

三个温度指标有如下关系：临界温度 < 热变形温度 < 玻璃化温度。如 892A 对应指标

为 90℃、106℃ 和 125℃，而 892N 对应指标分别为 115℃、130℃ 和 155℃。

3　防腐蚀内层和结构层树脂的选择

防腐蚀内层和结构层树脂宜选用同类型的树脂。玻璃钢烟囱是长期使用且维修困难的高耸构筑物，由于烟气的强腐蚀性，因此防腐蚀层应设计成树脂含量高、纤维含量低的抗渗性铺层。结构层主要考虑其在运行温度条件下的力学性能为主，因此纤维含量高。从国外已有运行实例看，其防腐蚀层和结构层全部采用反应型阻燃环氧乙烯基酯树脂，综合性能优异，同时也有效地防止了因防腐蚀层和结构层采用不同树脂可能造成的界面相容性问题，避免了脱层。

3.4.2　纤维增强材料

（1）富树脂层（耐蚀抗渗层）的增强材料。

1）耐化学型表面毡：一种国外通用的耐酸玻璃纤维，含有 4% ~ 6% 的 B_2O_3，在国内有销售，其耐腐蚀性能以及与树脂的浸润性好于国内不含硼的 C 型中碱玻璃纤维表面毡，但是价格略贵。

2）有机合成材料：有机合成材料是由有机聚合物制成的纤维材料，如涤纶、锦纶（尼龙）织物等。

3）C 型中碱玻璃纤维表面毡。

（2）富树脂层（耐蚀抗渗次内层）的增强材料。

1）E-CR 类型的玻璃纤维短切原丝毡或喷射纱。E-CR 型属一种改进的无硼无碱玻璃纤维，在耐腐蚀性能方面，它克服了 E 型无碱玻璃纤维耐酸性差的缺点。

玻璃纤维短切原丝毡质量应符合现行国家标准《玻璃纤维短切原丝毡和连续原丝毡》GB/T 17470 的规定。

2）当需要防静电时，则选用导电碳纤维毡或布：因为玻璃纤维虽然有很高的强度，但其性脆、不耐磨，摩擦后易带静电。

（3）结构层的增强材料。

1）选用 E-CR 类型的玻璃纤维的缠绕纱、单向布。

2）在排放潮湿（半干）烟气条件下，可选用 E 型玻璃纤维的缠绕纱、单向布。

质量应符合现行国家标准《玻璃纤维无捻粗纱》GB/T 18369、《玻璃纤维无捻粗纱布》GB/T 18370 的规定。

基于玻璃钢烟囱内筒是典型的应力腐蚀性的玻璃钢应用，复合一定应力腐蚀要求对玻璃纤维的选择是十分重要的，这样能够保证玻璃钢内筒在其寿命内的强度保留率满足其设计年限的要求。

（4）玻璃钢烟囱筒体之间连接所用的玻璃纤维无捻粗纱布、短切原丝毡或单向布的类型应与筒体增强材料一致。

（5）玻璃纤维表面处理采用的偶联剂应同选用的树脂匹配。

使用玻璃纤维织物制成玻璃钢的增强原则，取决于能否成功地将应力从强度和弹性模量较低的基体树脂传递到强度和模量较高的玻璃纤维织物上去。为了有效地传递应力，就必须使基体树脂和增强材料的表面之间有良好的黏结。

玻璃纤维织物有非常高的表面积质量比。在形成表面时，玻璃表面层的成分会有所改变，以尽可能降低那些残存的原子间力，玻璃表面剩余的任何作用力，将主要通过吸附水分来加以平衡。也就是说玻璃表面覆盖着一吸附水层，为了使玻璃纤维能有效地作为一种增强材料，偶联剂担负着将应力疏水的基体树脂和亲水的玻璃表面之间有效地传递作用。正因为玻璃纤维表面光滑不易同树脂黏结，因此在新鲜玻璃纤维成型后需立即采用浸润剂覆盖，使得表面状态得到改变，改善与树脂黏合的特性。浸润剂一般由偶联剂、成膜剂、润滑剂、防静电剂等组成。由于树脂分子结构的不同，所以采用的偶联剂应匹配，使得玻璃纤维与树脂界面之间产生化学键合，牢固地结合起来。反之会影响玻璃钢的强度和抗渗透性能。

采用不同偶联剂处理和未处理的玻璃钢层合板，进行弯曲强度和水煮后湿强度保留率的检测结果也验证了这个结论。表 3-23 是几种偶联剂处理的玻璃纤维无捻粗纱布所制备的树脂玻璃钢层合板的性能比较。

表 3-23 不同偶联剂对相同的玻璃布 – 树脂制品弯曲强度的影响

偶联剂类型	弯曲强度（MPa）		湿强度保留率（%）
	干态	煮沸 2h 后	
无	423	247	58
沃兰 A	508	437	86
A172	508	480	94
KH – 550，KH – 560	600	564	94

从表 3-23 可看出不使用偶联剂的玻璃纤维无捻粗纱布其树脂层合板经水煮 2h 后，只保留有 58% 湿强度，大大低于使用偶联剂的制品。

这也证明了采用偶联剂的增强型浸润剂不但能加强玻璃纤维与树脂界面的黏结，而且能保护玻璃纤维表面，是提高玻璃钢性能和防止玻璃钢老化的有效途径之一。

3.4.3 玻璃钢材料的性能

（1）玻璃钢材料性能宜通过试验确定。当无条件进行试验时，应符合或参照下列方法规定：

1）当采用环向缠绕纱和轴向单向布的铺层结构时，常温下纤维缠绕玻璃钢材料的性能宜符合表 3-24 的规定。

表 3-24 常温下纤维缠绕玻璃钢主要力学性能指标（MPa）

项 目	数 值	项 目	数 值
环向抗拉强度标准值 $f_{\theta tk}$	≥220	轴向抗拉强度标准值 f_{ztk}	≥190
环向抗弯强度标准值 $f_{\theta bk}$	≥42330	轴向抗弯强度标准值 f_{zbk}	≥140
轴向抗压强度标准值 f_{zck}	≥140	剪切弹性模量 G_k	≥7000
轴向拉伸弹性模量 E_{zt}	≥16000	环向拉伸弹性模量 $E_{\theta t}$	≥28000
轴向弯曲弹性模量 E_{zb}	≥8000	环向弯曲弹性模量 $E_{\theta b}$	≥18000
轴向压缩弹性模量 E_{zc}	≥16000	环向压缩弹性模量 $E_{\theta c}$	≥20000

2) 当采用短切毡和方格布交替铺层的手糊玻璃钢板时，常温下玻璃钢材料的性能宜符合表 3-25 的规定。

表 3-25 常温下手糊玻璃钢板的主要力学性能指标（MPa）

拉伸强度	弯曲强度	层间剪切强度	弯曲弹性模量
≥160	≥200	≥20	≥7000

3) 玻璃钢的膨胀系数和泊松比计算指标应根据实际情况选取，当无实测数据时，可按表 3-26 数值采用。

表 3-26 玻璃钢主要计算参数

项　目	数　值	项　目	数　值
环纵向泊松比 $\nu_{z\theta}$	0.23	纵环向泊松比 $\nu_{\theta z}$	0.12
纵向热膨胀系数 α_z	$2.0 \times 10^{-5}/℃$	环向热膨胀系数 α_θ	$1.2 \times 10^{-5}℃$

（2）玻璃钢材料强度设计值应根据下列公式进行计算：

$$f_{zc} = \gamma_{zct} \cdot \frac{f_{zck}}{\gamma_{zc}} \tag{3-13}$$

$$f_{zt} = \gamma_{ztt} \cdot \frac{f_{ztk}}{\gamma_{zt}} \tag{3-14}$$

$$f_{zb} = \gamma_{zbt} \cdot \frac{f_{zbk}}{\gamma_{zb}} \tag{3-15}$$

$$f_{\theta t} = \gamma_{\theta tt} \cdot \frac{f_{\theta tk}}{\gamma_{\theta t}} \tag{3-16}$$

$$f_{\theta b} = \gamma_{\theta bt} \cdot \frac{f_{\theta bk}}{\gamma_{\theta b}} \tag{3-17}$$

$$f_{\theta c} = \gamma_{\theta ct} \cdot \frac{f_{\theta ck}}{\gamma_{\theta c}} \tag{3-18}$$

式中：　　　　　　f_{zc}、f_{zck}——玻璃钢纵向抗压强度设计值、标准值（N/mm^2）；

f_{zt}、f_{ztk}——玻璃钢纵向抗拉强度设计值、标准值（N/mm^2）；

f_{zb}、f_{zbk}——玻璃钢纵向弯曲抗拉（或抗压）强度设计值、标准值（N/mm^2）；

$f_{\theta t}$、$f_{\theta tk}$——玻璃钢环向抗拉强度设计值、标准值（N/mm^2）；

$f_{\theta c}$、$f_{\theta ck}$——玻璃钢环向抗压强度设计值、标准值（N/mm^2）；

$f_{\theta b}$、$f_{\theta bk}$——玻璃钢环向弯曲抗拉（或抗压）强度设计值、标准值（N/mm^2）；

γ_{zc}、γ_{zt}、γ_{zb}、$\gamma_{\theta t}$、$\gamma_{\theta b}$、$\gamma_{\theta c}$——玻璃钢材料分项系数，取值不应小于表 3-27 规定的数值；

γ_{zct}、γ_{ztt}、γ_{zbt}、$\gamma_{\theta tt}$、$\gamma_{\theta bt}$、$\gamma_{\theta ct}$——玻璃钢材料温度折减系数,取值不应大于表 3-28 规定的数值。

表 3-27 玻璃钢烟囱的材料分项系数

受力状态	符 号	作用效应的组合情况	
		短暂设计状况〔用于表 2-3 组合Ⅳ、Ⅵ及式 (2-5)〕	持久设计状况 (用于表 2-3 组合Ⅴ)
轴心受压	γ_{zc} 或 $\gamma_{\theta c}$	3.2	3.6
轴心受拉	γ_{zt} 或 $\gamma_{\theta t}$	2.6	8.0
弯曲受拉或弯曲受压	γ_{zb} 或 $\gamma_{\theta b}$	2.0	2.5

表 3-28 玻璃钢烟囱的材料温度折减系数

温度(℃)	材料温度折减系数	
	γ_{zct}、$\gamma_{\theta bt}$、$\gamma_{\theta ct}$	γ_{ztt}、γ_{zbt}、$\gamma_{\theta tt}$
20	1.0	1.0
60	0.70	0.95
90	0.60	0.85

注:表中温度为中间值时,可采用线性插值确定。

玻璃钢弹性模量应考虑计算温度折减,当烟气温度不大于 100℃ 时,折减系数可按 0.8 考虑取值。

3.5 耐酸浇注料

(1) 对于排放非脱硫处理的烟气、干法脱硫烟气、循环流化床锅炉产生的烟气以及符合本手册 5.2.3 所规定的干烟气的烟囱,其内衬可采用 MS 型耐酸浇注料防腐蚀整体内衬。

(2) 对于排放半干法脱硫烟气、经过气气交换器(GGH)的湿法脱硫烟气以及符合本手册 5.2.3 所规定的潮湿烟气的烟囱,其内衬可采用 MS 密实型耐酸浇注料整体内衬。MS 型耐酸浇注料的性能应满足表 3-29 的要求。

表 3-29 MS 型耐酸浇注料主要技术参数

项 目	单位	超轻质密实型耐酸浇注料	密实型轻质耐酸浇注料		
			MS-1 型	MS-2 型	MS-3 型
体积密度	kg/m³	750~1000	1000~1200	1200~1400	1400~1650
常温导热系数	W/(m·k)	≤0.35	≤0.45	≤0.55	≤0.70
常温抗压强度	MPa	≥9.0	≥11.0	≥13.0	≥15.0

续表 3-29

项　目		单位	超轻质密实型耐酸浇注料	密实型轻质耐酸浇注料		
				MS－1 型	MS－2 型	MS－3 型
积吸水率		%	≤10			
耐酸性（常温浸40% H$_2$SO$_4$ 30d或80℃浸40%H$_2$SO$_4$ 15d	外观	—	不允许有腐蚀、裂纹、膨胀、剥落等异常现象			
	f_s/f_o		≥0.9			
耐热性250℃ 4h	外观		不允许有裂纹、剥落及大于 2.0% 的线变化率			
	f_r/f_o		≥0.9			
耐水性（常温浸水 30d 或浸90℃温水 15d	外观	—	不允许有溶蚀、裂纹、膨胀等异常现象			
	f_{sh}/f_o		≥0.8			
抗渗性		MPa	≥0.6			
自然干燥收缩率		%	≤2.0			

注：1　密实型（防水抗渗型）耐酸浇注料加热后体积吸水率应不大于 10.0% 。

　　2　表中符号意义见表 3-2。

MS 型耐酸防腐蚀整体浇注料内衬的厚度应根据材料导热系数经计算确定，其最小厚度应符合抗渗要求，并不宜小于 150mm。

采用 MS 型整体浇注料内衬的烟囱，其外筒壁环向配筋应考虑内衬温度变形所产生的不利影响。

钢筋混凝土筒壁与 MS 型轻质耐酸防腐蚀整体浇注料内衬之间应设置耐酸、耐热、防水且延性好的防腐隔离层。

（3）一般情况下，不推荐 MS 型密实轻质耐酸防腐蚀整体浇注料内衬用于排放湿烟气，但采取了更严格和可靠的防渗漏措施的复合型防腐蚀整体浇注料内衬体系可以使用。

3.6　材料热工计算指标

（1）隔热材料应采用无机材料，其干燥状态下的重力密度不宜大于 8kN/m^3。常用的隔热材料有：硅藻土砖、膨胀珍珠岩、水泥膨胀珍珠岩制品、高炉水渣、矿渣棉和岩棉等。

（2）材料的热工计算指标，应按实际试验资料确定。当无试验资料时，对几种常用的材料，干燥状态下可按表 3-30 的规定采用。在确定材料的热工计算指标时，应考虑下列因素对隔热材料导热性能的影响：

1）对于松散型隔热材料，应考虑由于运输、捆扎、堆放等原因所造成的导热系数增大的影响；

2）对于烟气温度低于 150℃时，宜采用憎水性隔热材料，否则应按式 3-20 考虑湿度对导热性能的影响。

（3）单筒烟囱内衬与隔热层导热系数宜按以下规定进行调整：

1）砖砌内衬宜考虑砖缝对烟气渗漏的影响，其值可按干燥状态下砖砌内衬导热系数乘以增大系数 β：

$$\beta = 1.25 + 0.0035 \times (240 - t) \tag{3-19}$$

式中：t——内衬厚度（mm），当 β 小于 1.25 时，取 1.25。

2）对于排放湿烟气或潮湿烟气的砖砌内衬烟囱，当隔热材料为非憎水性材料时，应取饱和状态下导热系数：

$$\lambda = 1.25 \times [\lambda_0 + \rho(0.5 - \lambda_0)] \tag{3-20}$$

式中：λ、λ_0——分别为隔热层在饱和状态与干燥状态下的导热系数；

ρ——隔热材料饱和状态吸水率（体积比）。

表 3-30　材料在干燥状态下的热工计算指标

材料种类	最高使用温度（℃）	重力密度（kN/m³）	导热系数［W/m·K］
普通黏土砖砌体	500	18	$0.81 + 0.0006T$
黏土耐火砖砌体	1400	19	$0.93 + 0.0006T$
陶土砖砌体	1150	18 ~ 22	$(0.35 \sim 1.10) + 0.0005T$
漂珠轻质耐火砖	900	6 ~ 11	$0.20 \sim 0.40$
硅藻土砖砌体	900	5	$0.12 + 0.00023T$
		6	$0.14 + 0.00023T$
		7	$0.17 + 0.00023T$
普通钢筋混凝土	200	24	$1.74 + 0.0005T$
普通混凝土	200	23	$1.51 + 0.0005T$
耐火混凝土	1200	19	$0.82 + 0.0006T$
轻骨料混凝土（骨料为页岩陶粒或浮石）	400	15	$0.67 + 0.00012T$
		13	$0.53 + 0.00012T$
		11	$0.42 + 0.00012T$
膨胀珍珠岩（松散体）	750	0.8 ~ 2.5	$(0.052 \sim 0.076) + 0.0001T$
水泥珍珠岩制品	600	4.5	$(0.058 \sim 0.16) + 0.0001T$
高炉水渣	800	5.0	$(0.1 \sim 0.16) + 0.0003T$
岩棉	500	0.5 ~ 2.5	$(0.036 \sim 0.05) + 0.0002T$
矿渣棉	600	1.2 ~ 1.5	$(0.031 \sim 0.044) + 0.0002T$
矿渣棉制品	600	3.5 ~ 4.0	$(0.047 \sim 0.07) + 0.0002T$
垂直封闭空气层（厚度为50mm）	—	—	$0.333 + 0.0052T$
碳素结构钢		78.5	58.15
钛板	—	45	15.24
玻璃钢		17 ~ 20	$0.23 \sim 0.29$

续表 3-30

材料种类	最高使用温度（℃）	重力密度（kN/m³）	导热系数［W/m·K］
自然干燥下： 砂土 黏土 黏土夹砂	—	16 18~20 18	0.35~1.28 0.58~1.45 0.69~1.26

注：1　有条件时应采用实测数据。

　　2　表中 T 为烟气温度（℃）。

4 荷载与作用

4.1 风 荷 载

4.1.1 基本风速与基本风压

1 基本风速

基本风速是采用年最大风速值为统计样本并按极值 I 型的概率分布和一定的重现期，在规定的高度、地貌和时距所确定的风速。

我国与许多国家一样，最大风速的重现期采用 50 年，其超越概率为 2%，保证率为 98%。

我国现行国家标准《建筑结构荷载规范》GB 50009 规定以 10m 高为标准高度、在空旷平坦的场地、时距为 10min 的平均风速作为基本风速测量标准。

2 基本风压

基本风压是根据基本风速确定的，计算公式如下：

$$w_0 = \frac{1}{2}\rho v_0^2 \tag{4-1}$$

式中：v_0——基本风速（m/s）；

ρ——空气密度（t/m^3），可近似取 $\rho = 0.00125e^{-0.0001z}$，$z$ 为海拔高度（m）。

基本风压应按现行国家标准《建筑结构荷载规范》GB 50009 规定的 50 年一遇的风压采用，但基本风压不得小于 $0.35kN/m^2$。烟囱安全等级为一级时，其计算风压应按基本风压的 1.1 倍确定。

4.1.2 风荷载标准值

（1）垂直作用于烟囱表面单位面积上的风荷载标准值应按下式计算：

$$w_z = \beta_z \mu_s \mu_z w_0 \tag{4-2}$$

式中：w_z——作用于结构 z 高度处单位投影面积上的风荷载标准值（kN/m^2）；

w_0——基本风压值（kN/m^2），应按《建筑结构荷载规范》GB 50009 的规定采用；

μ_z——z 高度处的风压高度变化系数；

μ_s——风荷载体型系数；

β_z——z 高度处的风振系数。

（2）对于山区及偏僻地区当没有基本风压资料时，可参照附近地区资料，并乘以下列调整系数采用：

1）对于山间盆地、谷地等闭塞地形，0.75 ~ 0.85。

2）对于与风向一致的谷口、山口，1.2 ~ 1.5。

3）海岛的基本风压调整系数：

距海岸距离 <40km，调整系数 1.0；

距海岸距离 40km ~ 60km，调整系数 1.0 ~ 1.1；

距海岸距离 60km ~ 100km，调整系数 1.1 ~ 1.2。

4.1.3 风压高度变化系数

风压高度变化系数 μ_z，应根据地面粗糙度类别按下式进行计算：

$$\mu_z = \beta \left(\frac{z}{10}\right)^{\alpha} \tag{4-3}$$

式中：β——地貌调整系数，对应 A、B、C、D 地貌分别取 1.284、1.0、0.544 和 0.262；

α——地面粗糙度指数，对应 A、B、C、D 地貌分别取 0.12、0.15、0.22 和 0.30。

当计算高度分别满足截断高度 H_0 和梯度风高度 H_G 时，按式（4-3）计算的风压高度变化系数应满足表 4-1 要求。对应 A、B、C、D 地貌的截断高度 H_0 分别为 5m、10m、15m 和 30m；梯度风高度 H_G 分别为 300m、350m、450m 和 550m。

表 4-1　风压高度变化系数 μ_z

计 算 高 度 Z	地面粗糙度类别			
	A	B	C	D
$Z \leqslant H_0$	1.09	1.0	0.65	0.51
$Z \geqslant H_G$	2.91	2.91	2.91	2.91

（1）地貌分类。

按《建筑结构荷载规范》GB 50009 规定，地貌分类如下：

A 类指近海海面、海岛、海岸、湖岸及沙漠地区；

B 类指田野、乡村、丛林、丘陵以及房屋比较稀疏的乡镇和城市郊区；

C 类指有密集建筑群的城市市区；

D 类指有密集建筑群且房屋较高的城市市区。

（2）城市地貌确定原则。

在确定城区的地面粗糙度类别时，若无实测资料时，可按下述原则近似确定：

1）以拟建房屋为中心，2km 为半径的迎风半圆影响范围内的房屋密集度来区分粗糙度类别，风向原则上以该地区最大风的风向为准，但也可取其主导风向；

2）以半圆影响范围内建筑物平均高度 $\overline{h} \geqslant 18m$，为 D 类，$9m \leqslant \overline{h} < 18m$，为 C 类，$\overline{h} < 9m$，为 B 类；

3）影响范围内不同高度的面域按下述原则确定，即每座建筑物向外延伸距离为其高度的面域内均为该高度，当不同高度的面域相交时，交叠部分的高度取大者；

4）平均高度 $\overline{h}$ 取各面域面积为权数计算。

4.1.4 烟囱的体型系数

体型系数通常是指作用在建筑物表面上的平均压力系数，也称整体计算体型系数。如果要验算构件局部强度时，则不应采用平均压力系数，应按实际分布压力系数计算，即采用局部体型系数。不同体型的建筑物，在同样的风速条件下，平均风压在建筑物上的分布是不同的。

烟囱体型系数 μ_s 可按现行国家标准《建筑结构荷载规范》GB 50009 选取。对于塔架式钢烟囱和自立式多管烟囱当无实测资料时，应根据风洞试验确定。

计算塔架式钢烟囱的风荷载时，可不考虑塔架与排烟筒之间的相互影响，可分别计算塔架和排烟筒的基本风荷载。

关于塔架与排烟筒对体型系数 μ_s 的相互影响问题，原冶金部建筑研究总院为宝钢 200m 塔架式钢烟囱所做的风洞试验表明，塔内为两个排烟筒的情况，在某些风向下，塔架反而使排烟筒的体型系数 μ_s 有所增大。但一般情况，排烟筒体型系数大致降低 0.09 ~ 0.13，平均降低 0.11。因此，一般可不考虑塔架与排烟筒的相互作用。

1 三个正三边形布置圆筒的风洞试验数据

上海东方明珠电视塔的塔身为三杆式，设计前进行了模拟风洞试验。试件直径为 300mm，柱间净距 0.75d，挡风系数 $\phi = 0.727$，风速 17m/s。测定结果如图 4-1。

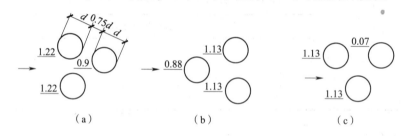

图 4-1 三筒风洞试验

可见最大体型系数出现在图 4-1（a）所示风向，以整体系数来表示则为：$\mu_s = 3.34/2.75 = 1.21$。

根据各国的试验结果，当通风面挡风系数 $\phi > 0.5$ 时，μ_s 值随着 ϕ 值的增大而增大，特别是在 $d \cdot V \geq 6 m^2/s$（d 为管径，V 为风速）时，遵守这一规律。对于三个排烟筒一般均属于这种情况。

因此，在试验有困难时，对于三个排烟筒的整体风载体型系数 μ_s，可参考下面公式：

$$\mu_s = 1 + 0.4\phi \qquad (4\text{-}4)$$

2 四个排烟筒塔架试验数据

日本对某电厂 200m 塔架式烟囱所作风洞试验如图 4-2。

经试验后确定整体系数 $\mu_s = 1.1$。

这个数值比圆管塔架的 μ_s 要小一些，但有一定参考价值。

在无条件试验时，四筒式排烟筒的 μ_s 值，可参考下式：

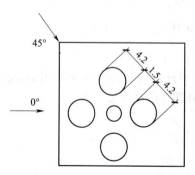

图 4-2 四筒式布置

$$0°风攻角时：\mu_s = 1 + 0.2\phi \qquad (4\text{-}5)$$

45°风攻角时：
$$\mu_s = 1.2 \times (1 + 0.1\phi) \tag{4-6}$$

4.1.5 顺风向风振

1 风振系数

风振系数是指顺风向的平均风和脉动风所产生的总响应与平均风单独响应之比。低矮建筑其刚度较大，一般可不考虑脉动风产生的风振影响。对于高度大于30m且高宽比大于1.5的房屋，以及基本自振周期大于0.25s的高耸结构，应考虑脉动风所产生的风振相应。

对于塔架、烟囱等高耸结构，均可仅考虑结构第一振型的影响，烟囱在 z 高度处的风振系数 β_z 可按下式进行计算：

$$\beta_z = 1 + 2gI_{10}B_z\sqrt{1 + R^2} \tag{4-7}$$

式中：g——峰值因子，可取2.5；

$\quad\quad I_{10}$——10m 高度湍流强度，对应于 A、B、C 和 D 类地面粗糙度，可分别取0.12、0.14、0.23 和0.39；

$\quad\quad R$——脉动风荷载的共振分量因子；

$\quad\quad B_z$——脉动风荷载的背景分量因子。

2 脉动风荷载的共振分量因子

脉动风荷载的共振分量因子可按下列公式计算：

$$R = \sqrt{\frac{\pi}{6\zeta_1}\frac{x_1^2}{(1 + x_1^2)^{4/3}}} \tag{4-8}$$

$$x_1 = \frac{30f_1}{\sqrt{k_w w_0}}, x_1 > 5 \tag{4-9}$$

式中：f_1——结构第一阶自振频率（Hz）。

$\quad\quad k_w$——地面粗糙度修正系数，对 A、B、C 和 D 类地面粗糙度，可分别取1.28、1.0、0.54 和0.26；

$\quad\quad \zeta_1$——10m 高度湍流强度，对应于 A、B、C 和 D 类地面粗糙度，可分别取0.12、0.14、0.23 和0.39。

3 脉动风荷载的背景分量因子

脉动风荷载的背景分量因子可按下列公式计算：

$$B_z = kH^{\alpha_1}\rho_x\rho_z\frac{\phi_1(z)}{\mu_z} \tag{4-10}$$

式中：$\phi_1(z)$——结构第一阶振型系数；

$\quad\quad H$——结构总高度，对 A、B、C 和 D 类地面粗糙度，H 的取值分别不应大于300m、350m、450m 和550m；

$\quad\quad \rho_x$——脉动风荷载水平方向相关系数；

$\quad\quad \rho_z$——脉动风荷载竖直方向相关系数；

$\quad\quad k$、α_1——系数，按表4-2取值。

对于按（4-10）计算的脉动风荷载的背景分量因子应乘以修正系数 θ_B 和 θ_v。其中 θ_B 为烟囱在 z 高度处的迎风面宽度与底部宽度的比值，θ_v 可按表4-3确定。

表 4-2　系数 k、α_1

粗糙度类别	A	B	C	D
k	1.276	0.910	0.404	0.155
α_1	0.186	0.218	0.292	0.376

表 4-3　修正系数 θ_v

$B(H)/B(0)$	1	0.9	0.8	0.7	0.6	0.5	0.4	0.3	0.2	≤0.1
θ_v	1.00	1.10	1.20	1.32	1.50	1.75	2.08	2.53	3.30	5.60

4　脉动风荷载的空间相关系数

（1）脉动风荷载竖直方向相关系数可按下式计算：

$$\rho_z = \frac{10 \sqrt{H + 60 e^{-H/60} - 60}}{H} \tag{4-11}$$

式中：H——结构总高度（m），对 A、B、C 和 D 类地面粗糙度，H 的取值分别不应大于 300m、350m、450m 和 550m。

（2）脉动风荷载水平方向相关系数可按下列公式计算：

$$\rho_x = \frac{10 \sqrt{B + 50 e^{-B/50} - 50}}{B} \tag{4-12}$$

式中：B——结构迎风面宽度（m），可取烟囱 2/3 高度处外径，$B \leqslant 2H$。

4.1.6　横风向风振

对于圆形钢筋混凝土烟囱和自立式钢结构烟囱，当其坡度小于或等于 2% 时，应根据雷诺数的不同情况进行横风向风振验算。

（1）用于横风向风振验算的雷诺数 Re、临界风速和烟囱顶部风速，应分别按下列公式计算：

$$Re = 69000 vd \tag{4-13}$$

$$v_{cr,j} = \frac{d}{S_t T_j} \tag{4-14}$$

$$v_H = 40 \sqrt{\mu_H w_0} \tag{4-15}$$

式中　$v_{cr,j}$——第 j 振型临界风速（m/s）；

　　　v_H——烟囱顶部 H 处风速（m/s）；

　　　v——计算高度处风速（m/s），计算烟囱筒身风振时，可取 $v = v_{cr,j}$；

　　　d——圆形杆件外径（m），计算烟囱筒身时，可取烟囱 2/3 高度处外径；

　　　S_t——斯脱罗哈数，圆形截面结构或杆件的取值范围为 0.2～0.3，对于非圆形截面杆件可取 0.15；

　　　T_j——结构或杆件的第 j 振型自振周期（s）；

　　　μ_H——烟囱顶部 H 处风压高度变化系数；

　　　w_0——基本风压（kN/m²）。

（2）当 $Re < 3 \times 10^5$，且 $v_H > v_{cr,j}$ 时，自立式钢烟囱和钢筋混凝土烟囱可不计算亚临界横风向共振荷载，但对于塔架式钢烟囱的塔架杆件，在构造上应采取防振措施或控制杆件的临界风速不小于 15m/s。

（3）当 $Re \geqslant 3.5 \times 10^6$，且 $1.2v_H > v_{cr,j}$ 时，应验算其共振响应。横风向共振响应可采用下列公式进行简化计算：

$$w_{czj} = |\lambda_j| \frac{v_{cr,j}^2 \varphi_{zj}}{12800\zeta_j} \tag{4-16}$$

$$\lambda_j = \lambda_j(H_1/H) - \lambda_j(H_2/H) \tag{4-17}$$

$$H_1 = H\left(\frac{v_{cr,j}}{1.2v_H}\right)^{\frac{1}{\alpha}} \tag{4-18}$$

$$H_2 = H\left(\frac{1.3v_{cr,j}}{v_H}\right)^{\frac{1}{\alpha}} \tag{4-19}$$

式中　　ζ_j——第 j 振型结构阻尼比，对于第一振型，混凝土烟囱取 0.05；无内衬钢烟囱取 0.01、有内衬钢烟囱取 0.02；玻璃钢烟囱取 0.035；对于高振型的阻尼比，无实测资料时，可按第一振型选用；

　　　　H——烟囱高度（m）；

　　　　H_1——横风向共振荷载范围起点高度（m）；

　　　　H_2——横风向共振荷载范围终点高度（m）；

　　　　α——地面粗糙度系数，本书 4.1.3 的规定取值，对于钢烟囱可根据实际情况取不利数值；

　　　　ϕ_{zj}——在 z 高度处结构的 j 振型系数；

$\lambda_j(H_i/H)$——j 振型计算系数，根据"锁住区"起点高度 H_1 或终点高度 H_2 与烟囱整个高度 H 的比值按表 4-4 选用。

表 4-4　λ_j（H_i/H）计算系数

振型序号	H_i/H										
	0	0.1	0.2	0.3	0.4	0.5	0.6	0.7	0.8	0.9	1.0
1	1.56	1.55	1.54	1.49	1.42	1.31	1.15	0.94	0.68	0.37	0
2	0.83	0.82	0.76	0.60	0.37	0.09	-0.16	-0.33	-0.38	-0.27	0
3	0.52	0.48	0.32	0.06	-0.19	-0.30	-0.21	0.00	0.20	0.23	0

注：中间值可采用线性插值计算。

（4）当雷诺数为 $3 \times 10^5 \leqslant Re \leqslant 3.5 \times 10^6$ 时，可不计算横风向共振荷载。

（5）在验算横风向共振时，应计算风速小于基本设计风压工况下可能发生的最不利共振响应。

（6）当烟囱发生横风向共振时，可将横风向共振荷载效应 S_C 与对应风速下顺风向荷载效应 S_A 按下式进行组合：

$$S = \sqrt{S_C^2 + S_A^2} \tag{4-20}$$

4.1.7 径向局部风压作用

在径向局部风压作用下，烟囱竖向截面最大环向风弯矩可按下列公式计算：

$$M_{\theta in} = 0.314\mu_z w_0 r^2 \tag{4-21}$$

$$M_{\theta out} = 0.272\mu_z w_0 r^2 \tag{4-22}$$

式中：$M_{\theta in}$——筒壁内侧受拉环向风弯矩（kN·m/m）；

$\quad\quad M_{\theta out}$——筒壁外侧受拉环向风弯矩（kN·m/m）；

$\quad\quad \mu_z$——风压高度变化系数；

$\quad\quad r$——计算高度处烟囱外半径（m）。

4.1.8 中外标准基本风压换算

随着涉外工程的增加，会发现国外基本风压定义与我国有所差别，如果采用我国标准进行设计，需要进行换算后才能够近似计算。基本风压的确定涉及几个主要因素，即标准地貌、标准高度、标准时距、风速样本和重现期五个因素。

1 非标准地貌换算

世界大部分国家基本风压都是按空旷平坦地面处的风速计算，如果地貌不同，则风压也不相同。我国是按 B 类地貌确定的基本风压，是按 10m 高度、梯度风高度为 350m、地面粗糙度指数为 0.15 来加以确定的。目前多数国家均采用 10m 为标准高度，如美国、加拿大、澳大利亚等，日本采用 15m，巴西、挪威采用 20m 为标准高度。当地貌不同时，可按下式进行换算：

$$w_{0a} = 3.12 \left(\frac{H_{Ga}}{z_{sa}}\right)^{-2\alpha_s} w_0 \tag{4-23}$$

式中：w_0——我国基本设计风压（kN/m²）；

$\quad\quad H_{Ga}$——其他标准规定的标准地貌梯度风高度（m）；

$\quad\quad z_{sa}$——其他标准规定的标准地貌的标准高度（m）；

$\quad\quad \alpha_s$——其他标准规定的标准地貌的粗糙度指数；

$\quad\quad w_{0a}$——换算基本风压（kN/m²）。

2 非标准时距换算

平均风速的大小与时距的取值有很大关系。时距越短，则平均风速越大，反之亦然。国际上各个国家规定的标准时距差异较大，英美以及澳大利亚则取 3s 为标准时距，加拿大则取 1h 为标准时距，丹麦及我国等采用 10min 为标准时距，表 4-5 为各种时距与 10min 标准时距换算比值统计结果，供设计参考。

表 4-5　各种不同时距与 10min 时距风速换算比值

时距	1h	10min	5min	2min	1min	0.5min	20s	10s	5s	3s	瞬时
比值	0.94	1.0	1.07	1.16	1.20	1.26	1.28	1.35	1.39	1.42	1.5

表 4-5 的数值是平均数值，实际上天气过程（如寒潮大风、台风、雷雨大风）等许多因素影响着该比值，需要具体分析。

3 不同重现期换算

活荷载取值通常不是采用荷载概率分布的平均值，而是选取比平均值大许多的某一分位值，使得出现该值的时间间隔为期望时间，称该间隔为重现期。不同的重现期，反映了不同的结构安全度，或者不超过该设计荷载的保证率。当重现期为 T_0 时，其保证率为 $P = 1 - \dfrac{1}{T_0}$，对于非 50 年重现期的风荷载，其基本风压调整系数可按下式计算：

$$\mu_r = 0.336 \log T_0 + 0.429 \tag{4-24}$$

式中：T_0——风荷载重现期；

μ_r——按 T_0 重现期换算到 50 年一遇基本风压后的重现期调整系数。

4.1.9 外筒风振荷载对内筒的影响

对于烟囱其风荷载效应包含两部分，即顺风向荷载和横风向荷载。对于顺风向荷载，同样也包含两部分，即平均风荷载和脉动风引起的动荷载。由于钢筋混凝土外筒的存在，平均风静荷载不直接作用在内筒上，因此可不考虑这部分荷载对内筒的振动影响。对于风荷载中的动力部分，应考虑振动效应对内筒的影响。

内筒承受的动力荷载可仅考虑第一振型影响，表示为：

$$F_i = G_i \omega_1^2 y_z(i) / g \tag{4-25}$$

式中：F_i——第 i 层支承平台处内筒所承受水平振动荷载；

G_i——第 i 层支承平台处内筒重量；

ω_1——烟囱第一振型自振频率；

$y_z(i)$——在风荷载的动力作用下，烟囱在第 i 层支承平台处的水平振幅；

g——重力加速度。

公式（4-25）也可用烟囱自振周期表示如下：

$$F_i = \frac{(2\pi)^2 G_i y_z(i)}{g T_1^2} = \frac{40 G_i y_z(i)}{T_1^2} \tag{4-26}$$

式中：T_1——烟囱基本自振周期。

1 顺风向脉动风的动力响应

脉动风引起的顺风向弯曲振动振幅可按下面简化公式进行计算：

$$y_z(i) = \frac{\xi_1 \mu_1 \varphi_1(z) w_0}{\omega_1^2} \tag{4-27}$$

$$\mu_1 = \nu_1 \theta_v \frac{\mu_s l_x(0)}{m(0)} \tag{4-28}$$

$$\nu_1 = \nu \theta_v \theta_B \tag{4-29}$$

$$\theta_B = \frac{l_x(z)}{l_x(0)} \tag{4-30}$$

式中：ξ_1——脉动增大系数；

μ_1——考虑风压空间相关性后单位基本风压下第一振型广义脉动风力与广义质量的比值；

$\varphi_1(z)$——烟囱第一振型；

w_0——基本风压；

ν——脉动影响系数；

θ_v——截面变化时的修正系数；

θ_B——z 高度处截面宽度与底部宽度比值；

μ_s——烟囱体形系数，取 $\mu_s = 0.6$；

$l_x(0)$、$l_x(z)$——分别为钢筋混凝土烟囱外筒在 0 标高和 z 标高处的外直径（m）；

$m(0)$——钢筋混凝土烟囱外筒在 0 标高处的单位高度质量（t/m）。

将公式（4-27）代入公式（4-25）得：

$$F_i = \frac{G_i \xi_1 \mu_1 \varphi_1(z) w_0}{g} \tag{4-31}$$

2　横向风振的动力响应

横向风振在第 i 层支承平台处产生的横向振幅可按下列公式计算：

$$x_z(i) = \frac{\xi_{L1} \mu_{L1} \varphi_1(z) w_0}{\omega_1^2} \tag{4-32}$$

$$\mu_{L1} = \frac{\int_{H1}^{H2} \frac{1}{2} \rho v_c^2 B(z) \mu_L \varphi_1(z) \, \mathrm{d}z}{w_0 \int_0^H m(z) \varphi_1^2(z) \, \mathrm{d}z} \tag{4-33}$$

$$\xi_{L1} = \frac{1}{2\zeta_1} \tag{4-34}$$

式中：μ_L——横向力系数，取 0.25；

$B(z)$——z 高度处垂直于风速方向烟囱截面宽度；

ρ——空气质量密度，见公式（4-1）；

v_c——临界风速（m/s）；

ζ_1——结构阻尼比，钢结构取 0.01，钢筋混凝土结构取 0.05。

如果假定锁住区的起点高度 $H_1 = 0$，终点高度 $H_2 = H$，并假定第一振型为下式：

$$\varphi_1(z) = 2 \left(\frac{z}{H} \right)^2 - \frac{4}{3} \left(\frac{z}{H} \right)^3 + \frac{1}{3} \left(\frac{z}{H} \right)^4 \tag{4-35}$$

那么，公式（4-32）可变为：

$$x_z(i) = \frac{v_c^2 D \varphi_1(z)}{8000 \zeta_1 m \omega_1^2} \tag{4-36}$$

式中：m——烟囱单位高度质量（t/m），取烟囱 $2H/3$ 高度处单位高度质量；

D——烟囱直径（m），取烟囱 $2H/3$ 高度处直径。

将公式（4-36）代入公式（4-25）得：

$$F_i = \frac{G_i D v_c^2 \varphi_1(z)}{8000 \zeta_1 m g} \tag{4-37}$$

4.2　地 震 作 用

4.2.1　概述

地震是指因地球内部缓慢积累的能量突然释放而引起的地球表层的振动。地震通常按照其成因可划分为三种类型：构造地震、火山地震和陷落地震。

由于地壳运动产生的自然力推挤地壳岩层使其薄弱部位突然发生断裂错动，这种在构造变动中引起的地震叫结构地震。据统计，构造地震约占世界地震总数的90%以上。

地震引起的振动以波的形式从震源向各个方向传播，称为地震波。地震波是一种弹性波，它包含可以通过地球本体的两种"体波"和只限于在地面附近传播的两种面波。

体波包含"纵波（也称P波）"与"横波（也称S波）"两种。纵波是由震源向外传播的压缩波，质点的振动方向与波的前进方向一致，其特点是周期短、振幅较小。横波是由震源向外传播的剪切波，质点的振动方向与前进方向垂直，特点为周期长、振幅较大。纵波传播速度约是横波传播速度的1.67倍。

利用纵波与横波传播速度不同的特点，可以确定地震观测点距离震源的距离约为：$S = 8t$（km），t为纵波与横波到达观测点的时间差，可以从地震波记录图上获得。

如果有三个观测点，则分别以各点为中心，以S为半径作圆，在地面上每两个相交点可做一条弦，三弦相交于一点，即为震中。

面波只限于沿着地球表面传播，一般可以说是体波经地层界面多次反射形成的次生波，它包含瑞雷波和乐普波两种类型。面波传播速度落后于纵波和横波。

由于各种地震波到达某一建筑物在时间上存在差异，因此，各种波对建筑物所产生的最大反应也不是同时发生。在抗震设计同时考虑竖向与水平地震作用时，根据加速度峰值记录和反应谱分析，二者的峰值组合比为1:0.4，即$a_v / a_{max} = 0.4$，也就是水平地震取α_{maxh}时，竖向地震$\alpha_v = 0.4\alpha_{maxv}$。相应于水平与竖向地震组合时，其分项系数分别为：$\gamma_{Eh} = 1.3$和$\gamma_{Ev} = 1.3 \times 0.4 \approx 0.5$，反之亦然。

建筑结构抗震设计包括计算设计和概念设计两个重要方面。计算设计是指确定合理的计算简图和分析方法，对地震作用效应作定量计算并对结构抗震能力进行验算，以达到抗震设防目的；概念设计是根据地震灾害和工程经验所获得的基本设计原则和设计思想，进行建筑和结构总体布置并确定细部构造的过程。

在宏观烈度相似的情况下，在大震级远震中距下的高柔建筑，其震害要比中、小震级近震中距的情况重得多；理论分析也发现，震中距不同时反应谱频谱特征也不同。抗震设计时，对同样的场地条件、同样烈度的地震，按震源机制、震级大小和震中距远近区别对待是必要的。这种区别反映在场地特征周期上，现行国家标准《建筑抗震设计规范》GB 50011则引进了地震环境分区，为三个设计地震分组，不同设计地震分组直接影响到设计特征周期（抗震设计用的地震影响系数曲线中，反映到地震震级、震中距和场地类别等因素的下降段起点对应的周期值）的取值，从而影响了地震作用的大小。各设计地震分组特征周期的近似关系是：

$$T_g(2) = \frac{7}{6}T_g(1) \tag{4-38}$$

$$T_g(3) = \frac{4}{3}T_g(1) \tag{4-39}$$

竖向地面远动随震中距的衰减较快，竖向地震作用计算不区分设计地震分组，直接取水平地震影响系数最大值的 65%。

4.2.2 烟囱抗震设防类别的确定与抗震措施的选择

烟囱作为高耸构筑物，应根据其地震破坏后，可能造成的人员伤亡、直接和间接经济损失、社会影响的程度及其在抗震救灾中的作用等因素，对各类烟囱进行抗震设防类别划分。

不同的结构与结构部位在抵御不同的荷载作用时，其设计安全性的体现方式是有所不同的。一般结构设计是通过不同的安全等级的划分和相应的重要性系数来体现各类结构的安全性的不同；地基基础设计则是通过不同设计等级划分和相应的验算内容来体现不同设计等级基础的安全性差异；建筑抗震设计是通过建筑抗震设防类别的划分和采取相应的设防标准来体现抗震安全性的不同要求。

1 烟囱抗震设防类别的确定

烟囱设防类别可分为特殊设防类（简称甲类）、重点设防类（简称乙类）、标准设防类（简称丙类）和适度设防类（简称丁类）。

烟囱的抗震设防类别应符合现行国家标准《建筑工程抗震设防分类标准》GB 50223 的规定，并符合以下要求：

（1）对于单机容量为 300MW 及以上或规划容量为 800MW 及以上的火力发电厂和地震时必须维持正常供电的重要电力设施的烟囱、烟道宜划分为重点设防类（乙类）。

（2）烟囱高度大于或等于 200m 时，其抗震设防类别应划分为重点设防类（乙类）。

（3）50 万人口以上城镇的集中供热烟囱，抗震设防类别应划分为重点设防类（乙类）。

（4）其余各类烟囱最低设防类别不宜低于丙类。

重点设防类（乙类）烟囱，应按本地区抗震设防烈度确定其地震作用，并按高于本地区抗震设防烈度一度的要求加强其抗震措施。但抗震设防烈度为 9 度时应按比 9 度更高的要求采取抗震措施。

标准设防类（丙类）烟囱，应按本地区抗震设防烈度确定其地震作用和抗震措施，达到在遭遇高于当地抗震设防烈度的预估罕遇地震影响时不致倒塌或发生危及生命安全的严重破坏的抗震设防目标。

2 烟囱抗震措施的选择

（1）在选择建筑场地时，对危险地段严禁建造抗震设防类别为乙类的烟囱，不应建造丙类烟囱。场地内存在发震断裂时，应对断裂的工程影响进行评估，并按现行国家标准《建筑抗震设计规范》GB 50011 的要求采取避让措施。

（2）建筑场地为 I 类时，对乙类烟囱允许仍按本地区抗震设防烈度的要求采取抗震构造措施；对丙类烟囱允许按本地区抗震设防烈度降低一度的要求采取抗震构造措施，但抗震设防类度为 6 度时仍应按本地区抗震设防烈度的要求采取抗震构造措施。

（3）对于存在液化土层的地基，应根据烟囱的抗震设防类别、地基液化等级，结合具体情况采取相应措施。

（4）对于烟囱洞口较大的烟囱，会产生薄弱部位，应采取加强措施提高其抗震能力。

（5）各类抗震设防类别的钢筋混凝土烟囱，其最小配筋率和筒壁最小厚度均应符合本手册第 2 章的有关规定，抗震设防烈度为 8 度及以上时，以及重点设防类及以上类别的烟囱，宜选用 HRB335E、HRB400E 级钢筋。

（6）地震区砖烟囱上部的最小配筋率应满足本手册第 11 章的有关规定。

4.2.3 水平地震作用

结构抗震计算主要有三种方法，即反应谱方法、时程分析法和随机振动理论方法。反应谱方法是以地震反应谱为基础。地震作用可有许多个样本，针对不同的地震干扰，求出结构在各种不同作用自振频率下的地震最大反应。取这些不同反应的包络线或平均曲线，它标志着结构物最大可能的最大反应，称为反应谱。利用反应谱，可以很快求出各种地震作用下的反应最大值，而不需要计算每一时刻的反应值，这是这种方法的特点和优点。但应用反应谱计算时并不能显示反应的全过程，不知道某一时刻结构出现何种情况，这是该方法的缺点。虽然如此，由于反应谱计算方便，在工程实际上得到广泛应用。对于烟囱而言，由于其体型简单，刚度变化均匀，规范规定可采用振型分解反应谱法计算。

采用振型分解反应谱法计算时，烟囱高度不超过 150m 时，可考虑前 3 个振型组合；高度超过 150m 时，可考虑 3~5 个振型组合；高度超过 210m 时，考虑的振型数量不宜少于 5 个。

（1）烟囱 j 振型 i 质点的水平地震作用标准值可按下式计算：

$$F_{ji} = \alpha_j \gamma_j X_{ji} G_i \quad (i = 1,2\cdots n; j = 1,2\cdots m) \tag{4-40}$$

$$\gamma_j = \sum_{i=1}^{n} X_{ji} G_i \Big/ \sum_{i=1}^{n} X_{ji}^2 G_i \tag{4-41}$$

式中：F_{ji}——j 振型 i 质点的水平地震作用标准值；

α_j——相应于 j 振型自振周期的地震影响系数；

X_{ji}——j 振型 i 质点的水平相对位移；

G_i——集中于 i 质点的重力荷载代表值；

γ_j——j 振型的参与系数。

（2）当相邻振型的周期比小于 0.85 时，水平地震作用效应（弯矩、剪力、变形）可按下式确定：

$$S_{Ek} = \sqrt{\sum S_j^2} \tag{4-42}$$

式中：S_{Ek}——水平地震作用标准值的效应；

S_j——j 振型水平地震作用标准值的效应。

（3）水平地震影响系数及特征周期及特征周期按表 4-6 及表 4-7 选取。

表 4-6 水平地震影响系数最大值

地震影响	6 度	7 度	8 度	9 度
多遇地震	0.04	0.08（0.12）	0.16（0.24）	0.32
罕遇地震	0.28	0.50（0.72）	0.90（1.20）	1.40

注：括号中数字分别用于设计基本地震加速度为 0.15g 和 0.30g 地区。

表 4-7 特征周期 T_g (s)

设计地震分组	场 地 类 别				
	I_0	I_1	II	III	IV
第一组	0.20	0.25	0.35	0.45	0.65
第二组	0.25	0.30	0.40	0.55	0.75
第三组	0.30	0.35	0.45	0.65	0.90

注：计算罕遇地震作用时，特征周期应增加 0.05s。

（4）烟囱地震影响系数按下列公式进行计算：

$$\alpha = \begin{cases} (0.45 + 5.5T)\alpha_{max} & T \leq 0.1\mathrm{s} \\ \alpha = \alpha_{max} & 0.1\mathrm{s} < T \leq T_g \\ \alpha = \left(\dfrac{T_g}{T}\right)^{\gamma} \eta_2 \alpha_{max} & T_g < T \leq 5T_g \\ \alpha = \left[\eta_2 0.2^{\gamma} - \eta_1 (T - 5T_g)\right]\alpha_{max} & 5T_g < T \leq 6\mathrm{s} \end{cases} \quad (4\text{-}43)$$

$$\gamma = 0.9 + \frac{0.05 - \zeta}{0.3 + 6\zeta} \quad (4\text{-}44)$$

$$\eta_1 = 0.02 + \frac{0.05 - \zeta}{4 + 32\zeta} \quad (4\text{-}45)$$

$$\eta_2 = 1 + \frac{0.05 - \zeta}{0.08 + 1.6\zeta} \quad (4\text{-}46)$$

式中：α——地震影响系数；

α_{max}——地震影响系数最大值；

η_1——直线下降段的下降斜率调整系数，当 $\eta_1 < 0$ 时，取 $\eta_1 = 0$；

γ——衰减指数；

T_g——特征周期；

η_2——阻尼调整系数，当 $\eta_2 < 0.55$ 时，应取 $\eta_2 = 0.55$；

T——结构自振周期；

ζ——阻尼比。

（5）烟囱阻尼比的选取。

在地震作用计算时，钢筋混凝土烟囱和砖烟囱的结构阻尼比可取 0.05；无内衬钢烟囱可取 0.01，有内衬钢烟囱可取 0.02；玻璃钢烟囱可取 0.035。

（6）烟囱平台对内筒地震作用的动力增大效应计算。

楼层对其上部设备的地震作用具有放大效应已经得到多次地震调查证实。20 世纪 80 年代，国内外有关单位做了许多测试和研究工作，有代表性的有：

1）日本电报电话公司通过地震资料研究分析后，确定加速度增大量化指标（按 4 层楼考虑），其增大率的平均值以地面加速度为准，地上 1 层约为 2 倍，4 层约为 3.2 倍，屋顶约为 4 倍。

2）同济大学朱伯龙教授在 20 世纪 80 年代，通过大量试验和计算给定了楼层对设备的地震放大系数，以 II 类场地、5 层楼房为例，1 层放大系数约为 2.1，2、3、4 层分别为

2.5、3.0、3.5 左右，而顶层则达到 4.1 左右。

参照国家标准《石油化工钢制设备抗震设计规范》GB 50761—2012，本手册给出作用在烟囱平台上的烟囱内筒的水平地震作用计算公式如下：

$$F_{si} = \beta \alpha_{si} G_{ei} \tag{4-47}$$

$$\beta = \begin{cases} 1 + \dfrac{5T_s}{T_c} & \dfrac{T_s}{T_c} \leqslant 0.9 \\ 5.5 & 0.9 < \dfrac{T_s}{T_c} \leqslant 1.1 \\ \left[\left(\dfrac{T_s}{T_c} \right)^{1.75} 1 \right]^{-1} & \dfrac{T_s}{T_c} > 1.1 \end{cases} \tag{4-48}$$

$$\alpha_{si} = \frac{F_i}{m_i g} \tag{4-49}$$

式中：F_{si}——作用在第 i 层支承平台上内筒的水平地震作用，其计算值不应低于该内筒建在地面上所计算的水平地震力值（kN）；

α_{si}——平台上的内筒地震影响系数；

G_{ei}——第 i 层平台上内筒重力荷载（kN）；

β——平台动力放大系数；

T_s——第 i 层平台上内筒的自振周期，按内筒底部刚接计算（s）；

T_c——烟囱外筒自振周期（s）；

F_i——烟囱在第 i 层平台处水平地震作用（kN）；

m_i——烟囱在第 i 层平台处集中质量（t），包含支承平台、内筒及钢筋混凝土外筒集中到该处的质量；

g——重力加速度，取 9.8m/s²。

4.2.4 竖向地震作用

设防烈度为 8 度和 9 度，应计算竖向地震作用产生的效应。烟囱的竖向地震作用标准值，可按下列公式计算：

（1）烟囱根部的竖向地震力：

$$F_{Evo} = \pm 0.75 \alpha_{vmax} G_E \tag{4-50}$$

（2）其余各截面：

$$F_{Evik} = \pm \eta \left(G_{iE} - \frac{G_{iE}^2}{G_E} \right) \tag{4-51}$$

$$\eta = 4(1 + C)\kappa_v \tag{4-52}$$

式中：F_{Evik}——任意水平截面 i 的竖向地震作用标准值（kN），对于烟囱下部截面，当 $F_{Evik} < F_{Ev0}$ 时，取 $F_{Evik} = F_{Ev0}$；

G_{iE}——计算截面 i 以上的烟囱重力荷载代表值（kN），取截面 i 以上的重力荷载标准值与平台活荷载组合值之和；

G_E——基础顶面以上的烟囱总重力荷载代表值（kN），取烟囱总重力荷载标准值与各层平台活荷载组合值之和；

C——结构材料的弹性恢复系数，砖烟囱 $C = 0.6$；钢筋混凝土烟囱与玻璃钢烟囱 $C = 0.7$，钢烟囱 $C = 0.8$；

κ_{v}——竖向地震系数，按现行国家标准《建筑抗震设计规范》GB 50011 所规定的设计基本地震加速度与重力加速度比值的 65% 采用，即 7 度取 $\kappa_{v} = 0.065$（0.1）；8 度取 $\kappa_{v} = 0.13$（0.2）；9 度取 $\kappa_{v} = 0.26$；

α_{vmax}——竖向地震影响系数，取水平地震影响系数最大值的 65%。

套筒或多筒式烟囱，当采用自承重式排烟筒时，上式中的 G_{iE} 及 G_{E} 不包括排烟筒重量。当采用平台支承排烟筒时，则平台及排烟筒重量通过平台传给外承重筒，在 G_{iE} 及 G_{E} 中应计入平台及排烟筒重量。

上式中 $\kappa_{v} = 0.1$ 和 $\kappa_{v} = 0.2$ 分别用于设计基本地震加速度为 $0.15g$ 和 $0.30g$ 的地区。

悬挂式和分段支承式排烟筒竖向地震力计算时，可将悬挂（或支承）平台作为排烟筒根部、排烟筒自由端作为顶部进行计算，并应根据悬挂（或支承）平台的高度位置，对计算结果乘以竖向地震效应增大系数，增大系数可按下列公式进行计算：

$$\beta = \zeta \beta_{vi} \tag{4-53}$$

$$\beta_{vi} = 4(1 + C)\left(1 - \frac{G_{iE}}{G_{E}}\right) \tag{4-54}$$

$$\zeta = \frac{1}{1 + \dfrac{G_{vE}L^3}{47EIT_{vg}^2}} \tag{4-55}$$

式中：β——竖向地震效应增大系数；

β_{vi}——修正前第 i 层悬挂（或支承）平台竖向地震效应增大系数；

ζ——平台刚度对竖向地震效应的折减系数；

G_{vE}——悬挂（或支承）平台一根主梁所承受的总重力荷载（包括主梁自重荷载）代表值（kN）；

L——主梁跨度（m）；

E——主梁材料的弹性模量（kN/m^2）；

I——主梁截面惯性矩（m^4）；

T_{vg}——竖向地震场地特征周期（s），可取设计第一组水平地震特征周期的 65%。

4.3 温 度 作 用

4.3.1 温度取值原则

（1）烟囱内部的烟气温度，应符合下列规定：

1）计算烟囱最高受热温度和确定材料在温度作用下的折减系数时，应采用烟囱使用时的最高温度。

2）确定烟气露点温度和防腐蚀措施时，应采用烟气温度变化范围下限值。

（2）烟囱外部的环境温度，应按下列规定采用：

1）计算烟囱最高受热温度和确定材料在温度作用下的折减系数时，应采用极端最高温度。

2）计算筒壁温度差时，应采用极端最低温度。

（3）筒壁计算出的各点受热温度，均不应大于本手册2.3.4规定的相应材料最高使用温度允许值。

（4）夏季极端最高温度及冬季极端最低温度，按烟囱所在地区气象资料选取。当无准确数据时，可参考本手册附录选取。

4.3.2 传热温度计算

（1）烟囱内衬、隔热层和筒壁以及基础和烟道各点的受热温度（图4-3或图4-4），可按下式计算：

$$T_{cj} = T_g - \frac{T_g - T_a}{R_{tot}} \left(R_{in} + \sum_{i=1}^{j} R_i \right) \tag{4-56}$$

式中：T_{cj}——计算点 j 的受热温度（℃）；

T_g——烟气温度（℃）；

T_a——空气温度（℃）；

R_{tot}——内衬、隔热层、筒壁或基础环壁及环壁外侧计算土层等总热阻（m²·K/W）；

R_{in}——内衬内表面的热阻（m²·K/W）；

R_i——第 i 层热阻（m²·K/W）。

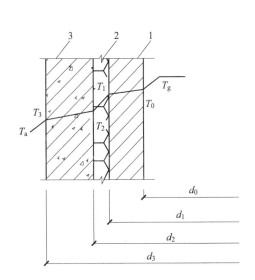

图4-3 单筒烟囱传热计算

1—内衬；2—隔热层；3—筒壁

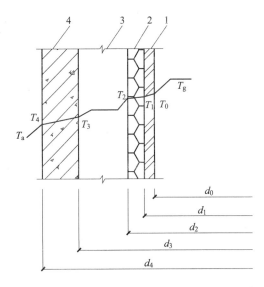

图4-4 套筒烟囱传热计算

1—内筒；2—隔热层；3—空气层；4—筒壁

（2）普通单筒烟囱内衬、隔热层、筒壁热阻以及总热阻，可分别按下列公式计算：

$$R_{tot} = R_{in} + \sum_{i=1}^{3} R_i + R_{ex} \tag{4-57}$$

$$R_{in} = \frac{1}{\alpha_{in} d_0} \tag{4-58}$$

$$R_i = \frac{1}{2\lambda_i}\ln\frac{d_i}{d_{i-1}} \qquad (4\text{-}59)$$

$$R_{ex} = \frac{1}{\alpha_{ex}d_3} \qquad (4\text{-}60)$$

式中： R_i——筒身第 i 层结构热阻（ $i=1$ 代表内衬； $i=2$ 代表隔热层； $i=3$ 代表筒壁）（ $m^2 \cdot K/W$ ）；

λ_i——筒身第 i 层结构导热系数 ［W/ （m·K）］；

α_{in}——内衬内表面传热系数 ［W/ （ m^2 ·K）］；

α_{ex}——筒壁外表面传热系数 ［W/ （ m^2 ·K）］；

R_{ex}——筒壁外表面的热阻（ m^2 ·K/W）；

d_i、d_{i-1}——分别为筒身第 i 层和第 $i-1$ 层内直径（m）；

d_0、d_1、d_2、d_3——分别为内衬、隔热层、筒壁内直径及筒壁外直径（m）。

（3）套筒烟囱内筒、隔热层、筒壁热阻以及总热阻，可分别按下列公式进行计算：

$$R_{tot} = R_{in} + \sum_{i=1}^{4} R_i + R_{ex} \qquad (4\text{-}61)$$

$$R_{in} = \frac{1}{\beta\alpha_{in}d_0} \qquad (4\text{-}62)$$

$$R_1 = \frac{1}{2\beta\lambda_1}\ln\frac{d_1}{d_0} \qquad (4\text{-}63)$$

$$R_2 = \frac{1}{2\beta\lambda_2}\ln\frac{d_2}{d_1} \qquad (4\text{-}64)$$

$$R_3 = \frac{1}{\alpha_s d_2} \qquad (4\text{-}65)$$

$$R_4 = \frac{1}{2\lambda_4}\ln\frac{d_4}{d_3} \qquad (4\text{-}66)$$

$$R_{ex} = \frac{1}{\alpha_{ex}d_4} \qquad (4\text{-}67)$$

$$\alpha_s = 1.211 + 0.0681T_g \qquad (4\text{-}68)$$

式中： β——有通风条件时的外筒与内筒传热比，外筒与内筒间距不应小于100mm，并取 $\beta=0.5$；

α_s——有通风条件时，外筒内表面与内筒外表面的传热系数。

（4）矩形烟道侧壁或地下烟道的烟囱基础底板的总热阻可公式（4-57）计算，各层热阻可按下列公式进行计算：

$$R_{in} = \frac{1}{\alpha_{in}} \qquad (4\text{-}69)$$

$$R_i = \frac{t_i}{\lambda_i} \qquad (4\text{-}70)$$

$$R_{ex} = \frac{1}{\alpha_{ex}} \qquad (4\text{-}71)$$

式中： t_i——分别为内衬、隔热层、筒壁或计算土层厚度（m）。

（5）内衬内表面的传热系数和筒壁或计算土层外表面的传热系数，可分别按表 4-8 及表 4-9 采用。

表 4-8　内衬内表面的传热系数 α_{in}

烟气温度（℃）	传热系数 [W/（m²·K）]
50 ~ 100	33
101 ~ 300	38
>300	58

表 4-9　筒壁或计算土层外表面的传热系数 α_{ex}

季　节	传热系数 [W/（m²·K）]
夏　季	12
冬　季	23

（6）在烟道口高度范围内烟气温差可按下式计算：

$$\Delta T_0 = \beta_T T_g \tag{4-72}$$

式中：ΔT_0——烟道入口高度范围内烟气温差（℃）；

β_T——烟道口范围烟气不均匀温度变化系数，宜根据实际工程情况选取，当无可靠经验时，可按表 4-10 选取。

表 4-10　烟道口范围烟气不均匀温度变化系数 β

烟道情况	一　个　烟　道		两个或多个烟道	
	干式除尘	湿式除尘或湿法脱硫	直接与烟囱连接	在烟囱外部通过汇流烟道连接
β_T	0.15	0.30	0.8	0.45

注：多烟道时，烟气温度 T_g 按各烟道烟气流量加权平均值确定。

（7）烟道口上部烟气温差可按下式进行计算：

$$\Delta T_g = \Delta T_o \cdot e^{-\zeta_t z/d_0} \Delta T_g = \Delta T_o \cdot e^{-\zeta z/d_0} \tag{4-73}$$

式中：ΔT_g——距离烟道口顶部 z 高度处的烟气温差（℃）；

ζ_t——衰减系数，多烟道且设有隔烟墙时，取 $\zeta_t = 0.15$；其余情况取 $\zeta_t = 0.40$；

ζ_z——衰减系数，多烟道且设有隔烟墙时，取 $\zeta_z = 0.15$；其余情况取 $\zeta_z = 0.40$；

z——距离烟道口顶部计算点的距离（m）；

d_0——烟道口上部烟囱内直径（m）。

（8）沿烟囱直径两端，筒壁厚度中点处温度差可按下式进行计算：

$$\Delta T_m = \Delta T_g \left(1 - \frac{R_{tot}^c}{R_{tot}}\right) \tag{4-74}$$

式中：R_{tot}^c——从烟囱内衬内表面到烟囱筒壁中点的总热阻（m²·K/W）。

4.3.3　传热温度计算例题

1　计算数据

烟气温度　　　　　　　　　　　　$T_g = 250℃$

夏季极端最高温度	$T_{a1} = 35℃$
冬季极端最低温度	$T_{a2} = -40℃$
砖筒壁厚度、外直径	$t_n = 0.49m；d_n = 4.41m$
空气层厚度、外直径	$t_n = 0.05m；d_n = 3.43m$
砖内衬厚度、外直径	$t_n = 0.24m；d_n = 3.33m$
砖内衬内直径	$d_0 = 2.85m$

筒身传热简图参见图4-3。

2 夏温时受热温度计算

当烟气温度 $T_g = 250℃$，远远小于砖砌体的允许受热温度（400℃），且钢筋（纵向钢筋）处受热温度也不超过100℃，钢筋强度不需折减，因此，夏温时受热温度计算从略。

3 冬温时受热温度计算

（1）筒身温度假定：按经验公式假定 $T_0 \sim T_3$ 温度，以便确定各层平均温度。

假定 $T_0 = 250℃$；$T_1 = 197℃$；$T_2 = 175℃$；$T_3 = -40℃$。

（2）导热系数 [W/（m·K）] 计算：

砖砌体内衬 $\lambda_1 = 0.81 + 0.0006T = 0.81 + 0.0006\dfrac{250+197}{2} = 0.944$

空气层 $\lambda_2 = 0.333 + 0.0052T = 0.333 + 0.0052\dfrac{197+175}{2} = 1.300$

砖砌体筒壁 $\lambda_n = 0.81 + 0.0006T = 0.81 + 0.0006\dfrac{175-40}{2} = 0.851$

（3）各层热阻及总热阻（m^2·K/W）计算：

$$R_{in} = \frac{1}{\alpha_{in}d_0} = \frac{1}{38 \times 2.85} = 0.009$$

$$R_1 = \frac{1}{2\lambda_1}\ln\frac{d_1}{d_0} = \frac{1}{2 \times 0.944}\ln\frac{3.33}{2.85} = 0.082$$

$$R_2 = \frac{1}{2\lambda_2}\ln\frac{d_2}{d_1} = \frac{1}{2 \times 1.300}\ln\frac{3.43}{2.85} = 0.011$$

$$R_n = \frac{1}{2\lambda_n}\ln\frac{d_n}{d_2} = \frac{1}{2 \times 0.851}\ln\frac{4.41}{3.43} = 0.148$$

$$R_{ex} = \frac{1}{\alpha_{ex}d_n} = \frac{1}{23 \times 4.41} = 0.010$$

$$R_{tot} = R_{in} + R_1 + R_2 + R_n + R_{ex}$$
$$= 0.009 + 0.082 + 0.011 + 0.148 + 0.010 = 0.26$$

（4）各层受热温度计算：

将各层热阻及总热阻值代入温度（℃）计算公式，则得：

$$T_0 = 250 - \frac{250 - (-40)}{0.26}0.009 = 240.0$$

$$T_1 = 250 - \frac{250+40}{0.26}(0.009 + 0.082) = 148.5$$

$$T_2 = 250 - \frac{250+40}{0.26} \left(0.009 + 0.082 + z.011\right) = 136.2$$

$$T_3 = 250 - \frac{250+40}{0.26} \left(0.009 + 0.082 + 0.011 + 0.148\right) = -28.9$$

以上计算所得温度值与假定温度相差均大于 5%。按规定应当以计算的温度值（$T_0 \sim T_3$）做第二次假定温度值，再循环计算，直至假定值与计算值相差不超过 5% 为止。

4.3.4 假定传热温度的经验公式

计算筒身各层材料的导热系数与受热平均温度有关，所以在计算筒身受热温度之前，应首先假定各层的受热温度，然后再进行计算。如果假定的温度误差过大，则需要重新计算。往往需要多次反复，才能近于准确。

根据多次进行试算，总结出一个简便的经验公式，用于确定初步温度，能减少计算次数（见图 4-5）。

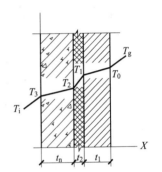

经验公式如下：

筒身各层厚度分别为 t_1、t_2、$t_3 \cdots t_n$

总厚度 $t = t_1 + t_2 + t_3 + \cdots + t_n$

计算点坐标为 X（图 4-5）

0 点	$X = t$
1 点	$X = t_n + t_3$
2 点	$X = t_n$
3 点	$X = 0$

图 4-5 筒身传热计算简图

则可按此式计算各点的初步温度：$T_i = T_a + \dfrac{T_g - T_a}{t} X$ (4-75)

4.3.5 温度作用计算

（1）自立式钢烟囱或玻璃钢烟囱由筒壁温差产生的水平位移，可按下列公式计算：

$$u_x = \theta_0 H_B \left(z + \frac{1}{2} H_B\right) + \frac{\theta_0}{V} \left[z - \frac{1}{V}\left(1 - e^{-Vz}\right)\right] \tag{4-76}$$

$$\theta_0 = 0.811 \times \frac{\alpha_z \Delta T_{m0}}{d} \theta_0 = 0.8 \times \frac{\alpha_z \Delta T_m}{d} \tag{4-77}$$

$$V = \zeta_t / d \tag{4-78}$$

式中：u_x——距离烟道口顶部 z 处筒壁截面的水平位移（m）；

θ_0——在烟道口范围内的截面转角变位（rad）；

H_B——筒壁烟道口高度（m）；

α_z——筒壁材料的纵向膨胀系数；

d——筒壁厚度中点所在圆直径（m）；

ΔT_{m0}——$z = 0$ 时 ΔT_m 计算值。

（2）在不考虑计算支承平台水平约束和重力影响的情况下，悬挂式排烟筒由筒壁温差产生的水平位移可按下式计算：

$$u_{x} = \frac{\theta_0}{V}\Big[z - \frac{1}{V}(1 - e^{-Vz}) \Big] \tag{4-79}$$

（3）钢或玻璃钢内筒轴向温度应力应根据各层支承平台约束情况确定。内筒可按梁柱计算模型处理，可令各层支承平台位置的位移与按公式（4-76）或（4-79）计算的相应位置处的位移相等来计算梁柱内力，该内力可近似为内筒的轴向计算温度应力。内筒轴向计算温度应力也可按下列公式近似计算：

$$\sigma_{m}^{T} = 0.4E_{zc}\alpha_z\Delta T_m \tag{4-80}$$

$$\sigma_{sec}^{T} = 0.10E_{zc}\alpha_z\Delta T_g \tag{4-81}$$

$$\sigma_{b}^{T} = 0.5E_{zb}\alpha_z\Delta T_w \tag{4-82}$$

式中：σ_{m}^{T}——筒身弯曲温度应力（MPa）；

σ_{sec}^{T}——温度次应力（MPa）；

σ_{b}^{T}——筒壁内外温差引起的温度应力（MPa）；

E_{zc}——筒壁纵向受压或受拉弹性模量（MPa）；

E_{zb}——筒壁纵向弯曲弹性模量（MPa）；

ΔT_w——筒壁内外温差（℃）。

（4）钢或玻璃钢内筒环向温度应力可按下式计算。

$$\sigma_{\theta}^{T} = 0.5E_{\theta b}\alpha_{\theta}\Delta T_w \tag{4-83}$$

式中：α_{θ}——筒壁材料环向膨胀系数；

$E_{\theta b}$——筒壁环向弯曲弹性模量（MPa）。

4.4 烟气压力计算

（1）烟气压力可按下列公式计算：

$$p_{g} = 0.01(\rho_a - \rho_g)h \tag{4-84}$$

$$\rho_{a} = \rho_{ao}\frac{273}{273 + T_a} \tag{4-85}$$

$$\rho_{g} = \rho_{go}\frac{273}{273 + T_g} \tag{4-86}$$

式中：p_g——烟气压力（kN/m^2）；

ρ_a——烟囱外部空气密度（kg/m^3）；

ρ_g——烟气密度（kg/m^3）；

h——烟道口中心标高到烟囱顶部的距离（m）；

ρ_{ao}——标准状态下的大气密度（kg/m^3），按 1.285kg/m^3 采用；

ρ_{go}——标准状态下的烟气密度（kg/m^3），按燃烧计算结果采用；无计算数据时，干式除尘（干烟气）取 1.32kg/m^3，湿式除尘（湿烟气）取 1.28kg/m^3；

T_a——烟囱外部环境温度（℃）；

T_g——烟气温度（℃）。

（2）钢内筒非正常操作压力或爆炸压力应根据各工程实际情况确定，且其负压值不应小于 2.5kN/m^2。压力值可沿钢内筒高度取恒定值。

（3）烟气压力对排烟筒产生的环向拉应力（或压应力）可按下式计算：

$$\sigma_\theta = \frac{p_g r}{t} \qquad (4-87)$$

式中：σ_θ——烟气压力产生的环向拉应力（烟气正压运行）或压应力（烟气负压运行）
(kN/m^2)；

r——排烟筒半径（m）；

t——排烟筒壁厚（m）。

4.5　平台活荷载与积灰荷载

（1）烟囱平台活荷载取值应符合下列规定：

1）承重平台。分段支承排烟筒和悬挂式排烟筒的承重平台除应考虑包括承受排烟筒自重荷载外，还应考虑计入 $7kN/m^2 \sim 11kN/m^2$ 的施工检修荷载。当构件从属受荷面积大于或等于 $50m^2$ 时应取小值，小于或等于 $20m^2$ 时应取大值，中间可线性插值。

2）吊装平台。用于自立式或悬挂式钢内筒的吊装平台，应根据施工吊装方案，确定荷载设计值。但平台各构件的活荷载应取考虑 $7kN/m^2 \sim 11kN/m^2$ 的活荷载。当构件从属受荷面积大于或等于 $50m^2$ 时应可取小值，小于或等于 $20m^2$ 时应取大值，中间可线性应插值。

3）非承重检修平台、采样平台和障碍灯平台，活荷载可取 $3kN/m^2$。

4）套筒式或多管式钢筋混凝土烟囱顶部平台，活荷载可取 $7kN/m^2$。

（2）排烟筒内壁应根据内衬材料特性及烟气条件，计入考虑 0mm ~ 50mm 厚积灰荷载。干积灰重力密度可取 $10.4kN/m^3$；潮湿积灰重力密度可取 $11.7kN/m^3$；湿积灰重力密度可取 $12.8kN/m^3$。

（3）烟囱积灰平台的积灰荷载应按实际情况考虑确定，并不宜小于 $25kN/m^2$。

（4）套筒或多管烟囱各层平台活荷载作用于钢筋混凝土外筒，应根据计算截面上部平台数量予以折减，折减系数按表4-11选取。

表4-11　计算截面上部平台活荷载折减系数

计算截面以上的平台数量	1	2 ~ 3	4 ~ 5	6 ~ 8	9 ~ 20
计算截面以上各平台活荷载总和的折减系数	1.0	0.85	0.7	0.65	0.6

4.6　覆 冰 荷 载

拉索式烟囱的拉索，塔架式烟囱的塔架，应考虑覆冰后所引起的荷载及挡风面积的增大的影响。覆冰荷载按以下原则考虑。

（1）覆冰厚度。

基本覆冰厚度应根据当地离地面10m高度处的观测资料，取统计50年一遇的最大覆冰厚度为标准值。当无观测资料时，应通过实地调查确定。在下列有关地区，可按现行国家标准《高耸结构设计规范》GB 50135 的规定采用：

1）重覆冰区：大凉山、川东北、滇、秦岭、湘黔、闽赣等地区，基本覆冰厚度可取 10mm ~ 30mm。

2）轻覆冰区：东北（部分）、华北（部分）、淮河流域等地区，基本覆冰厚度可取 5mm ~ 10mm。

3）覆冰气象条件：

同时风压：$0.15kN/m^2$

同时气温：$-5℃$。

当覆冰形成后，风荷载组合系数按 0.6 考虑。

（2）拉索及构架覆冰计算：

1）圆截面的拉索，单位长度上的覆冰荷载，可按下式计算：

$$q_1 = \pi b \alpha_1 \alpha_2 (d + b \alpha_1 \alpha_2) \gamma \times 10^{-6} \tag{4-88}$$

式中：q_1——单位长度上的覆冰荷载（kN/m）；

b——基本覆冰厚度（mm）；

d——拉索的圆截面直径（mm）；

α_1——与直径 d 有关的覆冰厚度修正系数，按表 4-12 采用；

α_2——覆冰厚度递增系数，按表 4-13 采用；

γ——覆冰重度，一般取 $9kN/m^3$。

2）非圆截面的其他构件，每单位表面面积上的覆冰荷载 q_a，可按下式计算：

$$q_a = 0.6 b \alpha_2 \gamma \cdot 10^{-3} \tag{4-89}$$

式中：q_a——单位面积上的覆冰重量（kN/m^2）。

表4-12　与构件直径有关的覆冰厚度修正系数 α_1

直径（mm）	5	10	20	30	40	50	60	70
α_1	1.1	1.0	0.9	0.8	0.75	0.7	0.63	0.6

表4-13　覆冰厚度的高度递增系数 α_2

离地面高度（m）	10	50	100	150	200	250	300	≥350
α_2	1.0	1.6	2.0	2.2	2.4	2.6	2.7	2.8

5 烟囱防腐蚀设计

2002 版《烟囱设计规范》GB 50051，对烟囱防腐蚀设计专门列了一章，对烟囱防腐蚀问题作具体规定，其中防腐蚀设计条文主要是针对没有采用湿法脱硫温度大于 90℃ 的干烟气。实施至今，在干烟气运行条件下，未出现烟囱被严重腐蚀的问题。

二十一世纪初，随着国家环保要求的提高，国内新建火电厂均设置脱硫工艺；湿法石灰石洗涤法是世界各国应用最多和最成熟的工艺，也成为目前国内火电厂脱硫的主导工艺。

烟气湿法脱硫后，当设置 GGH 加热器加热系统时，进入烟囱的烟气温度一般在 80℃ 左右；当不设 GGH 加热器加热系统时，进入烟囱的烟气温度一般在 50℃ 左右。

烟气经过脱硫后，虽然烟气中的二氧化硫的含量大大减少，但是洗涤的方法对除去烟气中少量的三氧化硫效果并不好。这是由于经湿法脱硫，烟气湿度增加、温度降低，烟气极易在烟囱的内壁结露，烟气中残余的三氧化硫溶解后，形成腐蚀性很强的稀硫酸液。湿法脱硫烟囱内的烟气腐蚀特性与干烟气已完全不同。

为了应对烟囱排放湿法脱硫烟气出现的腐蚀问题，专家进行了多方面的探索，各种结构形式的烟囱及新型防腐材料相继得到了应用。

为了编写本章烟囱的防腐蚀，有关单位做了大量调查研究工作。编者认为，烟囱工程设计人员如果能了解这些调研资料，对正确理解规范防腐蚀设计条文很有好处。

5.1 烟囱腐蚀与防腐蚀现状

为了提高烟气湿法脱硫后烟囱防腐技术水平，电力行业分别于 2005 年 9 月 27 日至 28 日及 2009 年 8 月 20 日至 21 日，召开了"火力发电厂烟囱设计技术交流会"和"火力发电厂脱硫烟囱防腐技术研讨会"，及时总结和探讨湿法脱硫后烟囱防腐技术。但由于烟气湿法脱硫运行时间较短，在湿法脱硫运行后，对烟囱腐蚀的影响方面缺乏经验，还是暴露出了一些烟囱腐蚀的问题。

华东电力设计院，自 2010 年 2 月 25 日至 2011 年 6 月 13 日，在一年多的时间里，对其近十年来设计的湿法脱硫运行烟囱情况进行了系统的普查调研工作。调研工作获得了相关电厂湿烟囱运行的相关信息，并对各种类型烟囱结构及防腐内衬材料的使用状况调研工作的基础上，分析了湿烟囱出现腐蚀的问题原因，及时总结设计成功的经验。

由于条件限制，华东电力设计院安排专业高空作业人员，共对 20 座湿法脱硫运行电厂的烟囱（或排烟囱），在发电厂机组检修停机期间，进入烟囱（或排烟囱）内部，对其防腐情况进行了系统的调研。调研的烟囱涉及了华东院近年来设计的所有湿法脱硫运行的烟囱结构类型及防腐内衬材料种类，并且每种情况多在 2 个案例以上，以验证调研成果的可靠性。

调研具体项目及调研时间等相关信息见表 5-1。

表 5-1 烟囱工程项目一览表

序号	机组容量	烟囱形式	内衬材料	GGH 设否	调研日期	脱硫运行时间（年）
1	2×1000MW	双钢内筒	复合钛板	脱硫无 GGH	2010. 10. 10	3. 5
2	2×600MW	双钢内筒	复合钛板	脱硫无 GGH	2011. 2. 7	5
3	3×600MW	三钢内筒	复合钛板	脱硫无 GGH	2010. 5. 5	5
4	2×600MW	双钢内筒	Henkel 玻璃砖	脱硫无 GGH	2010. 3. 16	5
5	2×350MW	双钢内筒	Henkel 玻璃砖	脱硫无 GGH	2011. 6. 13	4
6	2×1000MW	双钢内筒	玻化砖	脱硫无 GGH	2010. 10. 5	3
7	2×1000MW	双钢内筒	玻化砖	脱硫无 GGH	2010. 2. 25	2. 5
8	2×1000MW	双钢内筒	玻化砖	脱硫无 GGH	2010. 6. 9	1. 5
9	2×600MW	双钢内筒	国产玻璃砖	脱硫无 GGH	2010. 6. 4	4. 5
10	2×900MW	双钢内筒	玻璃鳞片	脱硫无 GGH	2010. 5. 21	1. 5
11	2×600MW	双钢内筒	玻璃鳞片	脱硫无 GGH	2010. 10. 13	1. 5
12	2×1000MW	双钢内筒	耐酸混凝土	脱硫设 GGH/脱硫无 GGH	2011. 2. 24	3. 5
13	2×600MW	双钢内筒	耐酸混凝土	脱硫设 GGH/脱硫无 GGH	2010. 3. 14	4
14	2×600MW	双钢内筒	国产玻璃砖	脱硫设 GGH	2011. 2. 23	1. 5
15	2×600MW	砖套筒	—	脱硫无 GGH	2010. 3. 30	4
16	2×600MW	砖套筒	—	脱硫无 GGH	2010. 4. 13	2. 5
17	2×600MW	砖套筒	—	脱硫设 GGH/脱硫无 GGH	2010. 4. 14	1. 5
18	2×1000MW	双钢内筒	玻璃鳞片	脱硫设 GGH	2011. 1. 20	3
19	4×300MW	四钢内筒	—	脱硫设 GGH	2010. 5. 20	5. 5
20	3×600MW	三钢内筒	—	脱硫设 GGH	2010. 2. 25	5

5.1.1 烟囱运行条件及温度

本次调研从现场共统计到 24 组湿法脱硫机组实时运行温度数据。

其中 11 组为湿法脱硫无 GGH 运行工况：其平均温度为：52℃；最高温度为：59℃；最低温度为：49℃。

其中 13 组为湿法脱硫设 GGH 运行工况：其平均温度为：83℃；最高温度为：95℃；最低温度为：73℃。

在湿法脱硫无 GGH 运行工况下，烟囱内有冷凝液积聚，流量根据现场目测，一般在每小时几吨，个别流量大的在每小时几十吨，烟囱内的积灰处于潮湿状态。

在湿法脱硫设 GGH 运行工况下，烟囱内无冷凝液积聚，烟道内的积灰厚 50mm ~ 100mm，处于干燥状态，有扬尘现象。

在湿法脱硫无 GGII 运行工况下，厂区内存在不同程度的烟囱雨现象。

从烟囱内部检查情况，可以看出烟气对烟囱的腐蚀在有、无 GGH 的情况下，有本质区别。在无 GGH 运行工况下，按现行国家标准《工业建筑防腐蚀设计规范》GB 50046 的规定划分应为液态介质腐蚀；在设 GGH 运行工况下，烟囱内无冷凝液积聚，为气态介质腐蚀，只在烟囱内部烟气所能达到部位，可能形成冷桥结露部位，会产生液态介质腐蚀情况。

根据调研结果把湿法脱硫烟囱的腐蚀根据不同运行工况作了进一步的区分。

5.1.2 湿法脱硫无 GGH 烟囱腐蚀状况

1 复合钛板钢内筒烟囱

复合钛板钢内筒烟囱防腐内衬总体使用情况良好，部分工程有轻微腐蚀痕迹，局部有钛板表面氧化膜破损现象。

复合钛板搭接接头焊缝缺陷，局部冷凝水反渗现象，是施工质量的常见问题，在每个排烟囱均有，但目前暴露出的部位不是很多，须定期检查维护。复合钛板贴条背面是空的，当焊缝缺陷，冷凝水渗入量大的话，腐蚀影响区域可能比较大，这个问题应引起重视。

检查发现了复合钛板分层、局部钛板层缺损及钛复合层负公差较多现象。

对采用复合钛板排烟囱应注意如下情况：

（1）对于复合钛板应建立一套完整的质量检测手段，包括钛材成分及复合钛板中钛复合层的厚度及均匀程度的检测；

（2）完善钛板接头的细部设计，加强现场施工及钛板接头的焊缝检查。

2 轻质防腐砖内筒

轻质防腐砖内衬是由汉高（Henkel）公司研发的，由轻质防腐砖、防腐专用胶、施工工艺组成的一个防腐系统，三者缺一不可。

该系统充分发挥了轻质防腐砖的保温及耐腐蚀性能，利用了防腐专用胶的防腐及黏接性能；二者的结合，可有效解决防腐专用胶耐温性能弱、轻质防腐砖缺乏整体性的缺陷。

该系统成功的关键是必须保证轻质防腐砖粘贴时，砖的底面及四周防腐专用胶饱满密实。由轻质防腐砖和防腐专用胶组成的一层隔水防腐膜的形成，是该系统成败的核心，这部分任务需由施工工艺来保证。

（1）Henkel 玻璃砖。

钢内筒 Henkel 玻璃砖防腐内衬烟囱使用情况良好，没有破损、开裂现象，能基本满足湿烟囱排烟囱运行要求。

Henkel 玻璃砖耐冲刷性能较弱，钢内筒烟道入口段 Henkel 玻璃砖表面外敷 Henkel 胶黏剂，主要是保护玻璃砖，经过 5 年的运行，胶黏剂层没有任何磨损和粉化迹象，能有效保护玻璃砖。Henkel 系统其他部位的胶黏剂未出现明显的老化现象。

取样检查可以看出表层的胶黏剂虽然多年直接暴露在多种工况的烟气条件下，强度仍然很好，同 Henkel 砖黏合，撕开时的仍然是玻璃砖被破坏。现场铲除取样时，由于 Henkel 胶黏剂的黏结力太大而无法将完整的 Henkel 砖取出，取出的 Henkel 衬里样块胶黏剂完整、柔软而富有弹性，光泽新鲜，可以任意折叠。

对采用 Henkel 玻璃砖防腐内衬排烟囱应注意如下情况：

1）Henkel 玻璃砖防腐内衬除了原材料性能外，施工对该系统的影响较大，应严把现场施工关。

2）烟囱钢内筒烟道入口段 Henkel 玻璃砖表面外敷 Henkel 胶黏剂，主要是保护 Henkel 玻璃砖的。从调研看，经过五年的运行，还能有效保护玻璃砖，但其耐久性有待进一步跟踪观测；与此同时在烟道入口段玻璃砖表面未涂胶黏剂的情况下，也未发现玻璃砖存在明显的磨损现象，烟道入口段胶黏剂应根据烟气实际可能对防腐层表面的冲刷情况设置。

（2）国产玻璃砖。

国产玻璃砖防腐内衬烟囱使用情况不理想，主要存在如下问题：

1）国产玻璃砖出现了明显的缺损现象，主要集中在砖缝处。从集中在砖缝处现象看，缺损的主要原因是玻璃砖被冷凝液腐蚀所致。

2）在砖缝处黏结剂出现了明显的缺损现象，主要原因是冷凝液腐蚀所致。

3）钢内筒泡沫玻璃砖内衬脱落现象较多。

以目前的国产玻璃砖防腐内衬系统的材料性能及施工质量，是不能满足湿烟囱运行要求的。

对采用国产玻璃砖防腐内衬排烟囱应注意如下情况：

1）目前，湿烟囱选用国产玻璃砖防腐方案应慎重。

2）当条件限制，必须采用时，应进一步学习 Henkel 玻璃砖防腐内衬系统优点，提高原材料玻璃砖、黏结剂的性能，同时应掌握该系统施工质量控制的核心技术。

（3）玻化砖。

钢内筒玻化砖防腐内衬烟囱总体使用情况不尽如人意。烟囱内衬表面各工程均存在不同程度的冷凝液反渗现象，存在玻化砖施工胶体不密实的情况；玻化砖系统现场施工与 Henkel 公司的质量控制水准相比，有明显差距。到检查时，已有个别工程在钢排烟囱外侧出现冷凝液渗漏点，并进行了维修。检查发现存在的主要问题是：

1）停机后，烟囱内衬表面各工程均存在不同程度的冷凝液反渗现象，表明存在玻化砖缝胶体不密实情况。

2）局部玻化砖砖块之间的缝隙较大，有些已能看到排烟囱钢板。

3）烟囱玻化砖内衬二次施工接头环缝处施工缺陷明显；玻化砖切割不平整，嵌缝处大小不一，胶泥未充满，能看到钢板。

4）铲除玻化砖内衬，存在玻化砖筒壁胶泥未涂满，筒壁与砖块不密封，且底层胶泥缝隙间有积水，并开始腐蚀排烟囱钢板；玻化砖之间的胶泥未充满，最少的只有砖块面积的 1/3。基本上是由轻质防腐砖、防腐专用胶组成的建筑材料的简单堆砌，是在按建筑的方式完成防腐的工作。现场施工质量，远未达到玻化砖和防腐专用胶组成的一层隔水防腐的膜的形成要求。

玻化砖防腐系统中，泡沫玻化砖、防腐专用胶其材料性能与 Henkel 内衬系统相比较存在缺陷，必将影响系统的耐久性；但从现场调研情况看，目前为止出现腐蚀的主要原因是施工工艺造成的防腐专用胶饱满密实缺陷所致。

对玻化砖防腐内衬系统应注意如下情况：

1）需进一步学习 Henkel 玻璃砖防腐内衬系统的特点，减小玻化砖的吸水率，提高专用胶防腐抗渗及耐久性能。

2）掌握该系统施工的核心技术，提高施工质量的过程控制管理水平。

3）目前条件下，湿烟囱选用玻化砖防腐方案应慎重。

3　玻璃磷片

玻璃磷片防腐内衬烟囱使用情况不理想，机组运行后，维护工作量较大。烟囱内衬检修需进行高空作业，维护工作复杂。此外，该类型防腐材料的实际使用寿命有限，且受防腐施工工艺的影响较大。

对玻璃磷片防腐内衬系统应注意如下情况：

（1）对脱硫改造机组应结合机组规模、排烟囱设置方案（是否合用）、实际剩余的使用年限及防腐的投资等因素综合考虑后选用。

（2）对新建机组选用玻璃磷片防腐方案应慎重。

4　套筒式砖内筒

套筒式砖内筒烟囱，在湿烟囱运行工况下，均存在冷凝液渗漏问题。砖内筒的结构难以保证不被脱硫产生的大量冷凝液渗透，而渗透液又会对平台结构（甚至外筒）产生腐蚀，影响正常的运行。因此，目前的砖内筒结构不适用于无GGH的湿法脱硫工况。

对已运行的套筒式砖内筒烟囱，渗漏的冷凝液对烟囱的腐蚀将影响烟囱的安全运行，必须及时维护。必要时应将烟囱的砖排烟内筒改造为整体性、致密性强的防腐内筒方案，以杜绝烟囱安全隐患。

5.1.3　湿法脱硫设 GGH 烟囱腐蚀状况

1　耐硫酸露点钢烟囱

现场调研 240m 钢内筒烟囱发现，钢内筒内表面 225m 以上腐蚀比较严重，225m 以下钢排烟囱内表面有轻微腐蚀；其中一座烟囱在干烟气运行条件也有调研记录，与现在情况相比较，腐蚀情况严重了。

由于设置 GGH，排烟囱内无冷凝水存在，腐蚀问题相对于无 GGH 的烟囱要轻微得多，钢排烟囱基本满足使用要求。

根据检查情况，对耐硫酸露点钢裸露使用情况，应在钢内筒筒首内部 20m 范围增设耐温防腐涂料；有条件时建议，钢内筒内部全部增设耐温防腐涂料。

2　耐酸混凝土

耐酸耐热混凝土防腐内衬运行情况基本良好，能满足机组对烟囱排烟囱运行要求；在湿烟囱条件下运行耐酸耐热混凝土出现裂缝及局部出现被腐蚀迹象。

耐酸耐热混凝土产品质量性能差异较大，施工质量控制要求较高，选用耐酸耐热混凝土防腐方案应注意此情况。

3 国产玻璃砖

钢内筒玻璃砖防腐内衬完整，没有脱落现象，但在钢内筒外发现了腐蚀穿孔。

在潮湿烟气条件下运行，耐硫酸露点钢裸露使用情况也未发生钢内筒腐蚀穿孔情况，反而在钢内筒做玻璃砖防腐后出现了腐蚀穿孔，看似很不正常。

而根据现场调研看，玻璃砖防腐内衬是二次施工，分段处使用了环形钢支托，局部检查玻璃砖，发现筒壁及玻璃砖之间胶泥不饱满。在潮湿烟囱运行时，由于玻璃砖的保温作用，钢内筒温度较低，在钢支托处及钢内筒玻璃砖的施工薄弱环节形成冷桥结露，腐蚀性的烟气结露液对钢内筒及支托产生腐蚀。当钢内筒裸露使用时，不具备冷桥结露条件，腐蚀就不会发生。

根据检查情况，在潮湿烟气条件下，对采用玻璃砖防腐内衬方案，同样必须保证施工质量，不能存在发泡玻璃砖缝防腐专用胶体不密实的情况。

国产玻璃砖应用于潮湿烟气运行条件下，其性价比不具备优势，选择此方案应注意此问题。

4 玻璃鳞片

钢内筒玻璃磷片防腐内衬总体使用情况良好，钢排烟囱内玻璃磷片防腐涂层完整，仅发现局部少量细微缺，钢内筒无腐蚀现象。

排放经湿法脱硫并且烟气经 GGH 系统加热的潮湿烟气，选用钢内筒排玻璃磷片防腐内衬方案是合适可行的。

钢内筒衬玻璃鳞片材料使用寿命较短，一般为 5 ~ 8 年。使用期间维护工程量大，到目前为止，较多的工程已进行过维修。对用于实际使用时间少于 10 年的湿烟气烟囱，其经济性有一定优势。

5 套筒式砖内筒

由于受运行限制，未能进入烟囱内进行检查，也未能对砖内筒进行抽芯取样检查；从表面使用看，未发现任何的腐蚀痕迹，总体使用情况良好。

根据烟囱热传导情况，潮湿烟囱运行时，砖内筒砌体内的温度一般在 40℃ ~ 60℃，远低于酸露点温度，不密实的砌体可能引起烟气在其内部的结露，并产生腐蚀。对于这一情况，下一阶段应进行跟踪检查。

5.1.4 无 GGH 单筒式钢筋混凝土烟囱腐蚀状况

对于湿法脱硫改造的工程，原多为单筒式钢筋混凝土烟囱，由于各方面条件的限制，早期多采用在烟囱内衬内表面增设防腐层的方案解决防腐问题。但从前一阶段的实际运行情况看，暴露出了较多问题，主要有：

（1）积灰平台混凝土底板出现裂缝、酸液渗漏，有钢筋外露、锈蚀现象；

（2）积灰平台以上筒壁外侧有酸液渗出侵蚀、骨料外露现象；

（3）抽检混凝土芯样中硫化物的含量较高；

（4）筒壁混凝土芯样强度部分低于设计要求；

（5）钢筋混凝土筒壁内表面有不同程度腐蚀，情况严重的平均腐蚀厚度超过 50mm，已危及烟囱钢筋混凝土筒壁的安全可靠性；在北方寒冷地区，烟囱混凝土筒壁和支承结构还存在冻融破损情况；

（6）钢筋混凝土筒壁内表面碳化深度大于钢筋的混凝土保护层厚度设计值。

造成单筒式烟囱产生腐蚀主要原因可归纳为：

（1）防腐材料本身的性能存在的缺陷，不能适应烟囱砖内衬结构特点及烟囱的实际运行工况；

（2）原烟囱防腐内衬整体性差，由于原材料和施工方面的原因，在其表面进行的防腐改造很难在内衬表面形成一张完整的防腐膜，无法彻底封闭，从而造成冷凝液沿砖缝向内衬与外筒壁的夹层渗漏；

（3）烟囱内衬温度伸缩缝处理不当，冷凝液在沿烟囱内壁向下流时，在内衬温度伸缩缝处的地方渗入内衬与外筒壁的夹层；

（4）渗入内衬与外筒壁的夹层的冷凝液，在钢筋混凝土外筒壁薄弱处，如施工缝处渗出；

（5）通常烟道是搁置于烟囱钢筋混凝土外筒口上的，因考虑到烟道的膨胀变形，搁置点通常设置为一个滑动支座，在防腐改造中，大多数未就烟道与烟囱接口四周采取针对性的防渗处理。

近几年，从国内电厂单筒式钢筋混凝土烟囱内衬表面进行防腐改造的"湿烟囱"运行情况看，多数电厂存在上述问题；有一定数量的单筒式钢筋混凝土烟囱已进行二次防腐改造。

由于单筒式烟囱相对于多管式和套筒式烟囱而言，日常的检查和维护困难，在机组热态运行条件下只能进行烟囱钢筋混凝土外表面的日常检查，无法对烟囱钢筋混凝土筒壁进行渗漏腐蚀检查和维护，难以及时发现烟气腐蚀渗漏问题。当烟囱外表面发现腐蚀渗漏时，烟囱内部的腐蚀可能已经相当严重了；对于单筒式钢筋混凝土烟囱选择防腐方案时应注意此问题。

5.2 烟囱防腐蚀基本概念与准则

5.2.1 建筑材料的腐蚀类型

腐蚀是指材料与环境间的物理化学作用引起材料本身性质的变化。材料与周围环境组成的有腐蚀的环境条件构成一个具有腐蚀作用的腐蚀性体系。这里的腐蚀性是指在特定的腐蚀条件下，环境对材料腐蚀的能力，而腐蚀作用则是指促进腐蚀的环境因素。在一个腐蚀系统中，对材料行为起决定作用的是化学成分、结构和表面状态。

腐蚀类型的划分，根据不同的起因、机理和破坏形式而言有各种方法。按腐蚀机理可分为电化学腐蚀和化学腐蚀两大类；按破坏类型可分为全面腐蚀和局部腐蚀；按环境可分为化学介质腐蚀，大气腐蚀，水、汽腐蚀和土壤腐蚀；从建筑防腐角度着眼，常按不同防护方法分为气态介质腐蚀（以涂料防护为主）、液态介质腐蚀（以覆面或衬护为主）和固态介质腐蚀。在实际的烟囱腐蚀行为中，有的为单一类型，但更为普遍的是两种或多种类型同时并存。

1 非金属材料的腐蚀类型

建筑用非金属材料分为无机和有机两类。非金属材料的腐蚀因无电流产生，一般属于化学或物理腐蚀，具体可分为以下四类：

（1）化学溶蚀。

材料与介质相互作用，生成可溶性化合物或无胶结性产物。在腐蚀过程中，化学介质与材料的一些矿物成分或组成成分产生化学作用，使材料产生溶解或分解，如酸对碱性材料（如石灰石、水泥砂浆、混凝土）的腐蚀最具代表性。

（2）膨胀腐蚀。

由于腐蚀作用新生成物的体积膨胀，对材料产生较大的辐射压力而导致材料破坏，称为膨胀腐蚀。引起膨胀的原因，是由于介质与材料反应生成新产物的体积比参与反应物质的体积更大，或由于盐类溶液渗入多孔材料内部，所产生的固相物或结晶水化物的体积增大。

（3）老化。

高分子材料暴露于天然或人工环境下，受紫外线、热、水、化学介质等的作用，性能随时间的延续而破坏的现象，称为老化。

高分子材料的老化分为化学和物理两种因素。化学老化是受氧、臭氧、水（湿气）的作用，使结构变化（分子链的断裂或交联）的结果。物理老化是受光、热、高能辐射、机械力引起的。老化后材料的强度、塑性和耐蚀性都会下降，如涂料的龟裂，沥青、塑料的变脆等。

（4）溶胀。

材料在液体或蒸汽中，由于单纯的吸收作用而使其尺寸增大，称为溶胀。这类腐蚀多出现于高分子材料中。

2　金属材料的腐蚀类型

金属材料的腐蚀类型一般可分为化学腐蚀和电化学腐蚀两大类。

（1）化学腐蚀。

化学腐蚀是因为金属与腐蚀介质发生化学作用所引起的腐蚀，在腐蚀过程中没有电流产生。化学腐蚀可分为两类：

1）气体腐蚀。金属在干燥气体中的腐蚀，一般指气体在高温状态时的腐蚀。

2）在非电解质溶液中的腐蚀。是指金属在不导电的液体中发生腐蚀，如金属在酒精、石油中的腐蚀。

（2）电化学腐蚀。

与化学腐蚀的不同点在于腐蚀过程有电流产生。建筑结构中的金属，通常都是遭受电化学腐蚀的。电化学腐蚀可分为以下三种情况：

1）大气腐蚀。金属在潮湿大气中的腐蚀。

2）在电解液中的腐蚀。是一种极其普遍的腐蚀，如金属在水和酸、碱、盐溶液中所产生的腐蚀。

3）土壤腐蚀。指埋于地下的金属的腐蚀。

5.2.2　介质对建筑材料的腐蚀性

1　介质的腐蚀性

介质的腐蚀性通常与下面条件有关：

（1）介质的性质。

酸、碱类介质的腐蚀性，首先取决于其强度。强酸、强碱对建筑材料有较大的腐蚀性，其中含氧酸对有机材料的破坏性最大。强度相同的含氧酸和无氧酸对无机材料的腐蚀性大致相等。氢氟酸对许多有机和无机材料的腐蚀性不大，但对二氧化硅和含氧化硅成分的材料（如玻璃、陶瓷）具有强烈的腐蚀性。

在碱性介质中，苛性碱的腐蚀性最大，碱性碳酸盐次之。

盐类介质的腐蚀性比较复杂。盐溶液的腐蚀有化学的和物理的两个方面。在干湿交替和温度变化条件下，多数盐溶液都会出现结晶膨胀，因此它对混凝土、砖砌体、木材等材料均有物理破坏作用。由钠、钾、铵、镁、铜、铁与 SO_4^{2-} 所构成的硫酸盐对混凝土、黏土砖的腐蚀性最大，但硫酸盐对木材的腐蚀性较小。含氯盐对钢筋混凝土内的钢筋均有较大腐蚀性，但相比之下对混凝土的腐蚀性较小。

（2）介质的含量或浓度。

介质的腐蚀性与其含量或浓度有着密切关系。在多数情况下，介质的含量或浓度越高，腐蚀性越强。但也有少数例外，如浓硫酸作用于钢或浓硝酸作用于铝，都在材料表面生成保护性钝化膜；对某些树脂类材料，稀碱比浓碱的腐蚀性大；水玻璃类材料耐浓酸的性能比耐稀酸的性能好。

（3）介质的形态。

腐蚀介质的形态分为气态、液态和固态三种。一般来讲，液态介质的腐蚀性最大，气态介质次之，固态介质最小。气态介质是通过溶解空气中的水，形成溶液后才对材料产生腐蚀。固态介质只有吸湿潮解成为溶液才有腐蚀作用。完全干燥的气体或固体不具有腐蚀性。但是，自然界环境不存在完全干燥的条件，因此，凡是有腐蚀性介质的地方，都会有不同程度的腐蚀，其重要条件之一便是环境湿度、水分和介质的溶解度。

（4）介质的温度。

温度对介质的腐蚀程度有直接影响。一般来讲，温度升高，腐蚀性加大。如耐酸砖可耐常温下碱液的作用，但当温度升高到40℃以上时，耐酸砖会逐渐出现腐蚀。不同介质对不同材料的腐蚀，其温度影响是不一样的。

（5）其他。

介质的腐蚀性除与上述条件有关外，还与环境的湿度、作用条件等有关。

湿度是决定气态和固态介质腐蚀速度的重要因素。对金属材料而言，当空气中的水分不足以在其表面形成液膜时，电化学腐蚀过程就无法进行。对钢筋混凝土也是如此，水分加速混凝土碳化，也为混凝土内部钢筋的腐蚀提供了条件。各种金属都有一个使腐蚀速度急剧加快的湿度范围，称为临界湿度。钢铁的临界湿度为60% ~ 70%。对于钢筋混凝土内的钢筋，在相对湿度接近80%，且处于干湿交替条件下，腐蚀容易发生。当环境相对湿度小于60%时，对各种材料的腐蚀大大减缓。干湿交替环境容易使材料产生腐蚀，可以促使盐类溶液再结晶，使金属材料具备电化学腐蚀所需要的水分和氧，使固、液态介质相互转化而产生渗透和结晶膨胀。环境中的水对腐蚀影响很大，不但提高环境湿度，而且可直接溶解介质。

介质的作用条件包含介质作用的频繁程度、作业量多少和持续时间的长短。

2 影响建筑材料耐蚀性的因素

建筑材料的耐蚀性取决于下列因素：

（1）材料的化学成分。

材料的化学成分对材料的耐蚀性起着决定作用。但大多数情况下，单凭化学成分还不足以判定某种材料的耐蚀性。对于无机材料，还需要知道材料的矿物成分及含量；对有机材料，还要知道其分子结构。

在无机材料中，多数遵循的规律是：材料的矿物成分中含酸性氧化物的耐酸性好，而含碱性氧化物为主的耐碱性好。花岗岩、石英石等岩浆岩，都是二氧化硅含量高的天然岩石，其耐酸性能很好；而石灰石、大理石、白云石等以碳酸盐成分为主的沉积岩，耐碱性好，但完全不耐酸。耐酸砖和玻璃是二氧化硅含量很高的材料，因此耐酸性好；耐酸砖结构致密，在常温下也耐碱性介质，但对高浓度的热碱液不耐。水泥中的矿物组分基本上是弱酸的钙盐，为碱性氧化物，因此，水泥类材料耐碱性较好，耐酸性差。黏土砖的主要成分是氧化硅和氧化铝，有一定的耐酸能力（可耐酸性气体），但不耐碱。

有机材料对不同介质的耐蚀性也与其化学成分有关，一般来讲，分子量高的材料的耐蚀性较好。

（2）材料的构造。

材料的构造对其耐蚀性有重要影响。

在有机材料中，分子的聚合度愈高，则材料的耐蚀性愈强。常用聚氯乙烯、聚乙烯塑料和环氧、酚醛、不饱和聚酯等合成树脂，都是分子聚合度较高的高分子材料，其耐蚀性都比较高。

无机材料中，具有晶体构造的材料比相同成分的非晶体构造的耐蚀性好。这与晶体材料的元素质点排列规则、致密性高、介质难以渗入等有关。

（3）材料的密实性。

材料的密实性与其耐蚀性有密切关系。同一种材料，密实性不同，其耐蚀性也不同。较密实的材料具有较小的空隙率和吸水率，介质渗入量少，介质与材料接触面积小，所以耐蚀性好。如黏土砖，当碱、盐溶液渗入砖的孔隙并结晶后，会引起砖层层剥落。但对于烧结较好的过火砖，由于结构比较致密，孔隙少，溶液难以渗入可能不被破坏。

5.2.3 烟囱腐蚀与防护

1 烟气腐蚀等级划分

烟气的腐蚀等级与烟气的介质成分、含量、温度和相对湿度等因素有关。根据烟气温度和相对湿度对燃煤烟气按如下进行分类：

（1）干烟气：相对湿度小于60%、温度大于或等于90℃的烟气；

（2）潮湿烟气：相对湿度大于60%、温度大于60℃但小于90℃的烟气；

（3）湿烟气：相对湿度为饱和状态、温度小于或等于60℃的烟气。

经常处于潮湿状态或不可避免结露的烟囱，其烟气相对湿度应按大于75%考虑。

在烟气腐蚀介质作用下，根据其对烟囱防腐蚀材料劣化的程度，即外观变化、重量变化、强度损失以及腐蚀速度等因素，综合评定腐蚀等级，并按干烟气、潮湿烟气和湿烟气三类烟气分别划分为：强腐蚀、中等腐蚀、弱腐蚀和微腐蚀三类四个等级。对于不同类别的烟气，虽然其腐蚀等级相同，但由于类别不同其腐蚀程度也大不相同，因此，烟囱设计应按烟气分类及相应腐蚀等级，采取对应的防腐蚀措施。

对于烟气主要腐蚀介质为二氧化硫的干烟气，当烟气温度低于150℃，且烟气二氧化硫含量大于500ppm时，应考虑烟气的腐蚀性影响，并按以下规定确定其腐蚀等级：

（1）当二氧化硫含量为500ppm～1000ppm时，为弱腐蚀干烟气；

（2）当二氧化硫含量大于1000ppm但小于或等于1800ppm时，为中等腐蚀干烟气；

（3）当二氧化硫含量大于1800ppm时，为强腐蚀干烟气。

湿法脱硫后的烟气应为强腐蚀性湿烟气；湿法脱硫烟气经过再加热（GGH）之后应为强腐蚀性潮湿烟气。多种介质同时存在时，腐蚀等级应取最高者；干湿交替和温度高低变化的烟气应采取比单一腐蚀等级下更高等级的防腐蚀防护措施。

烟气温度的高低与烟气露点温度数值的大小关系到烟气是否结露，烟气一旦结露，其腐蚀等级将大幅度提高。脱硫后烟气的露点温度与烟气中 SO_3 的浓度有直接关系，当烟气中 SO_3 含量达到10ppm（相当未脱硫烟气中 SO_2 含量为500ppm）时，烟气的露点温度约为130℃，随着烟气中 SO_3 含量的提高，烟气露点温度也相应提高。一般烟气中的 SO_3 含量可取 SO_2 含量的2%～5%，用来确定烟气的露点温度。

烟囱设计应考虑周围环境对烟囱外部的腐蚀影响，可根据现行国家标准《工业建筑防腐蚀设计规范》GB 50046采取防腐蚀措施。

2　烟囱腐蚀的防护

烟囱腐蚀的防护是为了保证烟囱在设计使用年限内的正常使用，属于正常使用状态设计范畴。因此烟囱防腐蚀存在一个防护使用年限概念，与烟囱设计使用年限概念不同。

烟囱设计使用年限是指在设计预定的环境作用和维修、使用条件下，具有一定保证率的目标使用年限，分为极限承载能力使用年限和耐久性使用年限。

烟囱防护使用年限是指在合理设计、正确施工、正常使用和维护的条件下，防腐蚀内衬、涂层等防护系统的预估使用年限。"合理设计"是指烟囱防腐蚀设计应以规范为依据，正确分析设计条件，采取合理的烟囱形式和防护措施，并依据环境条件、材料性能与供应条件、使用要求、施工条件和维护管理条件进行防腐蚀设计。"正确施工"是指防腐蚀工程应以现行国家有关标准为依据，精心施工，确保工程质量。"正常使用和维护"是指防腐蚀烟囱的使用单位应在设计规定的条件范围，按规定的使用制度生产，并定期进行检测、防护和维修。

"预估使用年限"不是烟囱防腐蚀系统的实际使用年限，当使用年限超过预估使用年限时，应对烟囱防腐蚀系统进行全面评估，以确定是否需要大修、更新或继续使用。

一般来讲，烟囱防腐蚀系统的使用年限不可能与结构要求的烟囱设计使用年限相同，在整个设计使用年限内需要对烟囱防腐蚀系统进行多次的维修或更新，这需要确定烟囱各类构件的防腐蚀预估使用年限，以便业主在结构使用过程中能够有计划的管理。

烟囱防护可分为以下几类：

（1）块材类或具有一定厚度的整体内衬防护系统，如耐酸砌块、泡沫砖、浇注料、金属复合类钢板等；

（2）涂料类的薄膜覆面、厚型涂层或超厚型涂层；

（3）兼具结构与防护功能的"自防护烟囱"，如玻璃钢烟囱可以在规定的条件下用于排烟囱结构，同时具有自身防腐蚀功能；耐酸不锈钢可以用于高温下干烟气防腐蚀钢烟囱；耐候钢可用于潮湿地区的、烟气腐蚀等级不大于弱腐蚀的干烟气防腐蚀钢烟囱。

不同的烟囱防腐蚀系统其防护使用年限是不同的，如钛基复合钢板、玻璃钢烟囱其设计防护使用年限应不低于 30 年；涂层的使用年限则需根据涂料品种和涂层厚度以及对基层处理要求等因素确定，其使用年限可分为 10 ~ 15 年、5 ~ 10 年和 2 ~ 5 年三个等级。

5.2.4　烟囱防腐蚀的基本原则

1　准确定义烟气腐蚀等级

烟囱设计前，首先应根据烟气成分与含量、烟气温度和烟气相对湿度等确定烟气腐蚀等级，这是确定烟囱防腐蚀方案的首要任务。当烟气运行工况在烟囱使用年限内有变化时，应按不利情况设计，或为后续改造预留空间与条件。

2　选择正确的烟囱形式

烟囱防腐是一个系统性概念，是一个防护体系的建立，应根据烟气的腐蚀等级与特点考虑烟囱结构体系的可靠性、适用性和重要性，并结合烟囱结构的使用年限、防腐蚀防护年限和维护要求等综合因素来确定烟囱形式。

单筒烟囱与套筒烟囱或多管烟囱的主要区别就是可维护性与安全性方面的差异，单筒烟囱的内衬与隔热层破坏或渗漏，直接威胁烟囱筒壁安全，也不方便烟囱的日常检修与维护，不适合重要性高和腐蚀等级高的烟囱。

钢烟囱与混凝土烟囱相比较各有优缺点。

钢烟囱可实现工厂化制作，施工速度快，外形俊秀美观，便于场地布置于拆除，适合较小规模的烟囱。其缺点是钢材的耐腐蚀性能，特别是耐大气腐蚀性能较差，需要定期维护；钢烟囱结构容易发生横风向共振，且因阻尼比较低，共振力大。钢烟囱设计使用年限不宜大于 30 年。

钢筋混凝土烟囱耐大气腐蚀性能较钢烟囱好，在合理设计与使用的情况下，相对于钢烟囱基本是"免维护结构"，适用于较重要与大型烟囱，设计使用年限可 50 年或以上。钢筋混凝土烟囱占地与形体都较大，造型与清水颜色容易造成审美疲劳，同时其拆除工作属于非环保范畴。

3　选择适合的烟囱材料

（1）混凝土和水泥砂浆应选用普通硅酸盐水泥。

（2）混凝土的砂、石应致密，可采用花岗岩、石英石等。

（3）保证混凝土的耐久性是钢及混凝土结构防腐蚀设计的重要措施，腐蚀环境下，混凝土应满足表 5-2 要求。

表 5-2　混凝土的基本要求

项　　目	环境腐蚀性等级			
	强	中	弱	微
最低混凝土强度等级	C40	C35	C30	C25
最小水泥用量（kg/m³）	340	320	300	275
最大水胶比	0.40	0.45	0.45	0.45
最大氯离子含量（水泥用量的百分比）	0.08	0.10	0.10	0.15

（4）钢材的选用应综合大气环境与烟气腐蚀等级等综合确定，高温干烟气腐蚀环境宜选用耐候钢和不锈钢材料。湿烟气则不能直接与碳素钢接触，需要采用防腐蚀材料与碳素钢隔离。

（5）玻璃钢宜用于温度不超过100℃的腐蚀性烟气。

（6）泡沫玻璃砖和涂料最佳的应用基层为钢结构，而不是混凝土或砖砌体。

（7）水玻璃类烟囱内衬不得用于干湿交替的烟气工况，密实型水玻璃材料可用于强腐蚀等级的潮湿烟气或干烟气，但不适用湿烟气。

4 注意防腐蚀体系的适应性

防腐是一个系统性工作，一个完整的防腐蚀体系，往往是由多道防线构成的，需要注意各个防腐层次的适应性。

（1）涂料设计应按照涂层配套进行设计，应考虑底涂与基材的适应性，涂料各层之间的相容性和适应性，涂料品种与施工方法的适应性。

（2）钠水玻璃材料与混凝土接触会发生碱化反应，需要设置隔离层。

（3）不同金属材料接触时会发生电化学反应，腐蚀严重。需要在接触部位采取防止电化学腐蚀的隔离措施。

5 做好防腐蚀细节

（1）控制烟气直接接触的筒壁壁面温度高于烟气露点温度10℃以上，可有效防止烟气腐蚀。

（2）防止局部冷桥作用。

（3）减少烟囱应力集中现象，降低应力腐蚀，如钢烟囱开孔宜采用圆孔或对矩形孔洞进行倒角处理。

（4）在烟气可能接触的部位，焊缝应采用连续焊缝。

（5）烟气温度变化明显或频繁部位，腐蚀程度加剧，应加强该部位的防腐蚀措施，如烟道入口和烟囱顶部出口部位。

（6）有效避免液体与沉积物的积聚，设计应消除易于积水和灰尘的凹槽或凹坑。

（7）钢结构的除锈等级应满足要求，底涂、中间涂和面涂应配套，涂层厚度要适宜。

（8）要消除涂层难以有效覆盖的焊接缺陷。

（9）注意防腐蚀的可操作性，包括施工、检查和维修能够方便地进行。

（10）在腐蚀等级大于弱腐蚀的环境里，主要钢结构构件不应采用格构式构件和冷弯薄壁型钢，应采用实腹式或闭口截面。不应采用双角钢组成的T形截面和由槽钢组成的工字形截面。

（11）钢结构构件采用钢板组合时，截面最小厚度不应小于6mm；角钢截面最小厚度不应小于5mm；闭口截面杆件最小截面厚度不应小于4mm。

5.3 烟囱形式选择

烟囱结构形式的选择是防腐蚀措施的重要环节。自2002版《烟囱设计规范》GB 50051提出了烟囱结构形式选择要求以来，针对不同的烟气腐蚀性等级选择的烟囱结构形式，对保证烟囱安全可靠地正常使用和耐久性都起到了非常重要的指导性意义。

结合近十年来火力发电厂烟囱及其他行业烟囱，在不同使用条件、特别是烟气湿法脱硫运行条件下，采用不同烟囱结构形式和防腐蚀措施在运行后出现的渗漏腐蚀现象及处理经验，提出了对排放不同腐蚀性等级的干烟气、湿烟气和潮湿烟气的烟囱结构形式的选择要求。

烟囱的结构形式应根据烟气的分类和腐蚀等级确定，可参照表5-3的要求并结合实际情况进行选取。

表5-3　烟囱结构形式选用表

烟囱类型 \ 烟气类型			干烟气			潮湿烟气	湿烟气
			弱腐蚀性	中等腐蚀	强腐蚀		
砖烟囱			○	□	×	×	×
单筒式钢筋混凝土烟囱			○	□	△	△	×
套筒或多管式烟囱		砖内筒	□	○	○	×	
	钢内筒	防腐金属内衬	△	△	□	□	○
		轻质防腐砖内衬	△	△	□	□	○
		防腐涂层内衬	□	□	□	□	□
		耐酸混凝土内衬	□	□	□	△	×
	玻璃钢内筒		△	△	□	□	○

注：1　"○"建议采用的方案；"□"可采用的方案；"△"不宜采用的方案；"×"不应采用的方案。

　　2　选择表中所列方案时，其材料性能应与实际烟囱运行工况相适应。当烟气温度较高时，内衬材料应满足长期耐高温要求。

需要注意的是当烟囱所排放烟气的特性发生变化时，应对原烟囱的防腐蚀措施进行重新评估，按照实际使用条件对照上表选用；烟囱防腐蚀材料应满足烟囱实际存在的各运行工况条件，且应能适用于各工况可能存在交替变化的情况。

表5-3是总结近年来实践经验给出的，在选用时应结合实际烟囱运行工况的差异性进行调整。应根据烟囱的实际工况，对内衬防腐材料的耐酸、耐热老化、耐热冲击和耐磨性能以及断裂延伸率、抗渗透性能等主要性能指标进行综合评价后予以确定。

5.3.1　排放干烟气的烟囱结构形式的选择

排放干烟气的烟囱结构形式的选择应符合下列规定：

（1）烟囱高度小于或等于100m时，可采用单筒式烟囱。当烟气属强腐蚀性时，宜采用砖套筒式烟囱。

（2）烟囱高度大于100m时，当排放强腐蚀性烟气时，宜采用套筒式或多管式烟囱；当排放中等腐蚀性烟气时，可采用套筒式或多管式烟囱，也可采用单筒式烟囱；当排放弱腐蚀性烟气时，宜采用单筒式烟囱。

5.3.2　排放潮湿烟气的烟囱结构形式的选择

排放潮湿烟气的烟囱结构形式的选择应符合下列规定：

（1）宜采用套筒式或多管式烟囱。

（2）每个排烟囱接入锅炉台数应结合排烟囱的防腐措施确定。300MW以下机组每个排烟囱接入锅炉台数不宜超过 2 台，且不应超过 4 台；300MW 及其以上机组每个排烟囱接入锅炉台数不应超过 2 台；1000MW 及其以上机组应为每个排烟囱接入锅炉台数不应超过 1 台。

5.3.3　排放湿烟气的烟囱结构形式的选择

排放湿烟气的烟囱结构形式的选择应符合下列规定：

（1）应采用套筒式或多管式烟囱。

（2）每个排烟囱接入锅炉台数应结合排烟囱的防腐措施确定。200MW 以下机组每个排烟囱接入锅炉台数不宜超过 2 台，且不应超过 4 台；200MW 及其以上机组每个排烟囱接入锅炉台数不应超过 2 台；600MW 及其以上机组每个排烟囱接入锅炉台数宜为 1 台；1000MW 及其以上机组每个排烟囱接入锅炉台数不应超过 1 台。

每个排烟囱接入锅炉台数根据发电厂机组规模进行了规定，其他行业可对照其规模容量执行。

（3）排烟囱内部应设置冷凝液收集装置，有条件时可在钢内筒其他部位设置冷凝液收集装置，以有效减少烟囱雨现象。

（4）烟囱顶部钢筋混凝土外筒筒首、避雷针和爬梯等应考虑烟羽造成的腐蚀影响，并采取防腐蚀措施。

（5）排烟囱应按照大型管道设备的要求，具备定期检修维护条件。

5.4　烟囱防腐蚀设计

5.4.1　砖烟囱的防腐蚀

（1）砖烟囱不得用于排放潮湿烟气、湿烟气以及强腐蚀等级的干烟气。

（2）当排放弱腐蚀性等级干烟气时，烟囱内衬宜按烟囱全高设置；当排放中等腐蚀性等级干烟气时，烟囱内衬应按烟囱全高设置。

（3）当排放中等腐蚀性等级干烟气时，烟囱内衬宜采用耐火砖和耐酸胶泥（或耐酸砂浆）砌筑。

5.4.2　单筒式钢筋混凝土烟囱的防腐蚀

（1）单筒式钢筋混凝土烟囱筒壁混凝土强度等级应满足以下规定：

1）当排放弱腐蚀性干烟气时，混凝土强度等级不低于 C30；

2）当排放中等腐蚀性干烟气时，混凝土强度等级不低于 C35；

3）当排放强腐蚀性干烟气或潮湿烟气时，混凝土强度等级不低于 C40。

（2）单筒式钢筋混凝土烟囱筒壁内侧混凝土保护层最小厚度和腐蚀裕度厚度应满足以下规定：

1）当排放弱腐蚀性干烟气时，混凝土最小保护层厚度为 35mm；

2）当排放中等腐蚀性干烟气时，筒壁厚度宜增加 30mm 的腐蚀裕度，混凝土最小保护层厚度为 40mm；

3）当排放强等腐蚀性干烟气或潮湿烟气时，筒壁厚度宜增加 50mm 的腐蚀裕度，混凝土最小保护层厚度为 50mm。

（3）单筒式钢筋混凝土烟囱内衬和隔热层应满足以下规定：

1）当排放弱腐蚀性干烟气时，内衬宜采用耐酸砖（砌块）和耐酸胶泥砌筑或采用轻质、耐酸、隔热整体浇注防腐内衬；

2）当排放中等以及强腐蚀性干烟气或潮湿烟气时，内衬应采用耐酸胶泥和耐酸砖（砌块）砌筑或采用轻质、耐酸、隔热整体浇注防腐内衬；

3）当排放强腐蚀性烟气时，砌体类内衬最小厚度宜不小于 200mm；当采用轻质、耐酸、隔热整体浇注防腐蚀内衬时，其最小厚度不宜小于 150mm；

4）烟囱保温隔热层应采用耐酸憎水性的材料制品；

5）钢筋混凝土筒壁内表面应设置防腐蚀隔离层。

（4）烟囱内的烟气压力宜符合下列规定：

1）烟囱高度不超过 100m 时，烟囱内部烟气压力可大于 100Pa。

2）烟囱高度大于 100m 时，当排放弱腐蚀性等级烟气时，烟气压力不宜超过 100Pa；当排放中等腐蚀性等级烟气时，烟气压力不宜超过 50Pa。

3）当排放强腐蚀性烟气时，烟气宜负压运行。

4）当烟气正压压力超过上述规定时，可采取下列措施：

a. 增大烟囱顶部出口内直径，降低顶部烟气排放的出口流速；

b. 调整烟囱外形尺寸，减小烟囱外表面的坡度或内衬内表面的粗糙度；

c. 在烟囱顶部做烟气扩散装置。

（5）烟囱内衬耐酸砖（砌块）和耐酸砂浆（或耐酸胶泥）砌筑应采用挤压法施工，砌体中的水平灰缝和垂直灰缝应饱满、密实。当采用轻质、耐酸、隔热整体浇注防腐蚀内衬时，不宜设缝。

5.4.3　套筒式和多管式烟囱的砖内筒防腐蚀

（1）砖内筒的材料选择应符合下列规定：

1）当排放中等腐蚀性干烟气时，砖内筒宜采用耐酸砖（砌块）和耐酸胶泥（耐酸砂浆）砌筑；砖内筒的保温隔热层宜采用轻质隔热防腐的玻璃棉制品。

2）当排放强腐蚀性干烟气或潮湿烟气时，排烟内筒应采用耐酸砖（砌块）和耐酸胶泥（耐酸砂浆）砌筑；砖内筒的保温隔热层应采用轻质隔热防腐的玻璃棉制品。

3）在满足砖内筒砌体强度和稳定的条件下，应尽可能采用轻质耐酸材料砌筑。

4）排烟内筒耐酸砖（砌块）宜采用异形形状，砌体施工应符合本手册 5.4.2 中单筒式钢筋混凝土烟囱的第 5）款的有关规定。

5）当砖内筒需在内筒外表面设置环向钢箍时，环箍应采取防腐措施。

（2）砖内筒防腐蚀应符合下列规定：

1）内筒中排放的烟气宜处于负压运行状态。当出现正压运行状态时，耐酸砖（砌块）砌体结构的外表面应设置密实型耐酸砂浆封闭层；或在内外筒间的夹层中设置风机加压，使内外筒间夹层中的空气压力超过相应处排烟内筒中的烟气压力值 50Pa。

2）内筒外表面应按照计算和构造要求确定设置保温隔热层，并使烟气不在内筒内表面出现结露现象。

3）内筒各分段接头处，应采用耐酸防腐蚀材料连接，要求烟气不渗漏，满足温度伸缩要求（图 5-1）。

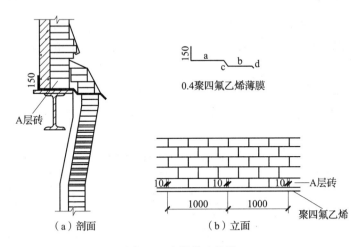

图 5-1 内筒接头构造

4）砖内筒支承结构应进行防腐蚀保护。

5.4.4 套筒式和多管式烟囱的钢内筒防腐蚀

（1）钢内筒材料及结构构造应符合下列规定：

1）钢内筒的外表面和导流板以下的内表面应采用耐高温防腐蚀涂料防护。

2）钢内筒的外保温层应分二层铺设，接缝应错开。钢内筒采用轻质防腐蚀砖内衬时，可不设外保温层。

3）钢内筒筒首保温层应采用不锈钢包裹，其余部位可采用铝板包裹。

（2）当排放干烟气、潮湿烟气时，钢内筒的材料选择应按下列要求：

1）钢内筒的内表面防腐可选耐高温防腐蚀涂料或耐酸混凝土内衬。

2）当烟囱使用周期内，存在湿烟气运行条件时，也可直接选用防腐金属内衬或轻质防腐砖内衬。

（3）当排放湿烟气时，钢内筒防腐材料的选择：

湿烟气烟囱内有冷凝液流淌，要解决防腐问题首先必须满足防渗，应采用整体性与密闭性较好的排烟囱或防腐内衬，目前钢内筒防腐内衬相对可靠的主要有：

1）复合钛板内衬；

2）进口玻璃砖防腐系统；

3）玻璃钢烟囱；

4）对于实际使用时间较短的可采用玻璃鳞片，但应对其抗渗性能和断裂延伸率等性能加以限制。

湿烟气烟囱宜作为设备，在运行期间定期做必要的检查和维护。

（4）玻璃钢内筒的防腐要求见本手册第 10 章。

5.5 涂装类（有机涂层内衬）烟囱防腐蚀设计

5.5.1 除锈等级与表面预处理

有机涂层类材料用于金属钢烟囱和水泥、砖石等非金属材料表面进行涂装前，都必须对基体表面进行预处理。这种预处理对防腐蚀工程的质量是至关重要的。以金属表面涂装为例，如果不清除基体表面的水分、油污、尘垢、介质污染物、外来物以及铁锈和氧化皮等，这些因素均会显著降低黏结剂对基体表面的浸润，从而严重影响界面黏结，影响到涂层的质量和使用效果。通过对影响涂层质量的各种因素进行调研分析，得到其评述结果见表5-4。

表5-4 影响涂层质量的各种因素

序号	因素分类	影响质量的程度（%）
1	表面清理质量差	48.8
2	涂衬层厚度不够	16.4
3	涂衬工艺质量差	15.0
4	环境条件的影响	7.9
5	涂衬材料选择不当	4.5
6	其他因素	7.4

从表5-4可知，表面清理的质量是影响涂、衬质量的主要因素。而对涂层破坏的质量分析发现，其中的70%源于表面清理的不当。脱硫后烟囱，工况条件恶劣，对涂层整体性要求较高，基体表面清理质量直接关系到防腐涂层整体性是否完好，一个点或少数几个点疏忽，可能导致整个防腐体系的失败。因此，对烟囱基体表面清理十分重要。

一般意义上讲，低于1mm的系统设计称为烟囱防腐涂层设计；大于1mm超厚型涂层称为有机内衬，本手册均采用涂层概念。根据本手册5.4.4，对于鳞片类高分子材料，无论是刚性还是柔性材料其体系设计宜按照底层、中层、面层设计成超厚型涂层，体系中的每个单一的涂层结构都应满足烟囱运行时的抗腐蚀、温变、抗渗透功能，其材料的黏接强度应大于1.5MPa（包括层间黏接强度），其体系总厚度宜大于3mm。

对鳞片类刚性有机内衬其抗断裂性（弹性）应按照国家标准相关标准评价。一般意义上讲，刚性涂层系统宜应用在单一运行工况，弹性涂层系统可适应多种运行工况。涂层系统各层材料的抗渗透性、抗温变、抗老化性应按照国家标准进行评价。

涂层防腐体系，除底层和用于修补原结构的材料外，体系中的材料其抗断裂性能（弹性）在多工况运行条件下宜大于20%~50%，该数据同样适应于轻质发泡材料内衬的黏接胶。

1 表面特性

基体的表面状态包括：清洁度、粗糙度、孔隙度三个方面，它们都会影响防腐工程的施工质量。

（1）清洁度。

钢铁表面经常有一层铁锈或氧化皮，且经常被油污、水等污染，影响涂、衬层黏结。混凝土表面，由于它孔隙多，其内部含有的水分和碱性物质容易渗到表面，污染表面，同样影响涂层的黏结。

（2）孔隙度。

基体表面存在贯穿或不贯穿的细孔或毛细孔。黏结剂可以通过毛细孔作用渗入到孔内，起到镶嵌作用，其渗入的深度受到某些因素的影响。如果细孔是非贯穿的，黏结剂的黏度又大时，孔内气体无法排尽，此时的黏结剂虽能借助毛细孔的作用进入孔内，但会随孔内被封闭气体的压力升高而停止，最终不能充满整个细孔。如果细孔是贯穿的，黏结剂就能慢慢渗入充满整个细孔，但其渗入程度受到固化前黏结剂所能流淌的时间限制，当黏结剂太稠时，它就无法继续渗入。因此，对有空隙的基体进行涂装作业时，排尽空气是重要的。

（3）粗糙度。

粗糙度参数反映了固体表面的粗糙程度。适当的将表面粗糙化，可提高黏结强度。但是，粗糙度不能超过一定界限，过分地糙化反而会降低黏结强度，因为表面不能被黏结剂良好浸润，凹处的残留物或空气对黏结是不利的，其弊端类似于不通透的细孔。

2　除锈等级

钢结构防锈和防腐蚀采用的涂料、钢材表面的除锈等级以及防腐蚀对钢结构的构造要求等应符合现行国家标准《工业建筑防腐蚀设计规范》GB 50046 和《涂覆涂料前钢材表面处理　表面清洁度的目视评定》GB/T 8923.1～GB/T 8923.4 的规定，在设计文件中应注明所要求的钢材等级及对应的除锈等级、并规定所用的涂料及涂层厚度。

（1）锈蚀等级和除锈等级。

现行国家标准《涂覆涂料前钢材表面处理　表面清洁度的目视评定》GB/T 8923.1～GB/T 8923.4 规定了涂装前钢材表面锈蚀程度和除锈质量的目视评定等级。它适用于以喷射或抛射除锈、手工和机械工具除锈的热轧钢材表面。冷轧钢材表面除锈质量等级的评定也可参照使用。

1）锈蚀等级：钢材表面的四个锈蚀等级分别以 A、B、C 和 D 表示。这些锈蚀等级的定义如下：

A——全面地覆盖着氧化皮而几乎没有铁锈的钢材表面。

B——已发生锈蚀，并且部分氧化皮已经剥落的钢材表面。

C——氧化皮已因锈蚀而剥落，或者可以刮除，并且有少量点蚀的钢材表面。

D——氧化皮已因锈蚀而全面剥离，并且已普遍发生点蚀的钢材表面。

2）除锈质量等级：

a. 喷射（或抛射）除锈等级以字母 Sa 表示，分四个等级：

Sa1——轻度的喷射除锈，钢材表面应无附着不牢的氧化皮、锈和附着物（是指焊渣、焊接飞溅物、可溶性盐等）。

Sa2——一般的喷射除锈，钢材表面上的氧化皮、锈和附着物已基本清除，其残留物应是牢固附着的（是指氧化皮和锈等物，不能以刮刀从钢材表面上剥离）。

Sa2$\frac{1}{2}$——较彻底地喷射除锈，钢材表面应无可见的氧化皮、锈和附着物，任何残留的痕迹应仅是点状或条纹状的轻微色斑。

Sa3——彻底地喷射除锈，钢材表面应无可见的氧化皮、锈和附着物，该表面应显示均匀的金属光泽。

b. 手工除锈等级，以字母 St 表示，分两个等级：

St2——一般的手工机械除锈，钢材表面应无附着不牢的氧化皮、锈和附着物。

St3——彻底的手工机械除锈，钢材表面应无附着不牢的氧化皮、锈和附着物，钢材显露部分的表面应具有金属光泽。

c. 酸洗除锈等级，以字母 Be 表示，不分等级，只有一个等级。

Be——全部彻底地除尽氧化皮、锈、旧涂层及附着物。

d. 火焰除锈等级，以字母 F1 表示（建筑钢结构很少采用，此系参照西德标准）。

F1——钢材表面应无氧化皮、锈和涂层等附着物，任何残留的痕迹应仅为表面变色（不同颜色的暗影）。

（2）除锈要求：

钢结构、烟囱筒体在涂装前必须除锈，除锈是保证涂层质量的基础，除锈应优先采用喷砂、抛丸或酸洗，无条件时可采用机械或手工除锈（但对有锈的钢材，一般手工除锈很难保证质量）。新建钢结构烟囱的除锈质等级宜采用大于 $Sa2\frac{1}{2}$ 标准；既有钢结构烟囱，在防腐作业前需测定钢材表面的锈蚀等级，并达到对应的除锈标准。具体钢材锈蚀分级及除锈标准执行《涂覆涂料前钢材表面处理 表面清洁度的目视评定》GB/T 8923.1 ~ GB/T 8923.4。

根据涂料品种，非脱硫的钢结构排烟筒除锈等级应符合表 5-5 要求。

表 5-5 钢铁基层除锈等级

涂 料 品 种	最低除锈等级
沥青涂料	St2 或 Sa2
醇酸耐酸涂料、氯化橡胶涂料、环氧沥青涂料	St3 或 Sa2
其他树脂类涂料、乙烯磷化底漆	Sa2
各类富锌底漆、喷镀金属基层	$Sa2\frac{1}{2}$

注：1 不易维修的重要构件的除锈等级不应低于 $Sa2\frac{1}{2}$。

2 钢结构的一般构件选用其他树脂类涂料时，除锈等级可不低于 St3。

3 除锈等级标准应符合现行国家标准《涂覆涂料前钢材表面处理 表面清洁度的目视评定》GB/T 8923.1 ~ GB/T 8923.4。

脱硫烟囱根据基材差异可选择不同表面处理方法，钢烟囱宜采用机械喷砂方式进行，除锈等级达到 $Sa2\frac{1}{2}$ 级，粗糙度 $40\mu m \sim 70\mu m$；砖烟囱或砖内衬可根据基体实际情况（包括是否是新建烟囱、机组运行时间、表面积灰及腐蚀程度、是否有防腐层等），选用高压水清理、高压水加砂清理、化学和高压清洗相结合等处理办法；对于混凝土表面的清理易采用喷砂处理。防腐对基体清理方式及粗糙度宜咨询材料供应商的特别要求。

5.5.2 涂层体系设计

涂料的防腐蚀作用是通过涂膜（涂层）体现出来的。从生产厂家购进的涂料只是半成品，将其涂覆在物体表面上形成涂层才是成品。涂层的性能优劣既取决于选用的涂料质量的优劣，也取决于涂装技术运用是否正确，这就是所谓的"三分材料，七分施工"。优质的涂料如果施工和配套不当，就得不到优质的涂膜。这说明涂装和涂料同样重要。为使涂层能满足技术条件和使用环境所需的功能，保证涂装质量，花费最小的涂装成本达到最大的经济效果，必须精心进行涂装设计，掌握涂装要素。从涂料的选用到最后获得优质涂膜的整个涂装工程，直接影响涂层质量的是涂料、涂装技术和涂装管理三个因素。这三个因素是互相依存的关系，忽视哪一个方面都不能达到预期目的。

1 设计原则

（1）设计目标——涂层使用寿命。

使用寿命有两种含义：一种是指维护的时间间隔期限；另一种是指自使用至失去保护效果的期限。大型结构和装置一般要考虑周期性维护；小型设备要考虑易更换，特别是受液相腐蚀的设备内壁，常按一次性使用处理。

目前电力行业已普遍接受将脱硫烟囱作为火电厂运行过程最后一台大型设备来进行维修和保养。涂层设计时可按一个大修周期（一般为 3 年）进行局部维护，并根据电厂的使用年限、涂层品种、涂层厚度、基层种类及处理要求和防腐工程造价成本要求来确定涂层失去保护效果的期限，如 10～15 年、5～10 年、2～5 年三个等级。

（2）环境和工作条件。

脱硫烟囱面临的环境和工作条件通常需考虑化学环境、侵蚀和磨蚀环境、温度环境以及其他环境因素等方面。

1）化学环境。

一级——pH 值为 3～8，为工艺系统最轻微的状况。亚硫酸（H_2SO_3）和硫酸（H_2SO_4）之间未作区别。

二级——pH 值为 0.1～3，酸浓度在 15% 以内，基于烟气中的 H_2SO_4 平衡浓度，烟气中的水蒸气温度在水的露点以上。

三级——酸浓度大于 15%。

2）侵蚀、磨蚀环境。

一级——烟气及液体低速流动；

二级——烟气、液体高速流动或液体高速喷射；

三级——高能量液体或烟气携带微粒流动。

3）温度环境。

一级——未脱硫正常原烟气温度（大于 93℃）；

二级——再加热后的烟气温度（60℃～93℃）；

三级——脱硫后烟气温度（低于 60℃）。

4）其他环境因素。

包括氯离子、氟离子、氮氧化物、碳混合物及其相互作用物质、大气环境等。

脱硫烟囱环境工作条件为：化学环境三级，侵蚀、磨损环境一级，温度环境一至三级，因此涂层选择时应考虑满足以上环境要求。

（3）涂层的配套体系。

涂层的配套体系，底层、中间层（结构层）、面层，应根据基体的腐蚀酥松和表面凹凸不平情况，以及涂层的设计使用寿命来选择，同时，应考虑实际运行环境和工况条件。涂层配套体系中根据功能的不同，设计原则也不相同，底层应注重抗渗性和对基体的附着性要求；中间层（结构层）注重与底层附着和自身的内聚强度以及找平工艺性能等；面层则注重与中间层附着性及耐化学性能等。整体涂层体系设计时还应考虑层间附着性、耐温性、耐热冲击性等。

脱硫烟囱可根据基体材质、表面腐蚀及酥松情况、实际运行工况条件以及使用寿命来综合考虑涂层的配套体系。

底层、中间层（结构层）、面层，应选用相互间结合良好的配套涂层。一般（非脱硫烟囱）钢结构防腐涂层的配套及厚度设计，可按表 5-6 选用。

表 5-6　干烟气常用涂层配套

涂料品种	涂　层　配　套		每遍厚度（μm）
	水泥基层或木质基层	钢铁基层	
过氯乙烯涂料	室内：稀释的过氯乙烯防腐清漆 1 遍	喷砂除锈时：乙烯磷化底漆 1 遍	5～8
	—	手工除锈时：铁红环氧酯底漆 1 遍	20～25
	铁红过氯乙烯底漆 1～2 遍		15～20
	过渡漆（底漆：防腐漆 = 1:1）1 遍		
	各色过氯乙烯防腐漆 2～3 遍		
	过渡漆（防腐漆：清漆 = 1:1）1 遍		
	过氯乙烯防腐清漆 2～3 遍		
	室外：稀释的过氯乙烯防腐清漆 1 遍	喷砂除锈时：乙烯磷化底漆 1 遍	5～8
	—	手工除锈时：铁红环氧酯底漆 1 遍	20～25
	铁红过氯乙烯底漆 1～2 遍		15～20
	过渡漆（底漆：防腐漆 = 1:1）1 遍		
	各色过氯乙烯防腐漆 3～7 遍		
环氧涂料	稀释的环氧清漆 1 遍	—	5～8
	—	铁红环氧酯底漆 1 遍	20～25
	环氧防腐漆 2～4 遍		20～40
	环氧清漆 1～2 遍		
环氧沥青涂料	稀释的环氧沥青漆 1 遍	—	5～8
	环氧沥青底漆 1～2 遍		40～70
	环氧沥青防腐漆 2～3 遍		
沥青涂料	稀释的沥青漆 1～2 遍	—	5～8
	—	铁红醇酸底漆 1 遍	15～20
	沥青漆 3～4 遍		30～40

续表5-6

涂料品种	涂 层 配 套		每遍厚度（μm）
	水泥基层或木质基层	钢铁基层	
聚氨酯涂料	稀释的聚氨酯清漆1遍	—	5~8
	聚氨酯底漆1遍		20~30
	聚氨酯磁漆2~3遍		
	聚氨酯清漆1~3遍		15~20
聚氨酯沥青涂料	稀释的聚氨酯沥青漆1遍	—	5~8
	聚氨酯沥青底漆1~2遍		20~40
	聚氨酯沥青面漆2~3遍		
氯磺化聚乙烯涂料	氯磺化聚乙烯底漆2遍		20~30
	氯磺化聚乙烯中间漆1~2遍		35~40
	氯磺化聚乙烯面漆2~3遍		15~20
氯化橡胶涂料	氯化橡胶底漆1层		30~50
	氯化橡胶防腐漆2~4遍		
聚氯乙烯含氟涂料	稀释的聚氯乙烯清漆2遍	—	5~8
	—	聚氯乙烯底漆2~3遍	15~20
	聚氯乙烯防腐漆4~7遍	聚氯乙烯防腐漆3~5遍	
	聚氯乙烯清漆1遍		15~20
聚苯乙烯涂料	稀释的聚苯乙烯清漆1遍	—	5~8
	—	铁红聚苯乙烯底漆1遍	20~30
	聚苯乙烯防腐漆2~3遍		
	聚苯乙烯清漆1遍		
氯乙烯醋酸乙烯共聚涂料	氯乙烯醋酸乙烯共聚底漆1遍		20~25
	氯乙烯醋酸乙烯共聚面漆3~6遍		
醇酸耐酸涂料	稀释的醇酸清漆1遍	—	5~8
	醇酸底漆1遍		15~25
	醇酸耐酸漆3~6遍		
氯化橡胶涂料（厚浆型）	稀释的氯化橡胶清漆1遍	—	5~8
	—	铁红环氧酯底漆1遍	20~25
	氯化橡胶底漆1遍		30~50
	氯化橡胶（厚浆型）防腐漆1~2遍		60~80
环氧涂料（厚浆型）	稀释的环氧清漆1遍	—	5~8
	—	铁红环氧酯底漆1遍	20~25
	环氧（厚浆型）防腐漆1~2遍		70~100
	环氧清漆1遍		15~20

续表 5-6

涂料品种	涂 层 配 套		每遍厚度
	水泥基层或木质基层	钢铁基层	（μm）
环氧沥青涂料（厚浆型）	稀释的环氧沥青漆 1 遍		5～8
	—	铁红环氧酯底漆 1 遍	20～25
	环氧沥青底漆 1 遍		40～70
	环氧沥青（厚浆型）面漆 1～2 遍		80～120
聚氨酯涂料（厚浆型）	稀释的聚氨酯清漆 1 遍	—	5～8
	—	铁红环氧酯底漆 1 遍	20～25
	聚氨酯（厚浆型）面漆 1～2 遍		70～100
	聚氨酯清漆 1 遍		15～20
环氧玻璃鳞片涂料	稀释的环氧清漆 1 遍		5～8
	—	环氧富锌底漆 1 遍	40～75
	环氧玻璃鳞片涂料 1～2 遍		100～200
	环氧清漆 1～2 遍		15～20
环氧沥青玻璃鳞片涂料	稀释的环氧沥青漆 1 遍		5～8
	—	环氧富锌底漆 1 遍	40～75
	环氧沥青底漆 1 遍		40～70
	环氧沥青玻璃鳞片涂料 1～2 遍		100～200
聚氨酯玻璃鳞片涂料	稀释的环氧清漆 1 遍	—	5～8
	—	环氧富锌底漆 1 遍	40～75
	聚氨酯玻璃鳞片涂料 1～2 遍		100～200
	聚氨酯清漆 1 遍		15～20
不饱和聚酯玻璃鳞片涂料	稀释的环氧清漆 1 遍	—	5～8
	—	环氧富锌底漆 1 遍	40～75
	不饱和聚酯玻璃鳞片涂料 1～2 遍		100～200
	聚酯清漆 1 遍		15～20

（4）涂膜层数和总厚度。

涂层的涂膜层数和总厚度的设计应根据涂层防腐材料自身特性（如固含量的高低、施工工艺等），以及防腐使用寿命来进行设计。防腐涂层不仅总厚度和使用寿命有密切关系，一般是厚膜优于薄膜，而且达到总厚度的施工道数对防腐寿命也有影响，达到同一总厚度的前提下，多道涂层质量更好，因为前一道涂层的缺陷可以被下一道涂层弥补。涂层厚度与使用寿命呈直线关系，达到相近的使用期限下，不同品种的涂料在不同环境下的最低总厚度也不尽相同。

脱硫烟囱涂膜层数和总厚度设计时应注意结合防腐材料自身的特性、防腐使用寿命、实际运行工况条件等系统考虑，尤其要注意实际运行工况条件中，是否存在旁路原烟气运行工况，烟气冷热冲击会加速涂层的老化和腐蚀。

非脱硫烟气烟囱的钢结构防护涂层的最小干膜厚度应符合表 5-7 的规定。特殊重要而且维修困难的部位，钢结构可采取在喷、镀金属层上再涂装防腐蚀涂料的复合面层或玻璃鳞片涂料等防护措施。需要特别指出的是对涂装材料的抗温性能及抗温老化性能的评价需高度重视。

表 5-7　钢结构防护涂层最小干膜厚度（μm）

构 件 类 别	强腐蚀	中等腐蚀	弱 腐 蚀
重要构件	200	150	120
一般构件及建筑配件	150		
室外构件及维修困难部位的构件	增加 20~60		

脱硫烟囱内钢结构、陶土砖、混凝土涂层体系中最小设计厚度见表 5-8。

表 5-8　脱硫烟囱主要涂层防腐体系最小厚度（mm）

品　种	涂 层 配 套			总厚度（mm）	备　注
	底涂	中涂	面涂		
乙烯基脂类鳞片	0.1±0.01	2±0.2	0.1±0.02	2.2~3.00	保护基底不同体系总厚度有变化
环氧聚氨酯类鳞片	0.1±0.01	2±0.2	0.1±0.02	2.2~3	同上
氟橡胶内衬	0.1~0.3	2.5~3	0.4~0.5	3~3.8	同上

注：本表规定的最小厚度需要结合烟囱运行工况进行调整，一般讲，钢结构烟囱因为基材相对砖体基材或混凝土土基材相对平整，设计厚度可取下限数值。

2　影响烟囱防腐涂层使用寿命的一些因素

烟囱防腐涂层使用寿命影响因素除了考虑实际运行工况条件的客观因素外，还应考虑以下有关因素：

（1）设计因素。

设计时要认真分析涂装对象的材质、使用环境和使用寿命，正确地选择涂料体系，满足涂层配套并达到涂膜层数和总厚的等要求，使涂料性能充分、正确的发挥，达到保护目的。

（2）涂装因素。

包括表面处理方法与质量，涂装方法选择是否正确，涂装工艺制定是否合理等。一个环节不合适，就会影响涂层的使用寿命。

（3）管理因素。

虽然设计和涂装工艺正确，但如果涂装过程中管理不严格、不科学，也得不到好的结果，最终还是会影响到防腐蚀质量。脱硫烟囱防腐面积大，且对防腐的整体性和精细程度要求较高，因此防腐施工过程应特别注意防腐施工过程的管理工作。

5.5.3　烟囱内涂层体系材料的选用

1　烟囱内衬涂层的防腐蚀作用

涂层虽然在防腐蚀工程中应用较为普遍，但其防腐蚀作用机理的研究一直在深化和发展。脱硫烟囱防腐作用机理涉及化学腐蚀、电化学腐蚀、结晶腐蚀、磨损腐蚀等，但具体由于采用脱硫工艺及装置的不同，腐蚀作用的机理也有较大差异，仍在探索过程中。截至目前的研究表明涂层在基体表面的湿附着力使涂料中聚合物基团阻止水的取代作用，使之不易达到基体表面产生腐蚀反应而起保护作用。另外，一些防腐蚀涂层中的特殊颜料从不同角度起到减小腐蚀电池反应，起到缓蚀效果。

2 防腐涂层性能基本要求

脱硫烟囱防腐涂层由于是实际工况条件运行，根据其面临的化学环境、侵蚀和磨损环境、温度环境和其他环境，防腐涂层选择时应从物理因素和热化学因素两大方面考虑。其中，物理因素包括：重量、耐磨、耐侵蚀、耐冲击、耐压、抗张、挠曲、弹性、锚定要求、黏度、厚度、基体处理方式、施工温度及湿度等；热化学因素包括：耐温性、耐火性、耐热冲击性、耐化学介质性、耐酸性、绝热性、导热性、最大化学环境持续运行温度等。

防腐涂层在选材时，应重点考虑以下性能的测试及评价：

（1）耐热试验。

耐热试验可以确定一种内衬在不发生不可接受的退变情况（如开裂、起泡、剥落或粘接损耗等）时所能承受的最大连续温度。应针对各种环境严酷等级状况，可以选择 60℃、93℃ 或 166℃ 温度模拟环境。存在事故状态时，应考虑事故状态时的影响。

（2）耐热循环试验。

耐热循环试验应模拟 FGD 系统运行情况，涂层要经受重复几次的停机和开机（有时 GGH 也发生故障）。试验时可以选择可能出现的最大的运行温度和最小的环境温度，以模拟环境状况和 GGH 失效的情况。试验应当在空气循环炉里进行，采用可以提供现场的最大和最小温度的冷却设备。

由于工作条件和环境温度会发生变化，因此应当确定高低温来模拟环境。可以采用的高温范围为 60℃、93℃ 或 166℃。低温范围为 21℃、4℃ 或 -23℃。

（3）耐酸性能试验。

耐酸性能测试主要是通过浸泡试验和有酸存在条件下的热老化试验进行评价。

1）浸泡试验。

将涂层样品浸入腐蚀性介质，确定内衬的耐化学性能。由于脱硫烟囱内衬防腐涂层面临除 FGD 系统可能出现的污染物（例如钙、镁和钠等）外，还存在多种腐蚀介质（硫酸、盐酸、硝酸和氢氟酸等）和温度的共同作用，要模拟以上因素综合影响存在一定难度。目前，浸泡试验有单一酸和混合酸两种。

2）有酸存在条件下的热老化试验。

通常测试方法如下：常温浸泡 20% H_2SO_4，1h，取出晾干 15min；177℃（或 93℃）放置 16h，常温放置 4h~6h，循环试 30 次后进行外观或理化指标的评价。

（4）耐磨试验。

耐磨试验模拟涂层材料暴露在与脱硫烟囱相同的条件下受到直接冲击磨蚀或侵蚀的状况。任何一次试验，都不可能复制出脱硫烟囱里遇到的不同类型的所有磨蚀条件（粒度尺寸、速度、冲击磨蚀角度等）。现在，通常通过测量涂层的耐洗刷性来进行评价，也可将涂料涂装到内壁，通过泥浆试验来测试耐磨性能。

（5）附着性（黏结强度）试验。

附着性（黏结强度）试验确定涂层黏接到经适当处理基体的表面粘接性能。试验应采用防腐材料生产厂家建议的程序进行，并仔细记录每个试件的确切失效模式，作为整个区域破裂的百分比。在许多情况下，失效模式都是涂层系统某一层里面的黏接失效。

（6）抗拉强度和伸长试验。

涂层材料的抗拉强度和延伸率试验是检验这些材料在常温下性能的专门措施。根据国内近几年工业烟囱防腐应用的实际情况，对于材料的抗拉强度和延伸率试验，不仅仅重视常温下的数据，更需评价材料在上述耐酸和耐热试验后的抗拉强度和延伸率，这是本手册和其他国内标准及国外标准不同的地方，是对材料抗腐蚀和高温老化试验的定量评价。

目前市场应用于烟囱的有机涂层，主要有氟橡胶类弹性体系、乙烯基树脂类玻璃鳞片和环氧聚氨酯类材料等，其中氟橡胶类和乙烯基树脂类较多。从材料物理性能讲，氟橡胶为弹性有机体系，乙烯基树脂为刚性有机体系，环氧聚氨酯为柔性体系。

3 涂层选用时防腐材料性能指标参考值

在选择脱硫烟囱用防腐材料时，应根据烟囱实际工况条件对防腐材料的耐温性、耐酸性、耐热冲击性、附着性等进行评价。参考性能指标宜不低于表5-9的规定。

表5-9 防腐材料参考性能指标

序号	项 目	单位	性能指标	检测方法或试验条件
1	抗拉强度	MPa	≥2.5	GB/T 528 哑铃Ⅰ型，500mm/min
2	拉断伸长率	%	≥20（或50）	GB/T 528 哑铃Ⅰ型，500mm/min
3	80℃ 20% H2SO4 浸泡 30d	%	外观无明显变化， 抗拉强度保持率≥90	GB/T 528 哑铃Ⅰ型，500mm/min
4	耐热性（200℃，7d）	%	外观无明显变化， 抗拉强度保持率≥90	GB/T 528 哑铃Ⅰ型，500mm/min
5	热老化性（180℃，30d）	%	外观无明显变化， 抗拉强度保持率≥85	GB/T 3512 GB/T 528 哑铃Ⅰ型，500mm/min
6	耐80℃2% H_2SO_4、0.1% HCl、0.1% HNO_3 和 0.1% H_3PO_4 混合酸腐蚀性，30d	%	外观无明显变化， 抗拉强度保持率≥85	GB/T 528 哑铃Ⅰ型，500mm/min
7	有酸存在条件下的热老化性常温浸泡 20% H2SO4，1h，取出晾15min，177℃放置16h，常温放置4h～6h，循环试30次	%	外观无明显变化， 抗拉强度保持率≥85	ASTM D 6137-97 （2004 修订）
8	黏结强度（钢板-钢板）	MPa	≥1.0	GB 50212

注：表中提到的标准分别为《硫化橡胶或热塑性橡胶 拉伸应力应变性能的测定》GB/T 528；《硫化橡胶或热塑性橡胶 热空气加速老化和耐热试验》GB/T 3512；《建筑防腐蚀工程施工及验收规范》GB 50212；《烟气脱硫系统聚合物衬砌的硫酸耐受性标准检测方法》ASTM D6137-97（2004 修订）。

此外，涂层选材时应要求防腐材料供应商提供以下相关参数和要求：

（1）材料和固化剂（若有）的配比；

（2）搅拌方式，有效施工时间：

（3）施工环境温度、湿度要求：

（4）固化温度，固化时间；

（5）易燃等级，毒性程度和防护要求等。

6 地基与基础

6.1 地 基 设 计

6.1.1 基础设计所需勘察资料

烟囱地基基础设计应取得详细的勘察资料，应满足以下要求：

（1）勘探布点不宜少于 3 个，地基情况复杂时不得少于 5 点，其中控制性勘探点不应少于 1 个。

（2）当采用桩基时，一般性勘探孔深度应深入预估桩端持力层以下 $3d \sim 5d$，且不小于 $3m \sim 5m$；控制性勘探孔深度应满足下卧层验算和地基变形计算深度。

（3）岩土勘察中应对工程场地中的水和土对管桩的腐蚀性进行评价。水试样和土试样的取样方法、水和土腐蚀性指标的测试以及腐蚀性评价应按国家标准《岩土工程勘察规范》GB 50021 的规定执行。

（4）对于单项工程，勘察报告应包括下列内容，具体应根本任务要求、勘察阶段、工程特点和地质条件等编写报告。烟囱属于工程中的一部分的勘察报告，对于烟囱区域的描述应清晰：

1）勘察目的、任务要求和依据的技术标准；

2）工程概况、场地位置、地形及地貌的描述；

3）勘察方法和勘察工作布置；

4）对建筑场地有不良地质作用（如岩溶、土洞、滑坡、构造断裂）、孤石、坚硬夹层的分布及成因、岩面坡度对桩端稳定性的影响等，有明确的判断结论，提出整治措施的建设；

5）地下水类型、稳定水位埋深、标高及其变化幅度等；

6）场地地下水和地基土对桩或基础腐蚀性的评价；

7）地震烈度、地震液化地层分布、液化等级、场地土类型和场地类别等资料；

8）标准贯入试验、重型动力触探、静力触探等原位测试试验成果；

9）岩土物理力学性质指标值；

10）标准冻结深度；

11）桩端持力层、单桩承载力估算指标和试桩方案建议；

12）对沉桩可行性分析评价；

13）基础施工可能对周边环境的影响；

14）勘探点平面布置图、工程地质柱状图、工程地质剖面图等必要图表及岩芯彩色照片等。

6.1.2 地基方案选择

确定地基方案应进行技术论证，应进行地基强度计算和变形验算，必要时还应进行经济比较。

确定地基方案应根据地质勘查报告，首先考虑采用天然地基方案，进行地基强度计算和变形验算；如地基土不满足承载力要求及变形要求，可考虑将不良地质情况（如液化、湿陷被消除）处理或提高地基承载力的复合地基方案；否则采用桩基方案。除此之外，确定地基方案时，还应考虑当地施工经验、现场施工条件等因素。

复合地基是部分土体被增强或被置换形成增强体，由增强体和周围地基共同承担荷载的地基。基底下通常设一定厚度的褥垫层。

桩基是由设置于岩土中的桩与桩顶连接的承台共同组成的基础。

6.1.3　常用复合地基处理形式

按现行行业标准《建筑地基处理技术规范》JGJ 79 规定，经处理后的复合地基承载力基础宽度修正系数取 0，基础深度修正系数取 1。对于高大烟囱或地基承载力和变形要求严的可采用多方案处理，常用特殊地基的处理形式如下：

1　液化地基

地基土的承载能力主要来自土的抗剪强度，而砂土或粉土的抗剪强度主要取决于土颗粒之间形成的骨架作用。饱和状态下的不密实砂土或粉土受到振动时，孔隙水压力上升，土中的有效应力减小，土的抗剪强度降低。振动到一定程度时，土颗粒处于悬浮状态，土中有效应力完全消失，土的抗剪强度为零，即为地基液化。地基液化会造成建（构）筑物出现下沉、倾斜甚至倒塌等现象。对于烟囱这种高耸构筑物，不均匀沉降对其影响很大，应根据烟囱的抗震设防类别、地基液化等级，结合具体情况采取相应措施。

处理液化地基的褥垫层宜采用透水性好的碎石或中粗砂。

（1）强夯法：利用夯击能将松散的砂土或粉土夯击密实。采用此方案应布置适当的降水点，以使得夯击时孔隙水及时消散，提高夯击效果。一般可处理 4m ~ 8m 深度范围，处理的宽度范围应大于建筑物基础的范围，每边超出基础外缘宽度宜为基底下设计处理深度的 1/2 ~ 2/3，且不宜小于 3m。

（2）散体桩加密法：利用振动法将散体材料（砂或碎石）成桩，使土体加密同时散体桩又形成排水通道，加速孔隙水压力消散，消除土体液化，提高地基承载力。有振冲法、干振法等。对于烟囱基础地基应根据烟囱的抗震设防类别确定处理液化土层深度，桩间土的标贯击数应大于液化判别标贯临界击数；处理的宽度范围应大于建筑物基础的范围，每边超出基础外缘扩大宽度不应小于可液化土层厚度的 1/2 且不小于基础宽度的1/5。

（3）换填法：将液化土挖除，分层夯实换填。换填材料宜采用透水性好的砂石。当液化土层厚度大于 3m 时，不宜采用。液化地基土的处理范围应超过处理深度的 1/2 且不小于基础宽度的 1/5。

2　湿陷性黄土地基

湿陷性黄土地基是指在一定压力下受水侵蚀，土结构迅速破坏，并产生显著附加下沉的黄土地基。

在湿陷性黄土地区建造烟囱，应尽量避开水池类建构筑物。如避不开，水池及管道应采取防水措施。

烟囱周围排水应顺畅，需设散水。

处理湿陷性黄土的褥垫层宜采用不透水的灰土垫层。

（1）换填法：换填法是先将基础下的湿陷性黄土一部分或全部挖除，然后用素土或灰土分层夯实，以便消除地基的部分或全部湿陷量，并可减小地基的压缩变形，提高地基承载力，可将其分为局部垫层和整片垫层。当消除基底下 1m～3m 湿陷性黄土的湿陷量时，宜采用此方案。处理范围应超过处理深度的 1/2。

（2）重锤实及强夯法：重锤夯实夯击能较小，适用于处理饱和度不大于 60% 的湿陷性黄土地基。一般可消除基底以下 2m 以内黄土层的湿陷性。

强夯法是将一定重量的重锤以一定落距给予地基以冲击和振动，瞬时对地基土体施加一个巨大的冲击能量，使土体发生一系列的物理变化，如土体结构的破坏或排水固结、压密以及触变恢复等过程，从而提高地基承载力、消除地基湿陷性。

（3）挤密桩法：是通过成孔或桩体夯实过程中的横向挤压作用，使桩间土得以挤密，桩与桩间土从而形成复合地基。挤密桩法适用于处理地下水位以上的湿陷性黄土地基，对于处理湿陷性黄土地基是，不得用粗颗粒的砂、石或其他透水性材料填入桩孔内。

挤密桩法按桩体材料可分为灰土挤密桩、土桩和渣土桩复合地基。一般适用于地下水位以上含水量 14%～22% 的湿陷性黄土和人工黄土和人工填土，处理深度可达 5m～10m。

3 软弱地基

软弱地基是指地基承载力远不能满足烟囱地基承载力要求的淤泥或淤泥质土，地基抗剪强度很低、压缩性很大。对于软弱地基的处理，当一种处理方案不能满足承载力及变形要求时，可采用多方案组合方式处理。

对于处理软弱地基的褥垫层可采用中粗砂或级配砂石。

（1）预固结：在地基中增设竖向排水体（砂井或排水板），真空预压或堆载预压，加速地基的固结和强度增长，提高地基的承载力。

（2）换填法：处理深度不宜超过 3m。

（3）水泥土搅拌法：用水泥或其他固化剂、外加剂进行深层搅拌旋喷，形成桩体，附一褥垫层形成复合地基。

4 一般地基

一般地基是指仅天然地基承载力不满足基础承载力要求、不存在软弱地基夹层、不存在不良地质情况。

（1）换填法：将表层不满足承载力要求的软弱土层换填，处理深度不宜超过 3m。

（2）混凝土增强体复合地基：因为有褥垫层，桩与桩间土共同受力，可大大发挥桩间土的作用。褥垫层一般采用碎石、级配砂石、中粗砂；混凝土增强体有素混凝土、钢筋混凝土桩，桩体可现浇、可打入。

6.1.4 复合地基的检测要求

复合地基处理设计前宜进行静载荷试验，以评价方案实施的可行性、评价处理效果、提出承载力特征值，如有地区经验可按现行规范估算；设计图纸应对施工及控制参数提出要求；施工后应进行检测，评价是否满足设计要求及处理效果。

换填地基应检测地基承载力特征值、压实系数、基础受力范围内均匀性。

有桩体的复合地基应检测桩间土的地基承载力特征值、消除桩间土特殊性的效果（如消除液化、湿陷性等）、桩体成桩质量等。

6.2 地 基 计 算

6.2.1 计算内容

地基在一般情况下，应包括下列一些计算内容：

1 基础底面压力

（1）轴心荷载作用下的基础底面压力；

（2）偏心荷载作用下的基础底面压力。

2 变形验算

（1）基础最终沉降量；

（2）基础倾斜值。

当地基条件符合表 6-1，且建筑场地稳定、地基岩土均匀良好、基础周围无较大堆载、相邻建筑距离较远、当地风玫瑰图不存在严重偏心时，可不进行变形验算。

表 6-1 可不进行地基变形验算的烟囱最大高度限值

地基承载力特征值 f_{ak}（kPa）	$60 \leqslant f_{ak} < 80$	$80 \leqslant f_{ak} < 100$	$100 \leqslant f_{ak} < 130$	$130 \leqslant f_{ak} < 200$	$200 \leqslant f_{ak} < 300$
高度限值（m）	$\leqslant 30$	$\leqslant 40$	$\leqslant 50$	$\leqslant 70$	$\leqslant 100$

3 软弱下卧层验算

当天然地基或经处理后的复合地基，在受力层范围内存在软弱下卧层时，应验算下卧层的地基承载力。

6.2.2 基础底面压力计算

（1）轴心荷载作用时，地基压力按下式计算：

$$p_k = \frac{N_k + G_k}{A} \leqslant f_a \tag{6-1}$$

（2）偏心荷载作用时除满足公式（6-1）外，尚应符合下列要求：

1）地基最大压力：

$$p_{kmax} = \frac{N_k + G_k}{A} + \frac{M_k}{W} \leqslant 1.2 f_a \tag{6-2}$$

2）地基最小压力：

板式基础：

$$p_{kmin} = \frac{N_k + G_k}{A} - \frac{M_k}{W} \geqslant 0 \tag{6-3}$$

壳体基础：

$$p_{k\min} = \frac{N_k}{A} - \frac{M_k}{W} \geq 0 \qquad (6-4)$$

式中：N_k——相应荷载效应标准组合时，上部结构传至基础顶面竖向力值（kN）；

$\quad G_k$——基础自重标准值和基础上土重标准值之和（kN）；

$\quad f_a$——修正后的地基承载力特征值（kPa）；

$\quad M_k$——相应于荷载效应标准组合传至基础底面的弯矩值（kN·m）；

$\quad A$——基础底面面积（m^2）；

$\quad W$——基础底面的抵抗矩（m^3），当为圆形基础时：$W = \dfrac{\pi r_1^3}{4}$；当为环形基础或正倒

锥组合壳时：$W = \dfrac{\pi (r_1^4 - r_4^4)}{4r_1}$，$r_1$、$r_4$ 分别为基础底面的水平外半径和内半径。

（3）天然基础地基抗震承载力应按下式计算：

$$f_{aE} = \xi_a f_a \qquad (6-5)$$

式中：f_{aE}——调整后的地基抗震承载力；

$\quad \xi_a$——地基抗震承载力调整系数，应按表 6-2 采用；

$\quad f_a$——深宽修正后的地基承载力特征值。

表 6-2　地基抗震承载力调整系数

岩土名称和性状	ξ_a
岩石，密实的碎石土，密实的砾、粗、中砂，$f_{ak} \geq 300$ 的黏性土和粉土	1.5
中密、稍密的碎石土，中密和稍密的砾、粗、中砂，密实和中密的细、粉砂，$150\text{kPa} \leq f_{ak} < 300\text{kPa}$ 的黏性土和粉土，坚硬黄土	1.3
稍密的细、粉砂，$100\text{kPa} \leq f_{ak} < 150\text{kPa}$ 的黏性土和粉土，可塑黄土	1.1
淤泥，淤泥质土，松散的砂，杂填土，新近堆积黄土及流塑黄土	1.0

6.2.3　基础变形计算

1　基础最终沉降量

（1）计算公式。

基础最终沉降量可按下式计算：

$$S = \psi_s \cdot S' = \psi_s \sum_{i=1}^{n} \frac{p_0}{E_{si}} (Z_i \cdot \overline{\alpha}_i - Z_{i-1} \cdot \overline{\alpha}_{i-1}) \qquad (6-6)$$

式中：S——地基最终变形量（mm）；

$\quad S'$——按分层总和法计算出的地基变形量（mm）；

$\quad \psi_s$——沉降计算经验系数，根据地区沉降观测资料及经验确定，无地区经验时可采用表 6-3 的数值；

$\quad n$——地基变形计算深度范围内所划分的土层数，见图 6-1；

$\quad p_0$——对应于荷载效应准永久组合时的基础底面处的附加压力（kPa）；

表 6-3　沉降计算经验系数 ψ_s

$\overline{E}_s$（MPa） 基底附加压力	2.5	4.0	7.0	15.0	20.0
$p_0 \geqslant f_{ak}$	1.4	1.3	1.0	0.4	0.2
$p_0 \leqslant 0.75 f_{ak}$	1.1	1.0	0.7	0.4	0.2

E_{si}——基础底面下第 i 层土的压缩模量（MPa），应取土的自重压力至土的自重压力与附加压力之和的压力段计算；

Z_i、Z_{i-1}——基础底面至第 i 层土、第 $i-1$ 层土底面的距离（m）；

$\overline{\alpha}_i$、$\overline{\alpha}_{i-1}$——基础底面计算点至 i 层土、第 $i-1$ 层土底面范围内平均附加压应力系数，可按表 6-4 ~ 表 6-6 采用。

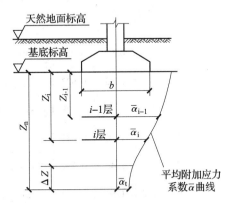

图 6-1　基础沉降计算的分层示意

$\overline{E}_s$ 为沉降计算深度范围内压缩模量的当量值，按下式计算：

$$\overline{E}_s = \frac{\sum\limits_{i=1}^{n} A_i}{\sum\limits_{i=1}^{n} \dfrac{A_i}{E_{si}}} \tag{6-7}$$

$$A_i = p_0 \overline{\alpha}_i \cdot Z_i - p_0 \overline{\alpha}_{i-1} \cdot Z_{i-1} \tag{6-8}$$

（2）计算位置。

1）环形基础。

环形基础可计算环宽中点 C、D［图 6-2（a）］的沉降。

2）圆形基础。

圆形基础应计算圆心 O 点［图 6-2（b）］的沉降。

3）正倒锥组合壳。

正倒锥组合壳基础可计算环宽中点 C、D［图 6-2（a）］的沉降。

（3）平均附加应力系数。

1）计算环形基础沉降量时，其环宽中点的平均附加应力系数 $\overline{\alpha}$ 值，应分别按大圆与小圆由表 6-4 中相应的 Z/R 和 b/R 栏查得的数值相减后采用。

2）计算圆形基础沉降量时，其圆心的平均附加应力系数 $\overline{\alpha}$ 值，可直接按表 6-4 ~ 表 6-6 中相应的数值采用。

3）计算正倒锥组合壳基础沉降量时，其环宽中点的平均附加应力系数 $\overline{\alpha}$ 值，应分别按大圆与小圆由表 6-4 ~ 表 6-6 中相应的 Z/R 和 b/R 栏查得的数值相减后采用。

（4）地基变形计算深度。

地基变形计算深度 z_n，应符合下式要求：

表 6-4　圆形面积上均布荷载作用下

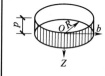

Z/R	0	0.200	0.400	0.600	0.800	1.000	1.200	1.400	1.600
0	1.000	1.000	1.000	1.000	1.000	0.500	0	0	0
0.20	0.998	0.997	0.996	0.992	0.964	0.482	0.025	0.004	0.001
0.40	0.986	0.984	0.977	0.955	0.880	0.465	0.079	0.022	0.008
0.60	0.960	0.956	0.941	0.902	0.803	0.447	0.121	0.045	0.019
0.80	0.923	0.917	0.895	0.845	0.739	0.430	0.149	0.066	0.032
1.00	0.878	0.870	0.835	0.790	0.685	0.413	0.167	0.083	0.044
1.20	0.831	0.823	0.795	0.740	0.638	0.396	0.177	0.096	0.054
1.40	0.784	0.776	0.747	0.693	0.597	0.380	0.183	0.105	0.063
1.60	0.739	0.731	0.704	0.649	0.561	0.364	0.186	0.112	0.070
1.80	0.697	0.689	0.662	0.613	0.529	0.350	0.186	0.116	0.076
2.00	0.658	0.650	0.625	0.578	0.500	0.336	0.185	0.119	0.080
2.20	0.623	0.615	0.591	0.546	0.473	0.322	0.183	0.120	0.083
2.40	0.590	0.582	0.560	0.518	0.450	0.309	0.180	0.121	0.085
2.60	0.560	0.553	0.531	0.492	0.428	0.297	0.176	0.121	0.086
2.80	0.532	0.526	0.505	0.468	0.408	0.285	0.173	0.120	0.087
3.00	0.507	0.501	0.483	0.447	0.390	0.274	0.169	0.119	0.087
3.20	0.484	0.478	0.460	0.427	0.373	0.265	0.165	0.117	0.087
3.40	0.463	0.457	0.440	0.408	0.357	0.255	0.160	0.115	0.086
3.60	0.443	0.438	0.421	0.392	0.343	0.246	0.156	0.113	0.085
3.80	0.425	0.420	0.404	0.376	0.330	0.238	0.152	0.112	0.085
4.00	0.409	0.404	0.389	0.361	0.318	0.230	0.149	0.109	0.084
4.20	0.393	0.388	0.374	0.348	0.306	0.223	0.145	0.107	0.082
4.40	0.379	0.374	0.360	0.336	0.295	0.216	0.141	0.105	0.081
4.60	0.365	0.361	0.348	0.324	0.285	0.209	0.137	0.103	0.080
4.80	0.353	0.349	0.336	0.313	0.276	0.203	0.134	0.101	0.079
5.00	0.341	0.337	0.325	0.303	0.267	0.197	0.131	0.099	0.078

土中任意点竖向平均附加应力系数 $\bar{\alpha}$

b/R											
1.800	2.000	2.200	2.400	2.600	2.800	3.000	3.200	3.400	3.600	3.800	4.000
0	0	0	0	0	0	0	0	0	0	0	0
0.001	0	0	0	0	0	0	0	0	0	0	0
0.003	0.002	0.001	0.001	0	0	0	0	0	0	0	0
0.009	0.005	0.003	0.002	0.001	0	0	0	0	0	0	0
0.016	0.009	0.005	0.003	0.002	0.001	0.001	0.001	0.001	0	0	0
0.024	0.015	0.009	0.006	0.004	0.003	0.002	0.001	0.001	0.001	0.001	0
0.032	0.020	0.013	0.008	0.006	0.004	0.003	0.002	0.001	0.001	0.001	0.001
0.039	0.025	0.019	0.011	0.008	0.006	0.004	0.003	0.002	0.002	0.001	0.001
0.045	0.030	0.021	0.014	0.010	0.007	0.005	0.004	0.003	0.002	0.002	0.001
0.050	0.035	0.024	0.017	0.012	0.009	0.007	0.005	0.004	0.003	0.002	0.002
0.055	0.038	0.027	0.020	0.015	0.011	0.008	0.006	0.005	0.004	0.003	0.002
0.058	0.042	0.030	0.022	0.017	0.012	0.010	0.007	0.006	0.005	0.003	0.003
0.061	0.044	0.033	0.024	0.019	0.014	0.011	0.009	0.007	0.005	0.004	0.003
0.063	0.046	0.035	0.026	0.020	0.016	0.012	0.010	0.008	0.006	0.004	0.004
0.064	0.048	0.037	0.028	0.022	0.017	0.013	0.011	0.009	0.007	0.005	0.005
0.065	0.049	0.038	0.030	0.023	0.018	0.015	0.012	0.009	0.008	0.006	0.005
0.066	0.050	0.039	0.031	0.024	0.019	0.016	0.013	0.010	0.008	0.006	0.006
0.066	0.051	0.040	0.032	0.025	0.020	0.017	0.014	0.011	0.009	0.007	0.006
0.066	0.052	0.041	0.033	0.026	0.021	0.017	0.014	0.012	0.010	0.008	0.007
0.066	0.052	0.041	0.033	0.027	0.022	0.018	0.015	0.012	0.010	0.008	0.007
0.065	0.052	0.042	0.034	0.028	0.023	0.019	0.016	0.013	0.011	0.009	0.008
0.065	0.052	0.042	0.034	0.028	0.023	0.019	0.016	0.014	0.011	0.009	0.008
0.064	0.052	0.042	0.035	0.029	0.024	0.020	0.017	0.014	0.012	0.010	0.009
0.064	0.052	0.042	0.035	0.029	0.024	0.020	0.017	0.015	0.012	0.010	0.009
0.063	0.051	0.042	0.035	0.029	0.024	0.021	0.018	0.015	0.013	0.011	0.009
0.062	0.051	0.042	0.035	0.029	0.025	0.021	0.018	0.015	0.013	0.011	0.010

表 6-5　圆形面积上三角形分布荷载作用下对称轴下

Z/R	0	0.200	0.400	0.600	0.800	1.000	1.200	1.400	1.600
0	0.500	0.400	0.300	0.200	0.100	0	0	0	0
0.20	0.499	0.399	0.300	0.200	0.102	0.016	0.002	0	0
0.40	0.493	0.396	0.298	0.200	0.107	0.030	0.008	0.003	0.001
0.60	0.480	0.387	0.293	0.200	0.112	0.041	0.016	0.007	0.003
0.80	0.462	0.377	0.287	0.199	0.117	0.050	0.023	0.012	0.006
1.00	0.439	0.360	0.278	0.196	0.120	0.057	0.030	0.017	0.009
1.20	0.416	0.343	0.267	0.192	0.121	0.063	0.036	0.021	0.013
1.40	0.392	0.326	0.257	0.187	0.121	0.067	0.040	0.025	0.016
1.60	0.370	0.310	0.245	0.181	0.120	0.070	0.044	0.028	0.019
1.80	0.349	0.294	0.234	0.175	0.119	0.072	0.046	0.031	0.021
2.00	0.329	0.279	0.224	0.169	0.116	0.073	0.048	0.033	0.023
2.20	0.312	0.265	0.214	0.163	0.114	0.073	0.049	0.035	0.025
2.40	0.295	0.252	0.205	0.157	0.111	0.073	0.050	0.036	0.026
2.60	0.280	0.240	0.196	0.151	0.108	0.072	0.051	0.037	0.027
2.80	0.266	0.229	0.187	0.145	0.105	0.071	0.051	0.037	0.028
3.00	0.254	0.218	0.180	0.140	0.102	0.070	0.051	0.038	0.029
3.20	0.242	0.209	0.172	0.135	0.099	0.069	0.050	0.038	0.029
3.40	0.232	0.200	0.166	0.130	0.096	0.067	0.050	0.038	0.029
3.60	0.222	0.192	0.159	0.125	0.094	0.066	0.049	0.038	0.029
3.80	0.213	0.184	0.152	0.121	0.091	0.065	0.048	0.037	0.029
4.00	0.205	0.177	0.148	0.117	0.088	0.063	0.047	0.037	0.030
4.20	0.197	0.171	0.142	0.113	0.086	0.062	0.046	0.037	0.029
4.40	0.190	0.165	0.138	0.110	0.083	0.061	0.045	0.036	0.029
4.60	0.183	0.159	0.133	0.107	0.081	0.059	0.044	0.036	0.029
4.80	0.177	0.154	0.129	0.104	0.079	0.058	0.043	0.036	0.029
5.00	0.171	0.151	0.125	0.101	0.077	0.057	0.042	0.035	0.028

土中任意点竖向平均附加应力系数 $\bar{\alpha}$

b/R											
1.800	2.000	2.200	2.400	2.600	2.800	3.000	3.200	3.400	3.600	3.800	4.000
0	0	0	0	0	0	0	0	0	0	0	0
0	0	0	0	0	0	0	0	0	0	0	0
0.001	0	0	0	0	0	0	0	0	0	0	0
0.002	0.001	0.001	0	0	0	0	0	0	0	0	0
0.004	0.002	0.001	0.001	0.001	0	0	0	0	0	0	0
0.006	0.004	0.002	0.002	0.001	0.001	0.001	0	0	0	0	0
0.008	0.005	0.004	0.002	0.002	0.001	0.001	0.001	0	0	0	0
0.010	0.007	0.005	0.003	0.002	0.002	0.001	0.001	0.001	0.001	0	0
0.012	0.009	0.006	0.004	0.003	0.002	0.002	0.001	0.001	0.001	0.001	0
0.014	0.010	0.007	0.005	0.004	0.003	0.002	0.002	0.001	0.001	0.001	0.001
0.016	0.012	0.009	0.006	0.005	0.004	0.003	0.002	0.002	0.001	0.001	0.001
0.018	0.013	0.010	0.007	0.006	0.004	0.003	0.003	0.002	0.002	0.001	0.001
0.019	0.014	0.011	0.008	0.006	0.005	0.004	0.003	0.002	0.002	0.002	0.001
0.020	0.015	0.012	0.009	0.007	0.006	0.004	0.004	0.003	0.002	0.002	0.001
0.021	0.016	0.012	0.010	0.007	0.006	0.005	0.004	0.003	0.003	0.002	0.002
0.022	0.017	0.013	0.010	0.008	0.007	0.005	0.004	0.004	0.003	0.002	0.002
0.023	0.018	0.014	0.011	0.009	0.007	0.006	0.005	0.004	0.003	0.003	0.002
0.023	0.018	0.014	0.012	0.009	0.008	0.006	0.005	0.004	0.004	0.003	0.002
0.023	0.019	0.015	0.012	0.010	0.008	0.007	0.005	0.005	0.004	0.003	0.003
0.023	0.019	0.015	0.012	0.010	0.008	0.007	0.006	0.005	0.004	0.003	0.003
0.024	0.019	0.016	0.013	0.011	0.009	0.007	0.006	0.005	0.004	0.004	0.003
0.024	0.019	0.016	0.013	0.011	0.009	0.008	0.006	0.005	0.005	0.004	0.003
0.024	0.019	0.016	0.013	0.011	0.009	0.008	0.007	0.006	0.005	0.004	0.003
0.024	0.019	0.016	0.013	0.011	0.009	0.008	0.007	0.006	0.005	0.004	0.004
0.023	0.019	0.016	0.014	0.011	0.010	0.008	0.007	0.006	0.005	0.004	0.004
0.023	0.019	0.016	0.014	0.012	0.010	0.008	0.007	0.006	0.005	0.005	0.004

表 6-6　圆形面积上三角形分布荷载作用下

Z/R	-0.200	-0.400	-0.600	-0.800	-1.000	-1.200	-1.400	-1.600
0	0.600	0.700	0.800	0.900	0.500	0	0	0
0.20	0.598	0.697	0.791	0.862	0.466	0.024	0.004	0.001
0.40	0.589	0.679	0.755	0.774	0.435	0.071	0.019	0.007
0.60	0.569	0.647	0.702	0.691	0.406	0.106	0.038	0.015
0.80	0.541	0.608	0.646	0.622	0.380	0.126	0.054	0.025
1.00	0.511	0.567	0.594	0.565	0.356	0.137	0.066	0.034
1.20	0.479	0.527	0.548	0.517	0.333	0.142	0.075	0.042
1.40	0.449	0.491	0.506	0.476	0.313	0.143	0.080	0.048
1.60	0.421	0.457	0.470	0.441	0.294	0.142	0.084	0.052
1.80	0.395	0.428	0.438	0.410	0.278	0.140	0.085	0.055
2.00	0.372	0.401	0.409	0.383	0.263	0.137	0.087	0.057
2.20	0.350	0.376	0.384	0.360	0.248	0.134	0.087	0.058
2.40	0.331	0.355	0.362	0.339	0.236	0.130	0.085	0.059
2.60	0.313	0.336	0.341	0.320	0.225	0.126	0.084	0.059
2.80	0.297	0.318	0.323	0.303	0.214	0.122	0.082	0.059
3.00	0.283	0.302	0.307	0.288	0.204	0.118	0.081	0.058
3.20	0.269	0.287	0.292	0.274	0.196	0.114	0.079	0.058
3.40	0.257	0.274	0.278	0.261	0.188	0.110	0.077	0.057
3.60	0.246	0.262	0.266	0.250	0.180	0.107	0.076	0.056
3.80	0.236	0.251	0.255	0.239	0.173	0.104	0.074	0.055
4.00	0.224	0.241	0.244	0.229	0.167	0.101	0.072	0.054
4.20	0.217	0.231	0.234	0.220	0.161	0.098	0.070	0.053
4.40	0.209	0.222	0.225	0.212	0.155	0.095	0.069	0.052
4.60	0.202	0.214	0.217	0.204	0.150	0.092	0.067	0.051
4.80	0.195	0.207	0.209	0.197	0.145	0.090	0.065	0.050
5.00	0.188	0.201	0.202	0.190	0.140	0.087	0.064	0.049

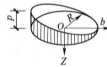

对称轴下土中任意点竖向平均附加应力系数 $\bar{\alpha}$

b/R											
−1.800	−2.000	−2.200	−2.400	−2.600	−2.800	−3.000	−3.200	−3.400	−3.600	−3.800	−4.000
0	0	0	0	0	0	0	0	0	0	0	0
0	0	0	0	0	0	0	0	0	0	0	0
0.003	0.001	0.001	0	0	0	0	0	0	0	0	0
0.007	0.004	0.002	0.001	0.001	0	0	0	0	0	0	0
0.013	0.007	0.004	0.003	0.002	0.001	0.001	0	0	0	0	0
0.019	0.011	0.006	0.004	0.003	0.002	0.001	0.001	0.001	0	0	0
0.024	0.015	0.009	0.006	0.004	0.003	0.002	0.001	0.001	0.001	0.001	0
0.029	0.018	0.012	0.008	0.005	0.004	0.003	0.002	0.001	0.001	0.001	0.001
0.033	0.022	0.014	0.010	0.007	0.005	0.004	0.003	0.002	0.001	0.001	0.001
0.036	0.024	0.017	0.012	0.008	0.006	0.004	0.003	0.002	0.002	0.001	0.001
0.039	0.026	0.019	0.014	0.010	0.007	0.005	0.004	0.003	0.002	0.002	0.001
0.040	0.028	0.021	0.015	0.011	0.008	0.006	0.005	0.004	0.003	0.002	0.002
0.042	0.030	0.022	0.016	0.012	0.009	0.007	0.006	0.004	0.003	0.003	0.002
0.042	0.031	0.023	0.017	0.013	0.010	0.008	0.006	0.005	0.004	0.003	0.002
0.043	0.032	0.024	0.018	0.014	0.011	0.009	0.007	0.005	0.004	0.003	0.003
0.043	0.032	0.025	0.019	0.015	0.012	0.009	0.007	0.006	0.005	0.004	0.003
0.043	0.033	0.025	0.020	0.016	0.012	0.010	0.008	0.006	0.005	0.004	0.003
0.043	0.033	0.026	0.020	0.016	0.013	0.010	0.008	0.007	0.006	0.005	0.004
0.043	0.033	0.026	0.021	0.017	0.013	0.011	0.009	0.007	0.006	0.005	0.004
0.042	0.033	0.026	0.021	0.017	0.014	0.011	0.009	0.008	0.006	0.006	0.004
0.042	0.033	0.026	0.021	0.017	0.014	0.012	0.009	0.008	0.007	0.006	0.005
0.041	0.033	0.026	0.021	0.017	0.014	0.012	0.010	0.008	0.007	0.006	0.005
0.040	0.033	0.026	0.021	0.018	0.015	0.012	0.010	0.008	0.007	0.006	0.005
0.040	0.032	0.026	0.021	0.018	0.015	0.012	0.010	0.009	0.007	0.006	0.005
0.040	0.032	0.026	0.021	0.018	0.015	0.012	0.010	0.009	0.008	0.006	0.006
0.039	0.031	0.026	0.021	0.018	0.015	0.013	0.011	0.009	0.008	0.007	0.006

$$\Delta s'_n \leqslant 0.025 \sum_{i=1}^{n} \Delta s'_i \tag{6-9}$$

式中：$\Delta s'_i$——在计算深度范围内，第 i 层土的计算变形值；

$\Delta s'_n$——在计算深度向上取厚度为 Δz 的土层计算变形值，Δz 见图 6-1，并按表 6-7 确定。

如确定的计算深度下部仍有较软土层时，应继续计算。

表 6-7　计算深度向上厚度 Δz 取值

b（m）	$b \leqslant 2$	$2 < b \leqslant 4$	$4 < b \leqslant 8$	$b > 8$
Δz（m）	0.3	0.6	0.8	1.0

注：圆形基础，可按等效宽度 $b = \sqrt{\pi}\, r_1$ 选取。

2　基础倾斜计算

（1）分别计算与基础最大压力 p_{max} 及最小压力 p_{min} 相对应的基础外边缘 A、B 两点的沉降量 S_A 和 S_B，基础的倾斜值 m_θ 可按下式计算：

$$m_\theta = \frac{S_A - S_B}{2r_1} \tag{6-10}$$

式中：r_1——圆形基础的半径或环形基础的外圆半径。

（2）计算方法。

1）计算在梯形荷载作用下的基础沉降量 S_A 和 S_B 时，可将荷载分为均布荷载和三角形荷载两部分，分别计算其相应的沉降量再进行叠加。

2）计算环形基础在三角形荷载作用下的倾斜值时，可按半径 r_1 的圆板在三角形荷载作用下，算得的 A、B 两点沉降值，减去半径为 r_4 的圆板在相应的梯形荷载作用下，算得的 A、B 两点沉降值。

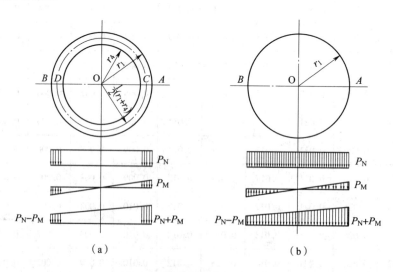

图 6-2　板式基础底板下压力

3　基础沉降及倾斜允许值

其允许值见表6-8。

表 6-8　基础沉降及倾斜允许值

烟囱高度（m）	允许倾斜值	允许沉降值（mm）
$H \leqslant 20$	0.0080	400
$20 < H \leqslant 50$	0.0060	
$50 < H \leqslant 100$	0.0050	
$100 < H \leqslant 150$	0.0040	300
$150 < H \leqslant 200$	0.0030	
$200 < H \leqslant 250$	0.0020	200
$250 < H \leqslant 300$	0.0015	150

6.3　基础类型及其适用范围

6.3.1　基础类型

目前常用的烟囱基础有下列几种类型：

（1）无筋扩展基础：一般以砖砌体和毛石砌筑或混凝土和毛石混凝土浇筑；

（2）钢筋混凝土板式基础：其中分为圆形和环形两种；

（3）钢筋混凝土壳体基础：按其形式有 M 形组合壳、正倒锥组合壳、截锥组合壳以及其他形式的壳体，《烟囱设计规范》GB 50051 仅给出正倒锥组合壳；

（4）桩基础：钢筋混凝土圆形或环形承台、钢桩或混凝土桩。

6.3.2　适用范围

1　确定因素

选择烟囱基础的类型和形式时，应考虑下列一些因素：

（1）基础受力大小及状态；

（2）地质条件；

（3）适用要求；

（4）材料供应条件；

（5）施工的可能性。

2　刚性基础

适用于烟气温度不高于450℃、高度在40m左右的砖烟囱基础，如民用锅炉房及小型厂房的砖烟囱基础。

刚性基础易于取材、施工方便，造价较低。

3　板式基础

板式基础分为圆形和环形两种形式，广泛用于钢筋混凝土烟囱及较高的砖烟囱中，环形板式基础与圆形板式基础相比，有以下优点：

（1）当底面积相同时，环形的抵抗矩大于圆形，因此经济效果好；

（2）对于地下烟道，环形板式基础避开了基础中部的高温区，可减少基础的温度应力。

因此，在一般情况下，应优先采用环形基础。当地下水位较高时，宜采用圆形基础。

4　壳体基础

壳体基础适用于钢筋混凝土烟囱，由于基础底面展开面积较大，可用于地基承载力较低或倾覆力矩较大的烟囱。与板式基础相比，可节约钢材和水泥用量。

5　桩基础

桩基础适用于地基软弱土层较厚或主要受力层存在液化土层时，采用其他基础没有条件或不经济时，常采用桩基础。桩基的作用是将荷载通过桩传给埋藏较深的坚硬土层，或通过桩周围的摩擦力传给地基。

6.3.3　基础材料要求

基础材料的选择应考虑地基土（水）的腐蚀性，混凝土应满足现行国家标准《工业建筑防腐蚀设计规范》GB 50046 和《混凝土结构耐久性设计规范》GB/T 50476 的要求。

6.4　无筋扩展基础

6.4.1　基础材料

无筋扩展基础一般可采用混凝土、毛石混凝土、砖砌体和毛石砌体等材料。

1　混凝土和毛石混凝土基础

混凝土基础的混凝土强度等级，不应低于C25。在严寒地区，应采用不低于 C30 的混凝土。

毛石混凝土基础一般采用不低于 C25 的混凝土，掺入少于基础体积 30% 的毛石，毛石强度等级不低于 MU20，其长度不大于 30cm，在严寒潮湿的地区，应用不低于 C30 的混凝土和不低于 MU30 的毛石。

2　砖基础

砖基础一般用不低于 MU10 烧结普通砖和不低于 M5 的水泥砂浆砌筑。因砖的抗冻性较差，所以在严寒地区和含水量较大的土中，应采用高强度等级的砖和水泥砂浆砌筑。具体要求为：

（1）当地基土稍潮湿时，应采用强度等级不低于 MU10 的烧结普通砖和强度等级不低于 M5 的水泥砂浆砌筑；

（2）当地基土很潮湿时，严寒地区应采用强度等级不低于 MU15、一般地区应采用强度等级不低于 MU10 的烧结普通砖和强度等级不低于 M7.5 的水泥砂浆砌筑；

（3）地基土含水饱和时，严寒地区应采用强度等级不低于 MU20、一般地区应采用强度等级不低于 MU15 的烧结普通砖和强度等级不低于 M10 的水泥砂浆砌筑。

3　毛石基础

毛石基础石材应用无明显风化的天然石材（毛石或毛料石），并应根据地基土的潮湿程度按第 3 章有关规定采用。

6. 4. 2 基础计算

用于烟囱的环形和圆形基础的构造如图 6-3 所示，其外形尺寸，应按下列条件确定。

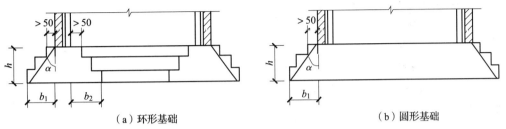

（a）环形基础 （b）圆形基础

图 6-3 无筋扩展基础

（1）当为环形基础时：

$$b_1 \leqslant 0.8h\tan\alpha \tag{6-11}$$

$$b_2 \leqslant h\tan\alpha \tag{6-12}$$

（2）当为圆形基础时：

$$b_1 \leqslant 0.8h\tan\alpha \tag{6-13}$$

$$h \geqslant \frac{D}{3\tan\alpha} \tag{6-14}$$

式中：b_1、b_2——基础台阶悬挑尺寸（m）；

$\quad\quad h$——基础高度（m）；

$\quad\quad D$——基础顶面筒壁内直径（m）；

$\quad\quad \tan\alpha$——基础台阶的宽高比允许值，按表6-9采用。

表 6-9 无筋扩展基础台阶宽高比的允许值

基础材料	质 量 要 求	台阶宽高比的允许值		
		$P_k \leqslant 100$	$100 < P_k \leqslant 200$	$200 < P_k \leqslant 300$
混凝土基础	C25 混凝土	1:1.00	1:1.00	1:1.25
毛石混凝土基础	C25 混凝土	1:1.00	1:1.25	1:1.50
砖基础	砖不低于 MU10、砂浆不低于 M5	1:1.50	1:1.50	1:1.50
毛石基础	砂浆不低于 M5	1:1.25	1:1.50	—

注：1 P_k 为荷载效应标准组合时基础底面处的平均压力值（kPa）。

　　2 阶梯形毛石基础的每阶伸出宽度，不宜大于200mm。

　　3 当基础由不同材料叠合组成时，应对接触部分作抗压验算。

　　4 基础底面处的平均压力值超过300kPa的混凝土基础，尚应进行抗剪验算。

6.5 板 式 基 础

6. 5. 1 基础合理外形

圆形基础外悬挑长度过长时，会使基础厚度急剧增加，造成基础混凝土用量与筒身混凝土用量的比例不合理。当基本风压很大或地震设防烈度为 9 度、地基承载力又较低时，会使基础混凝土用量超过筒身混凝土用量许多。造成上述结果的主要原因是基础环壁中心半径 r_z 较小所致。要实现合理外形，可采用以下措施：

（1）调整筒身坡度，特别是调整第一节筒身坡度。

（2）调整环壁坡度，使通常环壁内表面垂直底板变为倾斜，一般倾斜角度控制在 $60° \sim 65°$。由此形成环板壳基础（底板为水平板）和正倒锥组合壳基础。该方法具有一定的局限性，那就是需要通过基础的埋深来达到所需的基础底面积。

对于环形基础，其合理的外形是使内外悬挑的径向弯矩相等，据此得到如下合理外形控制方程：

$$2\beta^3 - 3\beta^2 - 4\alpha^2 + 10\alpha - 9 + \frac{8}{1+\alpha} = 0 \tag{6-15}$$

$$\alpha = \frac{r_1}{r_z} \tag{6-16}$$

$$\beta = \frac{r_4}{r_z} \tag{6-17}$$

式中：r_1——基础外半径；

r_z——环壁底面中心处半径，即 $r_z = \dfrac{r_2 + r_3}{2}$。

根据公式（6-15）可绘制图 6-4。

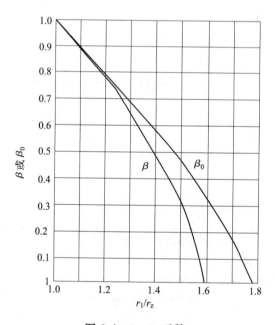

图 6-4 β、β_0 系数

6.5.2 基础计算

（1）板式基础外形尺寸（图 6-5）的确定，宜符合下列规定：

1）当为环形基础时：

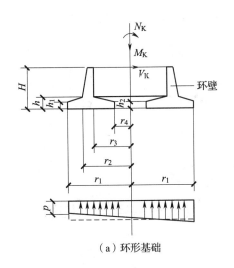
（a）环形基础

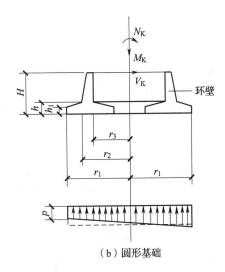
（b）圆形基础

图 6-5 基础尺寸与底面压力计算

$$r_4 \approx \beta r_z \tag{6-18}$$

$$h \geqslant \frac{r_1 - r_2}{2.2} \tag{6-19}$$

$$h \geqslant \frac{r_3 - r_4}{3.0} \tag{6-20}$$

$$h_1 \geqslant \frac{h}{2} \tag{6-21}$$

$$h_2 \geqslant \frac{h}{2} \tag{6-22}$$

2）当为圆形基础时：

$$\frac{r_1}{r_z} \approx 1.5 \tag{6-23}$$

$$h \geqslant \frac{r_1 - r_2}{2.2} \tag{6-24}$$

$$h \geqslant \frac{r_3}{4.0} \tag{6-25}$$

$$h_1 \geqslant \frac{h}{2} \tag{6-26}$$

式中：β——基础底板平面外形系数，根据 r_1 与 r_z 的比值，由图 6-4 查得；

r_z——环壁底面中心处半径，$r_z = \dfrac{r_2 + r_3}{2}$，其余符号见图 6-6。

（2）计算基础底板的内力时，基础底板的压力可按均布荷载采用，并取外悬挑中点处的最大压力（图 6-5），其值应按下式计算：

$$p = \frac{N}{A} + \frac{M_z}{I} \cdot \frac{r_1 + r_2}{2} \tag{6-27}$$

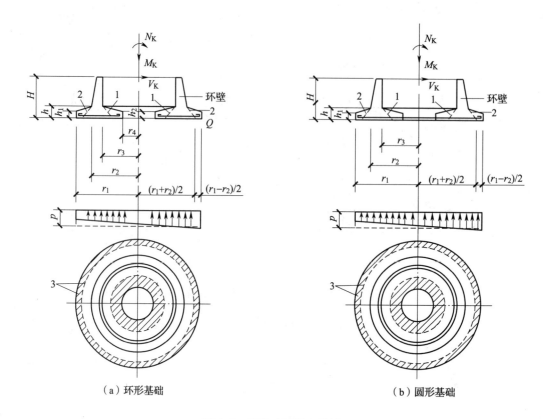

图 6-6 底板冲切强度计算

1—验算环壁内边缘冲切强度时破坏锥体的斜截面；

2—验算环壁外边缘冲切强度时破坏锥体的斜截面；3—冲切破坏锥体的底截面

式中：M_z——作用于基础底面的总弯矩设计值（kN·m）；

     N——作用于基础顶面的垂直荷载设计值（kN）（不含基础自重及土重）；

     A——基础底面面积（m²）；

     I——基础底面惯性矩（m⁴）。

（3）在环壁与底板交接处的冲切强度可按下式计算（图6-6）。

$$F_\ell \leqslant 0.35\beta_h f_{tt}(b_t + b_b)h_0 \tag{6-28}$$

式中：F_ℓ——冲切破坏体以外的荷载设计值（kN）；

     f_{tt}——混凝土在温度作用下的抗拉强度设计值（kN/m²）；

     b_b——冲切破坏锥体斜截面的下边圆周长（m），

          验算环壁外边缘时，$b_b = 2\pi(r_2 + h_0)$；

          验算环壁内边缘时，$b_b = 2\pi(r_3 - h_0)$；

     b_t——冲切破坏锥体斜截面的上边圆周长（m），验算环壁外边缘时，$b_t = 2\pi r_2$；验

          算环壁内边缘时，$b_t = 2\pi r_3$；

     h_0——基础底板计算载面处的有效厚度（m）；

     β_h——受冲切承载力截面高度影响系数，当 h 不大于800mm 时，β_h 取1.0；当 h

          大于或等于2000mm 时，β_h 取0.9，其间按线性内插法取用。

（4）冲切破坏锥体以外的荷载 F_ℓ，可按下列公式计算。

1）计算环壁外边缘时：

$$F_\ell = p\pi\big[r_1^2 - (r_2 + h_0)^2\big] \tag{6-29}$$

2）计算环壁内边缘时：

a. 环形基础：

$$F_\ell = p\pi\big[(r_3 - h_0)^2 - r_4^2\big] \tag{6-30}$$

b. 圆形基础：

$$F_\ell = p\pi(r_3 - h_0)^2 \tag{6-31}$$

（5）环形基础底板下部和底板内悬挑上部均采用径环向配筋时，确定底板配筋用的弯矩设计值可按下列公式计算：

1）底板下部半径 r_2 处单位弧长的径向弯矩设计值：

$$M_R = \frac{p}{3(r_1 + r_2)}(2r_1^3 - 3r_1^2 r_2 + r_2^3) \tag{6-32}$$

2）底板下部单位宽度的环向弯矩设计值：

$$M_0 = \frac{M_R}{2} \tag{6-33}$$

3）底板内悬挑上部单位宽度的环向弯矩设计值：

$$M_{\theta T} = \frac{p r_z}{6(r_z - r_4)}\left(\frac{2r_4^3 - 3r_4^2 r_z + r_z^3}{r_z} - \frac{4r_1^3 - 6r_1^2 r_z + 2r_z^3}{r_1 + r_z}\right) \tag{6-34}$$

式中几何尺寸意义见图 6-6。

（6）圆形基础底板下部采用径环向配筋，环壁以内底板上部为等面积方格网配筋时，确定底板配筋用的弯矩设计值，可按下列规定计算：

1）当 $r_1/r_z \leqslant 1.8$ 时，底板下部径向弯矩和环向弯矩设计值，分别按公式（6-32）和（6-33）进行计算。

2）当 $r_1/r_z > 1.8$ 时，底板下部的径向和环向弯矩设计值，分别按下列公式计算：

$$M_R = \frac{p}{12 r_2}(2r_2^3 + 3r_1^2 r_3 + r_1^2 r_2 - 3r_1 r_2^2 - 3r_1 r_2 r_3) \tag{6-35}$$

$$M_\theta = \frac{p}{12}(4r_1^2 - 3r_1 r_2 - 3r_1 r_3) \tag{6-36}$$

3）环壁以内底板上部两个正交方向单位宽度的弯矩设计值均为：

$$M_T = \frac{p}{6}\left(r_z^2 - \frac{4r_1^3 - 6r_1^2 r_z + 2r_z^3}{r_1 + r_z}\right) \tag{6-37}$$

式中几何尺寸意义见图 6-6。

注：当 $r_1/r_z > 1.8$ 时，基础外形不合理，一般不采用。

（7）圆形基础底板下部和环壁以内底板上部均采用等面积方格网配筋时，确定底板配筋用的弯矩设计值，可按下列公式计算：

1）底板下部在两个正交方向单位宽度的弯矩为：

$$M_B = \frac{p}{6 r_1}(2r_1^3 - 3r_1^2 r_2 + r_2^3) \tag{6-38}$$

2）环壁以内底板上部在两个正交方向单位宽度的弯矩均为：

$$M_T = \frac{p}{6}\left(r_z^2 - 2r_1^2 + 3r_1 r_z - \frac{r_z^3}{r_1}\right) \tag{6-39}$$

（8）当按公式（6-34）、（6-37）或（6-39）计算所得的弯矩 $M_{\theta T}$（或 M_T）不大于0时，环壁以内底板上部一般不配置钢筋。但当 $p_{kmin} - \frac{G_K}{A} \leqslant 0$，或基础有烟气通过且烟气温度较高时，应按构造配筋。

（9）环形和圆形基础底板外悬挑上部一般不配置钢筋，但当地基反力最小边扣除基础自重和土重、基础底面出现负值 $\left(p_{kmin} - \frac{G_K}{A} < 0\right)$ 时，底板外悬挑上部应配置钢筋。其弯矩值可近似按承受均布荷载 q 的悬臂构件进行计算。

$$q = \frac{M_z r_1}{I} - \frac{N}{A} \tag{6-40}$$

（10）底板下部配筋，应取半径 r_2 处的底板有效高度 h_o，按等厚度进行计算。

当采用径环向配筋时，其径向钢筋可按 r_2 处满足计算要求呈辐射状配置；环向钢筋可按等直径等间距配置。

（11）圆形基础底板下部不需配筋范围半径 r_d（图6-7），应按下列公式计算。

1）径环向配筋时：

$$r_d \leqslant \beta_0 r_z - 35d \tag{6-41}$$

2）等面积方格网配置时：

$$r_d \leqslant r_3 + r_2 - r_1 - 35d \tag{6-42}$$

式中：β_0——底板下部钢筋理论切断系数，按 r_1/r_z 由图6-7查得；

  d——受力钢筋直径（mm）。

注：当计算出的 $r_d \leqslant 0$ 时，底板下部各处均应配筋（不切断）。

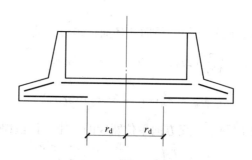

图6-7　不需配筋范围 r_d

（12）当有烟气通过基础时，基础底板与环壁，可按下列规定计算受热温度：

1）基础环壁的受热温度，按本手册第4章有关规定进行计算。计算时环壁外侧的计算土层厚度（图6-8）可按下式计算：

$$H_1 = 0.505H - 0.325 + 0.050DH \tag{6-43}$$

式中：H_1——计算土层厚度（m）；

  H、D——分别为由内衬内表面计算的基础环壁埋深（m）和直径（m），见图6-8所示。

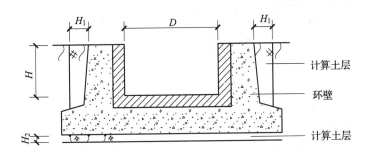

图 6-8　计算土层厚度示意

2）基础底板的受热温度，可采用地温代替本手册公式（4-56）中的空气温度 T_a，按第一类温度边界问题进行计算。计算时基础底板下的计算土层厚度（见图 6-8）和地温可按下列规定采用：

　　a. 计算底板最高受热温度时 $H_2 = 0.3\text{m}$，地温取 15℃；

　　b. 计算底板温度差时 $H_2 = 0.2\text{m}$，地温取 10℃。

3）计算出的基础环壁及底板的最高受热温度，应小于或等于混凝土的最高受热温度允许值。

（13）计算基础底板配筋时，应根据最高受热温度，采用本手册第 2.2 节及第 2.3 节规定的混凝土和钢筋在温度作用下的强度设计值。

（14）在计算基础环壁和底板配筋时，如未考虑温度作用产生的应力时，宜增加 15% 的配筋。

6.5.3　地下烟道基础温度场计算例题

（1）烟囱为地下烟道，烟气温度为 300℃；基础尺寸见图 6-9，具体尺寸为：$r_1 = 8.8\text{m}$；$r_2 = 5.2\text{m}$；$r_3 = 3.2\text{m}$；$h = 1.8\text{m}$。

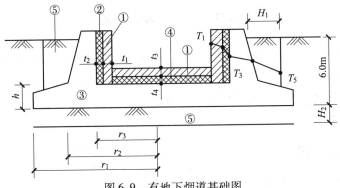

图 6-9　有地下烟道基础图

①—耐火砖内衬；②—水泥珍珠岩制品隔热层；③—钢筋混凝土基础；④—硅藻土砖隔热层；⑤—砂土层；
t_1—环壁内衬厚度；t_2—环壁隔热层厚度；t_3—底板内衬厚度；t_4—底板隔热层厚度

（2）基础内衬和隔热层：环壁和底板内衬均采用 230 厚耐火砖砌体，环壁隔热材料采用水泥珍珠岩制品 250 厚，底板隔热层采用 200 厚硅藻土砖砌体。各种材质导热系数取值为：

耐火砖：$0.93 + 0.00060T$

水泥珍珠岩制品：$0.05 + 0.00012T$

硅藻土砖砌体：$0.12 + 0.00023T$

钢筋混凝土：$1.74 + 0.00050T$

砂土层：1.00

（3）计算土层厚度：

$$D = 2r_3 - 2(t_1 + t_2) = 2 \times 3.2 - 2(0.23 + 0.25) = 5.44(\text{m})$$
$$H = 6 - 1.8 - 0.2 - 0.23 = 3.77(\text{m})$$

计算土层厚度 H_1：

$$H_1 = 0.505H - 0.325 + 0.050DH$$
$$= 0.505 \times 3.77 - 0.325 + 0.05 \times 5.44 \times 3.77$$
$$= 2.6(\text{m})$$

计算土层厚度 H_2：

计算底板最高受热温度时 $H_2 = 0.3\text{m}$，地温取 $15℃$；

计算底板温度差时 $H_2 = 0.2\text{m}$，地温取 $10℃$。

（4）温度计算：

底板温度计算采用"平壁法"，基础环壁温度计算采用"环壁法"。计算过程与筒身相同，此处从略。计算结果见表6-10。

表6-10　基础地下温度场

各点最高受热温度（℃）	T_1	T_2	T_3	T_4	T_5
环壁	298.6	286.8	140.6	100.3	40.0
底板	299.2	270.0	67.9	49.8	17.7

注：T_3 为基础表面温度，均小于 $150℃$，满足《烟囱设计规范》GB 50051—2013 要求。

6.6 桩 基 础

在烟囱基础设计中，当地基存在震陷性、湿陷性、膨胀性、冻胀性或侵蚀性等不良土层时，或上覆土层为强度低、压缩性高的软弱土层，不能满足强度和变形要求时，或在地震区地基持力层范围内有可液化土层时，应考虑采用桩基础穿越这些不良土层，将荷载传递到深部相对坚硬和稳定的土层中。

6.6.1 桩的类型与特点

桩按施工方法可分为预制桩和灌注桩两大类。

1 预制桩

预制桩可用钢筋混凝土、预应力钢筋混凝土或钢材在预制厂或现场制作，以锤击、振动打入、静压或旋入等方式沉入土中。

（1）钢筋混凝土桩。

钢筋混凝土桩的长度和截面尺寸、形状可在一定范围内根据需要选择，质量较易保证，其横截面形式一般有方形、圆形、三角形等；可以是实心的，也可以是空心的。普通实心方桩的截面边长一般为 300mm ~ 500mm。现场预制桩的长度一般在 25m ~ 30m 以内。工厂预制桩的长度一般不超过 12m，沉桩时在现场连接到所需长度，接头数量不宜超过两个。钢筋混凝土桩以桩体抗压、抗拉强度均较高的特点，可适应较复杂的荷载情况，因而得到广泛应用。

（2）预应力钢筋混凝土桩。

预应力钢筋混凝土桩通常在地表预制，其断面多是圆形的。由于在预制过程中对钢筋及混凝土体施加预应力，使得桩体在抗弯、抗拉及抗裂等方面比普通的钢筋混凝土桩有较大的优越性。预应力管桩接头数量不宜超过 4 个。

（3）钢桩。

常用的钢桩有开口或闭口的钢管桩、宽翼缘工字钢以及其他型钢桩。钢桩的主要优点是桩身抗压强度高、抗弯强度大，贯入性能好，能穿越相当厚度的硬土层，以提供很高的竖向承载力；另外，钢桩施工比较方便，易于裁接。钢桩的缺点是耗钢量大、成本高。此外，尚存在环境腐蚀等问题，需做特殊考虑。

2　灌注桩

灌注桩是在施工现场桩位处先成桩孔，然后在孔内设置钢筋笼等加劲材、灌注混凝土而形成的桩。灌注桩无须像预制桩那样的制作、运输及设桩过程，因而比较经济，但施工技术较复杂，成桩质量控制比较困难。

灌注桩按具体成孔方法可分为钻孔、冲孔、控孔、挤孔及爆扩孔等多种类型。图 6-10 给出了一些主要的成孔工艺类型。

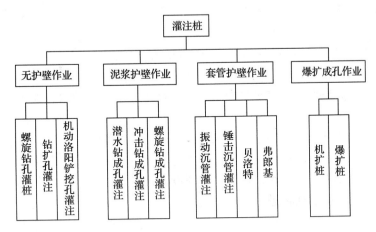

图 6-10　灌注桩按成孔及护壁作业的分类

（1）钻孔灌注桩。

钻孔灌注桩是各类灌注桩中应用最为广泛的一种。灌注桩直径一般可达 0.3m ~ 2.0m，而桩长变化更大，可为几米至一二百米，因而可适应多种土层条件，提供相应承载力。钻孔灌注桩还可在桩端处利用桩端硬土层的承载能力。

（2）沉管灌注桩

沉管灌注桩属于有套管护壁作业桩，可分为振动沉管桩和锤击沉管桩两种。这两种桩型在我国均有广泛应用，主要是因为施工速度快且造价较低。在饱和软黏土地基中，沉管成孔的挤土效益比较明显，而且套管沉入与拔出要适时而小心，否则易造成混凝土缩颈甚至断桩等现象。

（3）挖孔桩

挖孔桩可采用人工或机械挖孔。入土挖孔时按每挖一段就浇制一圈混凝土护壁，到桩底处可扩孔。挖孔桩桩径大，可直视土层情况。

6.6.2　单桩竖向承载力

单桩在竖向荷载作用下到达破坏状态前或出现不适于继续承载的变形时所对应的最大荷载即为其竖向极限承载力；在工作状态下桩所允许承受的最大荷载即为单桩竖向承载力的特征值（通称单桩竖向承载力）。

单桩竖向承载力按地基对桩体的阻力确定桩承载力的方法包括现场试验方法、经验公式方法、理论计算方法及经验值方法等。

单桩竖向承载力特征值的确定应符合下列规定：

（1）单桩竖向承载力特征值应通过单桩竖向静载荷试验确定。在现场用静载荷试验确定单桩承载力是比较切合实际的方法，该方法确定的单桩承载力基本反映了现实工程的单桩承载力。因此，《建筑地基基础设计规范》GB 50007—2011 规定："为保证桩基设计的可靠性，规定除设计等级为丙级的建筑外，单桩竖向承载力特征值应采用竖向静载荷试验确定。"在同一条件下的试桩数量，不宜少于总桩数的 1%，且不应少于 3 根。

单桩竖向承载力特征值的确定，是为设计提供依据。一般是在预先专门制作的试验桩上进行，荷载加到破坏荷载，得到单桩极限承载力。将单桩竖向极限承载力除以安全系数 2，作为单桩竖向承载力特征值 R_a，该过程称为设计检验。单桩竖向静载荷试验要点见现行国家标准《建筑地基基础设计规范》GB 50007 有关规定。

控制检验是对工程桩按一定比例数进行随机抽检，检验承载力是否满足设计要求和桩身结构的完整性。为确保实际单桩竖向承载力特征值达到设计要求，应根据工程重要性、地质条件、设计要求及工程施工情况进行单桩静载荷试验或可靠的动力试验。对于工程桩施工前未进行单桩静载荷试验的甲级建筑桩基，以及地质条件复杂、桩的施工质量可靠性低、确定单桩竖向承载力的可靠性低、桩数多的乙级建筑桩基，应采用单桩静载荷试验对工程桩单桩竖向承载力进行检测，检测桩数同设计检验要求。除此之外，可采用可靠的动测法对工程桩单桩竖向承载力进行检测。

动力试桩主要用于控制性检验，根据作用在桩顶上能量的大小，分为高、低应变两种方法。高应变动测用于判定单桩的极限承载力及评价桩身结构的完整性；低应变动测用于桩身结构的完整性的检测，以确定桩身质量等级。采用高应变检测单桩承载力时，对工程地质条件、桩型、成孔机具和工艺相同、同一单位施工的基桩，检测数量不宜少于总桩数的 2%，并且不得少于 5 根。采用低应变检测桩身完整性时，对于打入桩或压入桩不应少于总桩数的 10%，并不得少于 5 根；对灌注桩不应少于总桩数的 20%，并不得少于 10根；对于一柱一桩的建筑物或构筑物，全部基桩应进行检测。

（2）地基基础设计等级为丙级的建筑物，可采用静力触探或标准贯入试验方法，确定单桩竖向承载力特征值。

（3）按经验公式计算。

经验公式法是根据桩侧摩阻力、桩端阻力与土层的物理力学状态指标的经验关系来确定单桩竖向承载力。这种方法可用于初步设计时，估算单桩承载力特征值及桩数，在各地区各部门均有大量应用。

假定同一土层内桩摩擦力为均布，则采取以下两种形式确定单桩竖向抗压承载力。

1）按单桩极限承载力确定单桩承载力特征值。

先建立土层的物理力学状态指标与桩极限侧摩阻力、极限桩端力的经验关系为：

$$Q_u = u_p \sum_{i=1}^{n} q_{siu} l_i + A_p q_{pu} \tag{6-44}$$

式中：Q_u——单桩竖向极限承载力（kN）；

u_p——桩身断面周长（m）；

A_p——桩端底面积（m²）；

q_{siu}——第 i 层土内桩侧极限摩阻力值（kPa）；

q_{pu}——桩端土极限端阻力值（kPa）；

l_i——桩穿越第 i 层土的长度（m）；

n——桩长范围土层层数。

对单桩竖向极限承载力 Q_u 除以安全系数 K，得到单桩承载力特征值 R_a 为：

$$R_a = Q_u / K \tag{6-45}$$

K——单桩竖向承载力安全系数，一般可取 2.0。

2）直接建立土层的物理力学状态指标与单桩承载力特征值的关系。

$$R_a = u_p \sum_{i=1}^{n} q_{sia} l_i + A_p q_{pa} \tag{6-46}$$

式中：R_a——单桩竖向承载力特征值（kN）；

q_{sia}——第 i 层土内桩侧摩阻力特征值（kPa）；

q_{pa}——桩端土端阻力特征值（kPa）；其他符号意义同公式（6-44）。

q_{siu}、q_{pu} 或 q_{sia}、q_{pa} 的经验值一般按土的类型、软硬或密实程度及成桩方法，通过对大量桩的静荷试验结果的统计分析得到，也可根据地区性经验确定。

6.6.3 单桩水平承载力

单桩水平承载力特征值取决于桩的材料强度、截面刚度、入土深度、土质条件、桩顶水平位移允许值和桩顶嵌固情况等因素，应通过现场水平载荷试验确定。必要时可进行带承台桩的载荷试验，试验宜采用慢速维持荷载法。

6.6.4 桩基础设计

1 桩基础常规设计的内容与步骤

桩基础常规设计包括以下几方面内容及步骤：

（1）收集设计资料，包括建筑物类型、规模、使用要求、结构体系及荷载情况，建筑场地的岩土工程勘察报告等；

（2）选择桩型，并确定桩的断面形状及尺寸、桩端持力层及桩长等基本参数和承台

埋深;

（3）确定单桩承载力，包括竖向抗压、抗拔及水平承载力等;

（4）确定群桩的桩数及布桩，并按布桩及建筑平面及场地条件确定承台类型及尺寸;

（5）桩基承载力与变形验算，包括竖向及水平承载力、沉降或水平位移等，对有软弱下卧层的桩基，尚需验算软弱下卧层的承载力;

（6）桩基中各桩受力与结构设计，包括各桩桩顶荷载分析、内力分析以及桩身结构构造设计等;

（7）承台结构设计，包括承台的抗弯，抗剪、抗冲切及抗裂等强度设计及结构构造等。

2 桩型、桩断面尺寸及桩长的选择

（1）桩型的选择。

桩型的选择是桩基设计的最基本环节之一。桩型的选择应综合考虑建筑物对桩基的功能要求、土层分布及性质、桩施工工艺以及环境等方面因素，充分利用各桩型的特点来适应建筑物在安全、经济及工期等方面的要求。

（2）断面尺寸的选择。

桩的断面尺寸首先与所采用桩材料有关。钢桩的断面一般有 H 形、圆管等形式，多数为原材形状，也有按要求焊接组合而成型的。钢管桩直径一般为 250mm ~ 1200mm，而 H 形钢桩常有相应的成品规格供选用。混凝土灌注桩均为圆形，其直径一般随成桩工艺有较大变化。对沉管灌注桩，直径一般为 300mm ~ 500mm 之间;对钻孔灌注桩，直径多为 500mm ~ 1200mm，对一些特殊结构及施工工艺，也可达 3000mm 左右。对扩底钻孔灌注桩，扩底直径一般不大于桩身直径的 1.5 倍 ~ 2.0 倍。混凝土预制桩断面常用方形，预应力桩常做成空心断面的。混凝土预制桩直径或边长一般不超过 550mm。当条件许可时，混凝土预制桩宜做成三角形、十字形断面，可取得桩自重小而侧表面积大的效果。

（3）桩长的选择。

桩长的选择与桩的材料、施工工艺等因素有关，但关键在于选择桩端持力层，因为持力层的位置及性状对桩承载力与变形性状有着重要影响。

坚实土层及岩层最适于作为桩端持力层。对桩端进入坚硬土层的深度应保证桩端有稳固的土体以提供较高的端阻力。一般情况下，桩端进入黏性土、粉土及砂土的深度不宜小于 2 ~ 3 倍桩径;桩端进入碎石土的深度不宜小于 1 倍桩径。

桩端下土层的厚度对保证桩端提供可靠的承载力有重要意义。桩端下坚硬土层的厚度一般不宜小于 5 倍桩径。穿越软弱土层而支承于斜岩面的桩，当风化层较薄时应考虑将桩端嵌入新鲜基岩;当桩端岩层下有熔岩现象时，应注意熔岩顶板的厚度是否满足桩端冲切要求。

在选择桩长时还应该注意对同一建筑物尽量采用同一类型的桩，尤其不应同时采用端承桩和摩擦桩。除落于斜岩面上的端承桩外，桩端标高之差应从严掌握，对端部土层坚硬时不宜超过相邻桩之间的中心间距，对于摩擦型桩不宜超过桩长的 1/10。

如已选择的桩长不能满足承载力或变形等方面的要求，可考虑适当调整桩的长度，必要时需调整桩型、断面尺寸以及成桩工艺等。

3 确定单桩承载力

根据结构物对桩功能的要求及荷载特性，需明确单桩承载力的类型，如抗压、抗拔及水平承载力等，并根据确定承载力的具体方法及有关规范要求给出单桩承载力的特征值。

4 确定桩数及布桩

（1）桩数。

桩数主要受到荷载量级、单桩承载力及承台结构强度等方面的影响。桩数确定的基本要求是满足单桩及群桩的承载力。

1）对主要承担竖向荷载的桩基，可按以下方法初估桩数。

当桩基受轴心压力时，桩数应满足：

$$n \geqslant \frac{F_k + G_k}{R_a} \tag{6-47}$$

式中：n——初估的桩数；

$\quad F_k$——相应于荷载效应标准组合时桩基竖向轴心压力值（kN）；

$\quad G_k$——承台自重和承台上土自重标准值（kN）；

$\quad R_a$——单桩竖向抗压承载力特征值（kN）。

当桩基偏心受压时，一般先按轴心受压初估桩数，然后按偏心荷载大小将桩数增加10%~20%。这样定出的桩数也是初步的，最终要依桩基总承载力与变形、单桩受力以及承台结构强度等要求决定。

2）对主要承担水平荷载的桩基，也可参照上述原则估计桩数，并由桩基总承载力与水平位移、单桩受力分析等最终确定桩数。

（2）布桩。

如烟囱桩基础的承台平面为圆形或环形，桩的平面布置应以承台平面中心点，呈放射状布置为好。桩的分布半径，应考虑烟囱筒身荷载的作用点（基础环壁）的位置，在荷载作用点附近，桩适当加密。由于烟囱筒身传至承台的弯矩较大，桩的布置还应遵守内疏外密的原则，以加大群桩的平面抵抗矩。布桩的间距应满足表6-11的要求。

表6-11 桩的最小中心距

土类及成桩工艺		排数超过3排（含3排）桩数超过9根（含9根）的摩擦型桩基基础	其他情况
非挤土和部分挤土灌注桩		3.0d	2.5d
挤土灌注桩	穿越非饱和土	3.5d	3.0d
	穿越饱和软土	4.0d	3.5d
挤土预制桩		3.5d	3.0d
扩底灌注桩		1.5d 或 $D+1$m（$D>2$m 时），D 为扩大端设计直径	
打入式敞口管桩和 H 型钢柱		3.5d	3.0d

5 群桩承载力与变形验算

（1）群桩承载力验算。

群桩承载力验算应按荷载效应标准组合取值与承载力特征值进行比较。

荷载效应应通过结构物内力分析确定，具体按有关荷载规范执行；桩基承载力可按有关规范要求计算。当某一项承载力指标不满足要求时，应对以前各步骤确定的内容进行调整。

对竖向承压群桩，当桩端持力层下存在软弱下卧层时，一般可将桩端所受荷载按其作用面积以扩散角方式在持力层中扩散至软弱层顶面，按假想基础计算其承载力。

（2）群桩变形验算。

桩基变形验算，应按荷载效应准永久组合进行计算，一般情况下不计入风荷载与地震作用。但对于烟囱基础，当该地区风玫瑰图呈严重偏心时，风荷载应按频遇值系数 0.4 进行计算。

对于各种桩基础，其变形主要有四种类型，即沉降量、沉降差、倾斜及水平侧移。这些变形特征均应满足结构物正常使用限值要求，即：

$$\Delta \leqslant [\Delta] \tag{6-48}$$

式中：Δ——桩基变形特征计算值（m）；

$[\Delta]$——桩基变形特征允许值（m）。

6 桩基中各桩受力计算

在已知桩基承台所承受的荷载以后，应根据初步确定桩的数量及布置方案，进行桩的受力计算。

（1）桩基轴心受力情况。

桩基轴心受压时，各桩平均轴压力为：

$$Q_k = \frac{F_k + G_k}{n} \tag{6-49}$$

式中：Q_k——桩基中各桩桩顶轴向压力标准值平均值（kN）；

n——桩基中的桩数。

Q_k 应满足下式要求：

$$Q_k \leqslant R_a \tag{6-50}$$

（2）桩基偏心受压情况。

桩基偏心受压时，各桩桩顶轴压力为：

$$Q_{ik} = \frac{F_k + G_k}{n} \pm \frac{M_{xk}y_i}{\Sigma y_i^2} \pm \frac{M_{yk}x_i}{\Sigma x_i^2} \tag{6-51}$$

式中：M_{xk}、M_{yk}——相应于荷载效应标准组合作用承台底面通过桩群形心的 x、y 轴的弯矩值（kN·m）；

x_i、y_i——桩 i 至桩群形心的 y、x 轴线的距离（m）；

Q_{ik}——在偏心竖向力作用下，第 i 根桩桩顶轴向压力标准值（kN）。

其他符号意义同前。

偏心竖向作用下，除满足公式（6-50）外，尚应满足下列要求：

$$Q_{ikmax} \leqslant 1.2R_a \tag{6-52}$$

（3）桩基受水平力作用情况。

桩基承受水平力时，桩基中各桩桩顶水平位移相等，故各桩桩顶所受水平荷载可按各桩抗弯刚度进行分配。当桩材料与断面相同时有：

$$H_{ik} = \frac{H_k}{n} \tag{6-53}$$

式中：H_{ik}——单桩顶水平力标准值（kN）；

H_k——相应于荷载效应标准组合时，作用于承台底面的水平力（kN）。

H_{ik}应满足下式要求：

$$H_{ik} \leqslant R_{Ha} \tag{6-54}$$

式中：R_{Ha}——单桩水平承载力特征值（kN）。

（4）烟囱桩基简化计算。

由于在烟囱基础中，桩是呈圆周形均匀布置的，因此，可以将公式（6-51）写成以下简化式：

$$Q_{ik} = \frac{F_k + G_k}{n} \pm \frac{M_k r_i}{\frac{1}{2} \sum\limits_{i=1}^{n} r_i^2} \tag{6-55}$$

式中：r_i——第 i 根桩所在圆的半径（m）。

对桩基结构进行抗震验算时，其承载力调整系数 γ_{RE} 应按现行国家标准《建筑抗震设计规范》GB 50011 的规定采用。非液化土中低承台桩基的单桩竖向和水平向抗震承载力特征值可比非抗震设计时提高 25%。

7 桩身承载力验算

（1）混凝土桩

混凝土桩桩身强度应满足桩的承载力设计要求。计算中应按桩的类型和成桩工艺的不同将混凝土的轴心抗压强度设计值乘以工作条件系数 Ψ_c，桩身强度应符合下式要求。

桩轴心受压时：

$$Q \leqslant A_p f_c \Psi_c \tag{6-56}$$

式中：f_c——混凝土轴心抗压强度设计值（kPa）；按现行《混凝土结构设计规范》GB 50010 取值；

Q——相应于荷载效应基本组合时的单桩竖向力设计值（kN）；

A_p——桩身横截面积（m²）；

Ψ_c——工作条件系数，非预应力预制桩取 0.75，预应力桩取 0.55 ~ 0.65，灌注桩取 0.6 ~ 0.8（水下灌注桩或长桩或混凝土强度等级高于 C30 时用低值）。

（2）钢管桩。

$$Q \leqslant 0.55 f A' \tag{6-57}$$

有可靠工程经验时，可适当提高，但不得超过 $0.68 f A'$。

式中：f——钢材的抗拉和抗压强度设计值（kPa）；

A'——钢管桩扣除腐蚀影响后的有效截面面积（m²）。

8 桩身使用及施工阶段强度验算

（1）钢筋混凝土预制桩。

钢筋混凝土预制桩在各类建筑物中有广泛的应用。这类桩的结构设计除应满足按材料强度提供可靠的承载力要求外，还必须满足其在搬运、堆存、吊立以及打入过程中的受力要求。对于较长的桩，应分段制作并有可靠的接桩措施。

预制桩在起吊、运输过程中，主要受到自重作用，但考虑到操作过程的振动及冲击效应，应将自重乘以动力系数 1.5 作为桩的荷载，将桩按受弯构件计算。根据不同的起吊过程，布置吊点。吊点的位置应考虑到操作便利，并按桩内正负弯矩接近的原则确定。

在沉桩过程中桩身也受到轴向冲击力。对锤击沉桩，桩身内存在较高的拉应力波。预应力混凝土桩的配筋常取决于锤击拉应力的大小。锤击拉应力与锤击能量、锤垫与桩垫刚度、桩长与材料特性以及土层条件等因素有关，设计时常根据实测资料选取，一般为 5.0、5.5 或 6.0MPa。对长度小于 20m 的桩，可取小于 5.0MPa 以下的拉应力，而对于长度大于 30m 的桩可取 6.0MPa。

在预制桩的吊装过程中以及预应力混凝土桩在使用时期尚应满足抗裂度要求。在进行抗裂度验算时，计算荷载应按可能出现的最不利情况进行组合，并保证一定的安全系数。

（2）钢管桩。

钢管桩主材常用 Q235 号钢或 Q345 号锰钢。焊接材料的机械性能应与主材相适应。

钢管桩在使用时期及施工时期应分别进行强度和稳定性验算，以确定其管壁厚度。管壁设计厚度包括两部分：①有效厚度，按强度要求依有关规范设计；②腐蚀厚度，根据钢管桩使用年限、环境腐蚀能力及防腐措施等确定。

（3）灌注桩。

灌注桩一般只按使用阶段进行结构强度计算，其原理与混凝土预制桩相同。

9 承台结构设计

桩基承台作为连结各个单桩共同承受上部荷载的重要结构，受到上部结构与桩顶等的冲切、剪切及弯曲作用，故其必须有足够的强度与刚度。因此，承台设计的目的就是根据其抗冲切、抗剪与抗弯等要求确定其平面尺寸、厚度及结构构造。

承台的平面尺寸应根据桩数、桩径及构造要求综合确定，然后按这一尺寸进行桩基础受力、变形直至承台配筋等验算，逐一满足这些方面的要求，否则应对平面尺寸进行调整。这项工作常需反复，直到全部符合要求为止。

一般情况下，承台的厚度受桩等荷载的冲切和剪切控制，而承台主筋需要根据承台梁或板的弯矩配置。承台的内力分析，应按基本组合考虑荷载效应，但对于低桩承台（在承台不脱空条件下）应不考虑承台及上覆填土的自重，即采用净荷载求桩顶反力；对高桩承台则应取全部荷载。承台的抗弯、抗剪及抗冲切的具体设计计算应满足有关混凝土结构设计规范的要求。

6.7 壳 体 基 础

圆形基础外悬挑长度过长时，基础受力会变得不合理，使基础厚度急剧增加，造成基础混凝土用量大幅度提高，此时可常采用壳体基础。壳体基础分为 M 形组合壳、正倒锥组合壳和截锥组合壳。由于《烟囱设计规范》GB 50051—2013 中仅介绍了正倒锥组合壳，所以本节仅介绍这种壳体。

6.7.1 壳体基础的外形尺寸

（1）确定下壳（倒锥壳）和上壳（正锥壳）相交处的半径 r_2。

在确定壳体基础的外形尺寸（图 6-11）时，首先要确定基础的埋置深度 z_2。它是根据使用要求和地基情况以及邻近建筑物等因素确定的。

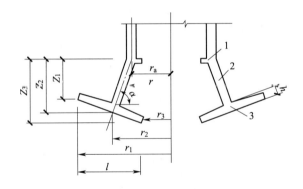

图6-11 正倒锥组合壳基础
1—上环梁；2—正锥壳；3—倒锥壳

由于基础尺寸未定，对垂直荷载尚无法准确计算，只能用估算法，即取总的垂直力 N 等于 1.25 倍的筒身传给基础的垂直内力标准值 N_k。这样就可计算偏心距 $e = M_k/N_k$。

根据基础抗倾斜的要求，$r_2 \geq 4e$，从而可近似确定 r_2。然后再按公式（6-58）和（6-59）确定 r_2 是否合适。

$$\begin{matrix} p_{kmax} \\ p_{kmin} \end{matrix} = \frac{N_k + G_k}{2\pi r_2} \pm \frac{M_k}{\pi r_2^2} \qquad (6\text{-}58)$$

$$\frac{p_{kmax}}{p_{kmin}} \leqslant 3 \qquad (6\text{-}59)$$

式中：N_k、M_k——分别为竖向力标准值和弯矩标准值；

　　　　G_k——基础自重标准值和至埋深 z_2 处的土重标准值之和（kN）；

p_{kmax}、p_{kmin}——分别为下壳经向长度内，沿环向（r_2 处）单位长度范围内，在水平投影面上的最大和最小地基反力标准值（kN/m²）。

（2）确定下壳经向水平投影宽度 l。根据 e/r_2，查表6-12，可得地基塑性区对应的方位角 θ_0。由 r_2，θ_0 可计算在荷载标准值作用下，下壳经向水平投影宽度 l 和沿半径 r_2 的环向单位弧长范围内产生的总的地基反力标准值 p_k：

表6-12 θ_0 与 e/r_2 的对应值

e/r_2	θ_0	e/r_2	θ_0	e/r_2	θ_0
0	3.1416	0.08	2.7877	0.16	2.4598
0.01	3.0934	0.09	2.7458	0.17	2.4195
0.02	3.0488	0.10	2.7043	0.18	2.3792
0.03	3.0039	0.11	2.6630	0.19	2.3389
0.04	2.9596	0.12	2.6220	0.20	2.2985
0.05	2.9159	0.13	2.5813	0.21	2.2581
0.06	2.8727	0.14	2.5407	0.22	2.2175
0.07	2.8299	0.15	2.5002	0.23	2.1767

续表 6-12

e/r_2	θ_0	e/r_2	θ_0	e/r_2	θ_0
0.24	2.1357	0.33	1.7476	0.42	1.2723
0.25	2.0944	0.34	1.7010	0.43	1.2067
0.26	2.0528	0.35	1.6534	0.44	1.1361
0.27	2.0109	0.36	1.6045	0.45	1.0591
0.28	1.9685	0.37	1.5542	0.46	0.9733
0.29	1.9256	0.38	1.5024	0.47	0.8746
0.30	1.8821	0.39	1.4486	0.48	0.7545
0.31	1.8380	0.40	1.3927	0.49	0.5898
0.32	1.7932	0.41	1.3341	0.50	0

$$p_k = \frac{(N_k + G_k)(1 + \cos\theta_0)}{2r_2(\pi + \theta_0\cos\theta_0 - \sin\theta_0)} \tag{6-60}$$

经过深度和宽度修正后的地基承载力特征值 f_a 按下式计算：

$$f_a = f_{ak} + \eta_b\gamma(b - 3) + \eta_d\gamma_m(z_2 - 0.5) \tag{6-61}$$

式中：f_a——修正后的地基承载力特征值；

f_{ak}——地基承载力特征值；

η_b、η_d——基础宽度和埋深的地基承载力修正系数，由《建筑地基基础设计规范》GB
50007—2011 查得；

γ——土的重度；

γ_m——基础底面以上土的加权平均重度。地下水位以下取有效重度；

b——基础底面宽度（m），当基宽小于 3m 按 3m 考虑，大于 6m 按 6m 考虑；

z_2——基础埋置深度（m）。

下壳经向水平投影宽度 l 为：

$$l = \frac{p_k}{f_a} \tag{6-62}$$

当为偏心荷载作用时，f_a 尚应乘以 1.2 的偏心荷载放大系数。

（3）确定下壳内、外半径 r_3、r_1。

$$r_3 = \frac{1}{2}\left(\frac{2}{3}r_2 - l\right) + \sqrt{\frac{1}{4}\left(l - \frac{2}{3}r_2\right)^2 + \frac{1}{3}(r_2^2 + r_2l - l^2)} \tag{6-63}$$

$$r_1 = r_3 + l \tag{6-64}$$

（4）确定下壳（倒锥壳）与上壳（正锥壳）相交边缘处的下壳有效厚度 h。

$$h \geqslant \frac{2.2Q_c}{0.75f_t} \tag{6-65}$$

$$Q_c = \frac{1}{2}p_l\frac{1}{\sin\alpha} \tag{6-66}$$

式中：Q_c——下壳最大剪力（N），计算时不计下壳自重；

f_t——混凝土抗拉强度设计值（N/mm^2）；

p_l——在荷载设计值作用下，下壳经向水平投影宽度 l 和沿半径为 r_2 的环向单位弧长范围内产生的总的地基反力设计值（kN/m），按公式（6-60）计算，其中 G_k、N_k 采用设计值。如 p_l 无设计值，可在 p_k 前乘以大于 1 的系数，如 1.25。

在确定了上壳倾角 α 和上壳上边缘水平半径 r_a 后，即可较准确地计算上壳、下壳混凝土体积 V_s、V_x，上壳壳面以上的土重 g_{st}，下壳壳面以上的土重 g_{xt}，作用在上壳下口的内力 N_1、M_1 为：

$$N_1 = N_k + g_{st} + \gamma V_s \tag{6-67}$$

$$M_1 = M_k + M_{fk} + h_{st} H_1 \tag{6-68}$$

式中：γ——钢筋混凝土的重力密度；

M_k、M_{fk}——上壳上口处弯矩标准值和附加弯矩标准值；

H_1——上壳上口处水平剪力；

h_{st}——上壳上口至上壳下口处的垂直距离。

作用在 z_2 标高的垂直荷载 N_2：

$$N_2 = N_1 + g_{xt} + \gamma V_x \tag{6-69}$$

将 N_2 与前面估算的 N 比较，当两者相差小于 5% 时，基础尺寸不需要修正，否则要进行修正。

6.7.2 壳体基础的内力计算

壳体基础的外形尺寸确定后进行内力计算。

1 倒锥壳（下壳）的内力计算

（1）计算总的被动土压力 H_0 和总的剪切力 Q_0（见图 6-12）。

$$H_0 = 0.25\gamma_0(z_3^2 - z_1^2)\tan^2\left(\frac{1}{2}\varphi_0 + 45°\right) \tag{6-70}$$

$$Q_0 = H_0\tan\varphi_0 + c_0(z_3 - z_1) \tag{6-71}$$

式中：H_0——作用在 bc 面上总的被动土压力（kN）；

Q_0——作用在 bc 面上总的剪切力（kN）；

φ_0——土的计算内摩擦角（°）；可取 $\varphi_0 = \frac{1}{2}\varphi$，$\varphi$ 为土的实际内摩擦角；

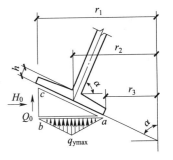

图 6-12 倒锥壳土反力

c_0——土的计算黏聚力，$c_0 = \frac{1}{2}c$，c 为土的实际黏聚力；

γ_0——土的重力密度；

z_1——下壳（倒锥壳）外边缘至上壳上口处的距离；

z_2——下壳（倒锥壳）底面中心至上壳上口处的距离；

z_3——下壳（倒锥壳）内边缘至上壳上口处的距离。

（2）计算倒锥壳水平投影面上的最大土反力 q_{ymax}。

$$q_{ymax} = \frac{2\left(p_l - Q_0\dfrac{r_1}{r_2}\right)}{r_1 - r_3} \tag{6-72}$$

p_l 按公式（6-60）计算，其中 G_k、N_k 用设计值代替。

（3）计算壳体特征系数 C_s：

$$C_s = \frac{r_1 - r_3}{2h\sin\alpha} \tag{6-73}$$

式中：h——为倒锥壳与正锥壳相交处倒锥壳的厚度（m）。

当 $C_s < 2$ 时为短壳，否则为长壳。

（4）倒锥壳内力计算。

1）当为短壳时：

环向拉力：

$$N_\theta = \frac{1}{6}(B_2q_{ymax} + B_3H + B_5)(x_1 - x_3)(x_1 + x_2 + x_3) \tag{6-74}$$

式中：$x_i = \dfrac{r_i}{\sin\alpha}$。

$$H = 0.5\gamma_0 z_2\tan^2\left(\frac{1}{2}\varphi_0 + 45°\right) \tag{6-75}$$

经向弯矩：

$$M_{\alpha1} = \frac{1}{x_2'W_1}(B_0q_{ymax} + B_1H + B_4) \tag{6-76}$$

$$M_{\alpha2} = \frac{1}{x_2''W_2}(B_0q_{ymax} + B_1H + B_4) \tag{6-77}$$

$$W_1 = \frac{12(x_1 - x_2)}{(x_1^2 - x_2'^2)(x_1 - x_2')^2} \tag{6-78}$$

$$W_2 = \frac{12(x_2 - x_3)}{(x_2''^2 - x_3^2)(x_2'' - x_3)^2} \tag{6-79}$$

$$\left.\begin{array}{l}B_0 = \sin^2\alpha + \tan\varphi_0\sin\alpha\cos\alpha \\ B_1 = \cos^2\alpha + \tan\varphi_0\sin\alpha\cos\alpha \\ B_2 = \sin\alpha\cos\alpha - \tan\varphi_0\sin^2\alpha \\ B_3 = \tan\varphi_0\cos^2\alpha - \sin\alpha\cos\alpha \\ B_4 = c_0\sin2\alpha \\ B_5 = c_0\cos2\alpha\end{array}\right\} \tag{6-80}$$

采用 $M_{\alpha1}$ 与 $M_{\alpha2}$ 中较大者进行配筋计算，公式中有关符号见图6-13。

2）当为长壳时：

环向拉力：

$$N_{\theta1} = N_\theta(C_s - 1) \tag{6-81}$$

其中 N_θ 按公式（6-74）计算。

经向弯矩：

$$M_{\alpha1} = \frac{1}{x_2'}\left\{\frac{1}{W_1}\left[q_{ymax}(B_0 + W_1W_3B_2) + HB_1 + B_4 + W_1W_3(HB_3 + B_5)\right]\right.$$

$$-\frac{1}{2}N_\theta(C_s-1)k_0(x_1-x_2')\cot\alpha\Big\} \tag{6-82}$$

$$M_{\alpha2}=\frac{1}{x_2''}\Big\{\frac{1}{W_2}\big[q_{y\max}(B_0+W_2W_4B_2)+HB_1+B_4+W_2W_4(HB_3+B_5)\big]$$

$$-\frac{1}{2}N_\theta(C_s-1)k_1(x_2''-x_3)\cot\alpha\Big\} \tag{6-83}$$

$$W_3=\frac{1}{6}(x_1^2+x_1x_2-2x_2^2)k_0(x_1-x_2')\cot\alpha \tag{6-84}$$

$$W_4=\frac{1}{6}(x_2^2-x_2x_3-x_3^2)k_1(x_2''-x_3)\cot\alpha \tag{6-85}$$

采用 $M_{\alpha1}$ 与 $M_{\alpha2}$ 中较大者进行配筋计算，式中 k_0 与 k_1 按下式确定（图6-14）。

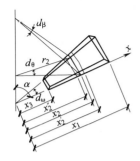

图 6-13　几何尺寸

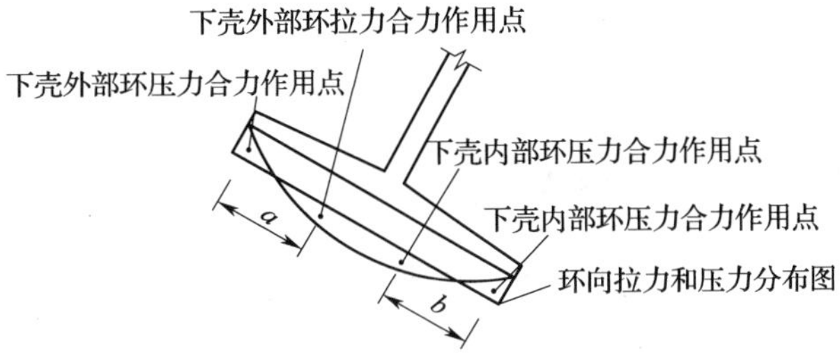

图 6-14　长壳环向压、拉力分布

$$k_0=\frac{a}{x_1-x_2'} \tag{6-86}$$

$$k_1=\frac{b}{x_2''-x_3} \tag{6-87}$$

式中：a、b——分别为下壳外部和内部环向拉、压合力作用点间的距离。

2　正锥壳（上壳）的内力计算

正锥壳的环向内力可近似取为零，而经向内力仅为薄膜力，并按下式计算：

$$N_a=-\frac{N_l}{2\pi r\sin\alpha}-\frac{M_l+H_l(r-r_a)\tan\alpha}{\pi r^2\sin\alpha} \tag{6-88}$$

式中：N_1、M_1——分别为壳上边缘处总的垂直力（kN）和弯矩设计值（kN·m）；

　　　　N_a——壳体计算截面处单位长度的经向薄膜力（kN）；

　　　　H_1——作用于壳体上边缘的水平剪力设计值（kN）；

　　　　r_a、r——分别为壳体上边缘及计算截面的水平半径（m）（图6-11）；

　　　　α——壳面与水平面的夹角（图6-11）。

6.7.3　配筋计算

配筋计算时，内力应采用设计值。

1　倒锥壳

（1）环向配筋。

短壳：

$$A_s = \frac{N_\theta}{f_y} \tag{6-89}$$

当为长壳时，用 $N_{\theta l}$ 代替 N_θ。

（2）经向配筋：

$$\alpha_s = \frac{M_{ai}}{\alpha_1 f_c b h_0^2} \tag{6-90}$$

由 α_s 查得 γ_s：

$$A_s = \frac{M_{ai}}{\gamma_s h_0 f_y} \tag{6-91}$$

2 正锥壳

（1）环向配筋，按构造配筋。

（2）经向配筋：

$$A'_s = \frac{N_a/(0.9\varphi) - f_c A}{f'_y} \tag{6-92}$$

6.7.4 受冲切承载力计算

受冲切承载力计算中，截面的几何尺寸如图 6-15。它与前面的符号规定不同，应注意。

正倒锥壳的受冲切承载力可按下述公式计算。

（1）冲切破坏锥体斜截面的上边圆周长 b_t。

1）验算外边缘时：

$$b_t = 2\pi r_2 (\text{m}) \tag{6-93}$$

2）验算内边缘时：

$$b_t = 2\pi r_3 (\text{m}) \tag{6-94}$$

（2）冲切破坏锥体斜截面的下边圆周长 S_X。

1）验算外边缘时：

$$S_X = 2\pi [r_2 + h_0 (\sin\alpha + \cos\alpha)] \tag{6-95}$$

2）验算内边缘时：

$$S_X = 2\pi [r_3 - h_0 (\sin\alpha - \cos\alpha)] \tag{6-96}$$

（3）冲切破坏锥体以外的荷载 Q_c。

1）验算外边缘时：

$$Q_c = p\pi \{ r_1^2 - [r_2 + h_0 (\sin\alpha + \cos\alpha)]^2 \} \tag{6-97}$$

2）验算内边缘时：

$$Q_c = p\pi \{ [r_3 - h_0 (\sin\alpha - \cos\alpha)]^2 - r_4^2 \} \tag{6-98}$$

式中：p——土的压应力，按图 6-15 计算；

$\quad\quad h_0$——计算截面的有效高度。

其他符号见图 6-15。

（4）在上壳与下壳交接处的冲切承载力可按下式计算：

$$Q_c \leqslant 0.35\beta_h f_{tt} (b_t + S_X) h_0 \tag{6-99}$$

式中：Q_c——冲切破坏锥体以外的荷载设计值（kN）；

$\quad\quad f_{tt}$——混凝土在温度作用下的抗拉强度设计值（kN/m^2）；

$\quad\quad h_0$——基础底板计算截面处的有效厚度（m）；

$\quad\quad \beta_h$——受冲切承载力截面高度影响系数，当 h 不大于 800mm 时，β_h 取 1.0；当 h 大于或等于 2000mm 时，β_h 取 0.9，其间按线性内插法取用。

6.7.5 环梁

正倒锥组合壳上环梁的内力可按下述公式计算（图6-16）：

$$N_{\theta M} = r_e N_{aa3} \cos\alpha \tag{6-100}$$

$$M_a = -N_{ab1}e_1 - N_{aa3}e_3 \tag{6-101}$$

$$M_\theta = M_a r_e \tag{6-102}$$

式中：$N_{\theta M}$——环梁的环向力（kN）（以受拉为正）；

$\quad\quad M_a$——环梁单位长度上的扭矩（$kN \cdot m$）（围绕环梁截面重心以顺时针方向转动为正）；

$\quad\quad M_\theta$——环梁的环向弯矩（以下表面受拉为正）；

N_{aa3}、N_{ab1}——分别为筒壁和正锥壳在环梁边缘处单位长度上的薄膜经向力（kN）（以受拉为正）；

$\quad\quad r_e$——环梁截面重心处的半径（m）；

e_1、e_3——分别为薄膜经向力至环梁截面重心的距离（图6-16）。

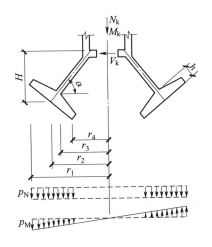

图6-15 正倒锥组合壳

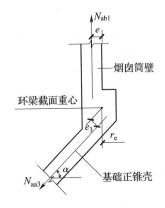

图6-16 上环梁受力

6.8 基 础 构 造

6.8.1 板式基础

1）烟囱与地面烟道或地下烟道的沉降缝应设在基础的边缘处。

2）基础的底面应设混凝土垫层，厚度宜采用 100mm。

3）设置地下的烟道入口的基础，宜设贮灰槽，槽底面应较烟道底面低 250mm ~ 500mm。

4）（设置地下烟道入口的基础，当烟气温度较高，采用普通混凝土不能满足本书关于混凝土最高受热温度的规定时，宜将烟气入口提高至基础顶面以上。

5）烟囱周围的地面应设护坡，坡度不应小于 2%。护坡的最低处，应高出周围地面 100mm。护坡宽度不应小于 1.5m。

6）板式基础的环壁宜设计成内表面垂直，外表面倾斜的形式，上部厚度应比筒壁、隔热层和内衬的总厚度增加 50mm ~ 100mm。

7）板式基础的配筋最小直径和最大间距应符合表 6-13 的规定。

表 6-13 板式基础配筋最小直径及最大间距 （mm）

部　　位	配筋种类		最小直径	最大间距
环壁	竖向钢筋		12	250
	环向钢筋		10	200
底板下部	径环向配筋	径向	12	r_2 处 250，外边缘 400
		环向	12	250
	方格网配筋		12	250

8）板式基础底板上部按构造配筋时，其钢筋最小直径与最大间距，应符合表 6-14 的规定。

表 6-14 板式基础底板上部的构造配筋 （mm）

基础形式	配筋种类	最小直径	最大间距
环形基础	径环向配筋	12	径向 250、环向 250
圆形基础	方格网配筋	12	250

9）基础环壁设有孔洞时，应符合本书第 2 章的有关规定。洞口下部距基础底部距离较小时，该处的环壁应增加补强钢筋。必要时可按两端固接的曲梁进行计算。

6.8.2　壳体基础

1）采用壳基础时，烟道宜采用地面烟道或架空烟道。

2）壳体基础可按图 6-17 及表 6-15 所示外形尺寸进行设计。壳体厚度不应小于 300mm。壳体基础与筒壁相接处，应设置环梁。

3）壳体上不宜设孔洞，如需设置孔洞时，孔洞边缘距壳体上下边距离不宜小于 1m，孔洞周围应按本书图 2-3 的规定配置补强钢筋。

4）壳体基础应配双层钢筋，其直径不小于 12mm，间距不大于 200mm。受力钢筋接头应采用焊接。当钢筋直径小于14mm时，也可采用搭接，搭接长度不应小于40d，接头位置应相互错开，壳体最小配筋率（径向和环向）均不应小于0.4%。上壳上下边缘附近构造环向钢筋应适当加强。

5）基础钢筋保护层应不小于40mm；当无垫层时，不应小于70mm。

6）壳体基础不宜留施工缝，如施工有困难时，应注意对施工缝的处理。

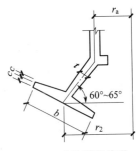

图6-17　壳体基础外形

表6-15　壳体基础外形尺寸

基础形式	t	b	c
正倒锥组合壳	$(0.035 \sim 0.06)\ r_2$	$(0.35 \sim 0.55)\ r_2$	$(0.05 \sim 0.065)\ r_2$

6.8.3　桩基础

1　钢筋混凝土预制桩

预制桩的混凝土强度一般不低于C30，对预应力混凝土桩则不低于C40。

方桩主筋根数当断面边长$b \geqslant 450$mm时不少于8根，当边长< 450mm时不少于4根。主筋直径一般不小于14mm；圆形桩主筋不应少于8根，直径不小于12mm。主筋数量及配筋率应通过强度计算确定，最小配筋率不宜小于0.8%，静压预制桩最小配筋率不宜小于0.6%。主筋宜对称布置。箍筋常选$\phi 6 \sim \phi 8$，间距不大于200mm，并在桩段两端部位适当加密。

桩尖因受穿过土层的正面阻力，常将主筋弯在一起并焊在一根芯棒上；桩顶应放置3层钢筋网片，间距常为50mm，以增强桩头强度，承受巨大的冲击荷载（见图6-18）。

钢筋保护层一般不小于35mm～40mm。桩内按设计吊点位置预埋钢筋吊环，以便吊装。

受打桩架高度或预制场地及运输条件的限制，预制桩长度一般不宜超过12m，故长桩应分段制做，在沉桩现场吊立后接桩。

钢筋混凝土桩的接头是桩身结构的关键部位，必须保证其有足够的强度以传递轴力、弯矩和剪力。桩头接法有钢板焊接法、法兰接法及硫黄胶泥浆锚等多种方法。图6-19为常用的钢板焊接法结构，供设计参考。

2　钢管桩

钢管桩桩顶锚固形式应采用固接与承台连接。具体锚固有直接埋入承台和铁件埋入承台两种形式，参见图6-20。

桩顶固接是按其能承受桩顶弯矩、剪力及轴力等的作用来确定锚固形式及嵌入承台深度、断面面积等。

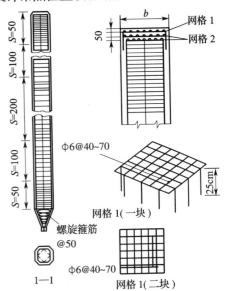

图6-18　典型混凝土预制桩的结构

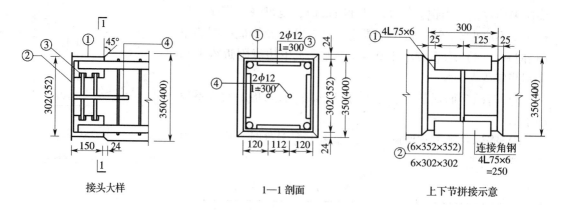

图 6-19　钢筋混凝土桩的接头实例

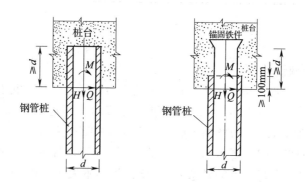

图 6-20　钢管桩桩顶锚固形式

对钢管桩桩顶及桩尖一般不需加固，但当桩尖需穿越障碍物或打入风化岩石、砂砾层的情况下可进行加固。

桩的拼接应选在内力较小处，也应避免选在桩身壁厚变化处。接桩处的构造形式有内衬套及内衬环等，上下桩段采用对接焊接。

3　灌注桩

灌注桩的混凝土强度等级一般不得低于 C25，骨料粒径不大于 40mm。水下导管灌注混凝土，其强度等级不得低于 C25，骨料粒径应小于导管内径的 1/4，且最大不超过 50mm，坍落度在 16cm～20cm 为宜。混凝土预制桩尖强度等级不得小于 C30。

灌注桩的主筋应主要依其所受荷载的类型以及桩身受力分布确定。配筋长度应满足：

（1）桩基承台下存在淤泥、淤泥质土或液化土层时，配筋长度应穿越淤泥、淤泥质土或液化土层；

（2）桩径大于 600mm 的钻孔灌注桩，构造钢筋的长度不宜小于桩长的 2/3。

除满足上述条件外，配筋长度尚应满足：

1）坡地岸边的桩、8 度及 8 度以上地震区的桩、抗拔桩（包括冻胀或膨胀力作用而受拔的桩）、端承桩应通常配筋。

2）受水平荷载和弯矩较大的桩，配筋长度应通过计算确定，尚不宜小于 4.0/a（a

为桩的水平变形系数)。

3)受负摩阻力的桩、因先成桩后开挖基坑而随地基土回弹的桩,其配筋长度应穿越软弱土层并进入稳定土层,进入深度不应小于 $2d \sim 3d$。

4)地震区桩基,在液化土、软硬土界面处,桩身弯矩和剪力发生突变,应加强该区段的配筋。在液化土发生液化后,该土层传递剪切波的能力大大减弱,上部荷载基本上全部由基桩承担。因此,液化土中桩的配筋范围,应自桩顶至液化深度以下符合全部消除液化沉陷所要求的深度,其纵向钢筋应与桩顶相同,箍筋应加密。对于非液化土中,软硬土层刚度相差较为悬殊的土层界面,箍筋也应较正常配筋适当加密。

灌注桩的主筋应经计算确定。对于承受水平荷载的桩,主筋不应小于 $8\phi12$,;对于抗压桩和抗拔桩不应小于 $6\phi10$;纵筋沿桩身周边均匀布置,其净距不应小于 60mm。桩身最小配率不宜小于 0.2% ~ 0.65%(小直径桩取大值)。宜采用螺旋式箍筋,一般不宜小于 $\phi6@200$。当钢筋笼长度超过 4m 时,宜每隔 2.0m 左右设一道 $\phi12 \sim \phi18$ 焊接加劲箍。

主筋混凝土保护层一般不得小于 50mm。

4 承台

一般情况下,承台是现浇混凝土结构。桩顶与承台应有可靠的连接。桩顶伸入承台的长度对于中等直径的桩($d < 800mm$ 的桩)小宜于 50mm,对于大直径的桩($d \geqslant 800mm$ 的桩)或受水平荷载的桩不宜小于 100mm。桩与承台连接主筋不宜少于 $4\phi12$,长度按钢筋锚固要求确定。

承台外形有平板式与梁式之分,厚度方向上有锥形与阶梯形之分。承台底板厚度一般不小于 300mm;承台周边距桩中心距离不应小于桩直径或桩断面边长,且边桩外缘至承台外缘的距离应不小于 150mm。

承台配筋应通过计算确定。矩形板承台构造钢筋不宜少于 $\phi12@200mm$(双向),主筋保护层厚度不应小于 40mm,当无混凝土垫层时,不应小于 70mm。承台混凝土强度等级不应低于 C25。

7 钢筋混凝土烟囱

7.1 计 算 原 则

本章适用于高度不大于 240m 的钢筋混凝土烟囱设计，当烟囱高度大于 240m 时，应进行专项审查和评估。钢筋混凝土烟囱设计时应进行下列计算或验算：

1 受热温度计算

按本手册第 4 章的规定，计算内衬、隔热层和筒壁各层的受热温度。计算出的受热温度应满足材料受热温度允许值的要求。材料受热温度允许值见第 3 章有关内容。筒壁的最高受热温度应小于或等于 150℃。

（1）单筒烟囱温度计算。

在计算烟囱的受热温度和筒壁温度差时，均采用烟囱使用时的最高烟气温度。沿筒身高度不考虑烟气温度的降低。

烟囱外部的空气温度，当计算烟囱（包括内衬、隔热层和筒壁）的最高受热温度和确定材料在温度作用下的折减系数时，应采用夏季极端最高温度。当计算筒壁温度差时，应采用冬季极端最低温度。

（2）多管烟囱温度计算。

多管（或套筒）烟囱与单筒烟囱的主要区别是，将排烟筒与承重外筒分离开，内、外筒间留有较大距离，使外筒壁不受烟气影响。外筒壁的温度计算按本手册第 4 章规定进行。

2 附加弯矩计算

（1）计算筒壁水平截面承载能力极限状态的附加弯矩，非地震区仅计算由于风荷载、日照和基础倾斜等原因产生的附加弯矩；当在地震区时，应计算由于地震作用、风荷载、日照和基础倾斜等原因，筒身重力荷载及竖向地震作用对筒壁水平截面产生的附加弯矩。

（2）计算正常使用极限状态下的附加弯矩时，不考虑地震作用。

3 承载能力极限状态计算

地震区的烟囱应分别按无地震作用和有地震作用两种情况进行计算。水平截面的极限状态承载能力计算参见本手册第 7.3 节；筒壁竖向截面极限承载能力按现行国家标准《混凝土结构设计规范》GB 50010 正截面受弯承载力进行计算。

4 正常使用极限状态的应力计算

应分别计算水平截面和垂直截面的混凝土和钢筋应力。计算在荷载标准值和温度共同作用下混凝土与钢筋应力，以及温度单独作用下钢筋应力，并应满足下列条件：

$$\sigma_{cwt} \leqslant 0.4 f_{ctk} \tag{7-1}$$

$$\sigma_{swt} \leqslant 0.5 f_{ytk} \tag{7-2}$$

$$\sigma_{st} \leqslant 0.5 f_{ytk} \tag{7-3}$$

式中：σ_{cwt}——在荷载标准值和温度共同作用下混凝土的应力值（N/mm²）；

$\quad\quad\sigma_{swt}$——在荷载标准值和温度共同作用下竖向钢筋的应力值（N/mm²）；

$\quad\quad\sigma_{st}$——在温度作用下环向和竖向钢筋的应力值（N/mm²）；

$\quad\quad f_{ctk}$——混凝土在温度作用下的强度标准值，按表3-6取值（N/mm²）；

$\quad\quad f_{ytk}$——钢筋在温度作用下的强度标准值，按公式（3-4）计算（N/mm²）。

5　正常使用极限状态的裂缝宽度验算

（1）水平裂缝宽度验算。

在自重、风荷载、附加弯矩标准值和温度作用下，水平最大裂缝宽度应符合表2-9的规定。

（2）垂直裂缝宽度验算。

在温度作用下，垂直最大裂缝宽度应符合表2-9的规定。

7.2　附加弯矩计算

7.2.1　附加弯矩的定义及计算公式

钢筋混凝土烟囱筒身在风荷载、地震作用、日照温差和基础倾斜的作用下，将发生挠曲和倾斜。由于筒身自重线分布重力的作用，在筒身各水平截面上产生的弯矩（$P-\Delta$）效应（图7-1）定义为筒身水平截面上的附加弯矩 M_{ai}。由图7-1和附加弯矩的定义，筒身水平截面 i 上的附加弯矩 M_{ai} 表示为：

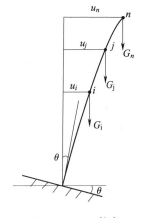

$$M_{ai} = \sum_{j=i+1}^{n} G_j(u_j - u_i) \quad\quad (7-4)$$

式中：G_j——集中在 j 质点的筒身自重重力（考虑地震作用时，应包括竖向地震作用）；

$\quad\quad u_i$、u_j——分别为筒身上 i、j 质点处的最终水平位移，计算筒身位移时应考虑筒身日照温差、基础倾斜的影响和截面上材料受荷载作用后的非线性（塑性发展）的影响。

图7-1　$P-\Delta$ 效应

烟囱筒身沿高度方向的弯矩 M 和筒壁水平截面的刚度 EI 均是变化的，这给筒身水平位移和转角变形计算带来很大困难。由于筒身水平截面上的材料（例如混凝土）在不同受力阶段和不同应力下，材料的塑性发展程度不同，因此截面刚度是变化的。计算筒身变形时需考虑附加弯矩对变形（曲率）的高阶影响，筒身变位的增加使附加弯矩增大，而附加弯矩的增大又会使筒身变位进一步增加，因此要计算筒身最终的变形（终曲率），需经多次迭代完成。

不同性质的荷载和作用下，筒身的变形曲率分布是不同的，因此其变形计算要按荷载和作用的不同分别考虑。水平荷载、日照和基础倾斜引起的筒身附加弯矩如图7-2所示。根据附加弯矩的定义，各种荷载作用下的筒身任一水平截面 i 处的附加弯矩计算表达式为：

$$M_{ai} = \int_{h_i}^{H} \Delta_{hw} q_{hx} dh_x + \int_{h_i}^{H} \Delta_{hr} q_{hx} dh_x + \int_{h_i}^{H} \Delta_{h\theta} q_{hx} dh_x \qquad (7-5)$$

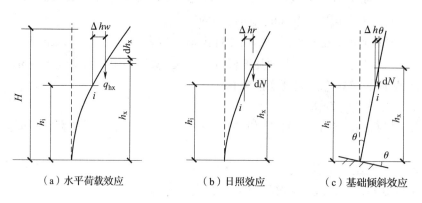

（a）水平荷载效应　　　　　（b）日照效应　　　　　（c）基础倾斜效应

图 7-2　附加弯矩计算示意图

为了方便计算，《烟囱设计规范》GB 50051—2013 对计算方法进行了简化处理：

（1）取烟囱筒身代表截面处的终曲率按等效曲率计算筒身各处的变位与转角。

（2）烟囱筒身自重沿筒身高度的分布按直线分布取折算值。

因此，烟囱筒身由于风荷载、日照和基础倾斜作用，筒身重力荷载对筒壁任一水平截面 i 产生的附加弯矩 M_{ai}（图 7-1）的计算公式为：

$$M_{ai} = \frac{q_i (h - h_i)^2}{2}\left[\frac{h + 2h_i}{3}\left(\frac{1}{\rho_c} + \frac{\alpha_c \Delta T}{d}\right) + \tan\theta\right] \qquad (7-6)$$

式中：q_i——距筒壁顶 $(h - h_i)/3$ 处的折算线分布重力荷载，可按公式（7-8）计算；

　　　h——筒身高度（m）；

　　　h_i——计算截面 i 的高度（m）；

　　$1/\rho_c$——筒身代表截面处的弯曲变形曲率，可按公式（7-16）、（7-17）、（7-19）和（7-20）计算；

　　　α_c——混凝土的线膨胀系数；

　　　ΔT——由日照产生的筒身阳面与阴面的温度差，应按当地实测数据采用；当无实测数据时，可按 20℃ 采用；

　　　d——高度为 $0.4h$ 处的筒身外直径（m）；

　　　θ——基础倾斜角（弧度），按现行国家标准《建筑地基基础设计规范》GB 50007 规定的地基允许倾斜值采用。

当考虑地震作用时，筒身由于地震作用、风荷载、日照和基础倾斜作用，由筒身重力荷载及竖向地震作用对筒壁任一水平截面 i 产生的附加弯矩 M_{Eai} 按下式计算：

$$M_{Eai} = \frac{q_i (h - h_i)^2 \pm \gamma_{Ev} F_{Evik}(h - h_i)}{2}\left[\frac{h + 2h_i}{3}\left(\frac{1}{\rho_{Ec}} + \frac{\alpha_c \Delta T}{d}\right) + \tan\theta\right] \qquad (7-7)$$

式中：$1/\rho_{Ec}$——考虑地震作用时，筒身代表截面处的变形曲率，按公式（7-18）计算；

　　　γ_{Ev}——竖向地震作用分项系数，取 0.50；

　　　F_{Evik}——水平截面 i 的竖向地震作用标准值。

7.2.2 附加弯矩的计算步骤

1 烟囱筒身代表截面位置的确定

附加弯矩计算时，首先需确定烟囱筒身代表截面的位置，然后计算代表截面的变形终曲率，最后用代表截面上的终曲率计算筒身上其他任一截面上的附加弯矩。

烟囱筒身代表截面的位置可按下列规定确定：

（1）当筒身各段坡度均不大于3%时：

1）筒身无烟道孔时，取筒身最下节的筒壁底截面；

2）筒身有烟道孔时，取洞口上一节的筒壁底截面。

（2）当筒身下部$h/4$范围内有大于3%的坡度时：

1）在坡度小于3%的区段内无烟道孔时，取该区段的筒壁底截面；

2）在坡度小于3%的区段内有烟道孔时，取洞口上一节筒壁底截面。

当烟囱筒身下部坡度不满足上述确定筒身代表截面位置的条件，无法确定筒身代表截面的位置时，烟囱筒身的水平变位和附加弯矩不能采用筒身代表截面处的曲率按等曲率计算。在这种情况下，筒身附加弯矩可按附加弯矩的定义公式计算，相应地，在计算筒身水平位移时应考虑筒身日照温差、基础倾斜的影响和筒壁截面上材料受荷后塑性发展引起的非线性影响，计算的水平位移应是筒身变形的最终变形。

烟囱筒身下部放坡，一般是为了优化烟囱基础设计，使基础底板外悬挑尺寸在基础合理外形尺寸之内。一般情况下，在烟囱筒身下部$h/4$范围内加大筒身的坡度，增大板式基础环壁的上口直径，减少基础底板的外悬挑尺寸，便可以达到基础优化设计的目的。

如果烟囱筒身下部的大坡（$i>3\%$）段高度范围，超过$h/4$，仍按代表截面的变形曲率计算附加弯矩，会使筒身附加弯矩计算值增大。因此，在具体设计时应按附加弯矩定义公式（7-4）进行计算。

2 计算筒身折算线分布重力 q_i

烟囱筒身任一计算截面上的折算线分布重力 q_i 是指在筒身i截面以上距筒顶（$h-h_i$）/3 处的筒身每米自重的折算重力，每个计算截面的 q_i 都不相同，可按下列公式分别计算：

$$q_i = \frac{2(h-h_i)}{3h}(q_0 - q_1) + q_1 \tag{7-8}$$

承载能力极限状态时：

$$q_0 = \frac{G}{h} \tag{7-9}$$

$$q_1 = \frac{G_1}{h_1} \tag{7-10}$$

正常使用极限状态时：

$$q_0 = \frac{G_k}{h} \tag{7-11}$$

$$q_1 = \frac{G_{1k}}{h_1} \tag{7-12}$$

式中：q_0——整个筒身的平均线分布重力荷载（kN/m）；

q_1——筒身顶部第一节的平均线分布重力荷载（kN/m）；

G、G_k——分别为筒身（内衬、隔热层、筒壁）全部自重荷载设计值和标准值（kN）；

G_1、G_{1k}——分别为筒身顶部第一节全部自重荷载设计值和标准值（kN）；

h_1——筒身顶部第一节高度（m）。

3　计算烟囱筒身代表截面处的变形曲率

筒身变形曲率$\dfrac{1}{\rho_c}$与截面上所受的荷载性质（风、地震作用、日照、地基倾斜等）、受荷阶段（承载能力极限状态和正常使用极限状态）及截面上材料塑性发展程度有关。对于承载力极限状态和正常使用极限状态，应分别计算。截面上材料的塑性发展程度与截面应力状态有关，它可以用截面上的轴向力对截面中心的相对偏心距的大小来判别。当$e/r \leqslant 0.5$时，截面上的应力处于单值应力状态；当$e/r > 0.5$时，截面上的应力状态处于双值状态。这两种应力状态截面上的塑性发展不同，因此其变形曲率公式也不相同，应分别计算。

（1）筒身代表截面截面上的轴向力对截面中心的相对偏心距的计算。

烟囱筒身各计算截面的附加弯矩都是用代表截面上的曲率按等曲率计算的。为了计算筒身代表截面处的曲率，必须先计算出代表截面上的轴向力对截面中心的相对偏心距。筒身代表截面上的相对偏心距e/r按下列公式计算：

1）承载能力极限状态。

a. 不考虑地震作用时：

$$\frac{e}{r} = \frac{M_w + M_a}{N \cdot r} \tag{7-13}$$

b. 当考虑地震作用时：

$$\frac{e_E}{r} = \frac{M_E + \psi_{cwE} M_w + M_{Ea}}{N \cdot r} \tag{7-14}$$

2）正常使用极限状态。

$$\frac{e_k}{r} = \frac{M_{wk} + M_{ak}}{N_k \cdot r} \tag{7-15}$$

式中：N——筒身代表截面处的轴向力设计值（kN）；

N_k——筒身代表截面处的轴向力标准值（kN）；

M_w——筒身代表截面处的风弯矩设计值（kN·m）；

M_{wk}——筒身代表截面处的风弯矩标准值（kN·m）；

M_a——筒身代表截面处承载能力极限状态附加弯矩设计值（kN·m）；

M_{ak}——筒身代表截面处正常使用极限状态附加弯矩标准值（kN·m）；

M_E——筒身代表截面处的地震作用弯矩设计值（kN·m）；

M_{Ea}——筒身代表截面处的考虑地震作用时附加弯矩设计值（kN·m）；

e——按作用效应基本组合计算的轴向力设计值对混凝土筒壁圆心轴线的偏心距（m）；

e_E——按含地震作用的荷载效应基本组合计算的轴向力设计值对混凝土筒壁圆心轴线的偏心距（m）；

e_k——按荷载效应标准组合计算的轴向力标准值对混凝土筒壁圆心轴线的偏心距（m）；

ψ_{cwE}——含地震作用效应的基本组合中风荷载组合系数，取 0.2；

r——筒壁代表截面处的筒壁平均半径（m）。

（2）筒身代表截面处的变形曲率 $1/\rho_c$ 和 $1/\rho_{Ec}$ 计算：

1）承载能力极限状态。

a. 当 $\dfrac{e}{r} \leqslant 0.5$ 时：

$$\frac{1}{\rho_c} = \frac{1.6(M_w + M_a)}{0.33E_{ct}I} \tag{7-16}$$

b. 当 $\dfrac{e}{r} > 0.5$ 时：

$$\frac{1}{\rho_c} = \frac{1.6(M_w + M_a)}{0.25E_{ct}I} \tag{7-17}$$

c. 当考虑地震作用时：

$$\frac{1}{\rho_{Ec}} = \frac{M_E + \psi_{cwE}M_w + M_{Ea}}{0.25E_{ct}I} \tag{7-18}$$

2）正常使用极限状态。

a. 当 $\dfrac{e_k}{r} \leqslant 0.5$ 时：

$$\frac{1}{\rho_c} = \frac{M_{wk} + M_{ak}}{0.65E_{ct}I} \tag{7-19}$$

b. 当 $\dfrac{e_k}{r} > 0.5$ 时：

$$\frac{1}{\rho_c} = \frac{M_{wk} + M_{ak}}{0.4E_{ct}I} \tag{7-20}$$

式中：E_{ct}——筒身代表截面处的筒壁混凝土在温度作用下的弹性模量（kN/m²）；

I——筒身代表截面惯性矩（m⁴）。

4 计算筒身代表截面处的附加弯矩

采用公式（7-6）、（7-7）计算不同极限状态时筒身任一截面上的附加弯矩时，需要事先求出筒身代表截面处的变形终曲率，而根据公式（7-16）~（7-20）计算变形曲率时又需已知附加弯矩值，因此，筒身代表截面处的附加弯矩计算是一个迭代计算的过程。具体方法为：首先假定附加弯矩值（承载能力极限状态计算时假定 $M_a = 0.35M_w$，考虑地震作用时 $M_{Ea} = 0.35M_E$，正常使用极限状态取 $M_{ak} = 0.2M_w$），然后代入有关公式求得 $1/\rho_c$（或 $1/\rho_{Ec}$）值和相应的附加弯矩值，当附加弯矩计算值与假定值相差不超过 5% 时，可不再计算，否则应进行循环迭代，直到前后两次迭代计算的附加弯矩值相差不超过 5% 为止。其最终计算值为所求的附加弯矩值，与之相应的曲率值为筒身变形终曲率。

筒身代表截面处的附加弯矩也可下列公式直接计算，不需迭代。具体如下：

（1）承载能力极限状态时：

$$M_a = \cfrac{\frac{1}{2}q_i(h-h_i)^2\left[\frac{h+2h_i}{3}\left(\frac{1.6M_w}{\alpha_e E_{ct}I}+\frac{\alpha_c \Delta T}{d}\right)+\tan\theta\right]}{1-\frac{q_i(h-h_i)^2}{2}\cdot\frac{(h+2h_i)}{3}\cdot\frac{1.6}{\alpha_e E_{ct}I}} \tag{7-21}$$

（2）承载能力极限状态下，考虑地震作用时：

$$M_{Ea} = \cfrac{\frac{q_i(h-h_i)^2 \pm \gamma_{Ev}F_{Evik}(h-h_i)}{2}\left[\frac{h+2h_i}{3}\left(\frac{M_E+\psi_{cwE}M_w}{\alpha_e E_{ct}I}+\frac{\alpha_c \Delta T}{d}\right)+\tan\theta\right]}{1-\frac{q_i(h-h_i)^2 \pm \gamma_{Ev}F_{Evik}(h-h_i)}{2}\cdot\frac{(h+2h_i)}{3}\cdot\frac{1}{\alpha_e E_{ct}I}}$$

$$\tag{7-22}$$

（3）正常使用极限状态时：

$$M_{ak} = \cfrac{\frac{1}{2}q_i(h-h_i)^2\left[\frac{h+2h_i}{3}\left(\frac{M_{wk}}{\alpha_e E_{ct}I}+\frac{\alpha_c \Delta T}{d}\right)+\tan\theta\right]}{1-\frac{q_i(h-h_i)^2}{2}\cdot\frac{(h+2h_i)}{3}\cdot\frac{1}{\alpha_e E_{ct}I}} \tag{7-23}$$

式中：α_e——刚度折减系数，承载能力极限状态时，当 $\frac{e}{r}\leqslant0.5$ 时，取 $\alpha_e=0.33$；当 $\frac{e}{r}>$ 0.5 以及地震作用时，取 $\alpha_e=0.25$；正常使用极限状态时，当 $\frac{e_k}{r}\leqslant0.5$ 时，

取 $\alpha_e=0.65$；当 $\frac{e_k}{r}>0.5$ 时，取 $\alpha_e=0.4$。

在确定 $\frac{e}{r}$ 或 $\frac{e_k}{r}$ 时，先假定附加弯矩，然后确定公式（7-21）、（7-22）或（7-23）中的 α_e 值。再用计算出的附加弯矩复核 $\frac{e}{r}$ 或 $\frac{e_k}{r}$ 值是否符合所采用的 α_e 值条件，否则应另确定 α_e 值。

7.3 极限承载能力状态计算

钢筋混凝土烟囱筒壁水平截面极限状态承载能力，应按下列公式计算。

1 当烟囱筒壁计算截面无孔洞时 ［图7-3（a）］

$$N \leqslant \alpha_1 \alpha f_{ct}A + (\alpha-\alpha_t)f_{yt}A_s \tag{7-24}$$

$$M + M_a \leqslant \alpha_1 f_{ct}Ar\frac{\sin\alpha\pi}{\pi} + f_{yt}A_s r\frac{\sin\alpha\pi+\sin\alpha_t\pi}{\pi} \tag{7-25}$$

$$\alpha = \frac{N+f_{yt}A_s}{\alpha_1 f_{ct}A+2.5f_{yt}A_s} \tag{7-26}$$

当 $\alpha\geqslant\frac{2}{3}$ 时：

$$\alpha = \frac{N}{\alpha_1 f_{ct}A+f_{yt}A_s} \tag{7-27}$$

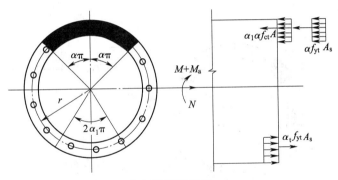

（a）筒壁没有孔洞

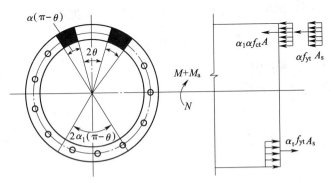

（b）筒壁有一个孔洞

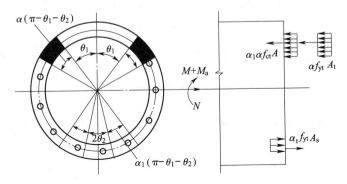

（c）筒壁两个孔洞（$\alpha_0=\pi$，大孔位于受压区）

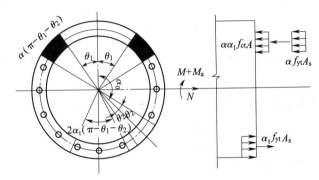

（d）筒壁两个孔洞（$\alpha_0\neq\pi$，其中小孔位于拉压区之间）

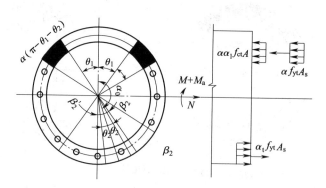

（e）筒壁两个孔洞（$\alpha_0 \neq \pi$,其中小孔位于拉压区内）

图7-3　截面极限承载能力计算

2　当筒壁计算截面有孔洞时

（1）当计算截面有一个孔洞时［图7-3（b）］：

$$N \leqslant \alpha_1 \alpha f_{ct} A + (\alpha - \alpha_t) f_{yt} A_s \tag{7-28}$$

$$M + M_a \leqslant \frac{r}{\pi - \theta} \{ (\alpha_1 f_{ct} A + f_{yt} A_s)[\sin(\alpha\pi - \alpha\theta + \theta) - \sin\theta] + f_{yt} A_s \sin[\alpha_t(\pi - \theta)] \}$$

$$\tag{7-29}$$

$$A = 2(\pi - \theta) r t \tag{7-30}$$

（2）当计算截面有两个孔洞，且 $\alpha_0 = \pi$ 时［图7-3（c）］：

$$N \leqslant \alpha_1 \alpha f_{ct} A + (\alpha - \alpha_t) f_{yt} A_s \tag{7-31}$$

$$M + M_a \leqslant \frac{r}{\pi - \theta_1 - \theta_2} \{ (\alpha_1 f_{ct} A + f_{yt} A_s)[\sin(\alpha\pi - \alpha\theta_1 - \alpha\theta_2 + \theta_1) -$$

$$\sin\theta_1] + f_{yt} A_s [\sin(\alpha_t \pi - \alpha_t \theta_1 - \alpha_t \theta_2 + \theta_2) - \sin\theta_2] \} \tag{7-32}$$

$$A = 2(\pi - \theta_1 - \theta_2) r t \tag{7-33}$$

（3）当计算截面有两个孔洞，且 $\alpha_0 \neq \pi$，根据 α_0 的不同范围，分别按以下三种情况计算：

1）当 $\alpha_0 \leqslant \alpha(\pi - \theta_1 - \theta_2) + \theta_1 + \theta_2$ 时，因两个孔洞较为靠近，可按 $\theta = \theta_1 + \theta_2$ 的单孔洞截面计算。

2）当 $\alpha(\pi - \theta_1 - \theta_2) + \theta_1 + \theta_2 < \alpha_0 \leqslant \pi - \theta_2 - \alpha_t(\pi - \theta_1 - \theta_2)$ 时［图7-3（d）］：

$$N \leqslant \alpha_1 \alpha f_{ct} A + (\alpha - \alpha_t) f_{yt} A_s \tag{7-34}$$

$$M + M_a \leqslant \frac{r}{\pi - \theta_1 - \theta_2} \{ (\alpha_1 f_{ct} A + f_{yt} A_s)[\sin(\alpha\pi - \alpha\theta_1 - \alpha\theta_2 + \theta_1) - \sin\theta_1] +$$

$$f_{yt} A_s \sin(\alpha_t \pi - \alpha_t \theta_1 - \alpha_t \theta_2) \} \tag{7-35}$$

3）当 $\alpha_0 > \pi - \theta_2 - \alpha_t(\pi - \theta_1 - \theta_2)$ 时［图7-3（e）］：

$$N \leqslant \alpha_1 \alpha f_{ct} A + (\alpha - \alpha_t) f_{yt} A_s \tag{7-36}$$

$$M + M_a \leqslant \frac{r}{\pi - \theta_1 - \theta_2} \{ (\alpha_1 f_{ct} A + f_{yt} A_s)[\sin(\alpha\pi - \alpha\theta_1 - \alpha\theta_2 + \theta_1) - \sin\theta_1] +$$

$$\frac{f_{yt} A_s}{2} [\sin(\beta_2') + \sin\beta_2 - \sin(\pi - \alpha_0 + \theta_2) + \sin(\pi - \alpha_0 - \theta_2)] \} \tag{7-37}$$

$$\beta_2 = k - \arcsin\left(-\frac{m}{2\sin k}\right) \tag{7-38}$$

$$\beta_2' = k + \arcsin\left(-\frac{m}{2\sin k}\right) \tag{7-39}$$

$$m = \cos(\pi - \alpha_0 - \theta_2) - \cos(\pi - \alpha_0 + \theta_2) \tag{7-40}$$

$$k = \alpha_t(\pi - \theta_1 - \theta_2) + \theta_2 \tag{7-41}$$

$$A = 2(\pi - \theta_1 - \theta_2)rt \tag{7-42}$$

式中：N——计算截面轴向力设计值（kN）；

α——受压区混凝土截面面积与全截面面积的比值；

α_t——受拉纵向钢筋截面面积与全部竖向钢筋截面面积的比值，$\alpha_t = 1 - 1.5\alpha$，当

$\alpha \geqslant \dfrac{2}{3}$ 时，$\alpha_t = 0$；

A——计算截面的筒壁截面面积（m^2）；

f_{ct}——混凝土在温度作用下轴心抗压强度设计值（kN/m^2）；

α_1——受压区混凝土矩形应力图的应力与混凝土抗压强度设计值的比值，当混凝土强度等级不超过 C50 时，$\alpha_1 = 1.0$；当为 C80 时，$\alpha_1 = 0.94$，其间按线性内插法取用；

A_s——计算截面钢筋总截面面积（m^2）；

f_{yt}——计算截面钢筋在温度作用下的抗拉强度设计值（kN/m^2）；

M——计算截面弯矩设计值（kN/m^2）；

M_a—计算截面附加弯矩设计值（$kN \cdot m$）；

r——计算截面筒壁平均半径（m）；

t——筒壁厚度（m）；

θ——计算截面有一个孔洞时的孔洞半角（rad）；

θ_1——计算截面有两个孔洞时，大孔洞的半角（rad）；

θ_2——计算截面有两个孔洞时，小孔洞的半角（rad）；

α_0——计算截面有两个孔洞时，两孔洞角平分线的夹角（rad）。

7.4 正常使用极限状态计算

7.4.1 荷载标准值作用下的水平截面应力计算

在荷载标准值作用下，筒壁水平截面混凝土压应力及竖向钢筋拉应力的计算公式采用了以下假定：①全截面受压时，截面应力呈梯形或三角形分布；局部受压时，压区和拉区应力都呈三角形分布；②平均应变和开裂截面应变都符合平截面假定；③受拉区混凝土不参与工作；④考虑高温与荷载长期作用对混凝土产生塑性的影响；⑤竖向钢筋按截面等效的钢筒考虑，其分布半径等于环形截面的平均半径。

（1）钢筋混凝土筒壁水平截面在自重荷载、风荷载和附加荷载（均为标准值）作用下的应力计算

应根据轴向力标准值对筒壁圆心的偏心距 e_k 与截面核心距 r_{co} 的相应关系（$e_k > r_{co}$ 或

$e_k \leqslant r_{co}$)，分别采用图 7-4 所示的应力计算简图。

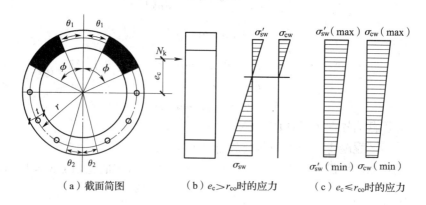

（a）截面简图　　　（b）$e_c > r_{co}$ 时的应力　　　（c）$e_c \leqslant r_{co}$ 时的应力

图 7-4　在荷载标注值作用下的应力计算

1）轴向力标准值对筒壁圆心的偏心距 e_k 应按下式计算：

$$e_k = \frac{M_{Wk} + M_{ak}}{N_k} \qquad (7\text{-}43)$$

式中：M_{Wk}——计算截面由风荷载标准值产生的弯矩（kN·m）；

M_{ak}——计算截面正常使用极限状态的附加弯矩标准值（kN·m）；

N_k——计算截面的轴向力标准值（kN）。

2）截面核心距 r_{co} 可按下列公式计算：

a. 当筒壁计算截面无孔洞时：

$$r_{co} = 0.5r \qquad (7\text{-}44)$$

b. 当筒壁计算截面有一个孔洞（将孔洞置于受压区）时：

$$r_{co} = \frac{\pi - \theta - 0.5\sin2\theta - 2\sin\theta}{2(\pi - \theta - \sin\theta)}r \qquad (7\text{-}45)$$

c. 当筒壁计算截面有两个孔洞（$\alpha_0 = \pi$，并将大孔洞置于受压区）时：

$$r_{co} = \frac{\pi - \theta_1 - \theta_2 - 0.5(\sin2\theta_1 + \sin2\theta_2) + 2\cos\theta_2(\sin\theta_2 - \sin\theta_1)}{2[\sin\theta_2 - \sin\theta_1 + (\pi - \theta_1 - \theta_2)\cos\theta_2]}r \qquad (7\text{-}46)$$

d. 当筒壁计算截面有两个孔洞（$\alpha_0 \neq \pi$，并将大孔洞置于受压区）时，按以下两种情况计算：

当 $\alpha_0 \leqslant \pi - \theta_2$ 时：

$$r_{co} = \frac{\begin{array}{c}(\pi - \theta_1 - \theta_2) - 0.5[\sin2\theta_1 - 0.5\sin2(\alpha_0 - \theta_2) + \\ \hline 2(\pi - \theta_1 - \theta_2) + \sin(\alpha_0 - \theta_2) \\ 0.5\sin2(\alpha_0 + \theta_2)] + \sin(\alpha_0 - \theta_2) - \sin(\alpha_0 + \theta_2) - 2\sin\theta_1 \\ \hline - \sin(\alpha_0 + \theta_2) - 2\sin\theta_1\end{array}}r \qquad (7\text{-}47)$$

当 $\alpha_0 > \pi - \theta_2$ 时：

$$r_{co} = \frac{\begin{array}{c}(\pi - \theta_1 - \theta_2) - 0.5[\sin2\theta_1 - 0.5\sin2(\alpha_0 - \theta_2) + 0.5\sin2(\alpha_0 + \theta_2)] \\ \hline -2(\pi - \theta_1 - \theta_2)\cos(\alpha_0 + \theta_2) + \sin(\alpha_0 - \theta_2) \\ - \cos(\alpha_0 + \theta_2)[\sin(\alpha_0 - \theta_2) - \sin(\alpha_0 + \theta_2) - 2\sin\theta_1] \\ \hline - \sin(\alpha_0 + \theta_2) - 2\sin\theta_1\end{array}}r \qquad (7\text{-}48)$$

（2）当 $e_k > r_{co}$ 时，筒壁水平截面混凝土及钢筋应力应按下列公式计算：

1）背风侧混凝土压应力 σ_{cw}：

a. 当筒壁计算截面无孔洞时：

$$\sigma_{cw} = \frac{N_k}{A_0} C_{c1} \tag{7-49}$$

$$C_{c1} = \frac{\pi(1 + \alpha_{Et}\rho_t)(1 - \cos\varphi)}{\sin\varphi - (\varphi + \pi\alpha_{Et}\rho_t)\cos\varphi} \tag{7-50}$$

b. 当筒壁计算截面有一个孔洞时：

$$\sigma_{cw} = \frac{N_k}{A_0} C_{c2} \tag{7-51}$$

$$C_{c2} = \frac{(1 + \alpha_{Et}\rho_t)(\pi - \theta)(\cos\theta - \cos\varphi)}{\sin\varphi - (1 + \alpha_{Et}\rho_t)\sin\theta - [\varphi - \theta + (\pi - \theta)\alpha_{Et}\rho_t]\cos\varphi} \tag{7-52}$$

c. 当筒壁计算截面有两个孔洞（$\alpha_0 = \pi$）时：

$$\sigma_{cw} = \frac{N_k}{A_0} C_{c3} \tag{7-53}$$

$$C_{c3} = \frac{B_{c3}}{D_{c3}} \tag{7-54}$$

$$B_{c3} = (\pi - \theta_1 - \theta_2)(1 + \alpha_{Et}\rho_t)(\cos\theta_1 - \cos\varphi) \tag{7-55}$$

$$D_{c3} = \sin\varphi - (1 + \alpha_{Et}\rho_t)\sin\theta_1 - [\varphi - \theta_1 + \alpha_{Et}\rho_t(\pi - \theta_1 - \theta_2)]\cos\varphi + \alpha_{Et}\rho_t\sin\theta_2 \tag{7-56}$$

d. 当筒壁计算截面有两个孔洞（$\alpha_0 < \pi$）时：

$$\sigma_{cw} = \frac{N_k}{A_0} C_{c4} \tag{7-57}$$

$$C_{c4} = \frac{B_{c4}}{D_{c4}} \tag{7-58}$$

$$B_{c4} = (\pi - \theta_1 - \theta_2)(1 + \alpha_{Et}\rho_t)(\cos\theta_1 - \cos\varphi) \tag{7-59}$$

$$D_{c4} = \sin\varphi - (1 + \alpha_{Et}\rho_t)\sin\theta_1 - [\varphi - \theta_1 + \alpha_{Et}\rho_t(\pi - \theta_1 - \theta_2)]\cos\varphi +$$
$$\frac{1}{2}\alpha_{Et}\rho_t[\sin(\alpha_0 - \theta_2) - \sin(\alpha_0 + \theta_2)] \tag{7-60}$$

式中：A_0——筒壁计算截面的换算面积（m^2）；

α_{Et}——在温度和荷载长期作用下，钢筋的弹性模量与混凝土的弹塑性模量的比值；

φ——筒壁计算截面的受压区半角（rad）；

ρ_t——竖向钢筋总配筋率（包括筒壁外侧和内侧配筋）。

2）迎风侧竖向钢筋拉应力 σ_{sw}：

a. 当筒壁计算截面无孔洞时：

$$\sigma_{sw} = \alpha_{Et} \frac{N_k}{A_0} C_{s1} \tag{7-61}$$

$$C_{s1} = \frac{1 + \cos\varphi}{1 - \cos\varphi} C_{c1} \tag{7-62}$$

b. 当筒壁计算截面有一个孔洞时：

$$\sigma_{sw} = \alpha_{Et} \frac{N_k}{A_0} C_{s2} \tag{7-63}$$

$$C_{s2} = \frac{1 + \cos\varphi}{\cos\theta - \cos\varphi} C_{c2} \tag{7-64}$$

c. 当筒壁计算截面有两个孔洞（$\alpha_0 = \pi$）时：

$$\sigma_{sw} = \alpha_{Et} \frac{N_k}{A_0} C_{s3} \tag{7-65}$$

$$C_{s3} = \frac{\cos\theta_2 + \cos\varphi}{\cos\theta_1 - \cos\varphi} C_{c3} \tag{7-66}$$

d. 当筒壁计算截面有两个孔洞（$\alpha_0 \neq \pi$，并将大孔洞置于受压区）时，按以下两种情况计算：

当 $\alpha_0 \leqslant \pi - \theta_2$ 时：

$$\sigma_{sw} = \alpha_{Et} \frac{N_k}{A_0} C_{s4} \tag{7-67}$$

$$C_{s4} = \frac{1 + \cos\varphi}{\cos\theta_1 - \cos\varphi} C_{c4} \tag{7-68}$$

当 $\alpha_0 > \pi - \theta_2$ 时：

$$\sigma_{sw} = \alpha_{Et} \frac{N_k}{A_0} C_{s5} \tag{7-69}$$

$$C_{s5} = \frac{\cos(\alpha_0 + \theta_2) + \cos\varphi}{\cos\theta_1 - \cos\varphi} C_{c4} \tag{7-70}$$

3）受压区半角 φ，应按下列公式确定：

a. 当筒壁计算截面无孔洞时：

$$\frac{e_k}{r} = \frac{\varphi - 0.5\sin2\varphi + \pi\alpha_{Et}\rho_t}{2[\sin\varphi - (\varphi + \pi\alpha_{Et}\rho_t)\cos\varphi]} \tag{7-71}$$

b. 当筒壁计算截面有一个孔洞时：

$$\frac{e_5}{r} = \frac{(1 + \alpha_{Et}\rho_t)(\varphi - \theta - 0.5\sin2\theta + 2\sin\theta\cos\varphi) - 0.5\sin2\varphi + \alpha_{Et}\rho_t(\pi - \varphi)}{2\{\sin\varphi - (1 + \alpha_{Et}\rho_t)\sin\theta - [\varphi - \theta + (\pi - \theta)\alpha_{Et}\rho_t]\cos\varphi\}} \tag{7-72}$$

c. 当筒壁计算截面有两个孔洞（$\alpha_0 = \pi$）时：

$$\frac{e_k}{r} = \frac{B_{ec1}}{D_{ec1}} \tag{7-73}$$

$$B_{ec1} = (1 + \alpha_{Et}\rho_t)(\varphi - \theta_1 - 0.5\sin2\theta_1 + 2\sin\theta_1\cos\varphi) - 0.5\sin2\varphi + \\ \alpha_{Et}\rho_t(\pi - \varphi - \theta_2 - 0.5\sin2\theta_2 - 2\sin\theta_2\cos\varphi) \tag{7-74}$$

$$D_{ec1} = 2\{\sin\varphi - (1 + \alpha_{Et}\rho_t)\sin\theta_1 - [\varphi - \theta_1 + \alpha_{Et}\rho_t(\pi - \theta_1 - \theta_2)]\cos\varphi + \alpha_{Et}\rho_t\sin\theta_2\} \tag{7-75}$$

d. 当筒壁计算截面有两个孔洞（$\alpha_0 \neq \pi$，并将大孔洞置于受压区）时：

$$\frac{e_k}{r} = \frac{B_{ec2}}{D_{ec2}} \tag{7-76}$$

$$B_{ec2} = (1 + \alpha_{Et}\rho_t)(\varphi - \theta_1 - 0.5\sin2\theta_1 + 2\sin\theta_1\cos\varphi) - 0.5\sin2\varphi$$
$$+ \alpha_{Et}\rho_t[\pi - \varphi - \theta_2 - 0.25\sin(2\alpha_0 + 2\theta_2) + 0.25\sin(2\alpha_0 - 2\theta_2) \qquad (7\text{-}77)$$
$$+ \sin(\alpha_0 + \theta_2)\cos\varphi - \sin(\alpha_0 - \theta_2)\cos\varphi]$$

$$D_{ec2} = 2\{\sin\varphi - (1 + \alpha_{Et}\rho_t)\sin\theta_1 - [\varphi - \theta_1 + (\pi - \theta_1 - \theta_2)\alpha_{Et}\rho_t]\cos\varphi$$
$$+ \frac{1}{2}\alpha_{Et}\rho_t[\sin(\alpha_0 - \theta_2) - \sin(\alpha_0 + \theta_2)]\} \qquad (7\text{-}78)$$

（3）当 $e_k \leqslant r_{co}$ 时，筒壁水平截面混凝土压应力应按下列公式计算：

1）背风侧混凝土压应力 σ_{cw}：

a. 当筒壁计算截面无孔洞时：

$$\sigma_{cw} = \frac{N_k}{A_0}C_{c5} \qquad (7\text{-}79)$$

$$C_{c5} = 1 + 2\frac{e_k}{r} \qquad (7\text{-}80)$$

b. 当筒壁计算截面有一个孔洞时：

$$\sigma_{cw} = \frac{N_k}{A_0}C_{c6} \qquad (7\text{-}81)$$

$$C_{c6} = 1 + \frac{2\left(\dfrac{e_k}{r} + \dfrac{\sin\theta}{\pi - \theta}\right)[(\pi - \theta)\cos\theta + \sin\theta]}{\pi - \theta - 0.5\sin2\theta - 2\dfrac{\sin^2\theta}{\pi - \theta}} \qquad (7\text{-}82)$$

c. 当筒壁计算截面有两个孔洞（$\alpha_0 = \pi$）时：

$$\sigma_{cw} = \frac{N_k}{A_0}C_{c7} \qquad (7\text{-}83)$$

$$C_{c7} = 1 + \frac{2\left(\dfrac{e_k}{r} + \dfrac{\sin\theta_1 - \sin\theta_2}{\pi - \theta_1 - \theta_2}\right)[(\pi - \theta_1 - \theta_2)\cos\theta_1 - \sin\theta_2 + \sin\theta_1]}{(\pi - \theta_1 - \theta_2) - 0.5(\sin2\theta_1 + \sin2\theta_2) - 2\dfrac{(\sin\theta_2 - \sin\theta_1)^2}{\pi - \theta_1 - \theta_2}} \qquad (7\text{-}84)$$

d. 当筒壁计算截面有两个孔洞（$\alpha_0 \neq \pi$，并将大孔洞置于受压区）时：

$$\sigma_{cw} = \frac{N_k}{A_0}C_{c8} \qquad (7\text{-}85)$$

$$C_{c8} = 1 + \frac{2\left(\dfrac{e_k}{r} + \dfrac{\sin\theta_1 + P_1}{\pi - \theta_1 - \theta_2}\right)[(\pi - \theta_1 - \theta_2)\cos\theta_1 + \sin\theta_1 + P_1]}{(\pi - \theta_1 - \theta_2) - 0.5(\sin2\theta_1 + P_2) - 2\dfrac{(\sin\theta_1 + P_1)^2}{\pi - \theta_1 - \theta_2}} \qquad (7\text{-}86)$$

$$P_1 = \frac{1}{2}[\sin(\alpha_0 + \theta_2) - \sin(\alpha_0 - \theta_2)] \qquad (7\text{-}87)$$

$$P_2 = \frac{1}{2}[\sin2(\alpha_0 + \theta_2) - \sin2(\alpha_0 - \theta_2)] \qquad (7\text{-}88)$$

2）迎风侧混凝土压应力 σ'_{cw}

a. 当筒壁计算截面无孔洞时：

$$\sigma'_{cw} = \frac{N_k}{A_0}C_{c9} \tag{7-89}$$

$$C_{c9} = 1 - 2\frac{e_k}{r} \tag{7-90}$$

b. 当筒壁计算截面有一个孔洞时:

$$\sigma'_{cw} = \frac{N_k}{A_0}C_{c10} \tag{7-91}$$

$$C_{c10} = 1 - \frac{2\left(\dfrac{e_k}{r} + \dfrac{\sin\theta}{\pi - \theta}\right)(\pi - \theta - \sin\theta)}{\pi - \theta - 0.5\sin2\theta - 2\dfrac{\sin^2\theta}{\pi - \theta}} \tag{7-92}$$

c. 当筒壁计算截面有两个孔洞 ($\alpha_0 = \pi$) 时:

$$\sigma'_{cw} = \frac{N_k}{A_0}C_{c11} \tag{7-93}$$

$$C_{c11} = 1 - \frac{2\left(\dfrac{e_k}{r} + \dfrac{\sin\theta_1 - \sin\theta_2}{\pi - \theta_1 - \theta_2}\right)[(\pi - \theta_1 - \theta_2)\cos\theta_2 + \sin\theta_2 - \sin\theta_1]}{(\pi - \theta_1 - \theta_2) - 0.5(\sin2\theta_1 + \sin2\theta_2) - 2\dfrac{(\sin\theta_2 - \sin\theta_1)^2}{\pi - \theta_1 - \theta_2}} \tag{7-94}$$

c. 当筒壁计算截面有两个孔洞 ($\alpha_0 \neq \pi$) 时, 分两种情况:
当 $\alpha_0 \leqslant \pi - \theta_2$ 时:

$$\sigma'_{cw} = \frac{N_k}{A_0}C_{c12} \tag{7-95}$$

$$C_{c12} = 1 - \frac{2\left(\dfrac{e_k}{r} + \dfrac{\sin\theta_1 + P_1}{\pi - \theta_1 - \theta_2}\right)[(\pi - \theta_1 - \theta_2) - \sin\theta_1 - P_1]}{(\pi - \theta_1 - \theta_2) - 0.5(\sin2\theta_1 + P_2) - 2\dfrac{(\sin\theta_1 + P_1)^2}{\pi - \theta_1 - \theta_2}} \tag{7-96}$$

当 $\alpha_0 > \pi - \theta_2$ 时:

$$\sigma'_{cw} = \frac{N_k}{A_0}C_{c13} \tag{7-97}$$

$$C_{c13} = 1 - \frac{2\left(\dfrac{e_k}{r} + \dfrac{\sin\theta_1 + P_1}{\pi - \theta_1 - \theta_2}\right)[-(\pi - \theta_1 - \theta_2)\cos(\alpha_0 + \theta_2) - \sin\theta_1 - P_1]}{(\pi - \theta_1 - \theta_2) - 0.5(\sin2\theta_1 + P_2) - 2\dfrac{(\sin\theta_1 + P_1)^2}{\pi - \theta_1 - \theta_2}}$$

$$\tag{7-98}$$

(4) 筒壁水平截面的换算截面面积 A_0 和 α_{Et} 按下列公式计算:

$$A_0 = 2rt(\pi - \theta_1 - \theta_2)(1 + \alpha_{Et}\rho_t) \tag{7-99}$$

$$\alpha_{Et} = 2.5\frac{E_s}{E_{ct}} \tag{7-100}$$

式中: E_s ——钢筋弹性模量 (N/mm²);

E_{ct} ——混凝土在温度作用下的弹性模量 (N/mm²)。

7.4.2 荷载标准值和温度共同作用下的水平截面应力计算

在荷载标准值和温度共同作用下的筒壁水平截面应力值通常为正常使用极限状态起控制作用的值。计算公式采用了以下假定：①截面应变符合平截面假定；②温度单独作用下压区应力图形呈三角形；③受拉区混凝土不参与工作；④计算混凝土压应力时，不考虑截面开裂后钢筋的应变不均匀系数 φ_{st}，即 $\varphi_{st}=1$ 及混凝土应变不均匀系数，即 $\varphi_{ct}=1$。在计算钢筋的拉应力时考虑 φ_{st}，但不考虑 φ_{ct}；⑤烟囱筒壁能自由伸缩变形但不能自由转动。因此温度应力只需计算由筒壁内外表面温差引起的弯曲约束下的应力值；⑥计算方法为分别计算温度作用和荷载标准值作用下的应力值后进行叠加。在叠加时考虑荷载标准值作用对温度作用下的混凝土压应力及钢筋拉应力的降低。

（1）在计算荷载标准值和温度共同作用下的筒壁水平截面应力前，首先应按下列公式计算应变参数：

1）压应变参数 P_c 值：

当 $e_k > r_{co}$ 时：

$$P_c = \frac{1.8\sigma_{cw}}{\varepsilon_t E_{ct}} \tag{7-101}$$

$$\varepsilon_t = 1.25(\alpha_c T_c - \alpha_s T_s) \tag{7-102}$$

当 $e_k \leqslant r_{co}$ 时：

$$P_c = \frac{2.5\sigma_{cw}}{\varepsilon_t E_{ct}} \tag{7-103}$$

2）拉应变参数 P_s 值（仅适用于 $e_k > r_{co}$）：

$$P_s = \frac{0.7\sigma_{sw}}{\varepsilon_t E_s} \tag{7-104}$$

式中：ε_t——筒壁内表面与外侧钢筋的相对自由变形值；

α_c、α_s——分别为混凝土、钢筋的线膨胀系数；

T_c、T_s——分别为筒壁内表面，外侧竖向钢筋的受热温度（℃）；

σ_{cw}、σ_{sw}——分别为在荷载标准值作用下背风侧混凝土压应力，迎风侧竖向钢筋拉应力（N/mm²）。

（2）背风侧混凝土压应力 σ_{cwt}（图7-5），应按下列公式计算：

1）当 $P_c \geqslant 1$ 时：

$$\sigma_{cwt} = \sigma_{cw} \tag{7-105}$$

2）当 $P_c < 1$ 时：

$$\sigma_{cwt} = \sigma_{cw} + E'_{ct}\varepsilon_t(\xi_{wt} - P_c)\eta_{ct1} \tag{7-106}$$

式中各变量按下列各公式计算：

E'_{ct} 为在温度和荷载长期作用下混凝土的弹塑性模量：

当 $e_k > r_{co}$ 时：

$$E'_{ct} = 0.55E_{ct} \tag{7-107}$$

当 $e_k \leqslant r_{co}$ 时：

$$E'_{ct} = 0.4E_{ct} \tag{7-108}$$

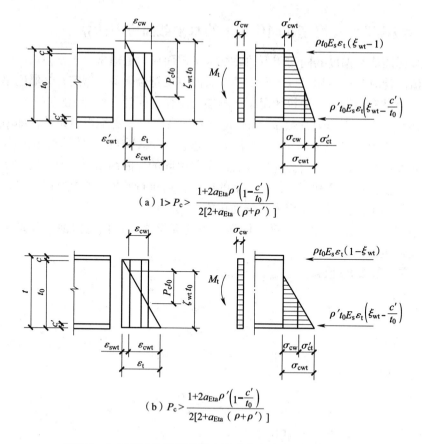

$$(a)\ 1 > P_c > \frac{1 + 2a_{Eta}\rho'\left(1 - \dfrac{c'}{t_0}\right)}{2[2 + a_{Eta}(\rho + \rho')]}$$

$$(b)\ P_c > \frac{1 + 2a_{Eta}\rho'\left(1 - \dfrac{c'}{t_0}\right)}{2[2 + a_{Eta}(\rho + \rho')]}$$

图 7-5　水平截面背风侧混凝土的应变和应力（宽度为 1）

ξ_{wt} 为在荷载标准值和温度共同作用下筒壁厚度内受压区的相对高度系数：

当 $1 > P_c > \dfrac{1 + 2\alpha_{Eta}\rho'\left(1 - \dfrac{c'}{t_0}\right)}{2\left[1 + \alpha_{Eta}(\rho + \rho')\right]}$ 时：

$$\xi_{wt} = P_c + \frac{1 + 2\alpha_{Eta}\left(\rho + \rho'\dfrac{c'}{t_0}\right)}{2[1 + \alpha_{Eta}(\rho + \rho')]} \qquad (7\text{-}109)$$

当 $P_c \leqslant \dfrac{1 + 2\alpha_{Eta}\rho'\left(1 - \dfrac{c'}{t_0}\right)}{2\left[1 + \alpha_{Eta}(\rho + \rho')\right]}$ 时：

$$\xi_{wt} = -\alpha_{Eta}(\rho + \rho') + \sqrt{\left[\alpha_{Eta}(\rho + \rho')\right]^2 + 2\alpha_{Eta}\left(\rho + \rho'\dfrac{c'}{t_0}\right) + 2P_c\left[1 + \alpha_{Eta}(\rho + \rho')\right]}$$

$$(7\text{-}110)$$

$$\alpha_{Eta} = \frac{E_s}{E_{ct}'} \qquad (7\text{-}111)$$

式中：ρ、ρ'——分别为筒壁外侧和内侧竖向钢筋配筋率；

　　　　t_0——筒壁有效厚度（mm）；

　　　　c'——筒壁内侧竖向钢筋保护层（mm）；

η_{ct1}——为温度应力衰减系数。

当 $P_c \leq 0.2$ 时：

$$\eta_{ct1} = 1 - 2.6 P_c \tag{7-112}$$

当 $P_c > 0.2$ 时：

$$\eta_{ct1} = 0.6(1 - P_c) \tag{7-113}$$

（3）迎风侧竖向钢筋应力 σ_{swt}（图7-6），应按下列公式计算：

1）当 $e_k > r_{co}$，$P_s \geq \dfrac{\rho + \psi_{st}\rho'\dfrac{c'}{t_0}}{\rho + \rho'}$ 时：

$$\sigma_{swt} = \sigma_{sw} \tag{7-114}$$

2）当 $e_k > r_{co}$，$P_s < \dfrac{\rho + \psi_{st}\rho'\dfrac{c'}{t_0}}{\rho + \rho'}$ 时：

$$\sigma_{swt} = \frac{E_s}{\psi_{st}}\varepsilon_t(1 - \xi_{wt}) \tag{7-115}$$

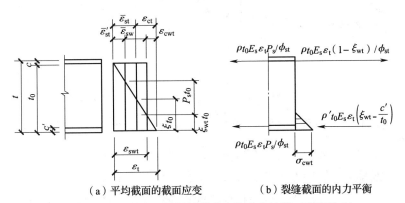

（a）平均截面的截面应变　　　（b）裂缝截面的内力平衡

图7-6　水平截面迎风侧钢筋的应变和应力计算（宽度为1）

式中各变量按下列公式计算：

在荷载标注值和温度共同作用下筒壁厚度内受压区的相对高度系数 ξ_{wt} 为：

$$\xi_{wt} = -\alpha_{Eta}\left(\frac{\rho}{\psi_{st}} + \rho'\right) + \left\{\left[\alpha_{Eta}\left(\frac{\rho}{\psi_{st}} + \rho'\right)\right]^2 + 2\alpha_{Eta}\left(\frac{\rho}{\psi_{st}} + \rho'\frac{c'}{t_0}\right) - 2\alpha_{Eta}(\rho + \rho')\frac{P_s}{\psi_{st}}\right\}^{\frac{1}{2}} \tag{7-116}$$

式中：ψ_{st}——受拉钢筋在温度作用下的应变不均匀系数。

3）当 $e_k \leq r_{co}$，$P_c \leq \dfrac{1 + 2\alpha_{Eta}\rho'\left(1 - \dfrac{c'}{t_0}\right)}{2\left[1 + \alpha_{Eta}(\rho + \rho')\right]}$ 时：

$$\sigma_{swt} = \sigma_{st} \tag{7-117}$$

4）当 $e_k \leq r_{co}$，$P_c > \dfrac{1 + 2\alpha_{Eta}\rho'\left(1 - \dfrac{c'}{t_0}\right)}{2\left[1 + \alpha_{Eta}(\rho + \rho')\right]}$ 时，截面全部受压，不需进行计算。钢筋按极限承载能力计算结果配置。

7.4.3 温度作用下水平截面和垂直截面应力计算

裂缝处水平截面和垂直截面在温度单独作用下混凝土压应力 σ_{ct} 和钢筋拉应力 σ_{st}（图7-7）应按下列各式计算。

$$\sigma_{ct} = E'_{ct}\varepsilon_t\xi_1 \tag{7-118}$$

$$\sigma_{st} = \frac{E_s}{\psi_{st}}\varepsilon_t(1-\xi_1) \tag{7-119}$$

$$\xi_1 = -\alpha_{Eta}\left(\frac{\rho}{\psi_{st}}+\rho'\right) + \sqrt{\left[\alpha_{Eta}\left(\frac{\rho}{\psi_{st}}+\rho'\right)\right]^2 + 2\alpha_{Eta}\left(\frac{\rho}{\psi_{st}}+\rho'\frac{c'}{t_0}\right)} \tag{7-120}$$

$$\psi_{st} = \frac{1.1E_s\varepsilon_t(1-\xi_1)\rho_{te}}{E_s\varepsilon_t(1-\xi_1)\rho_{te}+0.65f_{ttk}} \tag{7-121}$$

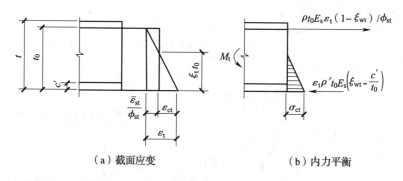

（a）截面应变　　　　　　　　　（b）内力平衡

图7-7　裂缝处水平截面和垂直截面应变和应力计算（宽度为1）

式中：E'_{ct}——混凝土弹塑性模量（N/mm²）；

f_{ttk}——混凝土在温度作用下的抗拉强度标准值（N/mm²）；

ρ_{te}——以有效受拉混凝土截面积计算的受拉钢筋配筋率，取 $\rho_{te}=2\rho$。

当计算的 $\psi_{st}<0.2$ 时取 $\psi_{st}=0.2$；$\psi_{st}>1$ 时取 $\psi_{st}=1$。

7.4.4 筒壁裂缝宽度计算

钢筋混凝土筒壁应按下列公式计算最大水平裂缝宽度和最大垂直裂缝宽度。

1　最大水平裂缝宽度

$$w_{max} = k\alpha_{cr}\psi\frac{\sigma_{swt}}{E_s}\left(1.9c+0.08\frac{d_{eq}}{\rho_{te}}\right) \tag{7-122}$$

$$\psi = 1.1 - 0.65\frac{f_{ttk}}{\rho_{te}\sigma_{st}} \tag{7-123}$$

$$d_{eq} = \frac{\sum n_i d_i^2}{\sum n_i \nu_i d_i} \tag{7-124}$$

式中：σ_{swt}——荷载标准值和温度共同作用下竖向钢筋在裂缝处的拉应力（N/mm²）；

α_{cr}——构件受力特征系数，当 $\sigma_{swt}=\sigma_{sw}$ 时，取 $\alpha_{cr}=2.4$，在其他情况时，取 $\alpha_{cr}=2.1$；

k——烟囱工作条件系数，取 $k=1.2$；

n_i——第 i 种钢筋根数；

ρ_{te}——以有效受拉混凝土截面积计算的受拉钢筋配筋率，当 $\sigma_{swt} = \sigma_{sw}$ 时，$\rho_{te} = \rho + \rho'$，当为其他情况时，$\rho_{te} = 2\rho$，当 $\rho_{te} < 0.01$ 时，取 $\rho_{te} = 0.01$；

d_i，d_{eq}——第 i 种受拉钢筋及等效钢筋的直径（mm）；

c——混凝土保护层厚度（mm）；

ν_i——纵向受拉钢筋的相对黏结特征系数，光面钢筋取 0.7，带肋钢筋取 1.0。

2　最大垂直裂缝宽度

最大垂直裂缝宽度应按以下公式计算：

$$w_{max} = 2.1 k \psi \frac{\sigma_{st}}{E_s}\left(1.9c + 0.08\frac{d_{eq}}{\rho_{te}}\right) \tag{7-125}$$

$$d_{eq} = \frac{\sum n_i d_i^2}{\sum n_i \nu_i d_i} \tag{7-126}$$

裂缝计算公式引用了现国家标准《混凝土结构设计规范》GB 50010 的公式，但公式中增加了一个大于 1 的工作条件系数 k，其理由是：

（1）烟囱处于室外环境及温度作用下，混凝土的收缩比室内结构大得多。在长期高温作用下，钢筋与混凝土间的黏结强度有所降低，滑移增大。这些均可导致裂缝宽度增加。

（2）烟囱筒壁模型试验结果表明，烟囱筒壁外表面由温度作用造成的竖向裂缝并不是沿圆周均匀分布，而是集中在局部区域，应是由于混凝土的非匀质性引起的，而混凝土设计规范公式中，裂缝间距计算部分，与烟囱实际情况不甚符合，以致裂缝开展宽度的实测值大部分大于国家标准《混凝土结构设计规范》GB 50010 公式的计算值。重庆电厂240m 烟囱的竖向裂缝亦远非均匀分布，实测值也大于计算值。

（3）模型试验表明，在荷载固定、温度保持恒温时，水平裂缝仍继续增大。估计是裂缝间钢筋与混凝土的膨胀差所致。

（4）根据西北电力设计院和西安建筑科技大学对国内四个混凝土烟囱钢筋保护层的实测结果，都大于设计值。即使施工偏差在验收规范许可范围内，也不能保证沿周长均匀分布。这必将影响裂缝宽度。

8 钢 烟 囱

8.1 一 般 规 定

8.1.1 结构形式

钢烟囱包括自立式、拉索式和塔架式三种形式。高大的烟囱可采用塔架式，低矮的钢烟囱可采用自立式，细高的钢烟囱可采用拉索式。外筒为钢筒壁的套筒式和多管式钢烟囱，外筒可按本章自立式钢烟囱的规定进行设计，内筒布置与计算可参照钢内筒烟囱的有关规定进行设计。

自立式钢烟囱的直径 d 和高度 h 之间的关系应根据强度和变形要求，经过计算后确定，并宜满足 $h \leq 30d$。当不满足此条件时，烟囱下部直径宜扩大或采用其他减震等措施以满足强度和变形要求。

8.1.2 烟囱高度和直径的确定

烟囱出口净直径和高度通过计算由工艺确定。同时还要考虑环保要求，一般要比周围 150m 半径范围内的最高建筑至少高出 5m。另外，在机场附近的烟囱为保证飞行安全，需满足限高的要求。烟囱出口直径一般指烟囱上口净尺寸。对于无内衬或部分内衬烟囱其净直径即为其顶部筒壁内直径。对于全内衬钢烟囱，其最小净直径不宜小于 500mm，其目的是考虑施工所需的最小空间。

8.1.3 钢烟囱钢材的选用

钢烟囱处于外露环境，筒壁外表面直接受到大气腐蚀，同时烟囱筒壁内表面又受到烟气的腐蚀和温度作用。为保证钢烟囱承载能力和防止脆性破坏及腐蚀破坏，应根据钢烟囱的重要性、受力大小、烟气温度和烟气腐蚀性质、大气环境、内衬及隔热层作法等因素综合考虑，选用合适的钢材牌号。

（1）处于大气干燥地区和一般地区的钢烟囱、排放弱腐性烟气或微腐蚀性烟气时，其钢材可选用碳素结构钢或低合金高强度结构钢，即 Q235 钢、Q345 钢、Q390 钢和 Q420 钢，其质量标准应分别符合现行国家标准《碳素结构钢》GB/T 700 和《低合金高强度结构钢》GB/T 1591 的规定。

（2）处在大气潮湿地区的钢烟囱或排放中等腐蚀性烟气筒壁宜采用焊接结构耐候钢 Q235NH、Q295NH 和 Q355NH。其质量应符合现行国家标准《焊接结构用耐候钢》GB/T 4172。

（3）烟囱的平台、爬梯和砖烟囱的环箍宜采用 Q235 钢制作，当有条件时也可采用耐候钢制作，这样可以保证具有较强的耐腐蚀性能。

（4）烟囱筒首部分，因受大气腐蚀和烟气腐蚀比较严重，宜采用不锈钢板（高度为 1.5 倍左右烟囱出口直径）。当筒壁受热温度高于 400℃时，采用不锈耐热钢如 1Cr18Ni9Ti；当筒壁受热温度小于 400℃时，可采用不锈耐酸钢如 0Cr18Ni9，其质量应分别符合现行国家标准《耐热钢棒》GB/T 1221 和《不锈钢棒》GB/T 1220 的规定。

（5）当烟气温度高于 560℃时，隔热层的锚固件可采用不锈耐热钢制造，如 1Cr18Ni9Ti，质量应符合现行国家标准《耐热钢棒》GB/T 1221 的规定。当烟气温度低于 560℃时，可采用一般碳素结构钢 Q235 制造。其原因是因为碳素钢的抗氧化温度上限为 560℃。金属锚固件一旦超过抗氧化界限出现氧化现象，将造成连接松动，影响正常使用。

（6）钢结构的连接材料，包括焊条、焊丝、焊剂、普通螺栓、高强螺栓和锚栓应符合现行国家标准《钢结构设计规范》GB 50017 的相关规定，所选择的焊条型号、焊丝和焊剂应与主体金属力学性能相适应（与母材等强、等韧性，化学成分相近）。

钢结构采用的焊条、螺栓、节点板等构件连接材料的耐腐蚀性能，不应低于主体材料的耐腐蚀性能。

（7）对 Q235 钢宜选用镇静钢和半镇静钢。因为镇静钢和半镇静钢的组织致密，气泡少，偏析程度小，含有的非金属夹杂物亦较少，而且，氮多半是以氮化物的形式存在，故镇静钢和半镇静钢除因含硅多而塑性略低外，其他性能均比沸腾钢优越。镇静钢和半镇静钢具有较高的常温冲击韧性，较小的时效敏感性和冷脆性。他们的抗腐蚀稳定性和可焊性均高于沸腾钢。

下列情况的承重结构和构件不应采用 Q235 沸腾钢：

工作温度低于 −20℃时的承受静力荷载的受弯及受拉的重要承重结构。

工作温度等于或低于 −30℃的所有承重结构。

（8）承重结构的钢材应具有抗拉强度、伸长率、屈服强度和硫磷含量的合格保证，对焊接结构尚应具有碳含量的合格保证。焊接的承重结构和非焊接承重结构的钢材还应具有冷弯试验的合格保证。

（9）碳素结构钢和焊接结构用耐候钢均属非耐热钢。如果烟气温度很高（如冶金系统某些加热炉烟囱的烟气温度可达 700℃～1000℃），隔热措施不力，非耐热钢材筒壁在高温作用下，材质变化很大，不仅强度逐步降低，还有蓝脆和徐变现象。达 600℃时，钢材已进入塑性状态不能承载。因此，非耐热钢烟囱筒壁不应超过钢材最高受热温度限值。

上述非耐热钢由于最高受热温度限值的要求，必须采取设置隔热层和内衬的办法来降低钢筒壁的温度。

当烟气温度低于 150℃时，烟气有可能对烟囱产生腐蚀，也应设置隔热层。

（10）如果钢筒壁温度超过 400℃，工艺上烟气温度又降不下来，采取隔热措施也难以达到 400℃以下时，可以考虑采用耐热钢的筒壁。

8.1.4　钢烟囱防腐

（1）烟囱筒壁受大气腐蚀和烟气腐蚀，而且腐蚀速度相当可观，因此设计计算筒壁时，钢板厚度应留有 2mm～3mm 腐蚀厚度裕度。

自立式钢烟囱筒壁最小厚度应满足下列条件：

当烟囱高度 $h \leqslant 20\text{m}$ 时，$t = 4.5 + C$ (8-1)

当烟囱高度 $h > 20\text{m}$ 时，$t = 6 + C$ (8-2)

式中：C——腐蚀厚度裕度，有隔热层时 $C = 2\text{mm}$，无隔热层时 $C = 3\text{mm}$；

t——钢板厚度。

（2）大气中如含有腐蚀性介质，需判断大气对钢材的腐蚀等级。根据大气湿度、介质种类及含量，根据现行国家标准《工业建筑防腐蚀设计规范》GB 50046 的要求按本手册表 8-1 判断腐蚀等级，并根据腐蚀等级判定来选用钢材品种或采取防腐措施。属于中等腐蚀和强腐蚀时，宜采用耐候钢，当为弱腐蚀和微腐蚀时宜选用普通碳素钢 Q235 或低合金钢，但大气环境湿度大于 75% 时，不管大气中有无腐蚀介质均宜选用耐候钢或不锈钢。

表 8-1 常温下气态介质对建筑材料的腐蚀性等级

介质名称	介质含量（mg/m³）	环境相对湿度（%）	钢筋混凝土	砖砌体	钢
氯	1 ~ 5	>75	强	弱	强
		60 ~ 75	中	弱	中
		<60	弱	微	中
	0.1 ~ 1	>75	中	微	中
		60 ~ 75	弱	微	中
		<60	微	微	弱
氯化氢	1 ~ 10	>75	强	中	强
		60 ~ 75	强	弱	强
		<60	中	微	中
	0.05 ~ 1	>75	中	弱	强
		60 ~ 75	中	微	中
		<60	弱	微	弱
氮氧化物（折合二氧化氮）	5 ~ 25	>75	强	中	强
		60 ~ 75	中	弱	中
		<60	弱	微	中
	0.1 ~ 5	>75	中	弱	中
		60 ~ 75	弱	微	中
		<60	微	微	弱
硫化氢	5 ~ 100	>75	强	弱	强
		60 ~ 75	中	微	中
		<60	弱	微	中
	0.01 ~ 5	>75	中	微	中
		60 ~ 75	弱	微	中
		<60	微	微	弱

续表 8-1

介质名称	介质含量（mg/m³）	环境相对湿度（%）	钢筋混凝土	砖砌体	钢
氟化氢	1～10	>75	中	微	强
		60～75	弱	微	中
		<60	弱	微	中
二氧化硫	10～200	>75	强	弱	强
		60～75	中	弱	中
		<60	弱	微	中
	0.5～10	>75	中	微	中
		60～75	弱	微	中
		<60	微	微	弱
硫酸酸雾	经常作用	>75	强	中	强
	偶尔作用	>75	中	弱	强
		≤75	弱	弱	中
醋酸酸雾	大量作用	>75	强	中	强
	少量作用	>75	中	弱	强
		≤75	弱	微	中
二氧化碳	>2000	>75	中	微	中
		60～75	弱	微	弱
		<60	微	微	弱
氨	>20	>75	弱	微	中
		60～75	弱	微	弱
		<60	微	微	弱
碱雾	少量作用	—	弱	中	弱

（3）钢烟囱的内外表面应涂刷防护油漆。当排放强腐蚀性干烟气或潮湿烟气，且采用涂料防腐时，应考虑涂料的耐热、耐腐蚀和耐磨等性能满足实际要求。排放湿烟气的钢烟囱，应根据表 8-2 判断金属的耐腐蚀性并采取相应防腐蚀内衬措施。

表 8-2　金属耐酸碱腐蚀性能

介质名称	碳素钢、铸铁	奥氏体铬镍不锈钢（18～8 型）	耐候钢	铝、铝合金
硫酸	>70% 耐	≤5% 尚耐	见注 1	≤70% 尚耐
盐酸	不耐	不耐		不耐
硝酸	不耐	≤95% 耐		≥95% 耐
醋酸	不耐	耐		耐
铬酸	不耐	不耐		耐
氢氟酸	≥60% 耐	不耐		不耐

续表 8-2

介质名称	碳素钢、铸铁	奥氏体铬镍 不锈钢 (18~8型)	耐候钢	铝、铝合金
氢氧化钠	耐	耐	见注1	不耐
硫酸钠	耐	—		

注：1 低合金钢的耐腐蚀性能与碳素钢基本相同但耐蚀能力较碳素钢高。

2 奥氏体铬镍不锈钢不宜用于含氯介质作用的构配件；当含氯气态、固态介质的浓度低，作用量少且湿度小时，可采用。

3 铝、镀锌钢不应用于以下介质作用的部位：碳酸钠粉尘、碱或呈碱性反应的盐类介质；氯、氯化氢、氟化氢和硫酸酸雾等气体；铜、汞、锡、镍、铅等金属的化合物；石墨、煤、焦碳等粉尘。

4 铝和铝合金可用于有机酸、浓硝酸、硝酸铵、氯化铵、尿素以及氢离子指数 pH 值为 4.5 ~ 8.5 的液态介质作用的部位。

（4）在寒冷地区，防腐蚀钢烟囱应同时采取保温措施，减少腐蚀加剧现象。

8.2 自立式钢烟囱

8.2.1 自立式钢烟囱概述

1 高径比要求

自立式钢烟囱属于固定在基础上的悬臂构件，其高度和直径一般控制在高径比为 20 左右，即 $h/d \leqslant 20$，在这个比例内，自立式钢烟囱设计一般比较合理、安全和经济。实践中也有超过这个范围的，如 $h/d = 30$，这要根据具体情况来综合考虑，如地震级别、风力大小、实际经验，并通过计算，保证强度和变形要求，故《烟囱设计规范》GB 50051—2013 放宽了高径比要求，规定 $h/d \leqslant 30$。

2 自立式钢烟囱几种型式选型

自立式钢烟囱由于是悬臂构件，烟囱底部受力最大，因此最合理的结构形式是上小下大的截头圆锥形以及由此演变的另外几种形式，见图 8-1。

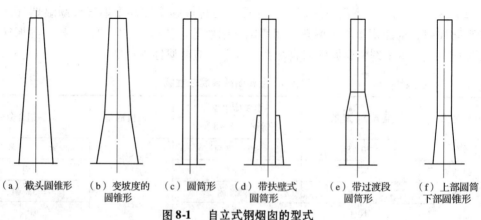

| （a）截头圆锥形 | （b）变坡度的
圆锥形 | （c）圆筒形 | （d）带扶壁式
圆筒形 | （e）带过渡段
圆筒形 | （f）上部圆筒
下部圆锥形 |

图 8-1 自立式钢烟囱的型式

图 8-1 （a）截头圆锥形，受力合理，缺点是必须将很多钢板切成扇形，特别是为了减少焊接工作量而采用大块钢板时，要切掉的部分就较多，造成浪费。另外，这种扇形钢

板每段曲率和尺寸都不同，在加工制作上难度比较大。

图 8-1（b）两个不同坡度的截头圆锥形，其优缺点基本同截头圆形，但受力更合理，制作难度更大。在制造能力比较强时可采用这种形式。

图 8-1（c）圆筒形，受力不太合理，但制作简单，在烟囱高度不高和施工能力不强时可以采用这种形式。

图 8-1（d）带扶壁圆筒形和图 8-1（e）带过渡段两个圆筒形是吸取圆筒形制作简单的优点，克服受力不合理的缺点，用在烟囱底部增加扶壁、底部圆筒直径加大的办法，来适应烟囱底部受力最大的特点，使烟囱的高度可以设计的更高、受力更合理、更经济。

图 8-1（f）上部圆筒下部圆锥形是介于截头圆形和圆筒形之间的作法，属折中方案，既有制作简单的优点，也有受力合理的优点。

3　拼装方案

自立式钢烟囱在高度方向一般是分节制造、现场拼装。分节长度根据施工吊装能力、场地大小等因素综合考虑，每节长度短则分段数量多，每段吊装重量小，但高空接头数量也多；如每节长度长些则分段数量少，每节吊装重量大，高空接头数量少。一般分节每段长度可考虑 5m ~ 10m。高空每节之间的接头方式可以是焊接，也可以采用法兰用高强螺栓连接。焊接的优点是简单，烟囱外形整齐，涂装障碍少，缺点是高空焊接质量不易保证，另外安装速度慢。而采用高强螺栓连接正好相反，安装速度快，但烟囱外形有突出部分，涂装有障碍。可根据施工能力和进度要求综合确定。

4　自立式钢烟囱计算的内容概述

（1）根据烟气温度、腐蚀性质，确定内衬、隔热层材料及厚度。计算出钢筒壁的受热温度。

（2）地震验算和横向风振计算均涉及钢烟囱自振周期和振型系数。特别是风振计算，烟囱自振周期对是否发生横风向共振影响非常敏感，原则上需要精确计算钢烟囱自振特性。本手册所给经验公式仅供初步设计使用，详细设计阶段应采用相应计算机软件计算。

（3）计算在风载、地震作用、静载、活载作用下烟囱底部和控制截面的 M、N、V。

（4）在弯矩和轴力作用下，钢烟囱强度计算。

（5）在弯矩和轴力作用下，钢烟囱整体稳定计算。

（6）在弯矩和轴力作用下，钢烟囱局部稳定计算。钢烟囱筒壁径厚比较大，截面尺寸往往是局部稳定控制。

（7）横向风振计算。由于钢烟囱结构阻尼较其他材质烟囱要小得多，因此发生横向风振时结构动力响应很大。实践和理论研究表明，钢烟囱，特别是焊接钢烟囱的破坏，除了顺方向风力起控制作用外，很多时候是横风向风振起控制作用。因此要进行横风向风振的验算。

需要指出的是，《建筑结构荷载规范》GB 50009—2012 所给出的各种地貌下的地面粗糙度指数是一个平均数值，基本满足了建筑结构的需要，但对于钢烟囱应采用该地貌下的区间数值进行验算，避免"漏振"发生。许多工程案例已经证明，如果采用《建筑结构荷载规范》GB 50009—2012 给出的地面粗糙度指数和斯托罗哈数来设计钢烟囱，烟囱本身计算并未发生横风向共振，但实际却遭遇共振损坏现象。

（8）地脚螺栓拉力验算。

（9）烟道入口处钢筒壁的孔洞应力核算。

（10）底板厚度计算，底板底面积计算。

（11）钢烟囱底座下面局部受压验算。

钢烟囱的自重比起混凝土烟囱和砖烟囱小得多，因此地震力也比较小，一般情况下风力所产生的应力远远大于地震力，故风力起控制作用。

烟囱结构振型系数，在一般情况下，对顺风向响应可仅考虑第一振型的影响，对横风向的共振响应，应验算第 1 至第 4 振型的频率或周期，前 4 个振型系数见表 8-3 和表 8-4。

8.2.2 自立式钢烟囱计算

（1）钢烟囱自振周期 T 和振型系数 $\varphi(z)$ 的计算。

1）等截面自立式钢烟囱 ［图 8-1（c）圆筒形］

$$T_i = \frac{2\pi H^2}{C_i} \sqrt{\frac{W}{E_t \cdot I \cdot g}} \tag{8-3}$$

式中：T_i——第 i 振型的周期；

　　H——烟囱总高度（m）；

　　E_t——在温度作用下，筒壁钢材弹性模量（kN/m²）；

　　I——筒身截面惯性矩（m⁴）；

　　g——重力加速度（$g = 9.8\text{m/s}^2$）；

　　W——筒身单位长度重量（kN/m）；

　　C_i——与振型有关的常数：第一振型 $C_1 = 3.515$；第二振型 $C_2 = 22.034$；第三振型
　　　　　$C_3 = 61.701$。

公式（8-3）也适用于其他材料的等截面烟囱或等截面悬臂杆件，用于其他材料时，E_t 改为其他材料的弹性模量。该公式是采用无限自由度体系偏微分方程（弯曲型高耸结构自由振动方程）推导出来的。

前四个振型的振型系数 $\varphi(z)$ 可按表 8-3 取值，或按图 8-2 取值均可。

表 8-3　等截面悬臂弯曲型构件前四个振型系数 φ_i

相对高度 Z/H	振型序号				
	1	2	3	4	
0.1	0.02	−0.09	0.23	−0.39	
0.2	0.06	−0.30	0.61	−0.75	
0.3	0.14	−0.53	0.76	−0.43	
0.4	0.23	−0.68	0.53	0.32	
0.5	0.34	−0.71	0.02	0.71	
0.6	0.46	−0.59	−0.48	0.33	
0.7	0.59	−0.32	−0.66	−0.40	
0.8	0.79	0.07	−0.40	−0.64	
0.9	0.86	0.52	0.23	−0.05	
1.0	1.00	1.00	1.00	1.00	

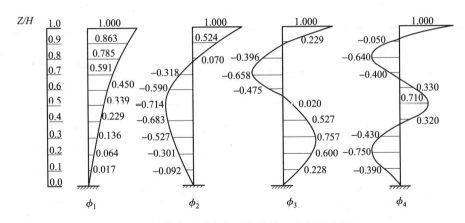

图 8-2 等截面悬臂弯曲型构件前四个振型系数 φ_i

2）沿高度直线变化结构的周期和振型系数 φ_i［图 8-1（a）截头圆锥形］

周期计算公式为：

$$T_i = \frac{2\pi H^2}{C_i} \sqrt{\frac{W_0}{E_t \cdot I_0 \cdot g}} \tag{8-4}$$

式中：I_0——筒身下端横截面惯性矩；

W_0——筒身底部单位长度重量 $W_0 = A_0\rho + A_1\rho_1$；

C_i——与振型有关的系数，根据 Z/H 值和 B_H/B_0（见图 8-3），

查表 8-4；$i = 1$，2，3 为振型顺序号；当 $B_H/B_0 = 1$（即

等截面时）查表 8-4 有 $C_1 = 3.519$，$C_2 = 22.04$，$C_3 = 61.72$，

与公式（8-3）中 C 值基本一致；

A_0——烟囱下端横截面积（m^2）；

A_1——内衬横截面积（m^2）；

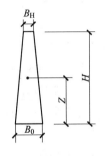

图 8-3 截头圆锥立面尺寸

ρ_0，ρ_1——分别为钢和内衬的重力密度，$\rho_0 = 78.5 kN/m^3$，$\rho_1 =$ 按实际材料取值 kN/m^3。

表 8-4 截头圆锥形即沿高度直线变化结构的振型 φ 和振型常数 C_i

Z/H		B_H/B_0									
		1	0.9	0.8	0.7	0.6	0.5	0.4	0.3	0.2	0.1
第1振型 φ_1	1	1	1	1	1	1	1	1	1	1	1
	0.9	0.862	0.859	0.856	0.851	0.846	0.839	0.829	0.816	0.798	0.767
	0.8	0.725	0.719	0.712	0.704	0.693	0.680	0.663	0.640	0.611	0.567
	0.7	0.591	0.583	0.573	0.562	0.547	0.530	0.509	0.482	0.448	0.405
	0.6	0.461	0.451	0.440	0.428	0.412	0.394	0.372	0.346	0.314	0.277
	0.5	0.339	0.330	0.318	0.306	0.291	0.274	0.255	0.233	0.208	0.179
	0.4	0.230	0.221	0.211	0.201	0.189	0.175	0.161	0.144	0.126	0.107
	0.3	0.136	0.130	0.123	0.115	0.107	0.098	0.089	0.078	0.068	0.057
	0.2	0.064	0.060	0.056	0.052	0.048	0.043	0.039	0.034	0.029	0.024
	0.1	0.017	0.016	0.015	0.013	0.012	0.011	0.010	0.008	0.007	0.006
	C_1	3.519	3.671	3.847	4.038	4.304	4.602	4.976	5.459	6.113	7.041

续表 8-4

Z/H		1	0.9	0.8	0.7	0.6	0.5	0.4	0.3	0.2	0.1
						B_H/B_0					
第2振型 φ_2	1	1	1	1	1	1	1	1	1	1	1
	0.9	0.524	0.524	0.524	0.523	0.522	0.520	0.516	0.509	0.495	0.461
	0.8	0.070	0.073	0.076	0.079	0.083	0.087	0.092	0.098	0.104	0.108
	0.7	-0.317	-0.306	-0.292	-0.276	-0.258	-0.235	-0.203	-0.173	-0.129	-0.074
	0.6	-0.590	-0.564	-0.534	-0.501	-0.462	-0.416	-0.363	-0.300	-0.225	-0.140
	0.5	-0.714	-0.673	-0.627	-0.577	-0.522	-0.460	-0.390	-0.313	-0.229	-0.139
	0.4	-0.683	-0.634	-0.580	-0.523	-0.462	-0.397	-0.328	-0.256	-0.181	-0.107
	0.3	-0.526	-0.479	-0.430	-0.380	-0.328	-0.276	-0.222	-0.168	-0.116	-0.067
	0.2	-0.301	-0.269	-0.237	-0.205	-0.174	-0.143	-0.112	-0.083	-0.056	-0.031
	0.1	-0.093	-0.081	-0.071	-0.060	-0.050	-0.040	-0.031	-0.022	-0.015	-0.008
	C_2	22.04	21.53	21.02	20.49	19.97	19.44	18.93	18.44	18.08	18.01
第3振型 φ_3	1	1	1	1	1	1	1	1	1	1	1
	0.9	0.229	0.223	0.217	0.210	0.201	0.191	0.179	0.163	0.141	0.103
	0.8	-0.375	-0.394	-0.392	-0.388	-0.382	-0.372	-0.356	-0.331	-0.287	-0.214
	0.7	-0.658	-0.636	-0.611	-0.581	-0.545	-0.500	-0.444	-0.374	-0.285	-0.176
	0.6	-0.474	-0.439	-0.401	-0.359	-0.314	-0.264	-0.209	-0.152	-0.094	-0.041
	0.5	0.198	0.038	0.056	0.073	0.086	0.096	0.102	0.099	0.086	0.060
	0.4	0.526	0.501	0.472	0.439	0.398	0.351	0.298	0.238	0.169	0.096
	0.3	0.756	0.690	0.622	0.552	0.475	0.397	0.317	0.236	0.156	0.082
	0.2	0.605	0.536	0.468	0.402	0.334	0.269	0.206	0.147	0.093	0.046
	0.1	0.228	0.198	0.168	0.141	0.114	0.089	0.065	0.046	0.028	0.013
	C_3	61.72	59.15	56.53	53.87	51.14	48.32	45.40	42.37	39.18	35.73

3）上部圆筒下部截头圆锥 ［图 8-1（f）］形钢烟囱自振周期，尺寸见图 8-4。

$$T = \frac{H^2}{768.3d(1 + 47.5t)} \tag{8-5}$$

$$H = H_s + \frac{H_b}{3} + \frac{d}{2} \tag{8-6}$$

式中：d——筒壁底部直径（m）；

t——筒壁底部厚度（m）；

H——烟囱等效高度（m）；

H_b——烟囱底部截锥体高度（m）；

H_s——烟囱上部直段高度（m）。

4）经验公式。以实测值的统计为基础提出下述钢烟囱固有振动周期（单位：s）近似公式：

砌衬里后：

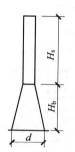

图 8-4　上部圆筒下部截头
圆锥立面尺寸

$$T = (0.9 \sim 1.0) \times 10^{-3} \times \frac{H^2}{D_m} \tag{8-7}$$

砌衬里前：

$$T = 0.66 \times 10^{-3} \times \frac{H^2}{D_m} \tag{8-8}$$

式中：H——烟囱高度（m）；

D_m——烟囱 2/3 高度处外径（m）。

（2）在弯矩和轴力作用下，钢烟囱强度应按下列规定进行计算：

$$\gamma_0 \left(\frac{N_i}{A_{ni}} + \frac{M_i}{W_{ni}} \right) \leqslant f_t \tag{8-9}$$

式中：M_i——钢烟囱水平计算截面 i 的最大弯矩设计值（N·mm），包括风弯矩和水平地震作用弯矩；

N_i——与 M_i 相应轴向压力或轴向拉力设计值（N），包括结构自重和竖向地震作用；

A_{ni}——计算截面处的净截面面积（mm²）；

W_{ni}——计算截面处的净截面抵抗矩（mm³）；

f_t——温度作用下钢材抗拉、抗压强度设计值（N/mm²）；

γ_0——烟囱重要性系数。

（3）弯矩和轴向力作用下，钢烟囱局部稳定性应按下列公式进行验算：

$$\sigma_N + \sigma_B \leqslant \sigma_{crt} \tag{8-10}$$

$$\sigma_N = \frac{N_i}{A_{ni}} \tag{8-11}$$

$$\sigma_B = \frac{M_i}{W_{ni}} \tag{8-12}$$

$$\sigma_{crt} = \begin{cases} (0.909 - 0.375\beta^{1.2})f_{yt}, & \beta \leqslant \sqrt{2} \\ \dfrac{0.68}{\beta^2}f_{yt}, & \beta > \sqrt{2} \end{cases} \tag{8-13}$$

$$\beta = \sqrt{\frac{f_{yt}}{\alpha\sigma_{et}}} \tag{8-14}$$

$$\sigma_{et} = 1.21E_t \cdot \frac{t}{D_i} \tag{8-15}$$

$$\alpha = \delta \cdot \frac{\alpha_N\sigma_N + \alpha_B\sigma_B}{\sigma_N + \sigma_B} \tag{8-16}$$

$$\alpha_N = \begin{cases} \dfrac{0.83}{\sqrt{1 + D_i/(200t)}}, & \dfrac{D_i}{t} \leqslant 424 \\ \dfrac{0.7}{\sqrt{0.1 + D_i/(200t)}}, & \dfrac{D_i}{t} > 424 \end{cases} \tag{8-17}$$

$$\alpha_B = 0.189 + 0.811\alpha_N \tag{8-18}$$

$$f_{yt} = \gamma_s f_y \tag{8-19}$$

式中：σ_{crt}——烟囱筒壁局部稳定临界应力（N/mm²）；

$\quad\quad f_y$——钢材屈服强度（N/mm²）；

$\quad\quad \gamma_s$——钢材在温度作用下强度设计值折减系数；

$\quad\quad t$——筒壁厚度（mm）；

$\quad\quad E_t$——温度作用下钢材的弹性模量（N/mm²）；

$\quad\quad D_i$——i 截面钢烟囱外直径（mm）；

$\quad\quad \delta$——烟囱筒体几何缺陷折减系数，当 $w \leqslant 0.01l$ 时（图 8-5），取 $\delta = 1.0$；当 $w = 0.02l$ 时，取 $\delta = 0.5$；当 $0.01l < w < 0.02l$ 时，采用线性插值；不允许出现 $w > 0.021$ 的情况。

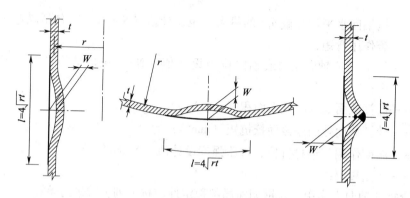

图 8-5　钢烟囱筒体几何缺陷示意图

（4）在弯矩和轴向力作用下，钢烟囱的整体稳定性应按下式进行验算：

$$\frac{N_i}{\varphi A_{bi}} + \frac{M_i}{W_{bi}(1 - 0.8N_i/N_{Ex})} \leqslant f_t \tag{8-20}$$

$$N_{Ex} = \frac{\pi^2 E_t A_{bi}}{\lambda^2} \tag{8-21}$$

式中：A_{bi}——计算截面处的毛截面面积（mm²）；

$\quad\quad W_{bi}$——计算截面处的毛截面抵抗矩（mm³）；

$\quad\quad N_{Ex}$——欧拉临界力（N）；

$\quad\quad \lambda$——烟囱长细比，按悬臂构件计算；

$\quad\quad \varphi$——焊接圆筒截面轴心受压构件稳定系数，按附表 B 和附表 C 采用。

（5）地脚螺栓最大拉力可按下式计算：

$$P_{max} = \frac{4M}{nd} - \frac{N}{n} \tag{8-22}$$

式中：P_{max}——地脚螺栓的最大拉力（kN）；

$\quad\quad M$——烟囱底部最大弯矩设计值（kN·m）；

$\quad\quad N$——与弯矩相应的轴向压力设计值（kN）；

$\quad\quad d$——地脚螺栓所在圆直径（m）；

$\quad\quad n$——地脚螺栓数量。

（6）钢烟囱底座基础局部受压应力，可按下式计算：

$$\sigma_{\text{cbt}} = \frac{G}{A_t} + \frac{M}{W} \leqslant \omega\beta_l f_{\text{ct}} \tag{8-23}$$

式中：σ_{cbt}——钢烟囱（包括钢内筒）荷载设计值作用下，在混凝土底座处产生的局部受压应力（N/mm²）；

A_t——钢烟囱与混凝土基础的接触面面积（mm²）；

G——钢烟囱底座处重力荷载设计值（N）；

M——钢烟囱底座处弯矩设计值（N·mm）；

W——钢烟囱与混凝土基础的接触面截面抵抗矩（mm³）；

ω——荷载分布影响系数，可取 $\omega = 0.675$；

β_l——混凝土局部受压时强度提高系数，按现行国家标准《混凝土结构设计规范》GB 50010 计算；

f_{ct}——混凝土在温度作用下的轴心抗压强度设计值（N/mm²）。

（7）钢烟囱底板厚度按下式确定：

$$t \geqslant \sqrt{\frac{6M_{\max}}{f_t}} \tag{8-24}$$

式中：f_t——钢材在温度作用下的抗拉强度设计值（N/mm²）；

$M_{\max}$——按公式（8-23）算出的应力图形和底板被分隔成的不同区格计算出的弯矩最大值，分别按三边支承板和悬臂板计算确定。此时基础顶面的分布压力 σ_{cbt} 可偏安全地取底板各区格下的最大压应力。

对三边支承板：

$$M_{\max} = \beta\sigma_{\text{cbt}}a^2 \tag{8-25}$$

式中：β——系数，由 b/a 查表 8-5 确定，当 $b/a < 0.3$ 时，可按悬臂长度为 b 的悬臂板计算；

表8-5　三边支承板弯矩系数 β

b/a	0.3	0.4	0.5	0.6	0.7	0.8	0.9	1.0	1.2	≥1.4
β	0.0273	0.0439	0.0602	0.0747	0.0871	0.0972	0.1053	0.1117	0.1205	0.1258

a——筒壁底板外侧加劲板之间底板自由边长度（见图 8-6）；

b——筒壁底板外侧底板悬臂长度。

对一边支承板，按悬臂板计算：

$$M = \frac{1}{2}\sigma_{\text{cbt}}C^2 \tag{8-26}$$

式中：C——筒壁内侧底板悬臂长度。

为了使底板具有足够刚度，以符合基础反力均匀分布的假定，底板厚度一般为 20mm ~ 40mm，通常最小厚度为 14mm。

（8）烟道入口处的筒壁宜设计成圆形。矩形孔洞的转角宜设计成圆弧形。孔洞应力应满足下式：

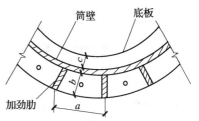

图 8-6　筒壁底板计算尺寸

$$\sigma = \left(\frac{N}{A_0} + \frac{M}{W_0} \right) \alpha_K \leqslant f_t \tag{8-27}$$

式中：A_0——洞口补强后水平截面面积，应不小于无孔洞的相应圆筒壁水平截面面积（mm^2）；

　　　W_0——洞口补强后水平截面最小抵抗矩（mm^3）；

　　　f_t——温度作用下的钢材抗压强度设计值（N/mm^2）；

N，M——洞口截面处轴向力设计值（N）和弯矩设计值（N·mm）；

　　　α_k——洞口应力集中系数，孔洞圆角半径 r 与孔洞宽度 b 之比 $r/b = 0.1$ 时可取 $\alpha_k = 4$，$r/b \geqslant 0.2$ 时取 $\alpha_k = 3$，中间值线性插入。

（9）钢烟囱截面抵抗矩计算：

1）未开洞截面：

$$W = 0.77 d^2 t \tag{8-28}$$

2）开一个洞宽为 b 的截面（见图8-7）：

$$W = 0.77 d^2 t \left(1 - 0.65 \frac{b}{d} \right) \tag{8-29}$$

3）对称位置开两个洞宽为 b 的截面（见图8-8）：

$$W = 0.77 d^2 t \left(1 - 1.3 \frac{b}{d} \right) \tag{8-30}$$

图8-7　开一个洞宽　　　　　　　图8-8　对称位称开两个洞宽

4）在相互垂直位置开两个洞宽为 b 的截面（见图8-9）：

$$W = 0.77 d^2 t \left(1 - 0.7 \frac{b}{d} \right) \tag{8-31}$$

5）在相互垂直位置开三个洞宽为 b 的截面（见图8-10）：

$$W = 0.77 d^2 t \left(1 - 1.3 \frac{b}{d} - 0.216 \frac{b^3}{d^3} \right) \tag{8-32}$$

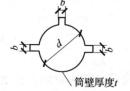

图8-9　相互垂直位置开两个洞宽　　　图8-10　相互垂直位置开三个洞宽

（10）减小横向风振的措施。

当判断发生横向风振并起控制作用时，一种方案是增大截面使烟囱满足承载力要求，另一种方案是采用"破风圈"来消除规则的旋涡脱落现象，从而达到消除或减小横向风振的效果。破风圈的设置条件和要求：

1）设置条件：当烟囱的临界风速小于 6m/s~7m/s 时，应设置破风圈。

当烟囱的临界风速为 7m/s~13.4m/s，且小于设计风速时，而用改变烟囱高度、直径和增加筒壁厚度等措施不经济时，也可设置破风圈。

2）设置破风圈范围的烟囱体型系数应按表面粗糙情况选取。

3）破风圈设置位置：需设置破风圈时，应在距烟囱上端不小于烟囱高度 1/3 的范围内设置。

4）破风圈型式与尺寸：

a. 交错排列直立板型。

直立板厚度不小于 6mm，长度不大于 1.5m，宽度为烟囱外径的 1/10。每圈立板数量为 4 块，沿烟囱圆周均布，相邻圈立板相互错开 45°。

b. 螺旋板型。

螺旋板型厚度不小于 6mm，板宽为烟囱外径的 1/10。螺旋板为 3 道，沿圆周均布，螺旋节距可为烟囱外直径的 5 倍。

8.2.3 自立式钢烟囱的构造要求

（1）自立式钢烟囱的筒壁最小厚度应满足本手册公式（8-1）和（8-2）要求。

（2）室外爬梯、平台和栏杆，其型钢最小壁厚不应小于 6mm，圆钢直径不宜小于 22mm，钢管壁厚不应小于 4mm。

（3）柱子、主梁等重要钢构件不应采用薄壁型钢和轻型钢结构。格构式钢结构杆件截面较小，缀条、缀板较多，表面积大，不利于防腐。腐蚀性等级为强腐蚀、中等腐蚀时，不应采用格构式钢结构。

（4）钢结构杆件截面的选择应符合下列要求：

1）钢结构杆件应采用实腹式或闭口截面。

2）由角钢组成的 T 型截面或由槽钢组成的工字形截面，当腐蚀性等级为中等腐蚀时不宜采用，当腐蚀性等级为强腐蚀时不应采用。因为由两根角钢组成的 T 型截面，其腐蚀速度为管形的 2 倍或普通工字钢的 1.5 倍，而且两角钢间形成的缝隙无法进行防护，形成腐蚀的集中点，因此对上述构件应限制使用范围。若需要采用组合截面杆件时，其型钢间的空隙宽度应满足防护层施工检查和维修的要求。一般不小于 120mm，否则其空隙内应以耐腐蚀胶泥填塞。

（5）除筒壁外，其他重要杆件及节点板厚度，不宜小于 8mm；非重要杆件的厚度不小于 6mm；采用钢板组合的杆件的厚度不小于 6mm；闭口截面杆件的厚度，不小于 4mm。

（6）柱子、主梁等重要钢结构和矩形闭口截面杆件的焊缝，应采用连续焊缝，角焊缝的焊脚尺寸不应小于 8mm；当杆件厚度小于 8mm 时，焊脚尺寸不应小于焊件厚度，闭口截面杆件的端部应封闭。断续焊缝容易产生缝隙腐蚀，腐蚀介质和水汽容易从焊缝空隙中渗入闭口截面内部，所以对重要杆件和闭口截面杆件的焊缝应采用连续焊缝。

（7）钢结构采用的焊条、螺栓、节点板等构件连接材料的耐腐蚀性能，不应低于构件主体材料的耐腐蚀性能，以保证结构的整体性。

（8）筒壁底板标高或柱脚标高应高出室内地面不小于 100mm，或高出室外地面不小于 300mm。如果筒壁底板或柱脚因故埋入地下，则应采用 C10~C15 混凝土包裹（保护层不应小于50mm），并应使包裹的混凝土高出室内地面约150mm或超出室外地面不小于300mm。筒壁底板下面设50mm厚水泥砂浆找平层（二次浇灌层）。

（9）筒壁底板和地脚螺栓。

1）底板厚度和地脚螺栓直径应通过计算确定。

地脚螺栓沿烟囱底座等距离设置。地脚螺栓有沿筒壁外侧布置一圈的型式，如图8-11所示；也有沿筒壁外侧和内侧同时布置一周的如图8-12所示。后者优点是地脚螺栓在壁板两侧对称布置，壁板不产生局部弯矩，适用于高大的烟囱，但壁板内部螺栓需用隔热层和内衬保护好，以防腐蚀。

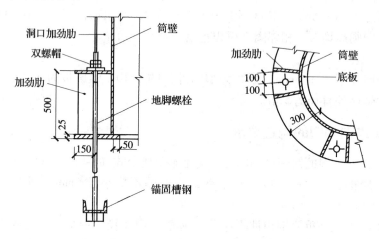

图8-11 筒壁外侧布置地脚螺栓

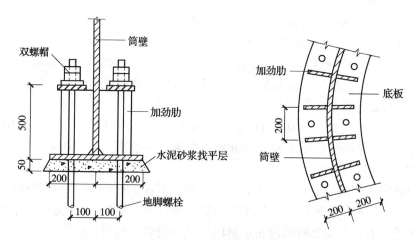

图8-12 筒壁内外侧同时布置地脚螺栓

2）底板加劲肋一般为三角形或梯形，要求均匀分布于烟囱底座四周，必要时还可在主加劲肋之间设次加劲肋。所有加劲肋的斜边与水平面夹角不应小于60°，加劲肋的最小厚度不应小于8mm。

（10）清灰口。在烟囱底部设置检查或清灰口，用于进入烟囱内部进行检查，同时也用于清灰，清灰口最小尺寸应不小于500mm×800mm，典型的检查或清灰口门见图8-13。

（11）钢烟囱筒壁竖向接头多数采用对接焊接。但为了高空接长安装时快速也可采用法兰盘用高强螺栓连接，见图8-14所示。

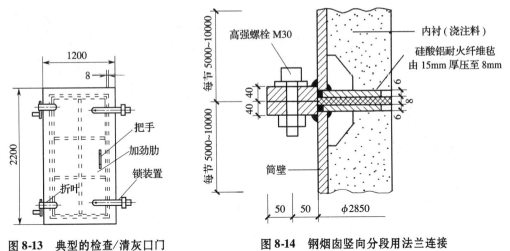

图8-13 典型的检查/清灰口门

图8-14 钢烟囱竖向分段用法兰连接

（12）矩形烟道口处构造可参见图8-15。

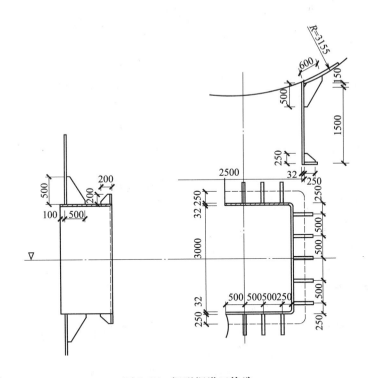

图8-15 矩形烟道口构造

（13）钢烟囱顶部可不设避雷针，但筒壁应有可靠的防雷接地。接地标准具体按有关行业标准执行。

（14）钢烟囱应设爬梯及平台，以便检修信号灯、避雷针等。爬梯参见图8-16，顶部平台见图8-17。

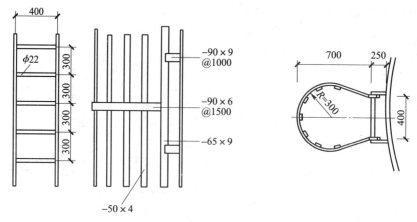

图 8-16　梯子详图

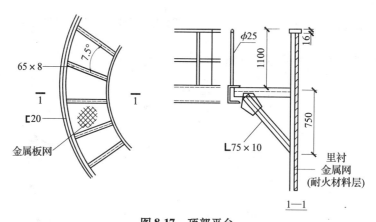

图 8-17　顶部平台

（15）清灰办法可根据业主或环保要求采取以下几个办法：

1）烟灰自由落在烟囱底板上，由人工装小车运走，此法简易可行，节约投资，但扬灰较大，工人劳动强度大。

2）在烟道底标高以下设置集灰钢漏斗（漏斗焊接吊挂在筒壁上）漏斗嘴处设闸板阀，控制卸灰至小车上运走。

3）在烟囱底板标高处设置一圈 $\phi50$ 水管，在水管上开 $\phi10@150mm$ 的喷嘴，用水力喷灰落在烟囱底部灰坑中，水力冲灰至外部集灰坑。

4）设置除尘系统，收集烟灰至高架漏斗中，由汽车开至漏斗下面卸灰运走。

（16）隔热层的设置应符合下列规定：

1）当烟气温度高于本手册规定的钢筒壁最高受热温度时，应设置隔热层。

2）烟气温度低于 150℃，烟气有可能对烟囱产生腐蚀时，应设置隔热层。

3）隔热层厚度由温度计算决定，但最小厚度不宜小于 50mm。对于全辐射炉型的烟囱，隔热层厚度不宜小于 75mm。

4）隔热层应与烟囱筒壁牢固连接，当采用块体材料或不定型现场浇注材料时，可采用锚固钉或金属网固定。烟囱顶部可设置钢板圈保护隔热层边缘。钢板圈厚度不小于 6mm。

5）为支承隔热层重量，可在钢烟囱内表面，沿烟囱高度方向，每隔 1m ~ 1.5m 设置一个角钢加固圈。

6）当烟囱温度高于 560℃ 时，隔热层的锚固件可采用不锈钢（1Cr18Ni9Ti）制造。烟气温度低于 560℃ 时，可采用一般碳素钢制造。

7）对于无隔热层的烟囱，在其底部 2m 高度范围内，应对烟囱采取外隔热措施或者设置防护栏杆，防止烫伤事故。

（17）内衬的设置。

1）设置内衬的目的是为了以下一个原因或多个原因同时存在：

a. 隔热，避免筒壁温度过高；

b. 保温，避免烟气温度过低产生结露，减少筒壁腐蚀。

2）内衬材料。内衬材料应根据烟气温度和烟气腐蚀性质来综合确定。

a. 耐火砖，最高使用温度可达 1400℃，自重比较大，施工繁重。

b. 硅藻土砖，最高使用温度达 800℃，自重轻，保温隔热效果好，膨胀系数低。

c. 耐酸砖，用于强腐蚀烟气，使用温度不超过 150℃，不能用于烟气温度波动频繁的烟囱。

d. 普通黏土砖，最高使用温度 500℃，自重大，耐酸性较好。

e. 耐热混凝土，可根据烟气温度要求配置不同耐热度的混凝土（200℃ ~ 1200℃），可现浇，也可预制。

f. 硅藻混凝土，以碎砖为骨料，以氧化铝水泥配置，可现浇，也可预制，允许受热温度为 150℃ ~ 900℃，是良好的隔热、保温材料。

g. 烟囱 FC - S 喷涂料，适用于温度小于或等于 400℃ 的钢烟囱。主要成分：结合剂——特殊水泥；骨料——用高硅质烧成蜡石为主要成分的骨料；外掺剂——耐酸细粉料。施工方法：先在筒内壁焊短筋挂钢丝片，再喷涂 60mm ~ 80mm 厚的 FC - S 喷涂料。

h. 高强轻质浇注料，重力密度 8kN/m³ ~ 10kN/m³，耐热温度 700℃，采用密布的锚固件与筒壁加强连接，锚固件为 Y 形或 V 形不锈钢板制作；现浇厚度可为 250mm 左右。

i. 不定型耐火喷涂料 FN130，FN140，起隔热耐磨防腐作用，喷涂厚度可为 70mm ~ 120mm，使用温度为 1200℃。为了固接喷涂料，应先在筒壁内侧点焊 Y 形或 V 形锚固件（φ6 钢筋高约 60mm ~ 100mm）间距为 250mm。

3）内衬支承环。内衬要超过支承环边缘，并不小于 12mm，也不大于内衬厚度的 1/3。筒首宜用不锈钢板封闭，见图 8-18。

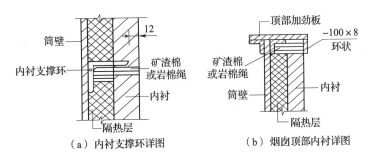

（a）内衬支撑环详图　　（b）烟囱顶部内衬详图

图 8-18　内衬节点

8.3　拉索式钢烟囱

8.3.1　适用条件

（1）当钢烟囱高度与直径之比大于 30（$h/d > 30$）时，可采用拉索式钢烟囱。

（2）当烟囱高度与直径之比小于 35 时，可设一层拉索。拉索一般为 3 根，平面夹角为 120°，拉索与烟囱轴向夹角不小于 25°，通常拉索倾角在 30°~60° 之间，一般以 45° 为好。拉索系结位置距烟囱顶部小于 $h/3$ 处。为减少烟气的腐蚀，推荐拉索距烟囱顶部最小距离为 3m，见图 8-19（a）。

（3）烟囱高度与直径之比大于 35 时，可设两层拉索，下层拉索系结位置，宜设在上层拉索系结位置至烟囱底的 1/2 高度处，见图 8-19（b）。

（4）出屋面的钢烟囱，伸出屋面高度较高时也可用拉索固定在屋面或周围建筑上，拉索的布置同上，见图 8-19（c）。

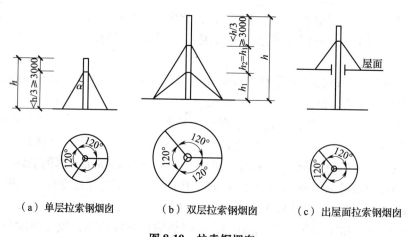

（a）单层拉索钢烟囱　　　（b）双层拉索钢烟囱　　　（c）出屋面拉索钢烟囱

图 8-19　拉索钢烟囱

8.3.2　拉索式钢烟囱内力计算

由于拉索式钢烟囱同一般桅杆相比，其高度较低，故一般可采用简化方法计算。

（1）单层拉索烟囱（见图 8-20）在拉索固定点和拉索与基础之间最大弯矩分别为 M_1 和 M_2：

$$M_1 = \frac{Q(H - h_1)^2}{2H} \tag{8-33}$$

$$M_2 = \frac{QH(H - 2h_1)^2}{8h_1^2} \tag{8-34}$$

拉索拉力 S 按下式计算：

$$S = \frac{QH}{2h_1 \sin\alpha} \tag{8-35}$$

（2）出屋面拉索烟囱（见图 8-21）在拉索固定点和拉索与屋面之间最大弯矩分别为 $M_{1\max}$ 和 $M_{2\max}$：

$$M_{1\max} = \frac{h_2^2}{2H}Q \tag{8-36}$$

$$M_{2\max} = \frac{Q(2h+H)(h_1-h_2)(2h+h_1-h_2)}{8(h+h_1)^2} \tag{8-37}$$

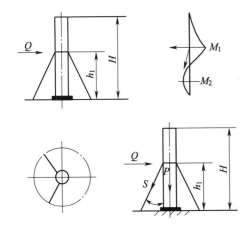

图 8-20 单层拉索式钢烟囱

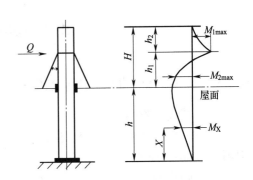

图 8-21 出屋面拉索式钢烟囱

拉索拉力按下式计算：

$$S = \frac{Q(2h+h_1+h_2)}{2(h+h_1)\sin\alpha} \tag{8-38}$$

（3）拉索拉力对烟囱产生的竖向压力 P（见图 8-20）按下式计算：

$$P = S\frac{\cos\alpha}{\cos\dfrac{180}{n}} \tag{8-39}$$

式中：n——拉索数量；

　　　S——拉索拉力（N）；

　　　Q——作用在烟囱上的总的水平力。

（4）拉索计算。

1）拉索的初应力应综合考虑筒身变形，筒身的内力和稳定以及拉索承载力等因素确定，宜在 $100N/mm^2 \sim 250N/mm^2$ 范围内选用。

2）拉索可按一端连接于筒身的抛物线计算。拉索上有集中荷载时，可将集中荷载换算成均布荷载。

3）拉索的截面强度应按下式验算：

$$\frac{S}{A} \leqslant f_w \tag{8-40}$$

式中：A——拉索的钢丝绳截面面积（mm^2）；

　　　f_w——钢丝绳强度设计值（N/mm^2），按表 8-6 采用。

表 8-6　钢丝表面状态及公称抗拉强度 （N/mm²）

表面状态	钢丝绳公称抗拉强度 f_{uw} （N/mm²）				
光面和 B 级镀锌	1570	1670	1770	1870	1960
AB 级镀锌	1570	1670	1770	1870	—
A 级镀锌	1570	1670	1770	1870	—

注：1　钢丝绳的设计强度 $f_w = f_{uw}/3.0$。
　　2　各种钢丝绳的最小破断拉力见国家标准《重要用途钢丝绳》GB 8918—2006。

8.4　塔架式钢烟囱

8.4.1　塔架式钢烟囱设计原始资料

1　工艺设计资料

塔架式钢烟囱如其他工程一样，它的建造是为一定的使用目的服务的。因此，在进行结构设计以前，应有足够的工艺设计资料，主要包括：

（1）排烟筒数量；

（2）烟囱高度；

（3）烟囱的上口直径；

（4）烟气温度；

（5）烟气的腐蚀情况等。

2　自然资料

塔架是高耸结构。它长期受自然界的雨、雪、冰、霜、风等自然条件的作用。因而这种结构在设计上对自然资料提出较高的要求。

在自然资料中，应包括气象资料、地震资料及场地地质勘察资料。

在自然资料中，对塔架设计起决定作用的是风荷载、覆冰荷载及地震荷载，其中最主要的是风荷载。关于风荷载，可根据现行国家标准《建筑结构荷载规范》GB 50009 确定，或根据当地年最大风速资料，按基本风压定义，通过统计分析确定。

除风荷载资料外，还应获得该地区的以下气象资料：如覆冰及积雪厚度、极端最高温度、极端最低温度等。

抗震设防烈度应符合现行国家标准《建筑抗震设计规范》GB 50011 的有关规定。

地质勘察资料，应符合现行国家标准《岩土工程勘察规范》GB 50021 中有关"房屋建筑和构筑物"的勘察基本要求。对于冻土地基尚应符合现行国家标准《冻土工程地质勘察规范》GB 50324 的有关要求。

3　其他资料

（1）塔架造型设计要求；

（2）电梯设备的规格及数量；

（3）电梯井道布置；

（4）爬梯的布置；

（5）航空障碍灯及避雷要求等。

8.4.2 荷载

1 结构及设备自重

结构及设备自重按荷载规范的有关规定进行计算。计算塔架自重时，应考虑节点板、法兰盘及焊缝的重量，一般可按塔架构件的自重乘以 1.15 ~ 1.20 的系数。

2 活荷载

塔架上的检修（检测）平台、休息平台以及航空障碍灯维护等平台上的荷载都属活荷载。

检修平台活荷载可根据实际情况确定，但不得小于 3kN/m² 。顶层平台应考虑积灰荷载。休息平台单个杆件集中荷载不小于 1kN ，均布活载应不小于 2kN/m² 。航空障碍灯维护平台可参照检修平台确定。

3 风荷载

风荷载对塔架结构起着决定性作用。由风荷载引起的结构内力约占总内力的 80% ~ 90% 。仅在某些个别地区，即风力较小、空气湿度较大、覆冰较厚的地区（如云贵高原），结构的强度安全由覆冰状态决定的。即使在这种情况下，风力还是起主要作用。因为覆冰状态下的荷载组合仍包含了相当大的风荷载。因此，在塔架钢烟囱设计中需重点考虑尽量减少风阻力。

各种截面型钢的体型系数取值为 $\mu_s = 1.3$ 。对于圆形截面杆件，其体型系数取决于雷诺数，一般情况下，当圆形截面杆件的直径较小时， $\mu_s = 1.2$ ，直径较大且 $H/d \geqslant 25$ 时， $\mu_s = 0.6$ 。因此，圆形截面杆件对风的阻力最小。

为了简化计算，在风荷载计算中，所有连接板的挡风面积不予单独计算，仅将杆件总面积予以适当增大。对于圆钢结构和钢管结构，增大系数可采用 1.1 ，对于圆钢组合结构和型钢结构可采用 1.15 ~ 1.2 。

楼梯及栏杆的挡风面积可取其轮廓面积的 0.4 倍。

对于高耸结构除应进行顺风向荷载计算外，还应进行横风向振动验算。当钢塔架的基本自振周期小于 0.25s 时，可不考虑风振影响。对于圆形辅助杆件，应在构造上采取防振措施或控制结构的临界风速不小于 15m/s ，以降低微风共振的发生概率。杆件临界风速按下式计算：

$$v_{cr} = \frac{5d}{T} \tag{8-41}$$

式中：d——杆件外径（m）；

　　　 T——杆件自振周期（s）。

杆件自振周期可按下列公式计算：

（1）两端固定杆件（塔柱、两端与塔柱连接的横杆或斜杆）。

$$T_1 = \frac{l^2}{3.56i}\sqrt{\frac{\rho}{E}} \tag{8-42}$$

（2）一端固定，一端铰接（一端与横杆连接的斜杆）。

$$T_1 = \frac{l^2}{2.455i} \sqrt{\frac{\rho}{E}} \tag{8-43}$$

（3）两端铰接杆件（辅助杆件）。

$$T_1 = \frac{2l^2}{\pi i} \sqrt{\frac{\rho}{E}} \tag{8-44}$$

式中：E——杆件弹性模量（kN/m²）；

ρ——杆件质量密度，$\rho = W/g = W/9.81$，W 为杆件重力密度（kN/m³）；

l——杆件长度（m）；

i——杆件回转半径（m）。

钢塔架杆件的自振频率应与塔架的自振频率相互错开。

4 覆冰荷载

在空气湿度较大的地区，当气温急剧下降时，结构物的表面会有结冰现象，即称为覆冰。结冰主要取决于建筑物所在地区的气象条件，即空气湿度的大小和气温的高低。寒冷的地区不一定就是覆冰最厚的地方，较温暖的地方也不一定就是覆冰较薄的地方。在同一地区离地面愈高，覆冰愈厚。一般来讲，覆冰是在无风或弱风时发生的。但在计算时，应与中等强度的风同时考虑，组合系数取 $\psi_{cw} = 0.6$。覆冰时的温度按 $-5℃$ 计算。

覆冰荷载按第 4 章的有关规定确定。

5 温度荷载

塔架平台与排烟筒之间的连接，一般都采用滑道连接，纵向可自由变形。滑道应留有足够的横向膨胀间隙，以保证横向自由变形。塔架结构的温度应力和温度变形一般可以不予考虑。

8.4.3 材料与结构形式的选择

1 材料的选择

钢烟囱塔架和筒壁主要采用低碳钢，其质量应符合现行国家标准《碳素结构钢》GB/T 700 和《低合金高强度结构钢》GB/T 1591 的规定。除此以外，地震区尚应符合下列规定：

（1）钢材的抗拉强度实测值与屈服强度实测值的比值不应小于 1.2；

（2）钢材应有明显的屈服台阶，且延伸率应大于 20%；

（3）钢材应有良好的可焊性和合格的冲击韧性。

低合金高强度结构钢用于受强度控制的杆件是经济的，当结构物或结构杆件受稳定、变形或长细比控制时，采用低合金高强度钢则不经济。

在较大的塔架结构中，采用低合金高强度结构钢比 Q235 可节约钢材 20% ~ 30%。另外，低合金高强度结构钢的抗腐蚀性能较 Q235 好，用于露天结构，可以延长结构使用年限，减少维护费用。

2 塔架结构形式的选择

钢塔架可根据排烟筒的数量，水平截面设计成三角形、四边形、六边形、八边形等。从立面形式来说，有等坡度锥形塔架，有变坡度的抛物线形或折线形塔架。塔架的腹杆体系常采用：刚性交叉腹杆、柔性交叉腹杆、预加拉力交叉腹杆、K 形腹杆和组合桁架式腹杆。

（1）塔架的平截面形式。

塔架的平截面形式，对于经济效果和造型美观都有关系。塔架的边数愈多，它所耗用的钢材也愈多，耗钢量最少的是三角形塔架。主要原因如下：

1）塔架所受荷载，主要是风荷载。在风荷载作用下，塔架受力与悬臂梁很相似。所以，在多边形塔架中，离开塔身平截面形心愈近的塔柱，愈不能发挥材料的作用；

2）虽然杆件数量增多，可以减少杆件的截面尺寸，但杆件数量的增加，要增加一些连接材料和挡风面积。因而塔架的边数愈多，其荷载愈大；

3）塔架的边数愈多，用于维持平面几何稳定的横膈材料亦越多，三角形塔架不需要横膈材料；

4）塔架的边数愈多，连接节点愈多，用于节点板的材料也较多。

从结构安全角度上讲，边数较多的塔架比边数较少的塔架具有更大的安全度。

（2）塔架的立面形式及腹杆体系。

钢塔架沿高度可采用单坡度或多坡度形式。塔架底部宽度与高度之比，不宜小于1/8，常取底盘宽度为整个塔高的1/4～1/8。塔架底部宽度对塔架本身的钢材量影响并不显著，但它对塔架在风荷载作用下的水平位移、塔架的自振周期、塔架基础受力的影响较大。同时，塔架立面形式、腹杆体系以及各部分的构造形式都对上述结果有直接影响。钢塔架腹杆宜按下列规定确定：

1）塔架顶层和底层应采用刚性K形腹杆；

2）塔架中间层宜采用预加拉紧的柔性交叉腹杆；

3）塔柱及刚性腹杆宜采用钢管，当为组合截面时宜采用封闭式组合截面；

4）交叉柔性腹杆宜采用圆钢。

刚性腹杆，适用于斜腹杆受力较大的塔架和扭矩较大的塔架。在一般塔架中，特别是在塔柱的坡度选择比较合理的塔架中，腹杆的受力是很小的。当斜腹杆受力较小时，斜腹杆按柔性杆件设计是合理而经济的。当斜腹杆受力较小时，即使按柔性杆件设计，斜腹杆也不能充分发挥材料的强度，而往往由长细比控制。为了使斜腹杆充分发挥其强度作用，就有所谓预加拉力斜腹杆出现。这种预加拉力斜腹杆仍属于柔性斜腹杆的性质。它主要是在结构安装时，将斜腹杆预受张拉内力使之拉紧。这样，斜腹杆的断面就不受长细比限制。一般情况下，预加拉力斜腹杆的塔架，较柔性斜腹杆的塔架节约钢材约25%左右，同时，结构具有轻巧、主次分明、线条清晰等特点。

非预应力柔性交叉体系中的圆钢腹杆应施加非结构性预应力，其预应力值一般可取材料强度设计值的15%～20%，且不小于塔架在永久荷载作用下对腹杆所产生的压应力值。塔架同一节间中的腹杆预应力值应相等。

K形腹杆的主要特点是减少节间长度和斜腹杆长度，属刚性腹杆体系，用于剪力和扭矩较大的塔架。

对于高度较高，底部较宽的钢塔架，宜在底部各边增设拉杆。

（3）塔架变截面处的连接形式。

这里的截面变化处，是指截面突变的地方，而不是塔柱坡度改变的地方。塔架平截面突变有三种形式，第一种是平面的大小突然变化，第二种是平截面的几何形状突然变化，第三种是平截面的大小和形状同时发生突然变化。

不论属于那种截面变化，其连接形式可分为插入式和承接式两种。插入式是将平截面较小的上部结构插入平截面较大的下部结构，两部分结构用两层横膈连在一起。为了两层横膈更好地工作，当上部和下部结构的截面相差较大时，在两层横膈之间应设垂直方向的交叉支撑。

插入部分长度，应根据上部结构、下部结构和横膈的受力情况决定。插入部分的长度应是上部和下部结构的整节间数。

承接式的连接方法，是把发生突变的上下两部分结构，通过一段变化比较和缓的过渡节段连接在一起。

3 塔架的横膈及电梯井道的结构形式

（1）塔架横膈的结构形式。

四边形及四边形以上的塔架，为了保证平截面的几何不变及塔柱有较好的工作条件，都必须设一定数量的横膈。

关于横膈垂直方向的布置问题，从一般概念出发，凡是四边形以上的塔架，每个节间都必须设置横膈。但试验表明，在直线形塔架和折线形塔架的直线形部分，不必每个节间都设置横膈，即使每隔三个节间设置一层横膈，仍可保证塔身平面的稳定及塔柱有良好的工作条件。因此，横膈沿垂直高度方向的布置，按结构的需要，在直线形塔架中，可以每隔 2～3 个节间设置一道横膈；在折线塔架中，凡是塔柱坡度发生变化的弯折点处和塔身平截面发生突变处，均需设置横膈。

平台可以看作是一个刚度极大的横膈。

除了平台以外，横膈可分为三种形式：杆件结构横膈、刚性圈梁横膈和预应力拉条横膈。

杆件结构横膈，是用杆件将原来几何不稳定的平面形式变为几何稳定形式。这种横膈构造简单，适用于较小型的塔架。塔架中心有排烟筒时，杆件应沿周圈布置。

刚性圈梁横膈，是以周围的平面桁架构成的，依靠这个在水平方向具有较大刚度的圈梁来保证平面的几何不变。这种横膈构造比较复杂，材料用量也较大。它适用于中型塔架，特别是适用于塔架中心很大范围内有排烟筒的塔架。

当采用刚性圈梁式横膈时，塔架中心的排烟筒所需的支承点，可以将排烟筒用三个或四个杆件连至圈梁或塔架柱节点上。但绝大部分情况下，是采用刚性平台作为排烟筒的滑道支承点。

对于用于一般目的的大型塔架，由于塔架的平截面尺寸相当大，不论采用杆件结构横膈还是刚性圈梁横膈，都将有很多材料被消耗在横膈上。此时采用预应力拉条横膈，是一种比较经济合理的横膈结构形式。预应力拉条横膈，和自行车轮子的构造原理相似，仅其构造形式有些不同。它是通过安装时预先张拉的拉条，将所有的塔柱向塔柱中心方向张拉。这些拉条除了预拉力以外，一般都是受力极小的。因此可以按构造用很细的高强度钢绞线制成。

塔架应沿高度每隔 20m～30m 利用横膈设一道休息平台或检修平台。

（2）塔架电梯井道的结构形式。

塔架电梯井道有露天和密封两种形式。

最简单的电梯井道，是用两根电梯轨道支柱构成的，轨道支柱通常用钢管制作，钢管直径根据支承间距及其他设备确定。电梯轨道支柱总是固定在横膈或平台上。

露天的电梯井道，还可以做成四边形格构式的。为了减少塔架的风阻力，格构式电梯井道的材料，最好选用钢管，电缆及其他管道较多时，选用角钢也是比较经济的。因为所有的管线可设法放在角钢内，使之不产生风阻。

在大型塔架中，当通往塔顶的管道、爬梯等特别多时，采用封闭圆筒形的电梯井道，将产生更小的风阻。

8.4.4 塔架结构计算

1 结构杆件承载力计算

（1）轴心受拉和轴心受压杆件。

1）轴心受拉和轴心受压杆件的截面强度应按下式计算：

$$\frac{N}{A_n} \leq f \tag{8-45}$$

式中：N——轴心拉力或轴心压力；

A_n——杆件净截面面积；

f——钢材的抗拉或抗压强度设计值。

2）轴心受拉和轴心受压杆件的稳定性应按下式进行计算：

$$\frac{N}{\varphi A} \leq f \tag{8-46}$$

式中：A——杆件毛截面面积；

φ——轴心受压构件稳定系数，可根据构件长细比 λ 按附表 A 采用，杆件长细比 λ 按表 8-7 ~ 表 8-10 采用。

表 8-7　塔架弦杆长细比 λ

弦杆形式	二塔面斜杆交点错开	二塔面斜杆交点不错开
简图		
长细比	$\lambda = \dfrac{1.21}{i_x}$	$\lambda = \dfrac{l}{i_{y0}}$
符号说明	i_x——单角钢截面对平行肢轴的回转半径； i_{y0}——单角钢截面的最小回转半径； l——节间长度	

表8-8 塔架斜杆长细比 λ

斜杆形式	单斜杆	双斜杆	双斜杆加辅助杆	
简图				
长细比	$\lambda = \dfrac{l}{i_{y0}}$	当斜杆不断开又互相不连接时： $\lambda = \dfrac{l}{i_{y0}}$ 当斜杆断开中间连接时： $\lambda = \dfrac{0.7l}{i_{y0}}$ 当斜杆不断开，中间用螺栓连接时： $\lambda = \dfrac{l_1}{i_{y0}}$	当A点与相邻塔面的对应点之间有连杆时： $\lambda = \dfrac{l_1}{i_{y0}}$ 其中两斜杆同时受压时： $\lambda = \dfrac{1.25l}{i_x}$ 当A点与相邻塔面的对应点之间无连杆时： $\lambda = \dfrac{1.1l}{i_x}$	当斜杆不断开又互相连接时： $\lambda = \dfrac{1.1l_1}{i_x}$ 两斜杆同时受压时： $\lambda = \dfrac{0.8l}{i_x}$

表8-9 塔架横杆及横膈长细比 λ

简 图	截面形式	横 杆	横 膈
		当有连杆 a 时： $\lambda = \dfrac{l_1}{i_x}$ 当无连杆 a 时： $\lambda = \dfrac{l_1}{i_{y0}}$	$\lambda = \dfrac{l_2}{i_{y0}}$
		当有连杆 a 时： $\lambda = \dfrac{l_1}{i_x}$ 当无连杆 a 时： $\lambda = \dfrac{l_1}{i_{y0}}$	当一根交叉杆断开，用节点板连接时： $\lambda = \dfrac{1.4l_2}{i_{y0}}$
		当有连杆 a 时： $\lambda = \dfrac{l_1}{i_{y0}}$ 当无连杆 a 时： $\lambda = \dfrac{2l_1}{i_x}$	$\lambda = \dfrac{l_2}{i_{y0}}$
		当有连杆 a 时： $\lambda = \dfrac{l_1}{2i_{y0}}$ 当无连杆 a 时： $\lambda = \dfrac{l_1}{i_x}$	$\lambda = \dfrac{l_2}{i_{y0}}$

表 8-10 格构式杆件换算长细比 λ_0

构件截面形式	缀材	计算公式	符号说明
四边形截面	缀板	$\lambda_{0x} = \sqrt{\lambda_x^2 + \lambda_1^2}$ $\lambda_{0y} = \sqrt{\lambda_y^2 + \lambda_1^2}$	λ_x、λ_y——整个构件对 $x-x$ 轴或 $y-y$ 轴的长细比; λ_1——单肢对最小刚度轴 1-1 的长细比
	缀条	$\lambda_{0x} = \sqrt{\lambda_x^2 + 40\dfrac{A}{A_{1x}}}$ $\lambda_{0y} = \sqrt{\lambda_y^2 + 40\dfrac{A}{A_{1y}}}$	A_{1x}、A_{1y}——构件截面中垂直于 $x-x$ 轴或 $y-y$ 轴各斜缀条毛截面面积之和
等边三角形截面	缀板	$\lambda_{0x} = \sqrt{\lambda_x^2 + \lambda_1^2}$ $\lambda_{0y} = \sqrt{\lambda_y^2 + \lambda_1^2}$	λ_1——单肢长细比
	缀条	$\lambda_{0x} = \sqrt{\lambda_x^2 + 56\dfrac{A}{A_{1x}}}$ $\lambda_{0y} = \sqrt{\lambda_y^2 + 56\dfrac{A}{A_{1y}}}$	A_1——构件截面中各斜缀条毛截面面积之和

注:1 缀板式构件的单肢长细比 λ_1 不应小于 40。

2 斜缀条与构件轴线间的倾角应保持在 40°～70°范围。

3 缀条式轴心受压格构式构件的单肢长细比 λ_1 不应大于构件双向长细比的 0.7 倍;缀板式轴心受压格构式构件的单肢长细比 λ_1 不应大于构件双向长细比的 0.5 倍。

(2)偏心受拉和偏心受压杆件。

1)偏心受拉和偏心受压杆件的截面强度,当弯矩作用主平面时,应按下式验算:

$$\frac{N}{A_n} \pm \frac{M_x}{W_{nx}} \pm \frac{M_y}{W_{ny}} \le f \tag{8-47}$$

式中:M_x、M_y——对 x、y 轴的弯矩;

W_{nx}、W_{ny}——对 x、y 轴的净截面抗弯模量。

2)偏心受压杆件的稳定性,其弯矩作用主平面时,应分别按弯矩作用平面内和弯矩作用平面外进行验算。

a. 弯矩作用平面内:

实腹式杆件:
$$\frac{N}{\varphi_x A} + \frac{\beta_{mx} M_x}{W_{1x}\left(1 - 0.8\dfrac{N}{N_{Ex}}\right)} \le f \tag{8-48}$$

格构式杆件:
$$\frac{N}{\varphi_x A} + \frac{\beta_{mx} M_x}{W_{1x}\left(1 - \varphi_x\dfrac{N}{N_{Ex}}\right)} \le f \tag{8-49}$$

$$N_{Ex} = \frac{\pi^2 EA}{1.1\lambda^2} \tag{8-50}$$

式中：N——所计算构件段范围内的轴心压力；

$\quad M_x$——弯矩，取所计算构件段范围内的最大值；

$\quad N_{Ex}$——参数；

$\quad W_{1x}$——计算截面处的毛截面抵抗矩；对于实腹式构件，取弯矩作用平面内的受压最

大纤维毛截面抵抗矩；对于格构式杆件，取 $W_{1x} = \dfrac{I_y}{x_0}$，$I_y$ 为虚轴 y 的毛截面抵

抗矩，x_0 为由虚轴 y 到压力较大分肢轴线的距离或者到到压力较大分肢腹板

边的距离，二者取较大值；

$\quad \varphi_x$——弯矩作用平面内轴心受压构件稳定系数，按附表 A 采用，格构式杆件按换算

长细比采用；

$\quad \beta_{mx}$——弯矩作用平面内的杆件等效弯矩系数。

β_{mx} 应按下列规定采用：

有侧移悬臂杆件，在弯矩作用平面内取 $\beta_{mx} = 1.0$。

无侧移两端支承的构件：

①无横向荷载作用时：$\beta_{mx} = 0.65 + 0.35 M_2/M_1$，但不得小于 0.4。$M_1$ 和 M_2 为端弯矩，使构件产生同向曲率（无反弯点）时取同号，使构件产生反向曲率（有反弯点）时取异号，$|M_1| \geqslant |M_2|$。

②有端弯矩和横向荷载同时作用时：使构件产生同向曲率时，$\beta_{mx} = 1.0$；使构件产生反向曲率时，$\beta_{mx} = 0.85$。

③无端弯矩但有横向荷载作用时：当跨中点有一个横向集中荷载作用时，$\beta_{mx} = 1 - 0.2 N/N_{Ex}$；其他荷载情况时，取 $\beta_{mx} = 1.0$。

b. 弯矩作用平面外：

$$\frac{N}{\varphi_y A} + \frac{\eta \beta_{tx} M_x}{\varphi_b W_{1x}} \leqslant f \tag{8-51}$$

式中：φ_y——弯矩作用平面外的轴心受压杆件稳定系数，按附表 A 采用；

$\quad \varphi_b$——受弯构件的整体稳定系数，按现行国家标准《钢结构设计规范》GB 50017 的规定采用；

$\quad \eta$——截面影响系数，闭口截面取 $\eta = 0.7$，其他截面取 $\eta = 1.0$；

$\quad \beta_{tx}$——弯矩作用平面外的整体稳定系数；在弯矩作用平面外有支承构件时，应根据两相邻支承点间构件段内的荷载和内力情况确定，取值规定与 β_{mx} 相同。但对无端弯矩而有横向荷载作用时，$\beta_{mx} = 1.0$。对悬臂构件亦取 $\beta_{mx} = 1.0$。

对于格构式偏心受压构件，弯矩作用平面外的整体稳定性可以不计算，但应计算单肢的稳定性。

格构式偏心受压构件应按下列公式验算单肢的强度和稳定性：

$$\frac{\dfrac{N}{n} + N_m}{A_{nu}} \leqslant f \tag{8-52}$$

$$\frac{\dfrac{N}{n} + N_m}{\varphi A_u} \leqslant f \tag{8-53}$$

式中：n——单肢数量；

　　N_m——截面弯矩在单肢中引起的轴力；

　　A_{nu}——单肢净截面面积；

　　A_u——单肢毛截面面积。

（3）格构式轴心受压构件的剪力应按下式计算：

$$V = \frac{Af}{85}\sqrt{\frac{f_y}{235}} \tag{8-54}$$

式中：f_y——钢材屈服强度。

此剪力 V 值可以认为沿构件全长不变，并由承受该剪力的缀件面承担。

（4）计算格构式偏心受压构件的缀件时，应按实际最大剪力和按公式（8-54）的计算剪力两者中的较大者采用。

1）缀条的内力应按桁架的腹杆计算。

2）缀板的内力应按下列公式计算：

剪力：
$$V_l = \frac{V_1 a}{s} \tag{8-55}$$

弯矩：
$$M_l = \frac{V_1 a}{2} \tag{8-56}$$

式中：V_1——分配到一个缀板面的剪力；

　　a——缀板中到中的距离；

　　s——肢件轴线间距。

（5）焊缝连接计算：

1）承受轴心拉力和压力的对接焊缝强度应按下式计算：

$$\sigma = \frac{N}{l_w t} \leqslant f_t^w 或 f_c^w \tag{8-57}$$

式中：N——作用在连接处的轴心拉力或压力；

　　l_w——焊缝计算长度（mm），未用引弧板施焊时，每条焊缝取实际长度减去 $2t$；

f_t^w、f_c^w——对接焊缝抗拉、抗压强度设计值。

2）承受剪力的对接焊缝剪应力应按下式计算：

$$\tau = \frac{VS}{It} \leqslant f_v^w \tag{8-58}$$

式中：V——剪力；

　　I——焊缝计算截面惯性矩；

　　S——计算剪应力处以上的焊缝计算截面对中和轴的面积矩；

f_v^w——对接焊缝的抗剪强度设计值。

3）承受弯矩和剪力的对接焊缝，应分别计算其正应力 σ 和剪应力 τ，并在同时受有较大正应力和剪应力处，应按下式计算折算应力：

$$\sqrt{\sigma^2 + 3\tau^2} \leqslant 1.1 f_t^w \tag{8-59}$$

4）角焊缝在轴心力（拉力、压力或剪力）作用下的强度应按下式计算：

$$\sigma_f(或 \tau_f) = \frac{N}{h_e l_w} \leqslant f_t^w \tag{8-60}$$

式中：h_e——角焊缝的有效厚度，对直角焊缝取 $0.7h_f$，h_f 为较小焊脚尺寸；

  l_w——角焊缝的计算长度（mm），每条焊缝取实际长度减去 $2h_f$；

  f_f^w——角焊缝的强度设计值。

5）角焊缝在非轴心力或各种力共同作用下的强度应按下式计算：

$$\sqrt{\sigma_w^2 + \tau_w^2} \leqslant f_f^w \tag{8-61}$$

式中：σ_w——按焊缝有效截面计算、垂直于焊缝长度方向的应力；

  τ_w——按焊缝有效截面计算、沿焊缝长度方向的应力。

6）圆钢与钢板（或型钢）、圆钢与圆钢的连接焊缝抗剪强度应按下式计算：

$$\tau = \frac{N}{h_e l_w} \leqslant f_f^w \tag{8-62}$$

式中：N——作用在连接处的轴心力；

  l_w——焊缝计算长度；

  h_e——焊缝有效厚度，对圆钢与钢板连接取 $h_e = 0.7h_f$；对圆钢与圆钢连接，取

  $h_e = 0.1(d_1 + 2d_2) - a$。

其中，d_1、d_2——大、小钢筋的直径（mm）；

  a——焊缝表面至两根圆钢公切线的距离。

（6）螺栓连接计算：

1）受剪和受拉螺栓连接中，每个螺栓的受剪、承压、受拉承载力设计值应按下列公式计算：

受剪

$$N_v^b = n_v \frac{\pi d^2}{4} f_v^b \tag{8-63}$$

承压

$$N_c^b = d \sum t f_c^b \tag{8-64}$$

受拉

$$N_t^b = \frac{\pi d_e^2}{4} f_t^b \tag{8-65}$$

式中： n_v——每个螺栓的受剪面数目；

  d——螺栓杆直径（mm）；

  d_e——螺栓纹处的有效直径（mm）；

  $\sum t$——在同一受力方向的承压构件的较小总厚度；

f_v^b、f_c^b、f_t^b——螺栓的抗剪、承压、抗拉强度设计值（N/mm²）。

2）承受轴心力的连接所需普通螺栓数目按下式计算：

$$n \geqslant \frac{N}{N^b} \tag{8-66}$$

式中：N^b——螺栓承载力设计值。

3）螺栓同时承受剪力和拉力时应满足下列两式的要求：

$$\sqrt{\left(\frac{N_v}{N_v^b}\right)^2 + \left(\frac{N_t}{N_t^b}\right)^2} \leqslant 1 \tag{8-67}$$

$$N_v \leqslant N_c^b \tag{8-68}$$

式中：N_v、N_t——每个螺栓所承受的剪力、拉力（N）；

  N_v^b、N_c^b、N_t^b——每个螺栓的受剪、承压和受拉承载力设计值。

（7）法兰盘的连接计算：

1）刚性法兰盘的计算。

a. 法兰盘底板应平整，其厚度 t 应按下式计算，并不宜小于 20mm。考虑塑性发展系数 1.2，底板厚度应满足以下公式：

$$t \geqslant \sqrt{\frac{5M_{max}}{f}} \tag{8-69}$$

式中：t——法兰盘底板厚度（mm）；

　　　M_{max}——底板单位宽度最大弯矩，带加劲肋法兰可近似按三边支承矩形板受等效均布压力计算。

b. 当法兰盘仅承受弯矩 M 时，螺栓拉力为：

$$N_{max}^{b} = \frac{My_n}{\sum y_i^2} \leqslant N_t^b \tag{8-70}$$

式中：N_{max}^{b}——离旋转轴距离为 y_n 处螺栓承受的拉力；

　　　y_i——第 i 个螺栓距旋转轴的距离。

旋转轴的确定的原则：对于高强度螺栓，由于构件接触面一直保持密合，因此旋转轴始终位于螺栓群的形心轴上；对于普通螺栓，旋转轴为与弯矩矢量方向平行的、杆件外壁与底板交线之切线。

c. 当法兰盘同时承受拉力 N 和弯矩 M 时，普通螺栓首先假定旋转轴为螺栓群的形心轴，并按下式计算螺栓拉力：

$$\begin{matrix} N_{max}^{b} \\ N_{min}^{b} \end{matrix} = \pm \frac{My_n}{\sum y_i^2} + \frac{N}{n_0} \leqslant N_t^b \tag{8-71}$$

式中：n_0——法兰盘上螺栓数量。

当按上式计算出的 $N_{min}^{b} < 0$ 时，应按下式计算螺栓的拉力：

$$N_{max}^{b} = \frac{(M + Ne)y_n}{\sum y_i^2} \leqslant N_t^b \tag{8-72}$$

式中：e——螺栓群形心轴至普通螺栓旋转轴之间距离。

d. 当法兰盘同时承受拉力 N 和弯矩 M 时，高强通螺栓拉力按下式计算：

$$N_{max}^{b} = \frac{My_n}{\sum y_i^2} + \frac{N}{n_0} \leqslant N_t^b \tag{8-73}$$

2）柔性法兰盘的计算。

无加劲肋的法兰盘称为柔性法兰，其计算方法可按现行国家标准《高耸结构设计规范》GB 50135 的有关规定进行计算。

2　塔架内力计算

（1）概述。

塔架常用的平面形式有正三角形、正方形、正六边形和正八边形等；常用的立面形式有塔柱坡度不变和塔柱坡度变化的；常用的腹杆体系是交叉腹杆和 K 形腹杆。本节所讲的塔架计算方法，只适用于上述常用形式。但其计算原理，仍可用于其他形式的塔架。

平面桁架法是一个比较适用的近似法，但由于没有统一考虑各杆件的变形关系，致使其计算结果不能更可靠地反映实际情况。对于塔柱坡度变化的塔架，平面桁架法将产生更大的误差。对于六边形和六边形以上的塔架，应用平面法在理论上还存在很多缺陷。

目前，比较实用而精确的塔架计算方法，是空间桁架法和网架法。这两个方法都是在统一考虑塔架各杆件变形间的关系而得出的，其基本假定也相同。所不同的是：空间桁架法将塔架视为一个空间铰接桁架，网架法则将塔架视为层间杆件铰接于横杆上的网架；空间桁架法以内力为未知数，网架法以变形为未知数。所以，从原则上讲，这两个方法的不同点在于对横膈的计算方法上。计算精度上，两个方法是很接近的。

空间桁架法又分为简化空间桁架法、分层空间桁架法、整体空间桁架法三种。本节采用简化空间桁架法。计算结果与精确的整体空间桁架法结果相差 10% 左右，满足工程设计要求。

（2）平面桁架法。

1）平面桁架法基本原理及适用范围。

按平面桁架法计算塔架，是将塔架视为由若干个平面桁架所组成。其计算原理是将外力按一定的关系分配到各个平面桁架上，先单独对各个平面桁架进行计算，然后再用迭加原理决定杆件内力。

关于荷载在平面桁架上的分配关系，是按塔架的平面形状和风力的作用方向来决定的。见图 8-22。

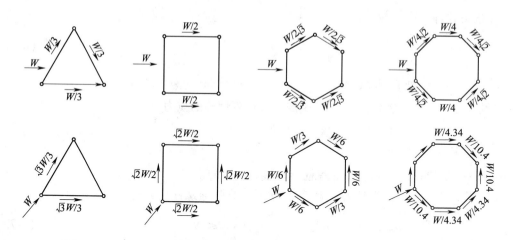

图 8-22　水平荷载 *W* 在塔面上的分配

因为平面桁架法没有统一考虑塔架变形的关系，也没有考虑塔柱坡度改变的影响，同时也不能圆满地解决多边形塔架的计算问题，所以平面桁架法一般只适用于塔柱坡度不变的三角形和四边形塔架。对于多边形塔架，当计算精度要求不高时，也可以采用。

2）塔架杆件内力的计算。

a. 在自重及其他竖向荷载作用下，不考虑腹杆受力，塔柱内力可按下式计算：

$$N = -\frac{\sum G}{n\sin\beta} \tag{8-74}$$

式中：$\sum G$——计算节间以上所有竖向荷载的总和（kN）；

n——塔架的平截面边数；

β——塔柱与水平面的夹角。

b. 三角形和四边形塔架在水平荷载作用下，对于每一平面桁架塔柱和腹杆内力可按表 8-11 计算。

表 8-11　平面桁架法塔架内力计算公式

塔　柱	刚性交叉腹杆	柔性交叉腹杆	横　杆
$N = \pm \dfrac{l_k}{h_i b_1} M_{o1}$	$S = \pm \dfrac{(b_1 - b_2)\, l_s}{2 h_i b_1 b_2} M_{o2}$	$S = \dfrac{(b_1 - b_2)\, l_a}{h_i b_1 b_2} M_{o2}$	$H = \dfrac{(b_1 - b_2)}{h_i b_1} M_{o2}$

注：表中 M_{o1}、M_{o2}——分别为该平面桁架节间以上所有外荷载对 O_1、O_2 点的力矩。其他各几何参数见图 8-23。

按照上述方法求得的杆件内力，系一个平面桁架的内力。实际杆件内力，还需要考虑相邻两平面桁架的叠加关系。

c. 当塔架的平面形状为正六边形或正八边形时，塔架的各杆件内力就不可能完全按照上述方法计算。在水平荷载作用下，正多边形塔架的塔柱内力，可以将塔架当作悬臂梁而求得。为了简化计算，不考虑斜腹杆内力抵抗梁截面上的正应力的作用，塔柱内力为：

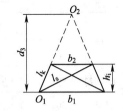

图 8-23　塔架杆件几何关系

$$N = \left(\pm \frac{4M}{nd} - \frac{\sum G}{n} \right) \frac{1}{\sin\beta} \tag{8-75}$$

式中：M——整个塔身在节间 i 以上所有水平荷载对节间 i 上端所产生的力矩；

n——塔身的平截面边数；

d——塔身在节间 i 上端处的外接圆直径；

$\sum G$——计算节间以上所有竖向荷载的总和（kN）；

β——塔柱与水平面的夹角。

（3）空间桁架法。

1）空间桁架法的基本假定。

空间桁架法是根据塔架的构造和受力特点，考虑各杆件变形间的关系而得到的。这个方法建立在下列基本假定的基础上：

a. 假定塔架为空间铰接桁架，所有各杆件的交会点，均为理想的铰接点；

b. 假定塔架各杆件的工作，完全处于弹性阶段；

c. 假定在水平荷载、扭矩荷载及重力荷载的作用下，塔架的变形符合平截面假定，其平截面亦保持几何不变。即塔架的任意平截面，在塔架变形后仍保持平面，并仍保持原来的几何形状；

d. 假定横杆为一不可拉伸、不可压缩的刚性杆件。

2）在水平荷载作用下的杆件内力计算通式。

塔柱最大内力 N 和腹杆最大内力 S 按下列公式计算：

$$N = C_1 \frac{M_y}{D \sin\beta} + C_2 \frac{\sin\alpha \sin\beta_n}{2\sin\beta} S \tag{8-76}$$

$$S = \frac{V_x - \dfrac{2M_y}{D}\cot\beta}{C_3\cos\alpha + C_4\sin\alpha\sin\beta_n\cot\beta + C_5\sin\alpha\cos\beta_n} \tag{8-77}$$

式中：

M_y——在塔段底部绕 y - y 轴作用的弯矩；

V_x——在塔段底部沿 x - x 轴作用的剪力；

α——腹杆同横杆的夹角；

β——塔柱同水平面的夹角；

β_n——塔面同水平面的夹角；

D——塔段底部外接圆直径；

C_1、C_2、C_3、C_4、C_5——系数，按表 8-12 采用。

表 8-12　简化空间桁架法计算塔架柱和腹杆的内力系数

边数	风向	刚性交叉腹杆					柔性交叉腹杆				
		C_1	C_2	C_3	C_4	C_5	C_1	C_2	C_3	C_4	C_5
八边形	正塔面	0.462	− 0.707	8.000	− 3.066	0	0.462	0.500	4.000	− 1.533	0
	对角线	0.500	− 0.829	8.668	− 3.314	0	0.500	0.758	4.334	− 1.658	0
六边形	正塔面	0.577	− 1.000	6.928	− 3.464	0	0.577	0.500	3.464	− 1.732	0
	对角线	0.667	− 1.000	6.000	− 3.000	0	0.667	0.500	3.000	− 1.500	0
四边形	正塔面	0.707	− 1.000	4.000	− 2.328	0	0.707	0	2.000	− 1.414	0
	对角线	1.000	− 2.000	5.656	− 4.000	0	1.000	1.000	2.828	− 2.000	0
三角形	正塔面	1.333	− 2.000	3.464	− 3.000	0	1.333	0	1.732	− 1.000	− 1.000
	对角线	1.333	− 2.000	3.464	− 3.000	0	1.333	− 2.000	1.732	− 2.000	1.000
	平行面	1.155	1.500	3.000	− 2.598	0	1.155	0.250	1.500	− 1.299	0

简图

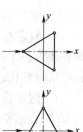

3）在竖向荷载作用下塔架内力。

塔架在竖向力作用下，根据荷载和结构的对称性以及不同腹杆形式的特点知：

a. 对于刚性交叉腹杆塔架，任意平面的所有塔柱内力均相等，所有腹杆内力均相等；

b. 对于柔性交叉腹杆塔架，任意平面的所有塔柱内力均相等，所有腹杆内力均为零；

c. 对于 K 形交叉腹杆塔架，任意平面的所有塔柱内力均相等，所有腹杆内力均为零。

对于刚性交叉腹杆塔架：

$$N = - \frac{\sum G}{n\sin\beta\left(1 + 2\eta\frac{l_k}{l_s}\right)} \tag{8-78}$$

$$S = - \frac{\eta \sum G}{n\sin\beta\left(1 + 2\eta\frac{l_k}{l_s}\right)} \tag{8-79}$$

$$\eta = \left(\frac{l_k}{l_s}\right)^2 \left(\frac{A_s}{A_K}\right) \tag{8-80}$$

对于柔性交叉腹杆和 K 形腹杆塔架：

$$N = - \frac{\sum G}{n\sin\beta} \tag{8-81}$$

$$S = 0 \tag{8-82}$$

式中：A_s、A_K——刚性交叉腹杆和塔柱截面面积。

4）在扭矩 M_z 作用下，由结构的对称性可知，不论哪种腹杆形式的塔架，同截面的所有塔柱内力均应相等；刚性交叉腹杆和 K 形腹杆的塔架，腹杆内力为等值而符号相反的两组；柔性交叉腹杆塔架，则有一半腹杆受拉而另一半腹杆内力为零。这样，所有塔柱和腹杆内力，只需用静力平衡条件求得：

对于刚性交叉腹杆和 K 形腹杆塔架：

$$S = \frac{M_z}{nd\cos\alpha\cos\frac{\pi}{n}} \tag{8-83}$$

$$N = 0 \tag{8-84}$$

对于柔性交叉腹杆塔架：

$$S = \frac{2M_z}{nd\cos\alpha\cos\frac{\pi}{n}} \tag{8-85}$$

$$N = - \frac{2M_z}{nd\cos\alpha\cos\frac{\pi}{n}} \tag{8-86}$$

式中：M_z——整个塔身在节间 i 以上所有不对称水平荷载对节间 i 上端所产生的扭矩；

　　　d——节间 i 上端的塔架外接圆直径。

5）埃菲尔效应。

对于抛物线形四边形钢塔，由于其下部塔柱斜度较大，有较强的抗剪能力，从而使得相应层的腹杆所承受的剪力减小。而实际上当风的分布状况发生变化时，腹杆的内力会大大超过这一数值。这一现象称为"埃菲尔效应"。因此，工程设计中应控制腹杆最小内力值。

当计算所得四边形钢塔腹杆承担的剪力与同层塔柱承担的剪力之比 $\Delta = \left| \dfrac{Vb}{\sqrt{2}M\tan\theta} - 1 \right| \leqslant 0.4$ 时，腹杆最小轴力取塔柱内力乘以系数 α：

$$\alpha = \mu(0.228 + 0.649\Delta)\frac{b}{h} \tag{8-87}$$

式中：M——整个塔身在节间 i 以上所有水平荷载对节间 i 上端所产生的力矩；

　　　V——整个塔身在节间 i 以上所有水平荷载对节间 i 上端所产生的剪力；

　　　b——节间 i 上端的塔架宽度；

　　　θ——为塔柱与铅垂线之夹角；

　　　h——为计算截面以上塔体高度；

　　　μ——刚性腹杆取 1，柔性腹杆取 2。

6）横杆内力计算。

对于无横膈节间的横杆，有了塔柱和腹杆的内力，横杆内力可以利用节点法求得。

设所求横杆内力为 H，对应节点上下塔柱内力分别为 N_1、N_2，长度分别为 l_{K1}、l_{K2}；

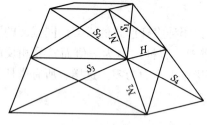

图 8-24　塔架节点内力图

腹杆内力分别 S_1、S_2、S_3、S_4（见图 8-24），对应长度分别为 l_{s1}、l_{s2}、l_{s3}、l_{s4}；节点所在塔架水平截面外接圆直径为 d，节点相邻节间之上节间之上端面和下节间之下端面所在圆直径分别为 d'、D。据此，将该节点所有杆件的轴力投影于水平面上，再通过节点做一条垂直于左侧横杆的直线 uu，则由 $\sum F_{uu} = 0$ 可得：

$$H = \rho_{H1}\left(N_2\frac{D-d}{l_{K2}} - N_1\frac{d-d'}{l_{K1}}\right) + \left(S_3\frac{m_3}{l_{s3}} - S_1\frac{m_1}{l_{s1}} - S_2\frac{m_2}{l_{s2}} - S_4\frac{m_4}{l_{s4}}\right) \tag{8-88}$$

$$m_1 = d\sin\frac{\pi}{n} + \rho_{H2}(d - d') \tag{8-89}$$

$$m_2 = \rho_{H1}(d - d') \tag{8-90}$$

$$m_3 = \rho_{H1}(D - d) \tag{8-91}$$

$$m_4 = d\sin\frac{\pi}{n} - \rho_{H2}(D - d) \tag{8-92}$$

式中：ρ_{H1}、ρ_{H2}——与塔架平面形状有关的常数，其值见表 8-13。

表 8-13　计算系数 ρ_{H1}、ρ_{H2} 用表

塔架边数	正八边形		正六边形		正四边形		正三边形	
风向	正塔面	对角线	正塔面	对角线	正塔面	对角线	正塔面	对角线
ρ_{H1}	0.653	0.653	0.5	0.5	0.354	0.354	0.288	0.288
ρ_{H2}	0.268	0.268	0.0	0.0	-0.354	-0.354	-0.866	-0.866

7）横膈计算。

横膈内力要根据其构造形式进行计算。当上下塔柱和腹杆内力已知时，则横膈结构将构成一个平面结构。如不考虑横杆及横杆本身的风荷载，则这个平面结构的荷载如图8-25所示，可分为径向荷载 R 和切向荷载 T。这些荷载可按下式计算：

$$R = \left(N_2 \frac{D-d}{2l_{k2}} - N_1 \frac{d-d'}{2l_{k1}} \right) - (S_1 + S_2)\left[\left(2\sin^2 \frac{\pi}{n} - 1 \right) + \frac{d}{d'} \right] \frac{d'}{2l_{s1}}$$

$$+ (S_3 + S_4)\left[\left(1 - 2\sin^2 \frac{\pi}{n} \right) - \frac{d}{D} \right] \frac{D}{2l_{s3}} \tag{8-93}$$

$$T = (S_1 - S_2)\left(\frac{d' \cos^2 \frac{\pi}{n}}{l_{s1}} \right) + (S_4 - S_3)\left(\frac{D \cos^2 \frac{\pi}{n}}{l_{s3}} \right) \tag{8-94}$$

公式中符号参见图 8-25。

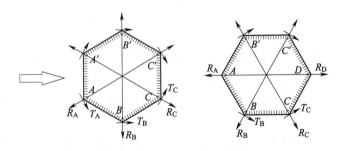

图 8-25　横膈受力图

上述所有节点荷载的总和，应当是平衡的。有了横膈荷载，用结构力学方法不难求出横膈各杆件内力。在实际工程设计中，横膈结构一般由构造上的要求而决定的。所以，在计算中，可不必进行横膈内力分析。

3　塔架的位移计算

简化空间桁架法中的塔架位移，采用共轭梁法进行计算。视塔架为一直立的悬臂梁，梁任一点处的弯矩为 M，对应虚梁的荷载为 M/EI，以塔顶为支座的虚梁任一点的弯矩即为塔架在该截面的水平位移。

塔架任一截面的抗弯刚度公式为：

$$EI = E\left(A_c \cdot \sum_{i=1}^{n} a_i^2 + nI_c \right) \tag{8-95}$$

式中：A_c——所计算塔层的塔柱截面积；

a_i——塔柱主轴至塔架平截面中和轴的距离；

I_c——塔柱截面对其形心轴的惯性矩。

由于塔架实际上是一个杆件结构，其塔身除了弯曲变形外，还有剪切变形。按共轭梁法算的塔架位移，未计入剪切变形的影响，故按此法求得的位移应乘以修正系数。对刚性交叉腹杆塔架和 K 形腹杆塔架，修正系数取 1.05，对柔性交叉腹杆塔架，修正系数取 1.10。

4 塔架的自振周期计算

塔架的自振周期，是确定塔架设计风荷载和地震荷载的依据。所以在确定塔身几何尺寸以后，首先需要计算的就是塔架自振周期。塔架自振周期的计算方法很多，这里仅给出一种近似而适用的方法，计算公式为：

$$T_1 = 2\pi \sqrt{\frac{y_n \sum_{i=1}^{n} G_i \left(y_i / y_n\right)^2}{g}} \qquad (8\text{-}96)$$

式中： G_i ——分布在塔身各处的重量（kN）；

　　　y_i ——在塔顶作用单位水平力 $F = 1\text{kN}$ 时，在重量 G_i 处产生的位移（m/kN）；

　　　y_n ——在塔顶作用单位水平力 $F = 1\text{kN}$ 时，顶部重量 G_n 处产生的位移（m/kN）；

　　　g ——重力加速度（9.8m/s^2）。

对于塔架式钢烟囱高振型自振周期可参考以下经验公式进行近似估算：

$$T_2 = 0.352 T_1 \qquad (8\text{-}97)$$

$$T_3 = 0.2 T_1 \qquad (8\text{-}98)$$

塔架的质量分布不均匀，在确定 G_i 时，应分段进行，分段原则如下：

（1）塔身结构部分，应和具有较大质量的附属结构及其他设备分开。例如较大的平台结构等，应视为一个集中质量，作用在质量重心处。

（2）对质量沿高度不变的塔架部分，应适当地分成若干段，每一段的质量也看作是作用在其质量重心处的集中质量。

（3）对质量沿塔架高度变化的塔架部分，在其变化发生突变的地方，应该是分段的界限。无突变点或突变点较少时，也应该适当地分成若干段。每一段的质量也看作是作用在其质量重心处的集中质量。质量重心，可以近似地视为在其几何形心处。

采用这一方法计算时，分段越细，计算结果越精确。但分段过细，将大大增加计算工作量。

8.4.5 排烟筒内力计算

假定排烟筒的水平位移与塔架水平位移在各支承点处相等，排烟筒在竖向相对塔架可以自由滑动。因此，筒身可以看作底部固定，其他支承点为弹性滚动支座的连续梁。由于排烟筒刚度相对塔架刚度非常小，因此，可以认为排烟筒完全依附于塔架之上，塔架位移计算时不考虑排烟筒的刚度贡献。

排烟筒的内力可以认为由两部分构成：一部分是支座无水平位移、承受分布荷载的连续梁；另一部分是由于支座位移而产生的内力，其中各支承点位移等于塔架相应点位移。

8.4.6 构造要求

1 一般规定

（1）杆件长细比规定。

1）塔柱：塔柱长细比不应大于120，但实际上，要达到经济合理的目的，塔杜的长细比宜满足 Q235 钢材：$\lambda \leqslant 80$；Q345 钢材：$\lambda \leqslant 60$。

2）其他杆件长细比 λ 不应超过表 8-14 规定值。

表 8-14 构件容许长细比最大值

受 压 杆		受 拉 杆		拉索式钢烟囱
斜杆、横杆	辅助杆	一般受拉杆件	预应力杆件	两相邻纤绳之间筒身长细比
150	200	350	不限	150

（2）所有杆件的交点必须通过杆件的轴线汇交于一点，不得有偏心。

（3）角钢塔的腹杆应伸入弦杆，钢管塔腹杆用相贯线焊缝焊于弦杆上。钢塔腹杆应直接与弦杆相连，或采用不小于腹杆厚度的节点板连接；当采用螺栓连接时，腹杆与弦杆间的净距离不宜大于 10mm。

（4）钢塔架主要受力杆件（包括塔柱、横杆、斜杆及横膈）及连接杆件宜符合下列要求：

1）钢板厚度不小于 5mm；

2）角钢截面不小于 L 45×4；

3）圆钢直径不小于 16mm；

4）钢管壁厚不小于 4mm。

2 焊缝连接

（1）焊接材料的强度宜与主体钢材强度相适应。当不同强度的钢材焊接时，宜按强度低的钢材选择焊接材料。当大直径圆钢对接焊时，宜采用铜模电渣焊及熔渣焊，也可用 X 形坡口点渣焊。对接焊缝强度不应低于母材强度。当钢管对接焊接时，焊缝强度应不低于钢管的连接强度。

（2）焊缝的布置应对称于构件的重心，避免立体交叉和集中在一处。

（3）焊缝的坡口形式应根据焊件尺寸和施工条件按现行有关标准的要求确定，并应符合下列规定：

1）钢板对接的过渡段的坡度不得大于 1:4；

2）钢管或圆钢对接的过渡段长度不得小于直径差的 2 倍。

（4）角焊缝的尺寸应符合下列要求：

1）角焊缝的焊脚尺寸 h_f 不得小于 $1.5\sqrt{t}$（t 为较厚焊件的厚度 mm），并不得大于较薄焊件厚度的 1.2 倍。当焊件厚度小于或等于 4mm 时，最小焊脚尺寸可取与焊件厚度相同。

2）焊件边缘的角焊缝最大焊脚尺寸，当焊件厚度 $t \leqslant 6$mm 时，取 $h_f \leqslant t$；当焊件厚度 $t > 6$mm 时，取 $h_f \leqslant t - (1 \sim 2)$ mm。

3）侧面角焊缝或正面角焊缝的计算长度不应小于 $8h_f$ 和 40mm，并不应大于 $40h_f$。若内力沿侧面角焊缝全长分布，则计算长度不受此限。

4）圆钢与圆钢、圆钢与钢板（或型钢）间的角焊缝有效厚度，不宜小于圆钢直径的 0.2 倍（当圆钢直径不等时，取平均直径），且不宜小于 3mm，并不大于钢板厚度的 1.2 倍。计算长度不应小于 20mm。

3 螺栓连接

（1）构件采用螺栓连接时，连接螺栓直径不应小于 12mm，每一杆件在接头一边的螺栓数量不宜少于 2 个，连接法兰盘的螺栓数量不应少于 3 个。塔柱角钢连接，在接头一边的螺栓数量不应少于 6 个。

（2）螺栓排列和距离应符合表 8-15 的要求。

表 8-15　螺栓的排列和允许距离

名称	位置和方向			最大允许距离（取两者较小值）	最小允许距离
中心距离	外排			$8d_0$ 或 $12t$	$3d_0$
	中间排	垂直内力方向		$16d_0$ 或 $24t$	
		顺内力方向	构件受压	$12d_0$ 或 $18t$	
			构件受拉	$16d_0$ 或 $24t$	
	延对角线方向			—	
中心至构件边缘距离	顺内力方向			$4d_0$ 或 $8t$	$2d_0$
	垂直内力方向	剪切边或手工气割边			$1.5d_0$
		轧制边、自动气割或锯割边	高强度螺栓		
			其他螺栓或铆钉		$1.2d_0$

注：1　d_0 为螺栓或铆钉的孔径，t 为外层较薄板件的厚度。
　　2　钢板边缘与刚性构件（如角钢、槽钢等）相连的螺栓或铆钉的最大间距，可按中间排的数值采用。

（3）受剪螺栓的螺纹不宜进入剪切面，受拉螺栓及位于受振动部位的螺栓应采取防松措施。

（4）在同一个节点上，不应采用两种以上直径的螺栓。同时采用焊接和螺栓连接的节点，不应考虑两种连接同时受力。

4 法兰盘连接

（1）当圆钢或钢管与法兰盘焊接且设置加劲肋时，加劲肋的厚度除应满足支承法兰板的受力要求及焊缝传力要求外，还不宜小于肋长的 1/15，并不宜小于 5mm。

（2）塔柱由角钢或其他格构式杆件组成时，塔柱与法兰盘的连接构造和计算应与柱脚的相同。

5 滑道式连接

钢塔架平台与排烟筒连接时，可采用滑道式连接（图 8-26）。

图 8-26　滑道式连接

附表 A 轴心受压钢构件的截面分类

截面类别	截面形式和对应轴线
a 类	轧制(焊接为b类)
b 类	

附表 B a 类截面轴心受压构件的稳定系数 φ

$\lambda\sqrt{\dfrac{f_y}{235}}$	0	1.0	2.0	3.0	4.0	5.0	6.0	7.0	8.0	9.0
0	1.000	1.000	1.000	1.000	0.999	0.999	0.998	0.998	0.997	0.996
10	0.995	0.994	0.993	0.992	0.991	0.989	0.988	0.986	0.985	0.983
20	0.981	0.979	0.977	0.976	0.974	0.972	0.970	0.968	0.966	0.964
30	0.963	0.961	0.959	0.957	0.955	0.952	0.950	0.948	0.946	0.944
40	0.941	0.939	0.937	0.934	0.932	0.929	0.927	0.924	0.921	0.919
50	0.916	0.913	0.910	0.907	0.904	0.900	0.897	0.894	0.890	0.886
60	0.883	0.879	0.875	0.871	0.867	0.863	0.858	0.854	0.849	0.844
70	0.839	0.834	0.829	0.824	0.818	0.813	0.807	0.801	0.795	0.789
80	0.783	0.776	0.770	0.763	0.757	0.750	0.743	0.736	0.728	0.721
90	0.714	0.706	0.699	0.691	0.684	0.676	0.668	0.661	0.653	0.645
100	0.638	0.630	0.622	0.615	0.607	0.600	0.592	0.585	0.577	0.570
110	0.563	0.555	0.548	0.541	0.534	0.527	0.520	0.514	0.507	0.500

续附表 B

$\lambda\sqrt{\dfrac{f_y}{235}}$	0	1.0	2.0	3.0	4.0	5.0	6.0	7.0	8.0	9.0
120	0.494	0.488	0.481	0.475	0.469	0.463	0.457	0.451	0.445	0.440
130	0.434	0.429	0.423	0.418	0.412	0.407	0.402	0.397	0.392	0.387
140	0.383	0.378	0.373	0.369	0.364	0.360	0.356	0.351	0.347	0.343
150	0.339	0.335	0.331	0.327	0.323	0.320	0.316	0.312	0.309	0.305
160	0.302	0.298	0.295	0.292	0.289	0.285	0.282	0.279	0.276	0.273
170	0.270	0.267	0.264	0.262	0.259	0.256	0.253	0.251	0.248	0.246
180	0.243	0.241	0.238	0.236	0.233	0.231	0.229	0.226	0.224	0.222
190	0.220	0.218	0.215	0.213	0.211	0.209	0.207	0.205	0.203	0.201
200	0.199	0.198	0.196	0.194	0.192	0.190	0.189	0.187	0.185	0.183
210	0.182	0.180	0.179	0.177	0.175	0.174	0.172	0.171	0.169	0.168
220	0.166	0.165	0.164	0.162	0.161	0.159	0.158	0.157	0.155	0.154
230	0.153	0.152	0.150	0.149	0.148	0.147	0.146	0.144	0.143	0.142
240	0.141	0.140	0.139	0.138	0.136	0.135	0.134	0.133	0.132	0.131
250	0.130	—	—	—	—	—	—	—	—	—

附表 C　b 类截面轴心受压构件的稳定系数 φ

$\lambda\sqrt{\dfrac{f_y}{235}}$	0	1.0	2.0	3.0	4.0	5.0	6.0	7.0	8.0	9.0
0	1.000	1.000	1.000	0.999	0.999	0.998	0.997	0.996	0.995	0.994
10	0.992	0.991	0.989	0.987	0.985	0.983	0.981	0.978	0.976	0.973
20	0.970	0.967	0.963	0.960	0.957	0.953	0.950	0.946	0.943	0.939
30	0.936	0.932	0.929	0.925	0.922	0.918	0.914	0.910	0.906	0.903
40	0.899	0.895	0.891	0.887	0.882	0.878	0.874	0.870	0.865	0.861
50	0.856	0.852	0.847	0.842	0.838	0.833	0.828	0.823	0.818	0.813
60	0.807	0.802	0.797	0.791	0.786	0.780	0.774	0.769	0.763	0.757
70	0.751	0.745	0.739	0.732	0.726	0.720	0.714	0.707	0.701	0.694
80	0.688	0.681	0.675	0.668	0.661	0.655	0.648	0.641	0.635	0.628
90	0.621	0.614	0.608	0.601	0.594	0.588	0.581	0.575	0.568	0.561
100	0.555	0.549	0.542	0.536	0.529	0.523	0.517	0.511	0.505	0.499
110	0.493	0.487	0.481	0.475	0.470	0.464	0.458	0.453	0.447	0.442
120	0.437	0.432	0.426	0.421	0.416	0.411	0.406	0.402	0.397	0.392
130	0.387	0.383	0.378	0.374	0.370	0.365	0.361	0.357	0.353	0.349
140	0.345	0.341	0.337	0.333	0.329	0.326	0.322	0.318	0.315	0.311
150	0.308	0.304	0.301	0.298	0.295	0.291	0.288	0.285	0.282	0.279
160	0.276	0.273	0.270	0.267	0.265	0.262	0.259	0.256	0.254	0.251

续附表 C

$\lambda\sqrt{\dfrac{f_y}{235}}$	0	1.0	2.0	3.0	4.0	5.0	6.0	7.0	8.0	9.0
170	0.249	0.246	0.244	0.241	0.239	0.236	0.234	0.232	0.229	0.227
180	0.225	0.223	0.220	0.218	0.216	0.214	0.212	0.210	0.208	0.206
190	0.204	0.202	0.200	0.198	0.197	0.195	0.193	0.191	0.190	0.188
200	0.186	0.184	0.183	0.181	0.180	0.178	0.176	0.175	0.173	0.172
210	0.170	0.169	0.167	0.166	0.165	0.163	0.162	0.160	0.159	0.158
220	0.156	0.155	0.154	0.153	0.151	0.150	0.149	0.148	0.146	0.145
230	0.144	0.143	0.142	0.141	0.140	0.138	0.137	0.136	0.135	0.134
240	0.133	0.132	0.131	0.130	0.129	0.128	0.127	0.126	0.125	0.124
250	0.123	—	—	—	—	—	—	—	—	—

9 钢内筒与砖内筒烟囱

套筒式或多管式烟囱一般用于排放燃煤（油、气）含硫量较高、烟气脱硫处理等腐蚀性较强的烟气条件状况。根据已有的工程实践经验，套筒式或多管式烟囱的内筒结构可选用砖砌排烟筒，也可选用钢排烟筒。钢排烟筒结构根据条件可采用自承重结构体系、整体悬挂式结构体系和分段悬挂式结构体系。

套筒式或多管式钢内筒烟囱由钢筋混凝土外筒、钢内筒、钢结构平台、横向止晃装置和附属设施等部分组成。附属设施包括：航空信号标志、避雷接地装置、内部照明和通信、上下垂直交通、监测系统、维修设施、通风措施等。

套筒式或多管式钢内筒烟囱按排烟筒的结构形式可分为自立式和悬挂式。悬挂式又可分为分段悬挂和整体悬挂两种。钢内筒烟囱可依据工程实际情况，选择钢内筒结构支承形式。自立式钢内筒烟囱的内筒直接坐落在下部的烟囱基础板面上。这类烟囱的优点是结构简单，不必设置支承钢内筒烟囱的承重平台；缺点是钢内筒的用钢量较悬挂式钢内筒烟囱要高，与水平烟道的接口设计有一定的要求，水平烟道温度膨胀会对钢内筒产生不利影响。自立式钢内筒烟囱是目前国内外多管式钢内筒烟囱设计中最广泛采用的一种。

整体悬挂式钢内筒烟囱的内筒直接悬挂于烟囱的内部的承重平台上；分段悬挂式钢内筒烟囱的内筒根据工程实际情况分成数段，分别悬挂于各承重平台上，各段之间用膨胀节连接。悬挂式钢内筒烟囱的优点是筒体以受拉为主，能更好地发挥材料的性能，尽量避免钢板局部压屈，钢内筒的用钢量较自立式钢内筒烟囱要低，对钢筋混凝土外筒的设计也有利；缺点是膨胀节的设计较为复杂，承重平台的结构设计较自立式要复杂，承重平台用钢量较自立式钢内筒烟囱要高。

图 9-1 为不同结构类型的钢内筒烟囱示例。

9.1 一 般 规 定

（1）钢内筒烟囱的布置。

多管式钢内筒烟囱的排烟筒与外筒壁之间的净间距以及排烟筒之间的净间距不宜小于 750mm。其排烟筒高出钢筋混凝土外筒的高度不宜小于排烟筒直径，且不宜小于 3m。套筒式钢内筒烟囱的排烟筒与外筒壁之间的净间距 a 不宜小于 1000mm。其排烟筒高出钢筋混凝土外筒的高度 h 宜在 2 倍的内外筒净间距 a 至一倍钢内筒直径范围内。

多管式、套筒式钢内筒烟囱的布置图详见图 9-2 和图 9-3。

（2）钢内筒应设置止晃装置，作为钢内筒横向约束。

（3）钢梯宜设置在钢筋混凝土外筒内部。当运行维护需要时，可设置客货两用电梯，应根据具体工程论证后确定。

（4）计算原则及规定。

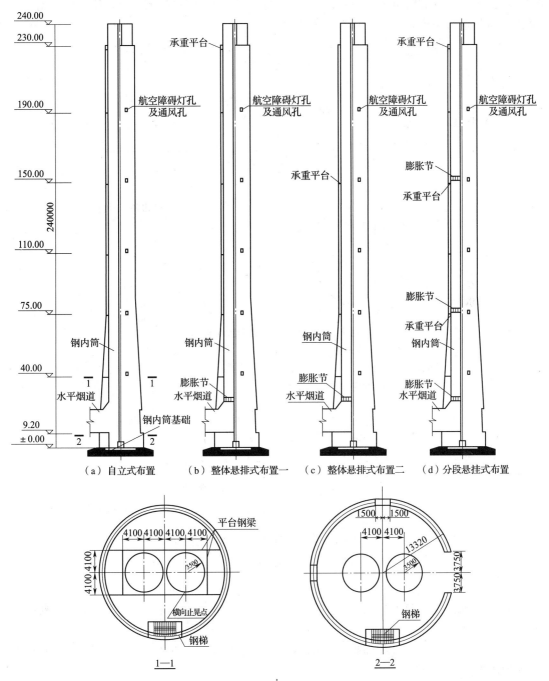

图 9-1　钢内筒烟囱结构类型示例

1）钢筋混凝土外筒计算。

承重钢筋混凝土外筒应进行承载能力极限状态计算和正常使用极限状态验算。

计算钢筋混凝土外筒时，除考虑自重（包括分段支承的内筒和平台及悬挂式钢内筒自重）、风荷载、日照、基础倾斜、地震作用及附加弯矩外，还应根据实际情况，考虑平台荷载及安装检修荷载。由于钢内筒的刚度相对于钢筋混凝土外筒的刚度要小很多，故在钢筋混凝土外筒计算时可不考虑钢内筒抗弯刚度的影响，而仅将钢内筒的质量作为附加水平参震质量进行考虑。

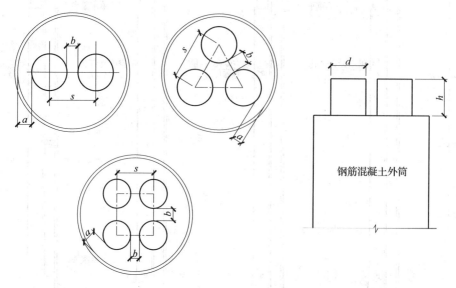

图 9-2　多管式钢内筒烟囱布置图

a—排烟筒与外筒壁之间的净间距；b—排烟筒之间的净间距
s—排烟筒之间的间距；d—排烟筒的直径；h—排烟筒高出混凝土外筒的高度

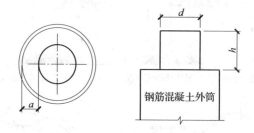

图 9-3　套筒式钢内筒烟囱布置图

a—排烟筒与外筒壁之间的净间距；d—排烟筒的直径；h—排烟筒高出混凝土外筒的高度

2）钢内筒计算。

a. 自立式钢内筒应进行强度、整体稳定、局部稳定、洞口补强、止晃装置、底板和地脚螺栓计算。

b. 悬挂式钢内筒应进行强度、整体稳定、局部稳定、止晃装置、悬挂节点强度及悬挂下端最大水平位移计算。

c. 自立式钢内筒的极限承载能力计算，除应考虑自重荷载、烟气温度作用外，还应考虑外筒在承受风荷载、地震作用、附加弯矩、烟道水平推力及施工安装和检修荷载对它的影响。

d. 钢内筒内壁应根据内衬材料特性及烟气条件，考虑 0～50mm 厚积灰荷载。干积灰重力密度可取 $10.4kN/m^3$；潮湿积灰重力密度可取 $11.7kN/m^3$；湿积灰重力密度可取 $12.8kN/m^3$。

e. 钢内筒计算时，对非正常烟气运行温度工况，对应外筒风荷载组合值系数取0.2。

f. 顶部平台以上部分钢内筒的风压脉动系数、风振系数可近似按外筒顶部标高处的数值采用。

g. 钢内筒在支承位置以上自由段的相对变形应小于其自由段高度的1/100。变形和强度计算时，不考虑腐蚀裕度的刚度和强度影响。

h. 钢内筒外层表面温度应不大于50℃。

（5）平台活荷载。

1）承重平台。分段支承钢内筒烟筒和悬挂式钢内筒烟筒的承重平台除考虑承受排烟筒自重荷载外，还应考虑7kN/m² ~ 11kN/m²的施工检修荷载。当构件从属受荷面积大于或等于50m²时取小值，小于或等于20m²时取大值，中间线性插值。

2）吊装平台。用于自立式或悬挂式钢内筒的吊装平台，应根据施工吊装方案，确定荷载设计值。但平台各构件应考虑7kN/m² ~ 11kN/m²的活荷载。当构件从属受荷面积大于或等于50m²时取小值，小于或等于20m²时取大值，中间线性插值。

3）非承重检修平台、采样平台和障碍灯平台，活荷载可取3kN/m²。

4）套筒式或多管式钢筋混凝土烟囱顶部平台活荷载可取7kN/m²。

9.2　自立式钢内筒烟囱

9.2.1　自立式钢内筒烟囱计算原则

1　自立式钢内筒的内力计算假定

（1）钢内筒可看作一个梁柱构件，按梁理论计算其纵向应力。

（2）考虑在风荷载和地震作用下钢筋混凝土外筒变形对钢内筒的影响，钢内筒可认为是依靠平台梁及止晃装置支撑在刚性钢筋混凝土外筒上的连续梁。

（3）在风荷载和地震作用下钢内筒和钢筋混凝土外筒在横向止晃装置处变位一致。

（4）在集中荷载作用点处所设环向加劲肋应足以保证钢内筒截面的圆整度并降低局部应力。

（5）自立式钢内筒在烟气温差作用下将产生变位，此时钢内筒可考虑为依靠平台梁及止晃装置支撑在刚性钢筋混凝土外筒上的连续梁，同时承受烟气温差在各支撑平台处产生的变位。

2　风荷载作用下外筒变形引起的钢内筒弯矩计算

设内筒从下到上有1，2，$\cdots i$，$\cdots$，n处水平约束（止晃装置），相应的外筒传来的计算水平变位分别为Δ_1，$\Delta_2 \cdots \Delta_i \cdots \Delta_n$，这些水平变位实际水平力为$P_1$，$P_2 \cdots P_i \cdots P_n$。计算简图可如图9-4所示，并建立力法方程如下：

$$\{\delta\}\{P\} + \{\Delta_{1q}\} = \{\Delta\} \tag{9-1}$$

式中：$\{\delta\}$——表示$P_j = 1$单独作用时在i处产生的位移；

$\{\Delta_{1q}\}$——钢内筒顶部风荷载q单独作用下，各点产

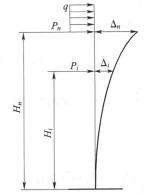

图9-4　钢内筒弯矩计算简图

生的位移；

　　{P}——支承平台反力；

　　{Δ}——支承平台处外筒在风荷载作用下的位移。

从而得到内筒各截面弯矩为：

$$M_i = \sum_{j=i+1}^{n} P_j H_j + M_{qi} \tag{9-2}$$

式中：M_{qi}——钢内筒顶部风荷载 q 在各截面之处产生的弯矩；

　　　　H_j——荷载 P_j 作用点距截面 i 处的垂直距离。

3　地震作用下外筒变形引起的钢内筒内力计算

　　水平地震作用在钢内筒中产生的内力由两部分组成，即外筒在地震作用下变形使钢内筒产生的内力 R_1 和钢内筒自身的惯性产生的地震内力 R_2。前者的弯矩可按风荷载作用下外筒变形引起的钢内筒弯矩计算方法确定。

　　当横向支承结构沿烟囱高度布置较密时，多跨钢内筒由自身惯性产生的内力 R_2 很小，可略去不计。

4　烟气温差作用下钢内筒变形引起的内力计算

　　钢内筒在温度作用下将产生变形，并会在止晃平台处受到外筒的约束，由此在截面上产生内力。温度效应由烟气在纵向及环向产生的不均匀温差所引起，要计算出由温度效应在截面上产生的内力就需要先计算出温差下钢内筒烟囱产生的变形。

　　在温差作用下，钢内筒的水平变位由两部分组成：第一部分是烟道口区域温差产生的变形，见图9-5（c）中曲线"1"，它沿高度呈线性变化；第二部分是由烟道口以上截面温差引起的变形，它沿高度呈曲线变化。图9-5（c）中曲线"2"是总变形曲线 u_x。

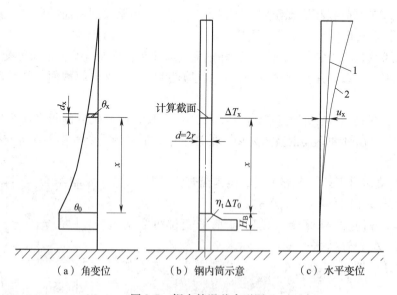

（a）角变位　　　　　（b）钢内筒示意　　　　　（c）水平变位

图9-5　钢内筒温差变形图

　　钢内筒由烟气温差作用产生的内力应根据各层支承平台约束情况确定。内筒可按梁柱计算模型处理，并令各层支承平台位置的位移与烟气温差作用下产生的相应位置处的水平位移相等来计算内筒内力。

9.2.2 设计控制条件

1 自振周期限制

钢内筒和钢筋混凝土外筒的基本自振周期宜满足下式：

$$\left| \frac{(T_c - T_s)}{T_c} \right| \geq 0.2 \tag{9-3}$$

式中：T_c——钢筋混凝土外筒的基本自振周期（s）；

T_s——钢内筒的基本自振周期（s）。

钢内筒的基本自振周期可按内外筒计算模型联解得到，工程设计中亦可按下列连续梁近似公式计算最大跨度段钢内筒的基本自振周期：

$$T_s = \alpha_t \sqrt{\frac{G_0 \times l_{max}^4}{9.81E \times I}} \tag{9-4}$$

式中：T_s——钢内筒基本自振周期（s）；

α_t——特征系数，根据该段钢内筒支承条件按以下情况取值：当二端铰接支承：$\alpha_t = 0.637$；当一端固定、一端铰接：$\alpha_t = 0.408$；当二端固定支承：$\alpha_t = 0.281$；当一端固定、一端自由：$\alpha_t = 1.786$。

I——截面惯性矩（m^4）。计算时，不考虑截面开孔影响；当钢内筒内设有半刚性喷涂保护层时，其刚度影响不考虑；当钢板预留有腐蚀厚度裕度时，应对包括腐蚀裕度时钢内筒截面刚度及不计腐蚀裕度时钢内筒截面刚度分别计算；

G_0——钢内筒单位长度重量（N/m），包括保温、防护层等所有结构的自重；

l_{max}——钢内筒相邻横向支承点最大间距（m）；

E——钢材的弹性模量（N/m^2）。

2 极限长细比

钢内筒长细比应满足下式要求：

$$\frac{l_0}{i} \leq 80 \tag{9-5}$$

式中：l_0——钢内筒相邻横向支承点间距（m）；

i——钢内筒截面回转半径（m），对圆环形截面，取 $i = 0.707r$（r 为环形截面的平均半径）。

9.2.3 自立式钢内筒计算

1 自立式钢内筒在烟气温差作用下的内力计算

（1）烟道口高度范围内烟气温差：

$$\Delta T_0 = \beta T_g \tag{9-6}$$

式中：ΔT_0——烟道入口高度范围内烟气温差（℃）；

β——烟道口范围烟气不均匀温度变化系数，宜根据实际工程情况选取，当无可靠经验时，可按表9-1选取。

表 9-1　烟道口范围烟气不均匀温度变化系数 β

烟道情况	一个烟道		两个或多个烟道	
	干式除尘	湿式除尘或湿法脱硫	直接与烟囱连接	在烟囱外部通过汇流烟道连接
β	0.15	0.30	0.80	0.45

注：多烟道时，烟气温度 T_g 按各烟道烟气流量加权平均值选取。

（2）烟道口上部烟气温差：

$$\Delta T_g = \Delta T_0 \cdot e^{-\zeta_t \cdot z/d} \tag{9-7}$$

式中：ΔT_g——距离烟道口顶部 z 高度处的烟气温差（℃）；

ζ_t——衰减系数；多烟道且设有隔烟墙时，取 $\zeta_t = 0.15$；其余情况取 $\zeta_t = 0.40$；

z——距离烟道口顶部计算点的距离（m）；

d——烟道口上部筒壁厚度中点所在圆直径（m）。

（3）沿烟囱直径两端，筒壁厚度中点处温度差：

$$\Delta T_m = \Delta T_g \left(1 - \frac{R_{tot}^c}{R_{tot}}\right) \tag{9-8}$$

式中：R_{tot}^c——从烟气到内筒筒壁中点的总热阻（$m^2 \cdot K/W$）；

R_{tot}——内衬、隔热层、筒壁或基础环壁及环壁外侧计算土层等总热阻（$m^2 \cdot K/W$）。

（4）自立式钢内筒由烟气温差作用产生的水平位移：

$$u_x = \theta_0 H_B \left(z + \frac{1}{2}H_B\right) + \frac{\theta_0}{V}\left[z - \frac{1}{V}(1 - e^{-Vz})\right] \tag{9-9}$$

$$\theta_0 = 0.811 \times \frac{\alpha_z \Delta T_{m0}}{d} \tag{9-10}$$

$$V = \zeta t/d \tag{9-11}$$

式中：u_x——距离烟道口顶部 z 处筒壁截面的水平位移（m）；

θ_0——在烟道口范围内的截面转角变位（rad）；

H_B——筒壁烟道口高度（m）；

α_z——筒壁材料的纵向膨胀系数；

ΔT_{m0}——为 $z = 0$ 时 ΔT_m 值。

（5）自立式钢内筒由烟气温差作用产生的内力。

自立式钢内筒由烟气温差作用产生的内力可根据本节中的基本计算原则进行计算，该内力可近似为内筒的轴向温度应力。内筒轴向温度应力也可按近似公式进行计算。

$$\sigma_m^T = 0.4 E_{zc} \alpha_z \Delta T_m \tag{9-12}$$

$$\sigma_{sec}^T = 0.1 E_{zc} \alpha_z \Delta T_g \tag{9-13}$$

式中：σ_m^T——筒身弯曲温度应力（MPa）；

σ_{sec}^T——温度次应力（MPa）；

E_{zc}——筒壁轴向受压或受拉弹性模量（MPa）；

α_z——筒壁材料轴向膨胀系数。

2 自立式钢内筒在风荷载及地震作用下的内力计算

自立式钢内筒由风荷载及地震作用产生的内力可根据本节中的基本计算原则进行计算。

3 自立式钢内筒水平截面承载力验算

$$\frac{N_i}{A_{ni}} + \frac{M_i}{W_{ni}} \leqslant \zeta_h f_t \tag{9-14}$$

$$\zeta_h = \begin{cases} 0.125C & C \leqslant 5.6 \\ 0.583 + 0.021C & C > 5.6 \end{cases} \tag{9-15}$$

$$C = \frac{t}{r} \times \frac{E}{f_t} \tag{9-16}$$

式中：M_i——钢烟囱水平计算截面 i 的最大弯矩设计值（包括风弯矩和水平地震作用弯矩以及温度不均匀分布弯矩）（N·mm）；

N_i——与 M_i 相应轴向压力或轴向拉力设计值（包括结构自重和竖向地震作用）（N）；

A_{ni}——计算截面处的净截面面积（mm²）；

W_{ni}——计算截面处的净截面抵抗矩（mm³）；

f_t——温度作用下钢材抗拉、抗压强度设计值（N/mm²）；

t——计算截面钢内筒壁厚（mm）；

r——计算截面钢内筒外半径（mm）；

E——钢内筒弹性模量（N/mm²）。

4 止晃装置计算

刚性支承是目前国内套筒式或多管式钢内筒烟囱采用较多的止晃形式。根据刚性止晃装置的受力特性同时考虑到支承点作用方向的不同及偏心对支撑环受力产生的影响，刚性止晃可以按两点和四点受力两种模式来进行分析计算，其受力情况详见图 9-6。

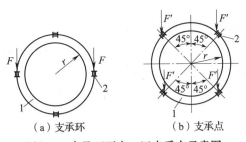

（a）支承环　　　　（b）支承点

图 9-6 支承环两点、四点受力示意图

采用结构力学的基本原理和方法，综合上述止晃装置两点及四点受力模式，同时考虑到实际设计过程中的可操作性和便利性，在计算加强支承环的截面强度时，可采用以下列简化极值公式来进行。

$$M_{max} = F_k(0.015r + 0.25a) \tag{9-17}$$

$$V_{max} = F_k\left(0.12 + 0.32\frac{a}{r}\right) \tag{9-18}$$

当 $\frac{a}{r} \leqslant 0.656$ 时，

$$N_{max} = \frac{F_k}{4} \tag{9-19}$$

当 $\frac{a}{r} > 0.656$ 时， $\qquad N_{max} = F_k \left(0.04 + 0.32 \frac{a}{r} \right)$ (9-20)

式中： M_{max} ——支承环的最大弯矩（kN·m）；

$\quad\quad V_{max}$ ——支承环沿半径方向的最大剪力（kN）；

$\quad\quad N_{max}$ ——支承环沿圆周方向的最大拉力（kN）；

$\quad\quad F_k$ ——外筒在 k 层止晃装置处，传给每一个内筒的最大水平力（kN），可根据变形协调求得；

$\quad\quad r$ ——钢内筒半径（m）；

$\quad\quad a$ ——支承点的偏心距离（m）（见图9-7）。

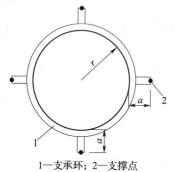

1—支承环；2—支撑点

图9-7 支承环受力

对需要进行抗震验算的烟囱，上式中的 F_k 还应以 F_{Ek} 代替进行验算。

5 环向加劲肋计算

钢内筒宜设置环向加劲肋。环向加劲肋的设置除需满足构造要求外，还应根据正常运行情况和非正常运行情况下的烟气压力，对其截面积及其截面惯性矩进行计算。

（1）正常运行情况下的烟气压力计算：

$$p_g = 0.01(\rho_a - \rho_g)h \qquad (9\text{-}21)$$

$$\rho_a = \rho_{ao} \frac{273}{273 + Ta} \qquad (9\text{-}22)$$

$$\rho_g = \rho_{go} \frac{273}{273 + Tg} \qquad (9\text{-}23)$$

式中： p_g ——烟气压力（kN/m²）；

$\quad\quad \rho_a$ ——烟囱外部空气密度（kg/m³）；

$\quad\quad \rho_g$ ——烟气密度（kg/m³）；

$\quad\quad h$ ——烟道口中心标高到烟囱顶部的距离（m）；

$\quad\quad \rho_{ao}$ ——标准状态下的大气密度（kg/m³），按1.285kg/m³ 采用；

$\quad\quad \rho_{go}$ ——标准状态下的烟气密度（kg/m³），按燃烧计算结果采用；无计算数据时，干式除尘（干烟气）取1.32kg/m³，湿式除尘（湿烟气）取1.28kg/m³；

$\quad\quad T_a$ ——烟囱外部环境温度（℃）；

$\quad\quad T_g$ ——烟气温度（℃）。

（2）非正常运行情况下的烟气压力计算：

钢内筒非正常操作压力或爆炸压力应根据各工程实际情况确定，且其负压值不小于2.5kN/m²。压力值可沿钢内筒高度取恒定值。

（3）环向加强环的截面积和截面惯性矩计算：

$$A \geqslant \begin{cases} \dfrac{2\beta_t lr}{f_t} p_g \\[3mm] \dfrac{1.5\beta_t lr}{f_t} p_g^{AT} \end{cases} \qquad (9\text{-}24)$$

$$I \geqslant \begin{cases} \dfrac{2\beta_t l r^3}{3E} p_g \\[2mm] \dfrac{1.5\beta_t l r^3}{3E} p_g^{AT} \end{cases} \tag{9-25}$$

式中：A——环向加强环截面积（m^2）；

$\quad\quad I$——环向加强环截面惯性矩（m^4）；

$\quad\quad l$——钢内筒加劲肋间距（m）；

$\quad\quad \beta_t$——动力系数，取 2.0；

$\quad\quad p_g$——正常运行情况下的烟气压力（kN/m^2）；

$\quad\quad p_g^{AT}$——非正常运行情况下的烟气压力（kN/m^2）。

钢内筒环向加强环截面特性计算中，应计入钢内筒钢板有效高度 h_e（图 9-8），并按下式计算：

$$h_e = 1.56\sqrt{rt} \tag{9-26}$$

式中：h_e——钢内筒钢板有效高度（计入的筒壁面积不大于加劲肋截面积）（m）；

$\quad\quad r$——钢内筒半径（m）；

$\quad\quad t$——钢内筒钢板厚度（m）。

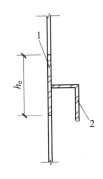

图 9-8 加强环截面
1—钢内筒钢板有效高度；
2—加劲肋

6 烟道入口补强计算和底座计算

烟道入口补强计算和底座计算等有关内容见本书第 8 章。

9.3 悬挂式钢内筒烟囱

悬挂式钢内筒烟囱结构体系是将套筒式和多管式烟囱中的钢排烟内筒，分成一段或几段悬吊于设置在不同高度上的烟囱内部约束平台上。各分段排烟内筒之间，通过竖向和横向均可自由变形的膨胀伸缩节相连，以消除由于排烟温度变化产生的热胀冷缩现象和烟囱钢筋混凝土外筒壁水平变位现象造成的排烟内筒纵（横）向伸缩变形影响。

与常规的自立式钢内筒烟囱相比，悬挂式钢内筒烟囱在提高钢筒壁承载能力、减小筒壁厚度和降低筒壁用钢量等方面，具有一定的技术经济优势。但在各分段悬挂支承点处的连接设计和构造、筒体结构体系设计、筒体施工的成熟可靠性、各分段连接处设置的膨胀伸缩节日常维护和损坏更换等方面，又有一定的复杂性和控制难度。

悬挂式钢内筒烟囱结构形式的选择，应根据工程设计自然条件、排烟内筒中排放烟气的压力分布状况、烟气腐蚀性因素和耐久性要求综合考虑。悬挂式钢内筒可采用整体悬挂和分段悬挂方式，也可采用中上部分悬挂＋底部自立的组合方式。当采用分段悬挂方式时，分段数应有所控制，不宜过多。

一般情况下，分段悬挂式钢内筒的悬挂段数以 1 段为宜，最多不超过 2 段。各分段间连接的膨胀伸缩节设置标高位置应尽量降低，以方便日常运行时的维护和检修。

各分段间连接的膨胀伸缩节应优先采用柔性材料的制成品，现场连接的接缝应尽量控制为 1 处。悬挂式钢内筒烟囱膨胀伸缩节的连接布置示意图见图 9-9。

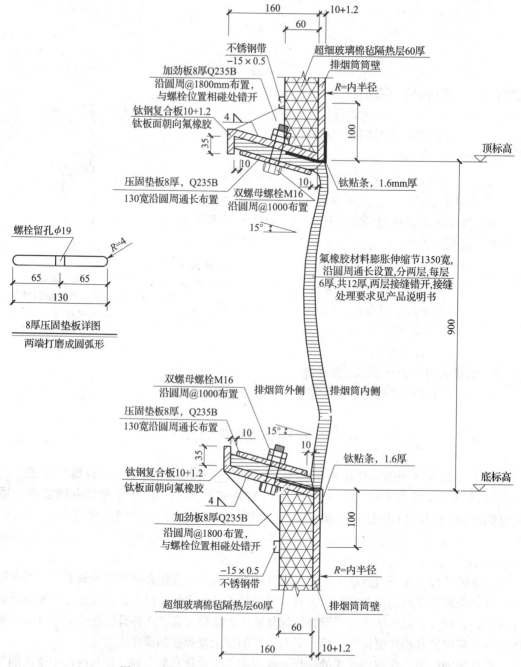

图 9-9　悬挂式钢内筒烟囱膨胀伸缩节连接布置示意图

　　对于特殊运行要求的烟囱工程，如供热功能的火力发电厂和供热站等，要求冬季连续运行不能中断，考虑到各分段间连接的膨胀伸缩节使用寿命、自然损伤和修复条件复杂等因素，宜谨慎选用悬挂式钢内筒烟囱结构体系。

9.3.1　计算分析

　　除下述对悬挂式钢内筒烟囱结构体系的专项说明外，其余的设计计算方法、荷载及组合、强度及稳定性要求等，均同自立式钢内筒烟囱的相关规定。

1　计算模型

通常，悬挂式钢内筒烟囱的结构体系多采用中上部分悬挂＋底部自立的组合方式。对于这种悬挂式钢内筒烟囱结构体系，中上部悬挂段钢内筒的计算模型一般按悬吊支承点处为固接（或铰接）、沿高度范围设置的各层横向约束支承平台处为铰接、承受各项荷载及作用的构件考虑。悬吊支承点标高以上的钢内筒以受压为主，支承点标高以下的钢内筒以受拉为主。下部自立段钢内筒的高度都不大，以受压为主，可参照自立式钢内筒烟囱的计算方法进行计算。

在计算烟囱钢筋混凝土外筒壁通过横向约束平台对内置的悬挂段钢内筒作用时，计算模型可以进行如下简化：

（1）根据实际构造情况，考虑悬挂支承平台结构对悬挂段钢内筒支承处的转动约束作用。

悬挂支承平台对悬挂段钢内筒的约束作用应根据两者间的相对刚度关系确定。当支承平台梁的转动刚度与钢内筒线刚度的比值小于0.1时，可将悬挂端简化为不动铰支座；当比值大于10时，可以将悬挂端简化为固定端；当比值介于0.1～10时，应将悬吊端简化为弹性转动支座。

计算悬挂段钢内筒的悬挂支承平台构件时，应考虑由悬挂段钢内筒弯矩所产生的反作用力影响。

（2）各层横向约束平台对悬挂段钢内筒的横向约束止晃点可按水平支点考虑。

（3）悬挂段间钢内筒或悬挂段与自立段钢内筒间设置的膨胀伸缩节处可视为自由，膨胀伸缩节需考虑横向和纵向两个方向的变形影响。

（4）对底部自立段钢内筒，其计算模型可将其视为底部为固定支座、顶部有横向约束的结构体系考虑。

2　地震作用

（1）悬挂段钢内筒的水平地震作用只考虑在水平地震作用工况下，烟囱钢筋混凝土外筒壁传给悬挂段钢内筒的作用效应；悬挂段钢内筒的惯性力可忽略不计。

（2）抗震设防烈度大于6度时应考虑悬挂段钢内筒的竖向地震作用。

（3）钢内筒的地震作用可根据钢筋混凝土外筒壁在水平地震作用下产生的水平位移带动钢内筒的变形值进行计算。

3　温差作用下钢内筒水平位移计算

在不计算支承平台水平约束和重力影响的情况下，悬挂式排烟筒由筒壁温差产生的水平位移可按下式计算：

$$u_{\mathrm{x}} = \frac{\theta_0}{V} \Big[z - \frac{1}{V}(1 - \mathrm{e}^{-Vz}) \Big] \tag{9-27}$$

公式符号意义见本手册4.3.5。

4　悬挂段钢内筒设计强度计算

悬挂段钢内筒设计强度应满足下列公式要求：

$$\frac{N_i}{A_{\mathrm{ni}}} + \frac{M_i}{W_{\mathrm{ni}}} \leqslant \sigma_{\mathrm{t}} \tag{9-28}$$

$$\sigma_t = y_t \cdot \beta \cdot f_t \tag{9-29}$$

式中：M_i——钢内筒水平计算截面 i 的最大弯矩设计值（N·mm）；

N_i——与 M_i 相应轴向拉力设计值，包括内筒自重和竖向地震作用（N）；

A_{ni}——计算截面处的净截面面积（mm²）；

W_{ni}——计算截面处的净截面抵抗矩（mm³）；

f_t——温度作用下钢材抗拉、抗压强度设计值（N/mm²）；

β——焊接效率系数；一级焊缝时，取 $\beta = 0.85$；二级焊缝时，取 $\beta = 0.7$；

σ_t——钢材白允许应力（N/mm²）；

γ_t——悬挂段钢内筒抗拉强度设计值调整系数：对于风、地震及正常运行荷载组合，γ_t 可取 1.0；对于非正常运行工况下的温差荷载组合，γ_t 可取 1.1。

9.3.2　平台布置与内筒壁厚要求

（1）钢内筒各段长细比不宜超过 120。套筒式和多管式烟囱内各约束平台设置时，悬挂段钢内筒的悬挂平台与下部相邻的横向约束平台间距不宜小于 15m。悬挂段钢内筒的下部悬臂段，即最下层横向约束平台与膨胀伸缩节间的悬壁段长度不宜大于 25m。

（2）钢内筒的筒壁厚度计算确定，悬吊支承节点区域的筒壁需加厚。非悬吊支承节点区域的悬挂段钢内筒筒壁厚度最小值不宜小于 10mm；悬吊支承节点区域的钢内筒筒壁厚度最小值不宜小于 16mm（分段悬挂方案）和 20mm（整体悬挂方案），高度范围不宜小于 5m。

9.4　砖内筒烟囱

砖内筒烟囱是一种传统的烟囱结构形式。在国内外的烟囱工程，特别是火力发电厂工程中广泛应用。

砖内筒烟囱适用于套筒式和多管式烟囱结构体系中的砖砌排烟内筒方案。

9.4.1　砖内筒结构形式

国外设计的砖内筒烟囱主要是采用独立布置的、自立式承重的砖砌排烟内筒结构体系，一台锅炉排放的烟气接入一根排烟内筒中。为确保砖砌排烟内筒不出现烟气冷凝结露酸液的渗漏腐蚀现象，维护其安全可靠性，一般要求在烟囱的钢筋混凝土外筒壁和砖砌排烟内筒之间，设置加压风机系统，以保证烟囱内外筒间的夹层空气压力值始终高于烟囱砖砌排烟内筒中运行的烟气正压压力值，避免渗漏腐蚀状况的发生。

国内设计的砖内筒烟囱，主要是采用筒体分段支承的结构形式，且不考虑在烟囱的钢筋混凝土外筒壁和砖砌排烟内筒之间，设置加压风机系统。一般情况下，多采用两台锅炉排放的烟气接入一根排烟内筒中，即套筒式烟囱结构形式。

国内外烟囱工程采用的砖内筒烟囱结构体系各有优缺点，也各有相适应的使用条件、环境条件和设计理念。图 9-10 和图 9-11 分别为套筒式与多管式砖内筒结构形式。

1　套筒式砖内筒烟囱

套筒式烟囱筒身一般是由钢筋混凝土外筒壁、一根砖砌排烟内筒、多层斜撑式支撑平

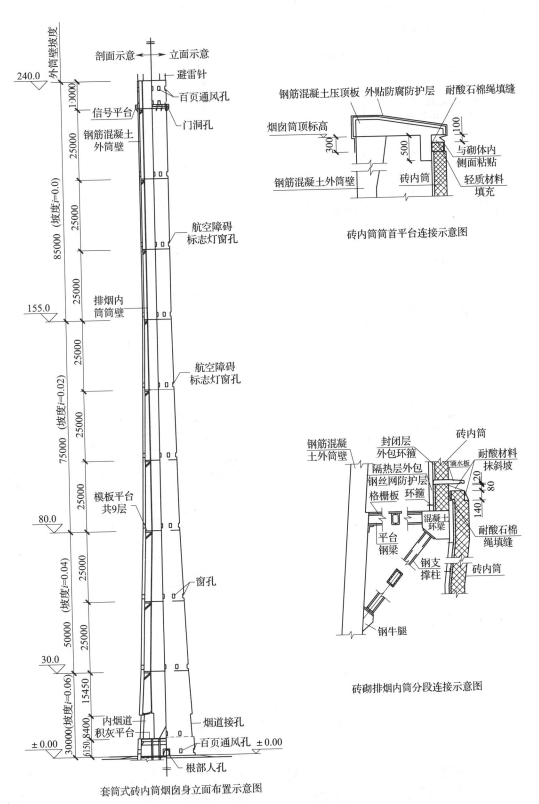

套筒式砖内筒烟囱身立面布置示意图

砖内筒筒首平台连接示意图

砖砌排烟内筒分段连接示意图

图 9-10　套筒式砖内筒烟囱

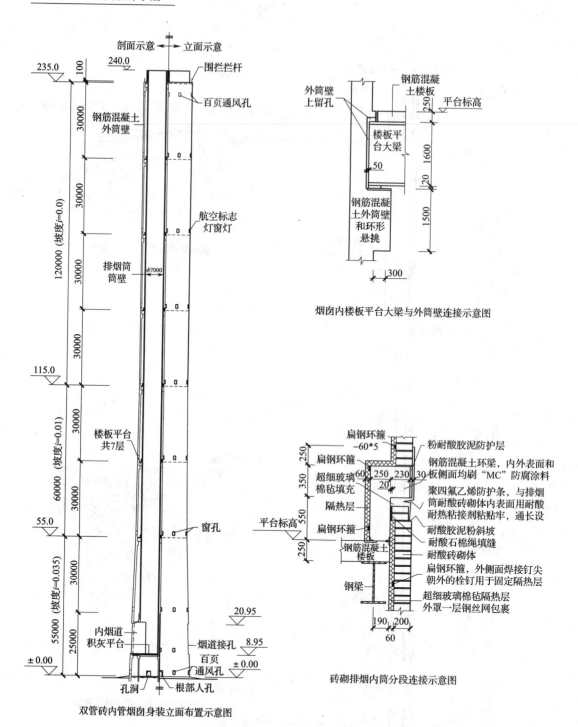

图 9-11　双管式砖内筒烟囱

台、积灰平台、内烟道和其他附属设施等组成；砖砌排烟内筒一般是由耐酸砖砌体、耐酸砂浆封闭层和保温隔热层组成，并与钢筋混凝土外筒壁等高；斜撑式支撑平台是由钢筋混凝土承重环梁、钢斜支柱、平台钢梁、平台剪力撑和平台钢格栅板组成；砖砌排烟内筒的荷重通过斜撑式支撑平台分段传给承重的钢筋混凝土外筒壁，并最终传递给烟囱的基础和地基。

斜撑式支撑平台一般沿烟囱筒身高度25m左右间距设置，设有多层；钢筋混凝土外筒壁与砖砌排烟内筒间的最小净距，即内外筒间的净空宽度大于或等于1m。

一般情况下，套筒式烟囱的钢筋混凝土外筒壁和砖内筒在烟囱顶部通过钢筋混凝土盖板连接；盖板与钢筋混凝土外筒壁顶为固接连接，与砖内烟筒顶为嵌套连接。

2 多管式砖内筒烟囱

多管式烟囱与套筒式烟囱在结构形式的定义和组成上基本相同，差别在于内部独立布置的排烟内筒数量，两根排烟内筒称之为双管，超过两根者称之为多管。另外，排烟内筒一般要高出钢筋混凝土外筒壁3.0m～7.0m。

除多管式烟囱的楼板支承平台是采用钢梁－混凝土板组合结构外，其他都与套筒式烟囱结构体系相同。楼板支承平台一般沿筒身高度30m左右的间距设置，设有多层；钢筋混凝土外筒壁与砖砌排烟内筒间及排烟内筒间的最小净距，即内外筒间的净空宽度大于或等于1m。

3 砖内筒烟囱选用与设计要求

（1）由于砖砌排烟内筒在砖缝和分段连接缝处的抗渗防腐能力不强，渗漏腐蚀现象时有发生，为确保砖内筒烟囱安全可靠地运行，对排放湿法脱硫烟气且不设烟气加热系统的烟囱，不宜选用砖内筒烟囱结构体系。

（2）砖内筒的结构布置形式，应按照工程设计自然条件、砖内筒中排放烟气的压力分布状况、砖内筒材料性能要求和施工技术条件综合考虑，可在分段支承形式和自立式自承重形式中选取。目前，国内烟囱工程的砖内筒主要采用分段支撑形式。

（3）采用分段支承形式的砖内筒结构，布置在下部的积灰平台、内烟道和隔烟墙等一般采用钢筋混凝土结构体系。积灰平台体系的荷重通常由平台下设置的钢筋混凝土柱和通过平台端部与钢筋混凝土外筒壁内侧留设的环形支承悬壁共同承担。

（4）采用分段支承形式的砖内筒结构，在套筒式烟囱斜撑式支撑平台和多管式烟囱楼板支承平台处，均采用搭接的连接方式。搭接连接接头需考虑烟气温度作用下，由烟气温度引起的砖内筒纵向变形伸长量和由内外温差引起的砖内筒纵向相对变形伸长量影响。

（5）对于套筒式和多管式砖内筒烟囱，当砖砌排烟内筒在与内烟道连接处的开孔削弱较大，筒体强度需加固补强时，砖砌排烟内筒的下部结构可考虑采用整体性较强的单筒式钢筋混凝土烟囱结构形式。

（6）套筒式和多管式烟囱的内部平台，包括斜撑式支撑平台和楼板支承平台等，都应考虑垂直交通的留孔和检修维护设施的留孔。

烟囱内的垂直交通一般是采用沿钢筋混凝土外筒壁内侧设置环形（直）的钢扶梯及休息平台措施。顶部段10m高度范围在外筒壁外侧（套筒式）、内侧（多管式）设置直爬梯通至烟囱筒顶平台。当需要时，也可考虑在烟囱内设置电梯。

9.4.2 计算分析要求

1 钢筋混凝土外筒壁

砖砌排烟内筒、耐酸砂浆封闭层、保温隔热层、斜撑式或楼板支撑平台、积灰平台、内烟道和其他附属设施产生的永久（恒）荷载和可变（活）荷载，是作为附加荷重作用于烟囱的钢筋混凝土外筒壁上，附加荷重作用点就是支撑于混凝土外筒壁上的各支撑平台和内烟道位置处。

在考虑了各层附加荷重后，钢筋混凝土外筒壁的计算与常规的钢筋混凝土烟囱筒身计算方法完全相同。

2 砖内筒

分段支承的砖砌排烟筒，应进行受热温度和环筋或环箍计算。自承重式砖砌排烟筒，除进行受热温度和环筋或环箍计算外，在地震区还应进行地震作用下的承载能力极限状态计算及顶部最大水平位移计算。

砖内筒应根据本手册第4章的有关规定，计算外筒风荷载及地震荷载对各层平台的振动效应及对内筒所产生的动力响应。

砖砌排烟筒的膨胀变形计算主要考虑温度作用下，排烟筒的纵向变形伸长量（烟气温度引起）和纵向相对变形伸长量（砌体内外温差引起），砖砌排烟筒分段相接时，要留有砖砌排烟筒膨胀变形的空间。

9.5 内 筒 构 造

1 钢内筒最小加劲肋截面尺寸

对于大直径薄壁钢烟囱，其径厚比一般为 300 ~ 500，在正常运行情况下筒体内呈负压运行。所以筒体中存在着环向压力，为防止薄壁圆环结构失稳，筒体均有加劲环肋，该肋一般采用角钢或T形钢焊于筒体上，焊缝既可用连续焊，也可用间断焊。沿高度方向的间距最大不能超过 1.5 倍钢内筒直径，该肋的截面和间距原则上根据稳定计算确定，但每个肋的最小尺寸通常应满足表9-2规定。加劲肋应在工厂内制作，这样可使筒体在运输过程中减少变形。

表9-2 钢内筒加劲肋最小截面尺寸

钢内筒直径（m）	最小加劲角钢（mm）
≤4.50	L 75 × 75 × 6
4.50 ~ 6.10	L 100 × 80 × 6
6.10 ~ 7.60	L 125 × 80 × 8
7.60 ~ 9.10	L 140 × 90 × 10
9.10 ~ 10.70	L 160 × 100 × 10

2 钢内筒的保温

对保温材料的要求主要是：重量轻、导热系数低、弹性好、耐久、难燃等。目前保温材料用得多的是玻璃棉、岩棉和矿棉，外加铝箔及玻璃布等保护。容重 $0.6kN/m^3$ ~ $1.0kN/m^3$ 左右。钢内筒烟囱保温材料必须采用柔性，以利于与烟囱钢内筒温度膨胀时同步变形。

钢内筒烟囱保温层厚度应通过计算确定，一般应分作两层，每层约 25mm ~ 40mm，总厚度 50mm ~ 80mm。这样接缝就可错开，形成不了通缝，避免出现"冷桥"现象。

为防止保温层的下坠，一般采用两种措施：一是在钢内筒外侧沿纵、环向间距600mm左右焊一根 $\phi4$ 的钢筋，将保温层挂在其上，见图9-12；另一种是沿筒体1m～3m左右焊一扁钢环，作保温层的防沉带。保温层采用不锈钢丝网保护，网孔约30mm×60mm。

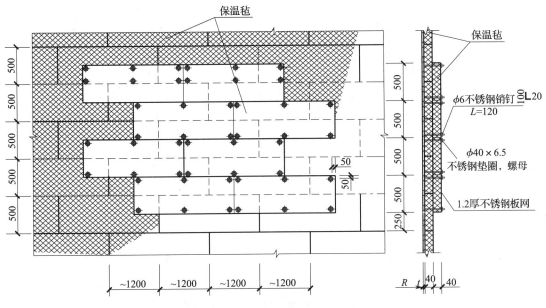

图9-12 钢内筒保温层构造示例

烟囱顶部平台以上部位的钢内筒保温层外应用不锈钢板包裹。细节构造设计中要注意三点：一是防止雨水和湿气进入保温层，二是在风力作用下不应挤压保温层，三是顶部平台处泛水设计要注意能适应因烟气温度的变化而导致钢内筒的伸缩变形。构造实例见图9-13。

3 钢内筒烟道接口

钢内筒烟道入口处两侧应增设钢立柱，以补偿内筒开孔的断面减小。补偿的面积不小于开洞面积，补偿后截面按其中和轴计算的惯性矩不应小于原来未开洞时的截面惯性矩，具体尺寸应根据补强计算确定。为使钢立柱应力均匀传至钢内筒整个断面，烟道口上下应增设环梁。同时，为弥补烟道口开孔对钢内筒局部稳定的影响，在烟道开孔范围内，钢内筒应增设环向加劲肋。

筒体在烟道接口处应做烟气导流板。该板四周支承于钢内筒（允许变形），构造上保证导流板温度膨胀不至于传递给筒体。导流板与筒体成约45°斜坡，以使烟道内烟气平稳地流入钢内筒，减小钢内筒由烟气紊流引起的振动。水平烟道与钢内筒之间应设伸缩缝，减少烟道温度膨胀对钢内筒的影响。图9-14为钢内筒烟囱烟道接口示例。

4 平台

根据平台所处位置和主要作用，烟囱内部一般设有顶部平台、吊装平台、支承平台、检修平台等。这些平台一般沿高度每隔30m～40m布置一个。烟囱建成后，所有平台均可作为检修工作平台。平台一般均采用钢结构平台或钢—混凝土组合平台。钢平台的计算与构造均按现行国家标准《钢结构设计规范》GB 50017的规定执行。

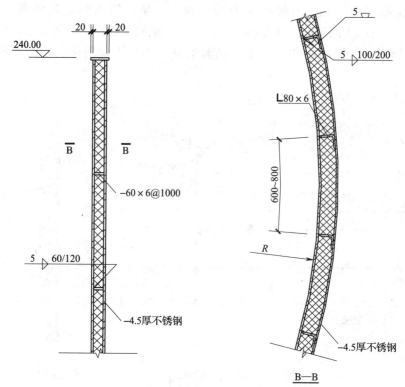

图 9-13　钢内筒烟囱筒首保温层构造示例

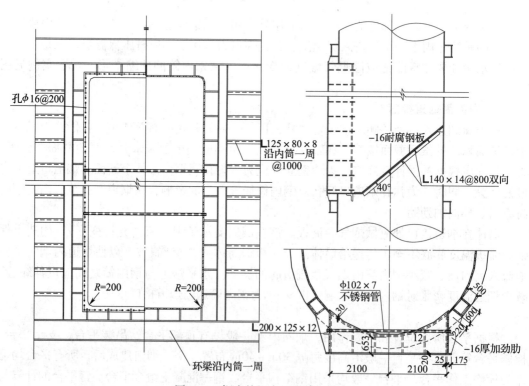

图 9-14　钢内筒烟囱烟道接口示例

由于钢结构平台不与烟气接触，钢结构防腐可按一般钢结构的防腐要求。

钢结构平台连接一般采用焊接。

烟道口平台布置应考虑作为水平烟道支承。

各层平台应设置吊物孔。吊物孔尺寸，及吊物时承受的重力，根据安装、检修方案确定。

各层平台应设置照明和通信设施。上层照明开关应设在下层平台上设置。

多管式钢内筒钢筋混凝土烟囱内各层平台的通道宽度不应小于750mm，洞口周围应设栏杆和踢脚板。与排烟筒相接触的孔洞，应留有一定的间隙。

钢平台走道构造示例见图9-15。烟囱顶部平台构造示例见图9-16。

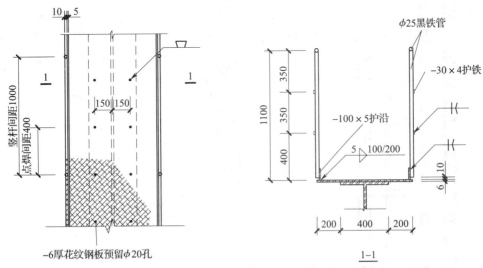

图 9-15 钢平台走道构造示例

5 横向止晃装置

钢内筒应设置止晃装置。止晃点的间距 L 一般应满足 $L/D=10\sim14$，D 为钢内筒直径。

烟囱钢内筒横向止晃支承结构通常有两种形式，即刚性支承和柔性支承。止晃装置对钢内筒仅起水平弹性约束作用，不应约束钢内筒由于烟气温度作用而产生的竖向和水平方向的温度变形。常用的类型有：

刚性支承，采用各层钢平台作支承点支承钢内筒；

刚性撑杆，由设在平台上方刚性撑杆支承钢内筒；

柔性拉杆，由设在平台上方的扁钢或拉索等材料做成的拉杆，通过拉杆拉结于钢筋混凝土外筒。

在止晃装置设计中必须考虑温度膨胀的影响，尤其应考虑事故温度情况下的不利因素。止晃装置处钢内筒应设加强环进行加强。

（1）刚性支承。

刚性支承是目前国内最常用的支承形式，国内电厂正在运行的钢内筒烟囱中绝大多数均采用该支承形式。刚性支承使钢内筒受力均匀，与设计假定一致，温度膨胀对钢内筒不产生次应力。在调查中发现，钢内筒振动、止晃装置摩擦将引起钢平台振动，并导致各层电气照明脱落。为此，在止晃点节点处增设了复合聚四氟乙烯板，这样一来既可减小摩擦又减缓了钢内筒振动对钢平台的影响（图9-17）。

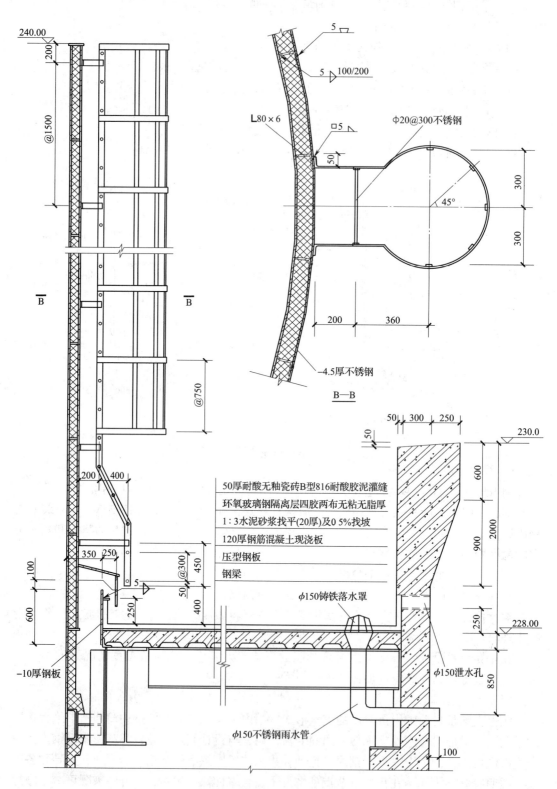

图 9-16　烟囱顶部平台构造示例

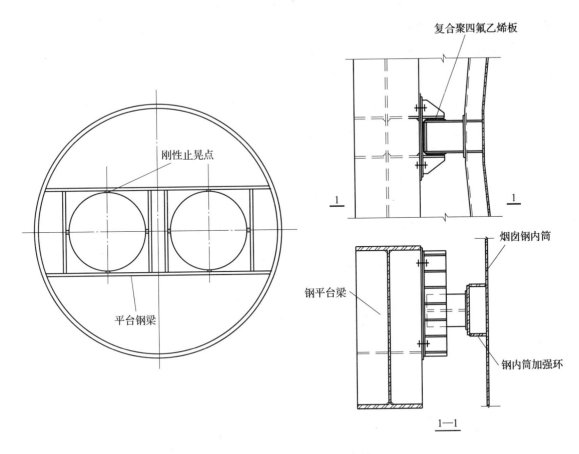

图 9-17　刚性支承止晃示意图

（2）刚性撑杆。

刚性撑杆支承形式结构新颖，构件简单，传力明确，施工便利，检修维护方便。但是，钢内筒温度膨胀纵向变形由于刚性撑杆的约束将会产生一定的水平变位。为此，在构造上可采取以下措施予以解决：①在水平刚性撑杆设计布置时尽可能地增加其长度；②根据烟囱的运行温度及安装温度计算，使水平刚性撑杆在安装时有一初始角度。刚性撑杆布置见图 9-18。

（3）柔性拉杆。

柔性止晃装置以扁钢或拉索为止晃受力构件。一般设在平台上方 2.0m 左右处，与外筒及内筒的连接均采用铰接。拉紧节点宜采用花篮螺栓，以调整松紧度。

柔性拉杆为国际常用的支承形式。该支承形式检修维护方便，但平面布置复杂，紧固装置安装调试要求较高。需定期对柔性拉杆的拉紧装置进行紧固和维护，以防蠕变造成紧固装置的约束力损失。钢内筒温度膨胀纵向变形对水平柔性拉杆产生较大的附加力，而当锅炉停运钢内筒回到常温时，柔性拉杆将会松弛，减弱对钢内筒的约束作用。由于各柔性拉杆拉力均不是太大，故可在各柔性拉杆的中间增设一个带阻尼器的弹簧装置解决此问题。柔性拉杆布置见图 9-19。

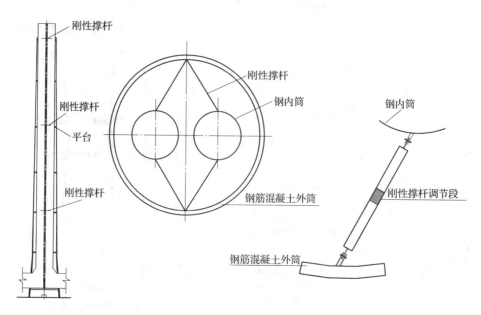

图 9-18　刚性撑杆止晃示意图

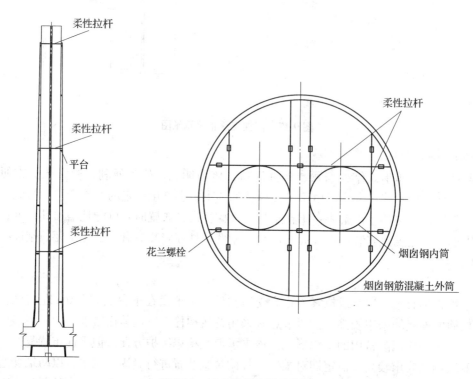

图 9-19　柔性拉杆止晃示意图

6　砖内筒筒壁

（1）砖砌体的厚度不宜小于 200mm，砖内筒外表面设置的配筋钾水玻璃类耐酸防腐材料封闭层厚度不宜小于 30mm，封闭层外表面按照计算设置的超细玻璃棉毡或岩棉毡类型隔热层厚度不宜小于 60mm。筒壁构造见图 9-20。

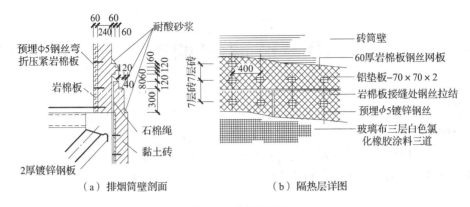

图 9-20 排烟筒构造

（2）一般情况下，砖内筒结构的砖砌体内不配置环向和竖向钢筋。砖内筒可结合封闭层外表面固定隔热层的需要，在封闭层外表面沿高度方向设置扁钢环箍，环箍的最小配置是 60mm×6mm，间距 1000mm。

（3）分段连接的砖砌排烟内筒接缝处，应留设 100mm 的竖向伸缩缝。支承平台的混凝土结构内侧需做特殊的防腐构造措施，如做聚四氟乙烯贴面或涂耐酸防腐涂层等。

7 砖内筒烟囱斜撑式支撑平台和楼板式支承平台

（1）套筒式烟囱分段支承形式的斜撑式支撑平台一般采用分段预制（有条件时应优先采用现场浇筑），然后与钢梁、钢柱和钢支撑等吊装拼接。承重环梁分段长度一般控制在 3m 左右，每段环梁上径向布置 4 根平台钢梁，其中的两根间隔布置的钢梁位置下设有钢支柱。钢梁间最小环向间距一般控制在 750mm～1400mm；钢支撑设在钢梁间的平面内；钢支柱间最小环向间距一般控制在 1500mm～2800mm。钢支柱和平台钢梁一般选用双槽钢组合而成。

（2）多管式烟囱分段支承平台的混凝土板厚一般取 250mm；楼板支承平台钢梁通常选用焊接工字形钢梁，钢梁端部应伸入钢筋混凝土外筒壁内的留孔中，以减少梁端荷载对钢筋混凝土外筒壁的偏心弯曲影响。

8 砖内筒烟囱内烟道和积灰平台

（1）内烟道和积灰平台一般采用现浇钢筋混凝土结构。内烟道的顶（底）板和积灰平台板多选用梁板体系，侧壁多选用钢筋混凝土柱内填充砖砌体（包括耐酸砂浆封闭层和隔热层）体系（套筒式烟囱）和钢筋混凝土板墙（内设砖砌体内衬和隔热层）体系（多管式烟囱）；内烟道顶板一般取 200mm 厚，底板和积灰平台板取 150mm 厚，侧壁填充的砖砌体和砖砌体内衬不小于 200mm 厚。

（2）内烟道端部与排烟内筒固接连接，与钢筋混凝土外筒壁通过支承牛腿铰接连接。

10　玻璃钢烟囱

　　玻璃钢复合材料是由两种或两种以上的单一材料用物理或化学的方法，经过人工复合而成的一种多相材料，具有质量轻、高比强度、高比模量、耐腐蚀、耐疲劳和可设计性强等一系列优点，因此被广泛应用。复合材料及其结构产品与金属材料相比可以大幅度降低能量消耗和材料的消耗。复合材料在力学性能方面给材料及结构设计人员提供了很高的自由度。

　　复合材料及其结构具有独特的物理特点：

　　（1）各向异性。复合材料在弹性模量、热膨胀系数、材料强度等方面具有明显的各向异性性质。通过铺层设计制成的复合材料铺层结构，可能呈现各种形式和各种程度的各向异性，各向异性这一特性使复合材料及其结构的力学结构复杂化，给复合材料结构设计计算带来许多困难。因为产品的结构形式不同、受力方式不同，结构在各个方向对强度和刚度的要求也会不同，通过合理的铺层设计可在不同的方向分别满足设计要求，使结构设计更为合理，能明显地减轻质量，更好地发挥结构的效能。

　　（2）层间剪切模量较低，层间剪切和拉伸强度很低。复合材料层间剪切模量一般只有沿纤维方向模量的数十分之一。在解决复合材料结构力学问题时，需要考虑沿厚度方向剪切变形的影响，它使计算变得很复杂。由于层间剪切强度和层间拉伸强度只有纤维方向强度的数十分之一，脱层破坏发生的可能性增大给复合材料计算分析带来新的困难。

　　（3）拉压模量和拉压强度不等。复合材料不同程度地存在拉压模量不相同的现象，这使得分析计算变得更为复杂和困难。

10.1　一　般　规　定

1　设计温度的范围

　　玻璃钢烟囱在低温下有优异的耐腐蚀性能和力学性能，但随着温度的升高，其力学性能衰减很快，因此选用玻璃钢烟囱时，必须考虑其适用的温度范围，在美国材料实验协会标准《燃煤电厂玻璃纤维增强塑料（FRP）烟囱内筒设计、制造和安装标准指南》ASTMD 5364—2008 中规定了玻璃钢烟囱适合于正常的烟气温度在 120℉ ~ 200℉（即49℃ ~93℃）的工况，异常条件下其瞬时温度不得超过121℃，烟气温度必须采用冷却系统控制在121℃以下。在我国行业标准《玻璃钢化工设备设计规定》HG/T 20696—1999 中对耐温性能较好的乙烯基酯玻璃钢设计温度限定为120℃。

　　国内燃煤电厂用于排放湿法脱硫烟气的温度，在无烟气换热器（GGH）时，大约在45℃ ~55℃ 范围，有 GGH 时，大约在 80℃ ~95℃ 范围。从我们调查的国内化工、冶金和轻工等行业现有玻璃钢烟囱（大多数用于脱酸后的烟气）的使用情况来看，绝大多数长期运行温度不超过100℃。所以《烟囱设计规范》GB 50051—2013 确定 100℃ 为玻璃钢材质适合长期使用的最高温度。

当烟气超出规定的运行条件时（如大于 100℃），可在烟囱前段采取冷却降温措施（如喷淋冷却），以确保烟气运行温度在规定的区间内。

随着科技进步和发展，将不断有高性能材料出现，因此对于超过以上规定的温度条件而要选用玻璃钢材质，则需要评估和试验确定，这也有利于玻璃钢烟囱未来发展和不断完善。

在事故发生时，短时间内烟气温度急剧升高，而玻璃钢短期内的使用温度极限应不能超过基体树脂的玻璃化温度（T_g）。基体树脂类型不同，其固化后的玻璃化温度也不同。

材料的耐寒性能常用脆化温度（T_b）来表示。工程上常把在某一低温下材料受力作用时只有极少变形就产生脆性破坏的这个温度称为脆化温度。同常温下性能相比，随着温度的降低，玻璃钢材料的分子无规则热运动减慢，结构趋于有序排列；树脂将会发生收缩，柔性越好收缩越大，同时树脂伸长率会下降，而拉伸强度和弹性模量将增大，弯曲强度也会增加，树脂呈现脆性倾向。鉴于目前已有正常使用在 −40℃ 下玻璃钢材质的管道和储罐情况，确定了未含外保温层的玻璃钢烟囱筒体的环境使用温度下限指标为 −40℃。

2 玻璃钢烟囱的结构形式及直径和高度的规定

玻璃钢烟囱按照其结构形式可以分为四类：

（1）自立式指筒身在不加任何附加受力支撑的情况下，与基础形成稳定一个稳定结构。

这种形式的优点是充分利用玻璃钢耐腐蚀、轻质高强、起吊方便的优点，施工周期短，造价低。缺点是不适于直径较大、风荷载较大、地震设防烈度较高的区域。因此多用于直径较小，高度较低的烟囱。经过对于玻璃钢厂家的多方调查，《烟囱设计规范》GB 50051—2013）规定自立式烟囱的高度不宜超过 30m，且高径比不大于 10。

（2）拉索式指仅采用拉索作为附加受力支撑，筒身与拉索共同组成稳定结构的形式。

参照《燃煤电厂玻璃纤维增强塑料（FRP）烟囱内筒设计、制造和安装标准指南》ASTMD 5364 的规定：$L/r \leqslant 20$，否则需采用加拉索或缓冲器等方法来保证 L/r 不超过 20。《烟囱设计规范》GB 50051—2013 规定拉索式玻璃钢烟囱的高度不宜超过 45m，且其高径比（H/D）不宜大于 20。

拉索式烟囱在风荷载和地震作用下的内力计算，可按现行国家标准《高耸结构设计规范》GB 50135 的规定计算。并考虑横风向风振的影响。

（3）塔架式是以钢结构框架或钢筋混凝土框架作为支撑结构，玻璃钢作为内筒。框架上设有多层操作平台，一方面可以起到对玻璃钢内筒的支撑作用，另一方面方便检查和维修。

这种结构的特点是有钢框架承担烟囱的主要载荷包括内筒的自重及风载、地震作用等，与套筒式烟囱的受力情况相似。塔架式烟囱目前应用最为广泛，应用范围从几十米直到一百多米都有应用。目前最高的玻璃钢塔架式烟囱高度已达到 120m。

（4）套筒式是承重外筒多采用钢筋混凝土外筒作为支撑结构，玻璃钢作为内筒。这种结构是目前湿法脱硫工艺中最为常见的一种结构形式，套筒式烟囱的内部可设置操作平台，可在内外筒之间检修。这种结构的优点有：充分利用玻璃钢内筒防腐蚀防渗漏的优点，与混凝土刚度大、抗风和防震能力强的优点相结合，同时内筒和外筒相对独立，有效防止介质、环境温度变化引起的不同材质涨缩不一致，避免了内应力破坏。同时也利用了玻璃钢轻质高强，起吊安装方便，施工周期短，费用低的优点。烟囱的高度决定于外部混凝土外筒的高度。

对于塔架式、套筒式玻璃钢烟囱，其主要的承载均由塔架或混凝土外筒来承担，因此玻璃钢内筒主要起到防腐蚀、防渗漏的作用，但由于玻璃钢材料自身的弹性模量较低，自身稳定性较差，因此对其支撑点间距必须限定，故规定玻璃钢烟囱的跨径比（L/D）不宜大于 10。

3 玻璃钢烟囱内烟气流速较高时的耐磨问题

玻璃钢烟囱的设计时，应考虑烟气运行的流速、温度、磨损及化学介质腐蚀等因素的影响。当烟气流速超过 31m/s 时，应在拐角以及突变部位的树脂中添加耐磨填料或采取其他技术措施。由于玻璃钢材质的耐磨性能不强，在高的烟气流速下，对拐角或突变部位的冲击和磨损加大，导致腐蚀加强。可通过在树脂中添加耐磨填料（如碳化硅等）来提高该部位玻璃钢的耐磨性。

4 平台活荷载与筒壁积灰荷载的取值规定

在本手册第 4 章对于烟囱的荷载与作用都进行了相关规定，在进行玻璃钢烟囱的设计时需要按照有关规定进行荷载的计算，包括风载、平台活荷载、积灰荷载、裹冰荷载、地震作用、温度作用以及烟气压力计算等。

5 烟囱的内衬层与外表层不计入强度的规定

在结构强度和承载力计算时，不计入筒壁防腐蚀内衬层的厚度和外表面层厚度，但应考虑其重量影响。

一方面防腐蚀内衬层及外表层主要起到抵御内外环境侵蚀的作用，会随着时间推移逐渐老化，力学性能逐渐降低；另一方面内外表层树脂含量很高，强度及模量较低，在计算结构强度和承载力时，均不考虑。

6 玻璃钢烟囱的设计使用年限

在玻璃钢烟囱的设计中，大多数的材料性能都是根据短期性能试验结果，给定了一些分项安全系数，作为材料的设计性能指标。这些材料性能应满足玻璃钢烟囱在设计工况下使用条件下，其使用年限达到 30 年。

在国外的相关标准中也有类似的设计年限的规定，如表 10-1 所示。由此可见，我国《烟囱设计规范》GB 50051—2013 规定的玻璃钢烟囱设计使用年限是适中的。

表 10-1　不同国家玻璃钢烟囱设计使用年限

标　　准	ASTM D5364	CICIND
使用年限	35 年	25 年

注：CICIND 为《国际工业烟囱协会玻璃钢内筒标准规程》。

7 玻璃钢烟囱的层间挠度规定

由于玻璃钢烟囱自身刚度较低，因此对于塔架式和拉索式烟囱应控制其层间变形。拉索式烟囱两层拉索间的层间变形量或塔架式烟囱两个固定点间的层间变形量不得超过相应层高的 1/120。例如拉索式烟囱直径 1m，高度为 12m，则可在距上部 4m 处设拉索，那么从基础至拉索位置的烟囱层间变形量不得超过 8/120m（0.067m）。

10.2　筒壁承载能力计算

玻璃钢复合材料是由两种或两种以上不同性能、不同形态的组分材料通过复合工艺组合而成，确切的说是由树脂基体、增强材料和辅料组成。通常可把玻璃钢分成三个结构层次，由单层纤维浸润树脂形成的一个铺层，可以称为一次结构，如由玻璃布铺层一次成型的单层板；由多个单层结构按一定顺序叠合而成的层合板可以称为二次结构，如玻璃钢烟囱筒壁，层合板是结构的基本单元；玻璃钢烟囱作为一个制品可以称为三次结构，也就是通常说的制品结构。

单层板的力学性能由各组分材料如树脂、增强纤维的力学性能、组分含量等因素决定。层合板的力学性能则取决于单层板的力学性能、纤维方向、铺设顺序等因素。制品结构的力学性能取决于层合板的力学性能、受力方式、结构的几何形状等。

玻璃钢筒壁承载能力应按《烟囱设计规范》GB 50051—2013 第 3.1.4 条的规定，分别按持久设计状况和短暂设计状况进行验算，并按本手册表 3-27 规定的不同设计状况下的材料分项系数确定材料设计强度。

1　自立式玻璃钢内筒

在弯矩、轴力和温度作用下，自立式玻璃钢内筒纵向抗压强度应符合下列公式的要求：

$$\sigma_{zc} = \frac{N_i}{A_{ni}} + \frac{M_i}{W_{ni}} + \gamma_T(\sigma_m^T + \sigma_{sec}^T) \leqslant f_{zc}(\text{或} \sigma_{crt}^z) \tag{10-1}$$

$$\sigma_{zb} = \gamma_T \sigma_b^T \leqslant f_{zb} \tag{10-2}$$

$$\sigma_{crt}^z = k\sqrt{\frac{E_{zb}E_{\theta c}}{3(1 - \nu_{z\theta}\nu_{\theta z})}} \times \frac{t_0}{\gamma_{zc}r} \tag{10-3}$$

$$k = 1.0 - 0.9(1.0 - e^{-x}) \tag{10-4}$$

$$x = \frac{1}{16}\sqrt{\frac{r}{t_0}} \tag{10-5}$$

式中：　　σ_{zc}——玻璃钢内筒轴向抗压强度（N/mm²）；

σ_{zb}——玻璃钢内筒轴向抗弯强度（N/mm²）；

A_{ni}——计算截面处的结构层净截面面积（mm²）；

W_{ni}——计算截面处的结构层净截面抵抗矩（mm³）；

M_i——玻璃钢烟囱水平计算截面 i 的最大弯矩设计值（N·mm）；

N_i——与 M_i 相应轴向压力或轴向拉力设计值（N）；

f_{zc}——玻璃钢轴心抗压强度设计值（N/mm²）；

f_{zb}——玻璃钢纵向弯曲抗压强度设计值（N/mm²）；

E_{zb}——玻璃钢轴向弯曲弹性模量（N/mm²）；

$E_{\theta c}$——玻璃钢环向压缩弹性模量（N/mm²）；

σ_{crt}^z——筒壁轴向临界应力（N/mm²）；

t_0——烟囱筒壁玻璃钢结构层厚度（mm）；

r——筒壁计算截面结构层中心半径（mm）；

σ_m^T、σ_{sec}^T、σ_b^T——筒身弯曲温度应力、温度次应力和筒壁内外温差引起的温度应力（MPa），按本规范第五章规定进行计算；

γ_T——温度作用分项系数，取 $\gamma_T = 1.1$。

2 悬挂式玻璃钢内筒

在弯矩、轴力和温度作用下，悬挂式玻璃钢内筒纵向抗拉强度应按公式计算：

$$\sigma_{zt} = \frac{N_i}{A_{ni}} + \frac{M_i}{W_{ni}} + \gamma_T(\sigma_m^T + \sigma_{sec}^T) \leq f_{zt}^s \tag{10-6}$$

$$\sigma_{zt} = \frac{N_i}{A_{ni}} + \gamma_T(\sigma_m^T + \sigma_{sec}^T) \leq f_{zt}^1 \tag{10-7}$$

$$\sigma_{zb} = \gamma_T\sigma_b^T \leq f_{zb} \tag{10-8}$$

$$\frac{\sigma_{zt}}{f_{zt}} + \frac{\sigma_{zb}}{f_{zb}} \leq 1 \tag{10-9}$$

式中：σ_{zt}——玻璃钢内筒轴向抗拉强度（N/mm²）；

f_{zt}——玻璃钢内筒轴向抗拉强度设计值（N/mm²）；

f_{zt}^s——玻璃钢轴心受拉强度设计值（N/mm²），抗力分项系数取 2.6；

f_{zt}^1——玻璃钢轴心受拉强度设计值（N/mm²），抗力分项系数取 8.0。

3 烟气负压与环向风荷载

玻璃钢筒壁在烟气负压和风荷载环向弯矩作用下，其强度可按下列公式计算：

$$\sigma_\theta = \frac{pr}{t_0} \leq \sigma_{crt}^\theta \tag{10-10}$$

$$\sigma_{\theta b} = \frac{M_{\theta in}}{W_\theta} + \sigma_\theta^T \leq f_{\theta b} \tag{10-11}$$

$$\frac{\sigma_\theta}{\sigma_2^\theta} + \frac{\sigma_{\theta b}}{f_{\theta b}} \leq 1 \tag{10-12}$$

$$\sigma_{crt}^\theta = 0.765 (E_{\theta b})^{3/4} \cdot (E_{zc})^{1/4} \cdot \frac{r}{L_s} \cdot \left(\frac{t_0}{r}\right)^{1.5} \cdot \frac{1}{\gamma_{\theta c}} \tag{10-13}$$

式中：$M_{\theta in}$——局部风压产生的环向单位高度风弯矩（N·mm/mm），按本手册第 4 章有关规定计算；

p——烟气压力（N/mm²）；

W_θ——筒壁厚度沿环向单位高度截面抵抗矩（mm³/mm）；

$E_{\theta b}$——玻璃钢环向弯曲弹性模量（N/mm²）；

E_{zc}——玻璃钢轴向受压弹性模量（N/mm²）；

L_s——筒壁加筋肋间距（mm）；

σ_θ——玻璃钢内筒环向抗压强度（N/mm²）；

$\sigma_{\theta b}$——玻璃钢内筒环向抗弯强度（N/mm²）；

$f_{\theta b}$——玻璃钢内筒环向抗弯强度设计值（N/mm²）；

$\gamma_{\theta c}$——玻璃钢内筒环向轴心受压材料分项系数，按表 3-27 选取。

σ_θ^T——筒壁环向温度应力（N/mm²），按本手册第 4 章的规定进行计算；

$\sigma_{\mathrm{crt}}^{\theta}$——筒壁环向临界应力（N/mm^2）。

4　竖向与环向复合受压

负压运行的自立式玻璃钢内筒，筒壁强度应按下列公式计算：

$$\frac{\sigma_{\mathrm{zc}}}{\sigma_{\mathrm{crt}}^{\mathrm{z}}} + \left(\frac{\sigma_{\theta}}{\sigma_{\mathrm{crt}}^{\theta}}\right)^2 \leqslant 1 \tag{10-14}$$

5　玻璃钢烟囱加劲

玻璃钢烟囱可采用加劲肋的方法提高玻璃钢烟囱筒壁刚度，加劲肋影响截面抗弯刚度应满足下式要求：

$$E_s I_s \geqslant \frac{2pL_s r^3}{1.15} \tag{10-15}$$

式中：E_s——加劲肋沿环向弯曲模量（N/mm^2）；

　　　I_s——加劲肋及筒壁影响截面有效宽度惯性矩（mm^4）。筒壁影响截面有效宽度可采用 $L = 1.56\sqrt{rt_0}$，且计算影响面积不大于加强肋截面面积。

6　玻璃钢筒壁分段对接

玻璃钢筒壁分段采用平端对接时，宜内外双面粘贴连接，并应对粘贴连接宽度、厚度及铺层分别按下列要求进行计算：

（1）粘贴连接接口宽度应满足下式要求：

$$W \geqslant \left(\frac{N_i}{2\pi r} + \frac{M_i}{\pi r^2}\right) \cdot \frac{\gamma_{\tau}}{f_{\tau}} \tag{10-16}$$

式中：N_i、M_i——连接截面上部筒身总重力荷载设计值（N）与连接截面处弯矩设计值（N·mm）；

　　　f_{τ}——手糊板层间允许剪切强度，可按试验数据采用，当无试验数据时可取 20（MPa）；

　　　γ_{τ}——手糊板层间剪切强度分项系数，取 $\gamma_{\tau} = 10$。

（2）粘贴连接接口厚度（计算时不计防腐蚀层厚度）应满足下式要求：

$$t \geqslant \left(\frac{N_i}{2\pi r} + \frac{M_i}{\pi r^2}\right) \cdot \frac{\gamma_{\mathrm{zc}}}{f_{\mathrm{zc}}} \tag{10-17}$$

式中：f_{zc}——手糊板轴向抗压强度，当无试验数据时可采用 140（MPa）；

　　　γ_{zc}——手糊板轴向抗压强度分项系数，取 $\gamma_{\mathrm{zc}} = 10$。

计算实例

如图 10-1 所示一玻璃钢烟囱直径为 7.2m，下部最大重力荷载 3001873.54N，连接面处最大弯矩为 2095786000N·mm。

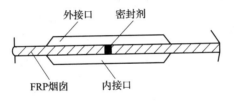

图 10-1　玻璃钢平端对接

1）粘贴连接接口宽度：代入公式（10-16）得 $W \geq 92.08mm$，取 W 为 $400mm$。

2）粘贴连接接口厚度：代入公式（10-17）得 $t \geq 13.15mm$，取 t 为 $20mm$。

7 玻璃钢烟囱筒壁孔洞

玻璃钢烟囱开孔宜采用圆形，洞孔应力应满足本手册公式（8－27）的要求。

为尽量减小应力集中现象，玻璃钢烟囱的开孔宜设计为圆形，并对开孔处进行局部补强，大量试验表明，将连接处的壁厚适当增加将使应力集中现象在很大程度上得到缓和，应力集中系数也可以控制在某一允许数值内。开口补强采用等面积补强设计法。即局部补强的复合材料截面积必须大于或等于开孔面积。

10.3 设 计 构 造

1 玻璃钢烟囱的开孔形状

因为工艺的需要玻璃钢烟囱下部必须开孔以便与烟道连接，缠绕成型的烟囱用机械方法开孔后，无疑会破坏纤维的连续性，纤维被切断，不但会削弱本体强度，而且由于结构连续性受破坏，烟囱本体和接管变形不一致，在开孔处将产生较大的附加内力，其中影响最大的是附加弯曲应力，局部地区的应力可达本体基本应力的 3 倍以上（有时甚至可达 5~6 倍）。开孔的形状将直接影响到局部应力的大小，以圆形孔的局部应力为最小，椭圆形次之，矩形孔的应力集中现象最为明显，因此为避免产生应力集中，玻璃钢烟囱的开孔形状宜设计成圆形。

2 拉索式玻璃钢烟囱拉索设置

其设置应满足以下规定：

（1）当烟囱高度与直径之比小于 15 时，可设 1 层拉索，拉索位置设置在距烟囱顶部小于 $h/3$ 处。

（2）烟囱高度与直径之比大于 15 时，可设 2 层拉索：上层拉索系结位置，宜距烟囱顶部小于 $h/3$ 处；下层拉索宜设在上层拉索位置至烟囱底的 1/2 高度处。

（3）拉索一般为 3 根，平面夹角为 120°，拉索与烟囱轴向夹角不小于 25°。

3 加强筋的设置间距

加强筋的间距不应超过排烟筒直径的 1.5 倍或 8m。

采用加强筋的方法能够有效提高玻璃钢筒节的稳定性，但对于内部压力较大的情况则会在加强筋的附近产生较大的弯曲力矩，引起局部应力，因此对于受较大内压的烟囱建议采用增加壁厚的方法提高抗弯刚度。

4 玻璃钢烟囱的连接类型

其连接类型可分为可拆连接和不可拆连接两大类，可拆连接包括：法兰连接、螺纹连接、承插"O"形圈连接几种形式；不可拆连接包括：平端对接和承插粘接等形式。

目前在小口径（$D \leq 4m$）玻璃钢烟囱中较多的采用承插"O"形圈连接、承插粘接、法兰连接等形式，而对于大口径（$D > 4m$）玻璃钢烟囱较多的采用平端对接形式，在与膨胀节相连时采用法兰连接。

接口设计的原则：

（1）接口处为二次成型，必须保证接口处的强度不得低于筒体其他部位的强度。

（2）在接口前，必须对连接表面进行处理，以提高粘接牢度。

（3）为保证荷载能够从每段筒体向下传递，接口的强度必须要保证，对于大口径（$D > 4$m）玻璃钢烟囱必须采用内外粘接的方式，并且在内外全厚度的粘接宽度不宜小于400mm。

（4）在接口完成后，需固化一段时间后，才可起吊，所有接口表面的巴氏硬度不得低于30。

5　玻璃钢烟囱膨胀节

为避免因为温度变化产生的筒体轴向或环向应力过大，必须对其热应力进行计算，并根据需要设置膨胀节。

膨胀节应满足以下要求：

（1）膨胀节与烟囱筒体的连接应保证气密性。

（2）膨胀节在所有运行工况下均可以保证吸收全部排烟筒间的轴向和环向应力。

（3）膨胀节所用材料耐烟气腐蚀性和耐温性不得低于筒体的性能。

（4）膨胀节与筒体的连接应设计为可拆连接以便更换，通常采用法兰式连接。

（5）膨胀节在设计寿命期内必须保证其使用安全性。

6　玻璃钢烟囱的壁厚

参考美国材料实验协会标准《燃煤电厂玻璃纤维增强塑料（FRP）烟囱内筒设计、制造和安装标准指南》ASME D 5364 的规定，最小结构层厚度为10mm，但考虑到该标准主要针对电厂用大直径玻璃钢烟囱，并不适用于小直径烟囱，因此经过计算同时参照各厂以前的烟囱使用情况，规定玻璃钢烟囱的筒壁结构层最小厚度应满足表10-2。

表 10-2　玻璃钢烟囱的筒壁结构层最小厚度 （mm）

烟囱直径（m）	结构层最小厚度	备　注
≤2.5	6	中间值线性插入
>4	10	

11 砖 烟 囱

11.1 砖烟囱适用条件及要求

11.1.1 适用条件

烟囱筒壁的材料选择，在一般情况下主要依据烟囱的高度和地震烈度来确定。从目前国内情况看。烟囱高度大于80m时，一般采用钢筋混凝土筒壁。烟囱高度小于或等于60m时，可采用砖烟囱。砖烟囱的抗震性能较差。即使是配置竖向钢筋的砖烟囱，遇到较高烈度的地震仍难免发生一定程度的破坏。而且高烈度区砖烟囱的竖向配筋量很大，导致施工质量难以保证，而造价与钢筋混凝土烟囱相差不大。

单纯从砖砌体抗压能力看，砖烟囱的高度可达80m以上。但是，当高度超过60m，从造价及施工的难易等方面与钢筋混凝土烟囱相比，已无明显优越性。因此，高度超过60m时，不宜采用砖烟囱。

砖烟囱的断面形式，分为方形和圆形，其中方形仅用于低矮的烟囱，且其承受高温性能差，多数烟囱采用圆环形断面，本手册仅适用于圆环形截面的砖烟囱设计。

砖烟囱从配箍及配筋角度，可分为三种形式：

（1）仅配环箍的砖烟囱，仅适用于抗震设防为6度，Ⅰ、Ⅱ类场地。

（2）仅配环向钢筋的砖烟囱，适用范围同仅配环箍烟囱。近年来，仅配环向钢筋的砖烟囱，多于配环箍的烟囱。这是因为配环向钢筋的砖烟囱，施工较为简便，筒身施工时，可一次完成，且烟囱外观较为简捷、美观。因此，只有烟囱温度较高，配环向钢筋有困难时，才配环箍。烟囱因温度作用，产生较大裂缝时，宜采用环箍加固。当用于抗震加固时，在筒身外侧，应当加配竖向钢板带。

（3）配竖向钢筋的砖烟囱。配竖向钢筋是为了抗震，配竖向钢筋的砖烟囱，最大可用到地震设防烈度为8度，且仅为Ⅰ、Ⅱ类场地。

配竖向钢筋的砖烟囱，应同时配环向钢筋。

综上所述，砖烟囱选择配环箍及配筋形式时，主要考虑的因素是地震设防烈度。

11.1.2 一般要求

砖烟囱筒壁设计，应进行下列计算和验算：

（1）水平截面承载力极限状态计算和荷载偏心距验算：

1）在永久荷载（自重荷载）和风荷载设计值作用下，进行承载能力极限状态计算；

2）抗震设防烈度6度（Ⅲ、Ⅳ场地）及6度以上地区的砖烟囱，应进行竖向配筋计算；

3）在永久作用和风荷载标准值作用下，应验算水平载面抗裂度。

（2）在温度作用下，按正常使用极限状态，进行环向钢箍或环向钢筋计算。计算出的环向钢箍或环向钢筋截面积，如小于构造值，应按构造值配置。

11.2 配环箍的砖烟囱

11.2.1 计算要求

配环箍的砖烟囱，需进行下列计算：

（1）受热温度计算。根据本书第4章的规定和计算公式，对筒壁、隔热层和内衬进行温度计算。计算出的受热温度，应小于或等于材料允许的受热温度值。

（2）承载力极限状态计算。筒壁水平截面在永久荷载（自重荷载）和风荷载共同作用下，进行极限承载能力的计算。

（3）正常使用状态计算。在筒壁自重及风荷载标准值作用下，轴向力与截面重心的偏心距验算。应使得水平截面不出现拉应力。

（4）在风荷载标准值和设计值作用下，分别验算轴向力的最大偏心距，应满足最大偏心距的控制条件。

（5）计算在温度差作用下，筒壁所需要的环箍截面面积。此时，以筒壁每节的底截面为一计算单元。

11.2.2 筒壁水平截面计算

计算水平截面的极限承载力，一般按下列步骤进行：

（1）计算永久荷载（自重）的重力，包括内衬、隔热层及筒壁，宜采用材料的干燥密度。计算截面取各节的底截面。各节底截面不应包括本节的内衬及隔热层重（其重量传至下一节）。

（2）计算各节的风弯矩及风剪力。按本手册第4章的有关规定进行计算。

（3）计算各节荷载偏心距。

1）当计算截面无开孔时：

$$e_0 = M_w/N \tag{11-1}$$

2）当计算截面设有孔洞时：

$$\frac{M_w}{N} + y_0 \tag{11-2}$$

式中：M_w——风弯矩的设计值（kN·m）；

N——烟囱重力设计值（kN）；

y_0——开孔截面中心至截面重心的距离。

（4）截面回转半径 i：

$$i = \sqrt{\frac{I}{A}} \tag{11-3}$$

式中：I——截面惯性矩；

A——截面面积。

（5）筒壁在永久荷载和风荷载共同作用下，水平截面极限承载力 N，按下列公式计算：

$$N \leqslant \phi f A \tag{11-4}$$

$$\phi = \frac{1}{1 + \left(\dfrac{e_0}{i} + \beta \sqrt{\alpha} \right)^2} \tag{11-5}$$

采用公式（11-5）必须满足在风荷载设计值作用下，轴向力至截面重心的偏心距公式（11-8）要求。

式中：N——永久荷载（自重荷载）产生的轴向力设计值（N）；

f——砖砌体抗压强度设计值，按国家标准《砌体结构设计规范》GB 50003 的规定采用（N/mm^2）；

A——筒壁计算截面面积（mm^2）；

ϕ——高径比（β）及轴向力偏心距（e_0）对承载力的影响系数；

β——计算截面以上筒壁高径比，可取 $\beta = h_d / d$，其中 h_d 为计算截面至筒壁顶端的高度（m）；d 为烟囱计算截面直径（m）；

i——计算截面的回转半径（m）；

e_0——在风荷载设计值作用下，轴向力至截面重心的偏心距（m）；

α——与砂浆强度等级有关的系数，当砂浆等级 ≥M5 时，$\alpha = 0.0015$，当砂浆强度等级为 M2.5 时，$\alpha = 0.0020$。

（6）正常使用状态下筒壁不应出现拉应力，自重和风荷载标准值作用下的偏心距应当满足下式：

$$\frac{M_k}{N_k} \leqslant r_{com} \tag{11-6}$$

$$r_{com} = W/A \tag{11-7}$$

式中：r_{com}——计算截面核心距（m）；

W——计算截面最小弹性抵抗距（m^3）。

如不满足公式（11-6），应加大筒壁截面或改为配竖向钢筋的筒壁。

（7）在风荷载设计值作用下，轴向力至截面重心的偏心距，应满足下式要求：

$$e_0 \leqslant 0.6a \tag{11-8}$$

式中：a——计算截面重心至筒壁外边缘的最小距离；

e_0——截面在设计荷载作用下的荷载偏心距。

公式（11-6）只有满足 $e_0 \leqslant 0.6a$ 时，才比较准确。如果出现 $e_0 > 0.6a$ 的情况，应改变计算截面或采用配竖向钢筋的方法。

11.2.3 环向钢箍计算

（1）计算环箍时，筒壁温度差按本手册 4.3 节的规定进行计算。

（2）在筒壁温度差作用下，筒壁计算部位每米高度所需的环箍截面面积，按下列公式计算：

$$A_h = 500 \frac{r_2}{f_{at}} \varepsilon_m E'_{mt} \ln \left(1 + \frac{t \varepsilon_m}{r_1 \varepsilon_t} \right) \tag{11-9}$$

$$\varepsilon_{t} = \frac{\gamma_{t} t \alpha_{m} \Delta T}{\gamma_{2} \ln(r_{2}/r_{1})} \tag{11-10}$$

$$\varepsilon_{m} = \varepsilon_{t} - \frac{f_{at}}{E_{sh}} \geqslant 0 \tag{11-11}$$

$$E_{sh} = \frac{E}{1 + \frac{n}{6r_{2}}} \tag{11-12}$$

当 $\varepsilon_{m} \leqslant 0$ 时，应按构造配箍。

式中：A_{h}——每米高筒壁所需的环箍截面面积（mm^{2}）；

r_{1}——计算截面筒壁内半径（mm）；

r_{2}——计算截面筒壁外半径（mm）；用于公式（11-12）时单位为（m）；

ε_{m}——筒壁内表面相对压缩变形值；

ε_{t}——筒壁外表面在温度差作用下的自由相对伸长值；

α_{m}——砖砌体线膨胀系数（$\alpha_{m} = 5 \times 10^{-6}/℃$）；

γ_{t}——温度作用分项系数，取 $\gamma_{t} = 1.6$；

ΔT——筒壁内外表面温度差（℃）；

t——筒壁厚度（mm）；

f_{at}——环箍抗拉强度设计值，可取 $f_{at} = 145N/mm^{2}$；

E'_{mt}——砖砌体在温度作用下的弹塑性模量，当筒壁内表面温度 $T \leqslant 200℃$ 时，取 $E'_{mt} = E_{m}/3$；当 $T \geqslant 350℃$ 时，取 $E'_{mt} = E_{m}/5$；中间值线性插入；E_{m} 为砖砌体弹性模量，按《砌体结构设计规范》GB 50003—2011 采用；

E_{sh}——环箍折算弹性模量（N/mm^{2}）；

E——环箍钢材弹性模量（N/mm^{2}）；

n——一圈环箍的接头数量。

11.3 配环筋的砖烟囱

11.3.1 环筋计算

当砖烟囱采用配环筋方案时，在筒壁温度差作用下，计算部位每米高筒壁所需的环筋截面面积，按下列公式计算：

$$A_{sm} = 500 \frac{r_{s}\eta}{f_{yt}} \varepsilon_{m} E'_{mt} \ln\left(1 + \frac{t_{0} \cdot \varepsilon_{m}}{r_{1}\varepsilon_{t}}\right) \tag{11-13}$$

$$\varepsilon_{t} = \frac{\gamma_{t} t_{0} \alpha_{m} \Delta T_{s}}{\gamma_{s} l_{n}(r_{s}/r_{1})} \tag{11-14}$$

$$\varepsilon_{m} = \varepsilon_{t} - \frac{\psi_{st} f_{yt}}{E_{st}} \tag{11-15}$$

当 $\varepsilon_{m} \leqslant 0$ 时，按构造配环筋。

式中：A_{sm}——每米高筒壁所需的环向钢筋截面面积（mm^{2}）；

t_{0}——计算截面筒壁有效厚度（mm），取 $t_{0} = t - a$，a 为筒壁外边缘至环筋的距离，单根环筋取 $a=30$，双根环筋取 $a=45$；

r_s——环筋所在圆（双根筋为钢筋重心处）半径（mm）；

ΔT_s——筒壁内表面与环筋处温度差（℃），一般可取筒壁内外表面温度差；

η——与环筋（指每个截面）根数有关的系数，单根筋时取 $\eta=1.0$，双根钢筋取 $\eta=1.05$；

f_{yt}——温度作用下环筋抗拉强度设计值（N/mm²）；

γ_t——温度作用分项系数，取 $\gamma_t=1.4$；

ψ_{st}——裂缝间环筋应变不均匀系数，当筒壁内表面温度 $T\leqslant200℃$ 时，$\psi_{st}=0.6$；$T\geqslant350℃$ 时，$\psi_{st}=1.0$，中间值线性插入求得；

E_{st}——在温度作用下钢筋弹性模量（N/mm²）。

11.3.2 水平截面计算

配环筋的砖烟囱的水平截面计算，仍按公式（11-4）、（11-5）计算。

11.4 配竖向钢筋的砖烟囱

抗震设防烈度为6度Ⅲ、Ⅳ类场地及6度以上地区的砖烟囱，应配置竖向钢筋。为抵抗温度作用，配竖向钢筋的砖烟囱，同时需配环向钢筋，环向钢筋的计算方法，同本章第三节。

竖向钢筋的配置按下列计算确定：

（1）各水平截面所需的竖向钢筋截面面积，可按下列公式计算：

$$A_s = \frac{\beta M - (\gamma_G G_k - \gamma_{Ev} F_{Evk}) r_P}{r_p f_{yt}} \tag{11-16}$$

$$M = \gamma_{Eh} M_{Ek} + \psi_{CWE} \gamma_W M_{Wk} \tag{11-17}$$

$$\beta = \frac{\theta}{\sin\theta} \tag{11-18}$$

$$\theta = \pi - \frac{\sin\theta}{ac} \tag{11-19}$$

式中：A_s——计算截面所需的竖向钢筋总截面面积（mm²）；

β——弯矩影响系数，查图11-1；

M_{Ek}——水平地震作用在计算截面产生的弯矩标准值（N·m）；

M_{Wk}——风荷载在计算截面产生的弯矩标准值（N·m）；

G_k——计算截面重力标准值（N）；

F_{Evk}——计算截面竖向地震作用产生的轴向力标准值（N）；

γ_p——计算截面筒壁平均半径（m）；

f_{yt}——考虑温度作用钢筋抗拉强度设计值；

γ_{Eh}——水平地震作用分项系数，取 $\gamma_{Eh}=1.3$；

γ_w——风荷载分项系数，取 $\gamma_w=1.4$；

γ_G——重力荷载分项系数，取 $\gamma_G=1.0$；

γ_{Ev}——竖向地震作用分项系数，按《烟囱设计规范》GB 50051—2013 表 3.1.8-1 的规定采用；

θ——受压区半角；

α_c——计算参数，按公式（11-20）计算；

ψ_{CWE}——地震作用时风荷载组合系数，取 $\psi_{CWE} = 0.2$。

（2）弯矩影响系数 β，可根据参数 a_c 查图 11-1，a_c 按下式计算：

$$a_c = \frac{M}{\phi_0 r_p Af - (\gamma_G G_k - \gamma_{Ev} F_{Evk}) r_p} \tag{11-20}$$

式中：ϕ_0——轴心受压承载力影响系数，按公式（11-5）计算时，取 $e_0 = 0$；

A——计算截面筒壁截面面积（mm^2）；

f——砖砌体抗压强度设计值（N/mm^2）；

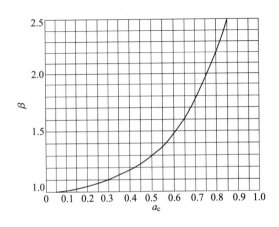

图 11-1 弯曲影响系数 β

（3）当计算出的竖向钢筋小于构造配筋时，应按构造配筋。

11.5 构 造 要 求

对砖烟囱除进行必要的计算，还要满足以下构造要求。

11.5.1 砖筒壁

砖及钢筋材料应符合本手册第 2 章的要求。

1 砖筒壁形

砖烟囱筒壁宜设计成截顶圆锥形，并应进行分节。筒壁坡度宜采用 2% ~ 3%，每节高度不宜超过 15m。

2 筒壁厚度

（1）当筒壁内径小于或等于 3.5m 时，筒壁最小厚度应为 240mm。当内径大于 3.5m 时，最小厚度应为 370mm。

（2）当筒身设有平台时，平台处筒壁厚度宜大于或等于 370mm。

（3）筒壁厚度按分节高度自下而上减薄，但同一节厚度应相同。

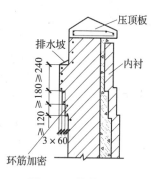

图 11-2 筒首构造

压顶板
排水坡
内衬
环筋加密
≥240
≥180
≥120
3×60

3 筒首构造

（1）烟囱顶部称为筒首，筒壁在此处向外局部加厚，总加厚厚度以 180mm 为宜，并应以阶梯形向外挑出，每阶挑出不宜超过 60mm，加厚部分的上部以 1:3 水泥砂浆抹成排水坡（图 11-2）。内衬到顶的烟囱宜设钢筋混凝土压顶板。

（2）筒首处筒壁加厚部位应将环筋加密。环筋保护层可减薄，筒首外表面以 20mm 厚水泥砂浆层粉刷。

（3）支承内衬的环形悬臂应在筒身分节处以阶梯形向内挑出，每节挑出不宜超过 60mm，挑出总高度应由剪切计算确定，但最上阶的高度不应小于 240mm。

4 筒壁开洞

（1）在同一平面设置两个孔洞时，宜对称设置。

（2）孔洞对应的圆心角不应超过 50°。孔洞宽度不大于 1.2m 时，孔顶宜采用半圆拱；孔洞宽度大于 1.2m 时，宜在孔顶设置钢筋混凝土圈梁。

（3）配置环向箍筋或配环向钢筋的砖筒壁，在孔洞上下砌体中应配置直径为 6mm 环向筋，其截面面积不应小于被洞口切断的环箍或环筋的截面面积。

（4）当孔洞较大时，宜设砖垛加强。

11.5.2 环向钢箍、环向钢筋设置

（1）按计算配置的环向钢箍，间距宜为 0.5m～1.5m。按构造设置的环箍，间距不宜大于 1.5m。

（2）筒壁与钢筋混凝土基础接触处，当基础环壁内表面温度大于 100℃ 时，在筒壁根部 1.0m 范围内，宜将环向配筋或环向钢箍增加 1 倍。

11.5.3 环向钢箍构造

（1）配置环箍的砖烟囱，环箍按下列要求设置：

环箍的宽度不宜小于 60mm，厚度不宜小于 6mm。每圈环箍接头不应少于两个，每段长度不宜超过 5m。环箍接头的螺栓宜采用 Q235 材料，其净截面面积，不应小于环箍截面面积。环箍接头位置应沿筒壁高度互相错开。环箍接头做法见图 11-3。

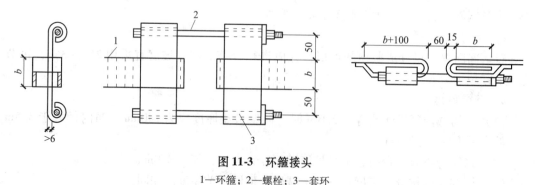

图 11-3 环箍接头

1—环箍；2—螺栓；3—套环

（2）环箍安装时应施加预应力，预应力可按表 11-1 采用。

表 11-1　环箍预应力值（N/mm²）

安装时温度（℃）	$T>10$	$10 \geqslant T \geqslant 0$	$T<0$
预应力值	30	50	60

11.5.4　环筋的构造

（1）按计算配置的环向钢筋，直径宜为 6mm～8mm，间距不少于 3 皮砖，且不大于 8 皮砖。按构造配置的环向钢筋，直径宜为 6mm，间距不应大于 8 皮砖。

同一平面内环向钢筋不宜多于两根，两根钢筋的距为 30mm。

钢筋搭接长度应为 $40d$（d 为钢筋直径），接头位置应互相错开。

钢筋的保护层为 30mm（图 11-4）。

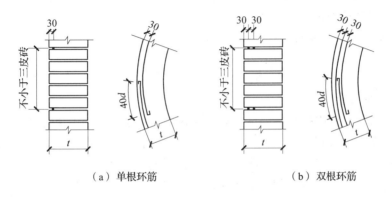

（a）单根环筋　　　　（b）双根环筋

图 11-4　环向钢筋配置

（2）在筒壁有环形悬臂或局部加厚的部位，环向钢筋应适当增加。

11.5.5　竖向钢筋的构造

（1）配置竖向钢筋的砖烟囱其最小配筋值，应按表 11-2 的规定采用。

表 11-2　砖烟囱最小配筋

配筋方式	烈度和场地类别		
	6 度Ⅲ、Ⅳ类场地	7 度Ⅰ、Ⅱ类场地	7 度Ⅲ、Ⅳ类场地 8 度Ⅰ、Ⅱ类场地
配筋范围	0.5H 到顶端	0.5H 到顶端	$H \leqslant 30m$ 时全高； $H>30M$ 时由 0.4H 到顶端
竖向配筋	$\phi8$，间距 500mm～700mm， 且不少于 6 根	$\phi10$，间距 500mm～700mm， 且不少于 6 根	$\phi10$ 间距 500mm， 且不少于 6 根

注：1　竖向筋接头搭接 40 倍钢筋直径，钢筋在搭接范围内用铅丝绑牢，钢筋应设直角弯钩。

2　烟囱顶部应设钢筋混凝土压顶圈梁以锚固竖向钢筋。

3　竖向钢筋配置在距筒壁外表面 120mm 处。

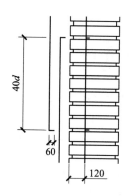

图 11-5　竖向钢筋布置图

（2）竖向钢筋每根长度不宜小于 4m，搭接长度不应小于 40 倍钢筋直径，搭接范围应绑扎牢固，搭接位置应互相错开，在搭接范围内，接头数量不应超过钢筋根数的 1/4。

（3）烟囱顶部应设置压顶钢筋混凝土圈梁，竖向钢筋应锚固在圈梁内，锚固长不小于 30 倍钢筋直径。

（4）竖向钢筋在筒壁中配置情况，见图 11-5。

11.5.6　内衬及隔热层构造

1　内衬的设置

砖烟囱的内衬设置，应符合下列要求：

（1）当烟气温度大于 400℃ 时，内衬应沿全高设置。

（2）当烟气温度小于或等于 400℃ 时，可在烟囱下部局部设置。此时，内衬的最低设置高度，应超过烟道孔顶，超出高度不宜小于 1/2 烟道孔高。

（3）内衬的厚度应与隔热层综合考虑，由温度计算决定。但烟道进口一节的筒壁（或基础）处，内衬厚度不应小于 200mm 或一砖厚，其他各节不应小于 100mm 或半砖。两节内衬的搭接处理方法见图 11-6，搭接长度不应小于 300mm 或六皮砖。

2　隔热层的设置

隔热层的材料，应根据烟气温度选用。隔热层的厚度，应由温度计算决定。当为空气隔热层时，其厚度一般宜为 50mm；当为填料隔热层时，其厚度一般宜为 80mm～200mm。

（1）如采用砖砌内衬、空气隔热层时在内衬靠筒壁一侧按竖向间距 1m，环向间距为 500mm，挑出顶砖，顶砖与筒壁间应留 10mm 缝隙。顶砖的作用，是保证内衬的整体稳定性。

（2）当采用填料隔热层时，应在内衬上设置间距为 1.5m～2.5m 整圈防沉带，防沉带与筒壁之间留出 10mm 的温度缝（图 11-7）。

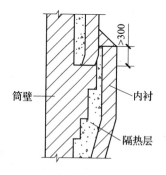

图 11-6　内衬搭接处理图

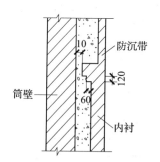

图 11-7　防沉带构造

11.5.7　隔烟墙

砖烟囱在同一平面内，有两个烟道口时，宜设置隔烟墙，其高度应超过烟道孔顶，超出高度不小于 1/2 孔高。隔烟墙厚度应根据烟气压力（地震区应考虑地震作用）进行计算确定。隔烟墙做法参见图 11-8。

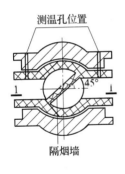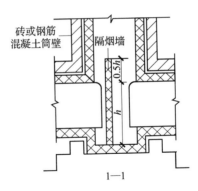

图 11-8 隔烟墙构造

11.5.8 烟囱附件

1 爬梯

（1）爬梯应离地面 2.5m 处开始设置，直至烟囱顶端。爬梯与筒壁连接应牢固可靠。

（2）爬梯应设在常年主导风向的上风向。

（3）烟囱高度大于 40m 时，应在爬梯上设置活动休息板，其间隔不应超过 30m。

（4）烟囱爬梯应设置安全防护围栏，围栏下端离地面或平台顶面高度为 2.0m ~ 2.5m。

（5）爬梯的形式见图 11-9。

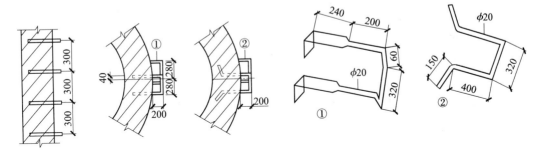

图 11-9 砖烟囱爬梯

2 检修平台

（1）砖烟囱无特殊要求时，一般不设检修平台和信号平台。

（2）爬梯和烟囱外部平台各杆件长度不宜超过 2.5m，杆件之间可采用螺栓连接。

（3）金属构件，应采取防腐措施，宜采用热镀锌防腐。

（4）砖烟囱应设清灰孔和避雷设施，清灰孔一般比烟道低 400mm ~ 500mm。

（5）烟囱筒身应设置沉降观测点和倾斜观测点。

12 烟 道

12.1 架 空 烟 道

12.1.1 一般规定

对于架空烟道，要求在烟气作用下结构振动小、气流顺畅、烟气阻力适度、积灰小、密封性和防腐蚀性能好。

架空烟道可采用钢筋混凝土框架结构，侧壁为填充砖墙，也可采用钢筋混凝土墙板结构。当锅炉排烟容量大时，可采用钢烟道。

烟道断面大小的选择由工艺经计算确定，土建专业应与工艺密切配合，共同做好烟道截面的布置选择。

每台吸烟机宜有独立的烟道，不宜采用汇集烟道。

烟道截面变化应缓和，避免气流急转弯和烟气流速的急剧变化，防止产生烟气涡流区。

架空烟道应考虑以下几种荷载：自重荷载、风荷载、底板积灰荷载和烟气压力。在抗震设防地区尚应考虑地震作用。

烟道内的烟气压力应由工艺专业提供，且不应小于 $\pm 2.5 \mathrm{kN/m^2}$。

架空烟道结构温度伸缩缝最大间距一般不宜大于 25m。温度伸缩缝的宽度一般为200mm。

烟道应有内衬，内衬具有耐高温、耐酸、耐磨和保护隔热层等性能。

架空烟道应有保温措施，使烟道结构的内外温差限制在一定范围。砖砌烟道的侧墙内外温差不宜超过30℃；钢筋混凝土烟道以及砖烟道钢筋混凝土顶板或底板的内外温差不超过40℃。

架空烟道的混凝土结构部分受热温度不应超过150℃。

水平烟道底板的积灰荷载应根据电除尘器的除尘效率和运行方式确定，经常低负荷和除尘设备故障运行时的积灰高度，取 1/6 的烟道净高度，积灰的容重按本手册第4.5节规定选取。湿法脱硫烟气加热装置前后的烟道积灰分别按湿、干灰计算，且不低于表 12-1 规定数值。

表 12-1 烟囱积灰平台板和烟道底板积灰荷载

单机容量（MW）		200		≤125	
除尘方式		干式	湿式	干式	湿式
荷载（kN/m²）	烟道底板	10	15	15	20
	烟囱积灰平台板	25	30	30	35

注：1 当单机容量不小于300MW时，干式除尘烟道底板积灰荷载不应小于20kN/m²。
　　2 积灰平台上设有烟气导向斜坡结构时，积灰荷载可按上表适当减小。

烟道墙体结构应考虑底板积灰所产生的侧压力。计算该侧压力时，对直墙可取积灰层厚1m~2m；对弧形墙、转角等可取积灰层厚2m~4m。

脱硫系统烟气的推力由工艺专业提供。

对采用钢排烟筒的套筒式或多管式烟囱，混凝土筒壁与钢排烟筒间的内接烟道也应采用钢结构，不应将烟道的水平推力传至排烟筒。

每段架空烟道应设置供检修的人孔。

烟道的抗腐蚀要求，可参阅本手册第5章"烟囱的防腐蚀设计"或《烟囱设计规范》GB 50051—2013第11章。

12.1.2　干烟气架空烟道的构造

（1）架空钢筋混凝土烟道及砖烟道断面构造参见图12-1。

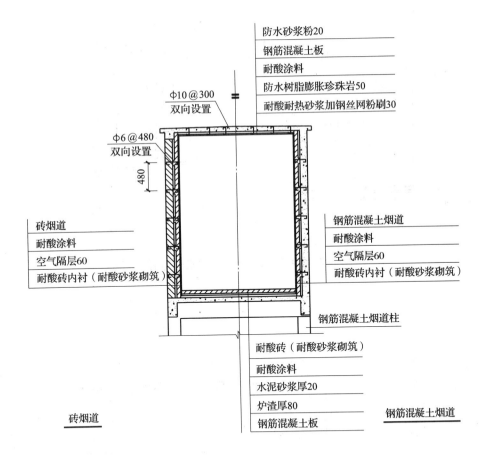

图12-1　架空钢筋混凝土烟道及砖烟道断面构造

（2）架空钢筋混凝土烟道及砖烟道转角构造见图12-2。

（3）架空钢筋混凝土烟道及砖烟道伸缩节详细做法参见图12-3。

（4）架空钢筋混凝土烟道及砖烟道人孔盖板详图做法参见图12-4。

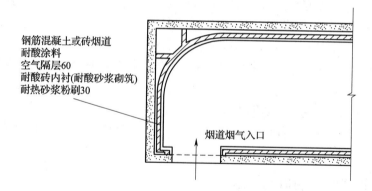

钢筋混凝土或砖烟道
耐酸涂料
空气隔层60
耐酸砖内衬(耐酸砂浆砌筑)
耐热砂浆粉刷30

烟道烟气入口

图 12-2 架空钢筋混凝土烟道及砖烟道转角构造

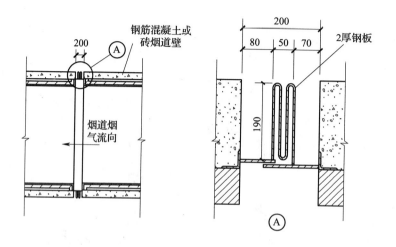

图 12-3 架空钢筋混凝土烟道及砖烟道伸缩节详图

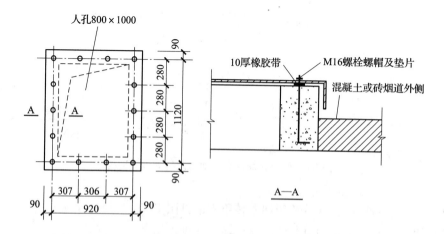

图 12-4 架空钢筋混凝土烟道及砖烟道人孔盖板详图

12.2　地下烟道和地面烟道

12.2.1　烟道的材料选择和结构形式

对于下列情况宜采用钢筋混凝土烟道：

（1）净空尺寸较大。

（2）地面荷载较大或有汽车、火车通过。

（3）有防水要求的烟道。

对于其他情况，地下烟道和地面烟道可采用砖砌烟道。

砖砌烟道的顶部应做成半圆拱（图12-5）；钢筋混凝土烟道宜做成箱型封闭框架［图12-6（a）］，也可做成槽型，顶盖为预制板［图12-6（b）］；钢烟道宜设计成圆筒形。

12.2.2　烟道的构造

（1）地下砖烟道的顶拱中心夹角一般为60°～90°，顶拱厚度不应小于一砖，侧墙厚度不应小于一砖半。

（2）砖烟道（包括地下及地面砖烟道）所采用砖的强度等级不应低于MU10，砂浆强度等级不应低于M2.5。当温度较高时应采用耐热砂浆。

（3）地下及地面烟道均宜设内衬和隔热层。砖内衬的顶应做成拱型，其拱脚应向烟道侧壁伸出，并与烟道侧壁留10mm空隙［图12-6（a）］。浇注料内衬宜在烟道内壁敷设一层钢筋网后再施工。

（4）不设内衬的烟道，应在烟道内表面抹黏土保护层。

（5）当为封闭式箱型钢筋混凝土烟道时，拱型砖内衬的拱顶至烟道顶板底表面，应留有不小于150mm的空隙［图12-6（a）］。

（6）烟道与炉子基础及烟囱基础连接处，应设置沉降缝。对于地下烟道，在地面荷载变化较大处，也应设置沉降缝。

（7）较长的烟道应设置伸缩缝。地面及地下烟道的伸缩缝最大间距为20m，架空烟道一般不超过25m，缝宽20mm～30mm。缝中应填塞石棉绳等可压缩的耐高温材料。当有防水要求时，伸缩缝的处理应满足防水要求。

抗震设防地区的架空烟道与烟囱之间防震缝的宽度应按照现行国家标准《建筑抗震设计规范》GB 50011执行。

（8）当为地下烟道时，烟道应与厂房柱基础、设备基础、电缆沟等保持一定距离，一般可按表12-2确定。

（9）连接引风机和烟囱之间的钢烟道，应设置补偿器。

表12-2　地下烟道与地下构筑物边缘最小距离

烟气温度（℃）	<200	200～400	401～600	601～800
距离（m）	≥0.1	≥0.2	≥0.4	≥0.5

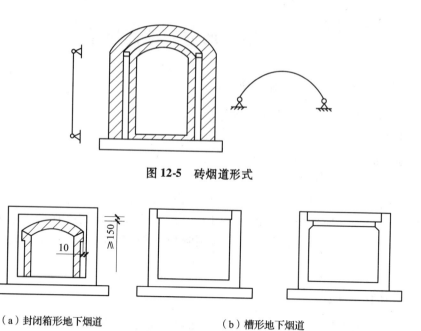

图 12-5　砖烟道形式

（a）封闭箱形地下烟道　　　　　（b）槽形地下烟道

图 12-6　钢筋混凝土烟道

12.2.3　烟道的计算

烟道应进行下列计算：最高受热温度计算，计算出的最高受热温度，应小于或等于材料的允许受热温度；结构承载能力极限状态计算。

1　最高受热温度计算

地下烟道的最高受热温度计算，应考虑周围土壤的热阻作用，计算土层厚度可按下列公式计算：

（1）计算烟道侧墙时：

$$h_1 = 0.505H - 0.325 + 0.050bH \tag{12-1}$$

（2）计算烟道底板时：

$$h_2 = 0.3（地温取 15℃） \tag{12-2}$$

（3）计算烟道顶板时，取实际土层厚度。

式中：H、b——分别为由内衬内表面算起的烟道埋深和宽度（m）（图12-7）；

h_1——烟道侧面计算土层厚度（m）；

h_2——烟道底面计算土层厚度（m）。

确定计算土层厚度后，可按本书第4章有关规定计算烟道受热温度。计算的受热温度应满足材料受热允许值。对材料强度应考虑温度作用的影响。

2　结构承载能力极限状态计算

在计算地下烟道的承载力时，应按烟道的材料和结构型式选择适宜的计算方法。

（1）地下砖砌烟道的承载力计算（图12-5）。

1）烟道侧墙的计算模型可按下列原则采用：

a. 当侧墙两侧有土时，侧墙可按上（拱脚处）、下端铰接，并仅考虑拱顶范围以外的地面荷载，按偏心受压计算；

b. 当侧墙两侧无上时，侧墙可按上端（拱脚处）悬臂、下端固接，验算拱顶推力作用下的承载能力，不考虑内衬对侧墙的推力。

c. 砖砌地下烟道不允许出现一侧有土另一侧无土的情况。

2）砖砌烟道的顶拱按双铰拱计算。其荷载组合应考虑拱上无土、拱上有土、拱上有地面荷载（并考虑最不利分布）等几种情况。

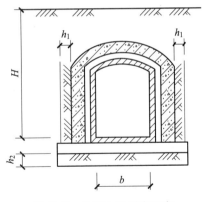

图 12-7　计算土层厚度示意

当拱顶截面内有弯矩产生时，截面内的合力作用点不应超过截面核心距。

3）砖砌烟道的底板计算可按下列原则计算：

a. 当为钢筋混凝土底板时，地基反力可按平均分布采用。

b. 当底板为素混凝土时，地基反力考虑侧壁压力按45°角扩散。

（2）钢筋混凝土地下烟道的承载能力计算。

1）封闭箱型地下烟道［图12-6（a）］按封闭框架，采用力法计算。

2）槽型地下烟道的顶盖、侧墙和底板可按下列规定计算［图12-6（b）］：

a. 预制顶板按两端简支板计算；

b. 侧墙和底板按上部有盖板和无盖板两种情况计算。当上部有盖板时，上支点可按铰接考虑；当上部无盖板时，侧墙按悬臂计算。

（3）在计算地面烟道的承载力时，地面砖烟道按下端固接的拱型框架计算。一般顶拱宜做成半圆拱。

地面的钢筋混凝土烟道的承载力计算与地下钢筋混凝土烟道类似，只是侧墙没有侧向土压力作用。

12.3　地下水位以下烟道的防水要求

12.3.1　一般要求

烟道位于地下水位以下时，应采取防水措施。当混凝土内表面温度不超过80℃时，可采用防水混凝土结构，并符合现行国家标准《地下工程防水技术规范》GB 50108 的有关要求，其抗渗等级应比常温情况（表12-3）提高一级。

12.3.2　设计要求

（1）防水混凝土的设计抗渗等级，应符合表12-3的规定。

（2）烟道应采取隔热措施，确保烟道混凝土内表面温度不超过80℃；处于侵蚀性介质中防水混凝土的耐侵蚀系数，不应小于0.8。

表 12-3 防水混凝土的设计抗渗等级

工程埋置深度 (m)	设计抗渗等级
< 10	S6
10 ~ 20	S8

（3）防水混凝土结构底板的混凝土垫层，强度等级不应小于 C15，厚度不应小于 100mm，在软弱土层中不应小于 150mm。

（4）设计抗渗等级的确定：一般要求防水混凝土的抗压强度等级达到 C20 ~ C30。抗渗等级一般不低于 S6，重要工程为 S8 ~ S12（见表 12-3）。

抗渗等级的定义为用 6 个圆柱体抗压试块，经过标准养护 28d 后，在抗渗仪上加水压，始压 0.2MPa，以后每隔 8h 加压 0.1MPa，直至 6 个试件中有 4 个试件不渗水时的最大水压被定为抗渗等级。

（5）防水混凝土的最小厚度：防水混凝土之所以能防水，因为它具有一定的密实性和厚度，所以混凝土内才不致被一般的压力水所渗透。防水混凝土的最小厚度见表 12-4。

表 12-4 防水混凝土的最小厚度

项　　目	条　　件	最小厚度 (mm)
侧墙	单筋	250
	双筋	300
顶拱		250

（6）迎水面钢筋保护层厚度不应小于 50mm。

（7）严格控制裂缝宽度。在设计和施工中应采取措施避免由于混凝土干缩引起的裂缝。设计配筋防水混凝土结构时，要考虑裂缝允许宽度的取值问题。在受弯截面中，钢筋应力较高时混凝土有开裂的可能，但构件受压区域产生压缩，裂缝开展不能贯穿整个截面，阻止了压力水的渗透。因此，在受弯截面，混凝土表面可允许裂缝最大宽度不超过 0.2mm。

为防止混凝土结构出现环向裂缝，以及在温差大的部位（如出入口），应增设细而密的温度筋，结构物的薄弱部位和转角处，适当配置构造钢筋，以增加结构的延性，抵抗局部裂缝的出现。

（8）防水混凝土烟道的自重，要求大于静水压力水头所造成的浮力。当自重不足以平衡浮力时可以采取锚桩等措施。当为多跨结构时，可将边跨加厚。抗浮安全系数采用 1.1。

（9）地表应做散水坡，以免地面积水，必要时还可以在散水坡外设置排水明沟，将地表水排走。

（10）变形缝的间距按现行国家标准《混凝土结构设计规范》GB 50010 最大伸缩缝间距要求设置。室外无筋混凝土结构，变形缝的间距宜为 10m；露天钢筋混凝土结构，间距宜为 20m；室内或土中钢筋混凝土结构，间距宜为 30m。

（11）变形缝的设置，在建筑物变化较大部位（层数、高度突然变化或荷载相差悬殊），以及土壤性质变化较大或长度较长的结构等情况，均应设置封闭严密的变形缝。变形缝的做法应根据工程所受水压高低、接缝两侧结构相对变形量的大小及环境、温度及水质影响，来选择较合理的防水方案。

（12）后浇带。后浇带适用于不允许设置柔性变形缝的部位，应待两侧结构主体混凝土干缩变形基本稳定后进行（一般龄期为42d），并应采用补偿收缩混凝土，其强度应高于两侧混凝土，后浇带应设在受力和变形较小的部位，宽度为1m。

（13）施工缝。防水混凝土应连续浇筑，尽量不留施工缝，当必须留设施工缝时应符合以下规定：

1）顶板、底板不保留施工缝；墙体在必须留设时，只准留水平施工缝，并距底板表面以上≥300mm处；拱墙结合的水平施工缝宜留在起拱线以下150mm～300mm处。

2）施工缝构造形式按有关详图处理。

3）施工缝应尽量与变形缝结合。

4）在施工缝处可采用多道防线，在迎水面抹NT无机防水浆料20mm～30mm，并在其表面钉膨润土防水板（毯），采取有效措施进行保护，混凝土浇捣前在施工间断中部嵌贴膨润土止水条。

（14）力求减少穿墙管、预埋件、预留孔槽等设施，设置时应使位置正确、施工简便。严禁后期开凿，在穿墙的孔洞上部500mm和下部300mm以内不得留施工缝。

12.3.3 材料要求

（1）防水混凝土使用的水泥应符合下列规定：

1）水泥强度等级不应低于32.5MPa。

2）在不受侵蚀性介质和冻融作用时，宜采用普通硅酸盐水泥、硅酸盐水泥、火山灰质硅酸盐水泥、粉煤灰硅酸盐水泥、矿渣硅酸盐水泥。使用矿渣硅酸盐水泥时必须掺用高效减水剂。

3）在受侵蚀性介质作用时，应按介质的性质选用相应的水泥。

4）在受冻融作用时，应优先选用普通硅酸盐水泥，不宜使用火山灰质硅酸盐水泥和粉煤灰硅酸盐水泥。

5）不得使用过期或受潮结块的水泥，并不得将不同品种或强度等级的水泥混合使用。

（2）防水混凝土所用的砂石，应符合下列规定：

1）石子最大粒径不宜大于40mm，泵送时其最大粒径应为输送管径的1/4；吸水率不应大于1.5%。不得使用碱活性骨料。其他要求应符合现行行业标准《普通混凝土用碎石或卵石质量标准及检验方法》JGJ 52的规定。

2）砂宜采用中砂，其要求应符合现行行业标准《普通混凝土用砂质量标准及检验方法》JGJ 52的规定。

（3）拌制混凝土所用的水，应符合现行行业标准《混凝土用水标准》JGJ 63的规定。

（4）防水混凝土可根据工程需要掺入减水剂、膨胀剂、防水剂、密实剂、引气剂、复合型外加剂等外加剂，其品种掺和量应经试验确定。所有外加剂应符合国家或行业标准一等品及以上的质量要求。

（5）防水混凝土可掺入一定数量的粉煤灰、磨细矿渣粉、硅粉等。粉煤灰的级别不应低于二级，掺量不宜大于20%；硅粉掺量不应大于3%；其他掺和料的掺量应经过试验确定。

（6）防水混凝土可根据工程抗裂需要掺入钢纤维。

（7）每立方米防水混凝土中各类材料的总碱量（Na_2O 当量）不得大于3kg。

（8）防水混凝土的种类如表12-5所列。

表12-5　防水混凝土的种类

种　类		最大抗渗等级（MPa）	技　术　要　求
普通防水混凝土		>3.0	水胶比0.5～0.6 坍落度30mm～50mm，掺外加剂或采用泵送混凝土时不受此限 水泥用量≥320kg/m³，灰砂比1:2～1:2.5 含砂率≥35%，粗骨粒粒径≤40mm；细骨料为中砂或细砂
外加剂防水混凝土	引气剂防水混凝土	>2.2	含气量3%～6% 水泥用量为250kg/m³～300kg/m³ 水胶比0.5～0.6 砂率28%～35% 砂石级配、坍落度与普通混凝土相同
	减水剂防水混凝土	>2.2	选用加气型减水剂，根据工程需要分别选用缓凝型、促凝型、普通型的减水剂
	三乙醇胺防水混凝土	>3.8	可单独掺用三乙醇胺，也可与氯化钠复合使用，也能与氯化钠、亚硝酸钠二种材料复合使用。对重要的地下防水工程以单掺三乙醇胺或与氯化钠、亚硝酸钠复合使用为宜
	氯化铁防水混凝土	>3.8	液体相对密度在1.4以上 $FeCl_2 + FeCl_3$含量≥0.4kg/L $FeCl_2 : FeCl_3$ 为1:1～1:1.3，pH值为1～2 硫酸铝含量占氯化铁含量的5%，掺量一般占水泥的3%
	明矾石膨胀剂防水混凝土	>3.8	必须掺入强度等级为32.5MPa以上的普通矿渣、火山灰和粉煤灰水泥中共同作用，不得单独代替水泥，一般外掺量占水泥重量的20%

12.3.4　施工要求

（1）防水混凝土的配合比，应符合下列要求：

1）水泥用量不得少于320kg/m³；掺有活性掺和料时，水泥用量不得少于280kg/m³。

2）砂率宜为35%～40%，泵送时可增至45%。

3）灰砂比宜为1:1.5～1:2.5。

4）灰砂比不得大于 0.55。

5）普通防水混凝土坍落度不宜大于 50mm。防水混凝土采用预拌混凝土时，入泵坍落度宜控制在 120±20mm，入泵前坍落度每小时损失值不应大于 30mm，坍落度总损失值不应大于 60mm。

6）掺加引气剂或引气型减水剂时，混凝土含气量应控制在 3%~5%。

7）防水混凝土采用预拌混凝土时，缓凝时间宜为 6h~8h。

8）防水混凝土可参照表 12-6、表 12-7 进行适配。

表 12-6　掺外加剂的防水混凝土配合比

混凝土强度等级（MPa）	水泥强度等级（MPa）	坍落度（cm）	配合比（kg/m³）							抗渗等级（MPa）
			水	水泥	砂	石子	松香酸钠（三乙醇胺）（%）	氯化钙（氯化铁）（%）	木质素磺酸钙（氯化钠）（%）	
C15	32.5	3~5	160	300	540	1238	0.05	0.075	—	0.6
C20	32.5	3	170	340	640	1210	0.05	0.075	—	0.8
C30	42.5	—	195	350	665	1182	—	(3)	—	1.2
C40	42.5	—	201	437	830	1162	—	(2)	—	3.0
C25	32.5	—	180	300	879	1062	(0.05)	—	—	2.0
C25	32.5	—	200	334	731	1169	(0.05)	—	—	3.5
C30	42.5	1~3	190	400	640	1170	(0.05)	—	(0.5)	1.2
C30	32.5	3~5	168	330	744	1214	—	—	(0.25)	0.8

注：1　石子规格均为 5mm~40mm。

　　2　外加剂掺量均按水泥重量百分比（%）计。

表 12-7　掺膨胀剂的防水混凝土配合比

水泥强度等级名称	膨胀剂掺量（%）	水泥用量（kg）	配合比（重量比）	R28（MPa）	抗渗等级（MPa）
			（水泥+膨胀剂）:砂:石子:水		
42.5MPa 普通	0	313	1:2.21:3.99:0.625	27.7/100	1.0
	15	268	(0.85+0.15):2.27:3.95:0.57	34.6/127	2.0
32.5MPa 矿渣	0	380	1:1.8:3.08:0.49	27.14/100	0.5
	15	323	(0.85+0.15):1.8:3.08:0.49	27.7/122	>0.7
42.5MPa 普通	0	312	1:2.287:3.969:0.61	—	1.0
	15	265	(0.85+0.15):2.287:3.969:0.59	—	2.6
42.5MPa 普通	0	356	1:2.1:3.3:0.6	39/100	—
	15	303	(0.85+0.15):2.1:3.3:0.6	38/97.4	—

（2）防水混凝土配料必须按质量配合比准确称量。计量允许偏差不应大于下列要求：

1）水泥、水、外加剂、掺和料为 ±1% 。

2）砂、石为 ±2% 。

（3）使用减水剂时，减水剂宜预溶成一定浓度的溶液。

（4）防水混凝土拌和物，必须采用机械搅拌，搅拌时间不应小于2min。掺外加剂时，应根据外加剂的技术要求确定搅拌时间。

（5）防水混凝土拌和物在运输后如出现离析，必须进行二次搅拌。当坍落度损失后不能满足施工要求时，应加入原水胶比的水泥浆或二次掺加减水剂进行搅拌，严禁直接加水。

（6）防水混凝土必须采用高频机械振捣密实，振捣时间宜为 10s～30s，以混凝土泛浆和不冒气泡为准，应避免漏振、欠振和超振。掺加引气剂或引气型减水剂时，应采用高频插入式振捣器振捣。

（7）防水混凝土应连续浇筑，宜少留施工缝。当留设施工缝时，应遵守下列规定：

1）墙体水平施工缝不应留在剪力与弯矩最大处或底板与侧墙的交接处，应留在高出底板表面不小于300mm 的墙体上。拱（板）墙结合的水平施工缝，宜留在拱（板）墙接缝以下 150mm～300mm 处。

2）垂直施工缝应避开地下水和裂隙水较多的地段，并宜与变形缝相结合。

施工缝防水的构造形式见图 12-8。

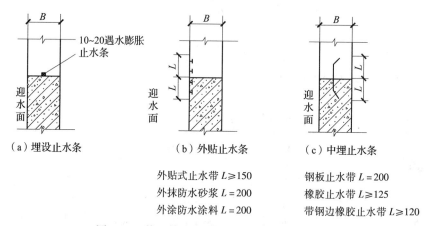

（a）埋设止水条

（b）外贴止水条

外贴式止水带 $L \geqslant 150$
外抹防水砂浆 $L = 200$
外涂防水涂料 $L = 200$

（c）中埋止水条

钢板止水带 $L = 200$
橡胶止水带 $L \geqslant 125$
带钢边橡胶止水带 $L \geqslant 120$

图 12-8 施工缝防水的基本构造形式

（8）施工缝的施工应符合下列规定：

1）水平施工缝浇筑混凝土前，应将其表面浮浆和杂物清除，先铺净浆，再铺30mm～50mm 厚的1:1 水泥砂浆或涂刷混凝土界面处理剂，并及时浇筑混凝土。

2）垂直施工缝浇筑混凝土前，应将表面清理干净，并涂刷水泥净浆或混凝土界面处理剂，并及时浇筑混凝土。

3）选用的遇水膨胀止水条应具有缓胀性能，其 7d 的膨胀率应不大于最终膨胀率的60% 。

4）无机遇水膨胀止水条应牢固地安装在缝表面或预留槽内。

（9）大体积防水混凝土的施工，应采取以下措施：

1）在设计许可的情况下，采用混凝土60d强度作为设计强度。

2）采用低热或中热水泥，掺加粉煤灰、磨细矿渣粉等掺和料。

3）掺入减水剂、缓凝剂、膨胀剂等外加剂。

4）在炎热季节施工时，采取降低原材料温度，减少混凝土运输时吸收外界热量等降温措施。

5）混凝土内部预埋管道，进行水冷散热。

6）应采取保温、保湿养护。混凝土中心温度与表面温度的差值不应大于25℃。混凝土表面温度与大气温度的差值不应大于25℃，养护时间不应少于14d。

（10）防水混凝土结构内部设置的各种钢筋或绑扎铁丝，不得接触模板。固定模板用的螺栓必须穿过混凝土结构时，可采用工具式螺栓或螺栓加堵头，螺栓应加焊方形止水环。拆模后应采取加强防水措施将留下的凹槽封堵密实，并宜在迎水面涂刷防水涂料（图12-9）。

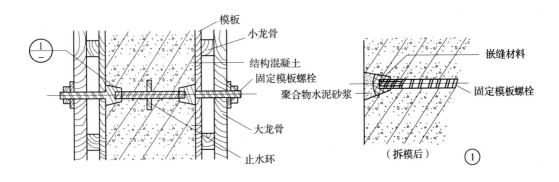

图 12-9　固定模板用螺栓的防水做法

（11）防水混凝土终凝后应立即进行养护，养护时间不得少于14d。

（12）防水混凝土的冬季施工，应符合下列规定：

1）混凝土入模温度不应低于5℃或采用化学外加剂法。

2）宜采用综合蓄热法、蓄热法、暖棚法等养护方法，并应保持混凝土表面湿润，防止混凝土早期脱水。

12.3.5　防水混凝土施工的具体要求

防水混凝土的施工，必须注意每一个环节的施工质量，堵塞一切可能造成渗漏的隐患。特别注意保证缝孔处的施工质量。合理地设计仅仅是达到工程防水的前提，而严格掌握施工要求是地下工程防水成败的关键。

防水混凝土工程质量的优劣，不仅取决于材料质量及其配合比，而且取决于施工质量。因此，对施工中的主要环节，如混凝土搅拌、运输、浇筑、振捣、养护等严加控制，按规范规定进行施工。同时必须事先做好充分准备。首先应确定最佳施工方案，做好技术交底，明确岗位责任。对原材料要认真检验并妥善保管。然后做好试配，选定配合比。与此同时要做好排水和降低地下水位工作。

1 基坑的排水和垫层的施工

防水混凝土在终凝前严禁被水浸泡，否则会影响正常硬化，降低强度和抗渗性。为此，作业前，需要做好基坑的排水工作。混凝土主体结构施工前，必须做好基础垫层混凝土，使之起到防水辅助防线的作用，同时保证主体结构施工的正常进行。一般做法是，在基坑开挖后，铺设 300mm～400mm 毛石作垫层，上铺粒径 25mm～40mm 的石子。厚约 50mm，经夯实或碾压，然后浇筑厚 100mm 的 C15 混凝土作找平层。

2 原材料的选择

配置防水混凝土的原材料，必须符合质量要求，水泥必须符合国家标准，强度等级不低于 32.5MPa，水泥用量不得少于 320kg/m³，如有受潮、过期、变质现象，不能降低使用，并应优先选用硅酸盐水泥。当采用矿渣水泥时，须提高水泥的研磨细度或者掺外加剂来减轻泌水现象等措施后，才可以使用。有硫酸盐侵蚀的地段，则可选用火山灰质水泥。砂、石的要求与普通混凝土相同，但清洁度要充分保证，含泥量要严格控制。因为，含泥量高将加大混凝土的收缩，降低强度和抗渗性。石子含泥量不大于 1%，砂的含泥量不大于 2%。

3 模板固定和钢筋固定

模板必须支撑牢固，拼缝严密，表面平整，吸水性要小，最好使用钢模板。如采用木模时，表面可涂刷肥皂水或钉白铁皮，不宜采用竹模、禾秸模、砖模和土模。浇筑成型的混凝土不应有变形或漏浆。

防水混凝土工程应尽量采用螺纹钢筋、焊接接头，保护层必须用同配合比的细石混凝土或砂浆板作垫块，严禁用钢筋充当保护层垫块，防止地下水沿钢筋垫块侵入。垫块宜用铅丝绑扎在钢筋上固定。多排钢筋时，最好采用吊挂的方法固定。若跨度过大采用铁马架设时，应在施工过程中拆去，如不能去掉，需要加设阻水设施。

模板固定不得采用螺栓拉杆或铁丝对穿，以免在混凝土构筑物上造成引水通路。如固定模板用的螺栓必须穿过防水混凝土结构时，应采取防水措施，一般可采用下列方法：

（1）在螺栓或套管上加焊止水环，止水环必须满焊，环数应符合设计要求，见图 12-10。

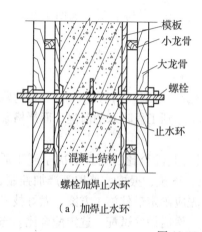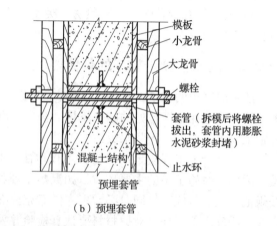

（a）加焊止水环　　　　　　　　　（b）预埋套管

图 12-10 加焊止水环或预埋套管示意图

（2）螺栓加堵头，见图 12-11。

（3）模板应表面平整，拼缝严密，吸水性小，结构坚固。

4　防水混凝土搅拌

防水混凝土配料必须按配合比准确称量，外加剂应均匀掺在拌和水中再加入搅拌机内。必须采用机械搅拌，搅拌时间一般控制在 2.5mm ~ 3.0min，掺外加剂时应根据外加剂的技术要求，确定搅拌时间。掺 UEA 膨胀剂防水混凝土搅拌的最短时间，按表 12-8 采用。

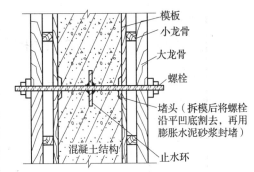

图 12-11　螺栓加堵头

表 12-8　混凝土搅拌的最短时间（s）

混凝土坍落度（mm）	搅拌机机型	搅拌机出料量（L）		
		< 250	250 ~ 500	> 500
≤30	强制式	90	120	150
	自落式	150	180	210
>30	强制式	90	90	120
	自落式	150	150	180

注　1　混凝土搅拌的最短时间系指全部材料装入搅拌筒中起，到开始卸料的时间。

2　当掺有外加剂时，搅拌时间应适当延长（表中搅拌时间为已延长的搅拌时间）。

3　全轻混凝土宜采用强制式搅拌机搅拌，砂轻混凝土可采用自落式搅拌机搅拌，但搅拌时间应延长 60s ~ 90s。

4　采用强制式搅拌机搅拌轻骨料混凝土的加料顺序是：当轻骨料在搅拌前预湿时，先加粗、细骨料和水泥搅拌 30s，再加水继续搅拌；当轻骨料在搅拌前未预湿时，先加 1/2 的总用水量和粗、细骨料搅拌 60s，再加水泥和剩余用水量继续搅拌。

5　当采用其他型式的搅拌设备时搅拌的最短时间应按设备说明书的规定或经验确定。

5　防水混凝土运输

防水混凝土在运输过程中不能有漏浆和离析，及坍落度、含气量损失。当产生离析泌水现象时，应在入模前重拌。雨季和冬季运输混凝土时，应用带盖的容器。在高温季节施工时，要注意坍落度的损失，产生干燥收缩现象。当运输距离较远或夏季气温较高时，可选用水化热低的水泥，或掺缓凝型的减水剂，冬季可掺早强外加剂。

6　防水混凝土浇筑

浇筑前，应将模板内部清理干净，木模用水湿润模板。浇筑时，若入模自由高度超过 1.5m，则必须用串筒、溜槽或溜管等辅助工具将混凝土送入，以防离析和造成石子滚落堆积，影响质量。

在防水混凝土结构中有密集管群穿过处、预埋件或钢筋稠密处，浇筑混凝土有困难时，应采用相同抗渗等级的细石混凝土浇筑；预理大管径的套管或面积较大的金属板时，应在其底部开设浇筑振捣孔，以利排气、浇筑和振捣，见图 12-12。

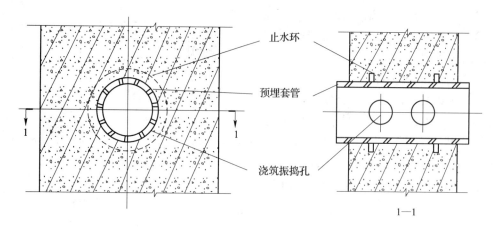

图 12-12   浇筑振捣孔示意图

大体积防水混凝土施工时应分层浇筑，每层厚度不宜超过 250mm，但底板处可为 300mm ~ 400mm，斜坡不宜超过 1/7，相邻两层浇筑时间不应超过 2h，夏季可适当缩短。

防水混凝土应连续浇筑，尽量不留或少留施工缝。

当必须间歇时，其间歇时间宜缩短，并在前层混凝土初凝之前，将此次混凝土浇筑完毕。

混凝土运输、浇筑及间歇的全部时间不得超过表 12-9 的规定，当超过时应留置施工缝。

表 12-9   混凝土运输、浇筑和间歇的允许时间（min）

混凝土强度等级	气　温	
	不高于 25℃	高于 25℃
不高于 C30	210	180
高于 C30	180	150

随着混凝土龄期的延长，水泥继续水化，内部可冻结水大量减少，同时水中溶解盐的浓度增加，因而冰点也会随龄期的增加而降低，使抗渗性能逐渐提高。为了保证早期免遭冻害，不宜在冬季施工，而应选择气温在 15℃ 以上环境中施工。因为气温在 4℃ 时强度增长速度仅为 15℃ 时的 50%，而混凝土表面温度降到 -4℃ 时，水泥水化作用停止，强度也停止增长。如果此时混凝土强度低于设计强度的 50% 时，冻胀使内部结构破坏，造成强度、抗渗性急剧下降。为防止混凝土早期受冻，北方地区对于施工季节选择安排十分重要。

7   防水混凝土振捣

防水混凝土应采用混凝土振动器进行振捣。当用插入式混凝土振动器时，插点间距不宜大于振动棒作用半径的 1.5 倍，振动棒与模板的距离，不应大于其作用半径的 0.5 倍。振捣棒插入下层混凝土内的深度应不小于 50mm，每一振点应快插慢拔，使振动棒拔出后，混凝土自然的填满插孔。当采用表面式混凝土振动器时，其移动间距应保证振动器的平板能覆盖已振实部分的边缘。混凝土必须振捣密实，每一振点的振捣延续时间，应使混凝土表面呈现浮浆和不再沉降。

施工时的振捣是保证混凝土密实性的关键。浇筑时，必须分层进行，按顺序振捣。用插入式振捣器时，分层厚度不宜超过30cm；用平板振捣器时，分层厚度不宜超过20cm。一般应在下层混凝土初凝前接着浇筑上层混凝土。通常分层浇筑的时间间隔不超过2h；气温在30℃以上时，不超过1h。防水混凝土浇筑高度一般不超过1.5m，否则应用串筒和溜槽，或侧壁开孔的办法浇捣。振捣前，不允许用人工振捣，必须采用机械振捣，做到不漏振、欠振，又不重振、多振。防水混凝土密实度要求较高，振捣时间宜为10s～30s，以混凝土开始泛浆和不冒气泡为止。掺引气剂减水剂时应采用高频插入式振捣器振捣。振捣器的插入间距不得大于500mm，并贯入下层不小于50mm。这对保证防水混凝土的抗渗性和抗冻性更有利。

8　一般防水混凝土施工细部处理

（1）施工缝。底板混凝土应连续浇筑，不得留施工缝。

立墙一般只允许留设水平施工缝，其位置不应留在剪力与弯矩最大处或底板与墙体交接处，一般宜留在高出底板上表面不小于200mm的立墙上。墙体上有孔洞时，施工缝距孔洞边缘不宜小于300mm。

施工缝的接缝型式可选用企口缝、高低缝或平缝加止水片［图12-13（a）］。国外现多采用在墙体施工处加方型膨润土止水条，方便有效。

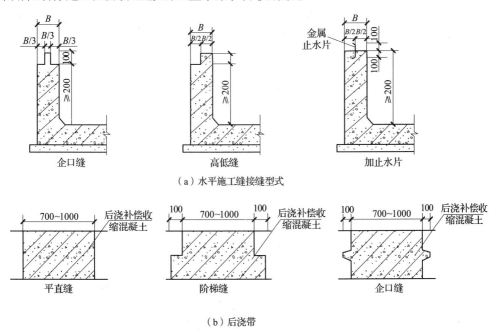

（a）水平施工缝接缝型式

（b）后浇带

图12-13　施工缝和后浇带

在施工缝继续浇筑混凝土前，应将施工缝处的混凝土表面凿毛，清除浮粒和杂物，用水冲洗干净，保持湿润，再铺上一层20mm～25mm厚的水泥砂浆，水泥砂浆所用的材料和灰砂比应与混凝土的材料和灰砂比相同。然后继续浇筑混凝土。

（2）后浇带。当防水混凝土结构不允许留变形缝时，则应采取后浇带处理。

后浇带应按设计要求确定位置和宽度，伸出钢筋搭接长度应满足受力钢筋搭接长度；附加钢筋是否需要由设计而定。

后浇带应优先选用补偿收缩混凝土浇筑，其强度等级应不低于两侧混凝土。

后浇带与两侧混凝土可采取阶梯缝、企口缝或平直缝相接［图12-13（b）］。

后浇带应在其两侧混凝土龄期达42d后再施工。施工前应将接缝处混凝土凿毛，清洗干净，并保持湿润。后浇带混凝土的养护期不应小于28d。

后浇带宜选择在气温低于主体结构施工时的温度或气温较低季节施工。

（3）预留锚栓孔。固定设备用的锚栓等预埋件，应在浇注混凝土前埋入。如必须在混凝土中预留锚孔时，预留孔底部需保留至少150mm厚的混凝土。当预留孔底部的厚度小于150mm时，应采取局部加厚措施（图12-14）。

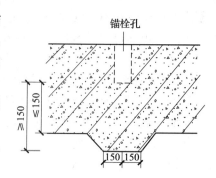

图12-14　锚孔处局部加厚

（4）变形缝。当水压及变形量较大时，防水混凝土墙体及底板应设置变形缝。

变形缝的宽度为30mm，缝间最好塞膨润土止水条。

（5）管道穿墙。钢管道穿墙应先在其中间焊上钢翼环，并作除锈、防锈处理。

钢管道可在浇筑混凝土前埋入，也可在墙体上预留孔洞后穿管道，在管道与孔壁间的空隙中填以膨胀混凝土，并加以捣实［图12-15（a）］。

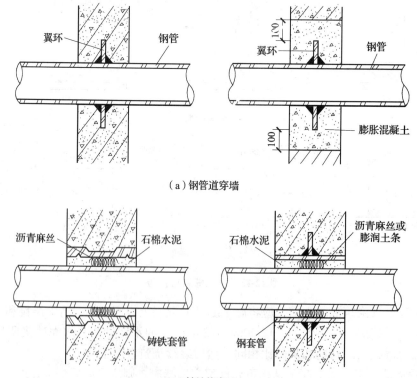

（a）钢管道穿墙

（b）铸铁管穿墙

图12-15　管道穿墙

铸铁管道及非金属管道穿墙，应在墙体内预留孔洞，并预埋铸铁套管或钢套管（加翼环）。管道穿过后，在管道与套管之间，空隙用沥青麻丝填严，并在空隙两头用石棉水泥捻实，最好的方法是用膨润土止水条塞紧［图 12-15（b）］。

9 防水混凝土的养护

防水混凝土的养护比普通混凝土更为严格，必须充分重视，因为混凝土早期脱水或养护过程缺水，抗渗性将大幅度降低，特别是 7d 前的养护更为重要，养护期不少于 14d，对火山灰硅酸盐水泥养护期不少于 21d。浇水养护次数应能保持混凝土充分湿润，每天浇水 3~4 次或更多次数，并用湿草袋或薄膜覆盖混凝土的表面，应避免暴晒。冬季施工应有保暖、保温措施。因为混凝土的水泥用量较大，相应混凝土的收缩性也大，养护不好，极易开裂，降低抗渗能力。因此，当混凝土进入终凝（浇灌后 4h~6h）即应覆盖并浇水养护。防水混凝土不宜采用电热法养护。

浇筑成型的混凝土表面覆盖养护不及时，尤其在北方地区夏季炎热干燥情况下，内部水分将迅速蒸发，使水化不能迅速进行。而水分蒸发造成毛细管网相互连通，形成渗水通道；同时混凝土收缩量加快，出现龟裂使抗渗性能下降，丧失抗渗透能力。养护及时使混凝土在潮湿环境中水化，能使内部游离水分蒸发缓慢，水泥水化充分，堵塞毛细孔隙，形成互不连通的细孔，大大提高防水抗渗性。

当环境温度达 10℃ 时可少浇水，因在此温度下养护抗渗性能最差。当养护温度从 10℃ 提高到 25℃ 时，混凝土抗渗压力从 0.1MPa 提高到 1.5MPa 以上。但养护温度过高也会使抗渗性能降低。当冬季采用蒸汽养护时最高温度不超过 50℃，养护时间必须达到 14d。

采用蒸汽养护时，不宜直接向混凝土喷射蒸汽，但应保持混凝土结构有一定的湿度，防止混凝土早期脱水，并应采取措施排除冷凝水和防止结冰。蒸汽养护应按下列规定控制升温与降温速度。

（1）升温速度。对表面系数［指结构的冷却表面积（m²）与结构全部体积（m³）的比值］小于 6 的结构，不宜超过 6℃/h；对表面系数为 6 和大于 6 的结构不宜超过 8℃/h；恒温温度不得高于 50℃；

（2）降温速度。不宜超过 5℃/h。

10 拆模

防水混凝土不宜过早拆模。拆模过早等于养护不良，也会导致开裂，降低防渗能力。拆模时防水混凝土的强度必须超过设计强度的 70%，防水混凝土表面温度与周围气温之差不得超过 15℃，以防混凝土表面出现裂缝。

12.3.6 防水混凝土施工过程中质量控制与检查要求

防水混凝土的质量，应在施工过程中按下列要求进行质量控制与检验。

1 质量控制

（1）钢筋保护层。用与防水混凝土相同的混凝土块，或砂浆块做成垫块垫牢。

（2）配料。严格控制各种材料用量，不得任意增减。对各种外加剂应稀释成较小浓度的溶液后，再加入搅拌机内。

（3）搅拌。防水混凝土必须用搅拌机搅拌，时间不应小于 2min。掺外加剂时，应根据外加剂的技术要求确定搅拌时间。

（4）检测。使用防水混凝土，尤其在高温季节使用时，必须随时加强检测水胶比和坍落度。加气剂防水混凝土还需要抽查混凝土拌和物的含气量，使其严格控制在 3% ~ 6% 范围内。

（5）浇筑。清除模板内杂物。浇筑前木模板用清水湿润，钢模板要保持其表面清洁无浮浆。浇筑高度不超过 2.0m，浇筑要分层，每层厚度不大于 250mm。

（6）振捣。防水混凝土振捣必须使用振捣器，振捣时间为 10 ~ 30s，振捣器的插入间距不大于 500mm，并置入下层不小于 50mm。

（7）收缩裂缝。大体积防水混凝土的施工，由于水化热引起的混凝土内部升温而产生收缩裂缝，可采取以下措施：

1）掺入外加剂，如减水剂、缓凝剂或掺加粉煤灰等掺和料。

2）采用低水化热水泥。

3）混凝土内部预埋管道，进行水冷散热。

2　质量检验

（1）防水混凝土质量，应在施工过程中按下列规定进行检查：

1）防水混凝土的原材料，必须进行检查，如有变化时，应及时调整混凝土的配合比。

2）每班检查原材料称量不应少于 2 次。

3）在拌制和浇注地点测定混凝土坍落度，每班不应少于 2 次。

4）掺引气剂的防水混凝土含气量测定，每班不应少于 1 次。

5）如混凝土配合比有变动时，应及时检查上述的 2）~ 4）项。

（2）连续浇筑混凝土量为 $500m^3$ 以下时，应留有两组抗渗试块，每增加 $250m^3$ ~ $500m^3$ 应增留两组。如使用的原材料、配合比或施工方法有变化，均应另行留置试块。试块应在浇筑地点制作，其中一组应在标准情况下养护，另一组应与现场相同情况下养护。试块养护期不得少于 28d。

12.3.7 · 防水混凝土质量验收要求

（1）防水混凝土所用的材料应符合下列规定：

1）水泥不应低于 32.5MPa，不得使用过期或受潮结块水泥。

2）碎石或卵石的粒径宜为 5mm ~ 40mm，含泥量不得大于 1.0%，泥块含量不得大于 0.5%。

3）砂宜用中砂，含泥量不得大于 3.0%，泥块含量不得大于 1.0%。

4）拌制混凝土所用的水，应采用不含有害物质的洁净水。

5）外加剂的技术性能应符合国家或行业标准一等品以上的质量要求。

6）粉煤灰的级别不应低于二级，掺量不应大于 20%；硅粉掺量不应大于 3%，其他掺和料的掺量应经过试验确定。

（2）防水混凝土的配合比应符合下列规定：

1）试配要求的抗渗水压值应比设计值提高 0.2MPa。

2）水泥用量不得少于 $320kg/m^3$；掺有活性掺和料时，水泥用量不得少于 $280kg/m^3$。

3）砂率宜为35%～40%，灰砂比宜为1:2～1:2.5。

4）灰砂比不得大于0.55。

5）普通防水混凝土坍落度不宜大于50mm，泵送时入泵坍落度宜为100mm～140mm。

（3）混凝土拌制和浇筑过程控制应符合下列规定：

1）拌制混凝土所用材料的品种、规格和用量，每工作班检查不应少于两次。每盘混凝土各组成材料计量结果的偏差应符合表12-10的规定。

表12-10　混凝土组成材料计量结果的允许偏差（%）

混凝土组成材料	每 盘 计 量	累 计 计 量
水泥掺和料	±2	±1
粗、细骨料	±3	±2
水、外加剂	±2	±1

注：累计计量仅适用于微机控制的搅拌站。

2）混凝土在浇筑地点的坍落度，每工作班至少检查两次。混凝土的坍落度试验应符合现行国家标准《普通混凝土拌合物性能试验方法标准》GB/T 50080的有关规定。

采用预拌混凝土时，实测的混凝土坍落度与要求坍落度之间的偏差应符合表12-11的规定。

表12-11　混凝土坍落度允许偏差（mm）

要求坍落度	允 许 偏 差
≤40	±10
50～90	±15
≥100	±20

（4）防水混凝土抗渗性能，应采用标准条件下养护混凝土抗渗试块的试验结果评定。试块应在浇注地点制作。

连续浇筑混凝土每500m³应留置一组抗渗试块，但每项工程不得少于两组。采用预拌混凝土的抗渗试块，留置组数应视结构的规模和要求而定。抗渗性能试验应符合现行国家标准《普通混凝土长期性能和耐久性能试验方法标准》GB/T 50082的有关规定。

（5）防水混凝土的施工质量检验数量，应按混凝土外露面积每100m²抽查1处，每处10m²，但不少于3处；细部构造应按全数检查。

（6）防水混凝土工程质量检验的主控项目应符合以下规定：

1）防水混凝土的原材料、配合比及坍落度必须符合设计要求。

检验方法：检查出厂合格证、质量检验报告、计量措施和现场抽样试验报告。

2）防水混凝土的抗压强度和抗渗压力必须符合设计要求。

检验方法：检查抗压、抗渗试验报告。

3）防水混凝土的变形缝、施工缝、后浇带、穿墙管道、埋设件等设置和构造，均须符合设计要求，严禁有渗漏。

检验方法：观察和检查隐蔽工程验收记录。

（7）防水混凝土质量检验的一般项目应符合以下规定：

1）防水混凝土表面应坚实、平整，不得有漏筋、蜂窝等缺陷，预埋件位置应正确。

检验方法：观察和尺量检查。

2）防水混凝土结构表面的裂缝宽度不得大于0.2mm，并不得贯通。

检验方法：用刻度放大镜检查。

3）防水混凝土结构厚度不应小于250mm，其允许偏差为 +15mm、 -10mm，迎水面钢筋保护层厚度不应小于50mm，其允许偏差为 ±10mm。

检验方法：尺量检查和检查隐蔽工程验收记录。

13　航空障碍灯和标志

13.1　术语和定义

13.1.1　术语

（1）机场　aerodrome　陆地或水面上供飞机起飞、着陆和地面活动使用的划定区域，包括附属的建筑物、装置和设施。

（2）机场净空　aerodrome obstacle free space　为保障飞机起降安全而规定的障碍物限制面以上的空间，用以限制机场及其周围地区障碍物的高度。由升降带、端净空区、侧净空区构成。其范围和规格根据机场等级确定。

（3）光强　light intensity　光体朝某一方向发出的光的强弱程度，单位为坎德拉（cd）。

（4）障碍物　obstacle　位于供飞机地面活动的地区上，或突出于为保障飞行安全而规定的限制面之上的一切固定（无论是临时的还是永久的）和移动的物体，或是这些物体的一部分。

13.1.2　定义

（1）升降带是以机场跑道中线为基准，两侧各100m的中线平行线和两端各100m处中线水平延长线的垂直线所构成的场地。

（2）端净空区是从升降带端线的两端开始，与升降带边线水平延长线以水平面15%的扩散率扩展至3000m，并以此宽度延伸到机场净空区边线所构成的限制物高度的区域。障碍物限制面起算高程为跑道端中点高程。

（3）侧净空区是从升降带和端净空区限制面边线开始，至机场净空区边线所构成的限制物体高度的区域。障碍物限制面由过渡面、内水平面、锥形面和外水平面组成。

（4）民用机场近进管制区是指以民用机场基准点（跑道中心点）为中心，以50km为半径划定的区域。

13.2　一　般　规　定

烟囱对空中航空飞行器来讲被视为障碍物，是造成飞行安全的隐患，因此烟囱应设置障碍标志。我国政府颁布的《民用航空法》，国务院、中央军委发布的《关于保护机场净空》的文件等一系列行政法规都规定了航空障碍灯应设置的场所和范围。

13.2.1　障碍物标志

对于以下可能影响航空器飞行安全的烟囱应设置障碍物标志，障碍物标志由色彩标志和灯光标志组成。

（1）在民用机场净空保护区域内，修建的烟囱。

（2）在民用机场净空保护区域外，但在民用机场近进管制区域内，修建高出地表150m的烟囱。

（3）在建有高架直升机停机坪的城市中，修建有可能影响飞行安全的烟囱。

13.2.2　净空区障碍物限制面要求

以下内容摘自《军用机场净空规定》。

1　端净空区障碍物限制面要求

端净空区障碍物限制面要求应符合表13-1要求。

表13-1　端净空区障碍物限制面要求

机场等级		四、三	二	一
第一段	长度	3000m	1500m	1500m
	坡度	1/100	1/75	1/75
	末端高度	30m	20m	20m
第二段	长度	6000m	8000m	9500m
	坡度	1/50	1/50	1/50
	末端高度	150m	180m	210m
第三段	长度	6000m	5500m	3000m
	坡度	水平	水平	水平
	末端高度	150m	180m	210m
第四段	长度	5000m	5000m	—
	坡度	1/25	1/25	—
	末端高度	350m	380m	—
两端总长度		20000m	20000m	14000m

注：各段参见图13-1及图13-2。

2　侧净空区障碍物限制面要求

侧净空区障碍物限制面要求应符合表13-2要求。

表13-2　侧净空区障碍物限制面要求

机场等级		四、三	二	一
过渡面	坡度	1/10	1/10	1/10
内水平面	半径	4000m	3500m	3500m
	高度	50m	60m	60m
锥形面	半径	15000m	13100m	6500m
	坡度	1/30	1/30	1/20
	外边线高度	350m	380m	210m
外水平面	高度	350m	380m	210m
跑道中线每侧总长度		15000m	13100m	6500m

注：各面参见图13-1及图13-2。

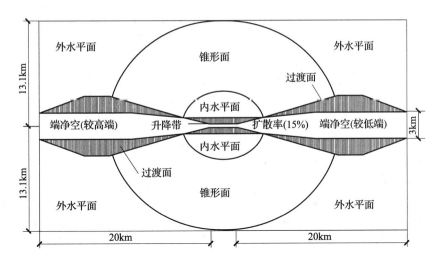

图 13-1　机场净空平面示意图（以二级机场为例）

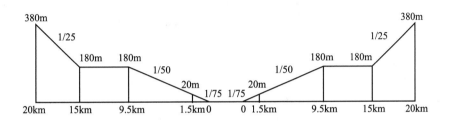

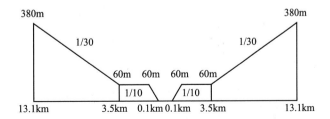

图 13-2　机场净空剖面示意图（以二级机场为例）

13. 2. 3　障碍灯性能要求

障碍灯性能要求应符合表 13-3 要求。

表 13-3　障碍灯性能要求

灯的类型	灯的颜色	闪光次数（次/分）	有效光强（cd 坎德拉）		
			昼间	黄昏黎明	夜间
低光强	红	固定	不使用	100～200	100～200
中光强	白	20～60	20000±25%	20000±25%	2000±25%
中光强	红	20～60	不使用	2000±25%	2000±25%
高光强	白	20～60	200000±25%	20000±25%	2000±25%

13.3　障碍灯和标志

《国际民用航空公约》中的附件十四，针对烟囱尤其是高烟囱有严格的技术要求和规定。中国民用航空总局制定的《民用机场飞行区技术标准》MH 5001—2006 和国务院、中央军委颁发的《军用机场净空规定》（国发〔2001〕29 号）对障碍灯和标志都有明确规定。《烟囱设计规范》GB 50051—2013 参照上述标准作了如下规定：

（1）中光强障碍灯：应为红色闪光灯晚间运行。闪光频率应在每分钟（20～60）次之间，闪光的有效光强不小于2000cd±25%。

（2）高光强障碍灯：应为白色闪光全天候运行。闪光频率应为每分钟（40～60）次，闪光的有效光强随背景亮度自动改变光强闪光，白天应为 200000cd，黄昏或黎明为20000cd，夜间为 2000cd。

（3）烟囱标志：应采用橙色与白色相间或红色与白色相间的水平油漆带。

13.4　障碍灯的分布

障碍灯的设置应符合下列规定：

（1）障碍灯的设置应显示出烟囱的最顶点和最大边缘（即视高和视宽）。

（2）高度小于或等于 45m 的烟囱，可只在烟囱顶部设置一层障碍灯。高度超过 45m的烟囱应设置多层障碍灯，各层的间距不应大于 45m，并尽可能相等。

（3）烟囱顶部的障碍灯应设置在烟囱顶端以下 1.5m～3m 范围内，高度超过 150m 的烟囱可设置在烟囱顶端以下 7.5m 范围内。

（4）每层障碍灯的数量应根据其所在标高烟囱的外直径确定：

1）外直径小于或等于 6m 时，每层设 3 个障碍灯；

2）外直径超过 6m，但不大于 30m 时，每层设 4 个障碍灯；

3）外部直径超过 30m，每层设 6 个障碍灯。

（5）高度超过 150m 的烟囱顶层应采用高光强闪光障碍灯，其间距控制在 75m～105m范围内，在高光强闪光障碍灯分层之间设置低、中光强障碍灯。

（6）高度低于 150m 的烟囱，也可采用高光强白色障碍灯，采用高光强白色闪光障碍灯后，可不必再用色标漆标志烟囱。

（7）每层障碍灯应设置维护平台。

13.5　障碍灯的工作要求

障碍灯应满足下列工作要求：

（1）所有障碍灯应同时闪光，高光强障碍灯应自动变光强，中光强障碍灯应自动启闭，所有障碍灯应能自动监控，使其保证正常状态。

（2）设置障碍灯时，应考虑避免使居民感到不快，从地面只能看到散逸的光线。

14 烟囱基础计算实例

14.1 板式基础计算

14.1.1 圆形板式基础

1 设计条件

（1）基本设计资料。

烟囱总高度 $H=60\mathrm{m}$，出口净内直径为 $D=5.4\mathrm{m}$；

基本风压 $w_0=0.45\mathrm{kN/m^2}$；

地面粗糙度：B 类；

烟囱安全等级：二级，环境类别：二类；

抗震设防烈度：7 度（$0.10g$），设计地震分组：第一组，建筑场地土类别：Ⅱ类；

烟囱所在地区风玫瑰图呈严重偏心，地基变形验算时，风荷载频遇系数取 0.4。

（2）基础设计参数。

基础形式：圆形基础，基础混凝土等级：C30；

基础钢筋等级：HRB400；

钢筋和混凝土材料强度：

1）混凝土在温度作用下轴心抗压强度设计值：$f_{ct}=f_{ctk}/\gamma_{ct}=20100/1.4=14357.14\mathrm{kN/m^2}$；

2）混凝土在温度作用下轴心抗拉强度设计值：$f_{tt}=f_{ttk}/\gamma_{tt}=2010/1.4=1435.71\mathrm{kN/m^2}$；

3）钢筋在温度作用下抗拉强度设计值：$f_{yt}=f_{ytk}/\gamma_{yt}=400000/1.1=363636.36\mathrm{kN/m^2}$；

底板下部配筋形式：方格网配筋；

底板及其上土平均重度 $\gamma_G=20.00\mathrm{kN/m^3}$；

底板埋深：3.00m；

地基土抗震承载力调整系数：$z_a=1.30$；

基础宽度修正系数：$h_b=0.30$；

基础埋深修正系数：$h_d=1.00$。

基础持力层参数见表 14-1。

表 14-1 土层参数表

土层名称	底部标高（m）	重度（kN/m³）	压缩模量（MPa）	承载力（kPa）
粉质黏土	-6.00	19.40	6.25	170.00
碎石	-50.00	20.00	30.00	350.00

（3）荷载内力组合情况。

1）承载能力极限状态荷载内力组合：

a. 无地震作用情况：

$$S = 1.0S_{Gk} + 1.4S_{wk} + 1.0M_a + 0.7 \times 1.4 \times S_{Lk} \qquad （组合1）$$

$$S = 1.2S_{Gk} + 1.4S_{wk} + 1.0M_a + 0.7 \times 1.4 \times S_{Lk} \qquad （组合2）$$

$$S = 1.35S_{Gk} + 0.6 \times 1.4 \times S_{wk} + 1.0M_a + 0.7 \times 1.4 \times S_{Lk} \qquad （组合3）$$

其中 S_{Lk} 为平台活荷载产生的效应标准值。

b. 有地震作用情况下（不考虑竖向地震作用）：

$$S = 1.2S_{GE} + 1.3S_{Ehk} + 0.2 \times 1.4 \times S_{wk} + 1.0 \times M_{aE} \qquad （组合4）$$

$$S = 1.0S_{GE} + 1.3S_{Ehk} + 0.2 \times 1.4 \times S_{wk} + 1.0 \times M_{aE} \qquad （组合5）$$

2）正常使用极限状态荷载内力组合：

a. 标准组合：

$$S_k = S_{Gk} + 1.0S_{wk} + M_{ak} + 0.7S_{Lk} \qquad （组合6）$$

$$S_k = S_{GE} + 0.2S_{wk} + S_{Ehk} + M_{ak} \qquad （组合7）$$

b. 准永久组合值（对于风玫瑰图呈严重偏心的地区）：

$$S_{dq} = S_{Gk} + 0.6S_{Lk} + 0.4S_{wk}$$

上述符号含义见《烟囱设计规范》GB 50051—2013。

（4）传给基础顶部（±0.000）的内力。

基本组合与标准组合详见表14-2 和表14-3。

表14-2 基本组合值（设计值）

组合	N_t (kN)	M_t (kN·m)	V_t (kN)
组合1	10562.08	11723.03	290.86
组合2	12664.72	11723.03	290.86
组合3	14241.69	7776.56	174.51
组合4	11408.13	13866.20	351.38
组合5	9506.77	13866.20	351.38

表14-3 标准组合值（标准值）

组合	N_{kt} (kN)	M_{kt} (kN·m)	V_{kt} (kN)
组合6	10548.11	8594.65	207.76
组合7	10563.08	11862.07	297.13

准永久组合（准永久值）：

$$N_q = 10543.12kN; \quad M_q = 2818.90kN·m; \quad V_q = 83.10kN。$$

（5）基础几何尺寸确定（见图14-1）。

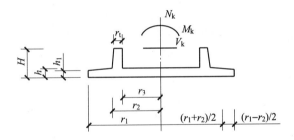

图 14-1　圆形板式基础几何尺寸

1）环壁顶部厚度：$r_t = 0.48\text{m}$；

　　$r_2 = 4.90\text{m}$；$r_3 = 3.85\text{m}$；$r_z = (r_2 + r_3)/2 = (4.9 + 3.85)/2 = 4.375\text{m}$；

　　$r_1 = 1.5 \times r_z = 6.56$，取 $r_1 = 6.50\text{m}$。

2）基础底板厚度：

　　$h \geqslant (r_1 - r_2)/2.2 = (6.50 - 4.90)/2.2 = 0.73\text{m}$；$h \geqslant r_3/4.0 = 3.85/4.0 = 0.96\text{m}$，取 $h = 1.10\text{m}$；

　　$h_1 \geqslant h/2 = 1.10/2 = 0.55\text{m}$，取 $h_1 = 0.60\text{m}$。

2　地基承载力验算

（1）荷载计算。

基础底面积：$A = \pi r_1^2 = 3.14 \times 6.50^2 = 132.73\text{m}^2$；

基础自重及其上土重：$G_k = AH\gamma_G = 132.73 \times 3.00 \times 20.00 = 7963.94\text{kN}$；

基础底面弯矩标准值：$M_k = M_{kt} + V_{kt}H$；

基础底面轴力标准值：$N_k = N_{kt}$。

（2）地基承载力。

基础底面抵抗矩：$W = \dfrac{\pi d_1^3}{32} = \dfrac{3.14 \times 13.00^3}{32} = 215.69\text{m}^3$。

基础底面压力：

$$p_{kmax} = \frac{N_k + G_k}{A} + \frac{M_k}{W}$$

$$p_{kmin} = \frac{N_k + G_k}{A} - \frac{M_k}{W}$$

$$p_k = \frac{N_k + G_k}{A}$$

（3）地基承载力特征值修正。

基础底面所在土层地基承载力特征值：$f_{ak} = 170.00\text{kPa}$；

修正后的地基承载力特征值：

$$f_a = f_{ak} + \eta_b\gamma(b - 3) + \eta_d\gamma_m(d - 0.5)$$
$$= 170.00 + 0.30 \times 19.40 \times (6.00 - 3) + 1.00 \times 19.40 \times (3.00 - 0.5)$$
$$= 235.96\text{kPa}。$$

（4）地基承载力验算结果。

1）当基础内力标准组合中不包括地震作用效应时（组合6）：

$$p_k \leqslant f_a$$

$$p_{kmax} \leqslant 1.2 f_a = 1.2 \times 235.96 = 283.15 \text{kPa}$$

$$p_{kmin} \geqslant 0$$

2）当基础内力标准组合中包括地震作用效应时（组合7）：

$$p_k \leqslant \zeta_a f_a = 1.30 \times 235.96 = 306.75 \text{kPa}$$

$$p_{kmax} \leqslant 1.2 \zeta_a f_a = 1.2 \times 1.30 \times 235.96 = 368.10 \text{kPa}$$

$$p_{kmin} \geqslant 0$$

具体计算结果见表14-4。

表14-4 地基承载力验算表

组合	N_k （kN）	M_k （kN·m）	p_k （kN/m²）	p_{kmax} （kN/m²）	p_{kmin} （kN/m²）	验算结果
组合6	10548.11	9217.91	139.47	182.21	96.73	满足
组合7	10563.08	12753.46	139.58	198.71	80.45	满足

地基承载力满足要求。

3 冲切强度验算

（1）基础底板均布压力。

基础底面惯性矩：$I = \dfrac{\pi d_1^4}{64} = \dfrac{3.14 \times 13.00^4}{64} = 1401.98 \text{m}^4$；

外悬挑部分中点处最大压力，计算时荷载按设计值选用：

基础底面弯矩设计值：$M_z = M_t + V_t H$；

基础底面轴力设计值：$N = N_t$；

$$p = \frac{N}{A} + \frac{M_z}{I} \frac{r_1 + r_2}{2}$$

（2）冲切破坏锥体以外的荷载。

基础有效高度 $h_0 = h - 0.04 = 1.10 - 0.04 = 1.06 \text{m}$；

计算环壁外边缘时：$F_{l1} = p\pi \left[r_1^2 - (r_2 + h_0)^2 \right]$；

计算环壁内边缘时：$F_{l2} = p\pi (r_3 - h_0)^2$。

（3）冲切破坏锥体斜截面上、下边圆周长。

1）验算环壁外边缘时：

$$b_t = 2\pi r_2 = 2 \times 3.14 \times 4.90 = 30.79 \text{m}；$$

$$b_b = 2\pi (r_2 + h_0) = 2 \times 3.14 \times (4.90 + 1.06) = 37.45 \text{m}。$$

2）验算环壁内边缘时：

$$b_t = 2\pi r_3 = 2 \times 3.14 \times 3.85 = 24.19 \text{m}；$$

$$b_b = 2\pi (r_3 - h_0) = 2 \times 3.14 \times (3.85 - 1.06) = 17.53 \text{m}。$$

（4）冲切强度。

1）环壁外边缘：

$$0.35 \beta_h f_{tt} (b_t + b_b) h_0 = 0.35 \times 0.97 \times 1435.71 \times (30.79 + 37.45) \times 1.06$$
$$= 35436.94 \text{kN}。$$

2）环壁内边缘：

$$0.35\beta_h f_{tt}\ (b_t + b_b)\ h_0 = 0.35 \times 0.97 \times 1435.71 \times\ (24.19 + 17.53)\ \times 1.06$$
$$= 21666.79\text{kN}_\circ$$

（5）冲切验算。

计算结果列于表14-5。

表14-5 冲切验算表

组合	N（kN）	M_z （kN·m）	p （kN/m²）	环壁外边缘		环壁内边缘	
				F_{l1}（kN）	验算结果	F_{l2}（kN）	验算结果
组合1	10562.08	12595.60	130.78	2764.49	满足	3198.25	满足
组合2	12664.72	12595.60	146.62	3099.34	满足	3585.64	满足
组合3	14241.69	8300.11	141.04	2981.33	满足	3449.10	满足
组合4	11408.13	14920.35	146.61	3099.02	满足	3585.26	满足
组合5	9506.77	14920.35	132.28	2796.22	满足	3234.95	满足

4 底板配筋计算

基础底板下部钢筋采用方格网配筋，底板上部钢筋采用方格网配筋，按r_2处截面$h_0 = 1.06$m进行计算。

（1）底板下部在两个正交方向单位宽度弯矩及配筋。

1）计算方法：

$$M_B = \frac{p}{6r_1}\ (2r_1^3 - 3r_1^2 r_2 + r_2^3)$$

$$\alpha_s = \frac{M_B}{\alpha_1 f_{ct} b h_0^2}$$

$$\xi = 1 - \sqrt{1 - 2\alpha_s}$$

$$\gamma_s = \frac{1 + \sqrt{1 - 2\alpha_s}}{2}$$

$$A_s = \frac{M_B}{f_{yt}\gamma_s h_0}$$

2）计算配筋面积见表14-6。

表14-6 圆板基础底板下部配筋计算

组合	p（kN/m²）	M_B（kN·m）	a_s	ξ	γ_s	A_s
组合1	130.78	153.67	0.01	0.01	0.995	400.58
组合2	146.62	172.28	0.01	0.01	0.995	449.37
组合3	141.04	165.72	0.01	0.01	0.995	432.17
组合4	146.61	172.26	0.01	0.01	0.995	449.32
组合5	132.28	155.43	0.01	0.01	0.995	405.20

3）实际配筋面积：

先计算构造配筋：$A_{s-min} = \rho_{min} b h_0 = 0.15\% \times 1000 \times 1060 = 1590\text{mm}^2 >$计算配筋面积。

故按照正交等面积方格网配筋构造要求，底板下部单位宽度内实际配筋为：纵向 D16@200，横向 D16@200（$A_s = 1005.31 + 1005.31 = 2011 > 1590\text{mm}^2$）。

（2）环壁以内底板上部两个正交方向单位宽度的弯矩及配筋。

1）计算方法：

$$M_T = \frac{p}{6}\left(r_z^2 - 2r_1^2 + 3r_1r_z - \frac{r_z^3}{r_1}\right)$$

$$\alpha_s = \frac{M_T}{\alpha_1 f_{ct} b h_0^2}$$

$$\xi = 1 - \sqrt{1 - 2\alpha_s}$$

$$\gamma_s = \frac{1 + \sqrt{1 - 2\alpha_s}}{2}$$

$$A_s = \frac{M_T}{f_{yt}\gamma_s h_0}$$

2）计算配筋面积见表14-7：

表14-7　圆板基础环壁以内底板上部配筋计算

组合	p（kN/m^2）	M_T（kN·m）	a_s	ξ	γ_s	A_s
组合1	130.78	154.11	0.01	0.01	0.995	401.73
组合2	146.62	172.77	0.01	0.01	0.995	450.66
组合3	141.04	166.19	0.01	0.01	0.995	433.41
组合4	146.61	172.76	0.01	0.01	0.995	450.61
组合5	132.28	155.88	0.01	0.01	0.995	406.37

3）实际配筋面积：

底板上部单位宽度内配筋 D12@200（$A_s = 565\text{mm}^2$）。

（3）环壁以外底板上部弯矩及配筋。

当地基反力最小边扣除基础自重和土重小于0时，应按承受均布荷载 q 的悬臂构件进行弯矩计算并进行配筋。

$$q = \frac{M_z r_1}{I} - \frac{N}{A}$$

所有工况组合的地基反力最小边扣除基础自重和土重均不小于0，所以不需要配筋。

（4）验算不需配筋范围半径 r_d。

等面积方格网配筋时：

受力钢筋直径 $d = 16\text{mm}$。

$r_d = r_3 + r_2 - r_1 - 35d = 3.85 + 4.90 - 6.50 - 35 \times 16/1000 = 1.90\text{m}$。

底板下部距圆心半径为 r_d 范围内可以不用配筋。

5　沉降计算

采用实体深基础法计算圆心 O 点处的沉降（图14-2）。

（1）附加压应力。

基础底面弯矩准永久值：$M_q = M_{qt} + V_{qt}H = 3068.21\text{kN·m}$；

基础底面轴力准永久值：$N_q = N_{qt} = 10543.12 \text{kN}$；

基础底面以上土的平均重度：$\gamma_m = 19.40 \text{kN/m}^3$；

基底压应力：

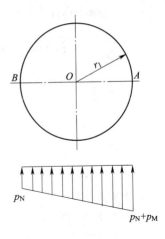

$$p_{max} = \frac{N_q + G_k}{A} + \frac{M_q r_1}{I}$$

$$= \frac{10543.12 + 7963.94}{132.73} + \frac{3068.21 \times 6.50}{1401.98}$$

$$= 153.66 \text{kN/m}^2 ;$$

$$p_{min} = \frac{N_q + G_k}{A} - \frac{M_q r_1}{I}$$

$$= \frac{10543.12 + 7963.94}{132.73} - \frac{3068.21 \times 6.50}{1401.98}$$

$$= 125.21 \text{kN/m}^2 ;$$

图 14-2 圆板基础沉降计算图

基底附加压应力：

$$p_{0max} = p_{max} - \gamma_m h_0 = 153.66 - 19.40 \times 3.00 = 95.46 \text{kN/m}^2 ;$$

$$p_{0min} = p_{min} - \gamma_m h_0 = 125.21 - 19.40 \times 3.00 = 67.01 \text{kN/m}^2 ;$$

基础底面附加压应力为梯形分布，为计算方便将梯形荷载分为均布荷载与三角形荷载两部分：

均布荷载 $p_N = p_{0min} = 67.01 \text{kN/m}^2$；

三角形荷载 $p_M = p_{0max} - p_{0min} = 95.46 - 67.01 = 28.45 \text{kN/m}^2$。

（2）平均附加应力系数。

中心 O 的平均附加应力系数 $\bar{\alpha}$ 值，按《烟囱设计规范》GB 50051—2013 附录 C 中相应的 z/R 和 b/R 查得数值。

（3）各层沉降值 Δs_i。

中心点的沉降由大圆在均布荷载及三角形荷载作用下产生的沉降的叠加。计算结果见表 14-8。

$$\Delta s_i' = \frac{p_0}{E_{si}} (z_i \bar{\alpha}_i - z_{i-1} \bar{\alpha}_{i-1})$$

表 14-8 圆板 O 点处沉降

计算深度	特性比值		附加应力系数 $\bar{\alpha}_i$		沉降值（mm）	
z（m）	z/R	b/R	均布 $\bar{\alpha}_i$	三角形 α_i	$\Delta s_i'$	$\sum \Delta s_i'$
3.00	0.46	0.00	0.98	0.49	38.13	38.13
46.00	7.08	0.00	0.34	0.17	34.55	72.68
47.00	7.23	0.00	0.34	0.17	0.92	73.61

（4）地基变形计算深度 z_n。

环板宽度 $b = \sqrt{\pi} r_1 = 1.7725 \times 6.5 = 11.52 \text{m}$，取 $\Delta z = 1.00 \text{m}$。当计算深度 $z_n = 47.00 \text{m}$ 时，向上取计算层厚度为 Δz 的沉降量值 $\Delta s_n = 0.92 \text{mm}$，总的沉降量为 $\sum \Delta s_i = 73.61 \text{mm}$。

因 $\Delta s_n \leqslant 0.025 \sum \Delta s_i = 1.84 \text{mm}$，满足《建筑地基基础设计规范》GB 50007—2011（以下简称《基础规范》）要求。

（5）沉降计算经验系数 ψ_s。

$$\sum_{i=1}^{n} A_i = \sum_{i=1}^{n} \Delta s_i' E_{si} = 1.30$$

$$\sum_{i=1}^{n} \frac{A_i}{E_{si}} = \sum_{i=1}^{n} \Delta s_i' = 0.07$$

$$\overline{E}_s = \frac{\sum_{i=1}^{n} A_i}{\sum_{i=1}^{n} \frac{A_i}{E_{si}}} = \frac{1.30}{0.07} = 17.70 \text{MPa}$$

基底附加压应力：$p_0 = 81.23 \text{kN/m}^2$；

查《基础规范》表5.3.5可得，$\psi_s = 0.292$。

（6）地基最终沉降量。

O 点的最终沉降量为：$s = \psi_s s' = 0.292 \times 73.61 = 21.51 \text{mm}$。

满足《基础规范》中当烟囱高度为60.00m时，允许沉降值400.00mm的要求。

6　基础倾斜计算

倾斜计算时应分别计算基础边缘 A、B 点的沉降量，然后再根据《烟囱设计规范》GB 50051—2013 公式 C.0.2 计算倾斜值。

（1）基础边缘的沉降计算。

计算过程与上面相同，计算结果见表14-9和表14-10。

表14-9　圆板 A 点沉降

计算深度	特性比值		附加应力系数 $\overline{\alpha}_i$		沉降值（mm）	
z（m）	z/R	b/R	均布 $\overline{\alpha}_i$	三角形 $\overline{\alpha}_i$	$\Delta s_i'$	$\sum \Delta s_i'$
3.00	0.46	−1.00	0.46	0.43	20.60	20.60
46.00	7.08	−1.00	0.20	0.14	22.06	42.65
47.00	7.23	−1.00	0.20	0.14	0.57	43.23

表14-10　圆板 B 点沉降

计算深度	特性比值		附加应力系数 $\overline{\alpha}_i$		沉降值（mm）	
z（m）	z/R	b/R	均布 $\overline{\alpha}_i$	三角形 $\overline{\alpha}_i$	$\Delta s_i'$	$\sum \Delta s_i'$
3.00	0.46	1.00	0.46	0.03	15.23	15.23
46.00	7.08	1.00	0.20	0.06	19.55	34.79
47.00	7.23	1.00	0.20	0.06	0.49	35.28

A 点的最终沉降量为：$s_A = \psi_s s' = 0.253 \times 43.23 = 10.92 \text{mm}$；

B 点的最终沉降量为：$s_B = \psi_s s' = 0.210 \times 35.28 = 7.42 \text{mm}$。

（2）基础倾斜值计算。

$$m_0 = \frac{s_A - s_B}{2r_1} = \frac{0.0109 - 0.0074}{2 \times 6.50} = 0.00027$$

满足《基础规范》中当烟囱高度为 60.00m 时，允许倾斜值 0.00500 的要求。

14.1.2 环形板式基础

1 设计资料

（1）基本设计资料。

烟囱总高度 $H = 180$m，出口净外直径为 $D = 8.0$m；

基本风压 $w_0 = 0.55 \text{kN/m}^2$；

地面粗糙度：B 类；

烟囱安全等级：二级，环境类别：二类；

抗震设防烈度：8 度（0.30g），设计地震分组：第三组，建筑场地土类别：Ⅱ类；

烟囱所在地区风玫瑰图呈严重偏心，地基变形验算时，风荷载频遇系数取 0.4。

（2）基础设计参数。

基础形式：环形板式基础；基础混凝土等级：C35；

基础钢筋等级：HRB400；

钢筋和混凝土材料强度：

1）混凝土在温度作用下轴心抗压强度设计值：$f_{ct} = f_{ctk}/\gamma_{ct} = 23400/1.4 = 16714.29 \text{kN/m}^2$；

2）混凝土在温度作用下轴心抗拉强度设计值：$f_{tt} = f_{ttk}/\gamma_{tt} = 2200/1.4 = 1571.43 \text{kN/m}^2$；

3）钢筋在温度作用下抗拉强度设计值：$f_{yt} = f_{ytk}/\gamma_{yt} = 400000/1.1 = 363636.36 \text{kN/m}^2$；

底板下部配筋形式：径环向配筋；

底板及其上土平均重度 $\gamma_G = 20.00 \text{kN/m}^3$；

底板埋深：4.00m；

地基抗震承载力调整系数：$\zeta_a = 1.30$；

基础宽度修正系数：$\eta_b = 0.00$；

基础埋深修正系数：$\eta_d = 1.00$；

基础持力层参数见表 14-11。

表 14-11　土层参数表

土层名称	底部标高（m）	重度（kN/m³）	压缩模量（MPa）	承载力（kPa）
黏土	-60.00	19.00	8.00	280.00

（3）荷载内力组合情况。

1）承载能力极限状态荷载内力组合。

a. 无地震作用情况：

$$S = 1.0S_{Gk} + 1.4S_{wk} + 1.0M_a + 0.7 \times 1.4 \times S_{Lk} \qquad （组合1）$$

$$S = 1.2S_{Gk} + 1.4S_{wk} + 1.0M_a + 0.7 \times 1.4 \times S_{Lk} \qquad （组合2）$$

$$S = 1.35S_{Gk} + 0.6 \times 1.4 \times S_{wk} + 1.0M_a + 0.7 \times 1.4 \times S_{Lk} \qquad （组合3）$$

其中 S_{Lk} 为平台活荷载产生的效应标准值。

b. 有地震作用情况下（考虑竖向地震作用）：

$$S = 1.2S_{GE} + 1.3S_{Ehk} + 0.5S_{Evk} + 0.2 \times 1.4 \times S_{wk} + 1.0M_{aE1} \quad （组合4）$$

$$S = 1.0S_{GE} + 1.3S_{Ehk} - 0.5S_{Evk} + 0.2 \times 1.4 \times S_{wk} + 1.0M_{aE2} \quad （组合5）$$

$$S = 1.2S_{GE} + 0.5S_{Ehk} + 1.3S_{Evk} + 0.2 \times 1.4 \times S_{wk} + 1.0M_{aE1} \quad （组合6）$$

$$S = 1.0S_{GE} + 0.5S_{Ehk} - 1.3S_{Evk} + 0.2 \times 1.4 \times S_{wk} + 1.0M_{aE2} \quad （组合7）$$

其中 M_{aE1} 为竖向地震作用力向下的附加弯矩，M_{aE2} 为竖向作用力向上的附加弯矩。

2）正常使用极限状态荷载内力组合：

a. 标准组合：

$$S_k = S_{Gk} + 1.0S_{wk} + M_{ak} + 0.7S_{Lk} \quad （组合8）$$

$$S_k = S_{GE} + 0.2S_{wk} + S_{Ehk} + 0.4S_{Evk} + M_{ak} \quad （组合9）$$

$$S_k = S_{GE} + 0.2S_{wk} + S_{Ehk} - 0.4S_{Evk} + M_{ak} \quad （组合10）$$

$$S_k = S_{GE} + 0.2S_{wk} + 0.4S_{Ehk} + S_{Evk} + M_{ak} \quad （组合11）$$

$$S_k = S_{GE} + 0.2S_{wk} + 0.4S_{Ehk} - S_{Evk} + M_{ak} \quad （组合12）$$

b. 准永久组合值（风玫瑰图呈严重偏心的地区）：

$$S_{dq} = S_{Gk} + 0.6S_{Lk} + 0.4S_{wk}$$

上述符号含义见《烟囱设计规范》GB 50051—2013。

（4）传给基础顶部（±0.000）的内力。

基本组合与标准组合详见表14-12和表14-13：

表14-12　基本组合值（设计值）

组合	N_t（kN）	M_t（kN·m）	V_t（kN）
组合1	79731.60	278790.68	2314.94
组合2	95677.92	278790.68	2314.94
组合3	107637.66	188398.63	1388.97
组合4	91707.29	420006.61	5110.87
组合5	66161.28	402871.87	5110.87
组合6	100662.74	233750.00	2222.14
组合7	57205.83	216615.26	2222.14

表14-13　标准组合值（标准值）

组合	N_{kt}（kN）	M_{kt}（kN·m）	V_{kt}（kN）
组合8	79731.60	188381.78	1653.53
组合9	84706.85	317940.02	4342.82
组合10	74756.35	317940.02	4342.82
组合11	92169.73	162726.17	1935.55
组合12	67293.47	162726.17	1935.55

准永久组合（准永久值）：

$N_q = 79731.60\text{kN}$；$M_q = 64565.75\text{kN·m}$；$V_q = 661.41\text{kN}$。

（5）基础几何尺寸确定（见图14-3）。

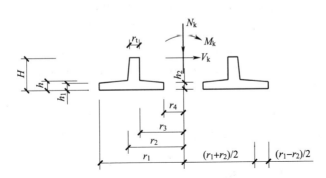

图14-3　环形板式基础几何尺寸

1）环壁顶部厚度：$r_t = 1.00\text{m}$；

$r_1 = 12.50\text{m}$，$r_2 = 10.00\text{m}$，$r_3 = 7.50\text{m}$，

$r_z = (r_2 + r_3) / 2 = (10.00 + 7.50) / 2 = 8.75\text{m}$；

$r_1 / r_z = 12.50 / 8.75 = 1.429$。

查图6-4或按下面公式计算β：

$$\beta = -3.9 \times \left(\frac{r_1}{r_z}\right)^3 + 12.9 \times \left(\frac{r_1}{r_z}\right)^2 - 15.3 \times \frac{r_1}{r_z} + 7.3$$

$$= -3.9 \times 1.429^3 + 12.9 \times 1.429^2 - 15.3 \times 1.429 + 7.3 = 0.398$$

$r_4 = 0.398 \times 8.75 = 3.48\text{m}$，取 $r_4 = 3.50\text{m}$。

2）基础底板厚度：

$h \geq (r_1 - r_2) / 2.2 = (12.50 - 10.00) / 2.2 = 1.14\text{m}$；

$h \geq (r_3 - r_4) / 3.0 = (7.50 - 3.50) / 3.0 = 1.33\text{m}$，取 $h = 1.80\text{m}$；

$h_1 \geq h / 2 = 1.80 / 2 = 0.90\text{m}$，取 $h_1 = 1.00\text{m}$。

2　地基承载力验算

（1）荷载计算。

基础底面积：$A = \pi (r_1^2 - r_4^2) = 3.14 \times (12.50^2 - 3.50^2) = 452.39\text{m}^2$；

基础自重及其上土重：$G_k = AH\gamma_G = 452.39 \times 4.00 \times 20.00 = 36191.15\text{kN}$；

基础底面弯矩标准值：$M_k = M_{kt} + V_{kt}H$；

基础底面轴力标准值：$N_k = N_{kt}$。

（2）地基承载力。

基础底面抵抗矩：$W = \dfrac{\pi (d_1^4 - d_4^4)}{32 d_1} = \dfrac{3.14 \times (25.00^4 - 7.00^4)}{32 \times 25.00} = 1524.55\text{m}^3$。

基础底面压力：

$$p_{kmax} = \frac{N_k + G_k}{A} + \frac{M_k}{W}$$

$$p_{kmin} = \frac{N_k + G_k}{A} - \frac{M_k}{W}$$

$$p_k = \frac{N_k + G_k}{A}$$

（3）地基承载力特征值修正。

基础底面所在土层地基承载力特征值：$f_{ak} = 280.00\text{kPa}$；

修正后的地基承载力特征值：

$$\begin{aligned}f_a &= f_{ak} + \eta_b \gamma (b-3) + \eta_d \gamma_m (d-0.5)\\ &= 280.00 + 0.00 \times 19.00 \times (6.00-3) + 1.00 \times 19.00 \times (4.00-0.5)\\ &= 346.50\text{kPa}。\end{aligned}$$

（4）地基承载力验算结果。

1）当基础内力标准组合中不包括地震作用效应时（组合8）：

$$p_k \leqslant f_a$$

$$p_{kmax} \leqslant 1.2f_a = 1.2 \times 346.50 = 415.80\text{kPa}$$

$$p_{kmin} \geqslant 0$$

2）当基础内力标准组合中包括地震作用效应时（组合9～组合12）：

$$p_k \leqslant \zeta_a f_a = 1.30 \times 346.50 = 450.45\text{kPa}$$

$$p_{kmax} \leqslant 1.2\zeta_a f_a = 1.2 \times 1.30 \times 346.50 = 540.54\text{kPa}$$

$$p_{kmin} \geqslant 0$$

具体计算结果见下表14-14。

表14-14　地基承载力验算表

组合	N_k（kN）	M_k（kN·m）	p_k（kN/m²）	p_{kmax}（kN/m²）	p_{kmin}（kN/m²）	验算结果
组合8	79731.60	194995.90	256.25	384.15	128.34	满足
组合9	84706.85	335311.31	267.24	487.18	47.30	满足
组合10	74756.35	335311.31	245.25	465.19	25.31	满足
组合11	92169.73	170468.39	283.74	395.56	171.92	满足
组合12	67293.47	170468.39	228.75	340.57	116.94	满足

地基承载力满足要求。

3　冲切强度验算

（1）基础底板均布压力。

基础底面惯性矩：$I = \dfrac{\pi (d_1^4 - d_4^4)}{64} = \dfrac{3.14 \times (25.00^4 - 7.00^4)}{64} = 19056.90\text{m}^4$；

外悬挑部分中点处最大压力，计算时荷载按设计值选用：

基础底面弯矩设计值：$M_z = M_t + V_t H$；

基础底面轴力设计值：$N = N_t$；

$$p = \frac{N}{A} + \frac{M_z r_1 + r_2}{I \quad 2}$$

（2）冲切破坏锥体以外的荷载。

基础有效高度 $h_0 = h - 0.04 = 1.80 - 0.04 = 1.76\text{m}$；

计算环壁外边缘时：$F_{l1} = p\pi [r_1^2 - (r_2 + h_0)^2]$；

计算环壁内边缘时：$F_{12} = p\pi \left[(r_3 - h_0)^2 - r_4^2 \right]$。

（3）冲切破坏锥体斜截面上、下边圆周长。

1）验算环壁外边缘时：

$$b_t = 2\pi r_2 = 2 \times 3.14 \times 10.00 = 62.83\text{m};$$
$$b_b = 2\pi (r_2 + h_0) = 2 \times 3.14 \times (10.00 + 1.76) = 73.89\text{m}。$$

2）验算环壁内边缘时：

$$b_t = 2\pi r_3 = 2 \times 3.14 \times 7.50 = 47.12\text{m};$$
$$b_b = 2\pi (r_3 - h_0) = 2 \times 3.14 \times (7.50 - 1.76) = 36.07\text{m}。$$

（4）冲切强度。

1）环壁外边缘：

$$0.35\beta_h f_{tt} (b_t + b_b) h_0 = 0.35 \times 0.92 \times 1571.43 \times (62.83 + 73.89) \times 1.76$$
$$= 121318.09\text{kN}。$$

2）环壁内边缘：

$$0.35\beta_h f_{tt} (b_t + b_b) h_0 = 0.35 \times 0.92 \times 1571.43 \times (47.12 + 36.07) \times 1.76$$
$$= 73816.70\text{kN}。$$

（5）冲切验算。

计算结果列于表14-15。

表14-15 冲切验算表

组合	N (kN)	M_z (kN·m)	p (kN/m²)	环壁外边缘		环壁内边缘	
				F_{11} (kN)	验算结果	F_{12} (kN)	验算结果
组合1	79731.60	288050.45	346.29	19530.59	满足	22517.12	满足
组合2	95677.92	288050.45	381.54	21518.61	满足	24809.14	满足
组合3	107637.66	193954.49	352.43	19876.75	满足	22916.21	满足
组合4	91707.29	440450.08	462.73	26097.67	满足	30088.40	满足
组合5	66161.28	423315.34	396.15	22342.37	满足	25758.86	满足
组合6	100662.74	242638.57	365.75	20628.10	满足	23782.46	满足
组合7	57205.83	225503.83	259.58	14639.86	满足	16878.52	满足

4 底板配筋计算

基础底板下部钢筋和上部钢筋均采用径、环向配筋，按 r_2 处截面 $h_0 = 1.76$m 进行计算。

（1）底板下部半径 r_2 处，单位弧长径向弯矩及配筋。

1）计算方法：

$$M_R = \frac{p}{3(r_1 + r_2)} (2r_1^3 - 3r_1^2 r_2 + r_2^3)$$

$$\alpha_s = \frac{M_R}{\alpha_1 f_{ct} b h_0^2}$$

$$\xi = 1 - \sqrt{1 - 2\alpha_s}$$

$$\gamma_s = \frac{1 + \sqrt{1 - 2\alpha_s}}{2}$$

$$As = \frac{M_R}{f_{yt}\gamma_s h_0}$$

2）计算配筋面积见表 14-16。

表 14-16 环板基础底板下部径向配筋计算

组合	p（kN/m²）	M_R（kN·m）	α_s	ξ	γ_s	A_s
组合 1	346.29	1122.24	0.02	0.02	0.99	1772.93
组合 2	381.54	1236.48	0.02	0.02	0.99	1955.63
组合 3	352.43	1142.13	0.02	0.02	0.99	1804.72
组合 4	462.73	1499.59	0.03	0.03	0.98	2378.07
组合 5	396.15	1283.81	0.02	0.02	0.99	2031.46
组合 6	365.75	1185.31	0.02	0.02	0.99	1873.74
组合 7	259.58	841.22	0.02	0.02	0.99	1325.26

3）实际配筋面积：

计算构造配筋：$A_{s-min} = \rho_{min}bh_0 = 0.10\% \times 1000 \times 1760 = 1760\text{mm}^2 <$ 计算配筋面积。

故底板下部单位宽度内实际径向配筋为：D22 @ 150（$A_s = 2534.22\text{mm}^2 > 2378.07\text{mm}^2$）。

（2）底板下部单位宽度的环向弯矩及配筋。

1）计算方法：

$$M_0 = \frac{M_R}{2}$$

$$\alpha_s = \frac{M_0}{\alpha_1 f_{ct} b h_0^2}$$

$$\xi = 1 - \sqrt{1 - 2\alpha_s}$$

$$\gamma_s = \frac{1 + \sqrt{1 - 2\alpha_s}}{2}$$

$$A_s = \frac{M_0}{f_{yt}\gamma_s h_0}$$

2）计算配筋面积见表 14-17。

表 14-17 环板基础底板下部环向配筋计算

组合	M_R（kN·m）	M_0（kN·m）	α_s	ξ	γ_s	A_s
组合 1	1122.24	561.12	0.01	0.01	0.995	881.56
组合 2	1236.48	618.24	0.01	0.01	0.995	971.84
组合 3	1142.13	571.07	0.01	0.01	0.995	897.27
组合 4	1499.59	749.80	0.01	0.01	0.995	1180.17

续表 14-17

组合	M_R （kN·m）	M_0 （kN·m）	α_s	ξ	γ_s	A_s
组合 5	1283.81	641.91	0.01	0.01	0.995	1009.27
组合 6	1185.31	592.65	0.01	0.01	0.995	931.38
组合 7	841.22	420.61	0.01	0.01	0.995	659.89

3）实际配筋面积：

计算构造配筋：$A_{s-min} = \rho_{min} b h_0 = 0.05\% \times 1000 \times 1760 = 880 mm^2 <$ 计算配筋面积。

故底板下部单位宽度内实际环向配筋为：D18 @ 200 （$A_s = 1272.35 mm^2 > 1180.17 mm^2$）。

（3）底板内悬挑上部单位宽度的环向弯矩及配筋。

1）计算方法：

$$M_{0T} = \frac{pr_z}{6(r_z - r_4)}\left(\frac{2r_4^3 - 3r_4^2 r_z + r_z^3}{r_z} - \frac{4r_1^3 - 6r_2^1 r_z + 2r_z^3}{r_1 + r_z}\right)$$

$$\alpha_s = \frac{M_{0T}}{\alpha_1 f_{ct} b h_0^2}$$

$$\xi = 1 - \sqrt{1 - 2\alpha_s}$$

$$\gamma_s = \frac{1 + \sqrt{1 - 2\alpha_s}}{2}$$

$$A_s = \frac{M_{0T}}{f_{yt}\gamma_s h_0}$$

2）计算配筋面积见表 14-18。

表 14-18　环板基础底板内悬挑上部环向配筋计算

组合	p （kN/m²）	$M_{\theta T}$ （kN·m）	α_s	ξ	γ_s	A_s
组合 1	346.29	475.52	0.01	0.01	0.995	746.44
组合 2	381.54	523.92	0.01	0.01	0.995	822.81
组合 3	352.43	483.94	0.01	0.01	0.995	759.73
组合 4	462.73	635.41	0.01	0.01	0.995	998.99
组合 5	396.15	543.97	0.01	0.01	0.995	854.47
组合 6	365.75	502.24	0.01	0.01	0.995	788.59
组合 7	259.58	356.44	0.01	0.01	0.995	558.87

3）实际配筋面积。

底板下部环向配筋 D16@180 （$A_s = 1117.01 mm^2 > 998.99 mm^2$）。

（4）环壁以外底板上部弯矩及配筋。

1）当地基反力最小边扣除基础自重和土重小于 0 时，应按承受均布荷载 q 的悬臂构件进行弯矩计算并进行配筋。

$$q = \frac{M_z r_1}{I} - \frac{N}{A}$$

2）计算配筋面积见表 14-19。

$$M = \frac{1}{2}ql^2 = \frac{1}{2}q\ (12.50 - 10.00)^2$$

表 14-19　环板基础环壁以外底板上部配筋计算

组合	q（kN/m²）	M（kN·m）	α_s	ξ	γ_s	A_s
组合 4	86.19	269.33	0.01	0.01	0.995	421.94
组合 5	131.42	410.68	0.01	0.01	0.995	644.25

3）实际配筋面积。

底板上部配筋 D14@200（$A_s = 769.69\text{mm}^2 > 644.25\text{mm}^2$）。

5　沉降计算

环形基础计算环宽中点 C、D（图 14-4）的沉降。

（1）附加压应力。

基础底面弯矩准永久值：$M_q = M_{qt} + V_{qt}H =$
67211.40kN·m；

基础底面轴力准永久值：$N_q = N_{qt} = 79731.60\text{kN}$；

基础底面以上土的平均重度：$\gamma_m = 19.00\text{kN/m}^3$；

基底压力：

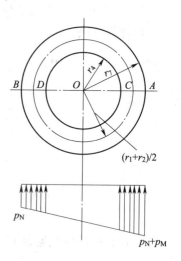

$$p_{max} = \frac{N_q + G_k}{A} + \frac{M_q r_1}{I}$$

$$= \frac{79731.60 + 36191.15}{452.39} + \frac{67211.40 \times 12.50}{19056.90}$$

$$= 300.33\text{kN/m}^2；$$

图 14-4　圆板基础沉降计算图

$$p_{min} = \frac{N_q + G_k}{A} - \frac{M_q r_1}{I}$$

$$= \frac{79731.60 + 36191.15}{452.39} - \frac{67211.40 \times 12.50}{19056.90}$$

$$= 212.16\text{kN/m}^2；$$

基底附加压力：

$$p_{0max} = p_{max} - \gamma_m h_0 = 300.33 - 19.00 \times 4.00 = 224.33\text{kN/m}^2；$$

$$p_{0min} = p_{min} - \gamma_m h_0 = 212.16 - 19.00 \times 4.00 = 136.16\text{kN/m}^2；$$

大圆时基础底面附加压应力：

均布荷载 $p_{Nb} = p_{0min} = 136.16\text{kN/m}^2$；

三角形荷载 $p_{Mb} = p_{0max} - p_{0min} = 224.33 - 136.16 = 88.17\text{kN/m}^2$；

小圆时基础底面附加压应力：

均布荷载：

$$p_{N1} = p_{Nb} + \frac{p_{Mb}\ (r_1 - r_4)}{2r_1} = 136.16 + \frac{88.17 \times\ (12.50 - 3.50)}{2 \times 12.50} = 167.90\text{kN/m}^2；$$

三角形荷载：

$$p_{Ml} = \frac{p_{Mb} r_4}{r_1} = \frac{88.17 \times 3.50}{12.50} = 24.69 \text{kN/m}^2。$$

（2）平均附加应力系数。

环宽中点的平均附加应力系数 $\bar{\alpha}$ 值，应分别按大圆与小圆由《烟囱设计规范》GB 50051—2013 附录 C 表格中相应的 z/R 和 b/R 查得数值。

（3）各层沉降值 Δs_i。

环宽中点的沉降由大圆在均布荷载及三角形荷载与由小圆在均布荷载及三角性荷载作用下产生的沉降的差，计算结果见表14-20 和表14-21。

$$\Delta s_i' = \frac{p_0}{E_{si}} (z_i \bar{\alpha}_i - z_{i-1} \bar{\alpha}_{i-1})$$

表 14-20 环板 C 点沉降

计算深度	特性比值		附加应力系数 $\bar{\alpha}_i$		沉降值（mm）	
z（m）	z/R	b/R	均布 $\bar{\alpha}_i$	三角形 $\bar{\alpha}_i$	$\Delta s_i'$	$\sum \Delta s_i'$
55.00	4.40	−0.64	0.33	0.22	392.60	392.60
	15.71	−2.29	0.04	0.02		
56.00	4.48	−0.64	0.32	0.22	0.74	393.34
	16.00	−2.29	0.04	0.02		

表 14-21 环板 D 点沉降

计算深度	特性比值		附加应力系数 $\bar{\alpha}_i$		沉降值（mm）	
z（m）	z/R	b/R	均布 $\bar{\alpha}_i$	三角形 α_i	$\Delta s_i'$	$\sum \Delta s_i'$
55.00	4.40	0.64	0.33	0.10	322.67	322.67
	15.71	2.29	0.04	0.02		
56.00	4.48	0.64	0.32	0.10	0.75	323.42
	16.00	2.29	0.04	0.02		

注：在某一深度处，上面一行的参数是大圆的参数，下面一行是小圆的参数。

（4）地基变形计算深度 z_n。

环板宽度 $b = 9.00$m，取 $\Delta z = 1.00$m。当计算深度 $z_n = 56.00$m 时，向上取计算层厚度为 Δz 的沉降量值 $\Delta s_n = 0.74$mm，总的沉降量为 $\sum \Delta s_i = 393.34$mm。

因 $\Delta s_n \leq 0.025 \sum \Delta s_i = 9.83$mm，满足《基础规范》的要求。

（5）沉降计算经验系数 ψ_s。

C 点沉降计算经验系数：

$$\sum_{i=1}^{n} A_i = \sum_{i=1}^{n} \Delta s_i' E_{si} = 3.15$$

$$\sum_{i=1}^{n} \frac{A_i}{E_{si}} = \sum_{i=1}^{n} \Delta s_i' = 0.39$$

$$\overline{E}_s = \frac{\sum\limits_{i=1}^{n} A_i}{\sum\limits_{i=1}^{n} \dfrac{A_i}{E_{si}}} = \frac{3.15}{0.39} = 8.00\text{MPa}$$

基底附加压应力：$p_0 = 208.46\text{kN/m}^2$；

查《基础规范》表 5.3.5 可得，$\psi_s = 0.662$。

D 点沉降计算经验系数：

$$\sum\limits_{i=1}^{n} A_i = \sum\limits_{i=1}^{n} \Delta s'_i E_{si} = 2.59$$

$$\sum\limits_{i=1}^{n} \frac{A_i}{E_{si}} = \sum\limits_{i=1}^{n} \Delta s'_i = 0.32$$

$$\overline{E}_s = \frac{\sum\limits_{i=1}^{n} A_i}{\sum\limits_{i=1}^{n} \dfrac{A_i}{E_{si}}} = \frac{2.59}{0.32} = 8.00\text{MPa}$$

基底附加压应力：$p_0 = 164.37\text{kN/m}^2$；

查《基础规范》表 5.3.5 可得，$\psi_s = 0.662$。

（6）地基最终沉降量。

C 点的最终沉降量为：

$$s_C = \psi_s s' = 0.662 \times 393.34 = 260.59\text{mm}$$

D 点的最终沉降量为：

$$s_D = \psi_s s' = 0.662 \times 323.42 = 214.27\text{mm}$$

平均沉降量为：

$$s = (s_C + s_D)/2 = (260.59 + 214.27)/2 = 237.43\text{mm}$$

满足《基础规范》中当烟囱高度为 180.00m 时，允许沉降值 300.00mm 的要求。

6 基础倾斜计算

倾斜计算时应分别计算基础边缘 A、B 点的沉降量，然后再根据《烟囱设计规范》GB 50051—2013 公式 C.0.2 计算倾斜值。

（1）基础边缘的沉降计算。

计算过程与上面相同，计算结果见表 14-22 和表 14-23。

表 14-22　环板 A 点沉降

计算深度 z（m）	特性比值		附加应力系数 $\overline{\alpha}_i$		沉降值（mm）	
	z/R	b/R	均布 $\overline{\alpha}_i$	三角形 $\overline{\alpha}_i$	$\Delta s'_i$	$\sum \Delta s'_i$
55.00	4.40	−1.00	0.22	0.16	279.44	279.44
	15.71	−3.57	0.01	0.01		
56.00	4.48	−1.00	0.21	0.15	1.18	280.61
	16.00	−3.57	0.01	0.01		

表 14-23 环板 *B* 点沉降

计算深度 z（m）	特性比值		附加应力系数 $\bar{\alpha}_i$		沉降值（mm）	
	z/R	b/R	均布 $\bar{\alpha}_i$	三角形 $\bar{\alpha}_i$	$\Delta s_i'$	$\sum \Delta s_i'$
55.00	4.40	1.00	0.22	0.06	222.97	222.97
	15.71	3.57	0.01	0.01		
56.00	4.48	1.00	0.21	0.06	0.89	223.86
	16.00	3.57	0.01	0.01		

A 点的最终沉降量为：

$$s_A = \psi_s s' = 0.716 \times 280.61 = 200.99 \text{mm}$$

B 点的最终沉降量为：

$$s_B = \psi_s s' = 0.662 \times 223.86 = 148.30 \text{mm}$$

（2）基础倾斜值计算：

$$m_0 = \frac{s_A - s_B}{2r_1} = \frac{0.2010 - 0.1483}{2 \times 12.50} = 0.00211$$

满足《基础规范》中当烟囱高度为 180.00m 时，允许倾斜值 0.00300 的要求。

14.2 桩基础计算

1 设计条件

（1）烟囱上口内径 2.2m，根部平均半径 3m，作用于承台顶面（标高 ±0.000 处）荷载：

$$F_k = 9705 \text{kN}; \quad M_k = 10357 \text{kN} \cdot \text{m}; \quad H_k = 204 \text{kN}。$$

（2）承台底标高 -2.800m，不考虑地下水。

（3）采用钢筋混凝土预制桩，断面为 300mm × 300mm，根据地质构造，桩长 $l = 4$m，单桩竖向承载力特征值 $R_a = 350$kN。

（4）承台采用 C20 混凝土。

2 初步确定承台尺寸及桩的数量

（1）承台平面尺寸。

承台半径：$r = 6$m；

承台自重及其上部土重：

$$G_k = \pi r^2 h \gamma_G = \pi \times 6^2 \times 2.8 \times 20 = 6333 \text{kN}$$

（2）桩的数量及布置。

桩数初估：

$$n \geqslant \frac{F_k + G_k}{R_a} = \frac{9705 + 6333}{350} \approx 46 \text{ 根}$$

$$46 \times (1 + 20\%) \approx 55 \text{ 根}$$

考虑桩的布置及构造要求，初步确定桩数 $n = 60$，布置情况见图 14-5。

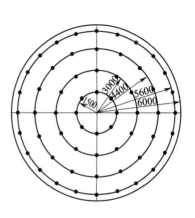

图 14-5 桩的平面布置

3　桩承载力验算

$$Q_{ik\max} = \frac{F_k + G_k}{n} \pm \frac{M_k r_{i\max}}{\frac{1}{2}\sum_{i=1}^{n} r_i^2} \qquad (其中\ r_{i\max} = 5600\text{mm})$$

$$= \frac{9705 + 6333}{60} \pm \frac{204 \times 2.8 + 10357 \times 5.6}{\frac{1}{2}(24 \times 5.6^2 + 16 \times 4.4^2 + 12 \times 3^2 + 8 \times 1.5^2)}$$

$$= 267.3 \pm 103\text{kN}$$

$$Q_{ik\max} = 267.3 + 103 = 370.3\text{kN} < 1.2R_a = 1.2 \times 350 = 420\text{kN}$$

$$Q_{ik\min} = 267.3 - 103 = 164.3\text{kN} > 0$$

$$Q_k = \frac{F_k + G_k}{n} = 267.3\text{kN} < R_a = 350\text{kN}$$

满足要求。

4　群桩承载力与变形验算

（略）

5　承台结构设计

（略）

14.3　壳　体　计　算

1　原始资料

烟囱高度 $H = 120\text{m}$，烟囱顶部内直径 $D_0 = 3\text{m}$，基本风压 $w_0 = 0.4\text{kN/m}^2$。

（1）上壳上口处荷载：

垂直力标准值为：$N_k = 26669.5\text{kN}$；

组合后的垂直力设计值为：$N_1 = 33336.88\text{kN}$；

弯矩标准值为：$M_k = 48108.58\text{kN} \cdot \text{m}$；

组合后的弯矩设计值为：$M_1 = 67646.58\text{kN} \cdot \text{m}$；

水平剪力标准值为：$H_k = 37.98\text{kN}$；

组合后的水平剪力设计值为：$H_1 = 53.17\text{kN}$。

（2）上壳上口处几何尺寸：

基础壁厚：$\delta = 0.4\text{m}$。

（3）地基：

地基为黏性土地基。

地基承载力特征值：$f_{ak} = 200\text{kPa}$；

土的实际内摩擦角：$\varphi = 30°$；

土的实际黏聚力：$c = 8\text{kPa}$；

土的重力密度：$\gamma_0 = 18\text{kN/m}^3$。

（4）基础材料：

壳体基础采用 C30 混凝土（$f_c = 14.3\text{N/mm}^2$，$f_t = 1.43\text{N/mm}^2$）；

受力筋采用 HRB335 $(f_y = 300\text{N}/\text{mm}^2)$。

2 壳体基础的主要尺寸

（1）埋置深度 z_2 和 r_2，如图 14-6 所示。

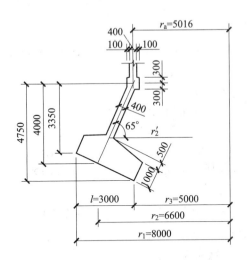

图 14-6　壳基础基本尺寸图

埋置深度 z_2 根据烟囱的使用要求和地基情况以及邻近建筑物等因素确定 $z_2 = 4\text{m}$。

基底弯矩标准值：

$$M = M_k + z_2 H_1 = 48108.58 + 4 \times 37.98 = 48260.5\text{kN} \cdot \text{m}$$

关于垂直荷载，由于基础尺寸未定，无法准确计算，只能用估算法，即：

$$N = N_k + G_k = 1.25 N_k = 1.25 \times 26669.5 = 33336.9\text{kN}$$

$$e = \frac{M}{N} = \frac{48260.5}{33336.9} = 1.448\text{m}$$

根据基础抗倾斜的要求，$r_2 \geq 4e = 4 \times 1.448 = 5.792\text{m}$（取 $r_2 = 6.6\text{m}$）

沿环向单位长度范围内，在水平投影面上的最大和最小地基反力标准值：

$$P_{k\max} = \frac{N_k + G_k}{2\pi r_2} + \frac{M}{\pi r_2^2} = \frac{33336.9}{2 \times 3.14 \times 6.6} + \frac{48260.5}{3.14 \times 6.6^2}$$

$$= 804.3 + 352.84 = 1157.14\text{kN/m}$$

$$P_{k\min} = \frac{N_k + G_k}{2\pi r_2} - \frac{M}{\pi r_2^2} = \frac{33336.9}{2 \times 3.14 \times 6.6} - \frac{48260.5}{3.14 \times 6.6^2}$$

$$= 804.3 - 352.84$$

$$= 451.46\text{kN/m}$$

$$\frac{P_{k\max}}{P_{k\min}} = \frac{1157.14}{451.46} = 2.56 < 3$$

满足要求。

（2）确定上壳倾角 α 和上壳上边缘水平半径 r_a。

取基础倾角：$\alpha = 65°$；

上壳上口半径：$r_a = 5.016\text{m}$。

（3）确定下壳径向水平投影长度 l。

根据 $e/r_2 = 1.448/6.6 = 0.219$，查表6-12，得：

$$\theta_0 = 2.2175 + \frac{2.2581 - 2.2175}{0.01}(0.22 - 0.219) = 2.222$$

将此值化为角度值为 $127.38°$。

沿半径 r_2 的环向单位弧长范围内产生的总的地基反力标准值 p_k：

$$p_k = \frac{(N_k + G_k)(1 + \cos\theta_0)}{2r_2(\pi + \theta_0\cos\theta_0 - \sin\theta_0)}$$

$$= \frac{33336.9(1 + \cos127.38°)}{2 \times 6.6(\pi + 2.222\cos127.38° - \sin127.38°)}$$

$$= \frac{33336.9(1 - 0.607)}{2 \times 6.6(3.14 - 1.349 - 0.795)} = \frac{13101.4}{13.15} = 996.3\text{kN/m}$$

修正后的地基承载力特征值 f_a：

$$f_a = f_{ak} + \eta_b\gamma(b - 3) + \eta_d\gamma_m(z_2 - 0.5)$$

$$= 200 + 0.15 \times 18(6 - 3) + 1.4 \times 18(4 - 0.5)$$

$$= 296.3\text{kN/m}^2$$

上述符号的具体含义详见《基础规范》。由于 b 超过6m，所以取6m。

计算下壳经向水平投影宽度 l：

$$l = \frac{p_k}{1.2f_a} = \frac{996.3}{355.56} = 2.80\text{m} \quad （其中1.2为偏心荷载放大系数）$$

取 $l = 3.0\text{m}$。

（4）确定下壳内、外半径 r_3、r_1。

$$r_3 = \frac{1}{2}\left(\frac{2}{3}r_2 - l\right) + \sqrt{\frac{1}{4}\left(l - \frac{2}{3}r_2\right)^2 + \frac{1}{3}(r_2^2 + r_2l - l^2)}$$

$$= \frac{1}{2}\left(\frac{2}{3} \times 6.6 - 3.0\right) + \sqrt{\frac{1}{4}\left(3.0 - \frac{2}{3} \times 6.6\right)^2 + \frac{1}{3}(6.6^2 + 6.6 \times 3.0 - 3.0^2)}$$

$$= 0.7 + \sqrt{0.49 + 18.12} = 5.01\text{m} \quad （取 r_3 = 5.0\text{m}）$$

$r_1 = r_3 + l = 5.0 + 3.0 = 8.0\text{m}$

（5）确定下壳与上壳相交边缘处的下壳有效厚度 h，如图14-6所示。

下壳最大剪力 Q_c：

$$Q_c = \frac{1}{2}p_1\frac{1}{\sin\alpha} = \frac{1}{2} \times 1.25 \times \frac{996.3}{0.906} = 687.29\text{kN/m}$$

下壳与上壳相交边缘处的下壳有效厚度 h：

$$h \geqslant \frac{2.2Q_c}{0.75f_t} = \frac{2.2 \times 687.29}{0.75 \times 1.43 \times 10^3} = 1.41\text{m}$$

取 $h = 1.5\text{m}$。

下壳端部厚度，取 $h' = 1.0\text{m}$。

到目前为止，可以准确计算上壳、下壳混凝土体积 V_s、V_x，上壳壳面以上土重 g_{st}、下壳壳面以上的土重 g_{xt} 和作用在上壳下口的内力 N_1、M_1。

$$r'_2 = r_2 - h\cos\alpha = 6.6 - 1.5 \times 0.423 = 5.97\text{m}$$

1）上壳混凝土体积：

$$V_s = \frac{1}{2}(r_a + r'_2) \times 2\pi\delta(r'_2 - r_a)\frac{1}{\cos\alpha}$$

$$= \pi(5.97^2 - 5.016^2) \times 0.4 \times \frac{1}{0.423} = 31.12\text{m}^3$$

2）下壳混凝土体积：

$$V_X = \frac{\pi}{2}(r_2 + r'_2)(h + h')l\frac{1}{\sin\alpha}$$

$$= \frac{\pi}{2}(6.6 + 5.97)(1.5 + 1.0)\frac{3}{0.906} = 163.37\text{m}^3$$

3）上壳壳面以上的土重：

上壳壳面以上的土体高：$h_{st} = (r'_2 - r_a)\tan\alpha = (5.97 - 5.016) \times 2.145 = 2.05\text{m}$；

上壳壳面以上的土体宽：$b_{st} = r'_2 - r_a = 5.97 - 5.016 = 0.954\text{m}$；

上壳壳面以上的土体重心半径：$r_{st} = r'_2 + \frac{\delta}{2} - \frac{1}{3}b_{st} = 5.97 + \frac{0.4}{2} - \frac{0.954}{3} = 5.85\text{m}$；

上壳壳面以上的土体体积：

$$V_{st} = \frac{1}{2}b_{st}h_{st} \times 2\pi r_{st} = \frac{1}{2} \times 0.954 \times 2.05 \times 2 \times \pi \times 5.85 = 35.92\text{m}^3；$$

上壳壳面以上土重：

$g_{st} = \gamma_0 V_{st} = 18 \times 35.92 = 646.56\text{kN}$。

4）下壳壳面以上的土重：

$$z_1 = z_2 - (r_1 - r_2)\cot\alpha = 4 - (8.0 - 6.6) \times 0.466 = 3.35\text{m}$$

$$z_3 = z_2 + (r_2 - r_3)\cot\alpha = 4 + (6.6 - 5.0) \times 0.466 = 4.75\text{m}$$

下壳壳面以上土体平均高度：

$$h_{xt} = \frac{(z_1 - h'\sin\alpha) + (z_2 - h\sin\alpha)}{2}$$

$$= \frac{(3.35 - 1.0 \times \sin65°) + (4 - 1.5\sin65°)}{2} = 2.54\text{m}$$

下壳壳面以上土体宽：

$$b_{xt} = (l + r_3 - h'\cos65°) - \left(r'_2 + \frac{\delta}{2}\right)$$

$$= (3 + 5 - 1.0 \times \cos65°) - (5.97 + 0.2) = 1.41\text{m}。$$

下壳壳面以上土体重心半径：

$$r_{xt} = r'_2 + \frac{\delta}{2} + \frac{b_{xt}}{2} = 5.97 + 0.2 + \frac{1.41}{2} = 6.88\text{m}。$$

下壳壳面以上土体体积：

$$V_{xt} = b_{xt}h_{xt} \times 2\pi r_{xt} = 1.41 \times 2.54 \times 2 \times \pi \times 6.88 = 154.74\text{m}^3。$$

得下壳壳面以上土重：$g_{xt} = \gamma_0 V_{xt} = 18 \times 154.74 = 2785.3\text{kN}$。

5）作用在上壳下口的内力 N_1，M_1（γ 为钢筋混凝土的容重）：

$$N_1 = N_k + g_{st} + \gamma V_s = 26669.5 + 646.56 + 25 \times 31.12 = 28094.06。$$

风荷载引起的弯矩标准值：$M_{wk} = 39464.9 \text{kN} \cdot \text{m}$。

风荷载引起的附加弯矩标准值：$M_{ak} = 8643.68 \text{kN} \cdot \text{m}$。

两项风荷载弯矩标准值之和即为前面给出的上壳上口处的弯矩标准值。

水平剪力引起的弯矩标准值为：$h_{st}H_1 = 2.05 \times 37.98 = 77.86 \text{kN} \cdot \text{m}$。

$$M_1 = M_{wk} + M_{ak} + h_{st}H_1$$

$$= 39464.9 + 8643.68 + 77.86 = 48186 \text{kN} \cdot \text{m}$$

作用在 z_2 标高的垂直荷载：

$$N_2 = N_1 + g_{st} + \gamma V_s = 28094.06 + 2785.3 + 25 \times 163.37$$

$$= 34964 \text{kN} > 1.25 N_k = 33336.9 \text{kN}$$

两者相差 $<5\%$，不需修正基础尺寸。

下面的计算按 $N = 34964 \text{kN}$ 计算截面配筋。

6）重新计算 p_k：

$$e = \frac{M_1}{N_2} = \frac{48186}{34964} = 1.38 \text{m}$$

根据 $e/r_2 = 1.38/6.6 = 0.209$，查表6-12，得

$$\theta_0 = 2.2985 - \frac{2.2985 - 2.2581}{0.01}(0.209 - 0.20) = 2.262$$

将此值化为角度值为 $129.61°$。

沿半径 r_2 的环向单位弧长范围内产生的总的地基反力标准值 p_k：

$$p_k = \frac{(N_k + G_k)(1 + \cos\theta_0)}{2r_2(\pi + \theta_0\cos\theta_0 - \sin\theta_0)}$$

$$= \frac{34964 \times (1 + \cos 129.61°)}{2 \times 6.6 \times (3.14 + 2.262 \times \cos 129.61° - \sin 129.61°)}$$

$$= \frac{34964 \times (1 - 0.638)}{2 \times 6.6 \times (3.14 - 1.442 - 0.77)}$$

$$= 1033.26 \text{kN/m}$$

计算下壳厚度时下壳自重不计，$N_1 = 28094 \text{kN}$ 小于以前用的 $N = 33336.9 \text{kN}$，所以 h 不再重新计算。

$$l = \frac{p_k}{1.2f_a} = \frac{1033.26}{355.56} = 2.906 \text{m}，可见取 l = 3.0 \text{m} 满足要求。$$

3 下壳计算

（1）计算总的被动土压力 H_0 和剪切力 Q_0。

由土的实际内摩擦角 $\varphi = 30°$，得计算内摩擦角 $\varphi_0 = \frac{1}{2}\varphi = 15°$；

由土的实际黏聚力 $c = 8 \text{kPa}$，得土的计算黏聚力 $c_0 = \frac{1}{2}c = 4 \text{kPa}$。

1）总的被动土压力 H_0：

$$H_0 = 0.25\gamma_0(z_3^2 - z_1^2)\tan^2\left(\frac{1}{2}\varphi_0 + 45°\right)$$

$$= 0.25 \times 18 \times (4.75^2 - 3.35^2)\tan^2(7.5° + 45°)$$

$$= 86.64 \text{kN/m}$$

2）剪切力 Q_0：

$$Q_0 = H_0 \tan\varphi_0 + c_0(z_3 - z_1) = 86.64 \tan 15° + 4 \times (4.75 - 3.35)$$

$$= 28.82 \text{kN/m}$$

（2）计算倒锥壳水平投影面上的最大土反力 q_{ymax}。

弯矩设计值为：

$$M = M_1 + h_{st}H_1$$

$$= 67646.58 + 2.05 \times 53.17$$

$$= 67755.58 \text{kN} \cdot \text{m}$$

垂直力设计值：γ_G 为恒载分项系数，取 1.2；γ 为钢筋混凝土重力密度，取 25kN/m^3。

$$N = N_1 + \gamma_G \gamma (V_s + V_x) + \gamma_G (g_{st} + g_{xt})$$

$$= 33336.88 + 1.2 \times 25 \times (31.12 + 163.37) + 1.2 \times (645.56 + 2785.3)$$

$$= 43289.81 \text{kN}$$

$$e = \frac{M}{N} = \frac{67755.58}{43289.81} = 1.57 \text{m}$$

根据 $e/r_2 = 1.57/6.6 = 0.238$，查表 6-12，得：

$$\theta_0 = 2.1767 - \frac{2.1767 - 2.1357}{0.01}(0.238 - 0.23) = 2.1439$$

将此值化为角度值为 122.8°。

沿半径 r_2 的环向单位弧长范围内产生的总的地基反力设计值 p_1：

$$p_1 = \frac{N(1 + \cos\theta_0)}{2r_2(\pi + \theta_0\cos\theta_0 - \sin\theta_0)}$$

$$= \frac{43289.81 \times (1 + \cos 122.8°)}{2 \times 6.6 \times (3.14 + 2.1439 \times \cos 122.8° - \sin 122.8°)}$$

$$= 1320.75 \text{kN/m}$$

$$q_{ymax} = \frac{2\left(p_1 - Q_0 \dfrac{r_1}{r_2}\right)}{r_1 - r_3} = \frac{2 \times \left(1320.75 - 28.82 \times \dfrac{8.0}{6.6}\right)}{8.0 - 5.0} = 857.21 \text{kN/m}^2$$

（3）计算下壳特征参数 C_s。

$$C_s = \frac{r_1 - r_3}{2h\sin\alpha} = \frac{8.0 - 5.0}{2 \times 1.5 \times 0.906} = 1.1 < 2$$

由此可见，属于短壳。

（4）下壳的内力及配筋。

$$B_0 = \sin^2\alpha + \tan\varphi_0\sin\alpha\cos\alpha = 0.906^2 + 0.268 \times 0.906 \times 0.423 = 0.924$$

$$B_1 = \cos^2\alpha + \tan\varphi_0\sin\alpha\cos\alpha = 0.423^2 + 0.268 \times 0.906 \times 0.423 = 0.282$$

$$B_2 = \sin\alpha\cos\alpha - \tan\varphi_0\sin^2\alpha = 0.906 \times 0.423 - 0.268 \times 0.906^2 = 0.163$$

$$B_3 = \tan\varphi_0\cos^2\alpha - \sin\alpha\cos\alpha = 0.268 \times 0.423^2 - 0.906 \times 0.423 = -0.335$$

$$B_4 = c_0\sin 2\alpha = 4 \times 0.766 = 3.064$$

$$B_5 = c_0 \cos 2\alpha = 4 \times (-0.643) = -2.572$$

1）环向内力及配筋：

$$H = 0.5\gamma_0 z_2 \tan^2 \left(\frac{1}{2}\varphi_0 + 45° \right) = 0.5 \times 18 \times 4 \times \tan^2 \left(\frac{15°}{2} + 45° \right) = 61.14 \text{kN/m}^2$$

$$N_\theta = \frac{1}{6}(B_2 q_{y\max} + B_3 H + B_5)(x_1 - x_3)(x_1 + x_2 + x_3)$$

$$= \frac{1}{6}(B_2 q_{y\max} + B_3 H + B_5)(r_1 - r_3)(r_1 + r_2 + r_3)\frac{1}{\sin^2\alpha}$$

$$= \frac{1}{6}(0.163 \times 857.21 - 0.335 \times 61.14 - 2.571)(8.0 - 5.0)(8.0 + 6.6 + 5.0)\frac{1}{0.821}$$

$$= \frac{116.67 \times 3 \times 19.6}{4.926} = 1392.65 \text{kN}$$

$$A_s = \frac{N_\theta}{f_y} = \frac{1392.65 \times 10^3}{300} = 4642.2 \text{mm}^2$$

由最小配筋率为 0.4%，得：

$$A_{s,\min} = \rho_{\min} bh = 0.4\% \times 1000 \times 1500 = 6000 \text{mm}^2 > A_s$$

故按最小配筋率配筋，配双层钢筋，上层配 $\Phi 18@100$，下层配 $\Phi 22@100$，（$A_s = 2545 + 3801 = 6346 \text{mm}^2$）。

2）经向内力及配筋：

$$x_2 = \frac{r_2}{\sin\alpha} = \frac{6.6}{\sin 65°} = 7.28 \text{m}$$

$$x_2' = x_2 + \frac{\delta}{2} = 7.28 + \frac{0.4}{2} = 7.48 \text{m}$$

$$x_2'' = x_2 - \frac{\delta}{2} = 7.28 - \frac{0.4}{2} = 7.08 \text{m}$$

$$x_1 = \frac{r_1}{\sin\alpha} = \frac{8.0}{0.906} = 8.83 \text{m}$$

$$x_3 = \frac{r_3}{\sin\alpha} = \frac{5.0}{0.906} = 5.52 \text{m}$$

$$W_1 = \frac{12(x_1 - x_2)}{(x_1^2 - x_2'^2)(x_1 - x_2')^2}$$

$$= \frac{12 \times (8.83 - 7.28)}{(8.83^2 - 7.48^2)(8.83 - 7.48)^2} = \frac{18.6}{22.0 \times 1.82} = 0.465$$

$$W_2 = \frac{12(x_2 - x_3)}{(x_2''^2 - x_3^2)(x_2'' - x_3)^2}$$

$$= \frac{12 \times (7.28 - 5.52)}{(7.08^2 - 5.52^2)(7.08 - 5.52)^2} = \frac{21.12}{19.66 \times 2.43} = 0.442$$

经向弯矩：

$$M_{\alpha 1} = \frac{1}{x_2' W_1}(B_0 q_{y\max} + B_1 H + B_4)$$

$$= \frac{1}{7.48 \times 0.465}(0.924 \times 857.21 + 0.282 \times 61.14 + 3.064)$$

$$= 233.56 \text{kN} \cdot \text{m/m}$$

$$M_{\alpha 2} = \frac{1}{x_2'' W_2}(B_0 q_{y\max} + B_1 H + B_4)$$

$$= \frac{1}{7.08 \times 0.442}(0.924 \times 857.21 + 0.282 \times 61.14 + 3.064)$$

$$= 259.60 \text{kN} \cdot \text{m/m}$$

取 $M_{\alpha 1}$、$M_{\alpha 2}$ 中的较大者进行配筋，即取 $M = 259.60 \text{kN} \cdot \text{m/m}$ 配筋，
根据《混凝土结构设计规范》GB 50010—2010：

$$\alpha_s = \frac{M}{\alpha_1 f_c b h_0^2} = \frac{259.60 \times 10^3}{1.0 \times 14.3 \times 10^6 \times 1 \times (1.5 - 0.05)^2} = 0.00863 < \alpha_{s,\max} = 0.398$$

$$\gamma_s = \frac{1 + \sqrt{1 - 2\alpha_s}}{2} = \frac{1 + \sqrt{1 - 2 \times 0.00863}}{2} = 0.996$$

$$A_s = \frac{M}{\gamma_s h_0 f_y} = \frac{259.60 \times 10^6}{0.996 \times 1.45 \times 300 \times 10^3} = 599.18 \text{mm}^2$$

由最小配筋率为 0.4% 得：

$$A_{s,\min} = \rho_{\min} b h = 0.4\% \times 1000 \times 1500 = 6000 \text{mm}^2 > A_s$$

故每米配 6Φ25 和 6Φ25，$A_s = 2945 + 2945 = 5890 \text{mm}^2$。

（5）下锥壳冲切承载力计算。

1）基础底板反力：

基础有效高度：$h_0 = 1.5 - 0.05 = 1.45\text{m}$

$$r_1 = 8\text{m};$$

$$r_2' = r_2 - \left(h\cos\alpha - \frac{\delta}{2}\sin\alpha\right)$$

$$= 6.6 - 1.5\cos65° + 0.2\sin65° = 6.147\text{m}$$

$$r_2'' = r_2 - \left(h\cos\alpha + \frac{\delta}{2}\sin\alpha\right)$$

$$= 6.6 - 1.5\cos65° - 0.2\sin65° = 5.785\text{m}$$

$$r_4 = r_3 - h'\cos65° = 5 - 1.0 \times \cos65° = 4.577\text{m}$$

弯矩设计值：

$$M = M_1 + h_{st} H_1$$

$$= 67646.58 + 2.05 \times 53.17 = 67755.58 \text{kN} \cdot \text{m}$$

垂直力设计值：

$$N = N_1 + \gamma_G \gamma V_s + \gamma_G g_{st}$$

$$= 33336.88 + 1.2 \times 2.5 \times 31.12 + 1.2 \times 646.56$$

$$= 35046.35 \text{kN}$$

基础底面积：

$$A = \pi(r_1^2 - r_4^2) = 3.14 \times (8^2 - 4.577^2) = 135.18 \text{m}^2$$

基础底面惯性矩：

$$J = \frac{\pi(d_1^4 - d_4^4)}{64} = \frac{3.14 \times (16^4 - 9.154^4)}{64} = 2870.86 \text{m}^4$$

下壳外部中点压力：

$$p = p_N + p_M = \frac{N}{A} + \frac{M}{J} \cdot \frac{r_1 + r_2'}{2} = \frac{35046.35}{135.18} + \frac{67755.58}{2870.86} \times \frac{8 + 6.147}{2}$$

$$= 426.20 \text{kN/m}^2$$

2）冲切强度验算：

a. 基础外边缘冲切强度验算：

冲切破坏锥体斜截面的上边圆周长 b_t：

$$b_t = 2\pi r_2' = 2 \times 3.14 \times 6.147 = 38.60 \text{m}$$

冲切破坏锥体斜截面的下边圆周长 S_x：

$$S_x = 2\pi[r_2' + h_0(\sin\alpha + \cos\alpha)]$$

$$= 2 \times 3.14 \times [6.147 + 1.45 \times (\sin65° + \cos65°)]$$

$$= 6.28 \times 8.074$$

因为冲切斜截面的下边缘不应大于 $r_1 = 8\text{m}$，现为 8.074m，近似取 8m。

$$S_x = 6.28 \times 8 = 50.24 \text{m}$$

上壳与下壳交接处的冲切承载力：

$$0.35\beta_h f_{tt}(b_t + S_x)h_0 = 0.35 \times 1.0 \times 1.43 \times 10^3 \times (38.60 + 50.24) \times 1.45$$

$$= 64473.4 \text{kN}$$

冲切破坏锥体以外的荷载：

$$Q_c = p\pi\{r_1^2 - [r_2' + h_0(\sin\alpha + \cos\alpha)]^2\}$$

$$= 426.20 \times 3.14 \times (8^2 - 8^2)$$

$$= 0$$

满足 $Q_c \leqslant 0.35\beta_h f_{tt}(b_t + S_x)h_0$ 要求。

b. 基础内边缘冲切强度验算：

冲切破坏锥体斜截面的上边圆周长 b_t：

$$b_t = 2\pi r_2'' = 2 \times 3.14 \times 5.785 = 36.33 \text{m}$$

冲切破坏锥体斜截面的下边圆周长 S_x：

$$S_x = 2\pi[r_2'' - h_0(\sin\alpha - \cos\alpha)]$$

$$= 2 \times 3.14[5.785 - 1.45(\sin65° - \cos65°)]$$

$$= 31.93 \text{m}$$

上壳与下壳交接处的冲切承载力：

$$0.35\beta_h f_{tt}(b_t + S_x)h_0 = 0.35 \times 1.0 \times 1.43 \times 10^3 \times (36.33 + 31.93) \times 1.45$$

$$= 49537.99 \text{kN}$$

冲切破坏锥体以外的荷载：

$$Q_c = p\pi\{[r_2'' - h_0(\sin\alpha - \cos\alpha)]^2 - r_4^2\}$$

$$= 426.20 \times 3.14 \times \{[5.785 - 1.45 \times (\sin65° - \cos65°)]^2 - 4.577^2\}$$

$$= 1338.27 \times 4.905 = 6564.21 \text{kN}$$

满足 $Q_c \leqslant 0.35\beta_h f_{tt} (b_t + S_x) h_0$ 要求。

4　正锥壳计算

已知上壳上口边缘中心的水平半径：$r_a = 5.016\text{m}$；

基础壁厚：$\delta = 0.4\text{m}$。

正锥壳上边缘处：

组合后的垂直力设计值为：$N_1 = 33336.88\text{kN}$；

组合后的弯矩设计值为：$M_1 = 67646.58\text{kN·m}$；

组合后的水平剪力设计值为：$H_1 = 53.17\text{kN}$。

（1）正锥壳上边缘处的经、环向薄膜力计算。

正锥壳可按无矩理论计算，正锥壳的经向薄膜力，可按下式计算：

$$N_a = -\frac{N_1}{2\pi r \sin\alpha} - \frac{M_1 + H_1(r - r_a)\tan\alpha}{\pi r^2 \sin\alpha}$$

正锥壳上边缘处：$r = r_a = 5.016$；

正锥壳上边缘处单位长度的经向薄膜力：

$$N_a = -\frac{33336.88}{2 \times 3.14 \times 5.016 \times \sin 65°} - \frac{67646.58}{3.14 \times 5.016^2 \times \sin 65°}$$

$$= -1168.10 - 945.09 = -2113.19\text{kN}；$$

正锥壳上边缘处单位长度的环向薄膜力：$N_\theta = 0$。

（2）正锥壳下边缘处的经、环向薄膜力计算：

正锥壳下边缘处：$r = r_2 - h\cos\alpha = 6.6 - 1.5 \times 0.423 = 5.97\text{m}$；

正锥壳下边缘处单位长度的经向薄膜力：

$$N_{ab1} = -\frac{33336.88}{2 \times 3.14 \times 5.97 \times \sin 65°} - \frac{67646.58 + 53.17 \times (5.97 - 5.016)\tan 65°}{3.14 \times 5.97^2 \sin 65^0}$$

$$= -981.4 - \frac{67755.36}{101.39} = -1649.66\text{kN}；$$

正锥壳下边缘处单位长度的环向薄膜力：$N_\theta = 0$。

配筋计算：

采用 $N_a = -2113.19\text{kN}$ 进行配筋计算。

正锥壳每米弧长的经向配筋：

$$l_0 = 1.25 \times \frac{5.97 - 5.016}{\cos\alpha} = 1.25 \times \frac{0.954}{0.423} = 2.82$$

$$\frac{l_0}{h} = \frac{2.82}{0.4} = 7.05 < 8, \varphi = 1$$

$$A'_s = \frac{N_\alpha/(0.9\varphi) - f_c bh}{f'_y}$$

$$= \frac{2113.19 \times 10^3/0.9 - 14.3 \times 1000 \times 400}{300} < 0$$

故按构造配筋即可。$A_s = 0.004bh = 0.004 \times 1000 \times 400 = 1600\text{mm}^2$，对称配 $\Phi12@140$

（$A_s = 1616\text{mm}^2$）。

5 环梁计算

（1）筒壁薄膜经向力 N_{ab1} 计算：

$$N_{ab1} = \frac{N_1}{2\pi r_a} + \frac{M_1}{\pi r_a^2} = \frac{33336.88}{2\pi \times 5.016} + \frac{67646.58}{\pi \times 5.016^2} = 1914.55 \text{kN/m}$$

（2）正锥壳经向薄膜力 N_{aa3} 计算：

$$N_{aa3} = \frac{N_{ab1}}{\sin\alpha} = \frac{1914.55}{\sin 65°} = 2113.19 \text{kN/m}$$

（3）环梁环向压力 $N_{\theta M}$ 计算：$r_e = r_a = 5.016 \text{m}$

$$N_{\theta M} = r_e N_{aa3} \cos\alpha = 5.016 \times 2113.19 \times \cos 65° = 4483.70 \text{kN}$$

（4）环梁配筋计算：

对比图 6-17 和图 14-6，环梁偏心距 $e_1 = e_2 = 0$，故环梁弯矩和扭矩均为 0，为轴向受压构件，配筋为：

$$A_s = \frac{N_{\theta M}/0.9 - f_c bh}{f_y'} = \frac{4483.70 \times 10^3/0.9 - 14.3 \times 600^2}{300} < 0$$

按构造配筋 $A_s = 4 \times 0.002 \times 600^2 = 2880 \text{mm}^2$，周圈配 12Φ18（$A_s = 3054 \text{mm}^2$）。

15 钢筋混凝土烟囱计算实例

15.1 基本资料

1 设计资料

烟囱高度 $H = 120\text{m}$；烟囱顶部内直径 $D_0 = 2.75\text{m}$；基本风压值 $w_0 = 0.70\text{kN/m}^2$；抗震设防烈度 8 度；建筑场地土类别 Ⅲ 类；烟气最高温度 $T_g = 750℃$；夏季极端最高温 $T_a = 38.4℃$；冬季极端最低温 $T_a = -30.4℃$。

2 材料选择及计算指标

（1）筒壁采用强度等级 C30 混凝土，HRB400 钢筋。

1）混凝土计算指标：

轴心抗压强度标准值 $f_{ck} = 20.1\text{N/mm}^2$；

轴心抗压强度设计值 $f_c = 14.3\text{N/mm}^2$；

轴心抗拉强度标准值 $f_{tk} = 2.01\text{N/mm}^2$；

轴心抗拉强度设计值 $f_t = 1.43\text{N/mm}^2$；

弹性模量 $E_c = 3.0 \times 10^4\text{N/mm}^2$；

温度线膨胀系数 $\alpha_c = 1 \times 10^{-5}/℃$；

重力密度 24kN/m^3。

2）钢筋计算指标：

抗拉强度标准值 $f_{yk} = 400\text{N/mm}^2$；

抗拉强度设计值 $f_y = 360\text{N/mm}^2$；

弹性模量 $E_s = 2.0 \times 10^5\text{N/mm}^2$。

（2）隔热层。

矿渣棉重力密度 2kN/m^3；

硅藻土砖砌体重力密度 6kN/m^3。

（3）内衬黏土质耐火砖重力密度 19kN/m^3。

3 计算依据

本例题计算依据以下有关国家标准：

（1）《烟囱设计规范》GB 50051—2013；

（2）《混凝土结构设计规范》GB 50010—2010；

（3）《建筑抗震设计规范》GB 50011—2010；

（4）《建筑结构荷载规范》GB 50009—2012。

4 烟囱形式

烟囱筒身高度每 10m 为一节，外壁坡度为 0.02，筒身尺寸见表 15-1。

表 15-1　筒身截面尺寸（m）

截面号	标高	筒壁外半径	筒壁厚度	矿渣棉厚度	硅藻土厚度	耐火砖厚度
一	120	1.88	0.18	0.1	0.116	0.113
1	110	2.08	0.18	0.1	0.116	0.113
2	100	2.28	0.18	0.1	0.116	0.113
3	90	2.48	0.19	0.1	0.116	0.113
4	80	2.68	0.21	0.1	0.116	0.113
5	70	2.88	0.23	0.1	0.116	0.113
6	60	3.08	0.24	0.1	0.116	0.113
7	50	3.28	0.26	0.15	0.236	0.113
8	40	3.48	0.28	0.15	0.236	0.113
9	30	3.68	0.31	0.15	0.236	0.230
10	20	3.88	0.34	0.15	0.236	0.230
11	10	4.08	0.37	0.15	0.236	0.230
12	0	4.28	0.40	0.15	0.236	0.230

15.2　筒身自重计算

筒身沿高度每 10m 为一节，筒壁内侧挑出牛腿支承内衬及隔热层的重量，每节下部重量不包括本节的内衬及隔热层的重量。以截面 2 为例进行计算，其他各计算截面筒身体积及自重列于表 15 - 2。

表 15-2　筒身体积及自重

截面号	标高 (m)	体积（m³）				自重（kN）				每节下部重量 (kN)	每节重量 (kN)
		混凝土	矿渣棉	硅藻土	耐火砖	混凝土	矿渣棉	硅藻土	耐火砖		
1	110	21.42	11.02	12.00	10.87	514.1	22.0	72.0	206.5	514.1	814.6
2	100	23.64	12.25	13.43	12.27	567.4	24.5	80.6	233.1	1382.0	906.0
3	90	27.33	13.47	14.84	13.64	655.9	26.9	89.0	259.1	2377.0	1030.9
4	80	32.71	14.6	16.15	14.92	785.0	29.2	96.9	283.5	3537.0	1194.6
5	70	38.57	15.73	17.46	16.20	925.6	31.4	104.8	307.8	4872.0	1369.6
6	60	43.19	16.93	18.85	17.55	1036.5	33.9	113.1	333.4	6352.0	1516.9
7	50	49.89	26.85	39.38	17.62	1197.3	53.7	236.3	334.8	8029.0	1822.1
8	40	57.07	28.55	42.05	18.89	1369.6	57.1	252.3	358.9	10024.0	2037.9
9	30	66.79	30.15	44.57	40.07	1602.9	60.3	267.4	761.3	12296.0	2691.9
10	20	77.21	31.75	47.09	42.53	1853.0	63.5	282.5	808.1	15238.0	3007.1
11	10	88.32	33.35	49.62	44.99	2119.6	66.7	297.7	854.8	18512.0	3338.8
12	0	100.13	34.96	52.14	47.44	2403.1	69.9	312.8	901.4	22134.0	3687.2

（1）筒壁。

体积 $V = 2\pi rth = 2\pi$ （2.08 + 2.28 - 0.18）$/2 \times 0.18 \times 10 = 23.64\text{m}^3$；

自重 $G = 23.64 \times 24 = 567.4\text{kN}$。

（2）矿渣棉隔热层。

外半径及壁厚：

截面 1 处 $r = 2.08 - 0.18 = 1.90\text{m}$，$t = 0.10\text{m}$；

截面 2 处 $r = 2.28 - 0.18 = 2.10\text{m}$，$t = 0.10\text{m}$；

体积 $V = 2\pi rth = 2\pi (1.90 + 2.10 - 0.10) / 2 \times 0.10 \times 10 = 12.25\text{m}^3$；

自重 $G = 12.25 \times 2.0 = 24.5\text{kN}$。

（3）硅藻土隔热层。

外半径及壁厚：

截面 1 处 $r = 1.90 - 0.10 = 1.80\text{m}$　$t = 0.116\text{m}$；

截面 2 处 $r = 2.10 - 0.10 = 2.00\text{m}$　$t = 0.116\text{m}$；

体积 $V = 2\pi rth = 2\pi (1.80 + 2.00 - 0.116) / 2 \times 0.116 \times 10 = 13.43\text{m}^3$；

自重 $G = 13.43 \times 6.0 = 80.6\text{kN}$。

（4）耐火砖内衬。

外半径及壁厚：

截面 1 处 $r = 1.80 - 0.116 = 1.684\text{m}$，$t = 0.113\text{m}$；

截面 2 处 $r = 2.00 - 0.116 = 1.884\text{m}$，$t = 0.113\text{m}$；

体积 $V = 2\pi rth = 2\pi (1.684 + 1.884 - 0.113) / 2 \times 0.113 \times 10 = 12.27\text{m}^3$；

自重 $G = 12.27 \times 19.0 = 233.1\text{kN}$。

（5）每节底部重量。

隔热层及内衬自重传至下节筒壁上：

截面 1 处 $G_1 = 514.1\text{kN}$；

截面 2 处 $G_2 = 514.1 + 22.0 + 72.0 + 206.5 + 567.4 = 1382.0\text{kN}$；

截面 3 处 $G_3 = 1382.0 + 24.5 + 80.6 + 233.1 + 655.9 = 2377.0\text{kN}$；

截面 4 处 $G_4 = 2377.0 + 26.9 + 89.0 + 259.1 + 785.0 = 3537.0\text{kN}$；

截面 5 处 $G_5 = 3537.0 + 29.2 + 96.9 + 283.5 + 925.6 = 4872.0\text{kN}$；

截面 6 处 $G_6 = 4872.0 + 31.4 + 104.8 + 307.8 + 1036.5 = 6352.0\text{kN}$；

截面 7 处 $G_7 = 6352.0 + 33.9 + 113.1 + 333.4 + 1197.3 = 8029.0\text{kN}$；

截面 8 处 $G_8 = 8029.0 + 53.7 + 236.3 + 334.8 + 1369.6 = 10024.0\text{kN}$；

截面 9 处 $G_9 = 10024.0 + 57.1 + 252.3 + 358.9 + 1602.9 = 12296.0\text{kN}$；

截面 10 处 $G_{10} = 12296.0 + 60.3 + 267.4 + 761.3 + 1853.0 = 15238.0\text{kN}$；

截面 11 处 $G_{11} = 15238.0 + 63.5 + 282.5 + 808.1 + 2119.6 = 18512.0\text{kN}$；

截面 12 处 $G_{12} = 18512.0 + 66.7 + 297.7 + 854.8 + 2403.1 = 22134.0\text{kN}$；

筒身总重 $G = 22134.0 + 69.9 + 312.8 + 901.4 = 23418.0\text{kN}$。

筒身各节重量列于表 15-2。

15.3　风荷载及风弯矩计算

1　风荷载系数

各系数取值及计算根据本手册 4.1.5 有关内容。

（1）风压高度变化系数。

因地面粗糙度为 B 类，查《建筑结构荷载规范》GB 50009—2012 表 8.2.1 可得到 μ_z。

（2）风载体型系数 μ_s。

根据《建筑结构荷载规范》GB 50009—2012，$\mu_s = 0.60$。

（3）风荷载标准值。

$$w_k = \beta_z \mu_s \mu_z w_0 = 0.42 \beta_z \mu_z$$

（4）风振系数 β_z。

烟囱自振周期 T_1 按《建筑结构荷载规范》GB 50009—2012 附录 F 公式（F.1.2-2）近似计算值为：

$$T_1 = 0.41 + 0.1 \times 10^{-2} H^2/d = 0.41 + 0.1 \times 10^{-2} \times 120^2/6.16 = 2.75\mathrm{s}$$

H 为烟囱高度，$H = 120\mathrm{m}$；烟囱 1/2 高度处的外径 $d = 6.16\mathrm{m}$。

$$f_1 = 1/T_1 = 1/2.75 = 0.363$$

脉动风荷载的共振分量因子 R：

$$R = \sqrt{\frac{\pi}{6\zeta_1} \frac{x_1^2}{(1 + x_1^2)^{4/3}}}; \qquad x_1 = \frac{30f_1}{\sqrt{k_w w_0}}$$

$$x_1^2 = \frac{900f_1^2}{k_w w_0} = \frac{900 \times 0.363^2}{1 \times 0.70} = 169.4$$

$$R^2 = \frac{\pi}{6 \times 0.05} \frac{169.4}{(1 + 169.4)^{\frac{4}{3}}} = 1.877$$

$$\beta_z = 1 + 2gI_{10}B_z\sqrt{1 + R^2} = 1 + 2 \times 2.5 \times 0.14 \times B_z \times \sqrt{1 + 1.877} = 1 + 1.187B_z$$

脉动风荷载竖直方向相关系数 $\rho_z = \dfrac{10\sqrt{H + 60\mathrm{e}^{-\frac{H}{60}} - 60}}{H} = 0.687$

脉动风荷载的背景分量因子 B_z

$$B_z = kH^{a_1}\rho_x\rho_z\frac{\varphi_1(z)}{\mu_z} = 0.91 \times 120^{0.218} \times 1 \times \rho_z\frac{\varphi_1(z)}{\mu_z} = 2.584\rho_z\frac{\varphi_1(z)}{\mu_z} = 1.7\frac{\varphi_1(z)}{\mu_z}$$

振型系数 $\varphi_1(z)$ 根据相对高度 z/H 按《建筑结构荷载规范》GB 50009—2012 附录 G 近似确定。

风振系数计算，见表 15-3。

表 15-3　风振系数计算

截面号	标高	筒壁外半径（m）	振型系数		风压高度变化系数	$B_Z = 1.7\dfrac{\phi_1(z)}{\mu_z}$	风振系数
			Z/H	$\phi_1(z)$	μ_z		$\beta_z = 1 + 1.187B_z$
—	120	1.88	1.0	1.00	2.10	0.81	1.96
1	110	2.08	0.92	0.84	2.05	0.69	1.82
2	100	2.28	0.83	0.68	2.00	0.57	1.68
3	90	2.48	0.75	0.58	1.93	0.51	1.60
4	80	2.68	0.67	0.48	1.87	0.43	1.51
5	70	2.88	0.58	0.37	1.79	0.35	1.41

续表15-3

截面号	标高	筒壁外半径（m）	振型系数		风压高度变化系数 μ_z	$B_Z = 1.7\dfrac{\phi_1(z)}{\mu_z}$	风振系数 $\beta_z = 1 + 1.187B_z$
			Z/H	$\phi_1(z)$			
6	60	3.08	0.50	0.27	1.71	0.26	1.31
7	50	3.28	0.42	0.17	1.62	0.17	1.21
8	40	3.48	0.33	0.10	1.52	0.11	1.13
9	30	3.68	0.25	0.07	1.39	0.08	1.10
10	20	3.88	0.17	0.04	1.23	0.05	1.06
11	10	4.08	0.08	0.01	1.00	0.01	1.02
12	0	4.28	0	0	1.00	0	1

2 风弯矩标准值计算

风弯矩标准值计算见表15-4。

表15-4 风荷载及风弯矩标准值

截面号	标高	节高	风振系数 β_z	高度变化系数 μ_z	均布风荷载 $w_k = 0.42\beta_z\mu_z$（kN/m²）	集中风荷载 Q_{ik} $\dfrac{w_{ik} + w_{(i-1)k}}{2}(r_i + r_{i-1})h_i$（kN）	风弯矩 $M_{wk} = \sum Q_{ik}h_i$（kN·m）
—	120	—	1.96	2.10	1.73	—	—
1	110	10	1.82	2.05	1.57	（1.73+1.57）/2× （2.08+1.88）×10=65.3	65.3×10/2=326.5
2	100	10	1.68	2.00	1.41	（1.57+1.41）/2× （2.28+2.08）×10=65.1	65.3×15+65.1×5=1305
3	90	10	1.60	1.93	1.30	64.7	2932.5
4	80	10	1.51	1.87	1.19	64.3	5205.0
5	70	10	1.41	1.79	1.06	62.7	8112.5
6	60	10	1.31	1.71	0.94	（1.06+0.94）/2× （2.88+3.08）×10=60.0	65.3×55+65.1×45+64.7× 35+64.3×25+62.7× 15+60×5=11633.5
7	50	10	1.21	1.62	0.82	56.3	15736.0
8	40	10	1.13	1.52	0.72	（0.82+0.72）/2× （3.48+3.28）×10=52.3	65.3×75+65.1× 65+64.7×55+64.3× 45+62.7×35+60×25+ 56.3×15+52.3×5=20381.5
9	30	10	1.10	1.39	0.64	48.9	25533.0

续表15-4

截面号	标高	节高	风振系数 β_z	高度变化系数 μ_z	均布风荷载 $w_k = 0.42\beta_z\mu_z$（kN/m²）	集中风荷载 Q_{ik} $\dfrac{w_{ik}+w_{(i-1)k}}{2}(r_i+r_{i-1})h_i$（kN）	风弯矩 $M_{wk} = \sum Q_{ik}h_i$（kN·m）
10	20	10	1.06	1.23	0.55	45.1	31154.5
11	10	10	1.02	1.00	0.43	38.9	37196.0
12	0	10	1.00	1.00	0.42	$(0.43+0.42)/2\times$ $(4.28+4.08)\times10=35.4$	$65.3\times115+65.1\times105+$ $64.7\times95+64.3\times85+62.7\times$ $75+60\times65+56.3\times55+52.3\times$ $45+48.9\times35+45.1\times25+$ $38.9\times15+35.4\times5=43609$

注：r_i 为 i 截面筒身外半径（m）；h_i 为第 i 节筒身高度（m）；其余符号见本手册4.1.5有关公式。

15.4 地震作用及内力计算

1 动力特征计算

烟囱振型与周期由有限元分析软件计算求得，并取前3个振型的动力特征值。各振型相对位移计算结果见表15-5。

表15-5 各振型相对位移计算结果

标高	第一振型（相对值）	第二振型（相对值）	第三振型（相对值）	等效质点重量 G_i（kN）
120	1.000	1.000	1.000	814.6
110	0.857	0.571	0.242	906
100	0.716	0.180	−0.318	1031
90	0.582	−0.130	−0.541	1194
80	0.458	−0.336	−0.444	1369
70	0.348	−0.435	−0.162	1517
60	0.251	−0.444	0.139	1822
50	0.171	−0.386	0.343	2038
40	0.107	−0.289	0.399	2692
30	0.058	−0.183	0.327	3007
20	0.025	−0.089	0.188	3338
10	0.006	−0.023	0.058	3687

各振型自振周期分别为：

$$T_1 = 3.778\text{s}; \quad T_2 = 0.977\text{s}; \quad T_3 = 0.410\text{s}。$$

抗震设防烈度为 8 度（$0.20g$），建筑场地为 Ⅲ 类，基本风压为 0.70kN/m^2，应考虑竖向地震作用。水平地震作用采用振型分解反应谱法，不考虑扭转耦联作用。

2 水平地震作用计算

（1）水平地震影响系数最大值。

因抗震设防烈度为8度（0.20g），故根据本手册表4-6多遇地震作用下水平地震影响系数最大值为0.16。

（2）特征周期。

因设计地震分组为第一组，建筑场地土为Ⅲ类，故特征周期$T_g = 0.45s$。

（3）各振型参与系数。

根据《烟囱设计规范》GB 50051—2013第5.5.4条规定，计算烟囱水平地震作用时可考虑前3个振型。

根据本手册公式（4-41）可得：

$$\gamma_j = \frac{\sum_{i=1}^{n} X_{ji} G_i}{\sum_{i=1}^{n} X_{ji}^2 G_i}$$

其中，X_{ji}为j振型i质点的水平相对位移；γ_j为j振型的参与系数。

计算结果见表15-6～表15-11。

表15-6 振型参与系数—质点重量与振型位移的乘积 $X_{ji} G_i$（kN）

标高	第一振型	第二振型	第三振型
120	814.6	814.6	814.6
110	776.4	517.3	219.2
100	738.2	185.5	−327.8
90	695.2	−155.3	−646.3
80	627.2	−460.2	−608.1
70	527.9	−659.9	−245.7
60	457.3	−808.9	253.2
50	348.5	−786.6	699.0
40	288.0	−778.0	1074.1
30	174.4	−550.2	983.3
20	83.5	−297.2	627.7
10	22.1	−84.8	213.8

表15-7 振型参与系数—质点重量与振型位移平方的乘积 $X_{ji}^2 G_i$（kN）

标高	第一振型	第二振型	第三振型
120	814.6	814.6	814.6
110	665.4	295.4	53.0
100	528.5	33.4	104.2
90	404.6	20.2	349.6
80	287.3	154.6	270.0

续表 15-7

标高	第一振型	第二振型	第三振型
70	183. 7	287. 0	39. 8
60	114. 7	359. 2	35. 2
50	59. 6	303. 6	239. 7
40	30. 8	224. 8	428. 5
30	10. 1	100. 7	321. 5
20	2. 08	26. 4	118. 0
10	0. 13	1. 95	12. 4

表 15-8　各振型地震反应有关参数

振型	$\sum X_{ji} G_i$	$\sum X_{ji}^2 G_i$	γ_j	α_j	$\alpha_j \gamma_j$
第一振型	5553. 55	3101. 74	1. 79	0. 032	0. 057
第二振型	− 3063. 73	2622. 03	− 1. 168	0. 0796	− 0. 093
第三振型	3057. 08	2786. 85	1. 097	0. 16	0. 175

注：α_j 为相应于 j 振型自振周期的地震影响系数，按《建筑抗震设计规范》GB 50011—2010 第 5. 1. 4 条确定。

（4）各截面水平地震作用标准值。

本手册公式（4-40）：

$$F_{ji} = \alpha_j \gamma_j X_{ji} G_i \quad (i = 1, 2, \cdots, n \quad j = 1, 2, 3)$$

其中，F_{ji} 为 j 振型 i 质点的水平地震作用标准值。

烟囱相邻振型的周期比小于 0. 85，根据本手册公式（4-42）：

$$S_{Ek} = \sqrt{\sum S_j^2}$$

计算结果如下：

表 15-9　地震引起的结构水平地震作用 （kN）

标高	第一振型	第二振型	第三振型	振型组合值
120	46. 43	− 75. 75	142. 55	167. 98
110	44. 26	− 48. 11	38. 37	75. 80
100	42. 07	− 17. 25	− 57. 37	73. 21
90	39. 63	14. 44	− 113. 10	120. 70
80	35. 75	42. 80	− 106. 42	120. 14
70	30. 09	61. 37	− 43. 01	80. 75
60	26. 06	75. 23	44. 32	91. 12
50	19. 86	73. 16	122. 33	143. 91
40	16. 42	72. 35	187. 97	202. 08
30	9. 94	51. 17	172. 07	179. 80
20	4. 75	27. 63	109. 84	113. 37
10	1. 26	7. 88	37. 42	38. 26
0	0. 00	0. 00	0. 00	0. 00

表 15-10 地震引起的结构水平剪力标准值（kN）

标高	第一振型	第二振型	第三振型	振型组合值
120	46.43	-75.75	142.55	167.98
110	90.69	-123.87	180.92	237.28
100	132.76	141.13	123.55	229.80
90	172.40	-126.68	10.45	214.19
80	208.15	-83.88	-95.96	244.07
70	238.24	-22.51	-138.97	276.73
60	264.31	52.71	-94.65	285.65
50	284.17	125.87	27.67	312.03
40	300.59	198.23	215.64	419.70
30	310.53	249.40	387.72	555.84
20	315.29	277.04	497.56	650.95
10	316.55	284.93	534.99	683.81
0	316.55	284.93	534.99	683.81

表 15-11 地震引起的结构弯矩标准值（kN·m）

标高	第一振型	第二振型	第三振型	振型组合值
120	0	0	0	0
110	464.32	-757.57	1425.55	1679.79
100	1371.21	-1996.27	3234.79	4040.94
90	2698.88	-3407.55	4470.28	6235.28
80	4422.84	-4674.4	4574.78	7895.58
70	6504.35	-5513.28	3615.10	9261.31
60	8886.77	-5738.46	2225.35	10810.04
50	11529.87	-5211.30	1278.81	12717.35
40	14371.61	-3952.54	1555.57	14986.18
30	17377.54	-1970.25	3712.03	17878.47
20	20482.87	523.80	7589.24	21849.92
10	23635.79	3294.21	12564.91	26969.97
0	26801.31	6143.48	17914.82	32817.5

3 竖向地震作用

任意水平截面的竖向地震作用标准值：

$F_{Evik} = \pm \eta (G_{iE} - G_{iE}^2 / G_E)$，列于表 15-12。

钢筋混凝土烟囱结构弹性恢复系数 $C = 0.7$，竖向地震系数 $k_v = 0.13$。

$\eta = 4 (1 + C) k_v = 4 (1 + 0.7) \times 0.13 = 0.884$。

烟囱根部的竖向地震力：

$F_{Ev} = 0.75\alpha_v G_E = 0.75 \times 0.104 \times 23418 = 1826.6$。

竖向地震影响系数：$\alpha_v = 0.16 \times 65\% = 0.104$。

表15-12 竖向地震作用标准值

截面号	标高 (m)	计算截面以上自重 G_{ik} （kN）	竖向地震作用标准值 $F_{Evik} = \pm\eta \left(G_{iE} - G_{iE}^2/G_E \right)$ （kN）
1	110	514	$\pm 0.884 \left(514 - 514^2/23418 \right) = \pm 444$
2	100	1382	± 1150
3	90	2377	± 1889
4	80	3537	± 2655
5	70	4872	± 3411
6	60	6352	± 4092
7	50	8029	± 4664
8	40	10024	± 5068
9	30	12296	± 5162
10	20	15238	± 4705
11	10	18512	± 3428
12	0	22134	$\pm 0.75 \times 0.104 \times 23418 = \pm 1826.6$

15.5 筒身受热温度计算

本例题仅以截面6和截面12为例进行受热温度计算。首先判别确定计算方法，筒壁外半径 r_2 与筒壁内半径 r_1 的比值小于1.1时，可采用平壁法计算，否则采用环壁法计算受热温度。

截面6：$r_2/r_1 = 3.08/2.84 = 1.08 < 1.1$，采用平壁法计算，计算列于表15-13、表15-14。

截面12：$r_2/r_1 = 4.28/3.88 = 1.103 > 1.1$，采用环壁法计算，计算列于表15-15、表15-16。

（1）夏季时温度计算：夏季用以计算筒身最高受热温度和确定材料在温度作用下的折减系数，此时烟囱外部的空气温度取夏季极端最高温度 $T_a = 38.4℃$，筒壁外表面传热系数 $\alpha_{ex} = 12$ ［W/（m^2·K）］；内衬内表面的传热系数 $\alpha_{in} = 58$ ［W/（m^2·K）］。

（2）冬季时温度计算：冬季用以计算筒壁温差，此时烟囱外部的空气温度取冬季极端最低温度 $T_a = -30.4℃$，筒壁外表面传热系数 $\alpha_{ex} = 23$ ［W/（m^2·K）］，内衬内表面传热系数 $\alpha_{in} = 58$ ［W/（m^2·K）］。

（3）受热温度及温度折减系数。

表 15-13　平壁法温度计算（一）

空气温度	筒身传热简图	假定温度 (°C)	第一次计算值		
			导热系数 $\lambda\,[\mathrm{W/(m^2 \cdot K)}]$	总热阻 $R_{tot}=R_{in}+R_1+R_2+R_3+R_n+R_{ex}$ $[(\mathrm{m^2 \cdot K})/\mathrm{W}]$	温度值 $T_{cj}=T_g-\dfrac{T_g-T_a}{R_{tot}}\displaystyle\sum_{i=0}^{j}R_i$ (°C)
夏季	$t_1=0.113\mathrm{m}$ $t_2=0.116\mathrm{m}$ $t_3=0.100\mathrm{m}$ $t_n=0.240\mathrm{m}$ 0.569m	$T_1=750$ $T_2=700$ $T_3=500$ $T_4=140$ $T_5=72$	耐火砖 $\lambda_1=0.93+0.0006T$ $=0.93+0.0006\times(750+700)/2$ $=1.365$ 硅藻 $\lambda_2=0.14+0.00023T$ $=0.14+0.00023\times(700+500)/2$ $=0.278$ 矿渣棉 $\lambda_3=0.047+0.0002T$ $=0.047+0.0002\times(500+140)/2$ $=0.111$ 钢筋混凝土 $\lambda_n=1.74+0.0005T$ $=1.74+0.0005\times(140+72)/2$ $=1.792$	$R_{in}=1/\alpha_{in}=1/58=0.017$ $R_1=t_1/\lambda_1$ $=0.113/1.365=0.083$ $R_2=t_2/\lambda_2$ $=0.116/0.278=0.417$ $R_3=t_3/\lambda_3$ $=0.1/0.111=0.901$ $R_n=t_n/\lambda_n$ $=0.24/1.792=0.134$ $R_{ex}=1/\alpha_{ex}$ $=1/12=0.083$ $R_{tot}=1.635$	$T_1=750-[(750-38.4)/1.635]\times0.017$ $=750-435\times0.017=742.6$ $T_2=750-435(0.017+0.083)=706.5$ $T_3=750-435(0.017+0.083+0.417)$ $=525.1$ $T_4=750-435(0.017+0.083+0.417+0.901)$ $=133.2$ $T_5=750-435(1.635-0.083)=74.9$ $T_p=(133.2+74.9)/2=104.1$ $T_{ts}=38.4+435(0.083+0.04/1.792)$ $=84.2$

注：温度计算先假定筒身定各点温度，代入公式求其导热系数，计算所得的温度值与假定温度相应差≤5%，否则再次假定温度值循环计算。

表 15-14 平壁法温度计算（二）

空气温度	筒身传热简图	假定温度 (℃)	导热系数 λ [W/(m²·K)]	第一次计算值	
				总热阻 $R_{tot}=R_{in}+R_1+R_2+R_3+R_n+R_{ex}$ [(m²·K)/W]	温度值 $T_{cj}=T_g-\dfrac{T_g-T_a}{R_{tot}}\sum\limits_{i=0}^{j}R_i$ (℃)

冬季

0.569m， $t_n\ t_3\ t_2\ t_1$

耐火砖
$\lambda_1=0.93+0.0006T$
$=0.93+0.0006\times(750+700)/2$
$=1.365$

硅藻
$\lambda_2=0.14+0.00023T$
$=0.14+0.00023\times(700+490)/2$
$=0.277$

矿渣棉
$\lambda_3=0.047+0.0002T$
$=0.047+0.0002\times(490+60)/2$
$=0.102$

钢筋混凝土
$\lambda_n=1.74+0.0005T$
$=1.74+0.0005\times(60+10)/2$
$=1.753$

假定温度：
$T_1=750$
$T_2=700$
$T_3=490$
$T_4=60$
$T_5=-10$

总热阻：
$R_{in}=1/\alpha_{in}=1/58=0.017$
$R_1=t_1/\lambda_1$
$\quad=0.113/1.365=0.083$
$R_2=t_2/\lambda_2$
$\quad=0.116/0.277=0.419$
$R_3=t_3/\lambda_3$
$\quad=0.1/0.102=0.980$
$R_n=t_n/\lambda_n$
$\quad=0.24/1.753=0.137$
$R_{ex}=1/\alpha_{ex}$
$\quad=1/23=0.043$
$R_{tot}=1.679$

温度值：
$T_1=750-[(750-(-30.4))/1.679]\times0.017$
$\quad=750-465=742.1$
$T_2=750-465(0.017+0.083)=703.5$
$T_3=750-465(0.017+0.083+0.419)$
$\quad=508.7$
$T_4=750-465(0.017+0.083+0.419+0.980)$
$\quad=53.0$
$T_5=750-465(1.679-0.043)=-10.7$
$T_p=(53-10.7)/2=21.2$
$T_{ts}=-30.4+465(0.043+0.04/1.753)$
$\quad=0.21$

注：温度计算先假定筒身各点温度，代入公式求其导热系数，计算所得的温度值与假定温度相应温差≤5%，否则再次假定温度值循环计算。

表 15-15 环壁法温度计算 (一)

空气温度	筒身传热简图	假定温度 (°C)	导热系数 λ [W/(m²·K)]	第一次计算值 总热阻 [(m²·K)/W] $R_{tot} = R_{in} + R_1 + R_2 + R_3 + R_n + R_{ex}$	温度值 $T_{cj} = T_g - \dfrac{T_g - T_a}{h_{tot}} \sum_{i=0}^{j} R_i$ (°C)
夏季		$T_1 = 750$ $T_2 = 700$ $T_3 = 460$ $T_4 = 110$ $T_5 = 60$	耐火砖 $\lambda_1 = 0.93 + 0.0006T$ $= 0.93 + 0.0006 \times (750 + 700)/2$ $= 1.365$ 硅藻 $\lambda_2 = 0.14 + 0.000023T$ $= 0.14 + 0.00023 \times (700 + 460)/2$ $= 0.273$ 矿渣棉 $\lambda_3 = 0.047 + 0.0002T$ $= 0.047 + 0.0002 \times (460 + 110)/2$ $= 0.104$ 钢筋混凝土 $\lambda_n = 1.74 + 0.0005T$ $= 1.74 + 0.0005 \times (110 + 60)/2$ $= 1.783$	$R_{in} = 1/\alpha_{in}d = 1/(58 \times 6.528) = 0.003$ $R_1 = 1/(2\lambda_1)\ln(d_1/d_0) = 1/(2 \times 1.365)$ $\ln(6.988/6.528) = 0.025$ $R_2 = 1/(2\lambda_2)\ln(d_2/d_1) = 1/(2 \times 0.273)$ $\ln(7.46/6.988) = 0.120$ $R_3 = 1/(2\lambda_3)\ln(d_3/d_2) = 1/(2 \times 0.104)$ $\ln(7.76/7.46) = 0.186$ $R_n = 1/(2\lambda_n)\ln(d_n/d_3) = 1/(2 \times 1.783)$ $\ln(8.56/7.76) = 0.028$ $R_{ex} = 1/(\alpha_{ex}d_n) = 1/(12 \times 8.56) =$ 0.010 $R_s = 1/(2 \times 1.783)\ln(8.56/8.48) =$ 0.003 $R_{tot} = 0.372$	$T_1 = 750 - [(750 - 38.4)/0.372] \times$ $0.003 = 750 - 1913 \times 0.003 = 744.3$ $T_2 = 750 - 1913(0.003 + 0.025) = 696.9$ $T_3 = 750 - 1913(0.003 + 0.025 + 0.120)$ $= 466.9$ $T_4 = 750 - 1913(0.003 + 0.025 + 0.120 +$ $0.189) = 110.1$ $T_5 = 750 - 1913(0.375 - 0.010) = 57.5$ $T_p = (110.47 + 57.2)/2 = 83.8$ $T_s = 38.4 + 1913(0.01 + 0.003)$ $= 63.3$

表 15-16 环壁法温度计算 (二)

空气温度	筒身传热简图	假定温度 (°C)	导热系数 λ [W/(m²·K)]	第一次计算值	
				总热阻 $R_{tot} = R_{in} + R_1 + R_2 + R_3 + R_n + R_{ex}$ [(m²·K)/W]	温度值 $T_{cj} = T_g - \dfrac{T_g - T_a}{R_{tot}} \sum\limits_{i=0}^{j} R_i$ (°C)
冬季			耐火砖 $\lambda_1 = 0.93 + 0.0006T$ $= 0.93 + 0.0006 \times (745 + 695)/2$ $= 1.362$	$R_{in} = 1/(\alpha_{in} d) = 1/(58 \times 6.528) = 0.003$ $R_1 = 1/(2\lambda_1)\ln(d_1/d_0) = 1/(2 \times 1.365)$ $\ln(6.988/6.528) = 0.025$	$T_1 = 750 - [(750 + 30.4)/0.386] \times$ $0.003 = 750 - 2022 \times 0.003 = 743.9$
		$T_1 = 745$			
		$T_2 = 695$	硅藻 $\lambda_2 = 0.14 + 0.00023T$ $= 0.14 + 0.00023 \times (695 + 450)/2$ $= 0.272$	$R_2 = 1/(2\lambda_2)\ln(d_2/d_1) = 1/(2 \times 0.272)$ $\ln(7.46/6.988) = 0.120$	$T_2 = 750 - 2022(0.003 + 0.025) = 693.4$
		$T_3 = 450$		$R_3 = 1/(2\lambda_3)\ln(d_3/d_2) = 1/(2 \times 0.096)$ $\ln(7.76/7.46) = 0.205$	$T_3 = 750 - 2022(0.003 + 0.025 + 0.120)$ $= 450.7$
		$T_4 = 40$	矿渣棉 $\lambda_3 = 0.047 + 0.0002T$ $= 0.047 + 0.0002 \times (450 + 40)/2$ $= 0.096$	$R_n = 1/(2\lambda_n)\ln(d_n/d_3) = 1/(2 \times 1.743)$ $\ln(8.56/7.76) = 0.028$	$T_4 = 750 - 2022(0.003 + 0.025 + 0.120 +$ $0.205) = 36.2$
		$T_5 = -20$	钢筋混凝土 $\lambda_n = 1.74 + 0.0005T$ $= 1.74 + 0.0005 \times (40 - 20)/2$ $= 1.743$	$R_{ex} = 1/(\alpha_{ex} d_n) = 1/(23 \times 8.56) =$ 0.005 $R_s = 1/(2 \times 1.743)\ln(8.56/8.48) =$ 0.003 $R_{tot} = 0.386$	$T_5 = 750 - 2022(0.386 - 0.005) = -20.4$ $T_s = -30.4 + 2022(0.005 - 0.003) = $ -14.2

1）最高允许使用温度，黏土质耐火砖砌体最高使用温度1400℃，硅藻土砌体最高使用温度900℃，矿渣棉最高使用温度600℃，钢筋混凝土最高受热温度150℃，经温度计算筒身各点受热温度均小于该处材料的最高使用温度值。

2）温度作用下强度标准值及材料的温度折减系数见表15-17。

表 15-17 材料强度指标及折减系数

受力状态		截面 6		截面 12	
		温度值	强度值及折减系数	温度值	强度值及折减系数
轴心抗压强度标准值		$T_p = 104.1℃$	$f_{ctk} = 15.54$	$T_p = 83.8℃$	$f_{ctk} = 16.10$
轴心抗拉强度标准值		$T_p = 104.1℃$	$f_{ttk} = 1.36$	$T_p = 83.8℃$	$f_{ttk} = 1.47$
混凝土弹性模量	承载能力计算	$T_p = 104.1℃$	$\beta_c = 0.742$	$T_p = 83.8℃$	$\beta_c = 0.792$
	正常使用计算	$T_n = 133.2℃$	$\beta_c = 0.684$	$T_n = 110.4℃$	$\beta_c = 0.729$
钢筋强度		$T_s = 84.2℃$	$\beta_{yt} = 1.0$	$T_s = 63.1℃$	$\beta_{yt} = 1.0$

15.6 附加弯矩计算

（1）风荷载产生的附加弯矩：承载能力极限状态计算时，由风荷载、日照和基础倾斜的作用，筒身重力对各截面所产生的附加弯矩。

1）筒身代表截面变形曲率。当筒身各段坡度均小于3%，且不设烟道孔时，取筒身最下节筒壁的底截面，即截面12（标高±0.00）处为代表截面。

a. 代表截面几何特征。

外半径 $r_1 = 4.28m$，壁厚 $t = 0.4m$，平均半径 $r = 4.28 - 0.4/2 = 4.08m$。

面积 $A = 2\pi rt = 2\pi \times 4.08 \times 0.4 = 10.25m^2$。

惯性矩 $I = \pi r^3 t = \pi \times 4.08^3 \times 0.4 = 85.35m^4$。

b. 折算线分布重力荷载。筒身顶部第一节高度 $h_1 = 10m$，筒身顶部第一节全部自重 $G_1 = 814.6kN$，筒身全部自重 $G = 23418kN$。

筒身顶部第一节的平均线分布重力荷载 $q_1 = G_1/h_1 = 814.6/10 = 81.46kN/m$。

整个筒身线分布重力荷载 $q_0 = G/h = 23418/120 = 195.15kN/m$。

计算截面折算线分布重力荷载：

$$q = [2(h - h_i)/3h] \times (q_0 - q_1) + q_1$$
$$= [(2 \times 120)/(3 \times 120)] \times (195.15 - 81.46) + 81.46$$
$$= 157.3 \ kN/m$$

c. 截面受力情况判别。

已知轴向力 $N = 22314kN$，风弯矩 $M_{wk} = 43609kN \cdot m$。

假定附加弯矩 $M_a = 0.35M_{wk} = 0.35 \times 43609 = 15263.15kN \cdot m$。

相对偏心距 $e/r = (1.4M_{wk} + M_a)/Nr = (1.4 \times 43609 + 15263.15)/22134 \times 4.08 = 0.845 > 0.5$。

其中，1.4 为风荷载分项系数。

d. 代表截面附加弯矩。

$$M_a = \dfrac{\dfrac{q(h-h_i)^2}{2}\left[\dfrac{h+2h_i}{3}\left(\dfrac{1.6M_w}{CE_{ct}I}+\dfrac{\alpha_c\Delta T}{d}\right)+\tan\theta\right]}{1-\dfrac{q(h-h_i)^2}{2}\times\dfrac{h+2h_i}{3}\times\dfrac{1.6}{CE_{ct}I}}$$

其中，混凝土在温度作用下弹性模量 $E_{ct}=3.0\times10^4\times0.792=2.3\times10^4\mathrm{N/mm^2}=2.3\times10^7\mathrm{kN/m^2}$。混凝土在温度作用下的线膨胀系数 $\alpha_c=1.0\times10^{-5}/℃$；筒身日照温度差 $\Delta T=20℃$；基础倾斜值 $\tan\theta=0.004$。

高度为 $0.4h$（标高 48.0m）处筒身外直径 $d=2\times(3.48-0.02\times8)=6.64\mathrm{m}$。

将以上数值代入：

$$M_a=\dfrac{\dfrac{157.3\times120^2}{2}\left[\dfrac{120}{3}\left(\dfrac{1.6\times1.4\times43609}{0.25\times2.30\times10^7\times85.35}+\dfrac{1.0\times10^{-5}\times20}{6.64}\right)+0.004\right]}{1-\dfrac{157.3\times120^2}{2}\times\dfrac{120}{3}\times\dfrac{1.6}{0.25\times2.30\times10^7\times85.35}}$$

$$=\dfrac{1132560\left[40(19.9\times10^{-5}+3.01\times10^{-5})+0.004\right]}{1-0.148}$$

$$=17498.8\mathrm{kN\cdot m}$$

e. 代表截面变形曲率。

相对偏心距：

$$\dfrac{e}{r}=\dfrac{1.4\times43609+17498.8}{22134\times4.08}=0.869>0.5$$

变形曲率：

$$\dfrac{1}{\rho_c}=\dfrac{1.6(M_w+M_a)}{0.25E_{ct}I}=\dfrac{1.6\times(1.4\times43609+17498.8)}{0.25\times2.3\times10^7\times85.35}$$

$$=25.61\times10^{-5}$$

2）计算截面折算线分布重力荷载 q_i。将各计算截面高度 h_i 及 $q_1=81.46\mathrm{kN/m}$，$q_0=195.15\mathrm{kN/m}$ 代入公式，列表进行计算，见表 15-18。

表 15-18　折算线分布重力荷载

截面号	标高（m）	计算高度 h_i（m）	折算线性分布重力 $q_i=\dfrac{2(h-h_i)}{3h}(q_0-q_1)+q_1$（kN/m）
2	100	100	94.1
4	80	80	106.7
6	60	60	$[2\times(120-60)/3\times120](195.15-81.46)+81.46=119.4$
8	40	40	132.0
10	20	20	144.6
12	0	0	$[2\times120/3\times120](195.15-81.46)+81.46=157.3$

3）风荷载附加弯矩。将各计算截面高度 h_i，折算线分布荷载 q_i 值及代表截面变形曲率 $\dfrac{1}{\rho_c}=25.61\times10^{-5}$，$\alpha_c\Delta T/d=10^{-5}\times20/6.64=3.01\times10^{-5}$，$\tan\theta=0.004$，代入附加弯矩计算公式列表进行计算，见表 15-19。

表 15-19 风荷载附加弯矩

截面号	标高 (m)	计算高度 h_i (m)	折算线分布重力荷载 q_i (kN/m)	附加弯矩 M_a $$M_a = \frac{q(h-h_i)^2}{2}\left[\frac{h+2h_i}{3}\left(\frac{1}{\rho_c}+\frac{\alpha_c\Delta T}{d}\right)+\tan\theta\right] (kN \cdot m)$$
2	100	100	94.1	649.8
4	80	80	106.7	2621.5
6	60	60	119.4	$[119.4\ (120-60)^2/2]\ [\ (120+2\times60)\ /3$ $(25.61+3.01)\times10^{-5}+4\times10^{-3}]=5780.5$
8	40	40	132.0	9749
10	20	20	144.6	13927.8
12	0	0	157.3	$(157.3\times120^2/2)\ [120/3\ (25.61+3.01)\times$ $10^{-5}+4\times10^{-3}]=17495.7$

（2）地震作用下按承载能力极限状态计算时，由于地震作用，20%风荷载、日照和基础倾斜的作用，筒身重力对各截面产生附加弯矩。

1）筒身代表截面变形曲率。

取截面 12（标高 ±0.00）处为代表截面。

a. 截面几何特征：

外半径 $r_1 = 4.28$m，壁厚 $t = 0.4$m，平均半径 $r = 4.28 - 0.4/2 = 4.08$m。

面积 $A = 2\pi rt = 2\pi \times 4.08 \times 0.4 = 10.25$m^2，惯性矩 $I = r^3 t\pi = 4.08^3 \times 0.4\pi = 85.35$m^4。

b. 折算线分布重力荷载：筒身自重产生的折算线分布重力荷载 $q = 157.30$kN/m。

c. 代表截面附加弯矩。

$$M_{Ea} = \frac{A\left[\dfrac{h+2h_i}{3}\left(\dfrac{M_E+\psi_{cwe}M_w}{CE_{ct}I}+\dfrac{\alpha_c\Delta T}{d}\right)+\tan\theta\right]}{1-A\dfrac{h+2h_i}{3}\dfrac{1}{CE_{ct}I}}$$

$$\frac{M_E+\psi_{cwe}M_w}{CE_{ct}I} = \frac{1.3\times32817.58+0.2\times1.4\times43609}{0.25\times2.3\times10^7\times85.35} = 11.18\times10^{-5}$$

$$A = \frac{q_i(h-h_i)^2\pm0.5F_{evik}(h-h_i)}{2} = \frac{157.3\times120^2\pm0.5\times1826.6\times120}{2}$$

$$= 1187358(1077762)$$

$$\frac{\alpha_c\Delta T}{d} = \frac{1\times10^{-5}\times20}{6.64} = 3.01\times10^{-5}$$

代入上式，当 $N+F_{Ev}$ 时：

$$M_{Ea} = \frac{1187358\times\left[\dfrac{120}{3}\times(11.18\times10^{-5}+3.01\times10^{-5})+0.004\right]}{1-1187358\times\dfrac{120}{3}\times\dfrac{1}{0.25\times2.3\times10^7\times85.35}} = 12719.7\text{kN}\cdot\text{m}$$

当 $N - F_{Ev}$ 时：

$$M_{Ea} = \frac{1077762 \times \left[\dfrac{120}{3} \times (11.18 \times 10^{-5} + 3.01 \times 10^{-5}) + 0.004\right]}{1 - 1077762 \times \dfrac{120}{3} \times \dfrac{1}{0.25 \times 2.3 \times 10^7 \times 85.35}} = 11432.6\,\text{kN} \cdot \text{m}$$

d. 代表截面变形曲率。

当 $N + F_{Ev}$ 时：

$$\frac{1}{\rho_{Ec}} = \frac{M_E + \psi_{cwE}M_w + M_{Ea}}{0.25 \times E_{ct}I} = \frac{1.3 \times 32817.58 + 0.2 \times 1.4 \times 43609 + 12719.7}{0.25 \times 2.3 \times 10^7 \times 85.35}$$
$$= 13.77 \times 10^{-5}$$

当 $N - F_{Ev}$ 时：

$$\frac{1}{\rho_{Ec}} = \frac{M_E + \psi_{cwE}M_w + M_{Ea}}{0.25 \times E_{ct}I} = \frac{1.3 \times 32817.58 + 0.2 \times 1.4 \times 43609 + 11432.6}{0.25 \times 2.3 \times 10^7 \times 85.35}$$
$$= 13.51 \times 10^{-5}$$

2）计算截面折算线分布重力荷载。各计算截面折算线分布重力荷载值 q_i 计算见表 15-18。

3）地震附加弯矩计算：

将各计算截面高度 h_i、折算线分布重力荷载 q_i 及 $\alpha_c \Delta T/d = 3.01 \times 10^{-5}$，$\tan\theta = 0.004$，以及考虑竖向地震作用上下方向时的代表截面变形曲率，分别代入公式列表进行计算，计算结果见表 15-20、表 15-21。

表 15-20 地震附加弯矩（$N + F_{Ev}$）时

截面号	标高 （m）	高度 h_i （m）	折算线分布重力荷载 q_i （kN/m）	地震附加弯矩 M_{Ea} （kN · m）
2	100	100	94.1	538.0
4	80	80	106.7	2200.1
6	60	60	119.4	$(119.4 \times 60^2 + 0.5 \times 4092 \times 60)$ /2 [$(120 + 2 \times 60)/3$ $(13.77 + 3.01) \times 10^{-5} + 4 \times 10^{-3}$] =4813.1
8	40	40	132	7950.6
10	20	20	144.6	10886.1
12	0	0	157.3	12719.0

表 15-21 地震附加弯矩（$N - F_{Ev}$）时

截面号	标高 （m）	高度 h_i （m）	折算线分布重力荷载 q_i （kN/m）	地震附加弯矩 （kN · m）
2	100	100	94.1	282.5
4	80	80	106.7	1141.5
6	60	60	119.4	$(119.4 \times 60^2 + 0.5 \times 4092 \times 60)$ /2[$(120 + 2 \times 60)/3$ $(13.51 + 3.01) \times 10^{-5} + 4 \times 10^{-3}$] =2642.4

续表 15-21

截面号	标高 （m）	高度 h_i （m）	折算线分布重力荷载 q_i （kN/m）	地震附加弯矩 （kN·m）
8	40	40	132	4818.8
10	20	20	144.6	7754.8
12	0	0	157.3	11432.9

表中 M_{Ea} 计算公式为：

$$M_{Ea} = \frac{q_i(h-h_i)^2 \pm 0.5 F_{Evik}(h-h_i)}{2}\left[\frac{h+2h_i}{3}\left(\frac{1}{\rho_{Ec}} + \frac{\alpha\Delta T}{d}\right) + \tan\theta\right]$$

（3）正常使用极限状态计算时，由标准风荷载、日照和基础倾斜的作用，筒身重力对各截面所产生的附加弯矩。

1）筒身代表截面变形曲率。取截面 12（标高 ±0.00）处为代表截面。

a. 截面几何特征：同承载能力极限状态。

b. 折算线分布重力荷载：同承载能力极限状态。

c. 截面受力情况判别：

假定附加弯矩：$M_{ak} = 0.20 M_{wk} = 0.2 \times 43609 = 8721.8$ kN·m

相对偏心距：

$$\frac{e}{r} = \frac{M_{wk} + M_{ak}}{N_k r} = \frac{43609 + 8721.8}{22314 \times 4.08} = 0.574 > 0.50$$

d. 代表截面处附加弯矩。混凝土在温度作用下的弹性模量

$$E_{ct} = 3.0 \times 10^7 \times 0.73 = 2.2 \times 10^7 \text{ kN/m}^2 。$$

e. 代表截面变形曲率。

相对偏心距：

$$M_{ak} = \frac{\dfrac{q_i(h-h_i)^2}{2}\left[\dfrac{h+2h_i}{3}\left(\dfrac{M_{wk}}{\alpha_e E_{ct} I} + \dfrac{\alpha_c \Delta T}{d}\right) + \tan\theta\right]}{1 - \dfrac{q(h-h_i)^2}{2} \times \dfrac{h+2h_i}{3} \times \dfrac{1}{\alpha_e E_{ct} I}}$$

$$M_{ak} = \frac{\dfrac{157.3 \times 120^2}{2}\left[\dfrac{120}{3}\left(\dfrac{43609}{0.4 \times 2.2 \times 10^7 \times 85.35} + \dfrac{1 \times 10^{-5} \times 20}{6.64}\right) + 0.004\right]}{1 - \dfrac{157.3 \times 120^2}{2} \times \dfrac{120}{3} \times \dfrac{1}{0.4 \times 2.2 \times 10^7 \times 85.35}}$$

$$= \frac{1132560[40 \times (5.80 \times 10^{-5} + 3.01 \times 10^{-5}) + 0.004]}{1 - 0.0603} = 9068.2 \text{ kN·m}$$

$$\frac{e}{r} = \frac{43609 + 9068.2}{22314 \times 4.08} = 0.578 > 0.50$$

变形曲率：$\dfrac{1}{\rho_c} = \dfrac{M_{wk} + M_{ak}}{0.4 E_{ct} I} = \dfrac{43609 + 9068.2}{0.4 \times 2.2 \times 10^7 \times 85.35} = 7.01 \times 10^{-5}$

2）计算截面折算线分布重力荷载。同承载能力极限状态计算时，风荷载附加弯矩的

折算线分布重力荷载。

3）附加弯矩计算。将各计算截面高度 h_i、折算线分布重力荷载 q_i 及 $\alpha_c \Delta T/d = 3.01 \times 10^{-5}$、$\tan\theta = 0.004$，以及代表截面变形曲率 7.01×10^{-5}，分别代入公式列表进行计算，计算结果见表 15-22。

表 15-22　正常使用极限状态附加弯矩

截面号	标高（m）	高度 h_i（m）	折算线分布重力荷载 q_i（kN/m）	附加弯矩 $M_{ak} = \dfrac{q_i \, (h - h_i)^2}{2} \left[\dfrac{h + 2h_i}{3} \left(\dfrac{1}{\rho_c} + \dfrac{\alpha_c \Delta T}{d} \right) + \tan\theta \right]$（kN·m）
2	100	100	94.1	276.4
4	80	80	106.7	1139.7
6	60	60	119.4	$[119.4 \, (120-60)^2] /2 \, [\, (120 + 2 \times 60) /3 \, (7.01 + 3.01) \times 10^{-3} + 4 \times 10^{-3}] = 2582.5$
8	40	40	132	4511.2
10	20	20	144.6	6755.7
12	0	0	157.3	$(157.3 \times 120^2) /2 \, [120/3 \, (7.01 + 3.01) \times 10^{-3} + 4 \times 10^{-3}] = 9069.5$

15.7　筒壁水平截面承载能力极限状态计算

（1）承载能力计算内力组合，见表 15-23。

（2）截面数据计算，见表 15-24。

（3）风荷载作用时承载能力计算，见表 15-25。

（4）地震作用下最大轴向力时承载能力计算，见表 15-26。

（5）地震作用下最小轴向力时承载能力计算，见表 15-27。

（6）各种荷载工况下，当筒壁计算截面有一个孔洞（孔洞半角 $\theta = 25°$）时，第 12 截面，即烟囱根部，极限承载能力计算，见表 15-28。

（7）各种荷载工况下，当筒壁计算截面有两个对称孔洞（$\alpha_0 = \pi$，$\theta_1 = 25°$，$\theta_2 = 20°$）时，第 12 截面，即烟囱根部，极限承载能力计算，见表 15-29。

（8）各种荷载工况下，当筒壁计算截面有两个非对称孔洞（$\alpha_0 \neq \pi$，$\theta_1 = 25°$，$\theta_2 = 20°$）时，第 12 截面，即烟囱根部，极限承载能力计算，见表 15-30、表 15-31。

（9）筒壁水平截面承载能力极限状态计算，从表 15-25～表 15-31 计算结果可以看出：

1）风荷载及地震荷载作用时，截面承载力均大于外荷载产生的弯矩设计值。截面满足筒壁水平截面极限承载能力要求。

2）考虑竖向地震作用，从地震作用（$N + F_{Ev}$）与（$N - F_{Ev}$）计算结果进行比较，可以得出：地震作用最小轴向力（$N - F_{Ev}$）时，较地震作用最大轴向力（$N + F_{Ev}$）时不利，且沿筒壁高度中上部截面更为不利。

表 15-23 承载能力计算内力组合

截面号	标高 (m)	风荷载产生的内力设计值				有地震作用时的内力设计值					
		轴向力 N (kN)	风弯矩 M_w (kN·m)	附加弯矩 M_a (kN·m)	总弯矩 $M_w + M_a$ (kN·m)	竖向地震力 F_{Ev} (kN)	水平地震弯矩 M_E (kN·m)	地震附加弯矩 M_{Ea} (kN·m)	风弯矩 $0.2 M_w$ (kN·m)	最大（小）轴向力 $N \pm F_{Ev}$ (kN)	总弯矩 $M_E + M_{Ea} + 0.2 M_w$ (kN·m)
2	100	1382	$1.4 \times 1305 = 1827$	649.8	2476.8	$0.5 \times 1150.0 = 575$	$1.3 \times 4040.94 = 5253.22$	538.0 (282.5)	$0.2 \times 1827 = 365.4$	$1382 + 575 = 1957$ ($1382 - 575 = 807$)	6156.62 (5901.12)
4	80	3537	$1.4 \times 5205 = 7287$	2621.5	9908.5	$0.5 \times 2655 = 1328$	$1.3 \times 7895.58 = 10264.25$	2200.1 (1141.5)	$0.2 \times 7287 = 1457.4$	$3537 + 1328 = 4865$ ($3537 - 1328 = 2209$)	13921.75 (12863.15)
6	60	6352	$1.4 \times 11633.5 = 16286.9$	5780.5	22067.4	$0.5 \times 4092 = 2046$	$1.3 \times 10810.04 = 14053.05$	4813.1 (2642.4)	$0.2 \times 16286.9 = 3257.38$	$6352 + 2046 = 8398$ ($6352 - 2046 = 4306$)	22123.53 (19952.83)
8	40	10024	$1.4 \times 20381.5 = 28534.1$	9749.0	38283.1	$0.5 \times 5068 = 2534$	$1.3 \times 14986.18 = 19482.03$	7950.6 (4818.8)	$0.2 \times 28534.1 = 5706.82$	$10024 + 2534 = 12558$ ($10024 - 2534 = 7490$)	33139.45 (30007.65)
10	20	15238	$1.4 \times 31154.5 = 43616.3$	13927.8	57544.1	$0.5 \times 4705 = 2353$	$1.3 \times 21849.92 = 28404.9$	10886.1 (7754.8)	$0.2 \times 43616.3 = 8723.26$	$15238 + 2353 = 17591$ ($15238 - 2353 = 12885$)	48014.26 (44882.96)
12	0	22134	$1.4 \times 43609 = 61052.6$	17495.7	78548.3	$0.5 \times 1826.6 = 913.3$	$1.3 \times 32817.58 = 42662.85$	12719.0 (11432.9)	$0.2 \times 61052.6 = 12210.52$	$22134 + 913.3 = 23047.3$ ($22134 - 913.3 = 21220.7$)	67592.37 (66306.27)

注：有地震作用时（ ）内数字为（$N - F_{Ev}$）时的地震附加弯矩 M_{Ea}，最小轴向力（$N - F_{Ev}$）时的地震附加弯矩 M_{Ea}，及总弯矩 $M_E + M_{Ea} + 0.2 M_w$。

表15-24 截面数据计算

截面号	标高 (m)	截面尺寸		纵向配筋		混凝土			钢筋	
		壁厚 t (m)	平均半径 r (m)	直径，间距	配筋率 ρ (%)	筒壁截面面积 $A=2\pi rt$ (m²)	平均温度 T_p (℃)	抗压强度设计值 $f_{ct}=f_{ctk}/\gamma_{ct}$ (kN/m²)	截面面积 $A_s=\rho A$ (m²)	抗拉强度设计值 $f_{yt}=f_{ytk}/\gamma_t$ (kN/m²)
2	100	0.18	$2.28-0.18/2$ $=2.19$	φ12@125	0.50	2.477	99.9	8432	0.0124	250000
4	80	0.21	$2.68-0.21/2$ $=2.57$	φ14@125	0.59	3.398	103.6	8378	0.0201	250000
6	60	0.24	$3.08-0.24/2$ $=2.96$	φ14@125	0.51	$2\pi\times2.96\times0.24$ $=4.464$	104.1	$15500/1.85$ $=8378$	0.0051×4.464 $=0.0228$	$400000/1.6$ $=250000$
8	40	0.28	$3.48-0.28/2$ $=3.34$	φ18@125	0.73	5.876	85.2	8540	0.0429	250000
10	20	0.34	$3.88-0.34/2$ $=3.71$	φ20@125	0.74	7.926	87.3	8540	0.0579	250000
12	0	0.40	$4.28-0.4/2$ $=4.08$	φ22@125	0.76	$2\pi\times4.08\times0.4$ $=10.254$	83.8	$16000/1.85$ $=8648.6$	0.0076×10.254 $=0.0779$	$400000/1.6$ $=250000$
12	有一个孔洞时		$4.28-0.4/2$ $=4.08$	φ22@125	0.76	$2(\pi-\theta)\times4.08$ $\times0.4=8.831$	83.8	$16000/1.85$ $=8648.6$	0.0076×8.831 $=0.0671$	250000
12	有两个孔洞时		$4.28-0.4/2$ $=4.08$	φ22@125	0.76	$2(\pi-\theta_1-\theta_2)\times$ 4.08×0.4 $=7.695$	83.8	$16000/1.85$ $=8648.6$	0.0076×7.695 $=0.0585$	250000

表 15-25　风荷载极限承载能力计算

截面号	标高(m)	系数 $\alpha = (N + f_{yt}A_s)/(\alpha_1 f_{ct}A + 2.5f_{yt}A_s)$	$\alpha_t = 1 - 1.5\alpha$	$\sin(\alpha\pi)$	$\sin(\alpha_t\pi)$	截面承载力 M_R (kN·m)	弯矩设计值 $M_w + M_a$ (kN·m)
2	100	0.156	0.765	0.472	0.672	9348.8	2476.8
4	80	0.208	0.687	0.609	0.832	20127.6	9908.5
6	60	$(6352 + 250000 \times 0.0228)/(1.0 \times 8378 \times 4.464 + 2.5 \times 250000 \times 0.0228) = 0.233$	$1 - 1.5 \times 0.233 = 0.650$	$\sin(0.233\pi) = 0.668$	$\sin(0.650\pi) = 0.891$	$[1 \times 8378 \times 4.464 \times 0.668/\pi + 250000 \times 0.0228(0.668 + 0.891)/\pi] \times 2.96 = 31963.4$	22067.4
8	40	0.269	0.595	0.748	0.955	59405	38283.1
10	20	0.286	0.571	0.782	0.975	92613.7	57544.1
12	0	$(22134 + 250000 \times 0.0779)/(1.0 \times 8648.6 \times 10.254 + 2.5 \times 250000 \times 0.0779) = 0.303$	$1 - 1.5 \times 0.303 = 0.545$	$\sin(0.303\pi) = 0.814$	$\sin(0.545\pi) = 1.00$	$[1 \times 8648.6 \times 10.254 \times 0.814/\pi + 250000 \times 0.0779(0.814 + 1.00)/\pi] \times 4.08 = 139555$	78548.3

注：$M_R = \left(\alpha_1 f_{ct}A \dfrac{\sin(\alpha\pi)}{\pi} + f_{yt}A_s \dfrac{\sin(\alpha\pi) + \sin(\alpha_t\pi)}{\pi}\right) \times r$，当烟囱筒壁计算截面无孔洞时。

表 15-26 地震荷载 $(N + F_{\mathrm{Ev}})$ 极限承载能力

截面号	标高 (m)	系数 $\alpha = \dfrac{[(N + F_{\mathrm{EV}}) + f_{yt}A_s]}{(\alpha_L f_{ct}A + 2.5 f_{yt}A_s)}$（α 均小于 2/3）	$\alpha_t = 1 - 1.5\alpha$	$\sin(\alpha\pi)$	$\sin(\alpha_t\pi)$	截面承载力 M_{R} (kN·m)	弯矩设计值 $M_{\mathrm{E}} + M_{\mathrm{Ea}} + 0.2M_{\mathrm{w}}$ (kN·m)
2	100	0.176	0.735	0.526	0.740	11553.6	6156.62
4	80	0.241	0.638	0.686	0.907	25035.8	13921.75
6	60	$\dfrac{(8398 + 250000 \times 0.0228)}{(1.0 \times 8378 \times 4.464 + 2.5 \times 250000 \times 0.0228)} = 0.273$	$1 - 1.5 \times 0.273 = 0.590$	$\sin(0.273\pi) = 0.756$	$\sin(0.590\pi) = 0.960$	$[1 \times 8378 \times 4.464 \times 0.756/\pi + 5700 \times (0.756 + 0.960)/\pi] \times 2.96/0.9 = 39817$	22123.53
8	40	0.302	0.546	0.813	0.989	71005	33139.45
10	20	0.308	0.537	0.824	1.00	107702.6	48014.26
12	0	$\dfrac{(23047.3 + 250000 \times 0.0779)}{(1.0 \times 8648.6 \times 10.254 + 2.5 \times 250000 \times 0.0779)} = 0.310$	$1 - 1.5 \times 0.310 = 0.535$	$\sin(0.310\pi) = 0.827$	$\sin(0.535\pi) = 1.00$	$[1 \times 8648.6 \times 10.254 \times 0.827/\pi + 250000 \times 0.0779(0.827 + 1)/\pi] \times 4.08/0.9 = 157090$	67592.37

注：$M_{\mathrm{R}} = \left(\alpha_L f_{ct}A \dfrac{\sin(\alpha\pi)}{\pi} + f_{yt}A_s \dfrac{\sin(\alpha\pi) + \sin(\alpha_t\pi)}{\pi}\right) \times r$，当烟囱筒壁计算截面无孔洞时。

表 15-27 地震荷载 ($N - F_{Ev}$) 极限承载能力

截面号	标高 (m)	系数 $\alpha = [(N - F_{Ev}) + f_{yt} A_s] / (\alpha_1 f_{ct} A + 2.5 f_{yt} A_s)$ (α 均小于 2/3)	$\alpha_t = 1 - 1.5\alpha$	$\sin(\alpha\pi)$	$\sin(\alpha_t\pi)$	截面承载力 M_R (kN·m)	弯矩设计值 $M_E + M_{Ea} + 0.2 M_w$ (kN·m)
2	100	0.136	0.795	0.415	0.599	9156.6	5901.12
4	80	0.176	0.735	0.526	0.738	19376.5	12863.15
6	60	$(4306 + 2.5 \times 10^5 \times 0.0228) / (1.0 \times 8378 \times 4.464 + 2.5 \times 2.5 \times 10^5 \times 0.0228) = 0.193$	$1 - 1.5 \times 0.193 = 0.709$	$\sin(0.193\pi) = 0.572$	$\sin(0.709\pi) = 0.791$	$[1 \times 8378 \times 4.464 \times 0.572/\pi + 5700 \times (0.572 + 0.791)/\pi] \times 2.96/0.9 = 30503$	19952.83
8	40	0.236	0.645	0.676	0.897	60029	30007.65
10	20	0.263	0.605	0.736	0.946	97293	44882.96
12	0	$(21220.7 + 250000 \times 0.0779) / (1.0 \times 8648.6 \times 10.254 + 2.5 \times 250000 \times 0.0779) = 0.296$	$1 - 1.5 \times 0.296 = 0.556$	$\sin(0.296\pi) = 0.801$	$\sin(0.556\pi) = 1.00$	$[1 \times 8648.6 \times 10.254 \times 0.801/\pi + 250000 \times 0.0779(0.801 + 1)/\pi] \times 4.08/0.9 = 153032.7$	66306.27

注：$M_R = \left(\alpha_1 f_{ct} A \dfrac{\sin(\alpha\pi)}{\pi} + f_{yt} A_s \dfrac{\sin(\alpha\pi)}{\pi} + \sin(\alpha_t\pi)}{\pi}\right) \times r$，当烟囱筒壁计算截面无孔洞时。

表 15-28　当烟囱筒壁计算截面有一个孔洞时各工况下第 12 截面极限承载能力计算

截面号	标高 (m)	系数 $\alpha = (N + f_{yt}A_s)/(\alpha_L f_{ct}A + 2.5 f_{yt}A_s)$	系数 $\alpha_t = 1 - 1.5\alpha$	系数 $\sin(\alpha\pi - \alpha\theta + \theta)$	系数 $\sin[\alpha_t(\pi - \theta)]$	截面承载力 M_R (kN·m)	荷载工况
12	0	$(22134 + 250000 \times 0.0671)/(1.0 \times 8648.6 \times 8.831 + 2.5 \times 250000 \times 0.0671) = 0.329$	0.507	0.970	0.980	$[(8648.6 \times 8.831 + 250000 \times 0.0671)(0.97 - 0.422) + 250000 \times 0.0671 \times 0.98] \times \dfrac{4.08}{\pi - 0.436} = 101701.6$	风荷载
12	0	$(23047 + 250000 \times 0.0671)/(1.0 \times 8648.6 \times 8.831 + 2.5 \times 250000 \times 0.0671) = 0.336$	0.496	0.974	0.974	$\dfrac{1}{0.9}[(8648.6 \times 8.831 + 250000 \times 0.0671)(0.974 - 0.422) + 250000 \times 0.0671 \times 0.974] \times \dfrac{4.08}{\pi - 0.436} = 113457$	$(N + F_{Ev})$
12	0	$(21220 + 250000 \times 0.0671)/(1.0 \times 8648.6 \times 8.831 + 2.5 \times 250000 \times 0.0671) = 0.321$	0.518	0.965	0.985	$\dfrac{1}{0.9}[(8648.6 \times 8.831 + 250000 \times 0.0671)(0.965 - 0.422) + 250000 \times 0.0671 \times 0.985] \times \dfrac{4.08}{\pi - 0.436} = 112362$	$(N - F_{Ev})$

注: $M_R = ((\alpha_L f_{ct}A + f_{yt}A_s)[\sin(\alpha\pi - \alpha\theta + \theta) - \sin\theta] + f_{yt}A_s\sin[\alpha_t(\pi - \theta)]) \times \dfrac{r}{\pi - \theta}$, 当烟囱筒壁计算截面有一个孔洞时, $\theta = 25° = 0.436\,\mathrm{rad}$。

表15-29　当烟囱筒壁计算截面有两个对称孔洞时各工况下第12截面极限承载能力计算（$\alpha_0 = \pi$，$\theta_1 = 25°$，$\theta_2 = 20°$）

截面号	标高 (m)	系数				截面承载力 M_R (kN·m)	荷载工况
		$\alpha = (N + f_{yt}A_s)/(\alpha_1 f_{ct}A + 2.5 f_{yt}A_s)$	$\alpha_t = 1 - 1.5\alpha$	$\sin(\alpha\pi - \alpha\theta_1 - \alpha\theta_2 + \theta_1)$	$\sin(\alpha_t\pi - \alpha_t\theta_1 - \alpha_t\theta_2 + \theta_2)$		
12	0	$(22134 + 250000 \times 0.0585)/(1.0 \times 8648.6 \times 7.695 + 2.5 \times 250000 \times 0.0585) = 0.356$	0.466	0.956	0.992	$[(8648.6 \times 7.695 + 250000 \times 0.0585)(0.956 - 0.422) + 250000 \times 0.0585 \times (0.992 - 0.341)] \times \dfrac{4.08}{\pi - 0.436 - 0.348} = 91463$	风荷载
12	0	$(23047 + 250000 \times 0.0585)/(1.0 \times 8648.6 \times 7.695 + 2.5 \times 250000 \times 0.0585) = 0.365$	0.452	0.962	0.987	$\dfrac{1}{0.9}[(8648.6 \times 7.695 + 250000 \times C.0585)(0.962 - 0.422) + 250000 \times 0.0585 \times (0.987 - 0.341)] \times \dfrac{4.08}{\pi - 0.436 - 0.348} = 102421.3$	$(N + F_{Ev})$
12	0	$(21220 + 250000 \times 0.0585)/(1.0 \times 8648.6 \times 7.695 + 2.5 \times 250000 \times 0.0585) = 0.347$	0.478	0.950	0.995	$\dfrac{1}{0.9}[(8648.6 \times 7.695 + 250000 \times C.0585)(0.95 - 0.422) + 250000 \times 0.0585 \times (0.995 - 0.341)] \times \dfrac{4.08}{\pi - 0.436 - 0.348} = 100774$	$(N - F_{Ev})$

注：$M_R = ((\alpha_1 f_{ct}A + f_{yt}A_s)[\sin(\alpha\pi - \alpha\theta_1 - \alpha\theta_2 + \theta_1) - \sin\theta_1] + f_{yt}A_s[\sin(\alpha_t\pi - \alpha_t\theta_1 - \alpha_t\theta_2 + \theta_2) - \sin\theta_2]) \times \dfrac{r}{\pi - \theta_1 - \theta_2}$，
当烟囱筒壁计算截面有两个对称的孔洞，且最大孔位于受压区，即 $\alpha_0 = \pi$ 时，$\theta_1 = 25° = 0.436\text{rad}$；$\theta_2 = 20° = 0.348\text{rad}$。

表 15-30 当烟囱筒壁计算截面有两个非对称孔洞时各工况下第 12 截面极限承载能力计算 ($\alpha_0 \neq \pi$, $Q_1 = 25°$, $Q_2 = 20°$) (一)

截面号	标高 (m)	系数				截面承载力 M_R (kN·m)	荷载工况
		$\alpha = (N + f_{yt}A_s)/(\alpha_t f_{ct}A + 2.5 f_{yt}A_s)$	$\alpha_t = 1 - 1.5\alpha$	$\sin(\alpha\pi - \alpha\theta_1 - \alpha\theta_2 + \theta_1)$	$\sin(\alpha_t\pi - \alpha_t\theta_1 - \alpha_t\theta_2)$		
12	0	$(22134 + 250000 \times 0.0585)/(1.0 \times 8648.6 \times 7.695 + 2.5 \times 250000 \times 0.0585) = 0.356$	0.466	0.956	0.890	$[8648.6 \times 7.695 + 250000 \times 0.0585$ $(0.956 - 0.422) + 250000 \times 0.0585 \times 0.89]$ $\times \dfrac{4.08}{\pi - 0.436 - 0.348} = 97510$	风荷载
12	0	$(23047 + 250000 \times 0.0585)/(1.0 \times 8648.6 \times 7.695 + 2.5 \times 250000 \times 0.0585) = 0.365$	0.452	0.962	0.875	$\dfrac{1}{0.9}[8648.6 \times 7.695 + 250000 \times 0.0585$ $(0.962 - 0.422) + 250000 \times 0.0585 \times$ $0.875] \times \dfrac{4.08}{\pi - 0.436 - 0.348} = 108859$	$(N + F_{Ev})$
12	0	$(21220 + 250000 \times 0.0585)/(1.0 \times 8648.6 \times 7.695 + 2.5 \times 250000 \times 0.0585) = 0.347$	0.478	0.950	0.902	$\dfrac{1}{0.9}[8648.6 \times 7.695 + 250000 \times 0.0585$ $(0.95 - 0.422) + 250000 \times 0.0585 \times 0.902]$ $\times \dfrac{4.08}{\pi - 0.436 - 0.348} = 107745$	$(N - F_{Ev})$

注: $M_R = ((\alpha_t f_{ct}A + f_{yt}A_s)[\sin(\alpha\pi - \alpha\theta_1 - \alpha\theta_2 + \theta_1) - \sin\theta_1] + f_{yt}A_s\sin(\alpha_t\pi - \alpha_t\theta_1 - \alpha_t\theta_2)) \times \dfrac{r}{\pi - \theta_1 - \theta_2}$

当烟囱筒壁计算截面有两个不对称的孔洞,且小孔位于受拉压区之间,即 $\alpha_0 \neq \pi$ 时,$\theta_1 = 25° = 0.436$rad, $\theta_2 = 20° = 0.348$rad。

表15-31 当烟囱筒壁计算截面有两个非对称有孔洞各工况下第12截面极限承载能力计算（$\alpha_0 \neq \pi$，$Q_1 = 25°$，$Q_2 = 20°$）（二）

截面号	标高（m）	系数					截面承载力 M_R（kN·m）	荷载工况
		$\alpha = (N + f_{yt}A_s)/(\alpha_L f_{ct}A + 2.5 f_{yt}A_s)$	$\alpha_t = 1 - 1.5\alpha$	$\sin(\alpha\pi - \alpha\theta_1 - \alpha\theta_2 + \theta_1)$	$\sin\beta_2$	$\sin\beta_2'$		
12	0	$(22134 + 250000 \times 0.0585)/(1.0 \times 8648.6 \times 7.695 + 2.5 \times 250000 \times 0.0585) = 0.356$	0.466	0.956	0.998	0.956	$[(8648.6 \times 7.695 + 250000 \times 0.0585) + (0.956 - 0.422) + 0.5 \times 14625 \times (0.956 + 0.998 - 0.766 + 0.176)] \times \dfrac{4.08}{\pi - 0.436 - 0.348} = 92247.5$	风载
12	0	$(23047 + 250000 \times 0.0585)/(1.0 \times 8648.6 \times 7.695 + 2.5 \times 250000 \times 0.0585) = 0.365$	0.452	0.962	1	0.945	$\dfrac{1}{0.9}[(8648.6 \times 7.695 + 250000 \times 0.0585) + (0.962 - 0.422) + 0.5 \times 14625 \times (0.945 + 1 - 0.766 + 0.176)] \times \dfrac{4.08}{\pi - 0.436 - 0.348} = 103306.8$	$(N + F_{Ev})$
12	0	$(21220 + 250000 \times 0.0585)/(1.0 \times 8648.6 \times 7.695 + 2.5 \times 250000 \times 0.0585) = 0.347$	0.478	0.950	0.997	0.964	$\dfrac{1}{0.9}[(8648.6 \times 7.695 + 250000 \times 0.0585) + (0.95 - 0.422) + 0.5 \times 14625 \times (0.964 + 0.997 - 0.766 + 0.176)] \times \dfrac{4.08}{\pi - 0.436 - 0.348} = 101650$	$(N - F_{Ev})$

注：$M_R = \left((\alpha_L f_{ct}A + f_{yt}A_s)[\sin(\alpha\pi - \alpha\theta_1 - \alpha\theta_2 + \theta_1) - \sin\theta_1] + \dfrac{1}{2}f_{yt}A_s[\sin\beta_2' + \sin\beta_2 - \sin(\pi - \alpha_0 - \theta_2) + \sin(\pi - \alpha_0 - \theta_2)]\right) \times \dfrac{r}{\pi - \theta_1 - \theta_2}$，

式中 $\beta_2 = k - \arcsin\left(-\dfrac{m}{2\sin k}\right)$，$\beta_2' = k + \arcsin\left(-\dfrac{m}{2\sin k}\right)$，$m = \cos(\pi - \alpha_0 - \theta_2) - \cos(\pi - \alpha_0 + \theta_2)$，$k = \alpha_t(\pi - \theta_1 - \theta_2) + \theta_2$，$\alpha_0 = 150° = 2.616\text{rad}$ 时，$\theta_1 = 25° = 0.436\text{rad}$，$\theta_2 = 20° = 0.348\text{rad}$。

当烟囱筒壁计算截面有两个不对称的孔洞，且小孔位于受拉区

15.8　正常使用极限状态计算

（1）荷载标准值作用下水平截面应力计算。

1）截面数据及截面判别列于表15-32。

2）截面特征及系数计算列于表15-33，受压区半角 φ 与相对偏心 e_k/r 及截面特征系数有关，查表可得。

3）荷载标准值作用下截面应力计算列于表15-34，表中应力系数 C_{e1} 也可由表15-34查得。

（2）荷载标准值和温度共同作用下水平截面应力计算。

1）截面数据及截面参数计算列于表15-35。

2）截面特征和截面判别计算列于表15-36。

3）背风侧混凝土压应力计算列于表15-37。

4）迎风侧钢筋拉应力计算列于表15-38。

（3）温度单独作用下垂直截面应力计算。

1）截面数据及截面特征系数计算见表15-39。

2）截面系数及截面应力计算见表15-40。

（4）筒壁裂缝宽度验算。

1）最大水平裂缝宽度验算列于表15-41。

2）最大垂直裂缝宽度验算列于表15-42。

最大裂缝宽度限值，烟囱上部20m范围内为0.15mm；其余部位环境类别为二类时为0.3mm，本例题最大水平裂缝宽度和最大垂直裂缝宽度，各截面均小于以上规定限值。

15.9　烟囱顶部环向配筋计算

1　局部风压作用下烟囱顶部环向风弯矩计算

将表15-3中分压高度变化系代入本手册公式（4-22）得：

$$M_{\theta out} = 0.272\mu_z w_0 r^2$$
$$= 0.272 \times 2.1 \times 0.7 \times 1.88^2$$
$$= 1.413(\text{kN} \cdot \text{m/m})$$

2　配筋计算

根据钢筋混凝土结构有关公式及表15-24有关材料指标，计算结果如下：

$$\alpha_s = \frac{M_{\theta out}}{f_{ct}bh_0^2} = \frac{1.413 \times 10^6}{8.432 \times 1000 \times (180 - 35)^2} = 0.008$$

$$\gamma_s = \frac{1 + \sqrt{1 - 2\alpha_s}}{2} = \frac{1 + \sqrt{1 - 2 \times 0.008}}{2} = 0.996$$

$$A_s = \frac{M_{\theta out}}{f_{yt}\gamma_s h_0} = \frac{1.413 \times 10^6}{250 \times 0.996 \times 145} = 39.3(\text{mm}^2/\text{m})$$

可见，由于烟囱上口直径较小，计算配筋很小，小于构造配筋，不起控制作用。一般在上口直径较大时，才起控制作用。

表 15-32 截面数据及载面判别

截面号	标高 (m)	内力标准值			载 面		纵向配筋		截面判别		判别
		轴向力 N_k (kN)	风弯矩 M_{wk} (kN·m)	附加弯矩 M_{ak} (kN·m)	壁厚 t (m)	平均半径 r (m)	直径 间距	配筋率 ρ_t (%)	偏心距 $e_k = (M_{wk}+M_{ak})/N_k$ (m)	核心距 $r_{co}=0.5r$	
2	100	1382	1305	276.4	0.18	2.19	$\Phi12@125$	0.50	1.14	1.10	$e_k > r_{co}$
4	80	3537	5205	1139.7	0.21	2.575	$\Phi14@125$	0.59	1.79	1.29	
6	60	6352	11633.5	2582.5	0.24	2.96	$\Phi14@125$	0.51	$(11633.5+2582.5)/6352=2.23$	$C.5\times2.96=1.48$	
8	40	10024	20381.5	4511.2	0.28	3.34	$\Phi18@125$	0.73	2.48	1.67	
10	20	15238	31154.5	6755.7	0.34	3.71	$\Phi20@125$	0.74	2.48	1.86	
12	0	22134	43609	9069.5	0.40	4.08	$\Phi22@125$	0.76	$(43609+9069.5)/22134=2.38$	$C.5\times4.08=2.04$	

表 15-33 截面特征及系数计算

截面号	标高 (m)	弹性模量比值 $E_s/E_c\beta_c$	相对偏心距 e_k/r	截面特征系数 $\alpha_E\rho_t = 2.5\rho_t E_s/E_{ct}$	换算载面面积 $A_0 = 2rt(\pi-\theta)(1+\alpha_E\rho_t)$ (m²)	受压区半角 φ (o)、(rad)	半角函数	
							$\sin\varphi$	$\cos\varphi$
2	100	9.51	0.52	0.118	2.771	125° (2.19)	0.820	-0.572
4	80	9.72	0.69	0.143	3.884	121° (2.11)	0.858	-0.513
6	60	$2\times10^5/(3.0\times10^4\times0.684)=9.74$	$2.23/2.96=0.75$	$2.5\times0.0051\times9.74=0.124$	$2\times2.96\times0.24(1+0.124)\pi=5.017$	111° (1.94)	0.932	-0.360
8	40	9.11	0.74	0.166	6.852	115° (2.00)	0.909	-0.416
10	20	9.26	0.67	0.171	9.283	125° (2.18)	0.820	-0.572
12	0	$2\times10^5/(3.0\times10^4\times0.729)=9.14$	$2.38/4.08=0.58$	$2.5\times0.0051\times9.14=0.173$	$2\times4.08\times0.4(1+0.173)\pi=12.034$	132° (2.31)	0.739	-0.673

表 15-34　荷载标准值作用下截面应力计算

截面号	标高 (m)	混凝土压应力系数 $C_{cl}=\dfrac{\pi(1+\alpha_{El}\rho_t)(1-\cos\varphi)}{\sin\varphi-(\varphi+\pi\alpha_{El}\rho_t)\cos\varphi}$	钢筋拉应力系数 $C_{sl}=\dfrac{1+\cos\varphi}{1-\cos\varphi}C_{cl}$	背风侧混凝土压应力 (N/mm²) $\sigma_{cw}=\dfrac{N_k}{A_0}C_{cl}$	迎风侧钢筋拉应力 (N/mm²) $\sigma_{sw}=2.5\dfrac{E_s}{E_{ct}}\dfrac{N_k}{A_0}C_{sl}$
2	100	2.41	0.65	1.20	7.79
4	80	2.50	0.80	2.27	17.81
6	60	$\pi(1+0.124)(1-0.364)\,/\,[0.932-(1.94+0.124\pi)(-0.364)]=2.71$	$2.71\times(1+0.364)\,/\,(1-0.364)=1.27$	$2.71\times6352000/5017000=3.43$	$2.5\times9.74\times1.27\times6352000/5017000=39.32$
8	40	2.64	1.09	3.87	36.38
10	20	2.43	0.66	3.99	25.19
12	0	$\pi(1+0.173)(1-0.673)\,/\,[0.739-(2.31+0.173\pi)(-0.673)]=2.31$	$2.31\times(1+0.673)\,/\,(1-0.673)=0.45$	$2.31\times22134000/12034000=4.26$	$2.5\times9.14\times0.45\times22134000/12034000=19.03$

表 15-35　截面数据及截面参数计算

截面号	标高 (m)	荷载标准值作用下 混凝土应力 σ_{cw} (N/mm²)	钢筋应力 σ_{sw} (N/mm²)	温度值 (℃) 筒壁内表面 T_c	钢筋 T_s	截面特征 混凝土弹性模量 $E_{ct}=\beta_c E_c$ (N/mm²)	相对自由变形值 $\varepsilon_t=1.25\,(\alpha_c T_c-\alpha_s T_s)$	压应变参数 $e_k>r_{c0}$时, $P_c=1.8\sigma_{cw}/\varepsilon_t E_{ct}$
2	100	1.20	7.79	43.1	1.2	2.10×10^4	52×10^{-5}	$0.198<1.0$
4	80	2.27	17.81	51.5	1.0	2.05×10^4	63×10^{-5}	$0.316<1.0$
6	60	3.43	39.32	53.0	0.2	$0.684\times3.0\times10^4=2.05\times10^4$	$1.25\times(1.0\times53-1.2\times0.21)\times10^{-5}=67\times10^{-5}$	$(1.8\times3.43)\,/\,(67\times10^{-5}\times2.05\times10^4)=0.449<1.0$
8	40	3.87	36.38	33.6	-10.9	2.19×10^4	58×10^{-5}	$0.548<1.0$
10	20	3.99	25.19	40.3	-12.0	2.16×10^4	68×10^{-5}	$0.488<1.0$
12	0	4.26	19.03	36.2	-14.2	$0.729\times3.0\times10^4=2.18\times10^4$	$1.25\times(1.0\times36.2+1.2\times14.2)\times10^{-5}=67\times10^{-5}$	$(1.8\times4.26)\,/\,(67\times10^{-5}\times2.18\times10^4)=0.525<1.0$

表 15-36　截面特征及截面判别

截面号	标高 (m)	混凝土弹塑性模量 $E_{ct}'=0.55E_{ct}$ (N/mm²)	平均温度 T_p (℃)	温度作用下混凝土抗拉强度标准值 f_{tik} (N/mm²)	截面特征系数 $\alpha_{Eta}\rho'=\rho E_s/E_{ct}'$	判别系数 $1/[2(1+\alpha_{Eta}\rho)]$
2	100	$0.55\times2.10\times10^4=1.15\times10^4$	99.9	1.37	$2\times10^5\times0.005/1.15\times10^4=0.086$	$1/2\ (1+0.086)=0.460>P_c$
4	80	1.12×10^4	103.6	1.36	0.104	$0.452>P_c$
6	60	$0.55\times2.05\times10^4=1.12\times10^4$	104.1	1.36	$2\times10^5\times0.0051/1.12\times10^4=0.090$	$1/2\ (1+0.090)=0.458>P_c$
8	40	1.20×10^4	85.2	1.44	0.121	$0.446<P_c$
10	20	1.18×10^4	87.3	1.43	0.124	$0.444<P_c$
12	0	$0.55\times2.18\times10^4=1.20\times10^4$	83.8	1.42	$2\times10^5\times0.0076/1.20\times10^4=0.126$	$1/2\ (1+0.126)=0.444<P_c$

表 15-37　混凝土压力

截面号	标高 (m)	受压区相对高度系数 ξ_{wt}	温度应力衰减系数 $P_c>0.2$ 时 $\eta_{ct1}=0.6(1-P_c)$	背风侧混凝土压应力 (N/mm²) $P_c<1$ 时，$\sigma_{cwt}=\sigma_{cw}+E_{ct}'\varepsilon_t(\xi_{wt}-P_c)\eta_{ct1}$	允许值 $0.4f_{ctk}$ (N/mm²)
2	100	$-0.086+[0.086^2+2\times0.086+2\times(1+0.086)\times0.198]^{1/2}=0.694$	$1-2.6\times0.198=0.485$	2.65	$0.4\times15.6=6.24$
4	80	0.853	$0.6\times(1-0.316)=0.410$	3.84	$0.4\times15.3=6.12$
6	60	$-0.090+[0.090^2+2\times0.090+2\times(1+0.090)\times0.449]^{1/2}=0.990$	$0.6\times(1-0.449)=0.330$	$3.43+1.12\times10^4\times67\times10^{-5}\times(0.990-0.449)\times0.330=4.78$	$0.4\times15.3=6.12$
8	40	1.102	$0.6\times(1-0.548)=0.271$	4.92	$0.4\times16.0=6.40$
10	20	1.043	$0.6\times(1-0.448)=0.331$	5.48	$0.4\times15.9=6.36$
12	0	$0.525+(1+2\times0.126)/[2\times(1+0.126)]=1.081$	$0.6\times(1-0.525)=0.285$	$4.26+1.2\times10^4\times67\times10^{-5}\times(1.081-0.525)\times0.285=5.53$	$0.4\times16.1=6.44$

注：$\dfrac{1}{2(1+\alpha_{Eta}\rho)}<P_c$ 时，$\xi_{wt}=P_c+\dfrac{1+2\alpha_{Eta}\rho}{2(1+\alpha_{Eta}\rho)}$；$\dfrac{1}{2(1+\alpha_{Eta}\rho)}\geqslant P_c$ 时，$\xi_{wt}=-\alpha_{Eta}\rho+\sqrt{(\alpha_{Eta}\rho)^2+2\alpha_{Eta}\rho+2(1+\alpha_{Eta}\rho)P_c}$

表 15-38　迎风侧竖向钢筋应力计算

截面号	标高 (m)	假定不均匀系数	拉应变参数 $P_s = 0.7\sigma_{sw}/\varepsilon_t E_s$	截面特征系数 $\alpha_{Eta}\rho/\psi_{st}$	受压区相对高度系数 $\xi_{wt} = -\alpha_{Eta}\dfrac{\rho}{\psi_{st}} + \sqrt{\left(\alpha_{Eta}\dfrac{\rho}{\psi_{st}}\right)^2 + 2\alpha_{Eta}\dfrac{\rho}{\psi_{st}} - 2\alpha_{Eta}\rho\dfrac{P_s}{\psi_{st}}}$
2	100	0.45	$0.052 < 1.0$	0.2	0.447
4	80	0.55	$0.098 < 1.0$	0.189	0.424
6	60	0.55	$0.7 \times 39.32/67 \times 10^{-5} \times 2 \times 10^5 = 0.205 < 1.0$	$0.090/0.55 = 0.164$	$-0.164 + (0.164^2 + 2 \times 0.164 - 2 \times 0.164 \times 0.205)^{1/2} = 0.372$
8	40	0.58	$0.219 < 1.0$	0.209	0.399
10	20	0.60	$0.129 < 1.0$	0.207	0.428
12	0	0.60	$0.7 \times 19.03/67 \times 10^{-5} \times 2 \times 10^5 = 0.099 < 1.0$	$0.126/0.60 = 0.21$	$-0.21 + (0.21^2 + 2 \times 0.21 - 2 \times 0.21 \times 0.099)^{1/2} = 0.440$

截面号	标高 (m)	应变不均匀系数 $\psi_{st} = 1.1E_s\varepsilon_t(1-\xi_t)\rho_{te}/[E_s\varepsilon_t(1-\xi_t)\rho_{te} + 0.65f_{ttk}]$	误差 $(\psi_{st} - \psi_{st1})/\psi_{st}$	荷载与温度共同作用钢筋拉应力 (N/mm²) $\sigma_{swt} = \dfrac{E_s}{\psi_{st}}\varepsilon_t(1-\xi_{wt})$	应力允许值 (N/mm²) $0.5f_{yik}$
2	100	0.43	$-4.6\% < 5\%$	133.7	
4	80	0.54	-1.8%	134.0	
6	60	$\dfrac{[1.1 \times 2 \times 10^5 \times 67 \times 10^{-5} \times (1-0.372) \times 2 \times 0.0051]}{[2 \times 10^5 \times 67 \times 10^{-5} \times (1-0.372) \times 2 \times 0.0051 + 0.65 \times 1.36]} = 0.54$	-1.8%	$(2 \times 10^5/0.54) \times 67 \times 10^{-5} \times (1-0.367) = 155.8$	
8	40	0.57	-1.7%	122.2	$0.5 \times 400 = 200$
10	20	0.61	1.6%	129.2	
12	0	$\dfrac{[1.1 \times 2 \times 10^5 \times 67 \times 10^{-5} \times (1-0.44) \times 2 \times 0.0076]}{[2 \times 10^5 \times 67 \times 10^{-5} \times (1-0.44) \times 2 \times 0.0076 + 0.65 \times 1.42]} = 0.61$	1.6%	$(2 \times 10^5/0.61) \times 67 \times 10^{-5} \times (1-0.428) = 126.0$	

表15-39　截面数据及截面特征系数计算

截面号	标高 (m)	截面数据			水平钢筋		假定不均匀系数 ψ_{st1}	截面特征系数 $\alpha_{Et\alpha}\rho/\psi_{st} = \rho E_s/C.55E_{ct}\psi_{st}$
		温度作用下混凝土抗拉强度标准值 f_{tk} (N/mm²)	混凝土弹性模量 E_{ct} (N/mm²)	变形值 ε_t (×10⁻⁵)	直径、间距	配筋率 ρ_t (%)		
2	100	1.37	2.10×10^4	52	φ12@125	0.50	0.40	0.216
4	80	1.36	2.05×10^4	63	φ14@125	0.59	0.55	0.190
6	60	1.36	2.05×10^4	67	φ14@125	0.51	0.55	$0.0051\times2\times10^5/0.55\times2.05\times10^4\times0.55=0.164$
8	40	1.44	2.19×10^4	58	φ18@125	0.73	0.55	0.220
10	20	1.43	2.16×10^4	68	φ20@125	0.74	0.60	0.207
12	0	1.45	2.18×10^4	67	φ22@125	0.76	0.65	$0.0076\times2\times10^5/0.55\times2.18\times10^4\times0.65=0.195$

表 15-40　截面系数及截面应力计算

截面号	标高 (m)	受压相对高度系数 $\xi_1 = -\alpha_{E\text{ta}}\dfrac{\rho}{\psi_{st}} + \sqrt{\left(\alpha_{E\text{ta}}\dfrac{\rho}{\psi_{st}}\right)^2 + 2\alpha_{E\text{ta}}\dfrac{\rho}{\psi_{st}}}$	应变不均匀系数 $\psi_{st2} = \dfrac{1.1E_s\varepsilon_t(1-\xi_1)\rho_{te}}{E_s\varepsilon_t(1-\xi_1)\rho_{te} + 0.65f_{ttk}}$	误　差 $(\psi_{st1}-\psi_{st2})/\psi_{st1}$	钢筋拉应力 $\sigma_{st} = \dfrac{E_s}{\psi_{st}}\varepsilon_t(1-\xi_1)$ (N/mm²)	应力允许值 $0.5f_{ytk}$ (N/mm²)	混凝土压应力 $\sigma_{ct} = E'_{ct}\varepsilon_t\xi_1$ (N/mm²)	应力允许值 $0.4f_{ctk}$ (N/mm²)
2	100	0.476	0.41	2.5% <5%	130.47		2.86	6.24
4	80	0.455	0.53		130.50		3.23	6.12
6	60	$-0.164 + [(0.164)^2 + 2\times0.164]^{1/2} = 0.432$	$[1.1\times2\times10^5\times67\times10^{-5}(1-0.432)\times0.0102]/[2\times10^5\times67\times10^{-5}(1-0.432)\times0.0102 + 0.65\times1.36] = 0.52$	$(0.55-0.52)/0.55 = 5\%$	$(2\times10^5/0.52)\times67\times10^{-5}(1-0.432) = 147.96$	$0.5\times400 = 200$	$0.55\times2.05\times10^4\times67\times10^{-5}\times0.432 = 3.26$	6.12
8	40	0.48	0.53	3.6% <5%	113.21		3.35	6.40
10	20	0.47	0.59	1.7% <5%	122.70		3.79	6.36
12	0	$-0.195 + [(0.195)^2 + 2\times0.195]^{1/2} = 0.460$	$[1.1\times2\times10^5\times67\times10^{-5}(1-0.459)\times0.0152]/[2\times10^5\times67\times10^{-5}(1-0.459)\times0.0152 + 0.65\times1.45] = 0.6$	$(0.65-0.62)/0.65 = 7\% >5\%$	$(2\times10^5/0.60)\times67\times10^{-5}(1-0.459) = 122.24$		$0.55\times2.18\times10^4\times67\times10^{-5}\times0.459 = 3.70$	6.44

表 15-41 最大水平缝宽度

截面号	标高 (m)	钢筋应力 σ_{swt} (N/mm²)	钢筋直径 d (m)	有效受拉配筋率 $\rho_{te}=2\rho$	应变不均匀系数 $\psi=1.1-\dfrac{0.65f_{tk}}{\rho_{te}\sigma_{st}}$	最大水平裂缝宽度 (mm) $w_{max}=k\alpha_{cr}\psi\dfrac{\sigma_{swt}}{E_s}\left(1.9c+0.08\dfrac{d_{eq}}{\rho_{te}}\right)$
2	100	136.7	12	0.01	0.45	0.139
4	80	134.0	14	0.0118	0.54	0.163
6	60	155.8	14	0.0102	$1.1-(0.65\times1.36)/(0.0102\times155.8)=0.54$	$[1.2\times2.1\times0.54\times155.8/2\times10^5](1.9\times44+0.08\times14/0.0102)=0.206$
8	40	122.2	18	0.0146	0.57	0.161
10	20	129.2	20	0.0148	0.61	0.192
12	0	126.0	22	0.0152	$1.1-(0.65\times1.45)/(0.0152\times126)=0.60$	$[1.2\times2.1\times0.6\times126/2\times10^5](1.9\times52+0.08\times22/0.0152)=0.192$

表 15-42 最大垂直裂缝宽度

截面号	标高 (m)	钢筋应力 σ_{st} (N/mm²)	钢筋直径 d (m)	有效受拉配筋率 $\rho_{te}=2\rho$	应变不均匀系数 $\psi=1.1-\dfrac{0.65f_{tk}}{\rho_{te}\sigma_{st}}$	最大垂直裂缝宽度 (mm) $w_{max}=k\alpha_{cr}\psi\dfrac{\sigma_{st}}{E_s}\left(1.9c+0.08\dfrac{d_{eq}}{\rho_{te}}\right)$
2	100	130.47	12	0.01	0.41	0.105
4	80	130.50	14	0.0118	0.52	0.131
6	60	147.96	14	0.0102	$1.1-(0.65\times1.36)/(0.0102\times147.96)=0.51$	$[1.2\times2.1\times0.51\times147.96/2\times10^5](1.9\times30+0.08\times14/0.0102)=0.160$
8	40	113.21	18	0.0146	0.53	0.118
10	20	122.70	20	0.0148	0.58	0.150
12	0	122.24	22	0.0152	$1.1-(0.65\times1.45)/(0.0152\times122.24)=0.59$	$[1.2\times2.1\times0.59\times122.24/2\times10^5](1.9\times30+0.08\times22/0.0152)=0.158$

16 套筒与多管钢筋混凝土烟囱设计实例

16.1 多管式钢内筒烟囱计算

16.1.1 基本资料

某电厂烟囱选用一座 240m 高双钢内筒多管式烟囱,一台炉对应一个钢内筒,排放介质为经湿法脱硫后的湿烟气。钢筋混凝土外筒高 230m,筒首外直径 20.4m,壁厚 0.30m,底部外直径 28.56m,壁厚 0.75m。外筒坡度 0～80.0 为 3.6%、80.0～160.0 为 1.5%、160.0～230.0 为 0.0%。钢筋混凝土外筒内布置两个 Φ8.5m 等直径钢排烟筒,高 240m,筒壁厚度分别为 20mm(0～80.0)、18mm(80.0～120.0)、16mm(120.0～160.0)、14mm(160.0～240.0)。内外筒之间在 11.0m、40.0m、80.0m、120.0m、160.0m、200.0m、228.67m 布置了七层钢平台(见图 16-1)。钢排烟筒为自立式。

基本风压值为 0.55kN/m²,地面粗糙度按 B 类考虑。正常运行烟气温度为 60℃,事故运行烟气温度为 180℃。基础倾斜值考虑为 0.002,日照温差 20℃。混凝土强度等级为 C30 和 C40,钢筋选用 HRB335 钢筋。抗震设防烈度 6 度,场地类别为 Ⅱ 类,设计地震分组为第一组。

16.1.2 钢筋混凝土外筒计算

钢筋混凝土外筒部分可参考本手册第 15 章有关内容并结合内筒特点进行计算,也可采用 51YC 专业软件进行结构计算。

1 外筒自振周期

通过 51YC 专业软件计算,烟囱基本自振周期为:$T_c = 2.28s$。

2 烟囱温度分布计算

(1)极端最高温度情况下温度计算。

烟囱环境极端最高温度为 $T_a = 39.1℃$,烟气正常温度为 $T_g = 60℃$,其温度分布见图 16-2,通过 51YC 专业软件计算结果见表 16-1。

(2)极端最低温度情况下温度计算。

烟囱环境极端最高温度为 $T_a = 11.3℃$,计算结果见表 16-2。

3 外筒位移计算

(1)荷载标准值组合下位移计算。

标准组合按以下情况进行计算:

组合 1:恒载(1.0)+风荷载(1.0);

组合 2:重力荷载代表值(1.0)+风荷载(0.20)+水平地震力(1.0)-竖向地震力(0.4);

组合 3:重力荷载代表值(1.0)+风荷载(0.20)+水平地震力(1.0)+竖向地

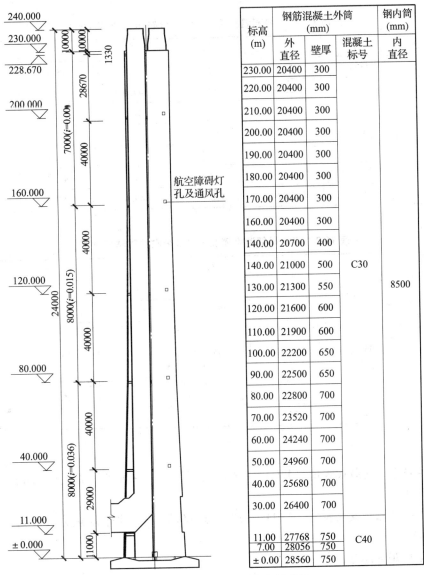

标高	钢筋混凝土外筒 (mm)			钢内筒 (mm)
(m)	外直径	壁厚	混凝土标号	内直径
230.00	20400	300		
220.00	20400	300		
210.00	20400	300		
200.00	20400	300		
190.00	20400	300		
180.00	20400	300		
170.00	20400	300		
160.00	20400	300		
140.00	20700	400		
140.00	21000	500	C30	8500
130.00	21300	550		
120.00	21600	600		
110.00	21900	600		
100.00	22200	650		
90.00	22500	650		
80.00	22800	700		
70.00	23520	700		
60.00	24240	700		
50.00	24960	700		
40.00	25680	700		
30.00	26400	700		
11.00	27768	750	C40	
7.00	28056	750		
±0.00	28560	750		

图 16-1 多管式钢内筒烟囱布置简图

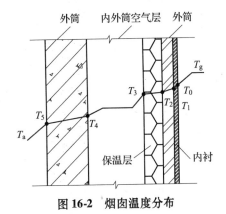

图 16-2 烟囱温度分布

表16-1 极端最高温度情况下温度分布结算结果 （℃）

标高（m）	T_0	T_1	T_2	T_3	T_4	T_5
228.67	58.4	58.4	58.4	47.8	45.3	41.1
200.00	58.4	58.4	58.4	47.8	45.3	41.1
160.00	58.4	58.4	58.4	47.8	45.3	41.1
120.00	58.6	58.6	58.6	49.7	47.5	40.7
80.00	58.7	58.7	58.7	50.0	47.9	40.6
40.00	58.6	58.6	58.6	49.5	47.3	40.5
11.00	58.6	58.6	58.6	49.4	47.2	40.4

表16-2 极端最低温度情况下温度分布结算结果 （℃）

标高（m）	T_0	T_1	T_2	T_3	T_4	T_5
228.67	54.3	54.2	54.2	16.4	7.5	-7.6
200.00	54.3	54.2	54.2	16.4	7.5	-7.6
160.00	54.3	54.2	54.2	16.4	7.5	-7.6
120.00	55.2	55.2	55.1	23.3	15.9	-8.3
80.00	55.3	55.3	55.3	24.6	17.3	-8.6
40.00	55.1	55.1	55.0	22.9	15.3	-8.8
11.00	55.1	55.1	55.0	22.6	15.0	-8.9

震力（0.4）；

组合4：重力荷载代表值（1.0）＋风荷载（0.20）＋水平地震力（0.4）－竖向地震力（1.0）；

组合5：重力荷载代表值（1.0）＋风荷载（0.20）＋水平地震力（0.4）＋竖向地震力（1.0）。

最终烟囱最大水平位移见表16-3。

表16-3 荷载标准值组合下烟囱最大水平位移 （m）

标高（m）	组合1	组合2	组合3	组合4	组合5
230.000	1.325	0.902	0.903	0.851	0.853
228.670	1.313	0.894	0.896	0.844	0.847
200.000	1.073	0.739	0.740	0.700	0.702
160.000	0.758	0.537	0.538	0.513	0.514
120.000	0.488	0.362	0.362	0.349	0.349
80.000	0.268	0.214	0.214	0.208	0.208
40.000	0.106	0.093	0.093	0.092	0.092
11.000	0.024	0.023	0.023	0.023	0.023
0	0	0	0	0	0

根据《烟囱设计规范》GB 50051—2013 第 3.2.6 条规定，钢筋混凝土烟囱在标准组合效应作用下，其水平位移不应大于该点离地高度的 1/100，表 16-3 计算结果均满足《烟囱设计规范》GB 50051 的规定。

（2）荷载设计值组合下位移计算。

荷载设计组合按以下情况进行计算：

组合 1：恒载（1.0）+风荷载（1.4）；

组合 2：恒载（1.2）+风荷载（1.4）；

组合 3：重力荷载代表值（1.0）+风荷载（0.28）+水平地震力（1.3）-竖向地震力（0.5）；

组合 4：重力荷载代表值（1.2）+风荷载（0.28）+水平地震力（1.3）+竖向地震力（0.5）；

组合 5：重力荷载代表值（1.0）+风荷载（0.28）+水平地震力（0.5）-竖向地震力（1.3）；

组合 6：重力荷载代表值（1.2）+风荷载（0.28）+水平地震力（0.5）+竖向地震力（1.3）；

组合 7：恒载（1.2）+风荷载（0.28），该组合为事故温度组合。

最终烟囱最大水平位移见表 16-4。

表 16-4　荷载设计值组合下烟囱最大水平位移（m）

高度（m）	组合 1	组合 2	组合 3	组合 4	组合 5	组合 6	组合 7
230.000	2.201	2.210	1.158	1.167	1.043	1.057	0.996
228.670	2.182	2.190	1.148	1.157	1.034	1.048	0.988
200.000	1.765	1.772	0.938	0.945	0.850	0.860	0.815
160.000	1.217	1.221	0.666	0.670	0.610	0.617	0.590
120.000	0.751	0.753	0.434	0.437	0.404	0.407	0.393
80.000	0.385	0.386	0.245	0.246	0.232	0.233	0.228
40.000	0.134	0.134	0.101	0.101	0.097	0.098	0.096
11.000	0.026	0.026	0.023	0.023	0.023	0.023	0.023
0	0	0	0	0	0	0	0

16.1.3　钢内筒计算

1　钢内筒的截面性能

钢内筒设计计算时不考虑腐蚀裕度。钢内筒的截面性能见表 16-5。

表 16-5　钢内筒截面性能

截面编号	标高（m）	钢内筒壁厚（mm）	钢内筒面积（m²）	截面惯性矩（m⁴）	钢内筒截面抵抗矩 W（m³）
7	230	14	0.374	3.393	0.796
6	200	14	0.374	3.393	0.796

续表 16-5

截面编号	标高（m）	钢内筒壁厚（mm）	钢内筒面积（m²）	截面惯性矩（m⁴）	钢内筒截面抵抗矩 W（m³）
5	160	14	0.374	3.393	0.796
4	120	16	0.428	3.881	0.910
3	80	18	0.482	4.369	1.024
2	40	20	0.535	4.857	1.138
1	0	20	0.535	4.857	1.138

2 设计控制条件

（1）自振周期限制。

按连续梁近似公式计算最大跨度段钢内筒的基本自振周期，钢内筒内衬为 1.2mm 厚钛板，内衬容重为 45kN/m³，保温厚为 100mm，容重为 2kN/m³，积灰考虑 50mm 厚，容重为 12.8kN/m³，钢内筒容重 78.5kN/m³，其他附件按 0.5kN/m³ 考虑，计算结果见表 16-6。

表 16-6 钢内筒基本自振周期计算

α_t	截面惯性矩 I（m⁴）	单位长度重量 G_0（N/m）	l_{max}（m）	E（N/m²）	$T_s = \alpha_t \sqrt{\dfrac{G_0 l_{max}^4}{9.81 EI}}$
1.786	3.393	58757	11.33	2.06×10^{11}	0.021
0.637	3.393	58757	28.67	2.06×10^{11}	0.048
0.637	3.393	58757	40	2.06×10^{11}	0.094
0.637	3.881	62965	40	2.06×10^{11}	0.091
0.637	4.369	67176	40	2.06×10^{11}	0.089
0.637	4.857	71389	29	2.06×10^{11}	0.046
0.408	4.857	71389	11	2.06×10^{11}	0.0042

$$\left| \frac{(T_c - T_s)}{T_c} \right| = \left| \frac{(2.28 - 0.094)}{2.28} \right| = 0.959 > 20\%$$

表 16-5 计算结果满足《烟囱设计规范》GB 50051 的要求。

（2）极限长细比。

钢内筒各自由段最大计算长度：$l_0 = 40$m；

截面回转半径：$i = 0.707 \times 4.26 = 3.012$。

$$\frac{l_0}{i} = \frac{40}{3.012} = 13.28 \leqslant 80$$

满足要求。

3 钢内筒水平截面强度计算

（1）风载及外筒变形作用下钢内筒内力计算。

钢内筒在外筒位移作用下产生内力，其极限承载能力验算应采用外筒在设计荷载作用下的位移值。为了节约篇幅，仅对表16-4中"组合2"进行验算。由于内筒基础与外筒为一整体，故应扣除基础倾斜产生的位移，具体位移见表16-7。

表16-7 内筒计算位移（m）

高度（m）	"组合2"位移	基础倾斜位移	内筒位移
228.670	2.190	0.457	1.733
200.000	1.772	0.400	1.372
160.000	1.221	0.320	0.901
120.000	0.753	0.240	0.513
80.000	0.386	0.160	0.226
40.000	0.134	0.080	0.054
11.000	0.026	0.022	0.004
0	0	0	0

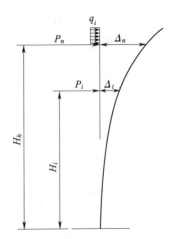

图16-3 钢内筒弯矩计算简图

计算简图可如图16-3所示：

230m～240m标高处，作用于顶部平台以上部分钢内筒的风荷载，按下式计算：

$$w_k = \beta_z \mu_s \mu_z w_0$$

已知基本风压值 $w_0 = 0.55 kN/m^2$。地面粗糙度为 B 类，风压高度变化系数 μ_z 取值如下：240m 标高处 $\mu_z = 2.762$。

顶部钢内筒的风振系数近似按外筒顶部标高处的数值采用，$\beta_z = 1.666$。

取烟囱顶部风荷载为：

$$q_i = \gamma_w \times w_k \times d = 1.4 \times 1.666 \times$$

$2.762 \times 0.6 \times 0.55 \times (8.5 + 0.2) = 18.48 kN/m$

截面内力计算结果见表16-8。

表16-8 风荷载作用下内筒各截面内力计算结果

截面标高（m）	钢内筒面积（m²）	钢内筒截面抵抗矩 W（m³）	轴向力 N（kN）	轴向应力（MPa）	截面弯矩 M（kN·m）	弯曲应力（MPa）	截面总应力（MPa）
228.670	0.374	0.796	798.9	2.13	1294.9	1.62	3.75
200.000	0.374	0.796	2820.3	7.53	12068.4	15.14	22.67
160.000	0.374	0.796	5640.7	15.06	43375.1	54.42	69.48
120.000	0.428	0.910	8663.0	20.24	51430.7	56.43	76.67
80.000	0.482	1.024	11887.5	24.68	70931.0	69.15	93.83
40.000	0.535	1.138	15314.1	28.61	76929.5	67.47	96.08
11.000	0.535	1.138	17798.5	33.25	67938.8	59.58	92.83
0	0.535	1.138	18740.8	35.01	59993.0	52.61	87.62

（2）温度应力计算。

烟道口范围烟气不均匀温度变化系数为0.3，烟囱水平截面直径两端筒壁厚度中点处温度差计算分以下两种情况：

1）正常运行情况：

$$\Delta T_{m0s} = \Delta T_g \left(1 - \frac{R_{tot}^c}{R_{tot}}\right) = \Delta T_0 \cdot e^{-\zeta_t z/d} \left(1 - \frac{R_{tot}^c}{R_{tot}}\right)$$

$$= 18 \times e^0 \times \left(1 - \frac{0.0071 + \frac{1}{2 \times 0.5 \times 58.15} \ln\frac{8.52}{8.5}}{0.0071 + 0.0001 + 0.5019 + 0.0216 + 0.0371 + 0.0068}\right)$$

$$= 17.7763$$

$$\Delta T_{m0w} = \Delta T_g \left(1 - \frac{R_{tot}^c}{R_{tot}}\right) = \Delta T_0 \cdot e^{-\zeta_t z/d} \left(1 - \frac{R_{tot}^c}{R_{tot}}\right)$$

$$= 18 \times e^0 \times \left(1 - \frac{0.0071 + \frac{1}{2 \times 0.5 \times 58.15} \ln\frac{8.52}{8.5}}{0.0071 + 0.0001 + 0.5578 + 0.0216 + 0.0377 + 0.0036}\right)$$

$$= 17.7953$$

2）非正常运行情况：

$$\Delta T_{m0s} = \Delta T_g \left(1 - \frac{R_{tot}^c}{R_{tot}}\right) = \Delta T_0 \cdot e^{-\zeta_t z/d} \left(1 - \frac{R_{tot}^c}{R_{tot}}\right)$$

$$= 54 \times e^0 \times \left(1 - \frac{0.0062 + \frac{1}{2 \times 0.5 \times 58.15} \ln\frac{8.52}{8.5}}{0.0062 + 0.0001 + 0.39 + 0.0085 + 0.0371 + 0.0068}\right)$$

$$= 53.2491$$

$$\Delta T_{m0w} = \Delta T_g \left(1 - \frac{R_{tot}^c}{R_{tot}}\right) = \Delta T_0 \cdot e^{-\zeta_t z/d} \left(1 - \frac{R_{tot}^c}{R_{tot}}\right)$$

$$= 54 \times e^0 \times \left(1 - \frac{0.0062 + \frac{1}{2 \times 0.5 \times 58.15} \ln\frac{8.52}{8.5}}{0.0062 + 0.0001 + 0.4240 + 0.0085 + 0.0376 + 0.0036}\right)$$

$$= 53.2980$$

烟道口高度范围内烟气温差见表16-9，烟道口顶部标高为30.6m，烟道口上部各截面温差见表16-10。

表 16-9　烟道口高度范围内烟气温差

截面编号	标高（m）	钢内筒壁厚（mm）	β	正常运行情况		非正常运行情况	
				T_g（℃）	ΔT_0（℃）	T_g（℃）	ΔT_0（℃）
1	11	20	0.3	60	18	180	54

表 16-10　烟道口上部烟气温差表

截面编号	标高（m）	ζ_t	d（m）	z（m）	正常运行情况		非正常运行情况	
					ΔT_0（℃）	ΔT_g（℃）	ΔT_0（℃）	ΔT_g（℃）
8	228.67	0.4	8.5	199.07	18	0.002	54	0.005
7	200	0.4	8.5	169.4	18	0.006	54	0.019

续表 16-10

截面编号	标高（m）	ζ_t	d（m）	z（m）	正常运行情况		非正常运行情况	
					ΔT_0（℃）	ΔT_g（℃）	ΔT_0（℃）	ΔT_g（℃）
6	160	0.4	8.5	129.4	18	0.041	54	0.124
5	120	0.4	8.5	89.4	18	0.270	54	0.810
4	80	0.4	8.5	49.4	18	1.769	54	5.308
3	40	0.4	8.5	9.4	18	11.577	54	34.74
2	11	0.4	8.5	—	18	18	54	54
1	0	0.4	8.5	—	—	—	—	—

烟道口高度为 19.1m，筒壁纵向膨胀系数 $\alpha_z = 1.2 \times 10^{-5}/℃$，钢内筒由烟气温差作用产生的水平位移见表 16-11。

表 16-11 钢内筒由烟气温差作用产生的水平位移

标高（m）	V（1/m）	ΔT_{m0}（℃）		θ_0		u_X（m）	
		正常运行	非正常运行	正常运行	非正常运行	正常运行	非正常运行
230	0.0470	17.7953	53.2980	2.0341×10^{-5}	6.0923×10^{-5}	0.158	0.474
200	0.0470	17.7953	53.2980	2.0341×10^{-5}	6.0923×10^{-5}	0.134	0.400
160	0.0470	17.7953	53.2980	2.0341×10^{-5}	6.0923×10^{-5}	0.101	0.302
120	0.0470	17.7953	53.2980	2.0336×10^{-5}	6.0908×10^{-5}	0.068	0.204
80	0.0470	17.7953	53.2980	2.0332×10^{-5}	6.0894×10^{-5}	0.036	0.108
40	0.0469	17.7953	53.2980	2.0327×10^{-5}	6.0880×10^{-5}	0.008	0.024
0	—	—	—	—	—	—	—

根据以上各止晃平台在温差作用下产生的水平位移，运用计算软件，采用连续梁柱计算模型，可精确计算出各水平力及弯矩，详见钢内筒内力汇总表 16-14。

（3）钢内筒截面强度设计值。

钢内筒在正常温度和非正常温度工况下截面强度允许值计算结果见表 16-12 和表 16-13。

表 16-12 钢内筒截面抗压强度设计值（正常运行）

标高（m）	钢内筒壁厚（mm）	钢内筒外半径 r（m）	E（N/mm²）	f_t（N/mm²）	$C = \dfrac{t}{r} \times \dfrac{E}{f_t}$	$\zeta_h = 0.125C$（$C \leqslant 5.6$）	$\zeta_h f_t$（N/mm²）
228.67	14	4.264	2.06×10^5	210.014	3.221	0.403	84.545
200	14	4.264	2.06×10^5	210.014	3.221	0.403	84.545
160	14	4.264	2.06×10^5	210.014	3.221	0.403	84.545
120	16	4.266	2.06×10^5	210.014	3.679	0.460	96.578
80	18	4.268	2.06×10^5	200.246	4.339	0.542	108.599
40	20	4.27	2.06×10^5	200.246	4.818	0.602	120.609
11	20	4.27	2.06×10^5	200.246	4.818	0.602	120.609
0	20	4.27	2.06×10^5	200.246	4.818	0.602	120.609

表 16-13　钢内筒截面抗压强度设计值（非正常运行）

标高 （m）	钢内筒 壁厚（mm）	钢内筒 外半径 r（m）	E （N/mm²）	f_t （N/mm²）	$C = \dfrac{t}{r} \times \dfrac{E}{f_t}$	$\zeta_h = 0.125C$ （$C \le 5.6$）	$\zeta_h f_t$ （N/mm²）
228.67	14	4.264	1.99408×10^5	192.816	3.396	0.424	81.840
200	14	4.264	1.99408×10^5	192.816	3.396	0.424	81.840
160	14	4.264	1.99408×10^5	192.816	3.396	0.424	81.840
120	16	4.266	1.99408×10^5	192.816	3.879	0.485	93.487
80	18	4.268	1.99408×10^5	183.848	4.574	0.572	105.124
40	20	4.27	1.99408×10^5	183.848	5.080	0.635	116.749
11	20	4.27	1.99408×10^5	183.848	5.080	0.635	116.749
0	20	4.27	1.99408×10^5	183.848	5.080	0.635	116.749

（4）在风荷载与温度荷载共同作用下钢内筒截面应力。

在风荷载与温度荷载共同作用下钢内筒截面应力应满足 $\gamma_0 \left(\dfrac{N_i}{A_{ni}} + \dfrac{M_i}{W_{ni}} \right) \le \zeta_h f$，其中 γ_0 为结构重要性系数，取 1.1，计算结果见表 16-14。

表 16-14　风荷载与温度荷载共同作用下钢内筒截面应力

截面标高 （m）	正常运行温度下截面应力（MPa）				非正常运行温度下截面应力（MPa）			
	风荷载作用下 截面应力 σ_w （MPa）	温度作用下 截面应力 σ_T	$\gamma_0(\sigma_w + \sigma_T)$	允许应力 $\zeta_h f_t$	20% 风荷载 作用下 截面应力 σ_w （MPa）	温度作用 下截面 应力 σ_T	$\gamma_0(\sigma_w + \sigma_T)$	允许应力 $\zeta_h f_t$
228.670	3.75	0.0	4.13	84.545	2.46	0.0	2.70	81.840
200.000	22.67	0.03	24.97	84.545	18.04	0.08	19.94	81.840
160.000	69.48	0.05	76.48	84.545	31.8	0.10	35.09	81.840
120.000	76.67	0.50	84.89	96.578	39.19	0.46	43.61	93.487
80.000	93.83	0.29	103.53	108.599	45.06	0.83	50.48	105.124
40.000	96.08	12.32	119.24	120.609	48.37	35.37	92.79	116.749
11.000	92.83	15.51	119.17	120.609	51.31	45.27	106.24	116.749
0	87.62	7.18	104.28	120.609	51.73	21.54	80.60	116.749

16.2　悬挂式钢内筒烟囱计算

16.2.1　设计资料

某火力发电厂 2×1000MW 燃煤发电机组共用一座 240/2×8.0m 双管钢内筒烟囱。

烟囱钢筋混凝土外筒壁高度 233.0m，筒顶外直径 20.3m，壁厚 0.35m；筒底外直径 26.9m，壁厚 0.65m。

烟囱内两根钢排烟筒高度均为 240m，每个排烟筒顶部出口内直径 $D_0 = 8.0$m。

100 年一遇设计基本风压 $W_{100} = 0.57 \text{kN/m}^2$，地貌类别：B 类。

抗震设防烈度为 7 度，地震加速度 0.1g，特征周期为 0.4s；建筑场地类别 II 类。

夏季最高环境温度 $T_a = 40.2℃$，冬季最低环境温度 $T_a = -12.0℃$。

钢排烟筒内烟气设计温度 $T_g = 49℃$（湿法脱硫运行工况）和 $T_g = 117℃$（烟气脱硫旁路运行工况）。

双管式烟囱筒身由钢筋混凝土外筒壁、两根悬挂式布置的钢排烟筒、钢梁 + 钢格栅或钢梁 + 现浇钢筋混凝土楼板组合结构式支撑平台、导流板、内烟道和其他附属设施组成。

烟囱钢筋混凝土外筒壁在 ±0.0m 和 12.85m 标高处分别对称设置两个根部施工孔洞和烟道接入孔洞；两个根部施工孔洞尺寸不同，宽×高分别为 3.0m×3.0m 和 8.5m×6.0m；两个烟道接孔尺寸相同，宽×高均为 6.5m×12.5m，两层孔洞的布置互成 90°。

烟囱内的钢排烟筒分为两个节段；底部 30m 高度为自立段，落在烟囱基础上；中上部 210m 高度为整体悬吊段，支撑在 225.0m 标高上布置的悬挂平台上；两个节段的排烟筒通过柔性膨胀伸缩节相连。排烟筒内防腐采用轻质防腐隔热玻璃砖内衬材料。

烟囱内在钢筋混凝土外筒壁与排烟筒之间，共设置有 9 层检修维护制晃平台、悬吊平台和顶层平台；各层平台标高分别为 30.0m、60.0m、90.0m、120.0m、150.0m、180.0m、210.0m、225.0m 和 232.0m。其中，225.0m 标高处为悬吊平台，232.0m 标高处为顶层平台，平台结构采用钢梁 + 现浇钢筋混凝土楼板组合结构；其他 7 层为检修维护和制晃平台，采用钢梁 + 钢格栅钢梁 + 钢格栅。

烟囱内的垂直交通是由沿钢筋混凝土外筒壁内侧所设的环形钢扶梯及休息平台解决。

烟囱地基采用天然地基方案，地基承载力特征值 400kN/m²。

16.2.2 材料选择

（1）钢筋混凝土外筒壁采用 C35、C40 和 C45 混凝土强度等级；对应混凝土轴心抗压强度设计值分别为 $f_c = 16.7 \text{N/mm}^2$、$f_c = 19.1 \text{N/mm}^2$ 和 $f_c = 21.1 \text{N/mm}^2$，对应的弹性模量分别为 $E_c = 3.15 \times 10^4 \text{N/mm}^2$、$E_c = 3.25 \times 10^4 \text{N/mm}^2$ 和 $E_c = 3.35 \times 10^4 \text{N/mm}^2$；重力密度取 25kN/m³。

钢筋采用 HPB300（箍筋）和 HRB400（受力主筋）；HPB300 和 HRB400 钢筋抗拉强度设计值分别为 $f_y = 270 \text{N/mm}^2$ 和 $f_y = 360 \text{N/mm}^2$；对应的弹性模量分别为 $E_s = 2.1 \times 10^5 \text{N/mm}^2$ 和 $E_s = 2.0 \times 10^5 \text{N/mm}^2$。

（2）钢排烟筒的钢材及型钢采用 Q235B 材料，弹性模量为 $E_s = 2.06 \times 10^5 \text{N/mm}^2$，重力密度为 78.5kN/m³，钢板和型钢的抗拉强度设计值为 $f_y = 215 \text{N/mm}^2$。

（3）钢排烟筒内表面的防腐内衬材料选择发泡轻质隔热耐酸防腐玻璃砖，其性能如下：

1）重力密度为 3.5kN/m³；

2）线膨胀系数为 $6.5 \times 10^{-6}/℃$；

3）导热系数 $\lambda = 0.084 \text{W/m} \cdot \text{K}$（38℃）和 0.15W/m·K（204℃）；

4）抗压强度为 1380kPa，抗折强度为 621kPa。

16.2.3 外筒位移计算

双管钢内筒烟囱筒身布置及内部平台平面布置示意详见图 16-4、图 16-5。

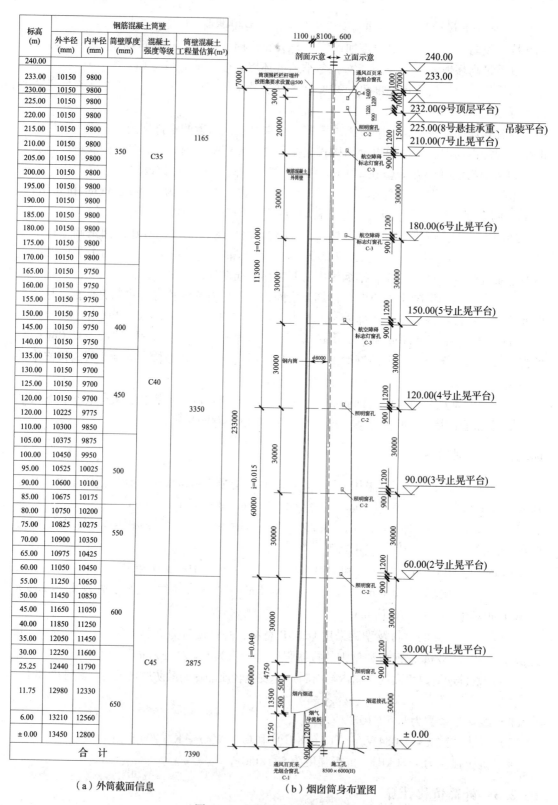

标高 (m)	钢筋混凝土筒壁				
	外半径 (mm)	内半径 (mm)	筒壁厚度 (mm)	混凝土 强度等级	筒壁混凝土 工程量估算(m³)
240.00					
233.00	10150	9800			
230.00	10150	9800			
225.00	10150	9800			
220.00	10150	9800			
215.00	10150	9800			1165
210.00	10150	9800	350	C35	
205.00	10150	9800			
200.00	10150	9800			
195.00	10150	9800			
190.00	10150	9800			
185.00	10150	9800			
180.00	10150	9800			
175.00	10150	9800			
170.00	10150	9800			
165.00	10150	9750			
160.00	10150	9750			
155.00	10150	9750			
150.00	10150	9750			
145.00	10150	9750	400		
140.00	10150	9750			
135.00	10150	9700			
130.00	10150	9700		C40	
125.00	10150	9700			3350
120.00	10150	9700	450		
120.00	10225	9775			
110.00	10300	9850			
105.00	10375	9875			
100.00	10450	9950			
95.00	10525	10025	500		
90.00	10600	10100			
85.00	10675	10175			
80.00	10750	10200			
75.00	10825	10275			
70.00	10900	10350	550		
65.00	10975	10425			
60.00	11050	10450			
55.00	11250	10650			
50.00	11450	10850			
45.00	11650	11050	600		
40.00	11850	11250			
35.00	12050	11450			
30.00	12250	11600		C45	2875
25.25	12440	11790			
11.75	12980	12330	650		
6.00	13210	12560			
±0.00	13450	12800			
合　计					7390

（a）外筒截面信息　　　　　（b）烟囱筒身布置图

图16-4　烟囱筒身布置示意图

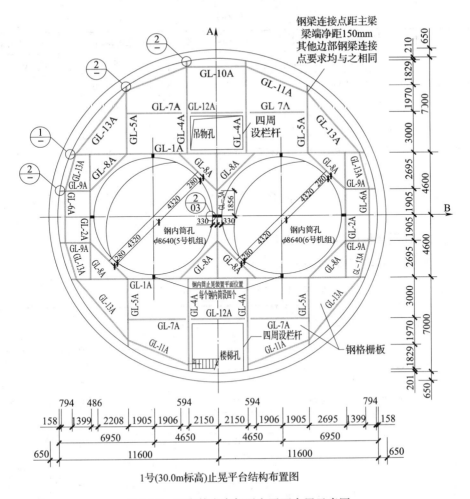

图 16-5 烟囱筒身内部平台平面布置示意图

钢筋混凝土烟囱外筒壁计算时，内部各层平台需通过支撑作用点将平台上的恒（活）载，以附加荷重的形式传递给外筒壁，并用于其计算。

1 荷载标准组合值作用下外筒位移

根据 51YC 烟囱软件计算的钢筋混凝土烟囱外筒在荷载标准组合值作用下的位移见表 16-15。

表 16-15 荷载标准组合值作用下外筒位移（m）

高度（m）	组合 1	组合 2	组合 3	组合 4	组合 5	基础倾斜位移	日照温差位移
233.000	1.137	1.009	1.017	0.883	0.894	0.466	0.255
232.000	1.130	1.003	1.011	0.878	0.888	0.464	0.253
225.000	1.081	0.960	0.967	0.841	0.851	0.450	0.238
210.000	0.979	0.868	0.875	0.763	0.772	0.420	0.207
180.000	0.781	0.694	0.698	0.615	0.622	0.360	0.152
150.000	0.596	0.533	0.536	0.478	0.482	0.300	0.106
120.000	0.429	0.388	0.390	0.354	0.356	0.240	0.068

续表 16-15

高度（m）	组合 1	组合 2	组合 3	组合 4	组合 5	基础倾斜位移	日照温差位移
90.000	0.285	0.262	0.263	0.243	0.245	0.180	0.038
60.000	0.165	0.156	0.156	0.148	0.148	0.120	0.017
30.000	0.071	0.069	0.069	0.067	0.067	0.060	0.004
0	0	0	0	0	0	0	0

注：各种组合计算位移已包含基础倾斜和日照温差引起的位移，荷载组合含义见本手册第16.1节自立式钢内筒有关计算内容。

由表 16-15 可知，烟囱在各种荷载组合值作用下，其各截面位移满足离地高度的 1/100 要求。

2 荷载设计组合值作用下外筒位移

钢筋混凝土烟囱外筒在荷载设计组合值作用下的位移见表 16-16。

表 16-16 荷载设计组合值作用下外筒位移 （m）

高度（m）	组合 1	组合 2	组合 3	组合 4	组合 5	组合 6
233.000	1.661	1.452	1.357	1.399	1.068	1.117
225.000	1.578	1.379	1.288	1.328	1.015	1.061
210.000	1.425	1.245	1.160	1.195	0.919	0.959
180.000	1.127	0.985	0.914	0.940	0.733	0.762
150.000	0.847	0.741	0.688	0.705	0.561	0.581
120.000	0.591	0.523	0.487	0.497	0.406	0.418
90.000	0.373	0.337	0.317	0.322	0.272	0.278
60.000	0.202	0.187	0.179	0.181	0.160	0.163
30.000	0.079	0.076	0.074	0.075	0.070	0.070
0	0	0	0	0	0	0

注：各种组合计算位移包含基础倾斜和日照温差引起的位移。

钢内筒设计属于极限承载能力设计状态设计，应采用荷载设计组合值作用下外筒位移进行计算。

16.2.4 内筒计算

钢筋混凝土外筒壁、内部各层平台（包括恒载、活载、风载和地震作用倒算等）、底部自立段钢排烟筒和交通设施构件的计算原则均同自立式钢内筒烟囱，具体详见自立式钢内筒烟囱的相关内容，这里不再详述；本例题主要介绍中上部悬挂段钢排烟筒的计算。

整个悬挂排烟筒分为两个节段：0m～30m 高度范围为自立段，12mm 厚，底部落在烟囱基础上；30m～240m 高度范围为整体悬吊段，8mm 厚，排烟筒上的悬挂点（上下各 2.5m 高度范围的壁厚增大到 20mm）悬挂支撑在 225.0m 标高处的平台上；两个节段的排烟筒之间通过柔性膨胀伸缩节相连。排烟筒和内烟道内表面均粘贴 50mm 厚轻质防腐隔热玻璃砖内衬材料。

1 排烟筒内力计算

（1）荷载计算。

1）结构自重计算。

排烟筒自重：$0.008 \times 78.5 = 0.628 \text{kN/m}^2$；

排烟筒内玻璃砖内衬自重：$0.05 \times (3.5 + 0.5) - 0.2 \text{kN/m}^2$；

排烟筒总自重：$q = (0.628 + 0.2) \times \pi \times 8.0 = 20.81 \text{kN/m}$。

排烟筒内粘贴的玻璃砖内衬重力密度 3.5kN/m^3，其他附属按 0.5kN/m^3 考虑。

2）风荷载计算。

风荷载对排烟筒结构产生的作用分直接作用和间接作用两部分，并同时考虑。

间接作用是通过外筒壁变形对排烟筒的间接影响进行计算；根据内、外筒在各层平台制晃点和悬吊点处的变形协调，可算得排烟筒的水平位移，再根据位移求得排烟筒所受的内力，即得风荷载对排烟筒的间接作用。

风荷载对烟囱排烟筒的直接作用主要是指顶部露出的 7.0m 高范围，计算如下：

基本风压计算：$W_k = \beta_z \mu_s \mu_z W_0 = 1.5 \times 0.6 \times 2.74 \times 0.57 = 1.406 \text{kN/m}^2$；

均布风压计算：$W = W_k b = 1.406 \times 8.0 = 11.248 \text{kN/m}$。

3）水平地震作用计算、正常运行和非正常运行工况下的温差作用计算。

在水平地震作用、正常运行和非正常运行工况的温差作用下，排烟筒的内力计算方法同风荷载作用。

4）竖向地震作用计算。

排烟筒的竖向地震作用应按《烟囱设计规范》GB 50051—2013 的有关规定计算，并应考虑悬挂平台的竖向地震效应增大系数，按 51YC 软件的具体计算结果见表 16-17 和表 16-18。

表 16-17　悬挂平台竖向地震效应增大系数

悬挂平台标高（m）	修正前增大系数 β_{vi}	折减系数 ζ	增大效应系数 β
225.000	6.290	0.574	3.608

表 16-18　内筒各截面重力荷载与竖向地震力标准值

标高（m）	竖向地震作用标准值（kN）	重力荷载标准值（kN）
240.000	0	0
232.000	-230.0	-292.1
225.000（受压截面）	-77.0	-547.2
225.000（受拉截面）	994.0	7064.1
210.000	994.0	6516.5
180.000	2128.8	5421.3
150.000	2831.2	4326.1
120.000	2960.3	3230.9
90.000	2515.9	2135.7

续表 16-18

标高（m）	竖向地震作用标准值（kN）	重力荷载标准值（kN）
60.000	1498.0	1040.5
31.500	0	0
30.000	−24.6	−54.8
0	−54.2	−1390.3

注:"−"表示截面受压;其余表示受拉。

（2）排烟筒的相关计算参数。

1）水平截面面积: $A_n = 2\pi rt = 2 \times \pi \times 4.0004 \times 8 \times 10^{-3} = 0.2 \text{m}^2$;

2）截面惯性矩: $I = \frac{\pi}{64}D^4\left[1 - \left(\frac{d}{D}\right)^4\right] = 1.68 \text{m}^4$;

3）截面回转半径: $i = \sqrt{\frac{I}{A}} = \sqrt{\frac{1.68}{0.2}} = 2.9 \text{m}$;

4）截面抵抗矩: $W_n = \pi r^2 t = \pi \times 4.0004^2 \times 8 \times 10^{-3} = 0.41 \text{m}^3$;

悬吊点处,排烟筒壁厚局部增大到 20mm, $W_n = 1.03 \text{m}^3$。

5）抗压强度设计值: $f_t = f_y = 215 \text{N/mm}^2$（温度值不大,其影响不计）。

a. 非悬吊点区域排烟筒（8mm 厚）的抗压强度设计值:

$$f_{ch} = \eta_h \zeta_h f_t$$

$$\eta_h = \frac{21600}{18000 + (30/2.9)^2} = 1.19 > 1.0$$

故取 $\eta_h = 1.0$。

$$C = \frac{t}{r} \times \frac{E}{f_t} = \frac{8}{4050} \times \frac{2.06 \times 10^5}{215} = 1.89$$

$$\zeta_h = 0.125 \times 1.89 = 0.236$$

$$f_{ch} = 1.0 \times 0.236 \times 215 = 50.8 \text{N/mm}^2$$

b. 悬吊点区域排烟筒（20mm 厚）的抗压强度设计值为 125.0N/mm²。

6）抗拉强度设计值:

$f_t = f_y = 215 \text{N/mm}^2$（焊缝等级为二级）

$\sigma_t = \beta \times f_t = 0.7 \times 215 = 150.5 \text{N/mm}^2$

（3）各种工况下排烟筒的水平变位计算。

通过烟囱计算分析程序的计算,在风荷载和水平地震作用下,钢筋混凝土外筒壁传给排烟筒的水平位移和排烟筒温差荷载作用下的水平位移详见表 16-19。

表 16-19　排烟筒在各种荷载工况下水平位移（m）

标高（m）	组合1	组合2	组合3	组合4	组合5	组合6	组合7	正常温差位移	异常温差位移
232.000	1.187	0.979	0.885	0.926	0.597	0.646	0.398	0.058	0.079
225.000	1.128	0.929	0.838	0.878	0.565	0.611	0.376	0.056	0.076
210.000	1.005	0.825	0.740	0.775	0.499	0.539	0.331	0.051	0.070
180.000	0.767	0.625	0.554	0.580	0.373	0.402	0.247	0.042	0.057

续表 16-19

标高（m）	组合1	组合2	组合3	组合4	组合5	组合6	组合7	正常温差位移	异常温差位移
150.000	0.547	0.441	0.388	0.405	0.261	0.281	0.173	0.033	0.044
120.000	0.351	0.283	0.247	0.257	0.166	0.178	0.111	0.023	0.032
90.000	0.193	0.157	0.137	0.142	0.092	0.098	0.062	0.014	0.019
60.000	0.082	0.067	0.059	0.061	0.040	0.043	0.027	0.006	0.008
30.000	0.019	0.016	0.014	0.015	0.010	0.010	0.007	0	0
0	0	0	0	0	0	0	0	0	0

注：1 各种组合位移已经扣除了烟囱基础倾斜位移。

2 荷载组合含义见本书第 16.1 节自立式钢内筒有关计算内容。

3 组合 7 为：恒载（1.2）＋风荷载（0.28）组合工况，用于非正常温度工况。

（4）各种工况下排烟筒的内力计算结果。

为了节省篇幅，仅给出第 1 种荷载组合和第 6 种荷载组合与正常温差位移产生的内力及第 7 种组合与异常温差位移产生的内力，计算结果分别见表 16-20、表 16-21、表 16-22。

表 16-20　正常温度与风荷载作用下内筒组合内力

截面标高	轴向力（kN）	轴向应力 σ_N（MPa）	截面弯矩（kN·m）	弯曲应力 σ_M（MPa）	总截面应力（MPa）1.1（$\sigma_N+\sigma_M$）	允许应力（MPa）
232.000	292.1	1.45	666.4	1.65	3.42	150.5
225.000	547.2	2.72	4049.7	10.05	14.05	150.5
225.000	7064.1	35.10	4049.7	10.05	49.66	150.5
210.000	6516.5	32.38	3760.7	9.33	45.88	150.5
180.000	5421.3	26.94	6562.8	16.29	47.55	150.5
150.000	4326.1	21.49	9285.9	23.05	48.99	150.5
120.000	3230.9	16.05	13594.3	33.74	54.77	150.5
90.000	2135.7	10.61	23849.7	59.19	76.78	150.5

注：弯曲应力已包含温差应力。

表 16-21　正常温度与地震荷载作用下内筒组合内力

截面标高	轴向力（kN）	轴向应力 σ_N（MPa）	截面弯矩（kN·m）	弯曲应力 σ_M（MPa）	总截面应力（MPa）1.1（$\sigma_N+\sigma_M$）	允许应力（MPa）
232.000	649.4	3.23	133.4	.33	3.91	150.5
225.000	756.8	3.76	3907.7	9.70	14.80	150.5
225.000	9769.1	48.54	3907.7	9.70	64.06	150.5
210.000	9112.0	45.27	3875.2	9.62	60.38	150.5
180.000	9273.0	46.07	5781.8	14.35	66.47	150.5
150.000	8871.9	44.08	7490.9	18.59	68.94	150.5
120.000	7725.4	38.38	8062.6	20.01	64.23	150.5
90.000	5833.4	28.98	12163.2	30.19	65.09	150.5

注：弯曲应力已包含温差应力。

表 16-22 异常温度与风荷载作用下内筒组合内力

截面标高	轴向力 （kN）	轴向应力 σ_N（MPa）	截面弯矩 （kN·m）	弯曲应力 σ_M（MPa）	总截面应力 （MPa） $1.1\,(\sigma_N+\sigma_M)$	允许应力 （MPa）
232.000	350.5	1.74	133.3	0.33	2.28	165.55
225.000	656.7	3.26	3842.7	9.54	14.08	165.55
225.000	8477.0	42.12	3842.7	9.54	56.82	165.55
210.000	7819.8	38.85	3283.1	8.15	51.70	165.55
180.000	6505.6	32.32	3887.2	9.65	46.17	165.55
150.000	5191.3	25.79	4608.3	11.44	40.95	165.55
120.000	3877.1	19.26	4704.1	11.67	34.03	165.55
90.000	2562.8	12.73	7488.6	18.59	34.45	165.55

注：弯曲应力已包含温度应力。

（5）烟气温度产生的静载作用。

距离排烟筒顶部 h_x m 处的烟气静压计算见本手册第 4.4 节有关公式，具体计算如下：

正常运行条件下烟气温度 $T_g=49℃$，标准大气密度 $\rho_{g0}=1.28kg/m^3$：

$$\rho_g = \rho_{g0}\frac{273}{273+T_g} = 1.28 \times \frac{273}{273+49} = 1.085 \text{ kg/m}^3$$

非正常运行条件烟气温度 $T_g=117℃$，标准大气密度 $\rho_{g0}=1.28kg/m^3$：

$$\rho_g = \rho_{g0}\frac{273}{273+T_g} = 1.28 \times \frac{273}{273+117} = 0.896 \text{ kg/m}^3$$

外部环境空气密度，工程所在地历年平均气温 16.2℃，公式计算中取 20℃：

$$\rho_a = \rho_{a0}\frac{273}{273+T_a} = 1.285 \times \frac{273}{273+20} = 1.197 \text{ kg/m}^3$$

非正常操作压力或爆炸压力值 F_e 需根据各工程实际条件确定，其负压值不小于 $2.50kN/m^2$；F_e 值可沿排烟筒高度取固定值。

各种运行条件下烟气静压的计算结果详见表 16-23。

表 16-23 正常运行、非正常运行和非正常操作烟气压力（kPa）

截面标高 （m）	h_x（m）	正常运行条件下 烟气静压	非正常运行条件下 烟气静压	非正常 操作压力
225.0	15.0	0.02	0.05	2.50
180.0	60.0	0.07	0.18	2.50
150.0	90.0	0.10	0.18	2.50
120.0	120.0	0.13	0.28	2.50
90.0	150.0	0.17	0.46	2.50
60.0	180.0	0.20	0.53	2.50
30.0	210.0	0.24	0.63	2.50
0	240.0	0.27	0.72	2.50

2　膨胀伸缩节的设计计算

底部自立段排烟筒和中上部悬挂段排烟筒之间设置了膨胀伸缩节。

（1）膨胀伸缩节处的水平变形计算。

根据表 16-1 各点位移计算结果，60m 以下悬挂自由端按直线倾斜变化，其最大水平位移为 -285 +165 - -120mm；底部自立段在 30m 标高处最大水平位移为 71mm，二者之差为相对变形值：71 - （-120）=191mm。

（2）膨胀伸缩节处的竖向变形计算。

1）烟气温度作用下排烟筒的伸缩长度计算。

烟气温度作用下悬吊段排烟筒的伸缩长度计算公式：$\Delta L_1 = \alpha \Delta T L$，$\alpha$ 为钢材线膨胀系数，取 $1.2 \times 10^{-5}/℃$；L 为排烟筒长度；ΔT 为烟气最高温度（取事故温度）或烟气最低温度（取冬季停炉时的最低温度）与排烟筒安装时的平均气温之差，具体取值如下：

$$伸长量计算时，\Delta T = T_{max} - T_0；$$
$$缩短量计算时，\Delta T = T_{min} - T_0。$$

烟气最高温度 T_{max}，取事故温度 $T_{max} = 117℃$，烟气最低温度 T_{min}，取 $T_{min} = -12℃$，排烟筒安装时的平均气温 $T_0 = 20℃$。烟气温度作用下排烟筒的伸缩长度计算结果见表 16-24。

表 16-24　烟气温度作用下的排烟筒的伸缩长度

排烟筒	各段排烟筒长度 （m）	ΔT_1 （℃）	伸长量 （mm）	ΔT_2 （℃）	缩短量 （mm）
自立段	30	97	34.9	-30	10.8
悬挂段	195	97	227.0	-30	75.6

2）自重作用下悬挂段排烟筒的伸长量计算。

自重作用下悬吊段排烟筒的伸长量：$\Delta l = \int_0^l \dfrac{qx\mathrm{d}x}{EA} = \dfrac{ql^2}{2EA}$。

排烟筒内粘贴的玻璃砖内衬厚度为 50mm，重力密度为 $3.5kN/m^3$，玻璃砖内衬的其他附件按 $0.5kN/m^3$ 考虑。

沿排烟筒的竖向均布荷载：$0.05 \times （3.5 + 0.5）= 0.2kN/m^2$；

排烟筒的自重：$0.008 \times 78.5 = 0.628kN/m^2$；

排烟筒结构自重：$q = （0.628 + 0.2）\times \pi \times 8.0 = 20.81kN/m$。

自重作用下悬挂段排烟筒的伸长量计算结果详见表 16-25。

表 16-25　自重作用下悬吊段排烟筒的伸长量

面积 （m^2）	悬吊长度 （m）	竖向线荷载 （kN/m）	伸长量 （mm）
0.2	195	$20.81 \times 1.2 = 24.97$	11.5

排烟筒膨胀伸缩节处的变形要求见表 16-26。

表16-26 排烟筒伸缩节的最小变形要求（mm）

竖向膨胀伸长量	竖向收缩长度	水平位移	竖向滑动行程设计值	搭接长度
34.9 + 227 + 11.5 = 273.4	10.8 + 75.6 − 11.5 = 74.9	191	350	80

（3）膨胀伸缩节的选型要求。

从前述计算结果可知，排烟筒的竖向变形相比水平变形大一些。

设计建议：优先选用构造相对简单的对接式膨胀伸缩节，采用氟橡胶材料。

16.3 砖套筒烟囱计算

16.3.1 设计资料

烟囱高度 240m，排烟筒顶部出口内直径 $D_0 = 7.0$m；

50 年一遇设计基本风压 $W_{50} = 0.35$kN/m²，地貌类别为 B 类；

抗震设防烈度为 7 度（0.1g），建筑场地类别为 II 类，特征周期为 0.35s；

夏季最高环境温度 $T_a = 41.5$℃，冬季最低环境温度 $T_a = -4.0$℃，电（干式）除尘方式；

砖砌排烟筒内烟气设计温度 $T_{g1} = 145$℃，烟气不脱硫运行工况；

烟气不进行脱硫处理，钢筋混凝土外筒壁在 0.0m 和 6.85m 处分别对称设置两个孔洞，孔洞尺寸高×宽为 2.4m×2.4m 和 5.5m×9.4m，两个截面孔洞的布置互成90°。

套筒式烟囱筒身由钢筋混凝土外筒壁、砖砌排烟筒（含耐酸砂浆封闭层和保温隔热层）、斜撑式支撑平台、积灰平台、内烟道和其他附属设施组成。钢筋混凝土外筒壁和砖砌排烟筒在烟囱顶部通过钢筋混凝土盖板连接；盖板与外筒壁顶为固接连接，与排烟筒顶为嵌套连接。砖砌排烟筒分段由斜撑式支撑平台支承，其荷重由支撑平台传给钢筋混凝土外筒壁。斜撑式支撑平台是由钢筋混凝土承重环梁、钢支柱、平台钢梁、平台剪力撑和平台钢格栅板组成，支撑平台沿筒身高度25m间距设置，共9层，标高分别为 30.0m、55.0m、80.0m、105.0m、130.0m、155.0m、180.0m、205.0m 和 230.0m。

烟囱的垂直交通是由沿钢筋混凝土外筒壁内侧所设的环形钢扶梯及休息平台组成。距离烟囱顶部10m高处，在外筒壁外侧设有直爬梯通至烟囱筒顶。

16.3.2 材料选择

1 钢筋混凝土外筒

筒壁采用 C30 和 C40 混凝土强度等级，重力密度取 25kN/m³。

钢筋采用 HPB300（箍筋）和 HRB400（受力主筋），型钢采用 Q235B。

C30 和 C40 混凝土轴心抗压强度设计值分别为 $f_c = 14.3$N/mm² 和 $f_c = 19.1$N/mm²，对应的弹性模量分别为 $E_c = 3.0 \times 10^4$N/mm² 和 $E_c = 3.25 \times 10^4$N/mm²。

HPB300 和 HRB400 钢筋抗拉强度设计值分别为 $f_y = 270$N/mm² 和 $f_y = 360$N/mm²，对应的弹性模量分别为 $E_s = 2.1 \times 10^5$N/mm² 和 $E_s = 2.0 \times 10^5$N/mm²。

型钢 Q235B 的抗拉强度设计值为 $f_y = 215\text{N/mm}^2$。

2 砖砌排烟筒

排烟筒采用耐酸胶泥砌筑的耐火陶砖砌体，砖容重 20kN/m^3，胶泥容重 16kN/m^3。砖砌体组合容重近似按 19.6kN/m^3 计，导热系数 $\lambda = 0.6 + 0.0005\text{TW/}(\text{m}\cdot\text{K})$。耐酸砂浆封闭层容重 20kN/m^3，导热系数 $\lambda = 1.51 + 0.0005\text{TW/}(\text{m}\cdot\text{K})$。

3 保温材料

排烟筒外包裹的保温隔热层采用 60mm 厚超细玻璃棉毡，容重 0.5kN/m^3，导热系数 $\lambda = 0.035 + 0.0002\text{TW/}(\text{m}\cdot\text{K})$。

16.3.3 烟囱钢筋混凝土外筒壁附加荷重计算

砖套筒式烟囱筒身布置及外形示意见图 16-6、图 16-7。

附加荷重主要是指砖砌排烟筒、耐酸砂浆封闭层、保温隔热层、斜撑式支撑平台、积灰平台、内烟道和其他附属设施产生的永久（恒）荷载和可变（活）荷载，附加荷重作用点就是支撑于钢筋混凝土外筒壁上的各层支撑平台和内烟道位置处。

1 斜撑式支撑平台可变（活）荷载值及取用原则

支撑平台（钢格栅）施工检修用途的可变（活）荷载标准值按 10kN/m^2 计（《烟囱设计规范》 GB 50051—2013 第 5.3.1 条规定为 $7\text{kN/m}^2 \sim 11\text{kN/m}^2$）。各层平台可变（活）荷载按以下情况考虑折减系数后进行组合。

（1）钢筋混凝土外筒壁承载能力计算时，各层平台可变（活）荷载折减系数见表 16-27。

表 16-27 各层平台可变（活）荷载折减系数

计算截面以上的平台数量	1	2~3	4~5	6~8	9~20
计算截面以上各平台活荷载总和的折减系数	1.0	0.85	0.7	0.65	0.6

（2）钢筋混凝土外筒壁抗震设计计算时，当按等效可变（活）荷载情况时，取 0.5 折减系数。

（3）钢筋混凝土外筒壁基础地基变形计算时，可变（活）荷载取 0.4 折减系数。

2 各层斜撑式支撑平台荷重计算

（1）240.0m 标高顶层平台。

混凝土盖板外半径：5.25m，内半径：3.5m，平均板厚：0.3m。

板面活荷载：7kN/m^2（《烟囱设计规范》 GB 50051—2013 第 5.3.1 条规定）。

$Q_{恒} = $ 混凝土盖板自重 $= \pi \times (5.25^2 - 3.5^2) \times 0.3 \times 25 = 361\text{kN}$

$Q_{活} = \pi \times (5.25^2 - 3.5^2) \times 7 = 337\text{kN}$

（2）230.0m 标高支承平台。

排烟筒高：10.0m，支承平台宽 1.16m。

排烟筒外半径：$3.5 + 0.2 + 0.03 + 0.06 = 3.79\text{m}$，内半径：3.5m。

支承平台钢梁钢柱及格栅板重（经验统计）：42kN。

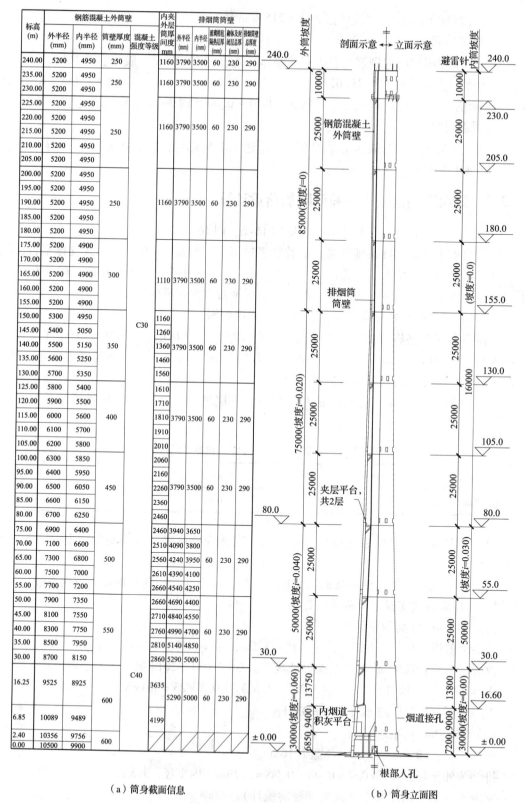

标高(m)	钢筋混凝土外筒壁				内夹外层筒厚间度 mm	排烟筒筒壁				
	外半径(mm)	内半径(mm)	筒壁厚度(mm)	混凝土强度等级		外半径(mm)	内半径(mm)	玻璃棉保温隔热层厚(mm)	砌体及封闭层总厚(mm)	排烟筒壁总厚度(mm)
240.00	5200	4950	250	C30	1160	3790	3500	60	230	290
235.00	5200	4950	250		1160	3790	3500	60	230	290
230.00	5200	4950								
225.00	5200	4950	250		1160	3790	3500	60	230	290
220.00	5200	4950								
215.00	5200	4950	250							
210.00	5200	4950								
205.00	5200	4950								
200.00	5200	4950	250		1160	3790	3500	60	230	290
195.00	5200	4950								
190.00	5200	4950	250		1160	3790	3500	60	230	290
185.00	5200	4950								
180.00	5200	4950								
175.00	5200	4900	300		1110	3790	3500	60	230	290
170.00	5200	4900								
165.00	5200	4900								
160.00	5200	4900								
155.00	5200	4900								
150.00	5300	4950			1160					
145.00	5400	5050			1260					
140.00	5500	5150	350		1360	3790	3500	60	230	290
135.00	5600	5250			1460					
130.00	5700	5350			1560					
125.00	5800	5400			1610					
120.00	5900	5500			1710					
115.00	6000	5600	400		1810	3790	3500	60	230	290
110.00	6100	5700			1910					
105.00	6200	5800			2010					
100.00	6300	5850			2060					
95.00	6400	5950			2160					
90.00	6500	6050	450		2260	3790	3500	60	230	290
85.00	6600	6150			2360					
80.00	6700	6250			2460					
75.00	6900	6400			2460	3940	3650			
70.00	7100	6600			2510	4090	3800			
65.00	7300	6800	500		2560	4240	3950	60	230	290
60.00	7500	7000			2610	4390	4100			
55.00	7700	7200			2660	4540	4250			
50.00	7900	7350			2660	4690	4400			
45.00	8100	7550			2710	4840	4550			
40.00	8300	7750	550		2760	4990	4700	60	230	290
35.00	8500	7950			2810	5140	4850			
30.00	8700	8150			2860	5290	5000			
16.25	9525	8925	600	C40	3635					
						5290	5000	60	230	290
6.85	10089	9489			4199					
2.40	10356	9756	600							
0.00	10500	9900								

（a）筒身截面信息　　　　　　　　（b）筒身立面图

图 16-6　烟囱筒身布置图

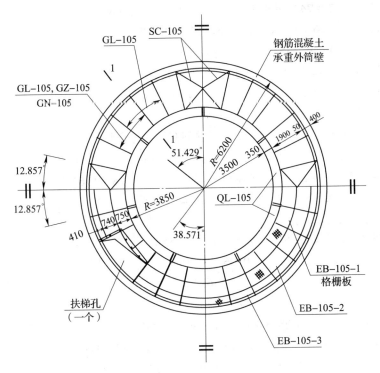

105.0m标高平台结构布置图

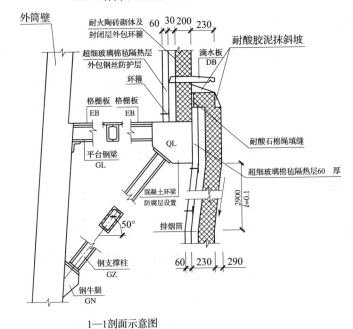

1—1剖面示意图

图 16-7 烟囱筒身各层平台平面及剖面布置图

支承平台混凝土环梁重（经验统计）：74kN。

$Q_{恒}$ = 砖砌体 + 耐酸砂浆封闭层 + 玻璃棉毡隔热层 + 支承平台

= $\pi \times (3.7^2 - 3.5^2) \times 10 \times 19.6 + \pi \times (3.73^2 - 3.7^2) \times 10 \times 20 + \pi \times (3.79^2 -$

3.73^2）$\times 10 \times 0.5 +$ （$42 + 74$）$= 887 + 140 + 7 + 116 = 1150kN$；

$Q_{活} = 2\pi \times$ （$3.79 + 0.5 \times 1.16$）$\times 1.16 \times 10 = 319kN$。

（3）205.0m、180.0m 和 155.0m 标高支承平台。

排烟筒高：$25.0 + 0.5 = 25.5m$，支承平台宽按 1.16m 取。

排烟筒外半径：$3.5 + 0.2 + 0.03 + 0.06 = 3.79m$，内半径：3.5m。

支承平台自重（经验统计）：$42 + 74 = 116kN$。

$Q_{恒} = 砖砌体 + 耐酸砂浆封闭层 + 玻璃棉毡隔热层 + 支承平台$

$= \pi \times$ （$3.7^2 - 3.5^2$）$\times 25.5 \times 19.6 + \pi \times$ （$3.73^2 - 3.7^2$）$\times 25.5 \times 20 +$

$\pi \times$ （$3.79^2 - 3.73^2$）$\times 25.5 \times 0.5 + 116 = 2261 + 358 + 18 + 116 = 2753kN$；

$Q_{活} = 2\pi \times$ （$3.79 + 0.5 \times 1.16$）$\times 1.16 \times 10 = 319kN$。

（4）130.0m 标高支承平台。

排烟筒高：$25.0 + 0.5 = 25.5m$，支承平台宽 1.56m。

排烟筒外半径：$3.5 + 0.2 + 0.03 + 0.06 = 3.79m$，内半径：3.5m。

支承平台自重（经验统计）：$72 + 74 = 146kN$。

$Q_{恒} = 砖砌体 + 耐酸砂浆封闭层 + 玻璃棉毡隔热层 + 支承平台$

$= \pi \times$ （$3.7^2 - 3.5^2$）$\times 25.5 \times 19.6 + \pi \times$ （$3.73^2 - 3.7^2$）$\times 25.5 \times 20 +$

$\pi \times$ （$3.79^2 - 3.73^2$）$\times 25.5 \times 0.5 + 146 = 2261 + 358 + 18 + 146 = 2783kN$；

$Q_{活} = 2\pi \times$ （$3.79 + 0.5 \times 1.56$）$\times 1.56 \times 10 = 448kN$。

（5）105.0m 标高支承平台。

排烟筒高：$25.0 + 0.5 = 25.5m$，支承平台宽 2.01m。

排烟筒外半径：$3.5 + 0.2 + 0.03 + 0.06 = 3.79m$，内半径：3.5m。

支承平台自重（经验统计）：$110 + 74 = 184kN$。

$Q_{恒} = 砖砌体 + 耐酸砂浆封闭层 + 玻璃棉毡隔热层 + 支承平台$

$= \pi \times$ （$3.7^2 - 3.5^2$）$\times 25.5 \times 19.6 + \pi \times$ （$3.73^2 - 3.7^2$）$\times 25.5 \times 20 +$

$\pi \times$ （$3.79^2 - 3.73^2$）$\times 25.5 \times 0.5 + 184 = 2261 + 358 + 18 + 184 = 2821kN$；

$Q_{活} = 2\pi \times$ （$3.79 + 0.5 \times 2.01$）$\times 2.01 \times 10 = 606kN$。

（6）80.0m 标高支承平台。

排烟筒高：$25.0 + 0.5 = 25.5m$，支承平台宽 2.46m。

排烟筒外半径：$3.5 + 0.2 + 0.03 + 0.06 = 3.79m$，内半径：3.5m。

支承平台自重（经验统计）：$193 + 85 = 278kN$。

$Q_{恒} = 砖砌体 + 耐酸砂浆封闭层 + 玻璃棉毡隔热层 + 支承平台$

$= \pi \times$ （$3.7^2 - 3.5^2$）$\times 25.5 \times 19.6 + \pi \times$ （$3.73^2 - 3.7^2$）$\times 25.5 \times 20 +$

$\pi \times$ （$3.79^2 - 3.73^2$）$\times 25.5 \times 0.5 + 278 = 2261 + 358 + 18 + 278 = 2915kN$；

$Q_{活} = 2\pi \times$ （$3.79 + 0.5 \times 2.46$）$\times 2.46 \times 10 = 776kN$。

（7）55.0m 标高支承平台。

排烟筒高：$25.0 + 0.5 = 25.5m$，支承平台宽 2.66m。

排烟筒外半径平均值：（$3.79 + 4.54$）$/2 = 4.165m$。

排烟筒内半径平均值：（$3.5 + 4.25$）$/2 = 3.875m$。

支承平台自重（经验统计）：$193 + 101 = 294kN$。

$Q_{恒}$ = 砖砌体 + 耐酸砂浆封闭层 + 玻璃棉毡隔热层 + 支承平台

$= \pi \times (4.075^2 - 3.875^2) \times 25.5 \times 19.6 + \pi \times (4.105^2 - 4.075^2) \times 25.5 \times 20 +$
$\pi \times (4.165^2 - 4.105^2) \times 25.5 \times 0.5 + 294 = 2497 + 393 + 20 + 294 = 3204 kN$;

$Q_{活} = 2\pi \times (4.54 + 0.5 \times 2.66) \times 2.66 \times 10 = 981 kN$。

（8）30.0m 标高支承平台。

排烟筒高：25.0 + 0.5 = 25.5m，支承平台宽2.86m。

排烟筒外半径平均值：(4.54 + 5.29) / 2 = 4.915m。

排烟筒内半径平均值：(4.25 + 5.0) / 2 = 4.625m。

支承平台自重（经验统计）：193 + 118 = 311kN。

$Q_{恒}$ = 砖砌体 + 耐酸砂浆封闭层 + 玻璃棉毡隔热层 + 支承平台

$= \pi \times (4.825^2 - 4.625^2) \times 25.5 \times 19.6 + \pi \times (4.855^2 - 4.825^2) \times 25.5 \times 20 +$
$\pi \times (4.915^2 - 4.855^2) \times 25.5 \times 0.5 + 311 = 2968 + 466 + 24 + 311 = 3769 kN$;

$Q_{活} = 2\pi \times (5.29 + 0.5 \times 2.86) \times 2.86 \times 10 = 1208 kN$。

3 积灰平台和内烟道层荷重计算（6.85m 标高）

（1）工程做法及平台可变（活）荷载取用值。

积灰平台和内烟道均采用钢筋混凝土梁板式结构，耐酸腐蚀材料防护，侧壁采用与砖砌排烟筒相同的结构构造型式，即保温隔热层和耐火陶瓷砖砌体结构。

积灰平台及内烟道面层做法：自上而下依次为65mm 厚耐酸砌块层、8mm 厚耐酸胶泥结合层、60mm 厚防水隔热层、冷底子油层、20mm 厚水泥砂浆找平层、195mm 厚水泥焦渣层和约150mm 厚钢筋混凝土梁板结构。

积灰平台及 30.0m 标高以下的砖砌排烟筒荷重直接坐落于烟囱基础上，不再通过钢筋混凝土外筒壁传递。内烟道荷重近似按一半传给钢筋混凝土外筒壁，一半直接坐落于烟囱基础上考虑。

积灰平台及内烟道面层积灰荷载（按永久荷载计）标准值：25kN/m²。

（2）6.85m 标高处积灰平台和内烟道荷重计算。

排烟筒高：30.0 + 0.5 - 6.85 = 23.65m。

排烟筒外半径：5.0 + 0.2 + 0.03 + 0.06 = 5.29m。

排烟筒内半径：5.0m。

钢筋混凝土外筒壁外半径：10.089m。

钢筋混凝土外筒壁内半径：10.089 - 0.6 = 9.489m。

内烟道长：9.489 - 5.29 = 4.199m。

内烟道平均净截面尺寸（宽×高）：5.0 × (9.0 + 0.5 × 1.0) = 5.0 × 9.5m。

内烟道壁厚同排烟筒，顶板（底板）为 0.2（0.15）米厚钢筋混凝土梁板。

积灰平台面积：$\pi \times 5.0^2 = 78.6 m^2$。

内烟道面积：$2 \times 5.0 \times 4.199 = 42.0 m^2$。

夹层平台面积 = 外筒壁内总面积 - 积灰平台面积 - 内烟道面积
$= \pi \times 9.489^2 - 78.6 - 42.0 = 162.3 m^2$；

积灰平台和内烟道底板自重面分布计算（混凝土板厚按150mm 计）：

$q_1 = 0.065 \times 20 + 0.008 \times 16 + 0.06 \times 2.5 + 0.005 + 0.02 \times 20 + 0.195 \times 12$

$+1.5 \times 0.15 \times 25$（考虑梁重影响系数 1.5）$= 10 \text{kN/m}^2$。

积灰平台自重计算（含灰）：$G_1 = 78.6 \times (10 + 25) = 2751 \text{kN}$。

内烟道底板自重计算（含灰）：$G_2 = 42.0 \times (10 + 25) = 1470 \text{kN}$。

$G_2/2$ 由钢筋混凝土外筒壁承担，$G_2/2$ 由积灰平台支柱支承并传至基础。

内烟道顶板自重计算（混凝土板厚按 200mm 计，内烟道长 3635mm）：

$G_3 = 2 \times [1.5$（考虑梁重影响系数）$\times 0.2 \times 25 \times 5.0 \times 3.635] = 273 \text{kN}$；

$G_3/2$ 由钢筋混凝土外筒壁承担，$G_3/2$ 由积灰平台支柱支承并传至基础。

内烟道侧壁自重计算：

$G_4 = 4 \times (0.2 \times 19.6 + 0.03 \times 20 + 0.06 \times 0.5) \times (3.635 + 4.199)/2 \times 9.5 = 678 \text{kN}$；

$G_4/2$ 由钢筋混凝土外筒壁承担，$G_4/2$ 由积灰平台支柱支承并传至基础。

积灰平台支柱自重计算：$G_5 = 8 \times 0.5 \times 0.5 \times [6.85 + 3.0$（地坪下柱段）$] \times 25 = 493 \text{kN}$。

夹层平台自重计算（混凝土板厚 150mm）：

$G_6 = 1.5$（考虑梁重影响系数）$\times 0.15 \times 25 \times 162.3 = 913 \text{kN}$；

$G_6/2$ 由钢筋混凝土外筒壁承担，$G_6/2$ 由积灰平台支柱支承并传至基础。

钢筋混凝土外筒壁承担部分：

$Q_{恒} =$ 内烟道（含灰）$+$ 夹层平台 $= (G_2 + G_3 + G_4 + G_6)/2$
$= (1470 + 273 + 678 + 913)/2 = 1667 \text{kN}$；

$Q_{活} =$ 夹层平台 $= 10 \times 162.3/2 = 812 \text{kN}$。

通过积灰平台柱直接传到基础部分：

$Q_{恒} =$ 排烟筒砖砌体 $+$ 耐酸砂浆封闭层 $+$ 玻璃棉毡隔热层 $+$ 积灰平台（含灰）
$+$ 内烟道（含灰）$+$ 夹层平台 $+$ 积灰平台柱
$= \pi \times (5.2^2 - 5.0^2) \times 23.65 \times 19.6 + \pi \times (5.23^2 - 5.2^2) \times 23.65 \times 20 +$
$\pi \times (5.29^2 - 5.23^2) \times 23.65 \times 0.5 + G_1 + (G_2 + G_3 + G_4 + G_6)/2 + G_5$
$= 2971 + 465 + 24 + 2751 + (1470 + 273 + 678 + 913)/2 + 493 = 8371 \text{kN}$；

$Q_{活} =$ 夹层平台 $= 10 \times 162.3/2 = 812 \text{kN}$；

总荷载：$Q = Q_{恒} + Q_{活} = 8371 + 812 = 9183 \text{kN}$。

总荷载在钢筋混凝土外筒壁计算时，应按积灰平台处的水平作用考虑。

4　其他附属设施荷重计算

其他附属设施主要是指信号照明平台、扶（直爬）梯及休息平台、避雷设施等，其荷重都较小，在烟囱钢筋混凝土外筒壁附加荷载计算中所占比例很小，故忽略不计。

16.3.4　烟囱钢筋混凝土外筒壁计算

钢筋混凝土外筒部分可参考本手册第 15 章有关内容并结合内筒特点进行计算，也可采用 51YC 专业软件进行结构计算。

1　外筒自振周期

通过 51YC 专业软件计算，烟囱基本自振周期为：$T_c = 4.57 \text{s}$。

2 烟囱温度分布计算

烟囱各层热阻按《烟囱设计规范》GB 50051—2013 第 5.6.6 条计算，温度分布按第 5.6.4 条计算。为了节省篇幅仅给出 80m 标高截面温度分布计算结果见表 16-28，其温度分布见图 16-8。

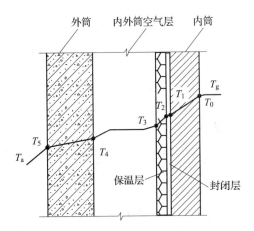

图 16-8 筒身温度分布

表 16-28 代表截面温度分布计算结果（℃）

温度工况	T_0	T_1	T_2	T_3	T_4	T_5
极端最高温度	143.7	127.5	126.6	46.9	45.9	42.5
极端最低温度	143.1	119.6	118.4	3.1	1.6	−3.2

3 烟囱水平位移计算

烟囱标准值作用下水平位移计算结果见表 16-29。

表 16-29 荷载标准值组合作用下烟囱最大水平位移计算（m）

高度（m）	组合1	组合2	组合3	组合4	组合5	基础倾斜位移	日照温差位移
240.000	1.532	1.471	1.510	1.195	1.244	0.480	0.434
230.000	1.431	1.371	1.407	1.119	1.163	0.460	0.399
217.500	1.307	1.250	1.281	1.025	1.065	0.435	0.357
205.000	1.186	1.131	1.159	0.933	0.968	0.410	0.317
192.500	1.067	1.016	1.040	0.845	0.875	0.385	0.279
180.000	0.952	0.906	0.926	0.760	0.785	0.360	0.244
167.500	0.843	0.801	0.818	0.678	0.699	0.335	0.212
155.000	0.739	0.703	0.716	0.601	0.618	0.310	0.181
142.500	0.641	0.611	0.621	0.528	0.541	0.285	0.153
130.000	0.550	0.526	0.534	0.459	0.470	0.260	0.127
117.500	0.467	0.447	0.453	0.396	0.403	0.235	0.104
105.000	0.390	0.376	0.380	0.336	0.342	0.210	0.083

续表 16-29

高度（m）	组合1	组合2	组合3	组合4	组合5	基础倾斜位移	日照温差位移
92.500	0.321	0.310	0.313	0.281	0.285	0.185	0.065
80.000	0.259	0.251	0.253	0.231	0.233	0.160	0.048
67.500	0.203	0.198	0.199	0.184	0.186	0.135	0.034
55.000	0.154	0.151	0.151	0.142	0.143	0.110	0.023
42.500	0.110	0.109	0.109	0.104	0.104	0.085	0.014
30.000	0.072	0.072	0.072	0.069	0.069	0.060	0.007
17.500	0.039	0.039	0.039	0.038	0.038	0.035	0.002
6.850	0.014	0.014	0.014	0.014	0.014	0.014	0.000
0	0	0	0	0	0	0	0

注：各种组合计算位移已包含基础倾斜和日照温差引起的位移。

根据《烟囱设计规范》GB 50051—2013 第3.2.6条规定，钢筋混凝土烟囱在标准组合效应作用下，其水平位移不应大于该点离地高度的1/100，表16-15计算结果均满足该规范的规定。

16.3.5 砖砌排烟筒计算

1 排烟筒砖砌体膨胀变形计算

排烟筒砖砌体和耐酸砂浆封闭层的膨胀变形应统一考虑。排烟筒分段高25.5m，按独立的砖烟囱考虑，砖砌体和封闭层内外温差为143.1 - 119.6 = 23.5℃，烟气温度145℃。

砖砌体线膨胀系数：$5 \times 10^{-6}/℃$。

纵向变形伸长量 $= 5 \times 10^{-6} \times 25500 \times 145 = 18.5$mm。

纵向相对变形伸长量 $= 5 \times 10^{-6} \times 25500 \times 24.6 = 3.0$mm。

环向相对变形伸长量经计算约0.1mm。

计算结果表明，变形伸长量均小于预留的100mm，满足要求。

2 排烟筒计算

（1）外筒风振荷载对内筒的影响。

作用在钢筋混凝土外筒上的平均风静荷载不直接作用在内筒上，因此可不考虑这部分荷载对内筒的振动影响，但对于风荷载中的动力部分，应考虑振动效应对内筒的影响，具体计算方法见本手册4.1.9，风振引起的内筒底部弯矩计算结果见表16-30。

表 16-30 风振引起的内筒底部内力标准值

平台标高（m）	顺风向弯矩（kN·m）	横风向弯矩（kN·m）	综合弯矩（kN·m）	内筒自重（kN）
230.0	34.8	69.9	78.1	1049.2
205.0	172.8	347.1	387.7	2623.0
180.0	129.8	260.7	291.2	2623.0
155.0	91.2	183.2	204.7	2623.0
130.0	65.1	119.3	135.9	2623.0
105.0	41.8	70.4	81.9	2623.0

续表 16-30

平台标高（m）	顺风向弯矩（kN·m）	横风向弯矩（kN·m）	综合弯矩（kN·m）	内筒自重（kN）
80.0	23.2	36.1	42.9	2623.0
55.0	11.1	15.1	18.7	2623.0
30.0	3.4	4.0	5.3	2623.0

注：1 顺风向荷载为脉动风引起的内筒振动效应。

2 横风向荷载为横向风振时引起的内筒振动效应。

3 综合效应为顺风向与横风向风振合力。

（2）烟囱平台对内筒地震作用的动力增大效应计算。

烟囱平台对内筒的地震作用具有增大效应，具体计算方法按本手册 4.2.3 计算，具体结果见表 16-31 和表 16-32。

表 16-31　支承平台水平地震参数、内筒自振周期与内筒底部水平地震内力

平台标高（m）	平台地震系数	平台动力放大系数	地震影响系数	内筒自振周期（s）	$(T_c - T_b)/T_c$	水平剪力（kN）	截面弯矩（kN·m）
205.000	0.010	1.425	0.014	0.389	0.915	31.0	527.2
180.000	0.017	1.425	0.024	0.389	0.915	54.2	920.7
155.000	0.012	1.425	0.017	0.389	0.915	37.3	634.0
130.000	0.009	1.425	0.013	0.389	0.915	28.4	482.7
105.000	0.008	1.425	0.012	0.389	0.915	26.5	449.8
80.000	0.011	1.425	0.016	0.389	0.915	35.1	597.2
55.000	0.017	1.425	0.024	0.389	0.915	52.5	892.4
30.000	0.015	1.425	0.021	0.389	0.915	46.2	784.7

注：1 平台上砖内筒地震系数已经考虑了结构系数等影响。

2 $(T_c - T_b)/T_c$ 为内外筒自振周期比率，宜大于 0.2。

表 16-32　支承平台竖向地震效应增大系数及竖向地震作用

平台标高（m）	修正前增大系数 β_{vi}	折减系数 ζ	增大效应系数 β	竖向地震力（kN）
230.000	6.302	0.666	4.195	171.6
205.000	5.969	0.666	3.973	406.5
180.000	5.576	0.666	3.712	379.7
155.000	5.133	0.668	3.428	350.7
130.000	4.638	0.649	3.010	307.9
105.000	4.040	0.631	2.550	260.8
80.000	3.344	0.614	2.054	210.1
55.000	2.503	0.581	1.455	148.9
30.000	1.477	0.552	1.000	102.3

（3）各层平台砖内筒水平截面承载力验算具体结果见表 16-33。

表 16-33　各层平台砖内筒水平截面承载力验算

平台标高 （m）	轴向压力 设计值（kN）	截面承载力 （kN）	偏心距标准值 e_k（m）	截面核心距 r_{com}（m）	偏心距设计值 e_0（m）	截面重心至筒壁 外缘距离 0.6a（m）
230.0	1259.1	7769.50	0.07	1.75	0.10	2.24
205.0	3147.6	7503.11	0.15	1.75	0.21	2.24
180.0	3147.6	7561.62	0.11	1.75	0.16	2.24
155.0	3147.6	7609.77	0.08	1.75	0.11	2.24
130.0	3147.6	7644.99	0.05	1.75	0.07	2.24
105.0	3147.6	7670.75	0.03	1.75	0.04	2.24
80.0	3147.6	7688.24	0.02	1.75	0.02	2.24
55.0	3147.6	7698.62	0.01	1.75	0.01	2.24
30.0	3147.6	7704.24	0	1.75	0	2.24

表中结果表明，截面承载力满足《烟囱设计规范》GB 50051—2013 第 6.2 节的有关要求。

（4）内筒配箍与配筋计算。

经计算内筒环向需要配置 $-60 \times 6@1500$ 环箍或 $\Phi 6@300$ 环筋，在顶部一半高度上方需按构造配置 $\Phi 6@180$ 竖向钢筋。由于排烟筒砖砌体和耐酸砂浆封闭层外固定超细玻璃棉毡保温隔热层的需要，耐酸砂浆封闭层外需沿高度方向实际按 $-60 \times 6@1000$ 设置环箍。

16.3.6　斜撑式支承平台计算

斜撑式支撑平台是由钢筋混凝土承重环梁、钢支柱、平台钢梁、平台剪力撑和平台钢格栅板组成。钢筋混凝土承重环梁一般采用分段预制，然后与钢梁、钢柱和钢支撑等吊装拼接。承重环梁分段长度一般控制在 3000mm 左右，每段环梁上径向布置有 4 根平台钢梁，其中的两根间隔布置的钢梁位置下设有钢支柱。钢梁间最小环向间距一般控制在 750mm～1400mm，钢支撑设在钢梁间的平面内，构造设置。

1　平台钢梁计算

平台钢梁采用两个热轧槽钢组合成箱型形式，每个钢梁负载平均宽度按 1200mm 计。

平台钢格栅板永久（自重）荷载标准值：0.7kN/m²；可变（活）荷载标准值：10kN/m²。

平台钢梁永久（自重）荷载标准值按 0.3kN/m 考虑，简支支承。

作用在平台钢梁上的线荷载设计值 $q = 1.2 \times (0.7 \times 1.2 + 0.3) + 1.4 \times 10 \times 1.2 = 18.2$ kN/m。

平台钢梁设计可按《钢结构设计规范》GB 50017 的相关要求进行。

各层平台钢梁设计计算具体结果见表 16-34。

表 16-34 各层平台钢梁设计计算表

平台标高（m）	钢梁长度（mm）	线荷载设计值（kN/m）	弯矩设计值（kN·m）	钢梁选用规格	承载的弯矩设计值（kN·m）	备 注
155.0 及以上	1080		2.66	2[10	13.68	满足要求
130.0	1430		4.65	2[10	13.68	满足要求
105.0	1880	18.2	8.04	2[12.6	20.8	满足要求
80.0	2280		11.83	2[14a	26.2	满足要求
55.0	2480		14.0	2[16a	34.2	满足要求
30.0	2680		16.34	2[16a	33.0	满足要求

2 钢筋混凝土承重环梁计算

（1）环梁外形尺寸确定和荷重计算。

根据以往工程设计经验，环梁尺寸分为两种。A 型环梁用于 105.0m 平台及以上，B 型环梁用于 85.0m 平台及以下。A、B 型环梁断面见图 16-9。

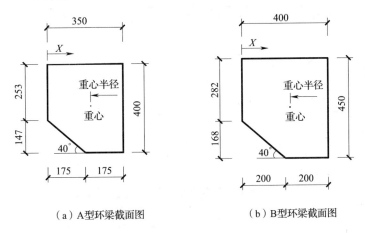

（a）A型环梁截面图　　　　　　　（b）B型环梁截面图

图 16-9 钢筋混凝土承重环梁截面图

环梁上作用的荷重有：排烟筒砖砌体自重、耐酸砂浆封闭层自重、超细玻璃棉毡保温隔热层自重、环梁自重、夹层平台自重和夹层平台活荷载。简化合并后形成的合力设计值及位置见表 16-35。

表 16-35 环梁上作用的荷重合力设计值明细表

序号	平台标高（m）	环梁类型	合力 N（kN）	合力位置 X（m）	附加扭矩 M_S（kN·m）
1	230.0	A	1602	0.196	15
2	205.0	A	3572	0.217	108
3	180.0	A	3572	0.217	108
4	155.0	A	3572	0.217	108
5	130.0	A	3669	0.211	88

续表 16-35

序号	平台标高 （m）	环梁类型	合力 N （kN）	合力位置 X （m）	附加扭矩 M_S（kN·m）
6	105.0	A	3797	0.204	65
7	80.0	B	3944	0.239	99
8	55.0	B	4460	0.234	90
9	30.0	B	5327	0.232	96

（2）环梁承载能力极限状态计算，计算结果见表 16-36 ~ 表 16-39。

表 16-36 环梁计算参数表

序号	平台标高 （m）	环梁重心处 半径 R_1（mm）	环梁周长 （mm）	环梁分 段数	每段长度 （mm）	环梁总 支柱数	每段环梁 支柱数	支柱间圆 心角（°）
1	230.0	3663	23016	7	3288	14	2	25.72
2	205.0	3663	23016	7	3288	14	2	25.72
3	180.0	3663	23016	7	3288	14	2	25.72
4	155.0	3663	23016	7	3288	14	2	25.72
5	130.0	3663	23016	7	3288	14	2	25.72
6	105.0	3663	23016	7	3288	14	2	25.72
7	80.0	3686	23160	7	3309	14	2	25.72
8	55.0	4436	27873	9	3097	18	2	20
9	30.0	5186	32585	10	3259	20	2	18

表 16-37 环梁在荷重合力 N 作用下的内力计算表

序号	平台标高（m）	环梁荷重合力 N（kN）	换算的线荷载 q（kN/m）	支座点数 n	支座点间圆心半角（°）	环梁重心处半径 R_1（m）	最大剪力 V_{max}（kN）	跨中弯矩 $M_{中}$（kN·m）	支座弯矩 $M_{支}$（kN·m）	最大扭矩 M_S（kN·m）	支座处附加扭矩 M_{S1}（kN·m）	最大扭矩时的 ψ 角（°）
1	230.0	1602	70	14	12.86	3.663	58	7.7	16.1	0.8	2.1	7.322
2	205.0	3572	157	14	12.86	3.663	129	17.4	36.5	1.5	5.3	7.322
3	180.0	3572	157	14	12.86	3.663	129	17.4	36.5	1.5	5.3	7.322
4	155.0	3572	157	14	12.86	3.663	129	17.4	36.5	1.5	5.3	7.322
5	130.0	3669	161	14	12.86	3.663	133	17.8	37.0	1.6	5.2	7.322
6	105.0	3797	166	14	12.86	3.663	137	18.3	38.1	1.6	5.2	7.322
7	80.0	3944	172	14	12.86	3.663	143	19.3	40.0	1.7	7.8	7.322
8	55.0	4460	161	18	10	4.436	126	16.3	32.3	1.1	6.5	5.772
9	30.0	5327	164	20	9	5.186	134	18.3	36.4	1.1	7.0	5.195

表 16-38 环梁在支座反力的水平分力作用下环向轴向力计算表

序号	平台标高 (m)	环梁荷重合力 N (kN)	支座点数 n	每个支点处荷载值 N/n (kN)	支柱反力 (kN)	支柱水平反力分力 V (kN)	环梁轴向力 N_S (kN)
1	230.0	1602	14	114.4	150	96	336
2	205.0	3572	14	255.2	333	214	749
3	180.0	3572	14	255.2	333	214	749
4	155.0	3572	14	255.2	333	214	749
5	130.0	3669	14	262.1	342	220	770
6	105.0	3797	14	271.2	354	228	798
7	80.0	3944	14	281.7	368	237	830
8	55.0	4460	18	247.8	324	208	936
9	30.0	5327	20	266.4	348	224	1120

表 16-39 环梁稳定验算表

序号	平台标高 (m)	环梁重心处半径 R_1 (m)	支座点数 n	环梁类型	临界荷载 q_k (kN/m)	临界水平荷载 P_k (kN)	支柱水平反力分力 (kN)
1	230.0	3.663	14	A			96
2	205.0	3.663	14	A			214
3	180.0	3.663	14	A			214
4	155.0	3.663	14	A	2225	3658	214
5	130.0	3.663	14	A			220
6	105.0	3.663	14	A			228
7	80.0	3.663	14	B	3657	6050	237
8	55.0	4.436	18	B	2098	3249	208
9	30.0	5.186	20	B	1313	2139	224

环梁内力按以下公式计算：

线荷载设计值：$q = N/2\pi R_N$，R_N 为合力 N 作用处半径；

剪力设计值：$V = \pi q R_1/n$；R_1 为环梁重心处半径；

跨中弯矩设计值：$M_中 = [\pi/(n \times \sin\alpha) - 1] q R_1^2$；

支座弯矩设计值：$M_支 = [(\pi \times \cot\alpha/n) - 1] q R_1^2$；

任意点扭矩设计值：$M_S = [(\pi \times \sin\psi/n \times \sin\alpha) - \psi] q R_1^2$。

环梁环向轴向力 $N_S = 0.25 \times n \times V = 0.25 \times N \times \tan40°$

环梁承载能力极限状态计算内容应包括：正截面受弯承载能力、斜截面受弯承载能力和截面的扭曲承载能力。混凝土环梁的受热温度按前述计算为 127.5℃（砖砌体排烟筒外表面处的温度值），其强度设计指标按此进行折减。对混凝土环梁而言，它属于弯、剪、扭和轴心受压作用的复合构件，可根据《混凝土结构设计规范》GB 50010—2010 的有关要求，分别计算或验算四种受力条件下的混凝土环梁承载能力。这里不再详述具体过程，仅列出环梁的内力条件和配筋结果供参考。

A 型环梁：用于 105.0m 至 230.0m 支承平台，C30 混凝土，室内高湿环境。

最大弯矩设计值：$M_{max} = 38.1$ kN · m；

最大剪力设计值：$V_{max} = 137.0$ kN；

最大扭矩设计值：$M_{smax} = M_s + M_{s1} = 1.6 + 5.2 = 6.8$ kN · m；

轴向压力设计值：$N_{smax} = 798.0$ kN。

配筋结果为：环梁纵向钢筋为构造配置，实配钢筋是 $13\phi16$，箍筋采用三肢，$\phi8@100$。

B 型环梁：用于 30.0m 至 80.0m 支承平台，C30 混凝土，室内高湿环境。

最大弯矩设计值：$M_{max} = 40.0$ kN · m；

最大剪力设计值：$V_{max} = 143.0$ kN；

最大扭矩设计值：$M_{smax} = M_s + M_{s1} = 1.7 + 7.8 = 9.5$ kN · m；

轴向压力设计值：$N_{smax} = 1120.0$ kN。

配筋结果为：环梁纵向钢筋为构造配置，实配钢筋是 $13\phi18$，箍筋采用三肢，$\phi8@100$。

（3）环梁正常使用极限状态验算。

根据以往工程设计经验，混凝土环梁的裂缝宽度和挠度都能满足要求，故本例题不再作这两项计算的过程，仅验算环梁的稳定性。

由于混凝土环梁为削角四边形，其惯性矩计算应等于四边形的惯性矩减去削角部分的惯性矩，即 $J = J_\square - J_\triangle$。

经计算，A 型混凝土环梁的惯性矩：$J = J_\square - J_\triangle = 1.45 \times 10^9 - 0.235 \times 10^9$
$$= 1.215 \times 10^9 \text{mm}^4$$

B 型混凝土环梁的惯性矩：$J = J_\square - J_\triangle = 2.435 \times 10^9 - 0.4 \times 10^9$
$$= 2.035 \times 10^9 \text{mm}^4$$

C30 混凝土环梁的弹性模量是 $E_c = 3.0 \times 10^4 \text{N/mm}^2$

水平向环梁临界荷载 $q_k = 3EJ/R_1^3$，R_1 为环梁重心处半径。

每个支柱处临界水平荷载 $P_k = 3\pi R_1 q_k / n$。

混凝土环梁为轴向受压，压杆的稳定应满足《混凝土结构设计规范》GB 50010—2010 的相关要求。

由表 16-39 中数据知：每个支柱处临界水平荷载 P_k 均远大于支柱水平反力分力，满足要求。经计算，混凝土环梁的压杆稳定也满足要求。

3 钢支柱计算

（1）钢支柱长度和柱顶荷载计算。

钢支柱长度计算可根据斜撑式支承平台的几何尺寸进行。根据表 16-16 和表 16-17 可得钢支柱顶的荷载及柱规格选用见表 16-40。

表 16-40 钢支柱长度、荷载设计值和规格明细表

序号	平台标高（m）	钢支柱长（mm）	柱顶弯矩 $M_支$（kN·m）	附加扭矩 $2M_{S1}$（kN·m）	柱顶轴向压力（kN）	钢支柱规格
1	230.0	1736	16.1	4.2	150	2[22a
2	205.0	1736	36.5	10.6	333	2[22a
3	180.0	1658	36.5	10.6	333	2[22a
4	155.0	1628	36.5	10.6	333	2[22a
5	130.0	2345	37.0	10.4	342	2[25a
6	105.0	3062	38.1	10.4	354	2[25a
7	80.0	3845	40.0	15.6	368	2[28a
8	55.0	4171	32.3	13.0	324	2[28a
9	30.0	4624	36.4	14.0	348	2[28a

注：柱顶附加扭矩为支座两边环梁扭矩的代数和，故取 $2M_{S1}$。

（2）钢支柱强度验算。

验算按照《钢结构设计规范》GB 50017—2013 的相关要求进行，Q235B 钢，计算结果见表 16-41。

表 16-41 钢支柱强度验算计算表

序号	平台标高（m）	柱顶轴向压力（N）	支柱横截面积（mm²）	柱顶弯矩 M_X（N·mm）	抵性矩 W_X（mm³）	柱顶扭矩 M_Y（N·mm）	抵抗矩 W_Y（mm³）	计算应力值（N/mm²）	材料应力限值（N/mm²）
1	230.0	150000	6367	16.1×10^6	435250	4.2×10^6	300300	75	215
2	205.0	333000	6367	36.5×10^6	435250	10.6×10^6	300300	172	215
3	180.0	333000	6367	36.5×10^6	435250	10.6×10^6	300300	172	215
4	155.0	333000	6367	36.5×10^6	435250	10.6×10^6	300300	172	215
5	130.0	342000	6981	37.0×10^6	537460	10.4×10^6	339400	149	215
6	105.0	354000	6981	38.1×10^6	537460	10.4×10^6	339400	153	215
7	80.0	368000	8004	40.0×10^6	678930	15.6×10^6	417100	143	215
8	55.0	324000	8004	32.3×10^6	678930	13.0×10^6	417100	120	215
9	30.0	348000	8004	36.4×10^6	678930	14.0×10^6	417100	131	215

（3）钢支柱稳定验算。

整体稳定验算和局部稳定验算可按照《钢结构设计规范》GB 50017—2013 的相关要求进行，箱形截面，经验算都满足要求。

4　其他构件计算

其他构件主要指平台剪力撑和支柱下部的钢牛腿等，都是按构造设计或选用标准图集，这里不再详述。

16.3.7　积灰平台和内烟道计算

积灰平台和内烟道都属于常规的钢筋混凝土结构和砖砌体结构，可按相关规范的要求进行设计，这里不再详述。

16.3.8　扶（直）梯、休息平台、信号照明平台和避雷系统等钢结构计算

这些钢结构构件基本上是选用标准图集和按构造设计，这里不再详述。

16.4　玻璃钢烟囱计算

16.4.1　基本设计条件

某发电厂 $2 \times 660MW$ 机组工程，根据初步设计审查意见，采用双管玻璃钢内筒烟囱。钢筋混凝土外筒内布置 $2 \times \Phi 7.2m$ 等直径玻璃钢排烟筒，玻璃钢排烟筒为悬挂式。

玻璃钢排烟筒顶标高 240m，钢筋混凝土外筒顶标高 238m。

1　烟囱设计条件

安全等级：Ⅰ级；

基本风压： $W_{50} = 0.40kN/m^2$ ；

地面粗糙度类别：B 类；

抗震设防烈度：6 度（ $0.05g$ ）；

设计地震分组：第一组；

建筑场地类别：Ⅰ₁类；

室外极端最高温度：41.1℃；

室外极端最低温度： $-21.3℃$ 。

2　烟囱运行条件

脱硫系统正常运行时烟囱入口温度：50℃；

锅炉启停、事故状态时烟囱入口温度：80℃；

设计烟气压力： $-2kPa \sim +2kPa$ ；

烟囱积灰载荷密度：1280kg/m³；

烟囱积灰厚度：30mm。

3　玻璃钢内筒竖向支承布置

内筒分三段：

第 1 段：自立式，范围为 35.70m～62.00m，支承平台标高为 35.70m，止晃平台标高为 59.90m；

第 2 段：悬挂式，范围为 62.00m～169.00m，悬挂平台标高为 132.00m，止晃平台标高分别为 95.30m、167.30m；

第 3 段：悬挂式，范围为 169.00m～240m，悬挂平台标高为 204.00m，止晃平台标高为 236.47m。

16.4.2 玻璃钢主要设计参数

1 玻璃钢内筒厚度参数

根据工艺及设备情况，玻璃钢内筒采用纤维缠绕工艺制造，单根内筒标准长度为8m，每间隔4m设置一处加强筋。

玻璃钢壁总厚度为21mm，其中内防腐蚀层厚度2.5mm，结构层厚度18mm，外保护层厚度为0.5mm。

2 材料测试力学性能参数

本例题缠绕玻璃钢内筒的力学性能数据见表16-42。

表16-42 缠绕玻璃钢力学性能

轴向抗拉强度标准值 f_{ztk}	≥190MPa	轴向抗压强度标准值 f_{zck}	≥140MPa
环向抗弯强度标准值 $f_{\theta bk}$	≥420MPa	轴向抗弯强度标准值 f_{zbk}	≥140MPa
环向压缩弹性模量 $E_{\theta c}$	≥20000MPa	轴向压缩弹性模量 E_{zc}	≥16000MPa
环向弯曲弹性模量 $E_{\theta b}$	≥20000MPa	轴向弯曲弹性模量 E_{zb}	≥16500MPa
环纵向泊松比 $\nu_{z\theta}$	0.23	纵环向泊松比 $\nu_{\theta z}$	0.12
纵向热膨胀系数 α_z	$2.0 \times 10^{-5}/℃$	环向热膨胀系数 α_θ	$1.2 \times 10^{-5}/℃$

3 玻璃钢材料设计值

（1）玻璃钢材料温度折减系数。

玻璃钢内筒在正常使用与事故状态下温度分别为50℃和80℃，经计算其筒壁内表面温度分别为：49.07℃和75.69℃。并根据本手册表3-28得到玻璃钢烟囱的材料温度折减系数，计算结果见表16-43。

表16-43 玻璃钢烟囱的材料温度折减系数

烟气温度（℃）	材料温度折减系数	
	γ_{zct}、$\gamma_{\theta bt}$	γ_{ztt}、γ_{zbt}
50	0.782	0.964
80	0.649	0.899

在正常使用与事故状态下，烟气温度均不大于100℃，故玻璃钢弹性模量折减系数按0.8取值。

（2）玻璃钢材料设计值。

根据本手册公式（3-12）~公式（3-18），玻璃钢材料的设计值计算结果见表16-44。

表16-44 玻璃钢材料设计值（MPa）

项　目	短暂设计状况		持久设计状况
	50℃正常使用温度	80℃事故温度	50℃正常使用温度
轴向抗拉强度 f_{zt}	70.43	65.67	22.89
轴向抗压强度 f_{zc}	34.23	28.38	30.43

续表 16-44

项 目	短暂设计状况		持久设计状况
	50℃正常使用温度	80℃事故温度	50℃正常使用温度
环向抗弯强度 $f_{\theta b}$	164.31	136.22	131.45
轴向抗弯强度 f_{zb}	67.46	62.91	53.97

（3）筒壁临界允许应力。

根据本书公式（10－3）～公式（10－5）和公式（10－13）分别计算筒壁轴向临界允许应力和环向临界允许应力，结果见表16-45。

表 16-45 筒壁临界允许应力 （MPa）

项 目	短暂设计状况	持久设计状况
$\sigma_{crt}^{\theta} = 0.765\,(E_{\theta b})^{3/4} \cdot (E_{zc})^{1/4} \cdot \dfrac{r}{L_s} \cdot \left(\dfrac{t_0}{r}\right)^{1.5} \cdot \dfrac{1}{\gamma_{\theta c}}$	1.15	1.02
$\sigma_{crt}^{z} = k\sqrt{\dfrac{E_{zb}E_{\theta c}}{3(1-\nu_{z\theta}\nu_{\theta z})}} \times \dfrac{t_0}{\gamma_{zc} r}$	6.22	5.53

注：t_0 为玻璃钢内筒结构层厚度，取值为 18.0mm；

　　r 为玻璃钢内筒半径，取值为 3600mm；

　　L_s 为玻璃钢内筒加强筋间距，取值为 4000mm。

16.4.3 玻璃钢内筒设计验算

为节省篇幅，本手册仅对第2段进行验算。

1 内筒各截面自重荷载与竖向地震作用计算

（1）根据本书4.2.4计算出132m平台竖向地震效应增大系数为 $\beta = 1.649$。

（2）各截面自重荷载与竖向地震荷载作用见表16-46。

表 16-46 内筒各截面自重荷载与竖向地震作用

截面标高（m）	内筒自重标准值（kN）	竖向地震作用标准值（kN）	备 注
167.3	29.3	10.3	自重包括积灰荷载
132.0	638.5（-1215.2）	19.6（-37.2）	括号内数字为悬挂支承点下部拉力
95.3	-581.7	-111.5	负号表示拉力

2 短暂设计状况外筒位移及其对内筒所产生的内力

（1）短暂设计状况荷载组合工况如下：

工况1：恒载（1.0）＋风荷载（1.4）；

工况2：恒载（1.2）＋风荷载（1.4）；

工况3：重力荷载代表值（1.0）＋风荷载（0.28）＋水平地震力（1.3）－竖向地震力（0.5）；

工况4：重力荷载代表值（1.2）+风荷载（0.28）+水平地震力（1.3）+竖向地震力（0.5）；

工况5：重力荷载代表值（1.0）+风荷载（0.28）+水平地震力（0.5）-竖向地震力（1.3）；

工况6：重力荷载代表值（1.2）+风荷载（0.28）+水平地震力（0.5）+竖向地震力（1.3）；

工况7：恒载（1.2）+风荷载（0.28）。

其中工况7为事故温度工况。

（2）经计算，短暂设计状况下内筒支承平台位置相对位移见表16-47。

表16-47 短暂设计状况下内筒支承平台位置相对位移（m）

标高（m）	工况1	工况2	工况3	工况4	工况5	工况6	工况7
236.470	0.668	0.657	0.455	0.461	0.375	0.383	0.300
204.000	0.504	0.497	0.340	0.344	0.281	0.287	0.225
167.300	0.335	0.332	0225	0.228	0.187	0.191	0.151
132.000	0.200	0.200	0.136	0.137	0.114	0.116	0.093
95.300	0.099	0.099	0.068	0.069	0.058	0.058	0.047
59.900	0.036	0.037	0.026	0.026	0.022	0.022	0.018
35.700	0.012	0.012	0.009	0.009	0.008	0.008	0.006

以下仅对标高为132m截面及工况1进行验算。

（3）外筒在工况1荷载作用下，标高132.0m处内筒截面内力见表16-48。

表16-48 132.0m标高悬挂平台处内筒截面内力

标高（m）	轴力 N（kN）	轴向应力（MPa）	截面弯矩 M（kN·m）	弯曲应力（MPa）
132.0（上）	638.5	1.56	2892.0	3.92
132.0（下）	1215.2	2.98	2892.0	3.92

注：132.0（上）表示悬挂平台上部自立段根部；132.0（下）表示悬挂平台下部悬挂段根部。

（4）132m标高内筒温差及温差应力。

1）烟道口范围烟气温差计算：$\Delta T = \beta T_g = 0.3 \times 50 = 15$ ℃。

2）132m标高内筒截面内（直径范围）不均匀温差：$\Delta T_g = \Delta T_0 \cdot e^{-\xi \cdot z/d} = 15 \times e^{-0.4 \times (132-33.3)/7.2} = 0.06$ ℃。

3）132m标高内筒筒壁温差：$\Delta T_W = 20.55$ ℃。

4）132m标高筒身弯曲温度应力：$\sigma_m^T = 0.4 E_{zc} \alpha_z \Delta T_m = 0.06$（MPa）。

5）132m标高筒身温度次应力：$\sigma_{sec}^T = 0.10 E_{zc} \alpha_z \Delta T_g \approx 0.0$（MPa）。

6）132m标高筒壁温差引起的轴向温差应力和环向温差应力：$\sigma_b^T = 0.5 E_{zb} \alpha_z \Delta T_w = 3.48$（MPa）；$\sigma_\theta^T = 0.5 E_{\theta b} \alpha_\theta \Delta T_w = 2.53$（MPa）。

计算值分别小于轴向抗弯强度（$f_{zb} = 67.46$）和环向抗弯强度（$f_{\theta b} = 164.31$），满足要求。

（5）132.0m标高内筒组合应力。

由于烟囱高度大于 200m，结构重要性系数按 1.1 考虑。

1）自立部分。

$$\sigma_{zc} = 1.1 \times \left[\frac{N_i}{A_{ni}} + \frac{M_i}{W_{ni}} + 1.1(\sigma_m^T + \sigma_{sec}^T) \right] = 1.1 \times [1.56 + 3.92 + 1.1 \times 0.06] = 6.1$$

计算值分别小于筒壁轴向临界应力（ $\sigma_{crt}^z = 6.22$ ）和轴向抗压强度设计允许值 $f_{zc} = 34.24$ ，满足要求。

2）悬挂部分。

$$\sigma_{zt} = 1.1 \times \left[\frac{N_i}{A_{ni}} + \frac{M_i}{W_{ni}} + 1.1(\sigma_m^T + \sigma_{sec}^T) \right] = 1.1 \times [2.98 + 3.92 + 1.1 \times 0.06]$$

$$= 7.66 < 70.43 \quad \frac{\sigma_{zt}}{f_{zt}} + \frac{\sigma_{zb}}{f_{zb}} = \frac{7.66}{70.43} + \frac{1.1 \times 1.1 \times 3.48}{164.31} = 0.134 < 1.0$$

结论：满足要求（上式两个 1.1，分别为结构重要性系数和温度作用分项系数）。

3）在烟气负压和温度作用下筒壁垂直截面应力验算。

$$\sigma_\theta = \frac{pr}{t_0} = \frac{1.1 \times 1.1 \times 0.645 \times 3.6}{0.018} = 156 \text{kN/m}^2 = 0.156 \text{MPa} < \sigma_{crt}^\theta = 1.15 \text{MPa}$$

$$\frac{\sigma_\theta}{\sigma_{crt}^\theta} + \frac{\sigma_{\theta b}}{f_{\theta b}} = \frac{0.156}{1.15} + \frac{1.1 \times 1.1 \times 2.53}{164.31} = 0.154 < 1.0$$

结论：满足要求。

4）负压运行内筒的自立段轴环向复合应力比计算。

$$\frac{\sigma_{zc}}{\sigma_{crt}^z} + \left(\frac{\sigma_\theta}{\sigma_{crt}^\theta} \right)^2 = \frac{6.1}{6.22} + \left(\frac{0.156}{1.15} \right)^2 = 0.999 < 1$$

结论：满足要求。

5）非正常温度工况运行验算（略）。

3　持久设计状况下截面应力验算

（1）持久设计状况下自立段截面应力计算结果见表 16-49。

表 16-49　持久设计状况下自立段截面应力（MPa）

标高（m）	σ_{zc}	f_{zc}	σ_{crt}^z	σ_{zb}	f_{zb}	$\frac{\sigma_{zc}}{\sigma_{crt}^z} + \left(\frac{\sigma_\theta}{\sigma_{crt}^\theta} \right)^2$
132	2.076	30.443	5.533	4.212	67.466	0.439

表中符号意义见本手册 10.2.1，其中 $\sigma_{zc} < f_{zc}$ ； $\sigma_{zc} < \sigma_{crt}^z$ ； $\sigma_{zb} < f_{zb}$ ； $\frac{\sigma_{zc}}{\sigma_{crt}^z} + \left(\frac{\sigma_\theta}{\sigma_{crt}^\theta} \right)^2 < 1$ ，满足要求。

（2）持久设计状况下悬挂段截面应力计算结果见表 16-50。

表 16-50　持久设计状况下悬挂段截面应力（MPa）

标高（m）	σ_{zt}	f_{zt}^l	σ_{zb}	f_{zb}	$\frac{\sigma_{zt}}{f_{zt}} + \frac{\sigma_{zb}}{f_{zb}}$
132.000	4.018	22.889	4.018	67.463	0.250
95.300	2.520	22.889	3.915	67.461	0.183

表中符号意义见本手册10.2.2，其中 $\sigma_{zt} < f_{zt}^1$；$\sigma_{zb} < f_{zb}$；$\dfrac{\sigma_{zt}}{f_{zt}} + \dfrac{\sigma_{zb}}{f_{zb}} < 1$，满足要求。

（3）持久设计状况下筒壁垂直截面环向应力见表16-51。

表16-51 持久设计状况下筒壁垂直截面环向应力（MPa）及应力比

标高（m）	σ_θ	σ_{crt}^θ	$\sigma_{\theta b}$	$f_{\theta b}$	$\dfrac{\sigma_\theta}{\sigma_{crt}^\theta} + \dfrac{\sigma_{\theta b}}{f_{\theta b}}$
167.300	0.157	1.02	3.100	131.522	0.177
132.000	0.157	1.02	3.063	131.515	0.177
95.300	0.157	1.02	2.922	131.463	0.176

表中符号意义见本手册10.2.3，其中 $\sigma_\theta < \sigma_{crt}^\theta$，$\sigma_{\theta b} < f_{\theta b}$，$\dfrac{\sigma_\theta}{\sigma_{crt}^\theta} + \dfrac{\sigma_{\theta b}}{f_{\theta b}} < 1$，满足要求。

16.4.4 加劲肋及接口计算

1 筒壁加劲肋影响截面抗弯刚度

$$E_s I_s \geqslant \frac{2pL_s r^3}{1.15}$$

玻璃钢加劲肋采用实心截面或空心（或内部填充泡沫）截面，具体见下图16-10和图16-11。

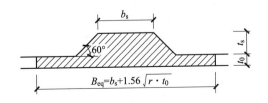

图16-10 实心加劲截面

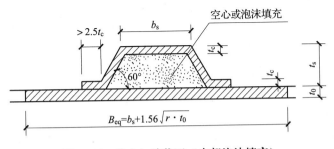

图16-11 空心加劲截面（内部泡沫填充）

实心加劲肋 b_s 最小值不小于5倍筒壁厚度，也不大于20倍 t_s 和300mm。加劲肋高度不小于 $1.5 t_0$，且不大于 $4 b_s$。筒壁影响截面有效宽度采用 $B_{eq} = b_s + 1.56 \sqrt{rt_0}$，并且计算影响面积不大于加强肋截面面积。

对于空心加劲肋最小高度不小于 $3 t_0$ 及 80mm，加劲肋最小厚度为 10mm 与 $2 t_0 /3$ 之较大值。

计算时筒壁影响截面有效宽度取 $B_{eq} = 1.56 \sqrt{rt}$，且计算影响面积不大于加强肋截面面积；设计烟气压力，取值为 -2.5kPa；玻璃钢内筒半径，取值为 3600mm；玻璃钢内筒加强筋间距，取值为 4000mm，计算结果如表 16-52。

表 16-52 玻璃钢内筒加劲肋最小截面尺寸（mm）

加劲截面类型	加劲宽度 b_s	加劲高度 t_s	加劲厚度 t_c	影响截面有效宽度 B_{eq}
实心截面	147	115	—	429
空心截面	147	164	14	334

实际设计取空心截面，其中加劲顶部宽度取 200mm，高度取 200mm，厚度取 15mm。

2 玻璃钢平端对接接口宽度与厚度

根据本手册 10.2.6 计算公式，计算粘贴连接接口宽度与厚度分别为 96mm 和 14mm，实际设计取宽度为 500mm，厚度取 20mm。

17 钢烟囱计算实例

17.1 自立式钢烟囱计算

17.1.1 设计条件

1 烟囱高度与出口直径

烟囱高度：80m；出口直径为 2.5m（图 17-1）。

2 基本风压

基本风压：0.35kPa；地面粗糙度类别：B 类。

3 抗震设计

抗震设防烈度：6 度，设计基本地震加速度值 0.05g，设计地震分组为第一组，场地类别为Ⅱ类。

4 设计温度

大气极端最高气温：41.8℃；大气极端最低气温：－23.6℃；烟气设计温度：400℃。

5 烟囱选型及选材设计

（1）烟囱采用双层钢烟囱，外筒壁采用 Q235B 级钢材，顶部 3m 高范围采用 6mm 厚 316L 不锈钢制作；内筒采用 4mm 厚 316L 不锈钢制作；内外筒之间采用 100mm 厚硅酸铝棉做隔热材料。

（2）钢烟囱每 10m 一段，采用刚性法兰连接；采用 8.8 级高强螺栓或 8.8 级 A 级普通螺栓连接，螺栓抗拉强度设计值为 400MPa。

（3）根据风振计算情况确定烟囱减震方式，并确定破风圈设置范围。

（4）靴梁及地脚锚栓。地脚锚栓采用 Q345B 级钢材制作，抗拉强度设计值为 180MPa；靴梁采用 Q235B 级钢材制作。

（5）烟囱外筒壁防腐蚀处理。铁红环氧酯底漆一道，25μm；聚氨酯厚浆型面漆两道，每道 100μm；聚氨酯厚清漆一道，20μm。

6 烟囱筒身尺寸

烟囱筒身尺寸见表 17-1。

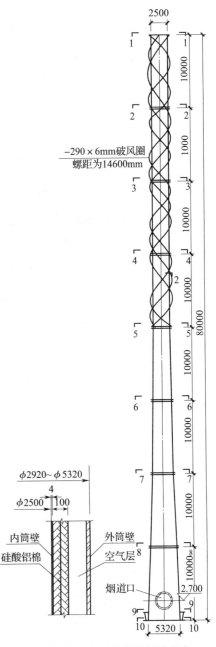

图 17-1 烟囱立面及保温隔热节点

表 17-1　烟囱筒身尺寸

标高（m）	筒壁厚度（mm）	钢材等级	隔热层厚度（mm）	内衬厚度（mm）	筒壁外直径（mm）
80	6	316L	100	4	2920
77	8	Q235B	100	4	2920
70	8	Q235B	100	4	2920
60	8	Q235B	100	4	2920
50	10	Q235B	100	4	2920
40	10	Q235B	100	4	2920
30	12	Q235B	100	4	3420
20	14	Q235B	100	4	3920
10	16	Q235B	100	4	4620
2.7	18	Q345	100	4	5131
0.0	18	Q345	100	4	5320

17.1.2　筒壁受热温度计算

硅酸铝棉导热系数取 $0.056 + 0.0002T$ ［W／（m·K）］，根据本手册 4.3.2 有关规定进行温度计算，由 51YC 烟囱软件计算结果见表 17-2 和表 17-3。

表 17-2　极端最高温度工况计算温度（℃）

标高（m）	内衬内表面温度	内衬外表面温度	隔热层外表面温度	筒壁外表面温度
77.00	394.0	394.0	68.5	68.5
70.00	394.0	394.0	68.5	68.4
60.00	394.0	394.0	68.5	68.4
50.00	394.0	394.0	68.4	68.3
40.00	394.0	394.0	68.4	68.3
30.00	394.1	394.0	68.6	68.6
20.00	394.1	394.1	68.7	68.6
10.00	394.1	394.1	68.8	68.7
2.70	394.1	394.1	68.9	68.8
0	394.1	394.1	68.9	68.8

表 17-3　极端最低温度工况计算温度（℃）

标高（m）	内衬内表面温度	内衬外表面温度	隔热层外表面温度	筒壁外表面温度
77.00	393.2	393.2	-7.7	-7.8
70.00	393.2	393.2	-7.7	-7.8
60.00	393.2	393.2	-7.7	-7.8

续表17-3

标高（m）	内衬内表面温度	内衬外表面温度	隔热层外表面温度	筒壁外表面温度
50.00	393.2	393.2	-7.7	-7.8
40.00	393.2	393.2	-7.7	-7.8
30.00	393.2	393.2	7.6	-7.7
20.00	393.3	393.3	-7.5	-7.7
10.00	393.3	393.3	-7.5	-7.6
2.70	393.3	393.3	-7.4	-7.6
0	393.3	393.3	-7.4	-7.5

17.1.3　烟囱动力分析

通过51YC烟囱软件计算，烟囱第一阶自振周期为1.2437s；第二阶自振周期为0.2796s；第三阶自振周期为0.1120s。前4阶振型见表17-4。

表17-4　烟囱前4阶振型计算结果

标高（m）	第1振型	第2振型	第3振型	第4振型
80.00	1.0000	-1.0000	1.0000	1.0000
77.00	0.9352	-0.8012	0.6866	0.5713
70.00	0.7844	-0.3431	-0.0102	-0.3165
60.00	0.5743	0.2278	-0.5985	-0.5346
50.00	0.3817	0.5792	-0.4193	0.3308
40.00	0.2238	0.6355	0.1871	0.5808
30.00	0.1126	0.4634	0.5378	-0.1087
20.00	0.0447	0.2323	0.4284	-0.4898
10.00	0.0101	0.0619	0.1464	-0.2495
2.70	0.0007	0.0053	0.0151	-0.0316
0	0	0	0	0

17.1.4　风荷载计算

1　顺风向风荷载计算

根据本手册4.1.5的有关规定计算顺风向风荷载，根据本手册4.1.7计算在径向局部风压作用下烟囱竖向截面最大环向风弯矩，计算结果见表17-5。

2　横风向风振计算

钢烟囱内力一般由风荷载控制，特别是当发生横风向共振时，其荷载对烟囱截面尺寸和变形将起到决定性作用。许多工程实例表明，钢烟囱破坏往往都是由横向风荷载引起的，且发生共振的风力等级多数为5级到7级风，对应风速为8m/s～17m/s，对应的风压很小，基本上都低于该地区的基本设计风压。

表 17-5　顺风向风荷载计算结果（标准值）

标高 （m）	脉动风共振 因子 R	脉动风背景 因子 B_z	风振系数 $\beta_z = 1 + 2gI_{10}B_z\sqrt{1+R^2}$	剪力 （kN）	水平截面弯矩 （kN·m）	垂直截面环向 弯矩（kN·m）
80.00	2.327	0.839	2.367	0.0	0.0	1.0
77.00	2.327	0.794	2.293	8.0	12.0	1.0
70.00	2.327	0.685	2.116	25.2	129.1	0.9
60.00	2.327	0.525	1.856	46.6	490.9	0.7
50.00	2.327	0.369	1.601	64.3	1047.9	0.6
40.00	2.327	0.231	1.377	78.6	1764.8	0.5
30.00	2.327	0.148	1.242	91.3	2614.9	0.6
20.00	2.327	0.076	1.124	103.4	3589.2	0.6
10.00	2.327	0.025	1.041	114.3	4678.6	0.6
2.70	2.327	0.002	1.003	121.9	5540.5	0.7
0	2.327	0	1.000	124.9	5873.7	0

在横风向共振问题方面，现行国家标准《烟囱设计规范》GB 50051—2013 与《建筑结构荷载规范》GB 50009—2012 有以下几个方面的差异：

（1）《烟囱设计规范》第5.2.5条规定，应验算风速小于基本设计风压工况下可能发生的最不利共振响应。

（2）《烟囱设计规范》第5.2.4 条给出的斯脱罗哈数 S_t 的取值范围为 0.2～0.3，而《建筑结构荷载规范》给出的是固定值，为0.2。

（3）地面粗糙度指数 α 方面，《建筑结构荷载规范》将地面类别划分为 A、B、C、D 等4类地貌，对应地貌粗糙度指数分别取 0.12、0.15、0.22 和 0.30，而这些数值仅为该类地貌的平均数，对于一般建筑结构是满足要求的，但对于横风向共振非常敏感的钢烟囱，有必要细化，并取不利数值，故《烟囱设计规范》规定钢烟囱可根据实际情况取不利数值。

（4）在计算等效横风向共振荷载时，《烟囱设计规范》是根据横风向共振荷载的分布范围进行计算的，即 $\lambda_j = \lambda_j(H_1/H) - \lambda_j(H_2/H)$，这与《建筑结构荷载规范》与较大区别。《建筑结构荷载规范》只计算横风向共振荷载的起点高度 H_1，并以此计算等效共振荷载，这样是偏于安全的。但这种安全对于钢烟囱设计来讲有时是不可接受的，会把根本未共振情况误当作共振，且数值相当大，造成钢烟囱设计困难。

以下计算结果是严格按《烟囱设计规范》GB 50051—2013，并按 51YC 烟囱软件找出最不利风荷载的横风向共振范围、斯脱罗哈数 S_t 和地面粗糙度指数。通过软件找到工程实例对应的不利共振荷载计算参数如下：

风压：为基本设计风压，即 $w = w_0 = 0.35\text{kPa}$；

地面粗糙度指数为：$\alpha = 0.175$，为设计地面粗糙度 B 类范围；

斯脱罗哈数：$S_t = 0.28$。

（1）第一阶横风向共振验算：

$$v_H = 40 \sqrt{\mu_H w_0} = 40 \sqrt{1.866 \times 0.35} = 32.3\text{m/s}$$

$$v_{cr,1} = \frac{d}{S_t \times T_1} = \frac{2.92}{0.28 \times 1.2437} = 8.4\text{m/s}(< 1.2v_H = 38.7\text{m/s})$$

$$R_e = 69000vd = 69000 \times 8.4 \times 2.92 = 1.69 \times 10^6 < 3.5 \times 10^6$$

上述结果不满足 1 阶共振条件。

（2）第二阶横风向共振验算：

$$v_{cr,2} = \frac{2.92}{0.28 \times 0.2796} = 37.3\text{m/s}(< 1.2v_H = 38.76\text{m/s})$$

$$R_e = 69000vd = 69000 \times 37.3 \times 2.92 = 7.51 \times 10^6 > 3.5 \times 10^6$$

满足共振条件，需要进行共振荷载验算。

$$H_1 = H \left(\frac{v_{cr,2}}{1.2v_H}\right)^{\frac{1}{\alpha}} = 80 \times \left(\frac{37.3}{38.76}\right)^{1/0.175} = 63.95\text{m}$$

经计算 H_2 大于 80m，取 $H_2 = 80\text{m}$，则等效共振荷载计算系数为：

$$\lambda_2 = \lambda_2(H_1/H) - \lambda_2(H_2/H) = -0.3797$$

本例题采用"破风圈"来降低横风向共振响应，设置范围应大于烟囱高度的 1/3。确定在烟囱上部 40m 范围设置"破风圈"，该范围体型系数取 1.2，重新计算顺风向风荷载，并取 25% 的横风向共振荷载来计算合力，合力按下式计算：

$$S = \sqrt{(0.25S_C)^2 + S_A^2}$$

式中，S_C、S_A 分别为横风向与顺风向荷载效应。计算结果见表 17-6。

表 17-6　设置破风圈后烟囱水平截面荷载效应

标高（m）	等效横向风振荷载			对应顺风向荷载		合力效应	
	w_{czj}（kN/m²）	剪力 V_C（kN）	弯矩 M_C（kN·m）	剪力 V_A（kN）	弯矩 M_A（kN·m）	剪力 V（kN）	弯矩 M（kN·m）
80.00	4.127	0	0	0	0	0	0
77.00	3.307	31.4	59.3	15.9	24.0	17.7	28.2
70.00	1.416	73.2	578.5	50.4	258.1	53.6	295.9
60.00	-0.940	68.7	1677.6	93.1	981.7	94.7	1067.6
50.00	-2.391	13.0	2325.8	128.5	2095.7	128.5	2174.9
40.00	-2.623	-61.4	2122.3	157.2	3529.6	158.0	3569.2
30.00	-1.913	-129.5	1040.4	170.0	5165.8	173.0	5172.4
20.00	-0.959	-176.4	-678.1	182.0	6926.3	187.2	6928.4
10.00	-0.256	-197.3	-2725.4	192.9	8801.7	199.1	8828.1
2.70	-0.220	-200.8	-4212.9	200.6	10237.6	206.7	10291.6
0	0	-200.9	-4755.8	203.5	10783.1	209.6	10848.4

17.1.5 地震作用计算

采用振型分解法，按《建筑抗震设计规范》GB 50009—2012 有关规定进行计算（计算过程略），计算结果见表 17-7。

表 17-7 钢烟囱各截面地震力计算结果（标准值）

标高（m）	每节烟囱根部重量（kN）	剪力（kN）	弯矩（kN·m）
80.00	0	0	0
77.00	12.9	1.4	4.1
70.00	70.4	5.1	39.6
60.00	168.1	7.6	113.8
50.00	297.3	7.8	174.7
40.00	426.5	8.0	219.2
30.00	577.3	10.6	267.1
20.00	766.1	14.7	348.0
10.00	1006.8	18.9	482.5
2.70	1249.5	20.5	606.2
0	1383.3	20.6	654.9

17.1.6 截面内力组合与水平变形计算

1 设计基本组合工况

截面基本组合按以下工况进行：

(1) $1.0D + 1.4W$；

(2) $1.2D + 1.4W$；

(3) $1.0D + 0.28W + 1.3E_h - 0.5E_v$；

(4) $1.2D + 0.28W + 1.3E_h + 0.5E_v$；

(5) $1.0D + 0.28W + 0.5E_h - 1.3E_v$；

(6) $1.2D + 0.28W + 0.5E_h + 1.3E_v$。

其中，D、W、E_h、E_v 分别代表恒载、风荷载、水平地震力和竖向地震力。

烟囱截面弯矩设计值见表 17-8。

表 17-8 烟囱截面弯矩设计值（kN·m）

标高（m）	组合 1	组合 2	组合 3	组合 4	组合 5	组合 6
77.00	40.3 (0.8)	40.4 (0.9)	13.6 (0.4)	13.7 (0.4)	10.3 (0.3)	10.4 (0.4)
70.00	423.2 (9.0)	425.1 (10.8)	138.6 (4.3)	139.5 (5.2)	106.7 (4.1)	107.5 (4.9)
60.00	1531.2 (36.6)	1538.6 (44.0)	464.5 (17.7)	468.1 (21.2)	372.6 (16.8)	376.0 (20.1)
50.00	3126.2 (81.3)	3142.6 (97.8)	876.0 (39.9)	884.0 (47.9)	734.3 (38.0)	741.9 (45.6)
40.00	5135.6 (138.7)	5163.7 (166.8)	1354.3 (70.0)	1368.4 (84.1)	1175.9 (66.9)	1189.4 (80.4)
30.00	7443.2 (201.9)	7484.1 (242.8)	1902.3 (106.9)	1923.8 (128.4)	1684.5 (102.7)	1705.2 (123.4)

续表 17-8

标高（m）	组合 1	组合 2	组合 3	组合 4	组合 5	组合 6
20.00	9966.4（266.6）	10020.3（320.6）	2543.2（150.8）	2573.5（181.1）	2259.7（145.8）	2289.0（175.1）
10.00	12691.8（332.5）	12759.0（399.7）	3302.5（203.5）	3343.4（244.3）	2911.0（197.9）	2950.7（237.6）
2.70	14790.2（381.9）	14867.3（459.0）	3918.6（248.9）	3968.5（298.8）	3427.9（243.1）	3476.7（291.9）
0	15588.5（400.8）	15669.4（481.6）	4156.3（267.4）	4210.0（321.1）	3626.7（261.7）	3679.1（314.1）

注：表中括号内数字为该截面附加弯矩。

2 在标准组合下，截面水平位移计算

截面标准组合按以下工况进行：

（1） $1.0D + 1.0W$；

（2） $1.0D + 0.20W + 1.0E_h - 0.4E_v$；

（3） $1.0D + 0.20W + 1.0E_h + 0.4E_v$；

（4） $1.0D + 0.20W + 0.4E_h - 1.0E_v$；

（5） $1.0D + 0.20W + 0.4E_h + 1.0E_v$。

在荷载标准值组合下，烟囱最大水平位移计算结果见表 17-9。

表 17-9　烟囱最大水平位移（m）

标高（m）	组合 1	组合 2	组合 3	组合 4	组合 5
80.00	0.789	0.501	0.501	0.487	0.487
77.00	0.749	0.479	0.479	0.466	0.466
70.00	0.656	0.429	0.429	0.418	0.418
60.00	0.524	0.357	0.357	0.350	0.350
50.00	0.400	0.288	0.288	0.283	0.283
40.00	0.288	0.222	0.222	0.219	0.219
30.00	0.193	0.161	0.161	0.160	0.160
20.00	0.116	0.104	0.104	0.104	0.104
10.00	0.053	0.051	0.051	0.051	0.051
2.70	0.014	0.014	0.014	0.014	0.014
0	0	0	0	0	0

由表中数值可以看出，由于地震烈度低，地震组合不起控制作用。在风荷载作用下，烟囱顶部位移为 0.789m，小于烟囱高度的 1/100，即 0.8m，满足要求。

17.1.7 烟囱承载力验算

1 烟囱局部稳定验算

钢烟囱局部稳定验算根据本手册公式（8-10）～公式（8-19）进行。为节约篇幅，计算仅针对第 2 种设计基本组合工况，计算结果见表 17-10。表中 σ_{crt1} 和 σ_{crt2} 分别代表烟囱筒体几何缺陷折减系数取 0.5 和 1.0 时计算结果。《烟囱设计规范》GB 50051—2013 充分体现了烟囱筒体几何缺陷以及不同弯矩与轴力的应力水平对其局部稳定的影响，设计时应对钢烟囱的施工误差提出要求。

表 17-10　钢烟囱局部稳定验算结果

标高 (m)	壁厚 t (mm)	直径 D (mm)	D/t	A_{in} (cm²)	W_{in} (cm³)	N_i (kN)	M_i (kN·m)	σ_N (MPa)	σ_M (MPa)	α_N	α_B	α	σ_{et} (MPa)	β	$\sigma_N+\sigma_M$ (MPa)	σ_{crt1} (MPa)	σ_{crt2} (MPa)
77.00	6	2920	486.7	549.28	39932.5	15.48	40.4	0.28	1.01	0.527	0.617	0.261	512.2	1.268	1.3	88.3	124.7
70.00	8	2920	365.0	731.87	53133.8	84.48	425.1	1.15	8.00	0.533	0.621	0.289	682.9	1.044	9.2	110.5	139.4
60.00	8	2920	365.0	731.87	53133.8	201.72	1538.6	2.76	28.96	0.531	0.620	0.291	682.9	1.041	31.7	110.8	139.6
50.00	10	2920	292.0	914.20	66280.5	356.76	3142.6	3.90	47.41	0.536	0.624	0.306	853.6	0.907	51.3	123.7	148.1
40.00	10	2920	292.0	914.20	66280.5	511.8	5163.7	5.60	77.91	0.533	0.621	0.306	853.6	0.907	83.5	123.7	148.1
30.00	12	3420	285.0	1284.79	109079.7	692.76	7484.1	5.39	68.61	0.529	0.618	0.307	874.6	0.894	74.0	124.9	148.9
20.00	14	3920	280.0	1717.95	167158.5	919.32	10020.3	5.35	59.95	0.529	0.618	0.308	890.2	0.885	65.3	125.8	149.5
10.00	16	4620	288.8	2314.22	265444.5	1208.16	12759.0	5.22	48.07	0.494	0.589	0.305	863.2	0.903	53.3	124.1	148.4
2.70	18	5131	285.1	2360.09	209312.4	1499.4	14867.3	6.35	71.03	0.494	0.589	0.307	874.4	1.048	77.4	151.0	190.9
0	18	5320	295.6	2998.21	3960608.4	1659.96	15669.4	5.54	39.56	0.440	0.546	0.303	843.4	1.075	45.1	147.5	188.6

注：烟囱筒体几何缺陷折减系数 δ，当 $w \leq 0.01l$ 时（见图17-2），取 $\delta=1.0$；当 $w=0.02l$ 时，取 $\delta=0.5$；当 $0.01l<w<0.02l$ 时，采用线性插值；不允许出现 $w>0.02l$ 的情况。

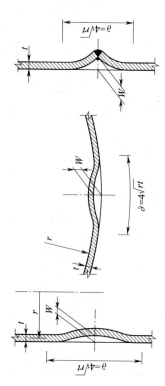

图 17-2　钢烟囱筒体几何缺陷示意

2 烟囱整体稳定验算

在弯矩和轴向力作用下，钢烟囱的整体稳定性应按本手册第8.2节公式（8-20）进行验算：

$$\frac{N_i}{\varphi A_{bi}} + \frac{M_i}{W_{bi}(1 - 0.8 N_i/N_{Ex})} \leqslant f_t$$

烟囱长细比，按悬臂构件计算其计算值为：$\lambda = 122.29$；焊接圆筒截面轴心受压构件稳定系数 φ，查《烟囱设计规范》GB 50051—2013 附录B，得到数值为：$\varphi = 0.314$，带入欧拉临界力公式，可以获得烟囱根部截面临界力为：

$$N_{Ex} = \frac{\pi^2 E_t A_{bi}}{\lambda^2} = \frac{\pi^2 \times 206000 \times 299821}{122.29^2} = 3.7055 \times 10^7 \text{N} = 37055 \text{kN}$$

各种工况下计算结果见表17-11。

表17-11 各种工况下烟囱整体稳定计算结果

荷载工况	组合1	组合2	组合3	组合4	组合5	组合6
毛截面面积 A_{bi}（mm²）	299821	299821	299821	299821	299821	299821
毛截面抵抗矩 W_{bi}（mm³）	3.96×10^9	3.96×10^9	3.96×10^9	3.96×10^9	3.96×10^9	3.96×10^9
欧拉临界力 NE_x（N）	3.71×10^7	3.71×10^7	3.71×10^7	3.71×10^7	3.71×10^7	3.71×10^7
烟囱长细比 λ	122.29	122.29	122.29	122.29	122.29	122.29
截面轴心受压构件稳定系数 φ	0.314	0.314	0.314	0.314	0.314	0.314
截面轴力 N_i（N）	1383311	1659973	1383311	1659973	1383311	1659973
截面弯矩 M_i（N·mm）	15588550	15669410	4156313	4209976	3626653	3679141
$\frac{N_i}{\varphi A_{bi}} + \frac{M_i}{W_{bi}(1 - 0.8 N_i/N_{Ex})}$	55.3	58.7	25.5	28.6	24.1	27.3

烟囱根部壁厚为18mm，筒壁温度为67.3℃，其抗压强度设计值为295MPa。表格计算值小于允许值，满足要求。

3 烟道口应力验算

本工程实例烟道入口采用圆形，洞口应力集中系数取3.0，2.7m标高处截面参数为：

截面面积：$A_0 = 236009 \text{mm}^2$；

截面惯性矩：$I_0 = 563859 \times 10^6 \text{mm}^4$

截面形心距：$y_0 = 544 \text{mm}$；

截面形心距离洞口距离：2693.9mm；

截面最小抵抗矩：$W_0 = 209 \times 10^6 \text{mm}^3$。带入公式得：

$$\sigma = \left(\frac{N}{A_o} + \frac{M}{W_o}\right)\alpha_k$$

$$= \left(\frac{1499367}{236009} + \frac{14867 \times 10^6}{209 \times 10^6}\right) \times 3 = 232.5 \text{N}^2/\text{mm} < f_t = 295 \text{N}^2/\text{mm}$$

满足要求。

4 地脚螺栓计算

地脚螺栓材质采用 Q345B 级钢制作，抗拉强度设计值为 180MPa。地脚螺栓承载力可按表 17-12 选用。

表 17-12 地脚螺栓承载力选用表

锚栓直径 d（mm）	每个锚栓截面有效面积 Ae（mm²）	每个锚栓受拉承载力设计值 N_t^a（kN）	
		锚栓钢材牌号	
		Q345	Q235
20	244.8	44.1	34.3
22	303.4	54.6	42.5
24	352.5	63.5	49.4
27	459.4	82.7	64.3
30	560.6	100.9	78.5
33	693.6	124.8	97.1
36	816.7	147.0	114.3
39	975.8	175.6	136.6
42	1121	201.8	156.9
45	1306	235.1	182.8
48	1473	265.1	206.2
52	1758	316.4	246.1
56	2030	365.4	284.2
60	2362	425.2	330.7
64	2676	481.7	374.6
68	3055	549.9	427.7
72	3460	622.8	484.4
76	3889	700.0	544.5
80	4344	781.9	608.2
85	4948	890.6	692.7
90	5591	1006	782.7
95	6273	1129	878.2
100	6995	1259	979.3

地脚螺栓数量采用 32 根，直径为 52mm，螺栓承载能力验算结果如下：

$$P_{max} = \frac{4M}{nd} - \frac{N}{n} = \frac{4 \times 15669.4}{32 \times 5.62} - \frac{0.9 \times 1660}{32} = 301.8\text{kN} < 316.6\text{kN}$$

满足要求。

17.2　塔架式钢烟囱计算

17.2.1　实例简介

1　工程概况

本工程实例 4 个排烟筒内径均为 4.2m，高 200m。中间电梯筒内径为 2.2m。四边形塔架底部宽 50m，顶部宽 13m，高 192m，见图 17-3。烟囱排气量为 680m³/s，为了进一步提高烟气排升高度，要求顶部烟气排出速度达到 30m/s，在筒身顶部 8m 范围内将直径缓慢缩小，出口面积减小约 10%，见图 17-4。

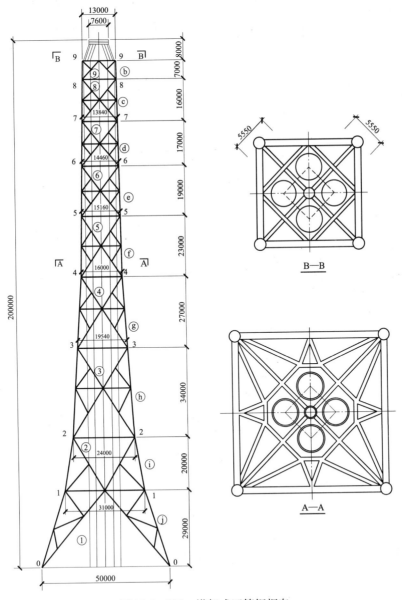

图 17-3　200m 塔架式四筒钢烟囱

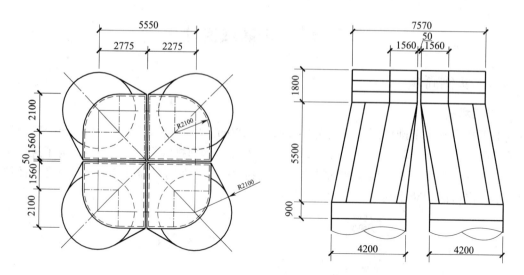

图 17-4 排烟筒顶部收缩处理

2 塔架主要构件截面特性

塔架主要构件截面特性见表 17-13、表 17-14 和表 17-15。构件截面的大小主要取决于截面应力，而辅助杆件的截面的大小则控制其共振风速不小于 15m/s。

表 17-13 塔柱截面特性

塔柱序号	塔柱型号	截面面积（cm²）	每米长重量（kN/m）	节间长度 l_k（cm）	回转半径 i（cm）	长细比 λ
b	$\phi406.4 \times 12.7$	157.1	1.233	700	13.9	50
c	$\phi406.4 \times 12.7$	157.1	1.233	817	13.9	59
d	$\phi500 \times 12$	183.97	1.444	868	17.26	50
e	$\phi600 \times 16$	293.55	2.304	972	20.66	47
f	$\phi800 \times 20$	490.09	3.847	1181	27.59	43
g	$\phi1100 \times 22$	745.06	5.849	1484	38.12	39
h	$\phi1300 \times 25$	1001.39	7.861	1874	45.09	42
i	$\phi1400 \times 28$	1206.88	9.474	2060	48.52	43
j	$\phi1400 \times 28$	1206.88	9.474	1598	48.52	33

表 17-14 斜杆截面特性

斜杆序号	斜杆型号	截面面积（cm²）	每米长重量（kN/m）	节间长度 l_k（cm）	回转半径 i（cm）	长细比 λ
9	$\phi318.5 \times 6.4$	62.75	0.493	500	11.0	45
8	$\phi318.5 \times 6.4$	62.75	0.493	540	11.0	49
7	$\phi318.5 \times 6.4$	62.75	0.493	570	11.0	52
6	$\phi355.6 \times 9.5$	103.3	0.811	620	12.2	51

续表 17-14

斜杆序号	斜杆型号	截面面积（cm²）	每米长重量（kN/m）	节间长度 l_k（cm）	回转半径 i（cm）	长细比 λ
5	$\phi 406.4 \times 12.7$	157.1	1.233	720	13.9	52
4	$\phi 406.4 \times 12.7$	157.1	1.233	900	13.9	65
3	$\phi 500 \times 12$	183.97	1.444	1100	17.26	64
2	$\phi 650 \times 14$	279.73	2.196	1179	22.49	52
1	$\phi 700 \times 16$	343.82	2.699	1315	24.19	54

表 17-15 横杆截面特性

横杆序号	横杆型号	截面面积（cm²）	每米长重量（kN/m）	节间长度 l_k（cm）	回转半径 i（cm）	长细比 λ
9 – 9	$\phi 318.5 \times 6.4$	62.75	每根杆 0.493	650	11.0	59
8 – 8	桁架弦杆 $\phi 318.5 \times 6.4$	62.75	每根杆 0.493	1326	—	—
7 – 7	桁架弦杆 $\phi 318.5 \times 6.4$	62.75	每根杆 0.493	1384	—	—
6 – 6	桁架弦杆 $\phi 318.5 \times 6.4$	62.75	每根杆 0.493	1446	—	—
5 – 5	桁架弦杆 $\phi 406.4 \times 6.4$	80.42	每根杆 0.631	1516	—	—
4 – 4	桁架弦杆 $\phi 406.4 \times 6.4$	80.42	每根杆 0.631	1600	—	—
3 – 3	桁架弦杆 $\phi 406.4 \times 6.4$	80.42	每根杆 0.631	1954	—	—
2 – 2	桁架弦杆 $\phi 406.4 \times 6.4$	80.42	每根杆 0.631	2400	—	—
1 – 1	$\phi 700 \times 16$	343.82	2.699	1550	24.19	64

3 结构概况

（1）基础采用 $\phi 660.4 \times 10$ 钢管桩，单桩极限承载力为 1100kN，桩的用量为 221 根。作用塔架基础的上拔力由基础及其上面的覆盖土的重量来平衡，使桩不承受拉力。

（2）筒身部分：钢板板厚为 7mm ~ 14mm，内径为 4200mm，全焊接结构。

（3）电梯筒：钢板板厚为 7mm ~ 12mm，内径 2200mm，全焊接结构。

（4）构件断面和接头形式：塔架杆件全部采用钢管。直径为 $\phi 800 \sim \phi 1400$ 的塔柱采用焊缝连接，小于以上直径的塔柱均采用高强螺栓的法兰盘连接，见图 17-5。斜杆、水平杆、辅助杆件通过十字形节点板用高强螺栓连接，见图 17-6。排烟筒与各层平台的连接为在垂直方向可自由滑动的结构，见图 17-7。

（5）塔架材质：Q235B。

4 设计参数

（1）烟气温度：100℃。

（2）设计风压：$w_0 = 0.7 \text{kN/m}^2$。

（3）烟气腐蚀等级：弱腐蚀。

（4）塔架及排烟筒体型系数。

为确定结构体型系数，设计前进行了风洞试验。由于塔架上下各部分的挡风系数不同，因此试验按上、中、下三部分进行。试验结果如表 17-16。

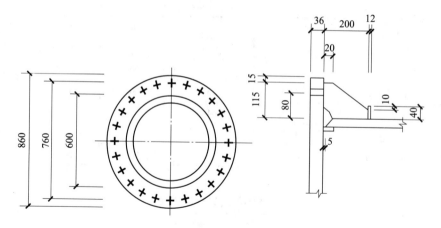

图 17-5　塔柱高强螺栓连接

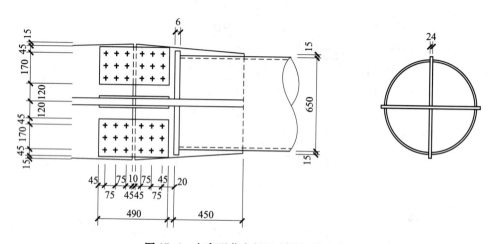

图 17-6　十字形节点板用高强螺栓连接

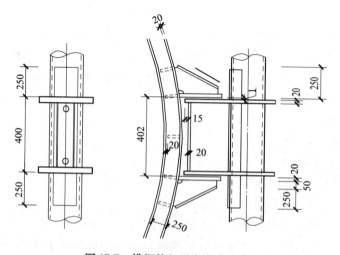

图 17-7　排烟筒与平台滑道连接

表 17-16 塔架及排烟筒体型系数试验值

塔架（m）	0°方向	45°方向	排烟筒	0°方向	45°方向
130~192	1.00	1.90		0.9	0.75
65~130	1.24	1.90	备 注	风向0° ⟹ / 风向45° ⟹	
0~65	1.90	1.92			

17.2.2 实例计算

1 计算假定

为了较系统地说明塔架式钢烟囱的计算过程，做如下简化处理：

（1）假定桁架重量为弦杆重量的 4 倍；挡风面积为弦杆挡风面积的 4 倍；

（2）平台杆件重量为本层塔架横杆重量的 1.5 倍；

（3）辅助杆件重量取斜杆重量的 40%；

（4）塔架各节点重量取该节点所在平台（或横膈）之重量与该节点上下节间各一半的重量之和。

2 塔架各节点重量计算

自重计算时，节点板、法兰盘及焊缝重量不单独计算，将杆件自重乘以 1.15 系数，计算结果见表 17-17。

表 17-17 塔架重量计算

柱间编号	柱长（m）/每米重量（kN/m）	斜杆总长（m）/每米重量（kN/m）	辅杆重量（kN）（取斜杆总重的 0.4 倍）	层间杆件总重（kN）	横杆重量（kN）	平台或横膈重量（kN）	节点总重量（考虑1.15系数）重量（kN）	编号
0-1	30.5/9.474	76.6/2.699	82.70	578.41	83.67	125.51	3057.39	1-1
1-2	20.3/9.474	45.6/2.196	40.06	332.53	60.58	90.87	2453.28	2-2
2-3	34.1/7.861	80.7/1.444	46.61	431.20	54.37	81.56	2238.08	3-3
3-4	27.1/5.849	64.6/1.233	31.86	270.02	49.32	73.98	1612.48	4-4
4-5	23/3.847	55.6/1.233	27.42	184.45	31.55	47.33	1015.22	5-5
5-6	19/2.304	48.2/0.811	15.64	98.52	29.90	44.85	697.11	6-6
6-7	17/1.444	44.2/0.493	8.72	55.07	28.52	42.78	566.51	7-7
7-8	16/1.233	41.9/0.493	8.26	48.64	27.71	41.57	481.09	8-8
8-9	7/1.233	19.3/0.493	3.81	21.97	6.41	9.62	124.26	9-9

注：1 轴杆重量取斜杆总重的 0.4 倍。

2 节点总重量考虑 1.15 系数。

塔架总重为 1357.5t。

排烟筒及电梯筒重量为：$2\pi\left[(2.1+0.0105)\times0.0105\times4+(1.1+0.0095)\times0.0095\right]=\times200\times7.85=978.38\text{t}$。

塔架及排烟筒总重量为：2336t，实际建设耗钢量为2258t，相差3.5%。

3 塔架自振周期计算

（1）塔架各节点重量。

由于排烟筒与塔架为滑道连接，因此塔架不承担排烟筒重量，仅作为排烟筒的水平支承。但在计算塔架自振周期和水平地震力时，应考虑排烟筒重量的水平效应，所以在计算塔架各节点重量时，应计入排烟筒的重量，计算结果见表17-18。

表17-18　用于自振周期计算时塔架各节点重量

节点编号	1－1	2－2	3－3	4－4	5－5	6－6	7－7	8－8	9－9
节点重量（kN）	4566.54	3955.09	3813.27	2779.20	1916.55	1424.78	1192.67	894.46	518.06

（2）塔架各节间截面刚度计算。

塔架任一截面的抗弯刚度按下式计算：

$$EI = E\left(A_c \cdot \sum_{i=1}^{n} a_i^2 + nI_c\right)$$

式中：A_C——所计算塔层的塔柱截面积；

a_i——塔柱主轴至塔架平截面中和轴的距离；

I_c——塔柱截面对其形心轴的惯性矩。

各节间正塔面平均截面刚度计算结果见表17-19。

表17-19　塔架各节间正塔面平均截面刚度

节间编号	E（kN/m²）	A_c（cm²）	a_i（cm）	I_c（cm⁴）	$EI = E\left(A_c \sum a_i^2 + nI_c\right)$（kN·m²）
0－1	206×10^6	1206.88	2025.0	2841225	40.8×10^9
1－2	206×10^6	1206.88	1375.0	2841225	4.71×10^9
2－3	206×10^6	1001.39	1088.5	2035934	2.45×10^9
3－4	206×10^6	745.06	888.5	1082672	1.21×10^9
4－5	206×10^6	490.09	779.0	373060	0.61×10^9
5－6	206×10^6	293.55	740.5	125298	0.33×10^9
6－7	206×10^6	183.97	707.5	54806	0.19×10^9
7－8	206×10^6	157.1	692.0	30353	0.16×10^9
8－9	206×10^6	157.1	671.0	30353	0.15×10^9

（3）塔顶作用单位力（1kN）情况下，塔架各节点弯矩计算，其结果见表17-20。

表17-20　塔顶单位力作用下塔架各节点弯矩 M

节点编号	0－0	1－1	2－2	3－3	4－4	5－5	6－6	7－7	8－8	9－9
节点弯矩 M（kN·m）	192	163	143	109	82	59	40	23	7	0

（4）共轭梁荷载计算。

在塔顶单位荷载作用下，塔架弯矩图为三角形分布，为求各节间共轭梁荷载，采用等效节间均布荷载代替三角形或梯形荷载。

（$i \sim i+1$）节间等效均布荷载为：$M_{eqi} = \dfrac{1}{3}(M_i + 2M_{i+1})$。

各节间共轭梁荷载见表 17-21。

表 17-21　各节间共轭梁均布荷载

节间编号	0-1	1-2	2-3	3-4	4-5	5-6	6-7	7-8	8-9
共轭梁荷载 M/EI	0.4232×10^{-8}	3.1776×10^{-8}	4.912×10^{-8}	7.521×10^{-8}	10.9290×10^{-8}	14.0404×10^{-8}	15.0877×10^{-8}	7.7083×10^{-8}	1.5556×10^{-8}

（5）塔顶在单位力作用下，各节点位移。

塔顶单位力作用下，各节点位移即为以塔顶为固定支座的悬臂梁，在共轭梁荷载作用下的弯矩。其计算结果见表 17-22。

表 17-22　塔架各节点位移及相对位移（m）

节间编号	0-0	1-1	2-2	3-3	4-4	5-5	6-6	7-7	8-8	9-9
节点位移	0	1.78×10^{-6}	10.59×10^{-6}	64.76×10^{-6}	157.73×10^{-6}	289.19×10^{-6}	447.01×10^{-6}	632.69×10^{-6}	837.84×10^{-6}	932.29×10^{-6}
相对位移	0	0.002×10^{-6}	0.011×10^{-6}	0.069×10^{-6}	0.169×10^{-6}	0.310×10^{-6}	0.479×10^{-6}	0.679×10^{-6}	0.899×10^{-6}	1.000×10^{-6}

（6）塔架自振周期。

根据公式 8-96 计算塔架自振周期。

$$\sum_{i=1}^{9} G_i (y_i/y_n)^2 = 4566.54 \times 0.002^2 + 3955.09 \times 0.011^2 + 3813.27 \times 0.069^2 + 2779.2 \times$$
$$0.169^2 + 1916.55 \times 0.31^2 + 1424.78 \times 0.479^2 + 1192.67 \times 0.679^2 +$$
$$894.46 \times 0.899^2 + 518.06 \times 1^2$$
$$= 2399.95。$$

$$T_1 = 2\pi \sqrt{932.29 \times 10^{-6} \times 2399.95/9.81} = 3.00s。$$

$$T_2 = 0.325 T_1 = 0.975s。$$

$$T_3 = 0.2 T_1 = 0.6s。$$

4　塔架在风荷载作用下的内力计算

塔架和排烟筒及电梯筒的体型系数单独考虑，而且忽略塔架对排烟筒的影响。塔架体形系数按现行国家标准《高耸结构设计规范》GB 50135 规定计算，排烟筒体型系数按试验值选取。

对于四边形塔架，应分别对第一风向（正塔面风向）和第二风向（对角线方向）进行计算，从而确定最不利内力组合。为节省篇幅，以下仅计算第一风向。

塔架风荷载按 100 年一遇设计，假设基本设计风压为 $w_0 = 0.7\text{kN/m}^2$，地面粗糙度为 B 类。

（1）塔架在各高度处的风振系数和风压高度变化系数。

1）脉动风荷载的共振分量因子计算。

$$R = \sqrt{\frac{\pi}{6\zeta_1} \frac{x_1^2}{(1 + x_1^2)^{4/3}}}$$

$$x_1 = \frac{30f_1}{\sqrt{k_w w_0}}, x_1 > 5$$

将有关数据代入上式得：

$$x_1 = \frac{30}{\sqrt{1.0 \times 0.7 \times 3}} = 11.95 > 5$$

$$R = \sqrt{\frac{\pi}{6 \times 0.01} \times \frac{11.95^2}{(1 + 11.95^2)^{4/3}}} = 3.15$$

2）脉动风荷载的空间相关系数计算。

脉动风荷载竖直方向相关系数按下式计算：

$$\rho_z = \frac{10\sqrt{H + 60\mathrm{e}^{-H/60} - 60}}{H} = \frac{10\sqrt{200 + 60\mathrm{e}^{-200/60} - 60}}{200} = 0.596$$

脉动风荷载水平方向相关系数按下列公式计算，其中迎风面宽度取塔架 $2/3H$ 处宽度：

$$\rho_x = \frac{10\sqrt{B + 50\mathrm{e}^{-B/50} - 50}}{B} = \frac{10\sqrt{15.16 + 50\mathrm{e}^{-15.16/50} - 50}}{15.16} = 0.952$$

3）脉动风荷载的背景分量因子。

脉动风荷载的背景分量因子按以下公式计算：

$$B_z = kH^{\alpha_1}\rho_x\rho_z\frac{\phi_1(z)}{\mu_z}$$

其中，$k = 0.91$，$\alpha_1 = 0.218$，并计算综合系数为：

$$\xi = kH^{\alpha_1}\rho_x\rho_z = 0.91 \times 200^{0.218} \times 0.952 \times 0.596 = 1.639$$

4）风振系数。

风振系数按以下公式计算：

$$\beta_z = 1 + 2gI_{10}B_z\sqrt{1 + R^2}$$

其中，10m 高度湍流强度 $I_{10} = 0.14$，峰值因子 g 取 2.5，将有关数值代入相关公式得到风振系数和风压高度变化系数见表 17-23。

表 17-23　风振系数和风压高度变化系数

节点号	高度（m）	μ_z	$\phi_1(z)$	背景分量因子 B_z	$\beta_z = 1 + 2gI_{10}B_z\sqrt{1 + R^2}$
9 – 9	192	2.573	0.94	0.599	2.386
8 – 8	185	2.541	0.91	0.587	2.358
7 – 7	169	2.467	0.82	0.545	2.261
6 – 6	152	2.382	0.71	0.489	2.131
5 – 5	133	2.281	0.54	0.388	1.898
4 – 4	110	2.148	0.40	0.305	1.706
3 – 3	83	1.971	0.24	0.200	1.463
2 – 2	49	1.667	0.09	0.088	1.204

续表 17-23

节点号	高度（m）	μ_z	ϕ_1（z）	背景分量因子 B_z	$\beta_z = 1 + 2gI_{10}B_z\sqrt{1+R^2}$
1 – 1	29	1.418	0.04	0.046	1.106
0 – 0	0	1.000	0.00	0.000	1.000

（2）塔架产生的风荷载。

1）（0~1）节间。

a. 挡风面积。

塔柱：$1.4 \times 31.507 \times 2 = 88.22\text{m}^2$；

斜杆：$0.7 \times 39.083 \times 2 = 54.72\text{m}^2$；

辅杆：$0.4064 \times（6.157 + 12.926 + 12.314）\times 2 = 25.52\text{m}^2$；

横杆：$0.7 \times 31 = 21.7\text{m}^2$；

总挡风面积为：190.16m^2。

考虑节点板影响，挡风面积乘以增大系数 1.1，总挡风面积为：209.18m^2。

b. 整体体形系数。

轮廓面积：$\dfrac{1}{2}（31 + 50）\times 29 = 1174.5\text{m}^2$；

挡风系数：$\phi = \dfrac{209.18}{1174.5} = 0.178$；

整体体形系数：$\mu_s = 2.444$；

钢管塔架整体体形系数折减系数：

$$d_{eq} = \frac{88.22 \times 1.4 + 54.72 \times 0.7 + 25.52 \times 0.4064 + 21.7 \times 0.7}{190.16} = 0.985；$$

$$\mu_z w_0 d_{eq} = 1.418 \times 0.7 \times 0.985 = 0.978 > 0.015。$$

故折减系数取 0.6，即钢管塔架整体体型系数为 $\mu_s = 0.6 \times 2.444 = 1.4664$。

可见（0~1）节间计算整体体型系数比试验值 1.90 小，见表 17-16。

2）（3~4）节间。

a. 挡风面积。

塔柱：$1.1 \times 27.058 \times 2 = 59.53\text{m}^2$；

斜杆：$0.4064 \times 32.323 \times 2 = 26.28\text{m}^2$；

辅杆：$0.3185 \times（8.193 + 7.743 + 8.795）\times 2 = 15.75\text{m}^2$；

横杆：$0.4064 \times 19.54 \times 4 = 31.76\text{m}^2$；

总挡风面积为：133.32m^2。

考虑节点板影响，挡风面积乘以增大系数 1.1，总挡风面积为：146.66m^2。

b. 整体体型系数。

轮廓面积：$\dfrac{1}{2}（19.54 + 16）\times 27 = 479.79\text{m}^2$；

挡风系数：$\phi = \dfrac{146.66}{479.79} = 0.3057$；

整体体型系数：$\mu_s = 2.189$；

钢管塔架整体体型系数折减系数取 0.6（$\mu_z w_0 d_{eq} > 0.015$）；

塔架整体体型系数：$\mu_s = 0.6 \times 2.189 = 1.313$。

可见（3~4）节间计算整体体型系数比试验值 1.24 略大。

3）（7~8）节间。

a. 挡风面积。

塔柱：$0.4064 \times 16.024 \times 2 = 13.02 \text{m}^2$；

斜杆：$0.3185 \times 20.966 \times 2 = 13.36 \text{m}^2$；

辅杆：$0.3185 \times (5.15 + 5.28 + 6.628) \times 2 = 10.87 \text{m}^2$；

横杆：$0.3185 \times 13.84 \times 4 = 17.63 \text{m}^2$；

总挡风面积为：54.88m^2。

考虑节点板影响，挡风面积乘以增大系数 1.1，总挡风面积为：60.37m^2。

b. 整体体型系数。

轮廓面积：$\frac{1}{2}(13.84 + 13.25) \times 16 = 216.72 \text{m}^2$；

挡风系数：$\phi = \dfrac{60.37}{216.72} = 0.279$；

整体体型系数：$\mu_s = 2.242$；

钢管塔架整体体型系数折减系数取 0.6（$\mu_z w_0 d_{eq} > 0.015$）；

塔架整体体型系数：$\mu_s = 0.6 \times 2.242 = 1.345$。

可见（7~8）节间计算整体体型系数比试验值 1.00 大。

由以上计算可见，按《烟囱设计规范》GB 50051—2013 计算的体型系数与试验值相比，上部计算值偏大，而下部计算值偏小，就综合效应而言，计算值略大一些。直接按《烟囱设计规范》GB 50051—2013 计算塔架风荷载是安全可靠的。

为了简化计算，各节间的体形系数不再一一计算，近似取 0m~83m 为 1.5；83m~192m 为 1.35。塔架风荷载计算结果见表 17-24。

表 17-24　塔架产生的风荷载标准值

节点编号	w_0（kN/m²）	β_z	μ_s	μ_z	w_k（kN/m²）	挡风面积 A_C（m²）	水平集中力 F（kN）	节点剪力 V（kN）	风弯矩 M（kN·m）
9-9	0.7	2.386	1.35	2.573	5.802	25.39	70.85	70.85	0
8-8	0.7	2.358	1.35	2.541	5.662	59.91	242.82	313.67	495.95
7-7	0.7	2.261	1.35	2.467	5.271	67.11	340.46	654.13	5514.67
6-6	0.7	2.131	1.35	2.382	4.797	78.47	360.37	1014.50	16634.88
5-5	0.7	1.898	1.35	2.281	4.091	109.54	397.41	1411.91	35910.38
4-4	0.7	1.706	1.35	2.148	3.463	146.67	461.90	1873.81	68384.31
3-3	0.7	1.463	1.5	1.971	3.028	226.27	593.71	2467.52	118977.18
2-2	0.7	1.204	1.5	1.667	2.108	97.90	423.98	2891.50	202872.86
1-1	0.7	1.106	1.5	1.418	1.647	209.06	276.51	3168.01	260702.86
0-0	0.7	1.000	1.5	1.000	1.050	—	175.09	3343.10	352575.15

5 排烟筒及电梯井产生的风荷载

根据《烟囱设计规范》GB 50051—2013 的规定，可不考虑塔架与排烟筒的相互影响，分别取塔架与排烟筒各自的体型系数，排烟筒体型系数按试验值进行计算，即 $\mu_s = 0.9$。排烟筒风荷载计算见表 17-25。

表 17-25 排烟筒风荷载标准值计算

标高范围（m）	β_z	μ_s	μ_z	w_k（kN/m²）	均布荷载（kN/m）	节点号	支座反力（kN）	节点剪力 V（kN）	节点弯矩 M（kN·m）
							传给塔架反力		
192~200	1.991	0.9	2.61	3.27	39.24	9-9	445.8	445.8	0
185~192	1.942	0.9	2.57	3.14	37.68	8-8	438.78	884.58	3120.6
169~185	1.917	0.9	2.54	3.07	36.84	7-7	613.58	1498.16	17273.88
152~169	1.835	0.9	2.47	2.86	34.32	6-6	639.18	2137.34	42742.6
133~152	1.729	0.9	2.38	2.59	31.08	5-5	683.46	2820.8	83352.06
110~133	1.615	0.9	2.28	2.32	27.84	4-4	733.26	3554.06	148230.46
83~110	1.504	0.9	2.15	2.04	24.48	3-3	792.00	4346.06	244190.08
49~83	1.347	0.9	1.97	1.67	20.04	2-2	616.56	4962.62	391956.12
29~49	1.174	0.9	1.67	1.24	14.88	1-1	416.16	5378.78	491208.52
0~29	1.09	0.9	1.42	0.98	11.76	0-0	215.76	5594.54	647193.14

6 塔架内力汇总

本例不考虑地震荷载。塔架重力荷载分项系数取 1.2，风荷载分项系数取 1.4。

平台活荷载：顶层平台为 5kN/m²，分项系数取 1.3；其余平台取 0.5kN/m²，分项系数取 1.4；平台活荷载组合系数取 0.7，活荷载折减系数按《建筑结构荷载规范》GB 50009—2012取值，计算结果见表 17-26。

表 17-26 塔架内力汇总

节点编号	风弯矩 M（kN·m）	竖向恒载 G（kN）	平台活荷载（kN）	剪力 V（kN）	风弯矩 M（kN·m）	竖向力 G（kN）	剪力 V（kN）
	内力标准值				内力基本组合值		
9-9	0	73.74	548.91	516.65	0	588.00	723.31
8-8	3616.55	493.49	—	1198.25	5063.17	1091.70	1677.55
7-7	22788.55	1045.21	66.16	2152.29	31903.97	1730.00	3013.21
6-6	59377.48	1642.38	—	3151.84	83128.47	2118.14	4412.58
5-5	119262.44	2458.42	92.07	4232.71	166967.42	3108.36	5925.79
4-4	216578.77	3874.07	98.39	5427.87	303210.28	5395.25	7599.02
3-3	363167.26	5741.44	161.30	6813.58	508434.16	7794.17	9539.01
2-2	594828.98	8421.63	258.39	7854.12	832760.57	10858.44	10995.77
1-1	751911.38	10913.5	—	8546.79	1052675.93	13848.68	11965.51
0-0	999768.29	13574.19	—	8937.64	1399675.61	17041.51	12512.70

7 杆件内力计算

（1）在竖向荷载作用下塔架内力。

1）（0～1）层间。

由于（0～1）层间塔架腹杆为 K 型腹杆，故根据公式（8-81）、公式（8-82）计算竖向荷载作用下的塔架内力。

塔柱同水平面的夹角：$\beta = 65.14°$；

塔面同水平面的夹角：$\beta_n = 71.86°$；

斜杆同横杆的夹角：$\alpha = 50.68°$；

$$N = -\frac{\sum G}{n\sin\beta} = -\frac{17041.51}{4\sin65.14} = -4695\text{kN};$$

$$S = 0_\circ$$

2）其他层间计算略。

（2）在水平荷载作用下塔架内力。

1）（0～1）层间。

斜杆：

$$S = \frac{V_x - \frac{2M_y}{D}\cot\beta}{C_3\cos\alpha + C_4\sin\alpha\sin\beta_n\cot\beta + C_5\sin\alpha\cos\beta_n}$$

$$= \frac{12512.7 - \frac{2 \times 1399675.61}{70.71}\cot65.14}{4\cos50.68 - 2.328 \times \sin50.68 \times \sin71.86 \times \cot65.14}$$

$$= -3313.2\text{kN}_\circ$$

受压塔柱：

$$N = C_1\frac{M_y}{D\sin\beta} + C_2\frac{\sin\alpha\sin\beta_n}{2\sin\beta}S$$

$$= 0.707 \times \frac{1399675.61}{70.71\sin65.14} - \frac{\sin50.68 \times \sin71.86}{2\sin65.14} \times (-3313.2)$$

$$= 16766.3\text{kN}_\circ$$

2）其他层间计算略。

（3）塔柱总内力。

1）（0～1）层间。

受压塔柱及受压斜杆：

$$N = -16766.3 - 4695 = -21461.3\text{kN};$$

$$S = -3313.2\text{kN}_\circ$$

2）其他层间计算略。

8 杆件承载力计算

本烟囱结构重要性系数取 $\gamma_0 = 1.1$；（0～1）层间。

（1）塔柱计算。

塔柱计算长度：$l = \frac{31.5}{2} = 15.98\text{m}$；

回转半径：$i = 0.4852\mathrm{m}$；

长细比：$\lambda = \dfrac{l}{i} = \dfrac{15.98}{0.4852} = 32.93$；

轴心受压稳定系数：$\varphi = 0.925$；

$$\dfrac{\gamma_0 N}{\varphi A} = \dfrac{1.1 \times 21461.3 \times 10^3}{0.925 \times 1206.88 \times 10^2} = 211.5\mathrm{MPa} > f = 205\mathrm{MPa}；$$

超过允许值 3.15%，小于 5%，基本满足。

（2）斜杆计算。

斜杆长细比：$\lambda = 54$；

轴心受压稳定系数：$\varphi = 0.838$；

$$\dfrac{\gamma_0 N}{\varphi A} = \dfrac{1.1 \times 3313.2 \times 10^3}{0.838 \times 343.82 \times 10^2} = 126.5\mathrm{MPa} < f = 215\mathrm{MPa}；$$

其他层间计算略。需要注意的是，横杆应按偏心受压杆件进行计算。

17.3　拉索式钢烟囱计算

17.3.1　设计资料

（1）烟囱高度 35m，等直径，上口外径 $D = 996\mathrm{mm}$，上口内径 $D_0 = 500\mathrm{mm}$，筒底 1350mm 高度为锥体，底部直径加大至 1160mm，见图 17-8。

（2）基本风压 $\omega_0 = 0.4\mathrm{kN/m^2}$，地面粗糙度 B 类，$\alpha = 0.16$。

（3）抗震设防烈度为 8 度，Ⅱ类场地，第二组。

（4）烟气入口温度 $T_g = 300℃$，烟气含硫量为 1.3%，室外计算温度：夏季极端最高温度 $T_a = 40℃$；冬季极端最低温度 $T_a = -20℃$。

（5）大气湿度：年平均相对湿度 60%。

（6）地下烟道，筒壁无开孔。

17.3.2　材料选择

（1）筒壁钢材选用 Q235B，其质量标准符合《碳素结构钢》GB/T 700—2006 的规定。$E = 206 \times 10^3 \mathrm{N/mm^2}$，$f = 215\mathrm{N/mm^2}$。

（2）梯子、平台钢材同筒壁。

（3）内衬：选用轻质浇注料 240mm 厚；重力密度：$\rho = 8.0\mathrm{kN/m^3}$；导热系数：$\lambda \leqslant 0.25 \, [\mathrm{W/(m \cdot k)}]$；耐压强度 $\geqslant 2.5\mathrm{MPa}$。

（4）内衬支承环、地脚螺栓、内衬锚固件均为 Q235 钢。

（5）焊条采用 E4300 - E4313，其质量应符合《非合金及细晶粒钢焊条》GB/T 5117—2012 的规定。

（6）钢烟囱经 Ⅱ 级除锈后，外壁刷防腐航空标记漆（氯化橡胶丙烯酸涂料）两道，内壁刷耐高温烟囱防腐涂料两道。

（7）钢丝绳采用镀锌钢丝绳 14NAT6（6 + 1）+ NF1470ZZ95.6　68.8。

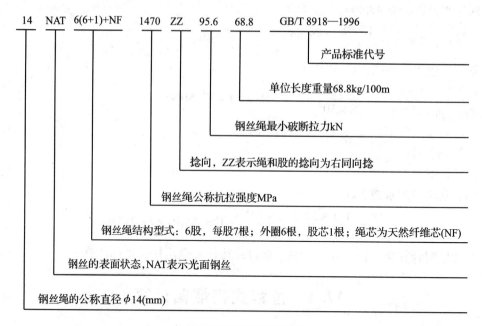

钢丝绳的连接和调节装置

钢丝绳与筒体和基础的连接，见图 17-8 中详图②③。

17.3.3　烟囱形式

（1）高径比 $\beta = 35/1.0 = 35$，可设 1 层拉索，拉索数量为 3 根，平面夹角成 120°，拉索与烟囱夹角为 33.94°。烟囱底部 1350mm 高为变径，底部外径为 1160mm。

（2）内衬浇注料由底至顶，厚度为 240mm。

（3）分节制作，吊装，基本节长 3000mm。

（4）烟囱尺寸见图 17-8。

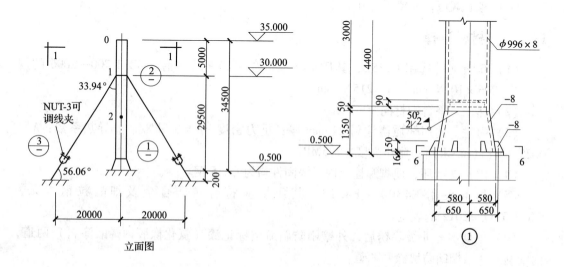

立面图

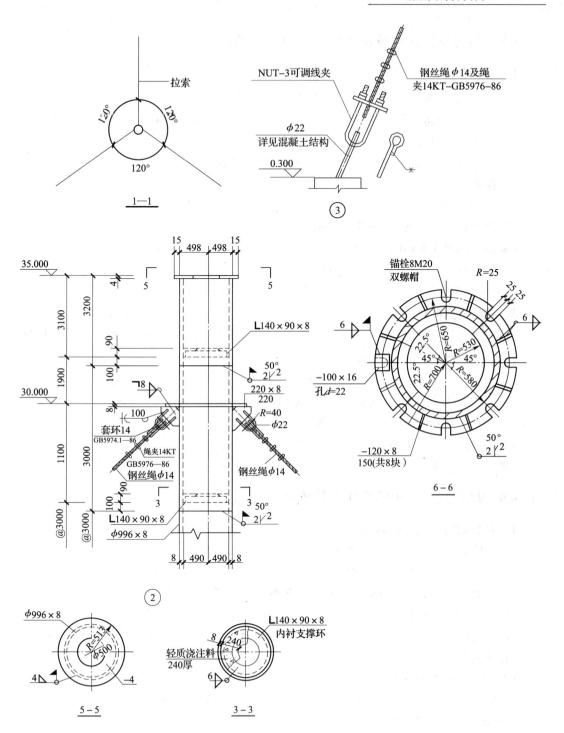

图 17-8　拉索式钢烟囱立面图

17.3.4　筒壁受热温度计算

本例题烟气温度300℃，筒壁温度计算过程和自立式钢烟囱例题相似，故不再重复。
计算结果：筒壁受热温度 $T < 100$℃。故钢材强度及弹性模量折减系数为 1.0。

17.3.5 筒身自重计算及拉索自重、拉索覆冰荷载

1 筒身自重

筒壁：$G_1 = 2\pi rt\rho = 2\pi \times 0.494 \times 0.008 \times 78.5 = 1.95 \text{kN/m}$；

内衬：$G_2 = 2\pi rt\rho = 2\pi \times (0.49 - 0.24/2) \times 0.24 \times 8.0 = 4.46 \text{kN/m}$；

合计：$G = 6.41 \text{kN/m}$。

烟囱全高自重：$G = 6.41 \times 34.5 = 221 \text{kN}$（按直径相等简化计算）。

2 拉索自重

拉索每米重 6.9N/m；

每根索长：$S = (20^2 + 29.7^2)^{1/2} = 35.8 \text{m}$；

$\cos\alpha = 29.7/35.8 = 0.83$；

每根索重：$G_3 = 35.8 \times 6.9 = 250 \text{N}$；

近似计算为 3 根拉索，自重全部由筒身承担：$G_4 = 250 \times 3 = 750 \text{N} = 0.75 \text{kN}$。

3 拉索覆冰荷载

按本手册第4章第4.5节中轻覆冰区，取基本覆冰厚度为 10mm，根据公式（4-88）计算，拉索单位长度上的覆冰荷载为：

$$q_1 = \pi b\alpha_1\alpha_2(d + b\alpha_1\alpha_2)\gamma \times 10^{-6}$$
$$= 3.14 \times 10 \times 0.95 \times 1.30 \times (14 + 10 \times 0.95 \times 1.30) \times 9 \times 10^{-6}$$
$$= 0.0092 \text{kN/m} \approx 0.01 \text{kN/m}；$$

每根索覆冰荷载：$0.01 \times 36.2 = 0.362 \text{kN}$；

3 根索覆冰荷载：$G_5 = 3 \times 0.362 = 1.086 \text{kN} = 1.1 \text{kN}$。

17.3.6 风荷载及产生的弯矩和拉索拉力计算

1 拉索式钢烟囱自振周期

拉索式钢烟囱自振周期近似取：

$$T1 = (0.007 \sim 0.013) H \approx 0.013 \times 35 = 0.455 \text{s}$$

2 顺风向风压 $\omega_0 = 0.4 \text{kN/m}^2$ 时，风荷载系数计算

（1）风压高度变化系数。

查《建筑结构荷载规范》GB 50009—2012 表 8.2.1，地面粗糙度类别 B，可得各截面的 μ_z 值见表 17-27。

（2）风荷载体型系数 μ_s。

筒体：查《建筑结构荷载规范》GB 50009—2012 表 8.3.1 第 37 项，

$H/d = 35/1.0 = 35 > 25$；

$\mu_z w_0 d^2 = 1.49 \times 0.4 \times 1.0^2 = 0.6 > 0.015$，$\Delta \approx 0$；

$\mu_s = 0.6$。

拉索：查《建筑结构荷载规范》GB 50009—2012 表 8.3.1 第 39 项，当 $\alpha = 56.06° \approx 56°$ 时（图 17-9、图 17-10），风荷载水平分量 w_x 的体型系数及垂直分量 w_y 的体型系数：

$$\mu_{sx} = 0.6 + \frac{0.85 - 0.6}{60 - 50} \times 6 = 0.75 ; \quad \mu_{sy} = 0.4_\circ$$

（3）高度 z 处的风振系数 β_z。

由于本例题拉索只有一层，烟囱高度只有 35m，为简化手算，地面粗糙度 B 类，拉绳钢桅杆风振系数 β_z 为：

杆身：悬臂端 2.1；其他部位 1.7。拉索：1.5。

当拉索层数较多，烟囱较高时，为减少误差仍按《高耸结构设计规范》GB 50135—2006 的规定计算。

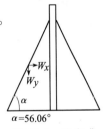

图 17-9 拉索式钢烟囱风荷载计算简图

表 17-27 筒体和拉索风压标准值计算（顺风向）

项目	截面号	标高（m）	μ_z	μ_s	β_z	$w_k = \beta_z \mu_s \mu_z \omega_o$ （kN/m）	$w_k \cdot d$ （kN/m）	风荷载图（标准值）
筒体	0	35.0	1.49	0.6	2.10	$2.1 \times 0.6 \times 1.49 \times 0.4$ $= 0.75$	0.75×1.0 $= 0.75$	
	1	30.0	1.42	0.6	1.70	$1.7 \times 0.6 \times 1.42 \times 0.4$ $= 0.60$	0.60×1.0 $= 0.60$	
	2	20.0	1.25	0.6	1.7	$1.7 \times 0.6 \times 1.25 \times 0.4$ $= 0.51$	0.51	
拉索	2	20.0	1.25	0.75	1.5	$1.5 \times 0.75 \times 1.25 \times 0.4$ $= 0.60$	0.60×0.014 $= 0.009$	
	1	30.0	1.42	0.75	1.50	$1.5 \times 0.75 \times 1.42 \times 0.4$ $= 0.7$	0.70×0.014 $= 0.010$	

风荷载图（标准值）：0 — (0.75+0.60)/2=0.7kN/m；1；2；0.51kN/m（取下段2/3高处风压为代表）

3 横向风振判断

（1）第一振型时临界风速 V_{cr1}：

$$V_{cr1} = \frac{5D}{T_1} = \frac{5 \times 1}{0.455} = 11.0 \text{m/s}$$

（2）烟囱雷诺数及横向风振判断。

烟囱顶端风速：

$$V_H = 40\sqrt{\mu_H w_o} = 40\sqrt{1.49 \times 0.4} = 30.9 \text{m/s} > V_{cr1} = 11.0 \text{m/s} ;$$

$$Re = 69000 VD = 69000 \times 11 \times 1.0 = 7.59 \times 10^5 < 3.5 \times 10^6 （但 > 3 \times 10^5）_\circ$$

属超临界范围，旋涡脱落没有明显周期，结构横向振动呈随机性，不会共振。因此不必验算横向风振。

4 风荷载产生的弯矩设计值

根据本手册公式（8-34）近似计算如下：

$$M_1 = \frac{1}{2} q l^2 = \frac{1}{2} \times 0.98 \times 5^2 = 12.25 \text{kN} \cdot \text{m} ;$$

$$Q = 0.98 \times 5 + 0.71 \times 29.5 = 25.8 \text{kN}（略去拉索风力）;$$

$$M_2 = \frac{QH(H-2h_1)^2}{8h_1^2} = \frac{25.8 \times 34.5(34.5 - 2 \times 29.5)^2}{8 \times 29.5^2}$$
$$= 76.7 \mathrm{kN \cdot m}_{\circ}$$

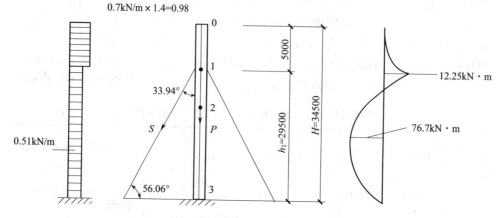

图 17-10　拉索烟囱在风荷载作用下计算简图

5　拉索拉力设计值

根据公式（8-35）计算：

$S = \dfrac{QH}{2h_1 \sin\alpha} = \dfrac{25.8 \times 34.5}{2 \times 29.5 \times \sin 33.94°} = 27.0\mathrm{kN} < 102\mathrm{kN}$（Φ14 钢丝绳最小破断拉力），

Φ14 镀锌钢丝绳满足要求。

也可计算验证：

$$\frac{S}{A} = \frac{27.0 \times 10^3}{\dfrac{\pi}{4} \times 14^2} = 175.5\mathrm{N/mm^2} < f = \frac{1570}{3} = 523.3\mathrm{N/mm^2}$$

满足要求。

6　拉索拉力对烟囱产生的竖向压力 P 设计值

根据公式（8-39）计算：

$$P = S\frac{\cos\alpha}{\cos\dfrac{180°}{n}} = 27.0 \times \frac{\cos 33.94°}{\cos\dfrac{180°}{3}} = 27.0 \times \frac{0.830}{0.5} = 44.8\mathrm{kN}_{\circ}$$

17.3.7　地震作用效应计算

根据《高耸结构设计规范》GB 50135—2006 第 4.4.3 条，地震设防烈度等于 8 度 I、II 类场地的钢桅杆及其地基基础可不进行截面抗震验算，而仅需满足抗震构造要求。本例题属于此范围，故可不进行抗震验算。

17.3.8　承载能力极限状态设计

不考虑地震作用效应，只考虑结构自重和风荷载效应组合。

1　筒壁局部稳定的临界应力值计算

按本手册公式（8-10）～公式（8-18），对筒壁局部稳定的临界应力计算如下，计算结果见表 17-28。

$A_{ni} = 0.785 \ (996^2 - 980^2) \ = 24819\text{mm}^2;$

$W_{ni} = 0.77d^2t = 0.77 \times 996^2 \times 8 = 6110819\text{mm}^3;$

$f_t = f = 210\text{N/mm}^2, \ \sigma_{crt} = 441\text{N/mm}^2;$

$N_i = 1.2N_{ik};$

$N_1 = 1.2 \ (6.41 \times 5) \ + 44.8 = 83.26\text{kN};$

$N_2 = 1.2\left[6.41\left(5 + \dfrac{29.5}{2}\right) + \ (0.25 + 0.362) \ \times 3\right] + 44.8$

$\quad = 1.2 \times 128.4 + 44.8 = 198.9\text{kN};$

$N_3 = 1.2 \ (6.41 \times 34.5 + 0.61 \times 3) \ + 44.8 = 1.2 \times 223.0 + 44.8 = 312.4\text{kN};$

$M_1 = 1.4M_{1k} = 12.25\text{kN} \cdot \text{m};$

$M_2 = 1.4M_{2k} = 76.7\text{kN} \cdot \text{m};$

$M_3 \approx 0。$

表 17-28　荷载效应组合（自重＋风）截面强度及局部稳定计算

截面号	$\sigma_N = \dfrac{N_i}{A_{ni}}$ （N/mm²）	$\sigma_B = \dfrac{M_i}{W_{ni}}$ （N/mm²）	α_N	α_B	α	σ_{et}	β	σ_{crt}	$\sigma_N + \sigma_M$
1	$83.3 \times 10^3 \div 24819$ $= 3.35$	$12.25 \times 10^6 \div 6110819$ $= 2.0$	0.652	0.717	0.676	2002	0.40	168.6	5.35
2	$198.9 \times 10^3 \div 24819$ $= 8.0$	$76.7 \times 10^6 \div 6110819$ $= 12.6$	0.652	0.717	0.692	2002	0.394	169.1	20.6
3	$312.4 \times 10^3 \div 24819$ $= 12.6$	0	0.652	0.717	0.652	2002	0.406	168.1	12.6

各截面 $\sigma_N + \sigma_B < \sigma_{crt}$，满足要求。

2　钢烟囱整体稳定验算

拉索式钢烟囱整体稳定验算的计算简图可近似假定为两端简支的压杆如图 17-11 所示。

筒身面积：$A_{ni} = 24819\text{mm}^2;$

截面惯性矩：$I = \dfrac{\pi}{64} \ (996^4 - 980^4) \ = 3.03 \times 10^9 \text{mm}^4;$

回转半径：$i = \sqrt{\dfrac{I}{A}} = \sqrt{\dfrac{3.03 \times 10^9}{24819}} = 349.4\text{mm};$

长细比：$\lambda = \dfrac{ul}{i} = \dfrac{1.0 \times 29500}{349.4} = 84.4;$

欧拉临界压力：$N_{EX} = \dfrac{\pi^2 E_t A_{bi}}{1.1\lambda^2} = \dfrac{3.14^2 \times 206 \times 10^3 \times 24819}{1.1 \times 84.4^2} = 6433 \times 10^3 \text{N}$

$\varphi = 0.655 \ （查《烟囱设计规范》GB 50051—2013 附录 B）$

$$\frac{N_2}{\phi A_{b2}} + \frac{M_2}{W_{b2}(1 - 0.8N_2/N_{Ex})}$$

$$= \frac{198.9 \times 10^3}{0.655 \times 24819} + \frac{76.7 \times 10^6}{6110819(1 - 0.8 \times 198.9 \times 10^3/6.4 \times 10^6)}$$

$$= 12.2 + 12.9 = 25.1\text{N/mm}^2 < f_t = 215\text{N/mm}^2$$

满足整体稳定要求。

3 地脚螺栓最大拉力计算

螺栓布置图见图 17-8 中剖面 6-6。

计算螺栓时，拉索式钢烟囱宜假定筒底固接，拉索与筒体连结处为铰接进行简化计算见图 17-12。

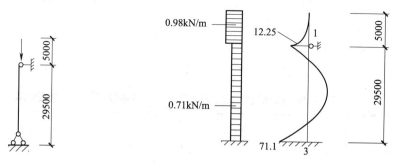

图 17-11 整体稳定验算简图   图 17-12 计算地脚螺栓时筒体弯矩图

$$M_1 = 12.25\text{kN} \cdot \text{m}$$

$$M_3 = \frac{1}{8}0.71 \times 29.5^2 - \frac{1}{2}12.25 = 77.23 - 6.13 = 71.1\text{kN} \cdot \text{m}$$

地脚螺栓最大拉力：

$$P_{max} = \frac{4M}{nd_o} - \frac{N}{n}$$

$$= \frac{4 \times 71.1}{8 \times 1.3} - \frac{1.95 \times 34.5}{8}(N\text{ 只考虑筒壁自重,不考虑隔热层重})$$

$$= 27.34 - 8.4$$

$$= 18.94\text{kN}$$

经计算 M20 螺栓受拉承载力设计值为 34.3kN > 18.94kN，满足要求。

4 钢烟囱底座基础局部压应力计算

$$\sigma_{cbt} = \frac{G}{A_t} + \frac{M}{W} \leqslant \omega\beta_L f_{ct}$$

式中：G——钢烟囱底部最大轴向压力设计值，$G = N_3 = 312.4\text{kN}$；

A_t——钢烟囱与混凝土基础的接触面积，$A_t = 0.785(D^2 - d^2) = 0.785(1400^2 - 1060^2) = 656574\text{mm}^2$；

M——钢烟囱底部与轴力相对应的弯矩设计值，$M = M_3 = 71.1\text{kN} \cdot \text{m}$（见图17-12）；

W——钢烟囱与混凝土基础接触面截面抵抗矩，$W = \frac{\pi}{32}(D^4 - d^4)/D = \frac{\pi}{32}(1400^4 - 1060^4)/1400 = 180768892\text{mm}^3$；

ω——荷载分布影响系数，$\omega = 0.675$；

f_{ct}——混凝土在温度作用下的轴心抗压强度设计值，C20，在温度（低于67.2℃取60℃）60℃时 $f_{ct} = 11.3\text{N/mm}^2$；

β_L——混凝土局部受压时强度提高系数，计算如下：

$$\beta_L = \sqrt{\frac{A_b}{A_L}} = \sqrt{\frac{(100 + 340 \div 60) \times 1}{340 \times 1}} = 1.21；$$

A_b——局部受压的计算底面积（见图7-13）；

A_L——混凝土局部受压面积。

代入以上数值得：

$$\sigma_{cbt} = \frac{312.4 \times 10^3}{656574} + \frac{71.1 \times 10^6}{180768892} = 0.48 + 0.39$$

$$= 0.9\text{N/mm}^2 \approx 1.0\text{N/mm}^2 < \omega\beta_1 f_{ct} = 0.675 \times 1.21 \times 11.3 = 9.2\text{N/mm}^2$$

满足要求。

5 钢烟囱底板厚度计算

筒壁底板外侧加劲板之间底板自由边长度：

$$a = \frac{\pi D}{8} = \frac{1400\pi}{8} = 550\text{mm}；$$

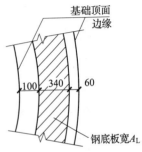

图 17-13 底板局部受压
计算底面积

底板外侧底板悬臂长度：

$b = 700 - 580 = 120\text{mm}$；$b/a = 120/550 = 0.22 < 0.3$。

按悬臂长度为 $b = 120\text{mm}$ 的悬臂板计算弯矩：

$$M_{max} = \sigma_{cbt} \times \frac{1}{2}b^2 = \frac{1}{2} \times 1 \times 120^2 = 7200\text{N} \cdot \text{mm}；$$

$$t \geqslant \sqrt{\frac{6M_{max}}{f_t}} = \sqrt{\frac{6 \times 7200}{215}} = 14.17\text{mm}，\text{取 } t = 16\text{mm}。$$

6 加劲肋计算（参见图17-8中剖面6-6）加劲板尺寸为 $120 \times 8 \times 150$；

$$V = \sigma_{cbt} \times (b \times a) = 1 \times 550 \times 120 = 66 \times 10^3\text{N}；$$

$$M = V \times \frac{1}{2}b = 66 \times 10^3 \times \frac{1}{2} \times 120 = 3960 \times 10^3\text{N} \cdot \text{mm}；$$

$$W = \frac{1}{6} \times 8 \times 150^2 = 3.0 \times 10^4\text{mm}^3；$$

$$\sigma = \frac{M}{W} = \frac{39.6 \times 10^5}{3.0 \times 10^4} = 132\text{N/mm}^2 < 215\text{N/mm}^2；$$

$$\tau = \frac{1.5V}{th} = \frac{1.5 \times 66 \times 10^3}{8 \times 150} = 82.5\text{N/mm}^2 < 125\text{N/mm}^2。$$

满足要求。

18 砖烟囱计算实例

18.1 基 本 资 料

1 设计资料

烟囱设计资料如下：

（1）烟囱高度 $H = 45\text{m}$，上口内径 $D_0 = 1.4\text{m}$；

（2）基本风压 $W_0 = 0.6\text{kN/m}^2$，地面粗糙度类别为 B 类；

（3）抗震设防烈度为 8 度（$0.20g$、第二组），II 类建筑场地；

（4）烟气温度 $T_g = 250℃$；室外计算温度：夏季极端最高温度 $T_{a1} = 35℃$；冬季极端最低温度 $T_{a2} = -40℃$。

2 材料选择

烟囱设计材料按以下规定采用：

（1）砖筒壁采用 MU10 烧结普通黏土砖，M5 水泥石灰混合砂浆砌筑，砖砌体容重取 18kN/m^3，抗压强度设计值为 1.5N/mm^2，导热系数 $\lambda = 0.81 + 0.0006TW/（\text{m} \cdot \text{K}）$。

（2）隔热层采用水泥珍珠岩制品，容重取 3.5kN/m^3，导热系数 $\lambda = 0.16 + 0.0001T$（$\text{W/m} \cdot \text{K}$）。

（3）内衬采用 MU10 普通黏土砖，M5 混合砂浆砌筑，各项指标同砖筒壁。

（4）钢筋：筒壁配置的环向和竖向钢筋均采用 HPB300 钢筋，在温度（$\leq 100℃$）作用下的抗拉强度设计值分别为 $f_{yt} = 300/1.6 \approx 187.5\text{N/mm}^2$（环筋）和 $f_{yt} = 300/1.9 \approx 158\text{N/mm}^2$（竖筋）。

当采用环箍方案时，环箍选用 Q235B 钢，抗拉强度设计值为 $f_{at} = 145\text{N/mm}^2$。

3 计算依据

本例题依据下列规范进行计算：

（1）《烟囱设计规范》GB 50051—2013；

（2）《砌体结构设计规范》GB 50003—2011；

（3）《钢结构设计规范》GB 50017—2003；

（4）《建筑结构荷载规范》GB 50009—2012；

（5）《建筑抗震设计规范》GB 50011—2010。

4 烟囱形式

烟囱形式为单坡度，具体如下：

（1）筒壁共分五节，每节高度如图 18-1 所示；

（2）筒壁坡度 $i = 2.5\%$；

（3）普通黏土砖砌体内衬由底到顶设置，隔热层采用 50mm 厚水泥珍珠岩制品；

（4）烟囱尺寸列于表 18-1。

表 18-1 烟囱尺寸明细表

截面	标高 (m)	节高 (m)	外 半 径 (m)			厚 度 (m)		
			筒 壁	隔热层	内 衬	筒壁 t_3	隔热层 t_2	内衬 t_1
1	37.5	7.5	1.267	1.027	0.977	0.24	0.05	0.12
2	27.5	10	1.517	1.277	1.227	0.24	0.05	0.12
3	17.5	10	1.767	1.397	1.347	0.37	0.05	0.12
4	7.5	10	2.017	1.647	1.597	0.37	0.05	0.12
5	0	7.5	2.205	1.715	1.665	0.49	0.05	0.24

18.2 筒身自重计算

（1）筒壁、隔热层和内衬体积计算：

$$V = \pi t h \times \frac{D + d}{2}$$

式中：V——每节筒壁、隔热层或内衬体积（m^3）；

t——每节筒壁、隔热层或内衬厚度（m）；

h——每节筒壁、隔热层或内衬高度（m）；

D——每节筒壁、隔热层或内衬底部外直径（m）；

d——每节筒壁、隔热层或内衬顶部的内径（m）。

（2）烟囱各节重量计算结果列于表 18-2。

表 18-2 烟囱各节重量计算表

节号	筒 壁		隔热层 + 内衬		每节底部重量 (kN)
	体 积 （m^3）	重量 (kN)	体 积 （m^3）	重量 (kN)	
1	$\pi \times 0.24 \times 7.5 \times$ $(1.267 + 0.87) =$ 12.08	217.5	$\pi \times 0.05 \times 7.5 \times (1.027 + 0.82) +$ $\pi \times 0.12 \times 7.5 \times (0.977 + 0.7) = 2.18$ $+ 4.74$	93.0	217.5
2	$\pi \times 0.24 \times 10 \times$ $(1.517 + 1.267 -$ $0.24) = 19.18$	345.24	$\pi \times 0.05 \times 10 \times (1.277 + 1.027 -$ $0.05) + \pi \times 0.12 \times 10 \times (1.227 +$ $0.977 - 0.12) = 3.54 + 7.86$	153.87	$217.5 + 93.0 +$ $345.24 = 655.8$
3	$\pi \times 0.37 \times 10 \times$ $(1.767 + 1.517 -$ $0.37) = 33.87$	609.7	$\pi \times 0.05 \times 10 \times (1.397 + 1.277 -$ $0.05) + \pi \times 0.12 \times 10 \times (1.347 +$ $1.227 - 0.12) = 4.12 + 9.25$	180.92	$655.8 + 153.87$ $+ 609.7 = 1419.4$
4	$\pi \times 0.37 \times 10 \times$ $(2.017 + 1.767 -$ $0.37) = 39.68$	714.24	$\pi \times 0.05 \times 10 \times (1.647 + 1.397 -$ $0.05) + \pi \times 0.12 \times 10 \times (1.597 +$ $1.347 - 0.12) = 4.7 + 10.65$	208.15	$1419.4 + 180.92$ $+ 714.24 = 2314.6$
5	$\pi \times 0.49 \times 7.5 \times$ $(2.205 + 2.017 - 0.49)$ $= 43.09$	775.62	$\pi \times 0.05 \times 7.5 \times (1.715 + 1.647 - 0.05)$ $+ \pi \times 0.24 \times 7.5 \times (1.665 + 1.597 - 0.24)$ $= 3.9 + 17.09$	321.27	$2314.6 + 208.15 +$ $775.62 = 3298.4$

注：每节下部重量未包括本节隔热层和内衬重量。

18.3 风荷载及风弯矩计算

1 烟囱基本自振周期 T_1

$$T_1 = 0.23 + 0.0022 \times \frac{H^2}{d}$$

$$= 0.23 + 0.0022 \times 45^2/3.285 = 1.59\text{s}$$

2 风振系数 β_z

烟囱筒身的风振系数 β_z 按照本手册第 4 章有关公式计算，在 0m、7.5m、17.5m、27.5m、37.5m 和 45.0m 标高处的风振系数 β_z 值分别为 1.0、1.070、1.305、1.570、1.934 和 2.192。

3 风荷载体型系数 μ_s

烟囱筒身的风荷载体型系数 μ_s 查本手册《建筑结构荷载规范》GB 50009—2012 表 8.3.1 得：$\mu_z W_0 d^2 \geq 0.015$，且 $H/d \geq 25$，$\Delta \approx 0$，所以 $\mu_s = 0.6$。

4 风压高度变化系数 μ_z

烟囱筒身的风压高度变化系数 μ_z 查《建筑结构荷载规范》GB 50009—2012 表 8.2.1 得：在 0.0m、7.5m、17.5m、27.5m、37.5m 和 45.0m 标高处的风压高度变化系数 μ_z 值分别为 0.0、1.0、1.18、1.35、1.488 和 1.57。

5 风荷载标准值 W_K

烟囱筒身外表面风荷载标准值 W_K 按下式计算：

$$W_K = \beta_z \mu_s \mu_z W_0 = \beta_z \times 0.6 \times \mu_z \times 0.6 = 0.36\beta_z\mu_z\text{kN/m}^2$$

各节集中水平风力设计值：

$$V_i = 1.4 \times \frac{w_{ki} + w_{ki-1}}{2} 2h_i R = 1.4 \times (w_{ki} + w_{ki-1}) h_i R$$

式中：R——计算节的平均外半径。

各节风弯矩设计值：

$$M_i = \sum_{i=1}^{n} V_i h_i$$

式中：h_i——各水平风荷载作用点至计算截面距离。

各截面的风剪力设计值及风弯矩设计值列于表 18-3。

表 18-3　风荷载计算

截面	标高 (m)	节高 (m)	节间 平均半径 R (m)	$\mu_z\beta_z$	风载标 准值 w_k (kN/m²)	水平风力 标准值 V_{ki} (kN)	风弯矩标准值 $M_{\omega k}$ (kN·m)
0	45.0	–	1.08	3.44	1.24	–	–
1	37.5	7.5	1.174	2.88	1.04	20.08	20.08 × 7.5/2 = 75.3
2	27.5	10	1.392	2.12	0.76	25.06	25.06 × 10/2 + 20.08 × (10 + 7.5/2) = 125.3 + 276.1 = 401.4

续表 18-3

截面	标高（m）	节高（m）	节间平均半径 R（m）	$\mu_z\beta_z$	风载标准值 w_k（kN/m²）	水平风力标准值 V_{ki}（kN）	风弯矩标准值 $M_{\omega k}$（kN·m）
3	17.5	10	1.642	1.54	0.55	21.51	$401.4 + (20.08 + 25.06) \times 10 + 21.51 \times 10/2 =$ $401.4 + 451.4 + 107.55 = 960.35$
4	7.5	10	1.892	1.07	0.39	17.78	$960.35 + (20.08 + 25.06 + 21.51) \times 10 + 17.78$ $\times 10/2 = 960.35 + 666.5 + 88.9 = 1715.75$
5	0	7.5	2.111	0.0	0.0	6.17	$1715.75 + (20.08 + 25.06 + 21.51 + 17.78) \times 7.5 +$ $6.17 \times 7.5/2 = 1715.75 + 633.23 + 23.14 = 2372.12$

注：烟囱底部总剪力标准值 $\Sigma V_{ki} = 20.08 + 25.06 + 21.51 + 17.78 + 6.17 = 90.6$ kN。

18.4 烟囱筒身受热温度计算

烟囱筒身受热温度计算分两种情况：根据夏季室外极端最高温度，计算材料的受热温度。其目的是考虑材料强度折减，并应满足材料所能允许的温度值；根据冬季室外极端最低温度，计算筒壁的温度差值，以用于环筋或环箍的计算。

1 夏季温度计算

本例题烟气温度 $T_g = 250℃$，远远小于砖筒壁砌体的允许受热温度。各组成层的受热温度计算方法与冬季温度计算时相同，可参照；因此，夏季温度计算从略。

2 冬季温度计算

计算时应首先假定 T_0、T_1、T_2、T_3 温度值。本例题按常规经验进行假定。计算结果列于表 18-4。

表中：$R_{in} = \dfrac{1}{\alpha_{in}d_0}$，当 $T_g = 101℃ \sim 300℃$ 时，$\alpha_{in} = 38$，$R_{in} = 0.026/d_0$；

$R_{ex} = \dfrac{1}{\alpha_{ex}d_3}$，夏季取 $\alpha_{ex} = 12$，冬季取 $\alpha_{ex} = 23$。

故：夏季时 $R_{ex} = \dfrac{1}{12d_3} = 0.083/d_3$；冬季时 $R_{ex} = \dfrac{1}{23d_3} = 0.044/d_3$。

$R_i = \dfrac{1}{2\lambda_i}\ln\dfrac{d_i}{d_{i-1}}$　d_i 为各层内直径及筒壁外直径，λ_i 为各层导热系数。

筒壁及内衬砖砌体：$\lambda = 0.81 + 0.0006T$ [W/（m·K）]。

水泥珍珠岩制品隔热层：$\lambda = 0.16 + 0.0001T$ [W/（m·K）]。

从表 18-4 可以看出：各截面假定的温度（$T_0 \sim T_3$）与计算值相差均大于 5%。按规定应当以计算出的温度值（$T_0 \sim T_3$）作为第二次假定值，再循环计算，直至"假定"值与计算值相差不超过 5% 为止。

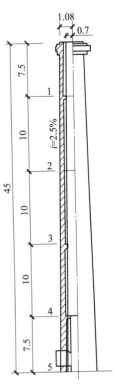

图 18-1 烟囱筒身图

表18-4 冬季温度计算 ($T_a = 250℃$, $T_g = -40℃$)

截面	标高 (m)	各层内直径及筒壁外径 (m)				假定温度 (℃)	导热系数 λ [W/(m·K)]	总热阻 $R_{tot} = R_{in} + R_1 + R_2 + R_3 + R_{ex}$ (m²·K/W)	计算温度 (℃) $T_{cj} = T_g - \dfrac{T_g - T_a}{R_{tot}}\left(R_{in} + \sum\limits_{i=1}^{j} R_i\right)$
		d_3	d_2	d_1	d_0				
1	37.5	2.53	2.05	1.95	1.71	$T_0 = 250$ $T_1 = 165$ $T_2 = 130$ $T_3 = -40$	$\lambda_1 = 0.81 + 0.0006 \times (T_0+T_1)/2 = 0.935$ $\lambda_2 = 0.16 + 0.0001 \times (T_1+T_2)/2 = 0.175$ $\lambda_3 = 0.81 + 0.0006 \times (T_2+T_3)/2 = 0.837$	$R_{in} = 0.026/d_0 = 0.015$ $R_1 = \frac{1}{2\lambda_1}\ln(d_1/d_0) = 0.07$ $R_2 = \frac{1}{2\lambda_2}\ln(d_2/d_1) = 0.143$ $R_3 = \frac{1}{2\lambda_3}\ln(d_3/d_2) = 0.126$ $R_{ex} = 0.044/d_3 = 0.017$ $R_{tot} = 0.015 + 0.07 + 0.143 +$ $0.126 + 0.017 = 0.371$	$T_0 = 250 - \frac{250+40}{0.371} \times 0.015 = 238$ $T_1 = 250 - \frac{250+40}{0.371} \times (0.015+0.07) = 184$ $T_2 = 250 - \frac{250+40}{0.371} \times$ $(0.015+0.07+0.143) = 72$ $T_3 = 250 - \frac{250+40}{0.371} \times$ $(0.015+0.07+0.143+0.126) = -27$
2	27.5	3.03	2.55	2.45	2.21	$T_0 = 250$ $T_1 = 165$ $T_2 = 130$ $T_3 = -40$	$\lambda_1 = 0.81 + 0.0006 \times (T_0+T_1)/2 = 0.935$ $\lambda_2 = 0.16 + 0.0001 \times (T_1+T_2)/2 = 0.175$ $\lambda_3 = 0.81 + 0.0006 \times (T_2+T_3)/2 = 0.837$	$R_{in} = 0.026/d_0 = 0.012$ $R_1 = \frac{1}{2\lambda_1}\ln(d_1/d_0) = 0.055$ $R_2 = \frac{1}{2\lambda_2}\ln(d_2/d_1) = 0.114$ $R_3 = \frac{1}{2\lambda_3}\ln(d_3/d_2) = 0.103$ $R_{ex} = 0.044/d_3 = 0.015$ $R_{tot} = 0.012 + 0.055 + 0.114 +$ $0.103 + 0.015 = 0.299$	$T_0 = 250 - \frac{250+40}{0.299} \times 0.012 = 238$ $T_1 = 250 - \frac{250+40}{0.299} \times (0.012+0.055) = 185$ $T_2 = 250 - \frac{250+40}{0.299} \times$ $(0.012+0.055+0.114) = 75$ $T_3 = 250 - \frac{250+40}{0.299} \times$ $(0.012+0.055+0.114+0.103)$ $= -26$
3	17.5	3.53	2.79	2.69	2.45	$T_0 = 250$ $T_1 = 185$ $T_2 = 159$ $T_3 = -40$	$\lambda_1 = 0.81 + 0.0006 \times (T_0+T_1)/2 = 0.941$ $\lambda_2 = 0.16 + 0.0001 \times (T_1+T_2)/2 = 0.177$ $\lambda_3 = 0.81 + 0.0006 \times (T_2+T_3)/2 = 0.846$	$R_{in} = 0.026/d_0 = 0.011$ $R_1 = \frac{1}{2\lambda_1}\ln(d_1/d_0) = 0.05$ $R_2 = \frac{1}{2\lambda_2}\ln(d_2/d_1) = 0.103$ $R_3 = \frac{1}{2\lambda_3}\ln(d_3/d_2) = 0.139$ $R_{ex} = 0.044/d_3 = 0.013$ $R_{tot} = 0.011 + 0.05 + 0.103$ $+ 0.139 + 0.013 = 0.316$	$T_0 = 250 - \frac{250+40}{0.316} \times 0.011 = 240$ $T_1 = 250 - \frac{250+40}{0.316} \times (0.011+0.05) = 194$ $T_2 = 250 - \frac{250+40}{0.316} \times$ $(0.011+0.05+0.103) = 100$ $T_3 = 250 - \frac{250+40}{0.316} \times$ $(0.011+0.05+0.103+0.139) = -28$

续表 18-4

截面	标高 (m)	各层内直径及筒壁外径 (m)				假定温度 (℃)	导热系数 λ [W/(m·K)]	总热阻 $R_{tot}=R_{in}+R_1+R_2+R_3+R_{ex}$ (m²·K/W)	计算温度 (℃) $T_{cj}=T_g-\dfrac{T_g-T_a}{R_{tot}}\left(R_{in}+\sum_{i=1}^{i}R_i\right)$
		d_3	d_2	d_1	d_0				
4	7.5	4.03	3.29	3.19	2.95	$T_0=250$ $T_1=185$ $T_2=159$ $T_3=-40$	$\lambda_1=0.81+0.0006\times(T_0+T_1)/2=0.941$ $\lambda_2=0.16+0.0001\times(T_1+T_2)/2=0.177$ $\lambda_3=0.81+0.0006\times(T_2+T_3)/2=0.846$	$R_{in}=0.026/d_0=0.009$ $R_1=\dfrac{1}{2\lambda_1}\ln(d_1/d_0)=0.042$ $R_2=\dfrac{1}{2\lambda_2}\ln(d_2/d_1)=0.087$ $R_3=\dfrac{1}{2\lambda_3}\ln(d_3/d_2)=0.12$ $R_{ex}=0.044/d_3=0.011$ $R_{tot}=0.009+0.042+0.087+0.12+0.011=0.269$	$T_0=250-\dfrac{250+40}{0.269}\times0.009=240$ $T_1=250-\dfrac{250+40}{0.269}\times(0.009+0.042)=195$ $T_2=250-\dfrac{250+40}{0.269}\times(0.009+0.042+0.087)=101$ $T_3=250-\dfrac{250+40}{0.269}\times(0.009+0.042+0.087+0.12)=-28$
5	0.0	4.41	3.43	3.33	2.85	$T_0=250$ $T_1=197$ $T_2=175$ $T_3=-40$	$\lambda_1=0.81+0.0006\times(T_0+T_1)/2=0.944$ $\lambda_2=0.16+0.0001\times(T_1+T_2)/2=0.179$ $\lambda_3=0.81+0.0006\times(T_2+T_3)/2=0.851$	$R_{in}=0.026/d_0=0.009$ $R_1=\dfrac{1}{2\lambda_1}\ln(d_1/d_0)=0.083$ $R_2=\dfrac{1}{2\lambda_2}\ln(d_2/d_1)=0.083$ $RV_3=\dfrac{1}{2\lambda_3}\ln(d_3/d_2)=0.148$ $R_{ex}=0.044/d_3=0.01$ $R_{tot}=0.009+0.083+0.083+0.148+0.01=0.333$	$T_0=250-\dfrac{250+40}{0.333}\times0.009=242$ $T_1=250-\dfrac{250+40}{0.333}\times(0.009+0.083)=170$ $T_2=250-\dfrac{250+40}{0.333}\times(0.009+0.083+0.083)=98$ $T_3=250-\dfrac{250+40}{0.333}\times(0.009+0.083+0.083+0.148)=-31$

但根据计算经验可知，当烟气温度 $T_g \leqslant 500℃$，按照上述假定温度，第一次计算出的温度已为精确值，不需要再循环计算。

18.5 筒壁水平截面承载能力计算

各计算截面的常数计算列于表18-5。未说明的符号含义详见11.2.2有关内容。

表 18-5 筒壁各计算截面的常数计算

截面	标高 (m)	截面尺寸			计算截面回转半径及核心距 (m)		h_d (m)	d (m)	$\beta = \dfrac{h_d}{d}$	$\phi = \dfrac{1}{1+\left(\dfrac{e_0}{i}+\beta\sqrt{\alpha}\right)^2}$
		r_1 (m)	r_2 (m)	$A=\pi(r_2^2-r_1^2)$ (m²)	$i=0.5\sqrt{r_1^2+r_2^2}$	$r_{com}=\dfrac{r_1^2+r_2^2}{4r_2}$				
1	37.5	1.027	1.267	1.73	0.816	0.525	7.5	2.534	2.960	0.729
2	27.5	1.227	1.517	2.50	0.976	0.627	17.5	3.034	5.768	0.523
3	17.5	1.397	1.767	3.68	1.126	0.718	27.5	3.534	7.782	0.499
4	7.5	1.647	2.017	4.26	1.302	0.841	37.5	4.034	9.296	0.488
5	0	1.715	2.205	6.03	1.397	0.885	45	4.41	10.204	0.502

注：r_1、r_2 为计算截面内、外半径；A 为截面积；ϕ 为高径比 β 及轴向力偏心距 e_0 对承载力的影响系数。

水平截面极限承载能力计算结果列于表18-6，筒壁烟道接孔孔洞通过孔边加设砖垛补强处理，承载能力计算时不考虑其影响。

表 18-6 水平截面极限承载能力计算

截面标高 (m)	荷载标准值		$e_0=\dfrac{1.4M_{wk}}{0.95N_k}$ (m)	偏心距设计值 $e_0\leqslant 0.6a$ (m)	偏心距标准值 $e_{0k}\leqslant r_{com}$ (m)	自重产生的轴向压力设计值 $N\leqslant\phi fA$ (kN)
	N_k (kN)	M_{wk} (kN·m)				
37.5	217.5	75.3	0.510	0.510 < 0.76	0.346 < 0.525	261 < 0.729×1500×1.73 = 1892
27.5	655.8	401.4	0.902	0.902 < 0.91	0.612 < 0.627	787 < 0.523×1500×2.50 = 1961
17.5	1419.4	960.35	0.997	0.997 < 1.06	0.677 < 0.718	1703 < 0.499×1500×3.68 = 2754
7.5	2314.6	1715.75	1.092	1.092 < 1.21	0.741 < 0.841	2778 < 0.488×1500×4.26 = 3118
0	3298.4	2372.12	1.06	1.06 < 1.32	0.719 < 0.885	3958 < 0.502×1500×6.03 = 4541

注：1 荷载标准值是根据表18-2和表18-3得来。砖砌体抗压强度设计值 $f=1.5\text{N/mm}^2=1500\text{kN/m}^2$。偏心距标准值 $e_{ok}=M_{WK}/N_K$。

2 验算 $e_0\leqslant 0.6a$ 时，标准值 N_k 变为设计值 N 的分项系数按 0.95 取值（其效应对承载能力有利状况）。

3 验算 $N\leqslant\phi fA$ 时，设计值 N 的分项系数有 1.2 和 1.35 两种（对应的 ϕ 值不同），表中是按 1.2 系数计算，1.35 系数经计算也满足要求，不再罗列。a 为计算截面重心至筒壁外边缘的最小距离（即筒壁外半径）。

18.6 环箍或环筋计算

在砖烟囱设计中，为了抵抗环向温度应力，应设置环箍或环筋。一般应优先采用环筋。为了说明环箍和环筋的计算方法，本例题对环箍和环筋分别进行了计算。

1 环箍计算

计算中筒壁砖砌体的线膨胀系数按 $\alpha_m = 5 \times 10^{-6}/℃$ 取值（受热温度≤200℃）。

（1）筒壁外表面在温度差作用下的自由相对伸长值计算结果列于表18-7。

表18-7 筒壁外表面温差作用下的自由相对伸长值 ε_t

截面	标高 (m)	筒壁厚度 t_3 (m)	筒壁温差 $\Delta T = T_2 - T_3$ (℃)	半径比值 $\dfrac{r_2}{r_1}$	$\varepsilon_t = \dfrac{\gamma_t t_3 \alpha_m \Delta T}{r_2 \ln\left(\dfrac{r_2}{r_1}\right)}$
1	37.5	0.24	72+27=99	$\dfrac{1.267}{1.027}=1.234$	$\dfrac{1.6 \times 0.24 \times 5 \times 10^{-6} \times 99}{1.267 \times \ln\ (1.234)}=7.14 \times 10^{-4}$
2	27.5	0.24	75+26=101	$\dfrac{1.517}{1.277}=1.188$	$\dfrac{1.6 \times 0.24 \times 5 \times 10^{-6} \times 101}{1.517 \times \ln\ (1.188)}=7.42 \times 10^{-4}$
3	17.5	0.37	100+28=128	$\dfrac{1.767}{1.397}=1.265$	$\dfrac{1.6 \times 0.37 \times 5 \times 10^{-6} \times 128}{1.767 \times \ln\ (1.265)}=9.12 \times 10^{-4}$
4	7.5	0.37	101+28=129	$\dfrac{2.017}{1.647}=1.225$	$\dfrac{1.6 \times 0.37 \times 5 \times 10^{-6} \times 129}{2.017 \times \ln\ (1.225)}=9.33 \times 10^{-4}$
5	0	0.49	98+31=129	$\dfrac{2.205}{1.715}=1.286$	$\dfrac{1.6 \times 0.49 \times 5 \times 10^{-6} \times 129}{2.205 \times \ln\ (1.286)}=9.12 \times 10^{-4}$

注：温度作用分项系数 $\gamma_t = 1.6$。

（2）各计算截面单位高度（1m）筒壁所需要的环箍面积计算列于表18-8。

表18-8 单位高度（1m）筒壁环箍面积计算

截面	标高 (m)	$E_{sh} = \dfrac{E}{1+\dfrac{n}{6r_2}}$ （N/mm²）	筒壁内表面相对压缩变形值 $\varepsilon_m = \varepsilon_t - \dfrac{f_{at}}{E_{sh}} \geq 0$	$A_h = 500 \dfrac{r_2}{f_{at}} \varepsilon_m E_{mt} \ln\left(1 + \dfrac{t_3 \varepsilon_m}{r_1 \varepsilon_t}\right)$ （mm²/m）
1	37.5	$\dfrac{2.06 \times 10^5}{1+\dfrac{3}{6 \times 1.267}}$ $=1.477 \times 10^5$	$7.14 \times 10^{-4} - \dfrac{145}{1.477 \times 10^5}$ $=-2.68 \times 10^{-4}$	按构造配环箍（$\varepsilon_m < 0$）
2	27.5	$\dfrac{2.06 \times 10^5}{1+\dfrac{3}{6 \times 1.517}}$ $=1.55 \times 10^5$	$7.42 \times 10^{-4} - \dfrac{145}{1.55 \times 10^5}$ $=-1.94 \times 10^{-4}$	按构造配环箍（$\varepsilon_m < 0$）
3	17.5	$\dfrac{2.06 \times 10^5}{1+\dfrac{3}{6 \times 1.767}}$ $=1.61 \times 10^5$	$9.12 \times 10^{-4} - \dfrac{145}{1.61 \times 10^5}$ $=0.12 \times 10^{-4}$	$500 \times 1767 \times 0.12 \times 10^{-4} \times 800 \times \ln 1.004/$ $145 = 0.24 <$构造配环箍面积，按构造配环箍
4	7.5	$\dfrac{2.06 \times 10^5}{1+\dfrac{3}{6 \times 2.017}}$ $=1.65 \times 10^5$	$9.33 \times 10^{-4} - \dfrac{145}{1.65 \times 10^5}$ $=0.54 \times 10^{-4}$	$500 \times 2017 \times 0.54 \times 10^{-4} \times 800 \times \ln 1.013/$ $145 = 3.9 <$构造配环箍面积，按构造配环箍

续表 18-8

截面	标高 （m）	$E_{sh} = \dfrac{E}{1 + \dfrac{n}{6r_2}}$ （N/mm²）	筒壁内表面相对压缩变形值 $\varepsilon_m = \varepsilon_t - \dfrac{f_{at}}{E_{sh}} \geqslant 0$	$A_h = 500\dfrac{r_2}{f_{at}}\varepsilon_m E_{mt}\ln\left(1 + \dfrac{t_3\varepsilon_m}{r_1\varepsilon_t}\right)$ （mm²/m）
5	0	$\dfrac{2.06 \times 10^5}{1 + \dfrac{4}{6 \times 2.205}}$ $= 1.582 \times 10^5$	$9.12 \times 10^{-4} - \dfrac{145}{1.582 \times 10^5}$ $= -0.05 \times 10^{-4}$	按构造配环箍（$\varepsilon_m < 0$）

注：1 n 为每圈环箍接头数。环箍钢材弹性模量 $E = 2.06 \times 10^5 \text{N/mm}^2$，环箍折算弹性模量 E_{sh}，环箍抗拉强度设
  计值 $f_{at} = 145 \text{N/mm}^2$。

  2 砖砌体弹塑性模量 $E_m = 2400 \text{N/mm}^2$，砖砌体在温度作用下的弹塑性模量 $E_{mt} = E_m/3 = 2400/3 = 800 \text{N/mm}^2$。

2 环筋计算

在环向钢筋计算中，砖砌体的线膨胀系数 α_m、弹塑性模量 E_{mt} 数值与环箍计算时相同。

（1）筒壁外表面在温度差作用下的自由相对伸长值计算结果列于表 18-9。

表 18-9　筒壁外表面在温差作用下的自由相对伸长值 ε_t

截面	标高 （m）	筒壁有效 厚度 t_{30}（m）	筒壁温差 $\Delta T_3 = T_2 - T_3$ （℃）	半径比值 $\dfrac{r_s}{r_1}$	$\varepsilon_t = \dfrac{\gamma_t t_{30} \alpha_m \Delta T_s}{r_s \ln\left(\dfrac{r_s}{r_1}\right)}$
1	37.5	0.21	72 + 27 = 99	$\dfrac{1.237}{1.027} = 1.205$	$\dfrac{1.4 \times 0.21 \times 5 \times 10^{-6} \times 99}{1.237 \times \ln(1.205)} = 6.31 \times 10^{-4}$
2	27.5	0.21	75 + 26 = 101	$\dfrac{1.487}{1.277} = 1.165$	$\dfrac{1.4 \times 0.21 \times 5 \times 10^{-6} \times 101}{1.487 \times \ln(1.165)} = 6.54 \times 10^{-4}$
3	17.5	0.34	100 + 28 = 128	$\dfrac{1.737}{1.397} = 1.244$	$\dfrac{1.4 \times 0.34 \times 5 \times 10^{-6} \times 128}{1.737 \times \ln(1.244)} = 8.03 \times 10^{-4}$
4	7.5	0.34	101 + 28 = 129	$\dfrac{1.987}{1.647} = 1.207$	$\dfrac{1.4 \times 0.34 \times 5 \times 10^{-6} \times 129}{1.987 \times \ln(1.207)} = 8.21 \times 10^{-4}$
5	0	0.46	98 + 31 = 129	$\dfrac{2.175}{1.715} = 1.268$	$\dfrac{1.4 \times 0.46 \times 5 \times 10^{-6} \times 129}{2.175 \times \ln(1.268)} = 8.04 \times 10^{-4}$

注：温度作用分项系数 $\gamma_t = 1.4$，筒壁有效厚度 $t_{30} = t_3 - 0.03\text{m}$，环筋所在圆处半径 $r_s = r_2 - 0.03\text{m}$。

（2）各计算截面单位高度（1m）筒壁所需要的环筋面积计算列于表 18-10。

表 18-10　单位高度（1m）筒壁环筋面积计算

截面	标高 （m）	$E_{st} = \dfrac{E}{1 + \dfrac{n}{6r_s}}$ （N/mm²）	筒壁内表面相对压缩变形值 $\varepsilon_m = \varepsilon_t - \dfrac{\psi_{st} f_{yt}}{E_{st}} \geqslant 0$	$A_{sm} = 500\dfrac{r_s\eta}{f_{yt}}\varepsilon_m E_{mt}\ln\left(1 + \dfrac{t_{30}\varepsilon_m}{r_1\varepsilon_t}\right)$ （mm²/m）
1	37.5	$\dfrac{2.1 \times 10^5}{1 + \dfrac{3}{6 \times 1.237}}$ $= 1.5 \times 10^5$	$6.31 \times 10^{-4} - \dfrac{0.6 \times 147}{1.5 \times 10^5}$ $= 0.43 \times 10^{-4}$	$500 \times 1237 \times 1.0 \times 0.43 \times 10^{-4} \times 800$ $\times \ln 1.014/187.5$ $= 1.6 <$ 构造配环筋面积，按构造配环筋

续表18-10

截面	标高 (m)	$E_{st} = \dfrac{E}{1+\dfrac{n}{6r_s}}$ (N/mm²)	筒壁内表面相对压缩变形值 $\varepsilon_m = \varepsilon_t - \dfrac{\psi_{st}f_{yt}}{E_{st}} \geq 0$	$A_{sm} = 500\dfrac{r_s\eta}{f_{yt}}\varepsilon_m E_{mt}\ln\left(1+\dfrac{t_{30}\varepsilon_m}{r_1\varepsilon_t}\right)$ (mm²/m)
2	27.5	$\dfrac{2.1\times10^5}{1+\dfrac{3}{6\times1.487}}$ $=1.57\times10^5$	$6.54\times10^{-4} - \dfrac{0.6\times147}{1.57\times10^5}$ $=0.92\times10^{-4}$	$500\times1487\times1.0\times0.92\times10^{-4}\times800$ $\times\ln1.023/187.5$ $=6.7 <$ 构造配环筋面积，按构造配环筋
3	17.5	$\dfrac{2.1\times10^5}{1+\dfrac{3}{6\times1.737}}$ $=1.63\times10^5$	$8.03\times10^{-4} - \dfrac{0.6\times147}{1.63\times10^5}$ $=2.62\times10^{-4}$	$500\times1737\times1.0\times2.62\times10^{-4}\times800$ $\times\ln1.08/187.5 = 74.7$
4	7.5	$\dfrac{2.1\times10^5}{1+\dfrac{3}{6\times1.987}}$ $=1.68\times10^5$	$8.21\times10^{-4} - \dfrac{0.6\times147}{1.68\times10^5}$ $=2.96\times10^{-4}$	$500\times1987\times1.0\times2.96\times10^{-4}\times800$ $\times\ln1.08/187.5 = 96.6$
5	0	$\dfrac{2.1\times10^5}{1+\dfrac{4}{6\times2.175}}$ $=1.61\times10^5$	$8.04\times10^{-4} - \dfrac{0.6\times147}{1.61\times10^5}$ $=2.56\times10^{-4}$	$500\times2175\times1.0\times2.56\times10^{-4}\times800$ $\times\ln1.09/187.5 = 102.4$

注：n 为每圈环筋接头数。环筋弹性模量 $E = 2.1\times10^5\,\text{N/mm}^2$，环筋折算弹性模量 E_{st}，裂缝间环向钢筋应变不均匀系数 $\psi_{st} = 0.6$；环向钢筋根数系数 $\eta = 1.0$。温度作用下环筋抗拉强度设计值 $f_{yt} = 300/1.6 = 187.5\,\text{N/mm}^2$。

18.7 抗 震 计 算

1 水平地震作用计算

（1）水平地震影响系数 α_1。

烟囱基本自振周期 $T_1 = 1.59\text{s}$，特征周期值 $T_g = 0.4\text{s}$；

水平地震影响系数最大值 $\alpha_{max} = 0.16$（多遇地震）；

砖烟囱结构阻尼比取 $\zeta = 0.05$，阻尼调整系数按 $\eta_2 = 1.0$ 采用。

衰减指数（曲线下降段）$\gamma = 0.9$。

$$\alpha_1 = \left(\frac{T_g}{T_1}\right)^{\gamma} \times \eta_2 \times \alpha_{max} = \left(\frac{0.4}{1.59}\right)^{0.9} \times 1.0 \times 0.16 = 0.046$$

（2）烟囱筒身总重力荷载代表值 G_E。

烟囱筒身总重力荷载代表值取烟囱筒身的总自重荷载标准值与各层平台活荷载组合值之和，砖烟囱无各层平台，根据本例题表18-2得：

$$G_E = 3298.4 + 321.27 = 3619.7\text{kN}$$

（3）烟囱筒身重心处高度 H_0。

$$H_0 = \frac{\sum G_i H_i}{\sum G_i} = [217.5 + 93.0) \times \left(45 - \frac{7.5}{2}\right) + (345.24 + 153.87) \times \left(37.5 - \frac{10}{2}\right) +$$

$$(609.7 + 180.92) \times \left(27.5 - \frac{10}{2}\right) + (714.24 + 208.15) \times \left(17.5 - \frac{10}{2}\right) +$$

$$(775.62 + 321.27) \times \frac{7.5}{2}]/3619.7 = 17.26\text{m}$$

（4）烟囱筒身底部由水平地震作用标准值产生的弯矩 M_0。

$$M_0 = \alpha_1 G_E H_0 = 0.046 \times 3619.7 \times 17.26 = 2873.9\text{kN} \cdot \text{m}$$

（5）烟囱筒身底部由水平地震作用标准值产生的剪力 V_0。

地震剪力修正系数，$\eta_C = 1.02$。

$$V_0 = \eta_c \alpha_1 G_E = 1.02 \times 0.046 \times 3619.7 = 169.8\text{kN}$$

（6）烟囱各计算截面的地震弯矩和剪力。

当 $H_i > 0.3H$ 时，$M_i = 0.56 M_0 \ (H - H_i) \ /0.7H$；

当 $H_i \leqslant 0.3H$ 时，$M_i = \left(0.56 + \frac{0.3H - H_i}{0.3H} \times 0.44\right) M_0$；

当 $H_i > 0.9H$ 时，$V_i = 0.28 \times (H - H_i) \ V_0 / \ (0.1H)$；

当 $H_i \leqslant 0.9H$ 时，$V_i = [0.28 + (0.9H - H_i) \times 0.72/0.9H] \ V_0$。

将各截面标高 H_i 及 M_0 和 V_0 代入上述计算公式，得表 18-11 计算结果。

表 18-11　各计算截面的地震弯矩和剪力

截面	H_i (m)	M_i (kN·m)	V_i (kN)
1	37.5	$\dfrac{0.56 \times 2873.9 \times (45 - 37.5)}{0.7 \times 45} = 383.2$	$\left[0.28 + \dfrac{(0.9 \times 45 - 37.5) \times 0.72}{0.9 \times 45}\right] \times 169.8 = 56.6$
2	27.5	$\dfrac{0.56 \times 2873.9 \times (45 - 27.5)}{0.7 \times 45} = 894.1$	$\left[0.28 + \dfrac{(0.9 \times 45 - 27.5) \times 0.72}{0.9 \times 45}\right] \times 169.8 = 86.8$
3	17.5	$\dfrac{0.56 \times 2873.9 \times (45 - 17.5)}{0.7 \times 45} = 1405$	$\left[0.28 + \dfrac{(0.9 \times 45 - 17.5) \times 0.72}{0.9 \times 45}\right] \times 169.8 = 117$
4	7.5	$\left[0.56 + \dfrac{(0.3 \times 45 - 7.5) \times 0.44}{0.3 \times 45}\right] \times 2873.9$ $= 2171.4$	$\left[0.28 + \dfrac{(0.9 \times 45 - 7.5) \times 0.72}{0.9 \times 45}\right] \times 169.8 = 147.2$
5	0	2873.9	169.8

注：H_i 为计算截面至烟囱底部的高度。

2　竖向地震作用下烟囱的竖向地震作用标准值计算

烟囱底部的竖向地震力 $F_{EV0} = 0.75 \alpha_{V\max} \times G_E = 0.75 \times 0.65 \times \alpha_{\max} \times G_E = 0.75 \times 0.65 \times 0.16 \times 3619.7 = 282.3\text{kN}$

烟囱筒身各计算截面的竖向地震作用标准值计算：

$$F_{EViK} = \eta \left(G_{iE} - \frac{G_{iE}^2}{G_E}\right)$$

其中，$\eta = 4(1 + C) \times K_V = 4 \times (1 + 0.6) \times 0.13 = 0.832$；$G_E = 3619.7\text{kN}$；$G_{iE}$ 为计算截面以上的烟囱重力荷载代表值（即自重荷载标准值）。根据本例题表 18-2 可计算出在 0m、7.5m、17.5m、27.5m 和 37.5m 处的重力荷载代表值分别是 3619.7kN、2522.8kN、1600.4kN、809.8kN 和 310.7kN。

按此算出的在 0m、7.5m、17.5m、27.5m 和 37.5m 处的竖向地震作用标准值 F_{EViK} 分别是 0kN、636.1kN、742.8kN、523.0kN 和 236.3kN。在烟囱下部，当 $F_{EViK} < F_{EV0}$ 时，取 $F_{EViK} = F_{EV0}$；因此，0m 处 $F_{EViK} = F_{EV0} = 282.3\text{kN}$。

3 竖向钢筋计算

烟囱各水平截面地震力计算结果见表 18-12，竖向钢筋计算结果见表 18-13。

表 18-12 各计算截面弯矩设计值计算

截面	标高 （m）	γ_{Eh}	地震弯矩标准值 M_{EK} （N·m）	ϕ_{cWE}	γ_w	风弯矩标准值 M_{WK} （N·m）	各计算截面弯矩设计值 $M = \gamma_{Eh}M_{EK} + \phi_{cWE}\gamma_w M_{WK}$ （N·m）
1	37.5	1.3	383200	0.2	1.4	75300	$1.3 \times 383200 + 0.2 \times 1.4 \times 75300 = 519244$
2	27.5		894100			401400	$1.3 \times 894100 + 0.2 \times 1.4 \times 401400 = 1274722$
3	17.5		1405000			960350	$1.3 \times 1405000 + 0.2 \times 1.4 \times 960350 = 2095398$
4	7.5		2171400			1715750	$1.3 \times 2171400 + 0.2 \times 1.4 \times 1715750 = 1131830$
5	0		2873900			2372120	$1.3 \times 2873900 + 0.2 \times 1.4 \times 2372120 = 4400263$

注：M_{EK} 为水平地震作用在计算截面产生的弯矩标准值，参见表 18-11 的 M_i 值；M_{WK} 为风荷载在计算截面产生的弯矩标准值，参见表 18-3 的 M_{wk}。

表 18-13 各计算截面竖向配筋计算

截面	标高 （m）	系数 β	弯矩设计值 M （N·m）	重力标准值 G_K （N）	平均半径 r_P （m）	竖向地震力标准值 F_{EVK}（N）	各计算截面竖向配筋总面积 $A_s = \dfrac{\beta M - (r_G G_K - r_{EV} F_{EVK})r_P}{r_P f_{yt}}$ （mm²）
1	37.5	1.05	519244	310700	1.147	236300	$[1.05 \times 519244 - (1.0 \times 310700 - 0.5 \times 236300) \times 1.147] / (1.147 \times 158) = 1790$
2	27.5	1.10	1274722	809800	1.397	523000	$[1.10 \times 1274722 - (1.0 \times 809800 - 0.5 \times 523000) \times 1.397] / (1.397 \times 158) = 2882$
3	17.5	1.134	2095398	1600400	1.582	742800	$[1.134 \times 2095398 - (1.0 \times 1600400 - 0.5 \times 742800) \times 1.582] / (1.582 \times 158) = 1728$
4	7.5	1.045	1131830	2522800	1.832	636100	$[1.045 \times 1131830 - (1.0 \times 2522800 - 0.5 \times 636100) \times 1.832] / (1.832 \times 158) < 0$ 按构造配筋
5	0	1.32	4400263	3619700	1.96	282300	$[1.32 \times 4400263 - (1.0 \times 3619700 - 0.5 \times 282300) \times 1.96] / (1.96 \times 158) < 0$ 按构造配筋

19 地下拱形钢筋混凝土烟道计算实例

19.1 烟道温度计算

19.1.1 设计资料

烟气温度 $T_g = 200℃$；夏季极端最高空气温度 $T_a = 40℃$；内衬为黏土耐火砖，厚度 $t_1 = 0.23m$，导热系数为 $\lambda_1 = 0.93 + 0.0006T$ [W/(m·k)]；隔热层为高炉水渣，厚度 $t_2 = 0.2m$，导热系数为 $\lambda_2 = 0.12 + 0.0003T$ [W/(m·k)]；钢筋混凝土层，厚度 $t_3 = 0.3m$，导热系数为 $\lambda_3 = 1.74 + 0.0005T$ [W/(m·k)]；内衬内表面的传热系数 α_{in} 为 38 [W/(m²·k)]；土层外表面的传热系数 α_{ex} 为 12 [W/(m²·k)]，钢筋混凝土烟道的组成见图 19-1。

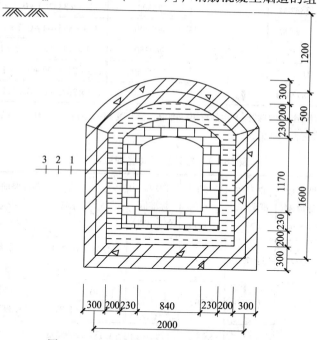

图 19-1 地下拱形钢筋混凝土烟道的组成
1—耐火层；2—隔热层；3—钢筋混凝土层

19.1.2 烟道侧墙温度计算

烟道侧墙的计算土层厚度，根据公式（12-1）得到：

$$H = 1.2 + 2.1 - 0.15 - 0.2 - 0.23 = 2.72m$$
$$b = 2.0 - 0.3 - 0.2 \times 2 - 0.23 \times 2 = 0.84m$$

土层厚度 $h_1 = 0.505H - 0.325 + 0.05bH$
$$= 0.505 \times 2.72 - 0.325 + 0.05 \times 0.84 \times 2.72$$
$$= 1.374 - 0.325 + 0.114 = 1.163m$$

则总厚度 $t = 0.23 + 0.2 + 0.3 + 1.163 = 1.893\text{m}$

（1）假定各点温度：$T_0 = 199℃$，$T_1 = 185℃$，$T_2 = 135℃$，$T_3 = 90℃$，$T_4 = 42℃$。

（2）导热系数：查表 3-30 得

耐火层：$\lambda_1 = 0.93 + 0.0006 \times \dfrac{199 + 185}{2} = 1.0452$

隔热层：$\lambda_2 = 0.12 + 0.0003 \times \dfrac{185 + 135}{2} = 0.1680$

钢筋混凝土层：$\lambda_3 = 1.74 + 0.0005 \times \dfrac{135 + 90}{2} = 1.7963$

黏土层：$\lambda_4 = 0.8000$

（3）各层的热阻：根据本手册 4.3.2 的内容，采用平壁法计算烟道热阻。

$$R_{in} = \frac{1}{\alpha_{in}} = \frac{1}{38} = 0.0263\,\text{m}^2 \cdot \text{K/W}$$

$$R_1 = \frac{t_1}{\lambda_1} = \frac{0.23}{1.0452} = 0.2201\,\text{m}^2 \cdot \text{K/W}$$

$$R_2 = \frac{t_2}{\lambda_2} = \frac{0.2}{0.1680} = 1.1905\,\text{m}^2 \cdot \text{K/W}$$

$$R_3 = \frac{t_3}{\lambda_3} = \frac{0.33}{1.7963} = 0.1670\,\text{m}^2 \cdot \text{K/W}$$

$$R_4 = \frac{t_4}{\lambda_4} = \frac{1.163}{0.8000} = 1.4538\,\text{m}^2 \cdot \text{K/W}$$

$$R_{ex} = \frac{1}{\alpha_{ex}} = \frac{1}{12} = 0.0833$$

总热阻：$R_{tot} = R_{in} + R_1 + R_2 + R_3 + 4_4 + R_{ex}$
$$= 0.0263 + 0.2201 + 1.1905 + 0.1670 + 1.4538 + 0.0833 = 3.1410\,\text{m}^2 \cdot \text{K/W}$$

（4）计算各点温度：

根据公式（4-56）得：

$$T_{cj} = T_g - \frac{T_g - T_a}{R_{tot}}\left(R_{in} + \sum_{i=1}^{j} R_i\right)$$

$$T_0 = 200 - \frac{200 - 40}{3.1410} \times 0.0263 = 198.7℃$$

$$T_1 = 200 - \frac{200 - 40}{3.1410} \times (0.0263 + 0.2201) = 187.5℃$$

$$T_2 = 200 - \frac{200 - 40}{3.1410} \times (0.0263 + 0.2201 + 1.1905) = 126.8℃$$

$$T_3 = 200 - \frac{200 - 40}{3.1410} \times (0.0263 + 0.2201 + 1.1905 + 0.167) = 118.3℃$$

$$T_4 = 200 - \frac{200 - 40}{3.1410} \times (0.0263 + 0.2201 + 1.1905 + 0.167 + 1.4538) = 44.3℃$$

与假定值相比，二者相差超过 5%，再循环一次。

（5）假定 $T_0 = 199℃$，$T_1 = 187℃$，$T_2 = 127℃$，$T_3 = 118℃$，$T_4 = 44℃$。

（6）导热系数：

$$\lambda_1 = 0.93 + 0.0006 \times \frac{199 + 187}{2} = 1.0458$$

$$\lambda_2 = 0.12 + 0.0003 \times \frac{187 + 127}{2} = 0.1671$$

$$\lambda_3 = 1.74 + 0.0005 \times \frac{127 + 118}{2} = 1.8013$$

$$\lambda_4 = 0.8000$$

（7）各层的热阻：

$$R_{in} = \frac{1}{\alpha_{in}} = \frac{1}{38} = 0.0263 \, m^2 \cdot K/W$$

$$R_1 = \frac{t_1}{\lambda_1} = \frac{0.23}{1.0458} = 0.2199 \, m^2 \cdot K/W$$

$$R_2 = \frac{t_2}{\lambda_2} = \frac{0.2}{0.1671} = 1.1969 \, m^2 \cdot K/W$$

$$R_3 = \frac{t_3}{\lambda_3} = \frac{0.3}{1.8013} = 0.1665 \, m^2 \cdot K/W$$

$$R_4 = \frac{t_4}{\lambda_4} = \frac{1.163}{0.8000} = 1.4538 \, m^2 \cdot K/W$$

$$R_{ex} = \frac{1}{\alpha_{ex}} = \frac{1}{12} = 0.0833 \, m^2 \cdot K/W$$

总热阻：$R_{tot} = R_{in} + R_1 + R_2 + R_3 + R_4 + R_{ex}$

$= 0.0263 + 0.2199 + 1.1969 + 0.1665 + 1.4538 + 0.0833 = 3.1467 \, m^2 \cdot K/W$

（8）计算各点温度：

$$T_0 = 200 - \frac{200 - 40}{3.1467} \times 0.0263 = 198.7℃$$

$$T_1 = 200 - \frac{200 - 40}{3.1467} \times (0.0263 + 0.2199) = 187.5℃$$

$$T_2 = 200 - \frac{200 - 40}{3.1467} \times (0.0263 + 0.2199 + 1.1969) = 126.6℃$$

$$T_3 = 200 - \frac{200 - 40}{3.1467} \times (0.0263 + 0.2199 + 1.1969 + 0.1665) = 118.2℃$$

$$T_4 = 200 - \frac{200 - 40}{3.1467} \times (0.0263 + 0.2199 + 1.1969 + 0.1665 + 1.4538) = 44.2℃$$

与假定 $T_0 \sim T_4$ 相比，二者相差不超过5%，可不再进行计算。否则应根据求出的温度值 $T_0 \sim T_4$，再重新计算导热系数、热阻和受热温度。

钢筋混凝土允许最高受热温度为150℃，烟道侧墙内表面受热温度为126.6℃，故在允许范围内。

19.1.3 烟道底板温度计算

烟道底板的计算土层厚度，根据公式（12-2）得：

$$h_2 = 0.3\text{m}$$

则总厚度为：$t = 0.23 + 0.2 + 0.3 + 0.3 = 1.03\text{m}$

烟道底板温度计算同烟道侧墙，具体步骤如下：

（1）假定各点温度：$T_0 = 198$，$T_1 = 169$，$T_2 = 65$，$T_3 = 54$，$T_4 = 21$。

（2）导热系数：

$$\lambda_1 = 0.93 + 0.0006 \times \frac{198 + 169}{2} = 1.0401$$

$$\lambda_2 = 0.12 + 0.0003 \times \frac{169 + 65}{2} = 0.1551$$

$$\lambda_3 = 1.74 + 0.0005 \times \frac{65 + 54}{2} = 1.7698$$

$$\lambda_4 = 0.8000$$

（3）各层的热阻：

$$R_{\text{in}} = \frac{1}{\alpha_{\text{in}}} = \frac{1}{38} = 0.0263$$

$$R_1 = \frac{t_1}{\lambda_1} = \frac{0.23}{1.0401} = 0.2211$$

$$R_2 = \frac{t_2}{\lambda_2} = \frac{0.2}{0.1551} = 1.2895$$

$$R_3 = \frac{t_3}{\lambda_3} = \frac{0.3}{1.7698} = 0.1695$$

$$R_4 = \frac{t_4}{\lambda_4} = \frac{0.3}{0.8000} = 0.3750$$

$$R_{\text{ex}} = \frac{1}{\alpha_{\text{ex}}} = \frac{1}{12} = 0.0833$$

总热阻：$R_{\text{tot}} = R_{\text{in}} + R_1 + R_2 + R_3 + R_4 + R_{\text{ex}}$
$$= 0.0263 + 0.2211 + 1.2895 + 0.1695 + 0.3750 + 0.0833 = 2.1647$$

（4）计算各点温度：

采用平壁法计算烟道受热温度，即：

$$T_0 = 200 - \frac{200 - 15}{2.1647} \times 0.0263 = 197.8\text{℃}$$

$$T_1 = 200 - \frac{200 - 15}{2.1647} \times (0.0263 + 0.2211) = 178.9\text{℃}$$

$$T_2 = 200 - \frac{200 - 15}{2.1647} \times (0.0263 + 0.2211 + 1.2895) = 68.7\text{℃}$$

$$T_3 = 200 - \frac{200 - 15}{2.1647} \times (0.0263 + 0.2211 + 1.2895 + 0.1695) = 54.2\text{℃}$$

$$T_4 = 200 - \frac{200 - 15}{2.1647} \times (0.0263 + 0.2211 + 1.2895 + 0.1695 + 0.3750) = 22.1\text{℃}$$

与假定值相比，二者相差超过5%，再循环一次。

（5）假定 $T_0 = 198$，$T_1 = 179$，$T_2 = 69$，$T_3 = 54$，$T_4 = 22$。

（6）导热系数：

$$\lambda_1 = 0.93 + 0.0006 \times \frac{198 + 179}{2} = 1.0431$$

$$\lambda_2 = 0.12 + 0.0003 \times \frac{179 + 69}{2} = 0.1572$$

$$\lambda_3 = 1.74 + 0.0005 \times \frac{69 + 54}{2} = 1.7708$$

$$\lambda_4 = 0.8000$$

（7）各层的热阻：

$$R_{in} = \frac{1}{\alpha_{in}} = \frac{1}{38} = 0.0263$$

$$R_1 = \frac{t_1}{\lambda_1} = \frac{0.23}{1.0431} = 0.2205$$

$$R_2 = \frac{t_2}{\lambda_2} = \frac{0.2}{0.1572} = 1.2723$$

$$R_3 = \frac{t_3}{\lambda_3} = \frac{0.3}{1.7708} = 0.1694$$

$$R_4 = \frac{t_4}{\lambda_4} = \frac{0.3}{0.8000} = 0.3750$$

$$R_{ex} = \frac{1}{\alpha_{ex}} = \frac{1}{12} = 0.0833$$

总热阻：$R_{tot} = R_{in} + R_1 + R_2 + R_3 + R_4 + R_{ex}$

$$= 0.0263 + 0.2205 + 1.2723 + 0.1694 + 0.3750 + 0.0833 = 2.1468$$

（8）计算各点温度：

采用平壁法计算烟道受热温度，即：

$$T_0 = 200 - \frac{200 - 15}{2.1468} \times 0.0263 = 197.7℃$$

$$T_1 = 200 - \frac{200 - 15}{2.1468} \times (0.0263 + 0.2205) = 178.7℃$$

$$T_2 = 200 - \frac{200 - 15}{2.1468} \times (0.0263 + 0.2205 + 1.2723) = 69.1℃$$

$$T_3 = 200 - \frac{200 - 15}{2.1468} \times (0.0263 + 0.2205 + 1.2723 + 0.1694) = 54.5℃$$

$$T_4 = 200 - \frac{200 - 15}{2.1468} \times (0.0263 + 0.2205 + 1.2723 + 0.1694 + 0.3750) = 22.2℃$$

与假定 $T_0 \sim T_4$ 相比，二者相差不超过 5%，可不再进行计算。否则应根据求出的温度值 $T_0 \sim T_4$，再重新计算导热系数、热阻和受热温度。

用上面计算出的受热温度，检验烟道底板受热温度是否在允许值之内。

钢筋混凝土允许最高受热温度为 150℃，烟道底板内表面受热温度为 69.1℃，故在允许范围内。

19.1.4　烟道顶板温度计算

烟道顶板的计算土层厚度，为安全起见，取拱角位置到地表面的土层厚度。即 $h = 1.7\text{m}$。

烟道顶板温度计算同烟道侧墙，具体步骤如下：

（1）假定各点温度：

$$T_0 = 198.4℃，T_1 = 182℃，T_2 = 140℃，T_3 = 132℃，T_4 = 45℃。$$

（2）导热系数：

$$\lambda_1 = 0.93 + 0.0006 \times \frac{198.4 + 182}{2} = 1.0441$$

$$\lambda_2 = 0.12 + 0.0003 \times \frac{182 + 140}{2} = 0.1683$$

$$\lambda_3 = 1.74 + 0.0005 \times \frac{140 + 132}{2} = 1.8080$$

$$\lambda_0 = 0.8000$$

（3）各层的热阻：

$$R_{in} = \frac{1}{\alpha_{in}} = \frac{1}{38} = 0.0263$$

$$R_1 = \frac{t_1}{\lambda_1} = \frac{0.23}{1.0441} = 0.2203$$

$$R_2 = \frac{t_2}{\lambda_2} = \frac{0.2}{0.1683} = 1.1884$$

$$R_3 = \frac{t_3}{\lambda_3} = \frac{0.3}{1.808} = 0.1659$$

$$R_4 = \frac{t_4}{\lambda_4} = \frac{1.7}{0.8} = 2.1250$$

$$R_{ex} = \frac{1}{\alpha_{ex}} = \frac{1}{12} = 0.0833$$

总热阻：$R_{tot} = R_{in} + R_1 + R_2 + R_3 + R_4 + R_{ex}$
$$= 0.0263 + 0.2203 + 1.1884 + 0.1659 + 2.1250 + 0.0833 = 3.8092$$

（4）计算各点温度：

采用平壁法计算烟道受热温度，即：

$$T_0 = 200 - \frac{200 - 40}{3.8092} \times 0.0263 = 198.9℃$$

$$T_1 = 200 - \frac{200 - 40}{3.8092} \times (0.0263 + 0.2203) = 189.69℃$$

$$T_2 = 200 - \frac{200 - 40}{3.8092} \times (0.0263 + 0.2203 + 1.1884) = 139.7℃$$

$$T_3 = 200 - \frac{200 - 40}{3.8092} \times (0.0263 + 0.2203 + 1.1884 + 0.1659) = 132.8℃$$

$$T_4 = 200 - \frac{200 - 40}{3.8092} \times (0.0263 + 0.2203 + 1.1884 + 0.1659 + 2.1250) = 43.5℃$$

与假定 $T_0 \sim T_4$ 相比，二者相差不超过 5%，可不再进行计算。否则应根据求出的温度值 $T_0 \sim T_4$，再重新计算导热系数、热阻和受热温度。

钢筋混凝土允许最高受热温度为 150℃，烟道顶板内表面受热温度为 139.7℃，故在允许范围内。

19.2 荷载与内力计算

19.2.1 荷载取值

（1）地面活荷载标准值为：$p = 20\text{kN/m}^2$。

（2）侧压力：

1）土产生的侧压力：$\sigma = k_0 \gamma H_z$

式中：k_0——考虑到本烟道为拱形封闭烟道，并且在垂直荷载作用下，侧墙的变形方向与土压力的方向相反，这与挡土墙的受力条件不同，如按主动土压力计算是偏小的，所以采用静止土压力计算较为合理。静止土压力系数为

$$k_0 = 1 - \sin\varphi$$

φ'——有效内摩擦角，近似取 $\varphi' = 30°$；

γ——土的重度（kN/m^3）；

H_z——地表面以下任意深度。

2）室外地面活荷载产生的侧压力。

将活载 p 换算成当量土层厚度 H_p，$H_p = p/\gamma$，并近似认为当量土层厚度 H_p 产生的侧压力从地面至墙基础底面均匀分布，其值按下式计算：

$$q_p = B k_0 \gamma H_p$$

式中：B——沿墙轴线方向单位长度，即计算单元的宽度，一般取 1m。这样，包括 q_p 在内，沿假想墙高（$H_p + H$）土的侧压力分布图形为梯形。

烟道壁混凝土的最高温度为 150℃。

19.2.2 荷载计算

1 计算参数

烟道尺寸如图 19-2 所示，耐火层 230mm，隔热层 200mm，钢筋混凝土 300mm。采用力法计算，计算简图如图 19-3 所示。X_1 为弯矩，以内侧受拉为正；X_2 为轴力，以压为正；X_3 为剪力，顺时针为正。因结构、荷载均为对称的，故 $X_3 = 0$。

烟道中心线至烟道壁的宽度 $l = 1000\text{mm}$，烟道拱半径 $R = 1100\text{mm}$；$\sin\varphi = \dfrac{l}{R} = \dfrac{1000}{1100} = 0.909$，$\varphi_0 = 65.4^0 = 1.14\text{rad}$。

γ——土的重度（kN/m^3）；

h——烟道拱顶面至地表面距离，此处 $h = 1.2\text{m}$；

p——地面荷载，此处取 $p = 20\text{kN/m}^2$；

k_0——静止土压力系数，$k_0 = 1 - \sin\varphi' = 1 - \sin 30° = 0.5$；

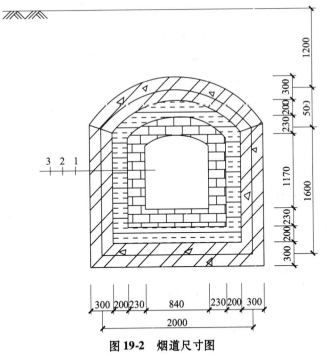

图 19-2　烟道尺寸图

1—耐火层；2—隔热层；3—钢筋混凝土层

B——沿墙轴线方向单位长度，即计算单元的宽度，一般取 1m；

f——烟道拱高，此处 $f = 0.5$m。

2　烟道上作用的荷载

烟道上作用的荷载如图 19-4 所示。

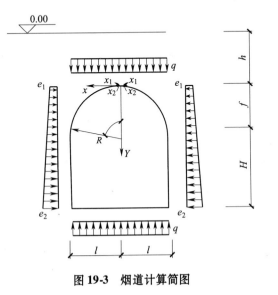

图 19-3　烟道计算简图

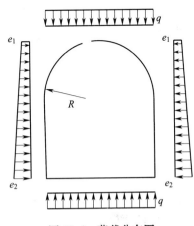

图 19-4　荷载分布图

荷载分项系数：$\gamma_G = 1.2$；　　$\gamma_Q = 1.4$。

为偏于安全，近似取拱顶土体高度为 1.6m，则

$$q = 1.6\gamma_G\gamma + \gamma_Q p$$

$$= 1.2 \times 18 \times 1.6 + 1.4 \times 20$$

$$= 62.56 \text{kN/m}^2$$

$$e_1 = \gamma_G k_0 \gamma h + \gamma_Q (p/\gamma) B k_0 \gamma$$

$$= 1.2(1 - \sin30°) \times 18 \times 1.2 + 1.4(20/18) \times 1 \times 0.5 \times 18$$

$$= 12.96 + 14 = 26.96 \text{kN/m}^2$$

$$e_2 = \gamma_G k_0 \gamma (h + f + H) + \gamma_Q (p/\gamma) B k_0 \gamma$$

$$= 1.2(1 - \sin30°) \times 18 \times (1.2 + 0.5 + 1.6) + 1.4(20/18) \times 1 \times 0.5 \times 18$$

$$= 35.64 + 14 = 49.64 \text{kN/m}^2$$

19.2.3　拱形烟道的内力计算

1　采用力法，用图乘法计算内力

$x = R\sin\varphi$；　$\mathrm{d}x = R\cos\varphi \mathrm{d}\varphi$

$y = R\ (1 - \cos\varphi)$；　$\mathrm{d}y = R\sin\varphi \mathrm{d}\varphi$

2　单位载荷作用下的弯矩、剪力和轴力

（1）弯矩：

$$\overline{M}_1 = 1, \qquad 0 \leqslant y \leqslant f + H$$

$$\overline{M}_1 = 1, \qquad -l \leqslant x \leqslant l, \ y = f + H$$

$$\overline{M}_2 = y, \qquad 0 \leqslant y \leqslant f + H$$

$$\overline{M}_2 = H + f, \quad -l \leqslant x \leqslant l, \ y = f + H$$

（2）剪力：

$$\overline{Q}_1 = 0, \qquad 0 \leqslant y \leqslant f + H$$

$$\overline{Q}_1 = 0, \qquad -l \leqslant x \leqslant l, \ y = f + H$$

$$\overline{Q}_2 = -\sin\varphi, \qquad 0 \leqslant y < f \quad \text{即} \ 0 \leqslant \varphi < \varphi_0$$

$$\overline{Q}_2 = -1, \qquad f \leqslant y \leqslant f + H$$

$$\overline{Q}_2 = 0, \qquad -l \leqslant x \leqslant l, \ y = f + H$$

（3）轴力：

$$\overline{N}_1 = 0, \qquad 0 \leqslant y \leqslant f + H$$

$$\overline{N}_1 = 0, \qquad -l \leqslant x \leqslant l, \ y = f + H$$

$$\overline{N}_2 = \cos\varphi, \qquad 0 \leqslant y < f \quad \text{即} \ 0 \leqslant \varphi < \varphi_0$$

$$\overline{N}_2 = -1, \qquad -l \leqslant x \leqslant l, \ y = f + H$$

3　荷载作用下的弯矩、剪力、轴力

（1）轴力：

1）当 $0 \leqslant y < f$ 时，即：$0 \leqslant \varphi < \varphi_0$

$$N_p = qx\sin\varphi - \frac{1}{2}\left(2e_1 + \frac{(e_2 - e_1)y}{f + H}\right)y\cos\varphi$$

$$= qR\sin^2\varphi - e_1R(1-\cos\varphi)\cos\varphi - \frac{(e_2-e_1)R^2(1-\cos\varphi)^2\cos\varphi}{2(f+H)}$$

2）当 $f \leqslant y \leqslant f+H$ 时：

$$N_p = ql$$

当 $-l \leqslant x \leqslant l$，$y-f+H$ 时：

$$N_p = \frac{1}{2}(e_2+e_1)(f+H)$$

（2）剪力：

1）当 $0 \leqslant y < f$ 时，即 $0 \leqslant \varphi < \varphi_0$：

$$Q_p = qx\cos\varphi + \frac{1}{2}\left(2e_1 + \frac{(e_2-e_1)y}{f+H}\right)y\sin\varphi$$

$$= qR\sin\varphi\cos\varphi + e_1R(1-\cos\varphi)\sin\varphi + \frac{(e_2-e_1)R^2(1-\cos\varphi)^2\sin\varphi}{2(f+H)}$$

2）当 $f \leqslant y \leqslant f+H$ 时：

$$Q_p = \frac{1}{2}\left(2e_1 + \frac{(e_2-e_1)f}{f+H}\right)f + \int_f^y \left(e_1 + \frac{(e_2-e_1)y}{f+H}\right)\mathrm{d}y$$

$$= \frac{2e(f+H)y+(e_2-e_1)y^2}{2(f+H)}$$

3）当 $-l \leqslant x \leqslant l$，$y = f+H$ 时：

$$Q_p = -qx$$

（3）弯矩：

将荷载分解为均布荷载和三角形荷载（见图 19-5、图 19-6）。

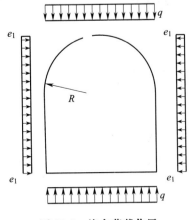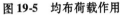

图 19-5　均布荷载作用

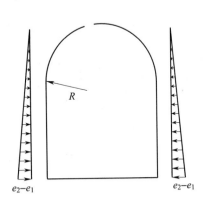

图 19-6　三角形荷载作用

1）均布载荷 e_1、q 作用下的弯矩：

a. 当 $0 \leqslant y < f$，即 $0 \leqslant \varphi < \varphi_0$ 时：

$$M_p = -\frac{qx^2}{2} - \frac{e_1y^2}{2}$$

b. 当 $f \leqslant y \leqslant f+H$ 时：

$$M_p = -\frac{ql^2}{2} - \frac{e_1y^2}{2}$$

c. 当 $0 \leq x \leq l$，$y = f + H$ 时：

$$M_p = -\frac{e_1(f+H)^2}{2} - \frac{qx^2}{2}$$

2）三角形荷载作用下的弯矩：

$$M_p = -\frac{(e_2 - e_1)y^3}{6(f+H)}, 0 \leq y \leq f + H$$

$$M_p = -\frac{(e_2 - e_1)(f+H)^2}{6}, 0 \leq x \leq l, y = f + H$$

4 力法方程的系数计算

混凝土采用 C30，其弹性模量：$E_{ct} = \beta_c E_c = 0.65 \times 3 \times 10^4 = 1.95 \times 10^4 \text{N/mm}^2$

剪切模量：$G = \dfrac{\beta_c E_c}{2(1+v)} = \dfrac{0.65 \times 3 \times 10^4}{2(1+0.2)} = 0.813 \times 10^4 \text{N/mm}^2$

取单位长度烟道进行计算：

$$I_1 = I_2 = I_3 = \frac{bh^3}{12} = \frac{1000 \times 300^3}{12} = 2250 \times 10^6 \text{mm}^4$$

$$A_1 = A_2 = A_3 = bh = 1000 \times 300 = 3 \times 10^5 \text{mm}^2$$

$$\delta_{11} = \int \frac{\overline{M}_1 \overline{M}_1}{EI} ds = 2 \int_0^{\varphi_0} \frac{R}{EI_1} d\varphi + 2 \int_f^{f+H} \frac{1}{EI_2} dy + 2 \int_0^l \frac{1}{EI_3} dx \tag{19-1}$$

$$= 2\frac{R\varphi_0}{EI_1} + \frac{2H}{EI_2} + \frac{2l}{EI_3}$$

$$= 2 \times \frac{1100 \times 1.14}{1.95 \times 10^4 \times 2250 \times 10^6} + \frac{2 \times 1600}{1.95 \times 10^4 \times 2250 \times 10^6} + \frac{2 \times 1000}{1.95 \times 10^4 \times 2250 \times 10^6}$$

$$= \frac{7708}{4387.5 \times 10^{10}} = 1.757 \times 10^{-10}$$

$$\delta_{12} = \int \frac{\overline{M}_1 \overline{M}_2}{EI} ds = 2 \int_0^{\varphi_0} \frac{R(1 - \cos\varphi)}{EI_1} R d\varphi + 2 \int_f^{f+H} \frac{y}{EI_2} dy + 2 \int_0^l \frac{H+f}{EI_3} dx \tag{19-2}$$

$$= 2\frac{R^2}{EI_1}(\varphi_0 - \sin\varphi_0) + \frac{2fH + H^2}{EI_2} + \frac{2(H+f)l}{EI_3}$$

$$= \frac{2 \times 1100^2 \times (1.14 - 0.909)}{1.95 \times 10^4 \times 2250 \times 10^6} + \frac{2 \times 500 \times 1600 \times 1600^2}{1.95 \times 10^4 \times 2250 \times 10^6} + \frac{2 \times (1600 + 500)1000}{1.95 \times 10^4 \times 2250 \times 10^6}$$

$$= \frac{8.919 \times 10^6}{4387.5 \times 10^{10}} = 2.033 \times 10^{-7}$$

$$\delta_{22} = \int \frac{\overline{M}_2 \overline{M}_2}{EI} ds + \int \frac{\overline{N}_2 \overline{N}_2}{EA} ds + \int \frac{\overline{Q}_2 \overline{Q}_2}{GA} ds \tag{19-3}$$

$$= 2 \int_0^{\varphi_0} \frac{R^2(1 - \cos\varphi)^2}{EI_1} R d\varphi + 2 \int_f^{f+H} \frac{y^2}{EI_2} dy + 2 \int_0^l \frac{(H+f)^2}{EI_3} dy +$$

$$2 \int_0^{\varphi_0} \frac{\cos^2\varphi}{EA_1} ds + 2 \int_0^l \frac{1}{EA_3} dx + 2 \int_0^{\varphi_0} \frac{\sin^2\varphi}{GA_1} ds + 2 \int_f^{f+H} \frac{1}{GA_2} dy$$

$$= \frac{2R^3}{EI_1}\left(\frac{3}{2}\varphi_0 - 2\sin\varphi_0 + \frac{\sin 2\varphi_0}{4}\right) + \frac{2\left[(f+H)^3 - f^3\right]}{3EI_2} + \frac{2(H+f)^2 l}{EI_3} +$$

$$\frac{R}{EA_1}\Big(\varphi_0 + \frac{\sin2\varphi_0}{2}\Big) + \frac{2l}{EA_3} + \frac{R}{GA_3}\Big(\varphi_0 - \frac{\sin2\varphi_0}{2}\Big) + \frac{2H}{GA_2}$$

$$= \frac{2 \times 1100^3 \times (1.5 \times 1.14 - 2 \times 0.909 + 0.25 \times 0.757)}{1.95 \times 10^4 \times 2250 \times 10^6} +$$

$$\frac{2(2100^3 - 500^3)}{3 \times 1.95 \times 10^4 \times 2250 \times 10^6} + \frac{2 \times 2100^2 \times 1000}{1.95 \times 10^4 \times 2250 \times 10^6} +$$

$$\frac{1100(1.14 + 0.5 \times 0.757)}{1.95 \times 10^4 \times 0.3 \times 10^6} + \frac{2 \times 1000}{1.95 \times 10^4 \times 0.3 \times 10^6} +$$

$$\frac{1600(1.14 - 0.5 \times 0.757)}{0.813 \times 10^4 \times 0.3 \times 10^6} + \frac{2 \times 1600}{0.813 \times 10^4 \times 0.3 \times 10^6}$$

$$= \frac{0.266 \times 10^{10} \times 0.08125}{4387.5 \times 10^{10}} + \frac{0.609 \times 10^{10}}{4387.5 \times 10^{10}} + \frac{0.882 \times 10^{10}}{4387.5 \times 10^{10}} + \frac{1670.35}{0.585 \times 10^{10}} +$$

$$\frac{2000}{0.585 \times 10^{10}} + \frac{1218.4}{0.2439 \times 10^{10}} + \frac{3200}{0.2439 \times 10^{10}}$$

$$= 49.26 \times 10^{-7} + 1388.03 \times 10^{-7} + 2010.26 \times 10^{-7} + 2.855 \times 10^{-7} +$$

$$3.419 \times 10^{-7} + 4.995 \times 10^{-7} + 13.12 \times 10^{-7} = 3471.94 \times 10^{-7}$$

$$\Delta_{1p} = \int \frac{\overline{M}_1 M_P}{EI} ds = \frac{-2}{EI_1} \int_0^{\varphi_0} \Big(\frac{qx^2 + e_1 y^2}{2}\Big) ds - \frac{2}{EI_2} \int_f^{f+H} \Big[\frac{ql^2 + e_1 y^2}{2}\Big] dy - \tag{19-4}$$

$$\frac{2}{EI_3} \int_0^l \Big[\frac{e_1(f+H)^2}{2} + \frac{qx^2}{2}\Big] dx - \frac{2}{EI_1} \int_0^f \frac{(e_2 - e_1)y^3}{6(f+H)} dy -$$

$$\frac{2}{EI_2} \int_f^{f+H} \frac{(e_2 - e_1)y^3}{6(f+H)} dy - \frac{2}{EI_3} \int_0^l \frac{(e_2 - e_1)(f+H)^2}{6} dx$$

$$= -\frac{qR^3}{2EI_1}\Big(\varphi_0 - \frac{\sin2\varphi_0}{2}\Big) - \frac{e_1 R^3}{EI_1}\Big(\frac{3}{2}\varphi_0 - 2\sin\varphi_0 + \frac{\sin2\varphi_0}{4}\Big)$$

$$-\frac{1}{EI_2}\Big\{ql^2 H + \frac{e_1}{3}\big[(H+f)^3 - f^3\big]\Big\} - \frac{1}{EI_3}\Big[e_1(f+H)^2 l + \frac{ql^3}{3}\Big]$$

$$\frac{(e_2{}' - e_1)f^4}{12EI_1(f+H)} - \frac{(e_2 - e_1)\big[(f+H)^4 - f^4\big]}{12EI_2(f+H)} - \frac{(e_2 - e_1)(f+H)^2 l}{3EI_3}$$

$$= -\frac{0.5 \times 62.56 \times 10^{-3} \times 1100^3 (1.14 - 0.5 \times 0.757)}{1.95 \times 10^4 \times 2250 \times 10^6} -$$

$$\frac{26.96 \times 10^{-3} \times 1100^3 (1.5 \times 1.14 - 2 \times 0.909 + 0.25 \times 0.757)}{1.95 \times 10^4 \times 2250 \times 10^6} -$$

$$\frac{62.56 \times 10^{-3} \times 1000^2 \times 1600}{1.95 \times 10^4 \times 2250 \times 10^6} - \frac{(26.96 \times 10^{-3}/3)(2100^3 - 500^3)}{1.95 \times 10^4 \times 2250 \times 10^6} -$$

$$\frac{26.96 \times 10^{-3} \times 2100^2 \times 1000 + (62.56 \times 10^{-3} \times 1000^3/3)}{1.95 \times 10^4 \times 2250 \times 10^6} -$$

$$\frac{(49.64 - 26.96) \times 10^{-3} \times 500^4}{12 \times 1.95 \times 10^4 \times 2250 \times 10^6 \times 2100} - \frac{(49.64 - 26.96) \times 10^{-3} \times \big[2100^4 - 500^4\big]}{12 \times 1.95 \times 10^4 \times 2250 \times 10^6 \times 2100} -$$

$$\frac{(49.64 - 26.96) \times 10^{-3} \times 2100^2 \times 1000}{3 \times 1.95 \times 10^4 \times 2250 \times 10^6}$$

$$= -7.226 \times 10^{-7} - 0.665 \times 10^{-7} - 22.814 \times 10^{-7} - 18.713 \times 10^{-7} - 31.851 \times 10^{-7} -$$

$$0.0128 \times 10^{-7} - 3.977 \times 10^{-7} - 7.599 \times 10^{-7}$$

$$= -92.86 \times 10^{-7}$$

$$\Delta_{2\mathrm{p}} = \int \frac{\overline{M}_2 M_{\mathrm{p}}}{EI} \mathrm{d}s + \int \frac{\overline{N}_2 N_{\mathrm{p}}}{EA} \mathrm{d}s + \int \frac{\overline{Q}_2 Q_{\mathrm{p}}}{GA} \mathrm{d}s + \int \frac{\overline{M}_2 M_{\mathrm{p}}}{EI} \mathrm{d}s \tag{19-5}$$

$$= -2 \int_0^{\varphi_0} \frac{y}{EI_1} \left(\frac{qx^2}{2} + \frac{e_1 y^2}{2} \right) \mathrm{d}s - 2 \int_f^{H+f} \frac{y}{EI_2} \left(\frac{ql^2}{2} + \frac{e_1 y^2}{2} \right) \mathrm{d}y -$$

$$2 \int_0^1 \frac{H+f}{EI_3} \left(\frac{e_1 (H+f)^2}{2} + \frac{qx^2}{2} \right) \mathrm{d}x - 2 \int_0^f \frac{y}{EI_1} \frac{(e_2 - e_1) y^3}{16(H+f)} \mathrm{d}y -$$

$$2 \int_f^{H+f} + \frac{y}{EI_2} \frac{(e_2 - e_1) y^3}{6(H+f)} \mathrm{d}y - 2 \int_0^1 \frac{(H+f)(e_2 - e_1)(H+f)^2}{6EI_3} \mathrm{d}x$$

$$\int \frac{\overline{M}_2 M_{\mathrm{p}}}{EI} \mathrm{d}s = -\frac{R^4 q}{EI_1} \left(\frac{\varphi_0}{2} - \frac{\sin 2\varphi_0}{4} - \frac{\sin^3 \varphi_0}{3} \right) - \frac{R^4 e_1}{EI_1} \left(\frac{5}{2} \varphi_0 - 4\sin\varphi_0 + \frac{3}{4}\sin 2\varphi_0 + \frac{\sin^3 \varphi_0}{3} \right) -$$

$$\frac{ql^2}{2EI_2} \left[(H+f)^2 - f^2 \right] - \frac{e_1}{4EI_2} \left[(H+f)^4 - f^4 \right] - \frac{(H+f)^3 e_1 l}{EI_3} - \frac{(H+f) q l^3}{3EI_3} -$$

$$\frac{(e_2 - e_1) f^5}{15EI_1 (H+f)} - \frac{(e_2 - e_1)}{15EI_2 (H+f)} \left[(H+f)^5 - f^5 \right] - \frac{(e_2 - e_1)(H+f)^3 l}{3EI_3} \tag{19-6}$$

$$= -\frac{1100^4 \times 62.56 \times 10^{-3} \times (1.14/2 - 0.757/4 - 0.751/3)}{1.95 \times 10^4 \times 2250 \times 10^6} -$$

$$\frac{26.96 \times 10^{-3} \times 1100^4 \times (2.5 \times 1.14 - 4 \times 0.909 + 0.75 \times 0.757 + 0.751/3)}{1.95 \times 10^4 \times 2250 \times 10^6}$$

$$\frac{0.5 \times 62.56 \times 10^{-3} \times 1000^2 (2100^2 - 500^2)}{1.95 \times 10^4 \times 2250 \times 10^6} - \frac{0.25 \times 26.96 \times 10^{-3} \times (2100^4 - 500^4)}{1.95 \times 10^4 \times 2250 \times 10^6} -$$

$$\frac{2100^3 \times 26.96 \times 10^{-3} \times 1000}{1.95 \times 10^4 \times 2250 \times 10^6} - \frac{2100 \times 62.56 \times 10^{-3} \times 1000^3}{3 \times 1.95 \times 10^4 \times 2250 \times 10^6} -$$

$$\frac{(49.64 - 26.96) \times 10^{-3} \times 500^5}{15 \times 1.95 \times 10^4 \times 2250 \times 10^6 \times 2100} - \frac{(49.64 - 26.96) \times 10^{-3} \times (2100^5 - 500^5)}{15 \times 1.95 \times 10^4 \times 2250 \times 10^6 \times 2100} -$$

$$\frac{(49.64 - 26.96) \times 10^{-3} \times 2100^3 \times 1000}{3 \times 1.95 \times 10^4 \times 2250 \times 10^6}$$

$$= -\frac{11945.4 \times 10^6}{4387.5 \times 10^{10}} - \frac{1266.4 \times 10^6}{4387.5 \times 10^{10}} - \frac{13.012 \times 10^{10}}{4387.5 \times 10^{10}} - \frac{13.066 \times 10^{10}}{4387.5 \times 10^{10}} - \frac{2.497 \times 10^{11}}{4387.5 \times 10^{10}} -$$

$$\frac{13.138 \times 10^{10}}{3 \times 4387.5 \times 10^{10}} - \frac{7.088 \times 10^{11}}{15 \times 4387.5 \times 10^{10} \times 2100} -$$

$$\frac{9.256 \times 10^{14}}{15 \times 4387.5 \times 10^{10} \times 2100} - \frac{2.1 \times 10^{11}}{3 \times 4387.5 \times 10^{10}}$$

$$= -2.723 \times 10^{-4} - 0.289 \times 10^{-4} - 29.657 \times 10^{-4} - 29.78 \times 10^{-4} - 56.912 \times 10^{-4} -$$

$$9.981 \times 10^{-4} - 0.0051 \times 10^{-4} - 6.697 \times 10^{-4} - 15.954 \times 10^{-4}$$

$$= -151.998 \times 10^{-4}$$

$$\int \frac{\overline{N}_2 N_P}{EA} ds = 2\int_0^{\varphi_0} \frac{\cos\varphi}{EA_1}\left[qx\sin\varphi - \frac{1}{2}\left(2e_1 + \frac{(e_2 - e_1)y}{f + H}\right)y\cos\varphi\right]R d\varphi + 2\int_f^{f-H} \frac{0}{EA_2}dy +$$

$$2k\int_0^t \frac{(-1)}{EA_3}\frac{1}{2}(e_2 + e_1)(f + H)dx \tag{19-7}$$

$$= \frac{2qR^2\sin^3\varphi_0}{3EA_1} - \frac{2R^2 e_1}{EA_1}\left(\frac{\varphi_0}{2} - \sin\varphi_0 + \frac{\sin2\varphi_0}{4} + \frac{\sin^3\varphi_0}{3}\right) - \frac{(e_2 - e_1)R^3}{EA_1(f + H)}$$

$$\left[\frac{7}{8}\varphi_0 + \frac{\sin2\varphi_0}{2} - 2\sin\varphi_0 + \frac{2}{3}\sin^3\varphi_0 + \frac{\sin4\varphi_0}{32}\right] - \frac{(e_2 + e_1)(f + H)l}{EA_3}$$

$$= \frac{2 \times 62.56 \times 10^{-3} \times 1100^2 \times 0.751}{3 \times 1.95 \times 10^4 \times 3 \times 10^5} - \frac{2 \times 1100^2 \times 26.96 \times 10^{-3}}{1.95 \times 10^4 \times 3 \times 10^5}(0.5 \times 1.14 -$$

$$0.909 + 0.25 \times 0.757 + 0.25) - \frac{(49.64 - 26.96) \times 10^{-3} \times 1100^3}{1.95 \times 10^4 \times 3 \times 10^5 \times 2100}$$

$$(0.875 \times 1.14 + 0.757/2 - 1.818 + 0.501 - 0.0309) -$$

$$\frac{(49.64 + 26.96) \times 10^{-3} \times 2100 \times 1000}{1.95 \times 10^4 \times 3 \times 10^5}$$

$$= \frac{113.698 \times 10^3}{1.755 \times 10^{10}} - \frac{65.243 \times 10^3 \times 0.1}{5.85 \times 10^9} - \frac{30.187 \times 10^6 \times 0.0281}{1228.5 \times 10^{10}} - \frac{16.086 \times 10^4}{5.85 \times 10^9}$$

$$= 64.785 \times 10^{-7} - 11.153 \times 10^{-7} - 0.69048 \times 10^{-7} - 274.974 \times 10^{-7}$$

$$= -222.032 \times 10^{-7}$$

$$\int \frac{\overline{Q}_2 Q_P}{GA} ds = -2\int_0^{\varphi_0} \frac{\sin\varphi}{GA_1}\left[qx\cos\varphi + \frac{1}{2}\left(2e_1 + \frac{(e_2 - e_1)y}{f + H}\right)y\sin\varphi\right]R d\varphi + 2\int_f^{f+H} \frac{(-1)}{GA_2} \times$$

$$\frac{2e_1(f + H)y + (e_2 - e_1)y^3}{2(f + H)}dy + 2\int_0^2 \frac{0}{GA_3}dx \tag{19-8}$$

$$= -\frac{2qR^2\sin^3\varphi_0}{3GA_1} - \frac{2R^2 e_1}{GA_1}\left(\frac{\varphi_0}{2} - \frac{\sin2\varphi_0}{4} - \frac{\sin^3\varphi_0}{3}\right) - \frac{(e_2 - e_1)R^3}{GA_1(f + H)} \times$$

$$\left(\frac{5}{8}\varphi_0 - \frac{\sin2\varphi_0}{4} - \frac{2}{3}\sin^3\varphi_0 - \frac{\sin4\varphi_0}{32}\right) - \frac{e_1}{GA_2}\left((f + H)^2 - f^2\right) -$$

$$\frac{(e_2 - e_1)}{3GA_2(f + H)}\left[(f + H)^3 - f^3\right]$$

$$= -\frac{2 \times 62.56 \times 10^{-3} \times 1100^2 \times 0.751}{3 \times 0.813 \times 10^4 \times 3 \times 10^5} - \frac{2 \times 26.96 \times 10^{-3} \times 1100^2}{0.813 \times 10^4 \times 3 \times 10^5}$$

$$(1.14/2 - 0.757/4 - 0.751/3) - \frac{(49.64 - 26.96) \times 10^3 \times 1100^3}{0.813 \times 10^4 \times 3 \times 10^5 \times 2100}$$

$$\left(\frac{5}{8} \times 1.14 - \frac{0.757}{4} - \frac{2 \times 0.751}{3} + \frac{0.989}{32}\right) - \frac{26.96 \times 10^{-3} \times 4.16 \times 10^6}{0.813 \times 10^4 \times 3 \times 10^5} -$$

$$\frac{(49.64 - 26.96) \times 10^{-3}}{3 \times 0.813 \times 10^4 \times 3 \times 10^5 \times 2100}(2100^3 - 500^3)$$

$$= -\frac{113.698 \times 10^3}{7.317 \times 10^9} - \frac{65.243 \times 10^3 \times 0.1304}{2.439 \times 10^9} - \frac{30187.08 \times 10^3 \times (0.0535)}{5.122 \times 10^{12}} -$$

$$\frac{112.154 \times 10^3}{2.439 \times 10^9} - \frac{207.204 \times 10^6}{15.366 \times 10^{12}}$$

$$= -78.81 \times 10^{-6}$$

将公式（19-6）、（19-7）、（19-8）代入公式（19-5），即得到 Δ_{2p}。

$$\Delta_{2p} = -151.998 \times 10^{-4} - 222.032 \times 10^{-7} - 78.811 \times 10^{-6} = -153.008 \times 10^{-4} \tag{19-9}$$

将公式（19-1）～公式（19-5）代入力法方程式：

$$\begin{cases} \delta_{11}x_1 + \delta_{12}x_2 + \Delta_{1p} = 0 \\ \delta_{21}x_1 + \delta_{22}x_2 + \Delta_{2p} = 0 \end{cases}$$

得：

$$\begin{cases} 1.757 \times 10^{-10}x_1 + 2033 \times 10^{-10}x_2 - 92.86 \times 10^{-7} = 0 \\ 2033 \times 10^{-10}x_1 + 3471.94 \times 10^{-7}x_2 - 153.008 \times 10^{-4} = 0 \end{cases}$$

解得 $\begin{cases} x_1 = 5761.24\text{N} \cdot \text{mm} \\ x_2 = 40.697\text{N} \end{cases}$

拱形烟道的内力：

$$M = \overline{M}_1 x_1 + \overline{M}_2 x_2 + M_p$$

$$N = \overline{N}_1 x_1 + \overline{N}_2 x_2 + N_p$$

$$Q = \overline{Q}_1 x_1 + \overline{Q}_2 x_2 + Q_p$$

19.2.4 节点处内力计算

（1）在 $x = 0$，$y = 0$ 处：

$$M_1 = 5761.24 + 0 + 0 = 5761.24\text{N} \cdot \text{mm}$$

$$N_1 = 0 + \cos0°(40.697) + 0 = 40.697\text{N}$$

$$Q_1 = 0\text{kN}$$

（2）在 $x = 1$，$y = f$ 处：

$$M_2 = 5761.24 + 500 \times 40.697 + \left(-\frac{62.56 \times 10^{-3} \times 1000^2}{2} - \frac{26.96 \times 10^{-3} \times 500^2}{2}\right) -$$

$$\frac{(49.64 - 26.96) \times 10^{-3} \times 500^3}{6 \times 2100}$$

$$= 5761.24 + 20348.5 - 31280 - 3370 - 225 = -8765.26\text{N} \cdot \text{mm}$$

$$N_2 = 0 + 0 + 62.56 \times 10^{-3} \times 1000 = 62.56\text{N}$$

$$Q_2 = 0 - 40.697 + \frac{2 \times 26.96 \times 10^{-3} \times 2100 \times 500 + (49.64 - 26.96) \times 10^{-3} \times 500^2}{2 \times 2100}$$

$$= -25.867\text{N}$$

（3）在 $x = l$，$y = f + H$ 处：

$$M_3 = 5761.24 + 2100 \times 40.697 + \left(-\frac{26.96 \times 10^{-3} \times 2100^2}{2} - \frac{62.56 \times 10^{-3} \times 1000^2}{2} \right) -$$

$$\frac{(49.64 - 26.96) \times 10^{-3} \times 2100^2}{6}$$

$$= 5761.24 + 85463.7 - 59446.8 - 31.28 \times 10^3 - 16669.8 = -16171.66 \text{N} \cdot \text{mm}$$

在点 $(l, f+H)$ 上部：

$$N_3 = 0 + 0 + 62.56 \times 10^{-3} \times 1000 = 62.56 \text{N}$$

$$Q_3 = 0 - 40.697 + \frac{2 \times 26.96 \times 10^{-3} \times 2100^2 + (49.64 - 26.96) \times 10^{-3} \times 2100^2}{2 \times 2100}$$

$$= 39.733 \text{N}$$

在点 $(l, f+H)$ 右侧：

$$N_3 = 0 - 40.697 + \frac{(49.64 + 26.96) \times 10^{-3} \times 2100}{2}$$

$$= 39.733 \text{N}$$

$$Q_3 = 0 + 0 - 62.56 \times 10^{-3} \times 1000 = -62.56 \text{N}$$

(4) 在 $x = 0$, $y = f + H$ 处：

$$M_4 = 5761.24 + 2100 \times 40.697 - \frac{26.96 \times 10^{-3} \times 2100^2}{2} -$$

$$\frac{(49.64 - 26.96) \times 10^{-3} \times 2100^2}{6}$$

$$= 5761.24 + 85463.7 - 59446.8 - 16669.8$$

$$= 15108.34 \text{N} \cdot \text{mm}$$

$$N_4 = 0 - 40.697 + \frac{(49.64 + 26.96) \times 10^{-3} \times 2100}{2}$$

$$= 39.733 \text{N}$$

$$Q_4 = 0$$

(5) 在 $x = l$, $y = f + H/2$ 处：

$$M_5 = 5761.24 + 1300 \times 40.697 - \frac{62.56 \times 10^{-3} \times 1000^2}{2} - \frac{26.96 \times 10^{-3} \times 1300^2}{2} -$$

$$\frac{(49.64 - 26.96) \times 10^{-3} \times 1300^2}{6 \times 2100}$$

$$= 5761.24 + 52906.1 - 31.28 \times 10^3 - 22.781 \times 10^3 - 3.955 \times 10^3$$

$$= 651.34 \text{N} \cdot \text{mm}$$

$$N_5 = 0 + 0 + 62.56 \times 10^{-3} \times 1000 = 62.56 \text{N}$$

$$Q_5 = 0 - 40.697 + \frac{2 \times 26.96 \times 10^{-3} \times 2100 \times 1300 + (49.64 - 26.96) \times 10^{-3} \times 1300^2}{2 \times 2100}$$

$$= -40.697 + 35.048 + 9.126$$

$$= 3.477 \text{N}$$

(6) $x = \frac{1}{2}l = 500 \text{mm}$, $y = R - \sqrt{R^2 - l^2/4} = 1100 - 979.796 = 120.204$,

$$\sin\varphi = \frac{500}{1100} = 0.455, \quad \varphi = 27.036°, \quad \cos\varphi = 0.891 \ 处$$

$$M_6 = 5761.24 + 120.204 \times 40.697 - \frac{62.56 \times 10^{-3} \times 500^2}{2} - \frac{26.96 \times 10^{-3} \times 120.204^2}{2} -$$

$$\frac{(49.64 - 26.96) \times 10^{-3} \times 120.204^3}{6 \times 2100}$$

$$= 5761.24 + 4891.94 - 7820 - 194.773 - 3.126 = 2635.28\text{N} \cdot \text{mm}$$

$$N_6 = 0 + 40.697 \cos\varphi + 62.56 \times 10^{-3} \times 500 \times \sin\varphi -$$

$$\frac{1}{2}\left(2 \times 26.96 \times 10^{-3} + \frac{(49.64 - 26.96) \times 10^{-3} \times 120.204}{2100}\right)120.204 \cos\varphi$$

$$36.261 + 14.232 - 2.957$$

$$= 47.536\text{N}$$

$$Q_6 = 0 - 40.697 \sin\varphi + 62.56 \times 10^{-3} \times 500 \cos\varphi + \frac{1}{2}\left(2 \times 26.96 \times 10^{-3} + \right.$$

$$\left.\frac{(49.64 - 26.96) \times 10^{-3} \times 120.204}{2100}\right) \times 120.204 \sin\varphi$$

$$= -40.697 \times 0.455 + 31.28 \times 0.891 + 3.319 \times 0.455$$

$$= 10.863\text{N}$$

根据各节点内力计算结果绘制的内力图（图 19-7 ~ 图 19-9）。

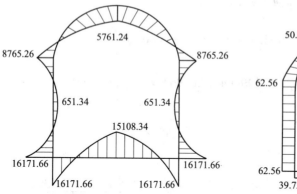

图 19-7　总的弯矩图（单位：N·mm）

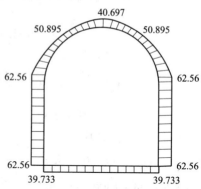

图 19-8　总的轴力图（单位：N）

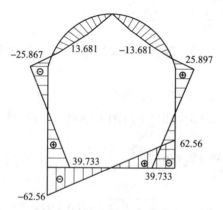

图 19-9　总的剪力图（单位：N）

19.3 配筋计算

混凝土采用 C30，由《烟囱设计规范》GB 50051—2013 表 4.2.3 可查得在温度为 150℃时混凝土强度标准值为 14.8MPa；烟道按其他构件考虑，混凝土材料分项系数为 1.4；钢筋采用 HRB400 级钢筋，在常温下的屈服强度标准值为 400MPa，在温度为 150℃时强度折减系数 β_{yt} 为 0.9，钢筋材料分项系数取 1.1。

19.3.1 拱顶配筋

$M = 5761.24 \text{N} \cdot \text{mm}$，$N = 40.697 \text{N}$

根据《混凝土结构设计规范》GB 50010—2010 采用对称配筋计算：

$$A_s = A_s', \quad f_y = f_y', \quad f_{ct} = \frac{f_{ctk}}{\gamma_{ct}} = \frac{14.80}{1.4} = 10.571 \text{N/mm}^2$$

$$f_{yt} = \frac{f_{ytk}}{\gamma_{yt}} = \frac{0.9 \times 400}{1.1} = 327.27 \text{N/mm}^2 \qquad E_s = 2 \times 10^5 \text{N/mm}^2$$

$$\varepsilon_{cu} = 0.0033 - (f_{cu,k} - 50) \times 10^{-5} = 0.0033 + 20 \times 10^{-5} > 0.0033$$

取 $\varepsilon_{cu} = 0.0033$

$$\frac{M_1}{M_2} = \frac{-5761.24}{8765.26} = -0.657 < 0.9$$

$$\frac{N}{f_{ct}A} = \frac{47.536}{10.571 \times 1000 \times 300} = 1.5 \times 10^{-5} < 0.9$$

$$l_c = 0.54s = 0.54 \times (2\varphi_0 R) = 0.54 \times 2 \times 1.14 \times 1100 = 1354.32 \text{mm}$$

$$i = \frac{h}{2\sqrt{3}} = \frac{300}{2\sqrt{3}} = 86.6 \text{mm}$$

$$\frac{l_c}{i} = \frac{1354.32}{86.6} = 15.64 < 34 - 12\left(\frac{M_1}{M_2}\right) = 34 - 12 \times (-0.657) = 41.884$$

因此可不考虑二阶效应的影响。

$$e_0 = \frac{M}{N} = \frac{5761.24}{40.697} = 141.564 \text{mm}$$

$$e_a = 20 \text{mm}$$

$e_i = e_0 + e_a = 141.564 + 20 = 161.564 \text{mm} > 0.3h_0 = 0.3 \times 270 = 81 \text{mm}$，按大偏心受压计算。

$$x = \frac{N}{\alpha_1 f_{ct} b} = \frac{40.697}{1.0 \times 10.571 \times 1000} = 3.850 \times 10^{-3} \text{mm}$$

$$\xi = \frac{x}{h_0} = \frac{3.850 \times 10^{-3}}{270} = 1.426 \times 10^{-5}$$

$$\xi_b = \frac{\beta_1}{1 + \dfrac{f_{yt}}{E_s \varepsilon_{cu}}} = \frac{0.8}{1 + \dfrac{327.27}{2 \times 10^5 \times 0.0033}} = \frac{0.8}{1.496} = 0.535$$

$$\xi = 1.426 \times 10^{-5} < \xi_b = 0.535$$

故，属于大偏心受压

$$x = 3.850 \times 10^{-3} < 2a_s' = 60$$

则：

$$A_s = A_s' = \frac{N(e_i - 0.5h + a_s')}{f_{yt}(h_0 - a_s')} = \frac{40.697 \times (161.564 - 0.5 \times 300 + 30)}{327.27 \times (270 - 30)}$$

$$= \frac{40.697 \times 41.564}{327.27 \times 240} = 0.022\text{mm}^2 < \rho_{\min}bh = 0.2\% \times 1000 \times 300 = 600\text{mm}^2 \quad (\text{一侧}$$
纵向钢筋最小配筋率)

按全截面纵向钢筋最小配筋率为 0.55%（对于 400 级钢筋）配筋，

$$A_s = 0.55\% bh = 0.55\% \times 1000 \times 300 = 1650\text{mm}^2$$

对称配两排钢筋，每米配 Φ 14@180（$A_s = 1710\text{mm}^2$）

19.3.2　侧壁配筋

$$M = -16171.66\text{N} \cdot \text{mm}, \quad N = 62.56\text{N}$$

根据《混凝土结构设计规范》GB 50010—2010 采用对称配筋计算：

$$A_s = A_s', \quad f_y = f_y', \quad f_{ct} = \frac{f_{ctk}}{\gamma_{ct}} = \frac{14.80}{1.4} = 10.571\text{N/mm}^2$$

$$f_{yt} = \frac{f_{ytk}}{\gamma_{yt}} = \frac{0.9 \times 400}{1.1} = 327.27\text{N/mm}^2$$

$$E_s = 2 \times 10^5 \text{N/mm}^2$$

$$\varepsilon_{cu} = 0.0033 - (f_{cu,k} - 50) \times 10^{-5} = 0.0033 + 20 \times 10^{-5} > 0.0033$$

取 $\varepsilon_{cu} = 0.0033$

$$\frac{M_1}{M_2} = \frac{8765.26}{16171.66} = 0.542 < 0.9$$

$$\frac{N}{f_{ct}A} = \frac{62.56}{10.571 \times 1000 \times 300} = 1.97 \times 10^{-5} < 0.9$$

$$l_c = 1600\text{mm}$$

$$i = \frac{h}{2\sqrt{3}} = \frac{300}{2\sqrt{3}} = 86.6\text{mm}$$

$$\frac{l_c}{i} = \frac{1600}{86.6} = 18.476 < 34 - 12\left(\frac{M_1}{M_2}\right) = 34 - 12 \times 0.542 = 27.496$$

因此可不考虑二阶效应的影响。

$$e_0 = \frac{M}{N} = \frac{16171.66}{62.56} = 258.498\text{mm}$$

$$e_a = 20\text{mm}$$

$e_i = e_0 + e_a = 258.498 + 20 = 278.498\text{mm} > 0.3h_0 = 0.3 \times 270 = 81\text{mm}$，可按大偏心受压计算。

$$x = \frac{N}{\alpha_1 f_{ct}b} = \frac{62.56}{1.0 \times 10.571 \times 1000} = 5.918 \times 10^{-3}\text{mm}$$

$$\xi = \frac{x}{h_0} = \frac{5.918 \times 10^{-3}}{270} = 2.19 \times 10^{-5}$$

$$\xi_b = \frac{\beta_1}{1 + \frac{f_{yt}}{E_s \varepsilon_{cu}}} = \frac{0.8}{1 + \frac{327.27}{2 \times 10^5 \times 0.0033}} = \frac{0.8}{1.496} = 0.535$$

$$\xi = 2.19 \times 10^{-5} < \xi_b = 0.535$$

属于大偏心受压

$$x = 5.918 \times 10^{-3} < 2a_s' = 60$$

则：

$$A_s = A_s' = \frac{N(e_i - 0.5h + a_s')}{f_{yt}(h_0 - a_s')} = \frac{62.56 \times (278.498 - 0.5 \times 300 + 30)}{327.27 \times (270 - 30)}$$

$$= \frac{62.56 \times 158.498}{327.27 \times 240} = 0.126 \text{mm}^2 < \rho_{min}bh = 0.2\% \times 1000 \times 300 = 600 \text{mm}^2$$

按全截面最小配筋率为 0.55% 配筋，

$$A_s = 0.55\% bh = 0.55\% \times 1000 \times 300 = 1650 \text{mm}^2$$

对称配两排钢筋，每米配 $\Phi 14@180 (A_s = 1710 \text{mm}^2)$。

19.3.3 底板配筋

$$M = -16171.66 \text{N} \cdot \text{mm}, \quad N = 39.733 \text{N}$$

根据《混凝土结构设计规范》GB 50010—2010 采用对称配筋计算：

$$A_s = A_s', \quad f_y = f_y', \quad f_{ct} = \frac{f_{ctk}}{\gamma_{ct}} = \frac{14.80}{1.4} = 10.571 \text{N/mm}^2$$

$$f_{yt} = \frac{f_{ytk}}{\gamma_{yt}} = \frac{0.9 \times 400}{1.1} = 327.27 \text{N/mm}^2$$

$$E_s = 2 \times 10^5 \text{N/mm}^2$$

$$\varepsilon_{cu} = 0.0033 - (f_{cu,k} - 50) \times 10^{-5} = 0.0033 + 20 \times 10^{-5} > 0.0033$$

取 $\varepsilon_{cu} = 0.0033$

$$\frac{M_1}{M_2} = \frac{16171.66}{16171.66} = 1 > 0.9 \quad 应考虑二阶效应。$$

$$l_c = 2000 \text{mm}$$

$$C_m = 0.7 + 0.3 \frac{M_1}{M_2} = 0.7 + 0.3 = 1.0$$

$$\zeta_c = \frac{0.5 f_{ct} A}{N} = \frac{0.5 \times 10.571 \times 1000 \times 300}{39.733} = 39907.63 > 1.0$$

取 $\zeta_c = 1.0$

$$\eta_{ns} = 1 + \frac{1}{1300 \left(\frac{M_2}{N} + e_a \right) / h_0} \left(\frac{l_c}{h} \right)^2 \zeta_c$$

$$= 1 + \frac{1}{1300 \left(\frac{16171.66}{39.733} + 20 \right) / 270} \left(\frac{2000}{300} \right)^2 \times 1.0 = 1.000$$

$$M = C_m \eta_{ns} M_2 = 1.0 \times 1.0 \times 16171.66 = 16171.66 \text{N} \cdot \text{mm}$$

$$e_0 = \frac{M}{N} = \frac{16171.66}{39.733} = 407.01\,\text{mm}$$

$$e_a = 20\,\text{mm}$$

$e_i = e_0 + e_a = 407.01 + 20 = 427.01\,\text{mm} > 0.3h_0 = 0.3 \times 270 = 81\,\text{mm}$，可按大偏心受压计算。

$$x = \frac{N}{\alpha_1 f_{ct} b} = \frac{39.733}{1.0 \times 10.571 \times 1000} = 3.759 \times 10^{-3}\,\text{mm}$$

$$\xi = \frac{x}{h_0} = \frac{3.759 \times 10^{-3}}{270} = 1.39 \times 10^{-5}$$

$$\xi_b = \frac{\beta_1}{1 + \dfrac{f_{yt}}{E_s \varepsilon_{cu}}} = \frac{0.8}{1 + \dfrac{327.27}{2 \times 10^5 \times 0.0033}} = \frac{0.8}{1.496} = 0.535$$

$$\xi = 1.39 \times 10^{-5} < \xi_b = 0.535$$

属于大偏心受压

$$x = 3.759 \times 10^{-3} < 2a'_s = 60$$

则：

$$A_s = A'_s = \frac{N(e_i - 0.5h + a'_s)}{f_{yt}(h_0 - a'_s)} = \frac{39.733 \times (427.01 - 0.5 \times 300 + 30)}{327.27 \times (270 - 30)}$$

$$= \frac{39.733 \times 307.01}{327.27 \times 240} = 0.155\,\text{mm}^2 < \rho_{min} bh = 0.2\% \times 1000 \times 300 = 600\,\text{mm}^2$$

按全截面最小配筋率为 0.55% 配筋，

$$A_s = 0.55\% bh = 0.55\% \times 1000 \times 300 = 1650\,\text{mm}^2$$

对称配两排钢筋，每米配 Φ 14@180（$A_s = 1710\,\text{mm}^2$）。

附录 A 烟 囱 加 固

A.1 概 述

烟囱是工业建筑尤其是火力发电厂建筑中的重要构筑物，在生产中起着重要作用。烟囱结构在长期的自然环境和使用环境的双重作用下，其功能将逐渐减弱，这是一个不可逆转的客观规律。基于设计、施工和使用等多方面不当原因，以及使用过程中经受环境、烟气侵蚀，许多烟囱因维修不及时，造成破损日益严重。

近年来，由于控制火电厂燃煤污染物排放的需要，电厂普遍采用通过加装烟气脱硫（FGD）装置，将燃煤电厂的 SO_2 排放量降低到允许的范围内。脱硫工艺主要采用传统的石灰/石灰石的湿法脱硫工艺。脱硫运行使得烟囱的运行环境大为改变，湿法脱硫后的烟气，温度 50℃ 左右，烟气含水量大，由于原有的内衬和隔热层材料并非憎水材料，冷凝液不可避免的吸附进入内衬和隔热层中，并沿内衬缺陷和薄弱处向筒壁方向渗透，对混凝土筒身的腐蚀影响是巨大的，如不及时处理，将会威胁到烟囱结构的安全性能，轻者影响到生产，重者危及周围建筑物群及人员的生命财产安全。因此，对烟囱的维护、改造与加固，已成为当前工程建设中一个重要的课题。

A.2 一 般 规 定

（1）根据国家标准《建筑抗震鉴定标准》GB 50023—2009 和《工业建筑可靠性鉴定标准》GB 50144—2008 鉴定不符合要求并需进行加固的烟囱，应按本附录规定进行加固。

（2）砖烟囱不符合相关标准规范要求时，可采用钢筋网砂浆面层、扁钢加固；钢筋混凝土烟囱不符合要求时，可采用现浇/喷射钢筋混凝土的方法进行加固。

（3）地震时有倒塌伤人危险且无加固价值的烟囱应拆除。

A.3 基 本 原 则

（1）从实际出发。要根据对结构或构件的周密细致的可靠性鉴定来确定加固的方案，加固设计要考虑原结构和加固部分的实际受力情况。

（2）消除隐患。由于高温、腐蚀、冻融、振动、地基不均匀沉降等原因造成的结构损坏，加固时需同时考虑消除、减少或抵御这些不利因素的有效措施，以免加固后的结构继续受到损坏，避免二次加固。

（3）有效利用。尽量保留和利用有价值的结构，避免不必要的拆除，若需拆除也应考虑对拆除材料的回收及重新利用的可能。

（4）方便施工。加固方案应切实可行，安全可靠，尽量减少施工难度。

（5）美观经济。加固方案设计应考虑建筑美观，尽量避免减少加固痕迹。

A. 4 混凝土烟囱加固的基本要求

钢筋混凝土烟囱经鉴定承载力不足时，可采用现浇或喷射钢筋混凝土套加固。

采用钢筋混凝土套加固钢筋混凝土烟囱时，应符合下列要求：

（1）钢筋混凝土烟囱加固应根据烟囱实际截面尺寸和配筋数量，并采用有效实测强度来确定既有烟囱承载能力。当实测混凝土强度高于设计强度时，应采用原设计强度。

（2）加固计算应考虑新增钢筋混凝土与既有混凝土协同工作的差异性。

（3）宜采用细石混凝土，混凝土强度等级宜高于原烟囱一个等级，且不应低于 C20。

（4）加固钢筋混凝土的厚度，当浇筑施工时不应小于 120mm，当喷射施工时不应小于 80mm。

（5）竖向钢筋直径不宜小于 12mm，其下端应锚入基础内；环向钢筋直径不应小于 8mm，其间距不应大于 250mm。

A. 5 砖烟囱加固的基本要求

砖烟囱可根据结构承载差异程度和施工条件，采用钢筋网砂浆面层或扁钢加固，加固方案需按合理、有效、经济的原则确定。

采用扁钢加固，扁钢的厚度，除满足抗震强度要求外，还需考虑外界环境条件下钢材的锈蚀。竖向扁钢在烟囱根部要有足够的锚固，以避免加固后的烟囱在地震时根部出现弯曲破坏。

（1）采用钢筋网砂浆面层加固砖烟囱时，应符合下列要求：

1）水泥砂浆的强度等级宜采用 M10。

2）面层厚度可为 40mm～60mm，顶部应设钢筋混凝土圈梁。

3）面层的竖向和环向钢筋，应按计算确定，钢筋最小直径不宜小于 6mm，间距不宜大于 300mm。

4）竖向钢筋的端部应设弯钩，下端应锚固在基础或伸入地面 500mm 下的圈梁内，上端应锚固在顶部的圈梁内。

（2）采用扁钢加固砖烟囱时，应符合下列要求：

1）鉴定后烟囱砖的强度等级不宜低于 MU10，砂浆强度等级不宜低于 M5。

2）竖向扁钢和环向扁钢（环箍）的规格数量，应按计算确定，环向钢箍截面尺寸与间距应符合本手册第 11 章的有关规定。

3）竖向扁钢应紧贴砖筒壁，间距 1m 与筒壁连接，下端应锚固在基础或深入地面 500mm 以下的圈梁中。

4）环向扁钢宜以花篮螺栓方法施加一定的预应力，施加的预应力不应低于本手册第 11 章规定的有关数值，并应与竖向扁钢焊接。

5）扁钢与筒壁间的缝隙，应以乳胶水泥砂浆干捻填塞紧密后，在表面勾缝平顺。

6）扁钢构套外露表面，应进行防腐处理。

附录 B 各地气象设计参数

附表 B 各地气象设计参数

序号	地点	极端最高温度（℃）	极端最低温度（℃）	序号	地点	极端最高温度（℃）	极端最低温度（℃）
1	北京市			6.6	锦州	41.8	-22.8
1.1	北京	41.9	-18.3	6.7	鞍山	36.5	-26.9
2	天津市			6.8	营口	34.7	-28.8
2.1	天津	40.5	-17.8	6.9	大连	35.3	-18.8
2.2	塘沽	40.9	-15.4	7	吉林省		
3	河北省			7.1	吉林	35.7	-40.3
3.1	承德	43.3	-24.2	7.2	长春	35.7	-33.0
3.2	张家口	39.2	-24.6	7.3	四平	37.3	-32.2
3.3	唐山	39.6	-22.7	7.4	延吉	37.7	-32.7
3.4	秦皇岛	39.2	-20.8	7.5	通化	35.6	-33.1
3.5	保定	41.6	-19.6	8	黑龙江省		
3.6	石家庄	41.5	-19.3	8.1	伊春	36.3	-41.2
3.7	邢台	41.1	-20.2	8.2	齐齐哈尔	40.1	-36.4
3.8	沧州	40.5	-19.5	8.3	佳木斯	38.1	-39.5
3.9	廊坊	41.3	-21.5	8.4	哈尔滨	36.7	-37.7
3.10	衡水	41.2	-22.6	8.5	牡丹江	38.1	-35.1
4	山西省			9	上海市		
4.1	大同	37.2	-27.2	9.1	上海	39.4	-10.1
4.2	阳泉	40.2	-16.2	10	江苏省		
4.3	太原	37.4	-22.7	10.1	连云港	38.7	-13.8
4.4	临汾	40.5	-22.1	10.2	徐州	40.6	-15.8
4.6	运城	41.2	-18.9	10.3	苏州	38.8	-8.3
5	内蒙古			10.4	南通	38.5	-9.6
5.1	海拉尔	36.6	-42.3	10.5	南京	39.7	-13.1
5.2	锡林浩特	39.2	-38.0	10.6	常州	39.4	-12.8
5.3	二连浩特	41.1	-37.1	11	浙江省		
5.4	通辽	38.9	-31.6	11.1	杭州	39.9	-8.6
5.5	赤峰	40.4	-28.8	11.2	宁波	39.5	-8.5
5.6	呼和浩特	38.5	-30.5	11.3	金华	40.5	-9.6
5.7	包头	39.2	-31.4	11.4	温州	39.6	-3.9
6	辽宁省			12	安徽省		
6.1	丹东	35.3	-25.8	12.1	蚌埠	40.3	-13.0
6.2	阜新	40.9	-27.1	12.2	合肥	39.1	-13.5
6.3	抚顺	37.7	-35.9	12.3	安庆	39.5	-9.0
6.4	沈阳	36.1	-29.4	12.4	黄山	27.6	-22.7
6.5	本溪	375	-33.6	12.5	宣城	41.1	-15.9

续附表 B

序号	地点	极端最高温度（℃）	极端最低温度（℃）	序号	地点	极端最高温度（℃）	极端最低温度（℃）
13	福建省			20	广西壮族自治区		
13.1	南平	39.4	-5.1	20.1	桂林	38.5	-3.6
13.2	福州	39.9	-1.7	20.2	柳州	39.1	-1.3
13.3	厦门	38.5	1.5	20.3	南宁	39.1	-1.3
14	江西省			20.4	北海	37.1	2.0
14.1	九江	40.3	-7.0	21	四川省		
14.2	景德镇	40.4	-9.6	21.1	广元	37.9	-8.2
14.3	南昌	40.1	-9.7	21.2	甘孜	29.4	-14.1
14.4	赣州	40.0	-3.8	21.3	南充	41.2	-3.4
15	山东省			21.4	成都	36.7	-5.9
15.1	烟台	38.0	-12.8	22	重庆市		
15.2	淄博	40.7	-23.0	22.1	重庆市	40.2	-1.8
15.3	济南	40.5	-14.9	23	贵州省		
15.4	青岛	37.4	-14.3	23.1	遵义	37.4	-7.1
16	河南省			23.2	贵阳	35.1	-7.3
16.1	安阳	41.5	-17.3	23.3	安顺	33.4	-7.6
16.2	新乡	42.0	-19.2	24	云南省		
16.3	三门峡	40.2	-12.8	24.1	昭通	33.4	-10.6
16.4	开封	42.5	-16.0	24.2	昆明	30.4	-7.8
16.5	郑州	42.3	-17.9	24.3	思茅	35.7	-2.5
17	湖北省			24.4	丽江	32.3	-10.3
17.1	宜昌	40.4	-9.8	25	西藏自治区		
17.2	武汉	39.3	-18.1	25.1	昌都	33.4	-20.7
17.3	黄石	40.2	-10.5	25.2	拉萨	29.9	-16.5
18	湖南省			25.3	日喀则	28.5	-21.3
18.1	岳阳	39.3	-11.4	25.4	林芝	30.3	-13.7
18.2	长沙	39.7	-11.3	25.5	那曲	24.2	-37.6
18.3	常德	40.1	-13.2	26	陕西省		
18.4	衡阳	40.0	-7.9	26.1	榆林	38.6	-30.0
19	广东省			26.2	延安	38.8	-23.0
19.1	韶关	42.3	-4.3	26.3	宝鸡	41.6	-16.7
19.2	汕头	38.6	0.3	26.4	西安	41.8	-12.8
19.3	广州	38.1	0.0	26.5	汉中	38.3	-10.0
19.4	清远	39.6	-3.4	26.6	安康	41.3	-9.7
19.5	深圳	38.7	1.7	27	甘肃省		
19.6	湛江	38.1	2.8	27.1	酒泉	36.6	-29.8

续附表 B

序号	地点	极端最高温度（℃）	极端最低温度（℃）	序号	地点	极端最高温度（℃）	极端最低温度（℃）
27.2	兰州	39.8	−19.7	30	新疆维吾尔自治区		
27.3	天水	38.2	−17.4	30.1	克拉玛依	42.7	−34.3
27.4	张掖	38.6	−28.2	30.2	乌鲁木齐	42.1	−32.8
28	青海省			30.3	吐鲁番	47.7	−25.2
28.1	西宁	36.5	−24.9	30.4	哈密	43.2	−28.6
28.2	格尔木	35.5	−26.9	31	台湾省		
28.3	玉树	28.5	−27.6	31.1	台北	33.0	−2.0
29	宁夏回族自治区			31.2	花莲	35.0	5.0
29.1	石嘴山	38.0	−28.4	32	香港特别行政区		
29.2	银川	38.7	−27.7	32.1	香港	36.1	0.0
29.3	中卫	37.6	−29.2				

注：因统计数据不全，海南和澳门两地未列入表中。

附录C 露点温度

C.1 大气露点温度

在一定的空气压力下，逐渐降低空气的温度，当空气中所含水蒸气达到饱和状态，开始凝结形成水滴时的温度叫作该空气在空气压力下的露点温度。即当温度降至露点温度以下，湿空气中便有水滴析出。因此，露点温度是指气体中的水分从未饱和水蒸气变成饱和水蒸气的温度。在100%的相对湿度时，周围环境的温度就是露点温度。露点温度越小于周围环境的温度，结露的可能性就越小，也就意味着空气越干燥。露点不受温度影响，但受压力影响，其他条件不变，但是大气压力不同的情况下，露点是不同的。压力越高，开始析出水滴的温度也越高。附表C-1为大气露点温度换算表，可见大气的湿度越高，其露点温度也越高。

附表C-1　大气露点温度换算表

大气环境相对湿度（%）	环境温度（℃）									
	−5	0	5	10	15	20	25	30	35	40
95	−6.5	−1.3	3.5	8.2	13.3	18.3	23.2	28.0	33.0	38.2
90	−6.9	−1.7	3.1	7.8	12.9	17.9	22.7	27.5	32.5	37.7
85	−7.2	−2.0	2.6	7.3	12.5	17.4	22.1	27.0	32.0	37.1
80	−7.7	−2.8	1.9	6.5	11.5	16.5	21.0	25.9	31.0	36.2
75	−8.4	−3.6	0.9	5.6	10.4	15.4	19.9	24.7	29.6	35.0
70	−9.2	−4.5	−0.2	4.6	9.1	14.2	18.5	23.3	28.1	33.5
65	−10.0	−5.4	−1.0	3.3	8.0	13.0	17.4	22.0	26.8	32.0
60	−10.8	−6.0	−2.1	2.3	6.7	11.9	16.2	20.6	25.3	30.5
55	−11.5	−7.4	−3.2	1.0	5.6	10.4	14.8	19.1	23.0	28.0
50	−12.8	−8.4	−4.4	−0.3	4.1	8.6	13.3	17.5	22.2	27.1
45	−14.3	−9.6	−5.7	−1.5	2.6	7.0	11.7	16.0	20.2	25.2
40	−15.9	−10.3	−7.3	−3.1	0.9	5.4	9.5	14.0	18.2	23.0
35	−17.5	−12.1	−8.6	−4.7	−0.8	3.4	7.4	12.0	16.1	20.6
30	−19.9	−14.3	−10.2	−6.9	−2.9	1.3	5.2	9.2	13.7	18.0

C.2 烟气露点温度

相对于大气来讲，影响烟气露点温度的因素更为复杂，但主要因素为烟气中SO_3含量与烟气的相对湿度。

锅炉使用的煤、重油及天然气等燃料中都含有一定量的硫，在燃烧过程中 S 与 O_2 生成 SO_2，并有少量的 SO_2 在 Fe_2O_3、V_2O_5 等催化剂作用下转化成 SO_3。通常情况下，锅炉烟气中 SO_3 体积含量为 1ppm ~ 50ppm，水蒸气含量约为 10%。在烟气温度 200℃ 以下时，SO_3 与水蒸气完全结合成 H_2SO_4 蒸气，微量的 H_2SO_4 蒸气使烟气的露点温度显著提高。

当锅炉尾部换热设备的壁面温度低于烟气露点温度时，H_2SO_4 蒸气就会凝结在壁面上，形成浓度约为 80% 的硫酸溶液，黏附在换热器壁面上，产生酸腐蚀。像热水锅炉、锅炉的省煤器及空气预热器等低温受热面易受到酸侵蚀。在锅炉的设计和运行中，排烟温度是影响锅炉效率和安全运行的重要因素之一。排烟温度过高，排烟损失越大，排烟温度每升高 15℃ ~ 20℃，锅炉热效率大约降低 1%；排烟温度过低，会使低温受热面的壁温低于酸露点，引起受热面金属的严重腐蚀，危及锅炉运行安全。因此，锅炉的经济排烟温度应当控制在稍高于烟气露点的某个范围内。

从锅炉排除的烟气需要经过除尘和脱硫（脱硝）等烟道系统后才进入烟囱，使得烟气的介质成分、含量和温度都发生变化，造成烟囱的腐蚀环境发生巨大变化。

C. 2. 1 影响烟气露点温度的主要因素

1 燃料种类

燃油锅炉的燃料中所含硫分燃烧后将主要形成 SO_2 和少量 SO_3，但是在燃煤时的情况则不相同，其中有些硫分将形成 FeS 或其他形式存在于灰分中。在相同含硫量情况下，燃油烟气的酸露点温度往往高于燃煤烟气酸露点温度。

2 燃料硫含量和燃烧方式

烟气中硫酸蒸气是由燃料中硫分氧化而来的，燃料含硫量越高，其露点温度越高。烟气中 SO_2 对露点温度的影响很小，在相当大的浓度范围内，露点温度的波动不超过 1℃。SO_3 对露点温度的影响很大，而 SO_3 的形成是与燃烧设备和燃烧条件紧密相连的。

3 过量空气系数

烟气的温度越低或 O_2 含量越高，由 SO_2 转化为 SO_3 比例会越大。因此，在保证充分燃烧的前提下，应尽量采用低过量空气系数，减少 SO_3 生成量，降低烟气露点。

4 烟气湿度

烟气湿度愈大，水蒸气的分压力也愈大，烟气露点温度越高。

5 飞灰或受热面结构及积灰影响

低温烟气中的 SO_2 继续氧化成 SO_3 需要有催化剂的促进作用，而锅炉管子表面和烟道表面的铁锈 Fe_2O_3 及烟气中的 V_2O_5 等都是非常良好的催化剂，但未燃碳粒及钙镁等氧化物以及 Fe_3O_4 等则能吸收或中和烟气中的 SO_2。燃油飞灰少，吸收作用较弱，因此对含有硫和钒的燃油经燃烧后的烟气中将具有相对较高的 SO_3 含量，烟气露点温度高。

6 其他影响因素

除上述影响因素外，酸露点还与烟气的压力、烟气在炉膛内停留时间、炉膛内温度场分布不均以及空气预热器漏风处造成局部温度偏低等情况有关。

C. 2. 2 烟气露点温度计算

由前所述，影响烟气露点温度的因素很多，所以很难从理论上直接精确地推导出烟气露点温度的计算式，一般皆由试验取得，或通过实验加上理论推导等方法确定。下面列举一些露点温度确定方法。

1 烟气中 SO_3 气体浓度已知情况

在烟气酸露点的间接测量中，都是先测出烟气中的 SO_3 或 H_2SO_4 的体积含量，然后由 Müller 曲线查出露点温度。该曲线是 Müller 在 1959 年使用热力学关系式计算了含有很低浓度 H_2SO_4 蒸气的烟气的露点温度而得到的，并为许多研究者的实验所证实。Müller 曲线是现在评价各种露点温度测量方法的基础。

手工查图确定露点温度引起误差较大，且不便于利用计算机优化设计和计算。现将曲线扫描至计算机中，并放大，采用 Adobe photoshop 5.0CS 软件读取曲线上一些点的数据，列于附表 C-2。

附表 C-2　Müller 曲线对应的酸露点温度

烟气中 SO_3 体积含量（ppm）	烟气露点温度（℃）
0.1	101.4
0.2	105.9
0.5	111.7
1	116.6
2	122.0
5	128.4
10	133.5
20	138.7
50	146.7
100	153.3

采用 Origin 6.0 软件拟合附表 C-2 中数据，得到回归方程如下：

$$T_{sld} = 116.5515 + 16.06329 \lg V_{SO_3} + 1.05377 (\lg V_{SO_3})^2 \qquad (C-1)$$

式中：V_{SO_3}——烟气中 SO_3 体积百万分率（ppm）；

T_{sld}——烟气的酸露点温度（℃）。

2 烟气中 H_2SO_4 蒸气浓度已知情况

美国学者 Halstead 在总结前人大量实验数据的基础上，以常用燃料燃烧形式的水蒸气体积含量以 11% 为基准，得出附表 C-3 中数据。如水蒸气体积含量低于 9%，则表中露点温度应再减去 3℃；如水蒸气体积含量高于 13%，则表中露点温度应再加上 3℃。

附表 C-3　Halstead 总结的烟气露点温度

烟气中 H_2SO_4 体积含量（ppm）	烟气露点温度（℃）
1	113
10	130
20	137
40	142
60	146
100	152

由附表 C-3 可以粗略地估算出烟气露点温度。同样采用 Origin6.0 软件拟合附表C-3中数据，得出回归方程如下：

$$T_{sld} = 113.0219 + 15.0777 \lg V_{H_2SO_4} + 2.0975 (\lg V_{H_2SO_4})^2 \tag{C-2}$$

式中：$V_{H_2SO_4}$——烟气中硫酸蒸气体积百万分率（ppm）。

3 烟气中 SO₃ 和水蒸气浓度已知情况

荷兰学者 A. G. Okkes 根据 Müller 实验数据，提出以下方程（C-3），方程中原文分压单位均为标准大气压。文献比较了方程（C-3）计算结果与该文中由燃料中碳、硫含量及过量空气系数绘制的算图确定酸露点结果，两者相差不到 1.5℃，方程（C-3）计算精度比较高，适用范围广。

$$T_{sld} = 10.8809 + 27.6 \lg(p_{H_2O}) + 10.83 \lg(p_{SO_3}) + 1.06 \times [\lg(p_{SO_3}) + 2.9943]^{2.19} \tag{C-3}$$

式中：p_{H_2O}——烟气中水蒸气分压（Pa）；

p_{SO_3}——烟气中 SO₃ 气体分压（Pa）。

注：在任何容器内的气体混合物中，如果各组分之间不发生化学反应，则每一种气体都均匀地分布在整个容器内，它所产生的压强和它单独占有整个容器时所产生的压强相同。也就是说，一定量的气体在一定容积的容器中的压强仅与温度有关。例如，零摄氏度时，1mol 氧气在 22.4L 体积内的压强是 101.3kPa。如果向容器内加入 1mol 氮气并保持容器体积不变，则氧气的压强还是 101.3kPa，但容器内的总压强增大 1 倍。可见，1mol 氮气在这种状态下产生的压强也是 101.3kPa。

参 考 文 献

中华人民共和国住房和城乡建设部，中华人民共和国国家质量监督检验检疫总局联合发布. 2013. 烟囱设计规范 GB 50051—2013 ［S］. 北京：中国计划出版社.

中华人民共和国住房和城乡建设部，中华人民共和国国家质量监督检验检疫总局联合发布. 2012. 建筑结构荷载规范 GB 50009—2012 ［S］. 北京：中国建筑工业出版社.

中华人民共和国住房和城乡建设部，中华人民共和国国家质量监督检验检疫总局联合发布. 2010. 建筑抗震设计规范 GB 50011—2010 ［S］. 北京：中国建筑工业出版社.

中华人民共和国住房和城乡建设部，中华人民共和国国家质量监督检验检疫总局联合发布. 2008. 工业建筑防腐蚀设计规范 GB 50046—2008 ［S］. 北京：中国计划出版社.

中华人民共和国住房和城乡建设部，中华人民共和国国家质量监督检验检疫总局联合发布. 2011. 建筑地基基础设计规范 GB 50007—2011 ［S］. 北京：中国建筑工业出版社.

中华人民共和国住房和城乡建设部，中华人民共和国国家质量监督检验检疫总局联合发布. 2007. 高耸结构设计规范 GB 50135—2006 ［S］. 北京：中国计划出版社.

中华人民共和国住房和城乡建设部，中华人民共和国国家质量监督检验检疫总局联合发布. 2013. 钢结构设计规范 GB 50017—2013 ［S］. 北京：中国计划出版社.

中华人民共和国住房和城乡建设部，中华人民共和国国家质量监督检验检疫总局联合发布. 2012. 民用建筑供暖通风与空气调节设计规范 GB 50736—2012 ［S］. 北京：中国建筑工业出版社.

中华人民共和国住房和城乡建设部发布，2012. 建筑钢结构防腐蚀技术规程. JGJ/T 251—2011 ［S］. 北京：中国建筑工业出版社.

中华人民共和国住房和城乡建设部发布，2008. 建筑桩基技术规范 JGJ 94—2008 ［S］. 北京：中国建筑工业出版社.

中华人民共和国国家经济贸易委员会发布. 2000. 烟囱混凝土耐酸防腐蚀涂 DL/T 693—1999 ［S］. 北京：中国电力出版社.

中华人民共和国国家发展和改革委员会发布. 2005. 火力发电厂烟囱（烟道）内衬防腐材料 DL/T 901—2004 ［S］. 北京：中国电力出版社.

中华人民共和国国家发展和改革委员会发布. 2008. 硫化橡胶高温拉伸强度和拉断伸长率的测定 HG/T 3868—2008 ［S］. 北京：化学工业出版社.

牛春良. 2004. 烟囱工程手册 ［M］. 北京：中国计划出版社.

烟囱施工手册编写组. 1987. 烟囱施工手册 ［M］. 北京：水利电力出版社.

工业建筑防腐蚀设计规范国家标准管理组. 1996. 建筑防腐蚀材料设计与施工手册 ［M］. 北京：化学工业出版社.

张相延. 1985. 结构风压和风振计算 ［M］. 上海：同济大学出版社.

田奇. 2006. 高耸烟囱与艺术造型 ［C］//高耸构筑物技术应用交流研讨会论文集.

贾明生，凌长明. 2003. 烟气酸露点温度的影响因素及其计算方法 ［J］. 工业锅炉

(6)：31 -35.

ASTM. 1984. Manual of prote ctive linings for flue gas desulfurization ASTM STP837 [S].

ASTM. 1995. Standard guide for design and construction of brick Liners for industrial chimneys ASTM C1298 -95 [S].

ASTM. 1992. Standard specification for design and fabrication of flue gas desulfurization system components for protective lining application ASTM D4618 -92 [S].

ASTM. 2012. Standard Practice for inspection of linings in operating flue gas desulfurization systems ASTM D4619 -12 [S].

ASTM. 2008. Standard guide for desigh, fabrication and erection of fiberglass reinforced (FRP) plastic chimney liners with coal -fied units ASTM D5364 -2008 [S].

ASTM. 1994. Standard test methods for heat resistance of polymer linings for flue gas desulfurizati on systems ASTM D5499 -94 [S].

ASTM. 1997. Standard test method for sulfuric acid resistance of polymer linings for flue gas desulfurization systems ASTM D6137 -1997 [S].

BSI. 2007. Rubber vulcanized or thermoplastic - accelerated ageing and heat resistance tests BS ISO 188 -2007 [S].